Das genetische Wissen
und die Zukunft des Menschen

Das genetische Wissen und die Zukunft des Menschen

Herausgegeben von
Ludger Honnefelder, Dietmar Mieth,
Peter Propping, Ludwig Siep und Claudia Wiesemann

in Verbindung mit
Dirk Lanzerath, Rimas Čuplinskas, Rudolf Teuwsen

Walter de Gruyter · Berlin · New York

Gedruckt mit Unterstützung des Bundesministeriums für Bildung und Forschung (BMBF)

Die Tagung wurde im Auftrag des BMBF durchgeführt und in diesem Rahmen wurde dieser Tagungsband erstellt. Das BMBF war an der Abfassung der Aufgabenstellung und der wesentlichen Randbedingungen beteiligt. Das BMBF hat das Ergebnis nicht beeinflusst; der Auftragnehmer trägt allein die Verantwortung.

∞ Gedruckt auf säurefreiem Papier,
das die US-ANSI-Norm über Haltbarkeit erfüllt.

ISBN 3-11-017642-4

Bibliografische Information Der Deutschen Bibliothek

Die Deutsche Bibliothek verzeichnet diese Publikation in der Deutschen Nationalbibliografie; detaillierte bibliografische Daten sind im Internet über http://dnd.ddb.de abrufbar.

Printed in Germany
Satz: Selignow Verlagsservice, Berlin
Einbandgestaltung: +Malsy, Bremen

Inhaltsverzeichnis

Ludger Honnefelder

Das genetische Wissen und die Zukunft der Menschheit – Eine Einführung

Das „genetische Wissen" ist zum Schlüsselbegriff für die neue Epoche von Medizin und Biologie geworden, die mit der Entdeckung und Erforschung der molekularen Grundlagen des Lebens begonnen hat. Schon jetzt wissen wir, dass die Kenntnis und das Verständnis dieser Grundlagen Möglichkeiten der Einsicht und des Eingriffs in die Strukturen des Lebens mit sich bringen wird, die in Art und Ausmaß das bislang bekannte wissenschaftliche Spektrum sprengen und deren Tragweite für den Menschen und seine Lebenswelt wir noch kaum abzuschätzen vermögen. Die daraus folgenden Fragen liegen auf der Hand: In welchem Ausmaß wird das neue Forschungsparadigma das Wissen der Menschheit um die eigene und die sie umgebende Natur erweitern? Und wie weit reichend wird dieses Wissen wiederum das Selbstverständnis der Menschheit verändern? Verschiebt es die Grenze in der Erkenntnis der lebendigen Natur nur um ein weiteres quantitatives Stück? Oder stellt es einen Sprung dar, der Einsichten und Eingriffe ganz neuer Qualität erlaubt?

Ist aber ein solch qualitativer Sprung in Einsichts- und Eingriffstiefe zu erwarten, dann stellen sich weitere Fragen besonders da, wo es um die unmittelbare Anwendung des neuen Wissens auf den Menschen selbst geht, wie sie in *Medizin* und *Biotechnologie* erfolgt: Wird das molekulare Paradigma die Medizin nicht nur in ihren Möglichkeiten erweitern, sondern auch in ihrem Selbstverständnis verändern? Und werden wir den damit verbundenen Herausforderungen gewachsen sein – den sich abzeichnenden *wissenschaftlichen,* aber auch den damit verbundenen *kulturellen* und *normativen* Herausforderungen?

Will man den Fortschritt im Bereich der Lebenswissenschaften und ihrer medizinischen und biotechnologischen Anwendung nicht einfach sich selbst überlassen, um später nur umso heftiger von seinen sozialen und kulturellen Folgen überrascht zu werden, bedarf er in seinen Möglichkeiten und Grenzen, seinen Motiven und Zielen ebenso wie seinen Nebenfolgen einer Reflexion, die nicht weniger intensiv sein darf als die wissenschaftlichen und technischen Anstrengungen, die ihn herbeiführen. Eine solche Reflexion ist komplexer Art: Sie muss von dem aktuellen Stand der Entwicklung ausgehen, den Wissenschaft und Forschung erreicht haben, und die Ziele und nicht intendierten Folgen in den Blick nehmen, die mit dieser Entwicklung einhergehen.

Der Analyse der wissenschaftlichen Motivationen und Fakten folgen dann die Fragen, in welcher Weise die anvisierten Ziele dem humanen und sozialen Wohl dienen, wie die Implikationen und Risiken der diesen Zielen dienenden Mittel zu beurteilen und welche langfristigen Folgen und Nebenfolgen zu bedenken sind. Erst auf dem Hintergrund einer solchen Vergewisserung wird man nach den ethischen und rechtlichen Grenzziehungen fragen können, die notwendig sind, um die Ambivalenz, die innovativen Technologien eigen ist, auf das human und sozial Vertretbare und Förderliche einzuschränken.

Der vorliegende Band stellt den Versuch dar, die wissenschaftliche Entwicklung, die sich durch die Verbindung der *molekularen Genetik*, der *Entwicklungs-* und *Zellbiologie* mit den entsprechenden *medizinischen Disziplinen* abzeichnet, einer solchen frühen interdisziplinären Reflexion zu unterziehen. Er schließt an eine Konferenz an, die unter gleichem Titel im Auftrag des *Bundesministeriums für Bildung und Forschung* durch das *Deutsche Referenzzentrum für Ethik in den Biowissenschaften* und seine Kooperationspartner, das *Institut für Wissenschaft und Ethik* in Bonn, das *Interfakultäre Zentrum für Ethik in den Wissenschaften* in Tübingen und das *Institut für Geschichte und Ethik der Medizin/Akademie für Ethik in der Medizin* in Göttingen, im März 2002 in Berlin ausgerichtet worden ist.

Im Nachfolgenden sollen zunächst der neue Forschungsansatz der molekularen Biologie, seine medizinische Anwendung und die dafür charakteristische Verbindung von Methoden skizziert werden (I). Sodann werden die drei Felder umrissen, die Gegenstand der Konferenz waren (II–IV), bevor abschließend einige der offen bleibenden Fragen benannt werden sollen (V).

I.

In der jüngsten Entwicklung stellt die *Genomforschung* in Form einer molekularbiologischen Analyse der individualspezifisch geordneten Abfolge von Basenpaaren, die in Form eines individuell variierenden Doppelstrangs in jeder Zelle des menschlichen Organismus enthalten ist, nur den *Ausgangspunkt* jenes wissenschaftlichen Untersuchungsprozesses dar, um dessen Reflexion es geht. Denn in diesem Prozess wird nicht nur die molekulare Beschaffenheit des Genoms selbst untersucht, sondern ebenso seine Rolle im Gesamt des Organismus, d. h. alle Vorgänge, die vom *Genom* als dem Gesamt der Erbanlagen über das *Proteom* als dem Gesamt der von der Zelle gebildeten Eiweißstoffe, der *Zelle* als der kleinsten proteinbildenden Einheit und dem *Zellverband* bis zum *Physiom*, d. h. dem alle Zellen und Organe umfassenden individuellen Organismus reichen.[1]

Schon die hierbei durchlaufenen Größenordnungen deuten die Komplexität der zu untersuchenden Vorgänge an. Darüber hinaus ist der Wirkungszusammenhang zwischen Genom und Physiom keineswegs als linear zu denken. Zwar ist das Genom gewissermaßen der Leitfaden, dem gemäß spezifische Proteine von den verschiedenen Zelltypen gebildet werden. Davon hängen ihrerseits weitere Aktivitäten der Zelle und des Zellverbands ab, aus denen sich dann wiederum bestimmte Entwicklungen im Aufbau und im Leben des Organismus ergeben. Doch stehen

1 Vgl. Maelicke, A. (2001): Welche Art von Wissen vermittelt uns die Genetik?, in: Honnefelder, L., Propping, P. (Hg.): Was wissen wir, wenn wir das menschliche Genom kennen?, Köln, 29–46.

bei diesem Vorgang alle beteiligten Faktoren in einer komplexen Wechselwirkung miteinander und mit der Umwelt, wobei Steuerungsvorgänge mannigfacher Art ineinander greifen, sich korrigieren oder stören und ihrerseits Störungen und Fehlern im Ablauf der Interaktionen ausgesetzt sind.[2] Aus dieser Wechselwirkung entstehen die spezifischen und individuellen Anlagen und Eigenschaften eines höheren Organismus, zu denen im Fall des Menschen Dispositionen und Entwicklungen gehören, die wir als positiv erfahren, wie etwa die kognitive und emotionale Intelligenz, aber auch solche, die wir als leidverursachend und deshalb als negativ erfahren, wie bestimmte zu Krankheiten und Behinderungen führende Dispositionen. Nur wenige dieser genotypischen, d. h. ererbten Dispositionen führen *monogen*, d. h. auf Grund der Veränderung eines einzigen Genes bereits zu den positiv oder negativ bewerteten Phänomenen. Bei den meisten anderen geschieht dies *multifaktoriell*, d. h. in Wechselwirkung mit anderen Genen bzw. Faktoren.

Die Komplexität der Zusammenhänge ist der Grund, weshalb die Genomforschung zur Aufklärung von Krankheitsursachen und ihrer möglichen Behebung nicht ausreichen wird. Sie bedarf vielmehr der Ergänzung durch die Aufklärung der Vorgänge im Proteom, in der Zelle und im gesamten Organismus sowie der Interaktion dieser Vorgänge mit der Umwelt. In dieser *Funktionsanalyse* des Genoms steht die Forschung erst am Anfang. Mit Blick auf die medizinische Anwendung müssen große Mengen von Daten über klinische Verläufe mit den Daten des artspezifischen und individuellen Genoms in ein Verhältnis gesetzt werden, um bestimmten phänotypischen Dispositionen die den Genotyp konstituierenden Gensequenzen zuordnen zu können.[3] Ein entscheidendes methodisches Instrument, das die Fülle der dabei anfallenden Daten zu interpretieren erlaubt, ist die *Bioinformatik*. Denn sie entwickelt mathematische Modelle, die es erlauben, bestimmte Regularitäten in den Korrelationen der relevanten Daten zu erkennen und damit Erklärungen in Form von Ursache-Wirkungs-Zusammenhängen zu formulieren, die ihrerseits Prognosen und darauf bezogene therapeutische Interventionen ermöglichen. Auf diese Weise bilden Biochemie, Molekularbiologie, molekulare Genetik und Bioinformatik, Zellbiologie und Entwicklungsbiologie mit den verschiedenen Bereichen der klinischen Medizin einen Verbund der Methoden, ohne den weder umfassende Diagnosen noch die Entwicklung entsprechender therapeutischer Interventionen möglich wären.[4]

Wird dies am Ende dazu führen, dass nach Bekanntwerden aller relevanten Faktoren Gesundheit und Krankheit berechenbar werden? Oder wird sich eine Komplexität abzeichnen, die der menschlichen Einsicht dauerhafte Grenzen setzt?[5] Ohne Zweifel hat sich der *genetische Determinismus*, wie er in der Vergan-

---

2 Vgl. den Beitrag von E. F. Keller in diesem Band.
3 Vgl. den Beitrag von M. M. Nöthen und P. Propping in diesem Band.
4 Vgl. ausführlicher den Beitrag von N. Paul und D. Ganten in diesem Band.
5 Vgl. die unterschiedlichen Auffassungen von H. Lehrach, L. Peltonen, E. Fox Keller, M. M. Nöthen und P. Propping, H. Wormer, D. Sicard, G. Hermerén, D. Lanzerath, R. Čuplinskas und A. Newen in diesem Band.

genheit beschworen wurde, als eine falsche Spur erwiesen. Das Genom ist kein monokausales *Programm* und seine Abfolge kein alles bestimmender *Code*. So beliebt die Deutung des Genoms als *Information* ist, so wenig ist damit seine Rolle und Funktion wirklich erklärt.[6] Selbst der Begriff der *Wechselwirkung* setzt die Unterscheidbarkeit verschiedener Wirkungsebenen voraus, die bei näherem Zusehen wohl eher eine komplexe Einheit bilden.[7] Sollen aber ein deterministisches Missverständnis der Genetik, eine daraus folgende ‚Genetisierung' der Vorstellungen, die wir uns vom Menschen und der menschlichen Gesellschaft machen, sowie dementsprechend falsche Hoffnungen in die molekulargenetische Medizin vermieden werden, ist nichts so dringlich wie das richtige naturwissenschaftliche Verständnis der komplexen Zusammenhänge von Genom, Proteom, Physiom, Umwelt und Verhalten. Gerade dieses Verständnis können wir jedoch angesichts der derzeit unabgeschlossenen Forschungslage und der mit ihr verbundenen vorläufigen Theoriebildung noch nicht haben. Erst wenn wir sicher sein können, die humanbiologischen Zusammenhänge umfassend und richtig einzuschätzen, können wir uns auch hinsichtlich der humanen und sozialen Perspektiven dieser Forschung abschließende Klarheit erhoffen.

Besondere Aufmerksamkeit innerhalb der Entwicklungsbiologie haben diejenigen Vorgänge gefunden, bei denen sich aus noch undifferenzierten Vorläuferzellen, den *Stammzellen*, differenzierte Zelltypen bilden.[8] In bestimmten Bereichen – wie etwa der Bildung von Blutzellen – gibt es solche Neubildungsprozesse über den gesamten Lebensverlauf eines Organismus hinweg. Verstärkt findet die Bildung von spezialisierten Zellen aus noch undifferenzierten Zellen am Anfang des Lebens eines menschlichen Organismus statt, wenn sich aus der befruchteten Eizelle durch Zellteilung *totipotente Zellen* bilden, d. h. solche, aus denen sich jeweils noch ein ganzer Organismus zu bilden vermag. Auf dieses Stadium folgt im Blastozystenstadium, d. h. nach 4–5 Tagen der Entwicklung, die Ausbildung von *Zellen,* die nach gegenwärtigem Kenntnisstand *pluripotent* sind. Dem Embryo entnommen, lassen sie sich unter Kulturbedingungen als Zelllinien vermehren und zur Bildung sehr verschiedener Zelllinien anregen.

Wie der Transfer eines Kerns einer Körperzelle in eine entkernte Eizelle beim Schaf *Dolly* gezeigt hat, lassen sich sogar differenzierte Zellkerne in einen embryonalen Zustand zurückversetzen. Damit erweisen sich Grenzen als durchlässig, die nach dem sog. *Baerschen Gesetz* als undurchbrechbar erschienen: nämlich jenem Gesetz des Embryologen K. O. von Baer, nach dem jeder Entwicklungsschritt mit dem Verlust von Potenzen verbunden ist und dementsprechend die embryonale Entwicklung irreversibel von der alles könnenden befruchteten Eizelle zu den differenzierten Zellen des Organismus fortschreitet. Freilich zeigt sich, dass auch die

---

6 Vgl. dazu den Beitrag von D. Lanzerath in diesem Band.

7 Vgl. dazu näher den Beitrag von E. F. Keller in diesem Band.

8 Vgl. dazu ausführlicher den Bericht der Enquete-Kommission Recht und Ethik der modernen Medizin (2002): Stammzellforschung und die Debatte des Deutschen Bundestages zum Import von menschlichen embryonalen Stammzellen, Berlin.

adulten Stammzellen, d. h. jene noch im heranwachsenden bzw. erwachsenen Organismus sich findenden Vorläuferzellen spezialisierter Zellen, sich unter bestimmten Bedingungen dazu anregen lassen, auch andere als die Zelltypen zu bilden, die sie gewöhnlich hervorbringen.[9]

Hier setzt die Vision der molekularen Medizin an, mit Hilfe der Einsicht in die frühen Entwicklungsstadien des menschlichen Lebens dessen ureigene Potentiale erkennen und gezielt nutzen zu können. Dabei geht es vor allem um die Schaffung von *Zellersatzstrategien,* die Mutationen korrigieren bzw. bereits aufgetretene Krankheiten heilen sollen.[10] Gelänge dies, wäre ein uralter Traum der Medizin der Verwirklichung ein Stück näher gerückt, nämlich krankes Leben mit den Kräften des Lebens selbst heilen zu können. Ob dies in breiterem Umfang möglich werden wird, ist nach dem Stand der gegenwärtigen Forschung noch nicht zu sagen. Freilich wird auch dann das Gesetz des Lebens, dem gemäß komplexere Organismen eine grundsätzlich irreversible Entwicklung von der Zeugung bis zu ihrem Tod nehmen und folglich zum Leben von Beginn an der Tod gehört, nur an bestimmten Stellen korrigiert, nicht aber aufgehoben werden.

Nirgendwo stößt die Intention, krankes Leben mit Hilfe der Kräfte des Lebens zu heilen, auf so gravierende ethische und rechtliche Probleme wie in der Stammzellforschung. Denn die Gewinnung embryonaler Stammzellen ist bislang nicht anders möglich als durch Zerstörung embryonalen menschlichen Lebens. Umso dringlicher ist die ethische und rechtliche Frage, inwieweit Forschung an embryonalen Stammzellen notwendig und vertretbar ist.[11] Wie der Blick auf die Breite der hierzu entwickelten Forschungsansätze zeigt, wäre es jedoch falsch, die Frage, in welcher Weise die molekulare Medizin den human und sozial hochrangigen Zielen zu dienen vermag und welche Herausforderung sie an ihre gesellschaftliche Implementierung stellt, auf die Forschung der an embryonalen Stammzellen und die damit verbundene Frage des Schutzes frühen menschlichen Lebens zu reduzieren.[12]

II.

Das erste potentielle Anwendungsfeld der in Frage stehenden Forschungen ist der Bereich der *klinischen Medizin.*[13] Während die tradierte Medizin vom phänotypischen Bild einer Krankheit ausgeht, um dann deren anatomischen ‚Ort' zu bestimmen, die gestörte Physiologie zu kennzeichnen und nach Möglichkeit die Ursachen jener Störung aufzuklären, versucht die molekulare Medizin, dem phäno-

---

9 Vgl. näher Honnefelder L., (2001): Ethische Aspekte der Forschung an humanen embryonalen Stammzellen, in: Bonner Universitätsblätter, 27–32.

10 Vgl. näher die Beiträge von N. Paul und D. Ganten sowie LeRoy Walters in diesem Band.

11 Vgl. näher Anm. 8 u. 9.

12 Vgl. die Problemübersicht in dem Beitrag von L. Siep in diesem Band.

13 Vgl. die Beiträge von H. Jäckle, N. Paul und D. Ganten, LeRoy Walters, L. Trümper in diesem Band.

typischen Befund bei diesem Befund stets auftauchende genotypische Charakteristika zuzuordnen und deren Wechselwirkung mit anderen internen und externen Faktoren aufzuklären. Oft kann die tradierte Medizin nur die Symptome kurieren, nicht aber die – zu wenig bekannten – Ursachen beeinflussen. Die molekulare Medizin erhofft sich Aufklärung dieser Ursachen, um auf der molekularen Ebene selbst – und dies am besten bereits vor Ausbruch der Krankheit – eingreifen zu können.

Der Weg zu einer durch solche Verfahren erweiterten Medizin hat freilich gerade erst begonnen und die Entwicklung der erstrebten diagnostischen und therapeutischen Mittel wird noch erhebliche Zeit in Anspruch nehmen.[14] Der Grund liegt in der Schwierigkeit, die die Funktionsanalyse des Genoms mit sich bringt. Welche Gene auf welchem Chromosom sind für die Achsenausrichtung des embryonalen Organismus und die Lokalisation bestimmter Organe spezifisch, welche für die zeitliche Abfolge dieser Entwicklung? Welche Phänomene im Genom korrelieren mit welchen Störungen und wie wirken Umweltfaktoren und Verhalten auf die Ausprägung und die Auswirkung der genetischen Faktoren ein? Anfangserfolge in dieser Analyse bei einfacheren Organismen haben einige der grundsätzlichen Zusammenhänge in den verschiedenen Wechselwirkungen erkennen lassen. Doch ist die Aufklärungsarbeit für den menschlichen Organismus im Wesentlichen erst noch zu leisten.

Hier liegt die große Herausforderung für die Forschung in der molekularen Medizin. In dem Maß, in dem sie gelingt, wird die Medizin nicht nur erheblich mehr über den Organismus wissen. Die Anwendung dieses Wissens wird die klinische Medizin auch verändern.[15] Dies gilt zunächst *methodisch*: Klinische Medizin wird in vielen Bereichen durch einen neuen Methodenverbund gekennzeichnet sein, der Biochemie, Genetik, Zellbiologie und vieles mehr umfasst. Die molekulare Sicht, die diese Methoden verbindet, wird für die medizinische Perspektive zu einer der wesentlichen Grundlagen. Die Veränderung der Medizin betrifft aber auch das Spektrum der *klinisch einsetzbaren Möglichkeiten*: Es wird von einer neuartigen Diagnostik über eine erweiterte Prävention bis hin zu einer auf molekularer Ebene intervenierenden Medikation reichen.

Eine so tief greifende Veränderung der Medizin stellt zwangsläufig eine humane und soziale Herausforderung dar. Eine erste Herausforderung liegt im *medizinischen Ansatz* selbst: Wie kann der für die Ursachenaufklärung erfolgreiche Prozess der Segmentierung einzelner Ursache-Wirkungs-Zusammenhänge anschließend in umgekehrter Richtung beschritten werden, um die Einheit des individuellen organischen Geschehens und seine Einbettung in einen konkreten Lebenskontext und eine individuelle Biographie wieder in den Blick zu bekommen?[16] Denn nicht die Krankheit bzw. die zu ihr führende Disposition ist Gegenstand des

14 Vgl. die Ausführungen in den Beiträgen von M. M. Nöthen und P. Propping in diesem Band.
15 Zu den Einzelheiten vgl. den Beitrag von N. Paul und D. Ganten in diesem Band.
16 Vgl. die Überlegungen von C. Wiesemann, H. Haker, G. Hermerén, D. Lanzerath in diesem Band.

ärztlichen Handelns, sondern der individuelle Patient, der an ihr leidet. Und dies gilt umso mehr, als sich die konkreten Wechselwirkungen von Disposition, Umwelt und Verhalten als maßgeblich für das Auftreten von Krankheiten erweisen. Wie wird nun aber der Patient mit der Tatsache fertig, dass seine Krankheit in einem weit stärkeren Maß als im tradierten Krankheitsverständnis als ein *individuelles* Phänomen erscheint, bei dem nur ihn betreffende, schicksalhaft vorgegebene Komponenten sowie durch sein individuelles Verhalten bedingte Faktoren die entscheidende Rolle spielen?[17]

Eine zweite Herausforderung der molekularen Medizin liegt im Bereich von *Verfügung und Allokation*:[18] Wenn es molekulare Kombinationen und Konstellationen sind, die bei der Entstehung von Krankheiten eine maßgebliche Rolle spielen und den viel versprechenden Ansatzpunkt medikamentöser Therapien darstellen, dann werden diese molekularen Komponenten des menschlichen Organismus und ihre Derivate für Forschung und Therapie zu einem neuen, höchst begehrten Gut, und möglicherweise zuletzt auch zu einer handelbaren *Ware*. Darf aber der methodischen Verdinglichung eine unbegrenzte Kommerzialisierung folgen? Was bewahrt davor, den menschlichen Organismus, der als *Leib* identisch ist mit der *Person*, vor der ‚commodification' zu bewahren? Die Lösung, die Verfügung über biologische Substanzen von der *Zustimmung nach Aufklärung (informed consent)* desjenigen abhängig zu machen, dessen Organismus sie entnommen wurden, ist ein wichtiger Schritt, aber nicht die bereits hinreichende Lösung, und ebenso wenig wird der Rückgriff auf den Begriff des *Eigentums* hinreichen, um diese Frage zufrieden stellend zu beantworten.

Gewinnung und Nutzung begehrter, aber knapper Güter sind stets auch eine Frage der *Verteilung* und damit der distributiven Gerechtigkeit. Wer partizipiert an diesen Gütern, wie wird die Forschung finanziert und wie werden ihre Resultate verwendet? Wie kann die Dynamik des Marktes für die Entwicklung der durch die molekulare Medizin möglich gewordenen neuen Produkte genutzt, die ‚commodification' des menschlichen Körpers aber verhindert werden? Zu Recht bestimmt daher die Frage nach dem Umgang mit ‚Biobanken', ‚human biological material' und ‚personal (genetic) data' zunehmend die Diskussion.[19]

III.

Mit den genetischen Daten ist ein zweites Handlungsfeld berührt, nämlich die Nutzung der durch die Humangenomforschung möglich gewordenen *prädiktiven*

---

17 Vgl. dazu die Beiträge von D. Mieth, J. P. Beckmann, R. Damm in diesem Band.

18 Vgl. dazu ausführlicher die Beiträge von D. Dickenson, J. P. Beckmann, R. Damm, D. Beyleveld in diesem Band.

19 Vgl. etwa die in Vorbereitung befindlichen Richtlinien des Europarats zu *Human biological material and personal data* (Steering Committee on Bioethics (2002): Proposal for an instrument on the use of archived human biomedical research, Straßburg).

genetischen Tests.[20] Bekannt geworden sind sie durch die Tests auf monogen verursachte schwere genetische Erkrankungen wie Chorea Huntington. Solche Tests sind aufgrund der erfolgreichen Zuordnung bestimmter Gensequenzen zu bestimmten phänotypischen Krankheitsdispositionen möglich geworden. Sie werden bislang vor allem im Zusammenhang mit der Pränataldiagnostik verwendet und haben dort zu entsprechenden ethischen und rechtlichen Problemen geführt. Doch bleibt die Nutzung prädiktiver genetischer Tests auf monogen übertragene Krankheiten begrenzt, weil die auf solche Weise vererbten Dispositionen nur den Ausnahmefall unter den vererbten Krankheiten darstellen – und auch hier findet eine Wechselwirkung mit anderen Faktoren statt, die Ausbruch und Verlauf der Krankheit beeinflussen. Der Regelfall sind demgegenüber genetische Anlagen, die in Wechselwirkung mit anderen Faktoren zu Krankheitsdispositionen oder Krankheiten führen und deshalb nur eine Empfänglichkeit begründen bzw. nur mit mehr oder minder großer Wahrscheinlichkeit zu den jeweiligen phänotypischen Erscheinungen führen.

Solche multifaktoriellen Dispositionen sind für Prävention und Diagnose von großer Bedeutung, gehören doch zu ihnen gerade die Dispositionen, die im Zusammenhang von häufig auftretenden Erkrankungen wie Diabetes, Krebs- und Herzerkrankungen eine Rolle spielen. Auf solche Dispositionen bezogene prädiktive genetische Tests spielen gegenwärtig nur eine geringe Rolle. Zum einen ist die Funktionsanalyse des menschlichen Genoms noch nicht weit genug fortgeschritten, um diese Dispositionen mit hinreichender Aussagekraft zu identifizieren, und zum anderen sind die bisherigen Testverfahren kompliziert und aufwändig. Dies wird sich in der Perspektive molekularer Medizin ändern, wenn die Funktionsanalyse weiter fortgeschritten ist und leicht zugängliche und breit einsetzbare Tests in Form von DNA-Chips zur Verfügung stehen.

Für die klinische Medizin werden diese Testverfahren möglicherweise zu einem festen Bestandteil werden und ihre präventive und therapeutische Wirksamkeit verbessern. Freilich werden auch hier in weiten Bereichen die Verfahren im Einzelnen erst zu entwickeln und in ihrer Qualität und Validität zu sichern sein. Schon jetzt aber ist absehbar, dass das neue prädiktive Wissen nicht nur für die gewünschten und als hochrangig zu bewertenden Ziele nutzbar ist, sondern auch anderen Zwecken dienen kann, die ihrerseits höchst ambivalenter Natur sind. Und selbst die medizinische Anwendung bringt Fragen mit sich, die beantwortet werden wollen, soll der medizinische Nutzen auch human und sozial verantwortbar sein.[21]

Dazu gehören Fragen nach der Art und Weise, in der die Freiwilligkeit des Tests und die dazu gehörige Aufklärung sichergestellt werden können, wie die gewonnenen Daten vor Missbrauch zu bewahren sind und eine Genetisierung der Gesellschaft vermieden werden kann. Eine Implementierung der Testverfahren,

20 Vgl. dazu ausführlicher die Beiträge von J. Schmidtke und M. M. Nöthen und P. Propping, R. Damm, S. Kruip, H. Haker, A. McCall Smith in diesem Band.

21 Vgl. dazu ausführlicher die Beiträge von R. Damm, J. Taupitz, D. Dickenson, J. P. Beckmann, L. Siep, H. Haker in diesem Band.

die eine angemessene Lösung dieser Fragen enthält, ist freilich leichter gefordert als eingeführt. Die Bindung der prädiktiven Tests auf Krankheiten und Krankheitsdispositionen an gesundheitliche Zwecke und an eine genetische Beratung wird dabei ein wichtiges Instrument sein. Dabei ist aber noch unbeantwortet, auf welchen Wegen – wie etwa einem Arztvorbehalt – eine solche Bindung durchzuführen wäre und wie sie sich auch angesichts von grenzüberschreitendem E-commerce und anderen Zugangswegen sicherstellen lässt. Selbstredend gehört zum verantwortlichen medizinischen Umgang mit prädiktiven genetischen Tests auch die Frage nach dem Schutz der gewonnenen persönlichen Daten und ihrer möglichen weiteren Nutzung für Forschung, die ihrerseits medizinischen Zwecken dient.

Indessen ist die medizinische Nutzung prädiktiver genetischer Tests und ihrer Resultate nur eines der möglichen Anwendungsfelder. Denn prädiktive genetische Tests sind auch von Interesse für die nicht-medizinische Forschung, etwa im Bereich des *Versicherungswesens* und am *Arbeitsmarkt*, wobei durchaus Überschneidungen mit dem medizinischen Bereich auftreten können wie in der Arbeitsmedizin oder der Krankenversicherung.[22] Da es in jedem Fall um Erkenntnisse und deren Resultate geht, die die jeweilige Person oder Personengruppe unmittelbar und nicht selten schicksalhaft betreffen, sind die Persönlichkeitsrechte und der Schutz vor Diskriminierung der Betroffenen berührt. Deshalb verbietet sich jede Nutzung von prädiktiven genetischen Tests am Arbeitsmarkt und im Versicherungsbereich, die gegen die Grundrechte der Betroffenen verstößt. Doch bleiben Abwägungsfragen, wie etwa wenn prädiktives genetisches Wissen dem Versicherer von den Betroffenen selbst vorenthalten wird, um entgegen dem Grundsatz der Vertragsgerechtigkeit günstige Abschlüsse zu erzielen.

Nicht ohne Grund sind deshalb in verschiedenen Ländern Gesetzesvorhaben in Angriff genommen bzw. bereits verabschiedet worden, in denen versucht wird, die mit der Nutzung genetischer Tests verbundenen ethischen und rechtlichen Fragen zu lösen.[23] Dabei werden unterschiedliche Ansätze verfolgt, deren Vorzüge und Grenzen ihrerseits Gegenstand der Diskussion sind, zumal wenn es – wie vom Europarat beabsichtigt[24] – zu völkerrechtlich verbindlichen Mindeststandards kommen soll.

IV.

Eine dritte Erweiterung und Veränderung des medizinischen Handlungsfelds ergibt sich aus der Einsicht der molekularen Medizin in die individuelle Konstitu-

22 Vgl. näher die Beiträge von R. Damm, J. Taupitz, U. Wiesing, M. von Renesse, H. Haker in diesem Band.

23 Vgl. die Beiträge von R. Reusser, A. McCall Smith, Chr. Byk, J. Taupitz, M. von Renesse in diesem Band.

24 Vgl. das in Vorbereitung befindliche Regelwerk des Europarats (s. Fn. 19).

tion des Betroffenen. Sie führt zu einer Veränderung, die man als *Individualisierung* von Diagnose und Therapie bezeichnen könnte. Denn wenn sich das Krankheitsbild in vielen Fällen aus bestimmten individuellen Faktoren ergibt, die erst in ihrem Zusammenwirken auf molekularer Ebene das Krankheitsrisiko oder das akute Auftreten von Krankheiten bewirken, dann wird Krankheit, aber auch Heilung zu einem in ganz neuem Sinne *individual*spezifischen Geschehen.

Ohne Zweifel ist eine solche ‚Individualisierung', wenn sie das Ziel verfolgt, die Wirksamkeit von Therapien zu erhöhen und die Risiken und Nebenwirkungen zu mindern, ein großer Gewinn und deshalb auch ethisch und rechtlich von hohem Rang. Doch ist auch bekannt, dass die zum Projekt der Moderne gehörende Individualisierung stets eine Dialektik in sich birgt. Entsprechend kann ihre medizinisch sich abzeichnende Umsetzung nicht nur wichtige therapeutische Tore öffnen, sondern auch solche verschließen. Dies ist dann der Fall, wenn die Individualisierung zu einer unangemessenen Risikoübertragung auf den Einzelnen führt, wenn das Arzt-Patient-Verhältnis der Gefahr einer nicht begrenzbaren ‚Durchsichtigkeit' ausgesetzt wird oder wenn sich der Schwerpunkt einseitig von der Therapie auf die Prävention verschiebt und festgestellte individuelle Krankheitsdispositionen zur Stigmatisierung der Betroffenen führen.

Die mit einer individuellen Anwendung der molekularen Medizin verfolgten diagnostischen und therapeutischen Intentionen sind offensichtlich so eng mit der Gefahr nicht erwünschter sozio-kultureller Nebenwirkungen verbunden, dass es genauer Analyse bedarf, um den Gewinn des medizinischen Fortschritts zu wahren, gleichzeitig aber die möglichen Belastungen vermeiden zu können. Dabei wird zu prüfen sein, ob das Ensemble der herkömmlichen medizinethischen Kriterien zur Bewältigung dieser Aufgabe ausreicht oder ob Erweiterungen bzw. Akzentverschiebungen erforderlich sind. Insbesondere wird die mit der Individualisierung der Medizin verbundene Gefahr einer Verschärfung des Verteilungsproblems der vorhandenen Ressourcen besonderer Beachtung bedürfen.

Wie in den anderen neuen Handlungsfeldern der molekularen Medizin ist auch im Fall der individualisierten Diagnostik, Therapie und Prävention die Frage aufgeworfen, wie sich die *ethischen* Aspekte der Beurteilung mit den *rechtlichen* Kriterien einer Regelung zu verbinden haben und inwieweit dabei die dem Schutz des Individuums dienenden Rechte – darunter insbesondere das der Selbstbestimmung – mit dem Gedanken der Fürsorge und der Solidarität zu verbinden sind.

V.

Die im vorliegendem Band behandelten Anwendungsfelder der molekularen Medizin sind nicht mit der Art von Problemen verbunden, wie sie sich bei der Verfolgung von Zielen wie der Keimbahnintervention, der Klonierung von Menschen oder dem Genomdesign durch Embryonenselektion stellen. Sie betreffen nicht das Genom zukünftiger Personen und sind nicht mit dem Problem eugenischer Selektion verknüpft. Doch beziehen sie sich in Einsicht wie in Eingriff auf die dem Menschen eigene Natur, und dies in einer die Routine der Medizin – von der Diagnostik bis zur Therapie – tief verändernden Weise. Da sich dies eng mit der Möglichkeit prekärer Nebenwirkungen und der Gefahr des Missbrauchs verbindet und die Neuheit den Rückgriff auf bewährte Normen erschwert, wird – wie nur in wenigen anderen Feldern wissenschaftlichen Fortschritts – die medizinische Entwicklung mit der Analyse und Prüfung der Umsetzungsszenarien verbunden sein müssen. Nur die Auseinandersetzung mit den zu erwartenden individuellen wie kollektiven Konsequenzen der neuen Erkenntnisse und Techniken wird die im Gang befindliche wissenschaftliche und medizinische Entwicklung zu einem allseits befriedigenden humanen Fortschritt werden lassen.

I. Genomforschung: Wissenschaftliche Möglichkeiten, kulturelle und soziale Herausforderungen

Zu Beginn des Jahres 2001 wurden die Ergebnisse der Sequenzierung des menschlichen Genoms publiziert. Das Ereignis wurde weltweit als ein Durchbruch gefeiert, der die Hoffnung weckt, Einsichten in bislang verborgene Grundlagen des Lebens zu eröffnen. Aber es regten sich auch Stimmen der Besorgnis im Blick auf das Missbrauchspotenzial dieser Ergebnisse. Umso mehr stellt sich die Frage, welche Art von Wissen uns nun zur Verfügung steht und welches Wissen wir noch brauchen, um die Funktionsweise des Genoms in der Gesamtheit des Organismus und seines Verhaltens zu begreifen. Nur wenn wir auch verstehen, was wir durch Sequenzierung und Kartierung des menschlichen Genoms und durch Struktur- und Funktionsanalyse neu wissen und wissen werden, können wir die durch die Erforschung des menschlichen Genoms eröffneten Perspektiven verantwortlich nutzen.

Evelyn F. Keller

Genetischer Determinismus und *Das Jahrhundert des Gens*

Angetrieben durch die Erwartung, die Kenntnis unserer DNS-Sequenz würde uns sogleich erschließen, wer wir sind, wurde 1990 in den Vereinigten Staaten die Finanzierung für den Start eines der ehrgeizigsten wissenschaftlichen Vorhaben aller Zeiten gesichert. Ich beziehe mich natürlich auf die Humangenominitiative. Seitdem blieb das Tempo des Unternehmens unnachgiebig rasant und schon vor Ablauf des Jahrzehnts war die Ziellinie bereits in Sicht. Im Februar 2001 veröffentlichten zwei rivalisierende Gruppen die Ergebnisse ihrer ersten Auswertung dieser unschätzbaren Information; ihr Bericht sorgte weltweit für Schlagzeilen. Menschen, so ein zentrales Ergebnis, haben bei weitem weniger Gene als erwartet – anscheinend nur ein Drittel mehr als der gemeine Rundwurm. Wie kann das sein? Und was bedeutet es? Sind wir wirklich wenig mehr als einfache Würmer? Die Nachricht über das Ausmaß unserer Verwandtschaft mit allen lebenden Spezies bietet Anlass sowohl für Staunen wie auch für Bescheidenheit. Aber gleichzeitig fordert sie eine gewisse Ungläubigkeit, und zwar nicht nur aufgrund des menschlichen Stolzes. Auch die bloße Betrachtung der offensichtlichen Vielfalt des Lebendigen macht uns stutzig, da wir uns fragen müssen: Was, wenn nicht die Anzahl (und in vielen Fällen auch die Merkmale) der in unserer DNS kodierten ‚Gene', erklärt die außergewöhnlichen Unterschiede zwischen lebenden Organismen? Was lässt uns zu Menschen werden, anstatt zu Würmern, Fliegen oder Mäusen? Es stellt sich also unvermeidlich die Frage, ob die Kenntnis unserer DNS-Sequenz uns wirklich Aufschluss darüber geben kann, wer wir sind.

Doch nicht alle waren von dieser Nachricht erschüttert. Während Leser der populären Presse eventuell staunten, waren nur wenige der in der molekularen Genetik forschenden Biologen überrascht. Zugegeben, sie hatten erwartet, mehr menschliche ‚Gene' zu finden, doch sie waren sich schon länger darüber bewusst, dass DNS-Sequenzen nur einen Teil der Geschichte über die Entstehung von Organismen darstellen, ja sogar nur einen Teil dessen, was wir mit dem Wort ‚Gen' meinen. Sie begreifen, dass z. B. den räumlichen und zeitlichen Expressionsmustern eines Gens eine wichtigere Rolle zukommt als der Struktur dieses ‚Gens'. Sie wissen auch, dass keine einzige Definition des Wortes ‚Gen', für sich allein betrachtet, als hinreichend gelten kann. Von den vielen Definitionen, die erforderlich sind, um den heutigen Gebrauch des Wortes zu verstehen, gibt es zwei, die besonders deutlich hervortreten: Eine bezieht sich auf einen bestimmten Bereich der DNS, die andere auf die Einheit der Boten-RNS, die bei der Synthese eines bestimmten Proteins zum Einsatz kommt. Die Anzahl der Gene letzteren Typs ist tatsächlich viel größer als die des ersten Typs (gegenwärtige Schätzungen gehen von mehr als zehnmal aus), weil viele verschiedene ‚Gene' aus einem einzigen Abschnitt der DNS konstruiert werden können. Da der genaue Verwendungskontext des Wortes dessen Bedeutung klarstellt, treten unter Biologen nur äußerst selten Probleme bezüglich seines Gebrauchs auf. Dies ist aber nicht der Fall für die meisten Leser. Außerhalb des Labors können solche linguistischen Unbestimmtheiten für Missverständnisse und Verwirrung sorgen – nicht nur bezüglich der Anzahl unserer Gene, sondern auch in Verbindung mit Fragen über deren Zusammensetzung, Bestimmungsort, Verhalten und – vermutlich am wichtigsten – über die Funktion von Genen.

Die gute Nachricht

Die gute Nachricht ist, dass Forschung im Bereich der Genetik noch nie so spannend war wie heute; über die letzten Jahrzehnte expandierte unser Wissen in einem spektakulären Ausmaß, und zwar sowohl in die Tiefe wie auch in die Breite. Mit jedem Schritt wird das von Biologen gezeichnete Bild der Rolle von Genen in der Entwicklung immer komplexer und anspruchsvoller. Zugleich wird aber immer auffälliger, wie sehr dieses Bild dem einfachen Mantra trotzt, mit dem sie begonnen haben. Das Wort ‚Gen' wird der Genialität der Mechanismen, die an der Zusammensetzung von Organismen beteiligt sind, einfach nicht gerecht. Die Evolution hat verwickelte hierarchische Strukturen der biologischen Organisation hervorgebracht, die auch unsere erfahrensten Ingenieure mit Ehrfurcht erfüllen. Denn für alle diese Strukturen gilt, dass die Funktion nicht von dem Merkmal der betroffenen Komponenten abhängt, sondern von komplexen Netzwerken der Interaktion. Öfters bildet das Resultat solcher Interaktionen wiederum selbst eine Rückschleife zur Ebene der genetischen Transkription und bedingt dadurch die Aktivierung bestimmter Abschnitte der DNS (eine der Definitionen des Wortes ‚Gen'), doch die Prinzipien, nach denen solche Netzwerke operieren, sind nicht in der bloßen Sequenz von Nukleotiden zu finden.

Unser neues Verständnis der komplexen Wechselwirkungen genetischer Prozesse sollte einen erheblichen Einfluss auf die Art und Weise haben, wie wir grundsätzliche Fragen behandeln, wie etwa darüber, ob bestimmte Eigenschaften angeboren oder erworben sind. Welchen Einfluss dieses neue Wissen genau haben könnte, kann ich nur schildern, indem ich einen kurzen Überblick über die traditionelle Behandlung dieses Problems – sowie der sie begleitenden Missverständnisse – gebe.

Angeboren oder erworben? Ein Überblick

Früher dachten wir, die Unterscheidung zwischen angeborenen und erworbenen Eigenschaften sei eine eher simple Angelegenheit. Als angeboren gelte alles, womit ein Mensch geboren wurde, was von innen kommt; als erworben entspreche alles, was er oder sie nach der Geburt erwirbt, d. h. was von außen kommt. Doch bedenkt man, dass zahlreiche Eigenschaften erst nach der Geburt auftreten – in einigen Fällen sogar sehr spät nach der Geburt – und zugleich, dass sie dennoch als typisch für die spezifische Abstammungslinie der Familie gelten, war die Idee, dass es Eigenschaften gibt, die zwar bei Geburt noch nicht vorhanden, doch im gewissen Sinne ‚angeboren' sind, nur schwer zu widerlegen. Anfang des vorigen Jahrhunderts hat Archibald Garrod diese Idee in ‚Inborn Factors in Disease' ausdrücklich formuliert, und daraufhin schien die Sprache der Genetik dem Begriff des Angeborenen eine genauere und angeblich handfeste Bedeutung zu verleihen. ‚Angeboren' bezog sich nunmehr weder auf die bei der Geburt bereits vorhandenen Eigenschaften noch auf die allgemeine physikochemische Ausstattung, mit der man geboren wurde – und die das spätere Entstehen bestimmter Eigenschaften herbeiführen könnte. ‚Angeboren' bezog sich nunmehr auf die Kräfte bestimmter materieller Determinanten, die sich im Nukleus versteckt hielten und später hervortretende Eigenschaften verursachten. Diese materiellen Determinanten waren die Gene. Mit einer bemerkenswerten Geschwindigkeit wurde die Dichotomie zwischen ‚angeboren' und ‚erworben' durch eine neue ersetzt – die zwischen ‚genetisch' und ‚umweltbedingt'. Somit wurden einige Eigenschaften als durch die Gene verliehen (bzw. determiniert) betrachtet, andere dagegen als das Resultat von Umwelteinflüssen.

Bereits in den ersten Tagen sorgte diese Dichotomie zwischen Genen und der Umwelt für Verwirrung. Erstens gab es das Problem, was überhaupt als Umwelt zu betrachten sei. Schließt sie auch den Familienkontext, den intrauterinen Kontext, den zellulären Kontext ein? Tatsächlich kann man das Wort auch so verstehen – und es wurde oft so verstanden –, dass es alles außerhalb des Gens einschließt, wodurch die unmittelbaren Kontexte zwischen Genen und der äußeren Umwelt in eine nachhaltige Vergessenheit geraten.[1] Zweitens bestand ein Problem in der genauen Bestimmung dessen, was es bedeutet zu sagen, dass eine Eigenschaft genetisch (bzw. durch die Umwelt) determiniert sei. Fassen wir eine Eigenschaft als „insofern genetisch determiniert, als die Gene das einzige Mittel für ihre normale Entwicklung sind"[2], müssten wir sagen, dass keine Eigenschaft genetisch determiniert ist, aus dem ersichtlichen Grund, dass sich überhaupt nichts entwickeln würde, wenn Gene die einzige Ressource wären.

So viel ist tatsächlich immer schon klar gewesen. Wenn sich klassische Genetiker auf genetische Determination bezogen haben, so meinten sie damit – genau wie moderne Genetiker – ein eher bescheideneres Verständnis des genetischen Einflusses; etwa im Sinne dessen, was heute gelegentlich ‚genetische Spezifika-

---

1 Gleichzeitig lädt diese Vorstellung dazu ein, allen biologischen Prozessen, die selbst nicht streng genetisch sind, eine Passivität zuzuschreiben. Somit wird die Rolle extragenetischer Komponenten der Rolle externer Umwelteinflüsse gleichgesetzt, die – wie etwa erforderliche Ressourcen oder das Klima – lediglich materielle Existenzbedingungen liefern (vgl. Keller 1995, Kap. 1).

2 Vgl. z. B. Mameli 2001 a, 384.

tion' genannt wird, wonach Genen lediglich eine gewisse Rolle bei der Determination einer Eigenschaft zukommt.[3] Doch auch diese vorsichtige Definition beseitigt noch nicht alle Probleme. Erstens, und am offensichtlichsten, würden nach dieser Definition so viele Eigenschaften unter die Kategorie *genetisch spezifiziert* fallen (vermutlich die Mehrheit aller interessanten Eigenschaften), dass sie zu explodieren drohen würde. Des Weiteren könnte jede dieser Eigenschaften genauso gut aufgefasst werden, als wäre sie durch die Umwelt spezifiziert. Man muss sich dann fragen: Was nützt es überhaupt, wenn wir uns für die eine oder die andere Beschreibung entscheiden? [Diese Frage ist natürlich rhetorisch gemeint, denn die Antwort – oder zumindest ein Teil der Antwort – liegt auf der Hand: Die Entscheidung dient dazu, unsere Aufmerksamkeit und unsere Ressourcen zu lenken.] Selbstverständlich ist keiner so töricht zu glauben, man könnte die Frage, ob bestimmte wesentliche Eigenschaften angeboren oder erworben sind, mit einer Entweder-Oder-Antwort lösen. Ein hinreichend bekannter Ausweg aus derartigen Dilemmata besteht darin, einzuräumen, dass alle in Frage kommenden Eigenschaften sowohl genetisch wie auch durch die Umwelt ‚spezifiziert' werden bzw. dass sie das Produkt einer Wechselwirkung zwischen Genen und der Umwelt sind, um sich dann auf die Frage zu konzentrieren, welcher Anteil der kausalen Einflüsse auf eine Eigenschaft genetischer Natur und welcher der Umwelt zuzuschreiben sei.

Allerdings verbergen sich hinter diesem Zug noch weitere Probleme. Während ein solcher Kompromiss zunächst besonders vernünftig erscheint, schließt er sich tatsächlich einer eher berüchtigten Geschichte an. Das Hauptproblem liegt darin, dass unsere Bemühungen, Genen bzw. der Umwelt ihren Anteil an Verantwortung für biologische Eigenschaften zuzumessen, bisher hoffnungslos mit der Einschätzung einer technischen Quantität, nämlich der ‚Erblichkeit', verknüpft war (und es immer noch ist). Was ist Erblichkeit? Ein Schwerpunkt meines Buchs *Das Jahrhundert des Gens*[4] liegt in der Schwierigkeit (eigentlich Unmöglichkeit), sich an einer einzigen Definition für Johannsens kleines mächtiges Wort ‚Gen' zu beschränken. Hier haben wir es mit einem ähnlichen Problem zu tun. ‚Erblichkeit' bezieht sich in diesem Zusammenhang nicht auf die Wahrscheinlichkeit, mit der eine Eigenschaft eines Elternteils an dessen Nachkommen weitergegeben wird, sondern auf die relative Auswirkung genetischer Variation auf die Variation im Phänotyp innerhalb einer Bevölkerung von Organismen, die sich sowohl in ihrer genetischen Konstitution wie auch in der Geschichte der jeweils von ihnen erfahrenen Umwelt unterscheiden. Eine nicht einfache Definition, doch leider nicht durch eine beliebig simplere zu ersetzen – nicht zuletzt, weil das Zusammenwürfeln beider Bedeutungen des Wortes viele Jahre für Verwirrung sowohl unter Bio-

---

3 Eine genauere Definition liefert Matteo Mameli (Mameli 2001, 384). Er schreibt: „Eine Eigenschaft ist genau dann genetisch spezifiziert, wenn (1) es Gene gibt, die eine (gleich – ob große oder kleine) Rolle in der normalen Entwicklung der genannten Eigenschaft spielen, und (2) man kann die Evolution der Eigenschaft verfolgen, indem man ausschließlich den Einfluss der Selektion auf diese Gene verfolgt."

4 Keller 2000.

logen wie auch unter Laien gesorgt hat. Tatsache ist, dass ‚Erblichkeit' im technischen Sinne eine Eigenschaft von Bevölkerungsgruppen und nicht von Individuen ist, und ihre Messung sagt uns viel mehr über unsere Stichprobenverfahren – über das Maß an Umweltvariation bzw. genetischer Variation, das man untersuchen möchte –, als es uns über Erblichkeit im umgangssprachlichen Sinne – d. h. über die Vererbung individueller Eigenschaften – Auskunft gibt.

Eine andere bekannte Strategie, nämlich der Bezug auf ‚genetische Veranlagung', birgt ebenfalls eigene Probleme. Eigentlich bereitet es die gleichen Probleme wie die Rede vom genetischen Determinismus. Was Elliot Sober bezüglich der angeborenen Veranlagung für Überzeugungen zu sagen hat (er schreibt: „es wird trivialerweise wahr, daß alle Überzeugungen angeboren sind"; folglich führt die Rede von einer solchen Veranlagung „zu einem Kurzschluß in der Kontroverse, anstatt sie zu lösen")[5], könnte genauso gut für die genetische Veranlagung für Eigenschaften gelten.

Vielleicht sollten wir nicht überrascht sein. Die Beiträge von Genen und der Umwelt sind nicht nur verschiedener Art (d. h. sie können auch eigentlich nicht verglichen werden bzw., wie Sober es formuliert, sie „entspringen nicht einer gemeinsamen Währung"[6]) und somit nicht zu entkoppeln, sondern sie sind dermaßen miteinander verflochten, dass man ernste Zweifel über die bloße Möglichkeit einer sinnvollen Arbeitsteilung zwischen ihnen hegen muss. Der Beitrag eines Gens – man könnte auch sagen, die eigentliche Bedeutung eines Gens – ist vollkommen abhängig von seiner unmittelbaren Umgebung (dem Vorhandensein bestimmter Transkriptionsfaktoren, Translationsmechanismen, usw.). Es wäre aber ebenso sinnlos von Umwelteinflüssen – ob unmittelbare oder entfernte – zu sprechen, ohne Bezugnahme auf einen genetischen Apparat. Sobald wir einen Organismus haben, der in seiner typischen Umwelt lebt, macht es durchaus Sinn von Veränderungen zu sprechen, die durch eine spezifische Modifikation entweder seiner genetischen (oder epi-genetischen) Konstitution oder von bestimmten Umweltvariablen (wie auch immer man sie definiert) herbeigeführt werden. Doch es macht keinen Sinn vom relativen Beitrag einer dieser Variablen zur vorhandenen Konstruktion des Organismus zu sprechen.

In diesem Sinne könnte die Entstehung eines Organismus mit dem Backen eines Kuchens verglichen werden. Fragen wir uns, was das Backen eines Kuchens beinhaltet, so könnten wir antworten: Erstens – Zutaten; zweitens – bestimmte Arbeitsabläufe mit diesen Zutaten; drittens – ein gewisses Fachkönnen. Auch wenn wir die Rolle des Fachkönnens ausklammern, wird klar, dass wir die Zutaten und Arbeitsabläufe, die zum Backen eines Kuchens gehören, nicht im Sinne eines addierbaren Ganzen voneinander trennen können. Das heißt, wir können einen Kuchen nicht als die Summe seiner Zutaten einschließlich der erforderlichen Arbeitsabläufe darstellen. Da die Wirkungen der verschiedenen Zutaten und die mit ihnen

5 Sober 1999, 795.
6 Sober 1994, 193.

ausgeführten Arbeitsabläufe dermaßen miteinander verflochten sind, müssen wir hinnehmen, dass ein Kuchen in diesem Sinne nicht zerlegt werden kann.

Dasselbe muss vom Organismus gesagt werden. Die verschiedenartigen Wirkungen genetischer und aus der Umwelt stammender Faktoren greifen so aussichtslos ineinander, dass Susan Oyama und andere Befürworter des *developmental systems approach (DSA)* sogar den Begriff der ‚Interaktion' in Frage stellen. ‚Interaktion', so das Argument, setzt bereits die Möglichkeit einer unabhängigen Beschreibung der beiden beteiligten Domänen voraus. Deshalb schlagen sie vor, diesen Begriff aufzugeben, um unseren Blick weg von einer sich auf zwei getrennte Domänen verteilten Elementenliste und hin zu den fortwährenden Prozessen eines ‚konstruktivistischen Interaktionismus' zwischen solchen Elementen zu wenden.[7] In einem ähnlichen Sinne argumentiert Paul Griffiths, dass „der Begriff [des Angeborenen] unwiederbringlich verworren" ist und deshalb ebenfalls aufgegeben werden sollte.[8] Vieles spricht für den *developmental systems approach*, doch bislang war es nicht einfach einen dermaßen radikalen Ansatz experimentell zu belegen. Kritiker – auch solche, die mit dem Ansatz sympathisieren – weisen darauf hin, dass wir mit Begriffen und Kategorien anfangen müssen, die zumindest ansatzweise sowohl auf Alltagsintuitionen wie auch auf experimenteller Zugänglichkeit begründet sind.

Was ich mitunter an der neuen Genetik so spannend finde, ist, dass sie uns möglicherweise einen solchen Ausgangspunkt bieten wird. Aufgrund der außerordentlichen Interaktivität, die Biologen nach und nach entdecken, wurde es zunehmend schwieriger, sowohl den Grad wie auch die genaue Art des genetischen Einflusses zu bestimmen. Die Wirkung, die eine bestimmte DNS-Sequenz auf den Phänotyp eines Organismus hat, hängt in einem kritischen Maß von den Sequenzen in anderen Bereichen des Genoms (dem genetischen Kontext), von der unmittelbaren zytoplasmatischen und sogar nuklearen Umwelt, von den Signalen anderer Zellen wie auch von der den Organismus als Ganzen umgebenden Umwelt ab. Wenn Genetiker heute die Wirkung eines Gens beschreiben, bei dem festgestellt wurde, dass es einen Einfluss auf eine Eigenschaft hat, so wird dieser Einfluss immer häufiger mit Hilfe unspezifischer Ausdrücke wie ‚Gen *x* ist beteiligt an' oder ‚hat etwas zu tun mit' beschrieben.

Entdeckungen über die Komplexität der regulierenden Dynamik, die einerseits an der Transkription, Edierung und Translation von Nukleotidsequenzen beteiligt sind und andererseits die Struktur und Funktion von Proteinen steuern, drängen uns, die Dichotomien zwischen genetisch und epigenetisch zu verlassen. In einem ähnlichen Sinne verpflichten sie uns die Dichotomie zwischen Genen und der Umwelt (die moderne Version der Dichotomie zwischen ererbt und erlernt) ebenfalls aufzugeben. Schließlich ist auch die traditionelle Gegenüberstellung von ‚angeboren' und ‚erworben' gefährdet, und zwar im Wesentlichen aus den gleichen Grün-

7 Vgl. Oyama et al. 2001; Oyama 2000, 2003.
8 Griffiths 2002, 70.

den. Der Hauptunterschied zwischen den beiden Dichotomien ist, dass die erstere sich ausschließlich auf das Verhalten von Organismen bezieht, während die letztere etwas allgemeiner ist, indem sie sich sowohl auf die Eigenschaften des ganzen Organismus wie auch auf die seiner Bestandteile anwenden lässt. Die beiden Dichotomien lassen sich jedoch nur schwer auseinanderhalten.

Gewöhnlich wird Verhalten als angeboren bezeichnet, wenn es ‚genetisch programmiert', ‚genetisch kodiert', oder einfach ‚ein Produkt der darwinistischen natürlichen Auslese' ist. Verhalten, welches nicht angeboren ist, wird als ‚erlernt' oder ‚erworben' betrachtet – d. h. als ein Produkt der unmittelbaren Belehrung oder eher indirekter Umwelteinflüsse.[9] Zunehmend bröckelt jedoch auch diese scheinbar offensichtliche Unterscheidung – sowohl in Untersuchungen zur molekularen Basis von Verhalten[10] wie auch in Evolutionsstudien[11]. Ein Teil der Problematik besteht darin, dass das Erlernen bzw. Erwerben neuen Verhaltens stets und unvermeidlich das Produkt einer Wechselwirkung zwischen einem Organismus und seiner Umwelt darstellt. Ein weiterer Teil besteht darin, dass die Abhängigkeit des Lernens von einer solchen Wechselwirkung sich nicht auf die Ebene des ganzen Organismus beschränken lässt: Es bedarf, wie Elman et al. (1996) es formulieren, „Wechselwirkungen bis nach ganz unten".

Genau wie mit Diskussionen über Gene versus Umwelt, so ist auch hier niemand wirklich ein Vertreter eines reinen Nativismus bzw. Empirizismus, insbesondere in Bezug auf unsere psychologischen Eigenschaften. In diesem Sinne schreibt etwa Fiona Cowie: „Beide Seiten stimmen überein, dass unser Geist das Produkt einer komplexen *Wechselwirkung* zwischen Erfahrenem und Angeborenem darstellt."[12]

Warum dann das Theater? Nun, Diskussionen beziehen sich heute überwiegend auf die Frage, inwiefern eine solche Unterscheidung wirklich sinnvoll ist, und, genau wie die allgemeine Auseinandersetzung über ‚angeboren' oder ‚erworben', hat diese Frage eine lange Vorgeschichte. Doch ist es bei weitem nicht selbstverständlich, dass es fundamentale Unterschiede irgendwelcher Art gibt, die uns eine klare Linie zwischen pränataler und postnataler Entwicklung des Gehirns ziehen ließen. Fragen wir uns zum Beispiel, wann das Lernen beginnt. Für viele Neurowissenschaftler ist die Antwort offensichtlich – bei der Geburt. Andere dagegen (z. B. Konnektionisten oder Konstrukteure künstlicher neuronaler Netze, auch einige Experimentalisten) hätten eine andere Antwort: mit der Entstehung von Neuronen. Für Zellbiologen kann (und meistens, wird) die Differenzierung von Neuronen (ihre Entstehung) als ein Prozess der Instruktion oder Programmierung betrachtet werden. Eigentlich kann die gesamte Entwicklung des Gehirns als Lernprozess betrachtet werden, d. h. als fortschreitende Restrukturierung in Reaktion auf (sich verändernde) zelluläre, interzelluläre und aus der Umwelt stammende Signale.

9 Vgl. LeDoux 2002, 29, 82, 85, 90.
10 Vgl. Elman et al. 1996; LeDoux 2002.
11 Vgl. Jablonka, Lamb 1995; Avital, Jablonka 2000.
12 Cowie 1999, 22.

Wenn sich das Denken über biologische Entwicklung in Kategorien wie interne versus externe Faktoren oder auch pränatale versus postnatale Ereignisse nicht bewährt hat, sollten wir vielleicht einen alternativen Zugang versuchen, und zwar indem wir das Problem zugleich in räumlichen und temporalen Kategorien betrachten. Wir haben festgestellt, dass Organismen, genau wie Kuchen, nicht zerlegt werden können. Bleiben wir bei der Kuchen-Analogie, so können wir uns fragen, wie wir den Kuchen in verschiedenen Stadien seiner Entwicklung beschreiben sollten: zum Beispiel beim Anrühren des Teigs; während er in den Ofen geschoben wird; sobald er serviert werden kann? Es leuchtet ein, dass ein Kuchen beim Anrühren des Teigs meistens noch nicht sehr schmackhaft ist. Doch jede Veränderung, die zwischen seinen Entwicklungsstufen eintritt, um ihn zu seinem vollendeten Endzustand zu bringen, hängt von seinem Zustand in der vorangehenden Stufe ab. Die Wirkung jedes neuen Arbeitsschrittes ist eine Funktion dessen, was bereits geschehen ist. Die zeitliche Genauigkeit, mit der einige Schritte eingeleitet werden, wird möglicherweise einen bei weitem geringeren Einfluss auf das Endergebnis haben als die Genauigkeit anderer Schritte. Die Empfindlichkeit des Endprodukts für die Menge bestimmter Zutaten, die Mischdauer usw. variiert ebenfalls: Einige Variablen sind entscheidend, andere nicht. Soviel gilt klarerweise auch für Organismen. Doch zusätzlich haben wir es bei Organismen mit anderen Organisationsmerkmalen zu tun, bei denen der Integration einer temporalen und räumlichen Reihenfolge eine hochrangige Rolle zukommt.

Sowohl Organismen wie auch Kuchen bestehen aus Schichten, doch anders als Kuchen sind die Schichten bei Organismen durch Membranen oder Haut getrennt, d. h. sie haben nicht nur Schichten, sondern abgeschlossene Strukturen, die entweder ineinander verschachtelt oder seriell geordnet sind und auch ein Inneres und Äußeres besitzen. Solche Strukturen erlauben eine Spezialisierung in der Art von Interaktion, die zwischen Schichten und innerhalb derselben möglich ist. Genauer gesagt, regulieren Membranen den Durchlauf bestimmter Moleküle und schaffen dadurch eine automatische Unterscheidung zwischen verschiedenen Vehikeln möglicher Interaktion. Da zum Beispiel große Moleküle nicht durch Zellmembranen hindurchtreten können, müssen interzelluläre Signale durch kleinere Moleküle, Synapsen usw. vermittelt werden. In einem ähnlichen Sinne findet die pränatale Kommunikation zwischen Mutter und Fötus sowohl mittels interzellulärer Signale wie auch des Flusses von Substanzen durch die Plazenta statt. Da die Plazenta die Geburt nicht überlebt und interzelluläre Signale – wie sie intern funktionieren (d. h. mit Bezug auf die äußere Haut des Organismus) – zwischen Organismen nicht wirksam sind, muss postnatale Kommunikation anders vermittelt werden: durch Sinneswahrnehmung, z. B. sensomotorische Koordination, und eventuell durch Sprache. Und genau wie bei den Entwicklungsstufen eines Kuchens hängt auch jeder Interaktionsmodus zwischen solchen Strukturen (Zellen, Organen, Organismen) von der vorangehenden Entwicklung der Strukturen selbst ab. Zugleich bahnt ein Interaktionsmodus den Weg für die weitere Entwicklung solcher Strukturen.

Das vorhin gezeichnete Bild einer gestuften Entwicklung findet sein Gegenstück in modernen Theorien der Evolution. Seit der neodarwinistischen Synthese ist es gängige Praxis gewesen, natürliche Auslese mit Genselektion gleichzusetzen, d. h. anzunehmen, dass sie nur auf der Basis von Variationen in der Struktur eines Gens geschehen kann und nur aufgrund von Veränderungen in der Häufigkeit bestimmter Genformen voranschreiten kann. Diese Annahme folgt direkt aus einer anderen, und zwar, dass nur Gene (oder DNS) als Einheit der Vererbung gelten können. Andere Komponenten des biologischen Lebens (z. B. Zytoplasma, Methylierungsmuster, metabolische Zustände, Verhaltensmuster) können zwar von den Eltern auf die Nachkommen übertragen werden (oft sogar über mehrere Generationen), doch da sie im Gegensatz zu Genen nicht ‚selbstreplizierend' sind, können sie nicht als richtige Vererbungseinheiten gelten. Wir haben jedoch festgestellt, dass praktisch nichts in der Biologie ‚selbstreplizierend' ist, und sicherlich nicht Gene. Um überhaupt stattfinden zu können, benötigt die DNS-Replikation Enzyme, und soll sie ordentlich vorangehen, ist auch eine Ausstattung mit umfangreichen zellulären Mechanismen für Korrektur, Edierung und Reparatur erforderlich. Verstärkt durch das bröckelnde Vertrauen in Gene (oder DNS) als einzigartig ‚selbstreplizierende' Entitäten, entstand ein neuer Forschungsbereich, die Erforschung ‚epigenetischer Vererbung', welcher dabei ist, unsere Vorstellungen über die Evolution radikal zu verändern.

Epigenetische Vererbung bezieht sich auf die zuverlässige Übermittlung – über Generationen hinweg – von biologisch relevanter Information jedweder Art, die in der DNS nicht unmittelbar vorhanden ist. Es umfasst Muster der genetischen Prägung (imprinting), Chromatin-Markierung, prionische Faktoren (z. B. in Hefen), kortikale Strukturen (in Paramecien), Verhaltenstraditionen bei höherentwickelten Tieren und Kultur bei Menschen. Die Informationsübertragung in der DNS ist bemerkenswert sowohl wegen ihrer erstaunlichen Beharrlichkeit als auch, weil sie nicht unmittelbar von der Verwertung oder Bedeutung der Information abhängt (so gesehen könnte man DNS als System der syntaktischen Vererbung betrachten). Alle anderen bekannten Formen der Vererbung sind semantisch, d. h. ihre Übertragung ist unmittelbar von ihrer Funktion abhängig. Wir lernen nun, dass die Evolution beide Arten der Vererbung einsetzt – genetische und epigenetische, syntaktische und semantische. Eigentlich setzt sie jede Form der Vererbung ein, und zwar auf eine Art und Weise, die – wie der Kuchen – manchmal auch zerlegbar ist. Kumulative Evolution innerhalb eines Vererbungssystems verändert normalerweise den Selektionsdruck in anderen Systemen und umgekehrt.[13] Das Resultat ist eine Verstrickung einer evolutionären Dynamik, die so komplex ist wie die Entwicklungsdynamik, und von einer Art, die eine ähnliche (und genauso ernsthafte) Herausforderung an traditionelle Unterscheidungen zwischen angeboren und erwor-

13 Eine besonders interessante Diskussion der Bedeutung psychologischer und sozialer Vererbung für die Evolution ist zu lesen in Mameli 2001 b. Ich meine aber, dass die wichtigsten Quellen über epigenetische Faktoren in der Evolution immer noch Avital, Jablonka 2000 und Jablonka, Lamb 1995 sind.

ben oder biologisch und kulturell stellt. Wir könnten sagen, dass komplexe Organismen wie wir kulturell bis ganz unten und biologisch bis ganz oben sind und es übrigens auch immer waren.

Die schlechte Nachricht

Das waren die guten Nachrichten. Die schlechte Nachricht ist, dass nur sehr wenig dieser neuen Raffinesse bezüglich der Bedeutung der Integration von hierarchischen Strukturen (oder Netzwerken) biologischer Steuerung in Entwicklung und Evolution und bezüglich der Rolle der DNS als Teilnehmerin in diesen Netzwerken (und nicht als ihre Dirigentin) die öffentliche Diskussion durchdrungen hat. Die Kluft zwischen dem öffentlichen und technischen Verständnis der Genetik scheint mir tatsächlich so etwas wie einen kritischen Punkt erreicht zu haben, und zwar einen, der dringend unserer Aufmerksamkeit bedarf. Täglich können wir in Zeitungen lesen, wie es Wissenschaftlern gelungen ist, Gene zu identifizieren, die ‚verantwortlich' sind für jede vorstellbare Disposition – nicht nur Schizophrenie und Alkoholismus, sondern auch Homosexualität, Schüchternheit und Partnerwahl. Dies finden wir übrigens nicht nur in Tageszeitungen, sondern auch in vordergründig verantwortlichen wissenschaftsjournalistischen Berichten in etablierten Zeitschriften. Während ich diese Zeilen schreibe, sehe ich vor mir einen Artikel aus der letzten Ausgabe von *Science* liegen mit dem Titel ‚One Gene Determines Bee Social Status'.[14] Wenn ich mich hin und her bewege zwischen universitätsinternen Diskussionen über neueste Ergebnisse der Genforschung auf der einen Seite und öffentlichen Auseinandersetzungen auf der anderen, fällt es auch mir schwer, mich nicht schizophren zu fühlen.

Eigentlich war es eines meiner Ziele, als ich *Das Jahrhundert des Gens* schrieb, eine Brücke zu schlagen zwischen den technischen und eher populären Diskussionen, einfach weil die Kluft zwischen ihnen so augenscheinlich und allgegenwärtig geworden war. Gleichzeitig wollte ich aber auch die Forschung loben, die zwar diese Kluft verursacht, zugleich aber auch für eine enorme Bereicherung in unserem Verständnis der Rolle von DNS in biologischen Prozessen gesorgt hat. Meines Erachtens liegt es größtenteils an der Stärke der molekularen Analysen der Zelle, dass wir das Staunen wieder gelernt haben, und zwar nicht über die Einfachheit der Geheimnisse des Lebens, sondern jetzt über deren Komplexität. Zugleich gebe ich (zwar mit etwas Ironie) der Humangenominitiative einen großen Teil des Lobs dafür, dass wir dies erreicht haben. Durch die Veröffentlichung unserer DNS-Sequenz ist es dem Projekt zwar nicht gelungen, uns zu sagen, wer wir sind, doch es hat uns gezeigt, wie wenig wir wissen. Langfristig wird diese Lektion möglicherweise die wertvollere bleiben. Schließlich meine ich, dass der Beitrag des Projekts nicht in einer Hybris endet. Die Information, die aus

---

14 Pennisi 2002.

ihm hervorgeht, gibt uns das Werkzeug, mit dem wir in eine neue Ära der Biologie schreiten können.

Trotz alledem werden wir immer noch mit dem alten einfältigen Mantra des genetischen Determinismus bombardiert – das gleiche Mantra, das durch dasselbe Werkzeug bereits weitgehend entschärft zu sein schien. Seine Nachhaltigkeit wird oft abgetan als unglückliche Konsequenz der Tatsache, dass es viel zu kompliziert sei, die wahre Geschichte zu erzählen. Meines Erachtens spielt dabei vieles andere eine Rolle.

Ein persönliches Postskriptum

Sofern ich *Das Jahrhundert des Gens* geschrieben hatte, um eine Brücke zu schlagen, und somit zu zeigen, dass es tatsächlich möglich ist, die Komplexitäten moderner Genetik in allgemein zugänglicher Terminologie wiederzugeben, so muss ich sagen, dass dies mir nicht gelungen ist. Falls das Buch zur Verkleinerung der Kluft beigetragen hat, habe ich das nicht gemerkt. Und nicht weil es etwa nicht zugänglich genug wäre, sondern (und ich muss meine Überraschung zugeben), weil es solche Wut in bestimmten Kreisen evozierte. Keine Frage, das Buch genoss zahlreiche glänzende Rezensionen, aber auch einige lauwarme Besprechungen von Molekularbiologen, die sich fragten – was gibt's denn da Neues? (Z. B. „Was Keller uns da sagt, ist etwas, was jeder Molekularbiologe schon weiß.") Und zu guter letzt gab es einige Rezensionen, die zu den boshaftesten gehören, die ich jemals gelesen habe – Besprechungen, die nicht meine Behauptungen im Einzelnen angriffen, sondern die bloße Idee, dass man den Begriff des Gens in Frage zu stellen wagt.

Es gibt sicherlich vieles, was hier noch zu erklären wäre. Offenbar ist das einfache Mantra, so inadäquat wie es sein mag, viel fester verwurzelt als ich angenommen, und die Anstrengung, es fest verwurzelt zu lassen, viel größer als ich geschätzt hatte. Mein Glaube an die Kraft der Vernunft bleibt dennoch bestehen, genau wie mein Enthusiasmus über Berichte von spannenden neuen Entdeckungen, die uns täglich von der Frontlinie der biologischen Forschung erreichen. Und ich gebe die Hoffnung nicht auf, dass trotz der offenbar starken Interessen, die derzeit in der Beibehaltung eines Status quo verfestigt sind, sich unsere Enkelkinder in hundert Jahren bei der Lektüre eines Buches finden werden, das vielleicht den Titel *Das Jahrhundert jenseits des Gens* tragen wird.

Literaturverzeichnis

Avital, E., Jablonka, E. (2000): Animal Traditions: Behavioural Inheritance in Evolution, Cambridge.

Cowie, F. (1999): What's Within? Oxford.

Elman, J. L. et al. (1996): Rethinking Innateness: A Connectionist Perspective on Development, Cambridge.

Griffiths, P. E. (2002): What is Innateness?, in: The Monist 85 (1), 70–85.
Jablonka, E., Lamb, M. (1995): Epigenetic Inheritance and Evolution: The Lamarckian Dimension, Oxford.
Keller, E. F. (1995): Refiguring Life: Metaphors of Twentieth Century Biology, New York.
Keller, E. F. (2000): The Century of the Gene, Cambridge.
LeDoux, J. (2002): The Synaptic Self, New York.
Mameli, M. (2001 a): Modules and Mindreaders, in: Biology and Philosophy 16, 377–393.
Mameli, M. (2001 b): Mindreading, Mindshaping, and Evolution, in: Biology and Philosophy 16, 597–628.
Oyama, S. (2000): The ontogeny of information: Developmental systems and evolution (2nd ed., revised and expanded), Durham, NC.
Oyama, S. (2003): Boundaries and (Constructive) Interaction, in: Neumann-Held, E. M., Rehmann-Sutter, Ch. (eds.): Genes in Development. Re-reading the Molecular Paradigm, im Druck.
Oyama, S., Griffiths, P. E., Gray, R. D. (eds.) (2001): Cycles of contingency: Developmental systems and evolution, Cambridge.
Pennisi, E. (2002): One Gene Determines Bee Social Status, in: Science 296, 636.
Sober, E. (1994): Apportioning Causal Responsibility, in: Sober, E.: From a Biological Point of View, New York.
Sober, E. (1999): Innate Knowledge, Encyclopedia of Philosophy 4, New York, 794–797.

Leena Peltonen

Zukunft und Perspektiven der Humangenomforschung

Das Humangenomprojekt steht kurz vor seinem Abschluss, und bald wird die Bauweise des menschlichen Genoms *en detail* verstanden sein. Es ist innerhalb einer kurzen Zeitspanne gelungen – innerhalb eines Jahrzehnts –, ausgehend von einem geringen Informationsstand ein immenses strukturelles Wissen über einzelne Gene anzusammeln. Die gesamte Information über die genetischen Sequenzen von fast 100 Spezies ist derzeit in Datenbanken verfügbar, die Entwürfe des menschlichen Genoms und des Genoms der Maus[1] mit eingeschlossen. Dieser enorme Anstieg an genetischer Information wird sowohl einen Einfluss auf die biomedizinische Forschung als auch auf die zukünftige medizinische Praxis haben. Wenn eines Tages alle menschlichen Gene wirklich bekannt sein werden, werden Wissenschaftler hiermit ein Periodensystem des Lebens entwickelt haben, das die gesamte Liste und Struktur aller Gene enthält, und sie werden uns hierdurch eine Sammlung von Hochpräzisionswerkzeugen zur Verfügung gestellt haben, die es uns erlaubt, die Einzelheiten der menschlichen Entwicklung und von Krankheitsprozessen zu erforschen. Neue Technologien werden die Analyse individueller Varianten des gesamten Genoms erleichtern, mittels Expressionsprofilen aller Gene in allen Zelltypen und Geweben den Weg hin zur systemischen Biologie ebnen und die Analyse gesamter genetischer Repertoires von Organismen anstatt einzelner Gene oder Zellen erleichtern. Die Kenntnis der gesamten Genomsequenz des Menschen und vieler anderer Spezies liefert einen neuen Ausgangspunkt für das Verständnis unserer genetischen Grundausstattung und dafür, wie genetische Variation Krankheiten des Menschen oder andere Varianten des menschlichen Genotypus bedingen.[2]

Die Geschwindigkeit des Prozesses der molekularen Aufklärung von Krankheiten des Menschen bis heute kann am Katalog menschlicher Gene und genetischer Störungen abgelesen werden, Mendelian Inheritance in Man[3], als auch in dessen Online-Version OMIM, die täglich auf den neuesten Stand gebracht wird.[4] Für ungefähr 1.300 Gene wurde mindestens eine krankheitsrelevante Mutation aufgefunden. Da unterschiedliche Mutationen ein und desselben Gens sehr oft zu mehr oder weniger unterschiedlichen Störungen führen, nähert sich die Gesamtanzahl von Störungen, die OMIM auf Mutationen zurückführt, einer Anzahl von 1.600 an.

Die seit 1986 angewandte Genkarten-basierte Aufklärung von Genen (‚positional cloning') stellt heute die Methode der Wahl im Prozess der Aufklärung der mo-

1 Vgl. www.ncbi.nlm.nih.gov/Genbank/.
2 Vgl. Peltonen and McKusick 2001.
3 12th edition, 1998.
4 Vgl. www.ncbi.nlm.nih.gov/omim/.

lekularen Basis genetischer Krankheiten auf dem Gebiet der biomedizinischen Forschung dar. Fast alle Spezialgebiete haben sich ihrer bedient, um die genetischen Ursachen der rätselhaftesten Störungen zu identifizieren. Sie wurde ebenfalls bei der Erforschung relativ weit verbreiteter, auf komplexe Ursachen zurückzuführender Störungen mit einigem Erfolg eingesetzt, wie zum Beispiel bei Diabetes Mellitus Typ I, chronischen Darmkrankheiten und Asthma. Aufgrund der Verfügbarkeit von Sequenzen des menschlichen Genoms und der einer ansteigenden Anzahl anderer Arten ergänzt oder ersetzt heute die sequenzgestützte Methode der Erforschung von Genen die kartengestützte.

Nun, da uns all diese Präzisionswerkzeuge zur Erforschung der genauen Bauweise des menschlichen Genoms bald zur Verfügung stehen, sehen wir uns mit einem der größten Paradigmenwechsel in der biomedizinischen Forschung konfrontiert, der sowohl das methodologische Rüstzeug als auch die Forschungsstrategien der Forschungsgemeinde verändern wird (Tabelle 1).

Genomanatomie	→	Genomphysiologie
Genomik	→	Proteomik
Kartenbasierte Genforschung	→	Sequenzbasierte Genforschung
Monogenetische Störungen	→	Multifaktorielle Störungen
Spezielle DNA-Diagnose	→	Aufdeckung von Dispositionen
Analyse eines Gens	→	Analyse von multiplen Genen in Genfamilien, Systemen oder pathways
Genaktivität	→	Genregulation
Etiologie (spezielle Mutation)	→	Pathogenese (Mechanismus)
Eine Art	→	Diverse Arten
experimentell	→	bioinformatisch
Sammeln von genetischer Information	→	Implementierung von genetischer Information

Tab. 1: Paradigmenwechsel in der Biomedizin nach den Humangenomprojekten

1. Monitoring individueller Genomunterschiede

Die anfängliche Analyse der vollständigen Chromosomensequenz legte den Schluss nahe, die Anzahl menschlicher Gene sei geringer als ursprünglich angenommen.[5] Diese Analysen sind mit der Vorstellung konsistent, dass Unterschiede im Gen-Splicing und differenzierte Genregulation viele der zahlreichen charakteristischen funktionalen Unterschiede spezialisierter menschlicher Zell- und Gewebetypen bedingen. Es erscheint auch wahrscheinlich, dass auffällige schädliche Mutationen kodierender Gensequenzen für nur einen Teil inter-individueller Unterschiede von Krankheitsanfälligkeit verantwortlich sind, und dass Sequenzvarianten von Introns und von Regulationsregionen des Genoms eine wichtige Rolle bei der Festlegung von Krankheitsanfälligkeit spielen. Da nur ein kleiner Anteil der Millionen von Sequenzvarianten unseres Genoms einen solchen funktionellen Einfluss hat, stellt die Erforschung funktionell wichtiger Untergruppen von Sequenzunterschieden eine der größten Herausforderungen der nächsten Dekade dar. Multiple SNP-Datenbanken (SNP = ‚single nucleotide polymorphism'), die eine Auflistung von über 3 Millionen SNPs mit hunderttausend exakt lokalisierten SNPs enthalten, offenbaren die weltweiten Bemühungen in der Erforschung und Kommentierung von Sequenzvarianten des Humangenoms.[6] Nichtsdestotrotz wird die darauf zu folgende Arbeit zur Klärung der Frage, wie diese SNPs und andere genetische Varianten Phänotypen menschlicher Zellen, Gewebearten und Organe regulieren, sicherlich die biomedizinische Forschung des gesamten 21. Jahrhunderts hindurch beschäftigen.

Die Frage der Auswahl geeigneter Strategien für ein Monitoring von mit menschlichen Krankheiten einhergehenden DNA-Varianten wirft neue Fragen auf, die genauer Überlegung als auch neuer innovativer Methoden bedürfen. So sind erstens die Kosten beim Aufsuchen von Varianten immer noch zu hoch für ein Monitoring ganzer epidemiologischer Studienproben auf tausende oder zehntausende SNPs hin, und eine systematische Kommentierung und Katalogisierung von Varianten und deren Häufigkeit in unterschiedlichen Populationen ist noch nicht systematisch organisiert. Zweitens: Die Auswahl relevanter Varianten, die sich für epidemiologische und funktionelle Studien eignen würden, stellt immer noch ein Glücksspiel dar. Wir wissen überraschend wenig über die Bedeutung regulatorischer und intronischer Varianten, und die Aufstellung ‚genomweiter' Variantenprofile, die eine Prädisposition für komplexe Krankheiten aufweisen, befindet sich immer noch in der Anfangsphase. All diese Themen müssen methodologisch weiterentwickelt werden, bedürfen koordinierter Anstrengungen und besserer methodologischer Lösungen als jener, die derzeit zur Verfügung stehen.

2. Genomweites Monitoring auf Transkriptionsebene

Die Bedeutung differenzierter Genexpression in unterschiedlichen Zellen und Geweben ist gut bekannt, und Techniken wie Oligonukleotid oder cDNA-Mikro-

---

5 Vgl. International Human Genome Sequencing Consortium 2001.

6 Vgl. www.ncbi.nml.nih.gov/SNP/.

chipanalyse sind sehr erfolgreich gewesen und haben zahlreiche Wissenschaftler dazu angeregt, ganze Krankheitsprozesse, wie zum Beispiel Krebs, zu analysieren. Es ist uns heute auch fast möglich, unter Verwendung von Mikrochips und unter Verbrauch nur geringer Mengen von Gewebe/Zellen, fast jedes mögliche Gen auf Transpkriptionsebene parallel zu beobachten.[7] Ähnliche Mikrochiptechniken sind ebenfalls für Proteine und deren Varianten entwickelt worden.[8]

Leider wird die Anwendung der zur Zeit zur Verfügung stehenden Mikrochipmethoden für ein Monitoring auf genomweiter Ebene durch hohe Kosten limitiert, da diese für eine Mehrheit von Benutzern ein Problem darstellen. Erste Berichte haben die Erklärungskraft genomweiter Transkriptionsprofile menschlicher Krankheiten gezeigt. Nichtsdestotrotz existieren bislang nur unzureichende Informationen hinsichtlich intraindividueller und interindivdueller Variationen der Expression von Genen, und deshalb ist der Gebrauch von Expressionsprofilen im Bezug auf menschliche Eigenschaften, der über klonale Krankheitsprozesse hinausreicht, immer noch ein riskantes Unterfangen. Die Unterschiede der Transkriptionsprofile innerhalb eines Zellzyklus sowie unterschiedlicher Stadien der Gewebedifferenzierung, als Variationen von Expressionsprofilen zwischen Individuen, stellen ein signifikantes Problem im Blick auf das ‚Hintergrundrauschen' dieser Analysen dar, da sie das Auffinden von ‚echten' Signalen – von tatsächlichen krankheitsrelevanten Veränderungen rührenden – stören. Eine systematische Sammlung dieser von mikrochipbasierten Experimenten resultierenden Daten und sorgfältige Aufbewahrung mittels leicht zugänglicher Datenbanken würde unsere Bemühungen um ein Verständnis der Transkription einzelner Gene in unterschiedlichen Krankheitsprozessen sehr erleichtern.

Erkennen neuer Stoffwechselwege bei menschlichen Krankheiten

Seit uns die Sequenz des menschlichen Genoms zur Verfügung steht, haben wir erkannt, dass wir bis heute erst einen geringen Teil der Gene und Genprodukte, der Polypeptide des menschlichen Körpers, charakterisiert haben. Die Genprodukte – Proteine – erfüllen ihre Funktionen dabei in koordinierten Netzwerken. Nur ein Bruchteil dieser Netzwerke konnte bis heute mittels klassischer biochemischer, aktivitätsbasierter Analysen und struktureller Studien von Proteinkomplexen entdeckt und erforscht werden. Ein vollständigeres Verständnis von Proteinen und ihrer Interaktionen in der Zelle wird uns eröffnet werden, wenn wir Informationen über Sequenzen mehrerer Spezies und der vollständigen Sequenz des Humangenoms hinzuziehen. Wenn uns all diese Gene zur Verfügung stehen, bietet sich uns eine realistische Möglichkeit, alle Stoffwechselwege des menschlichen Körpers aufzudecken – wie kurz die Halbwertszeit der beteiligten Proteine oder des aktivierten Entwicklungsabschnitts auch sein mag.

7 Vgl. Lockhart and Winzeler 2000.
8 Vgl. Pandey and Mann 2000.

Um genetische Netzwerke (letztendlich Proteinnetzwerke) zu bauen, hat man sich unterschiedlicher Biocomputer-basierter Strategien bedient. Durch Suche nach Homologen zwischen Genomen unterschiedlicher Arten können orthologe und paraloge Gene mit bekannten Funktionen identifiziert werden. Des Weiteren sind gemeinsame regulatorische Motive und koordinierte Expressionsmuster gute Indikatoren für das Vorliegen genetischer Netzwerke. Die Methode des ‚phylogenetic profiling' sucht dabei nach Genen, die gleiche Muster über multiple Genome hinweg aufweist. Funktionell zusammenhängende Gene, die interagierende Proteine kodieren, müssten dabei vergleichbarem Evolutionsdruck ausgesetzt sein.[9] Die ‚Rosetta-Stone- (oder ‚Domänen-Fusions-)Methode' identifiziert dabei Proteine, die zwar innerhalb eines Organismus getrennt vorkommen, bei anderen Organismen hingegen miteinander verschmolzen sind.[10] Eine andere Methode identifiziert Gene, die über viele Arten hinweg chromosomal eng benachbart sind, was für einen ‚cross talk' sprechen würde. Alle diese Methoden lassen uns die essenzielle Rolle von Biocomputern bei der Interpretation der in das menschliche Genom eingeschriebenen Information erahnen. Obwohl viele neue Proteinnetzwerke mittels dieser Methoden schon heute identifiziert worden sind, wird an deren Entwicklung weiter gearbeitet werden müssen.

Vermittels Modellorganismen verfügen wir über komplementäre Ansätze zur Aufdeckung neuer Stoffwechselwege. Die Anwendung hochdifferenzierter gentechnologischer Methoden an der Fruchtfliege Drosophila eignet sich außerordentlich gut für Analysen durch funktionelle Genomik. Mutationen an Fliegenorthologen menschlicher Gene können auf viele verschiedene Arten und Weisen isoliert werden. Arten wie die Fruchtfliege, Hefe und Nematoden, deren Genom vollständig sequenziert ist und die sich für einfache Experimente eignen, stellen effiziente Systeme zur Auffindung von in neuen Stoffwechselwegen beteiligten Genen dar – solcher, die an der Entstehung menschlicher Krankheitsphänotypen beteiligt sind, mit inbegriffen.

3. Den genetischen Hintergrund komplexer Krankheiten verstehen

Die größten Erfolge auf dem Gebiet der Genetik menschlicher Krankheiten wurden durch molekulare Aufklärung monogener Krankheiten erzielt, Krankheiten, die durch Mutationen einzelner Gene verursacht werden. Die Aufgabe, die molekularen Grundlagen weit verbreiteter Krankheiten, die auf Variationen multipler Gene zurückzuführen sind und deren Ausbrechen eventuell auf lebensstilabhängige Risikofaktoren zurückzuführen sind, gestaltet sich sehr viel schwieriger, selbst unter Berücksichtigung von Information über das gesamte Genom. Viele di-

9 Siehe Pellegrini et al. 1999.
10 Siehe Marcotte et al. 1999.

agnostische Merkmale dieser Krankheiten sind quantitative Merkmale (QTL), die sehr wahrscheinlich durch mehrere Gene reguliert werden. Auch in diesen Fällen werden andere Arten Gegenstand genetischer Studien sein. Gut beschriebene Phänotypen der Maus werden bei der Aufklärung komplexer Eigenschaften von größter Bedeutung sein. Trotz etwa 80 Millionen Jahren evolutionärer Separation sind Maus und Mensch durch enge Homologie vieler Gensequenzen verbunden, und selbst die Anordnung der Gene ist über viele ausgedehnte chromosomale Regionen hinweg überraschend ähnlich.

Da Mausstämme eine nur kurze Generationszeit haben und eine hohe Zuchteffizienz aufweisen, sind sie bei der Aufklärung komplexer Krankheitseigenschaften beim Menschen sehr nützlich, auf verschiedenen Ebenen. Diese Möglichkeiten reichen von ausschnittsweiser Identifikation krankheitsrelevanter Gene bis hin zur eindeutigen Beweisführung bezüglich der kausalen Rolle einer Mutation und zur Analyse des involvierten molekularen Mechanismus. Bei sehr vielen Störungen und Eigenschaften mit komplexem genetischen Hintergrund hat man einen Gegenpart bei der Maus (und anderen Säugetierarten) entdecken können. In einigen Fällen war es möglich, eine unveränderte Region nachzuweisen, die eine Krankheit oder QTL trägt. Bei der Maus ist es nahe liegend, die Methode des ‚positional cloning' zur Ermittlung eines Krankheitsgens anzuwenden, da Mäuse leicht rückkreuzbar sind und somit die verdächtige Chromosomenregion genetisch leicht eingrenzbar ist. So kann ein korrespondierendes Gen rasch identifiziert werden und an menschlichen Proben erforscht werden.[11] Die Nutzung genetisch modifzierter Mäuse hat oft den erforderlichen Beweis für die tatsächlich vorliegende funktionale Bedeutung einer identifzierten Krankheitsmutation geliefert.

Obschon Tiermodelle von großem Wert in der Anfangsphase der Forschung sind, was die Identifikation und funktionale Analyse komplexer Krankheitsgene betrifft, bedarf es abschließender Beweise auf Populationsebene bezüglich einer Beteiligung dieser Gene bei Krankheiten des Menschen. Diese können nur durch extensive epidemiologische, vorzugsweise an unterschiedlichen Populationen durchgeführten, Studien erbracht werden. Genaue Analysen großer epidemiologischer Studienproben werden dabei von allergrößter Bedeutung sein und vorausgesagte kleine Effekte multipler Gene bei komplexen Eigenschaften werden eine effiziente internationale Zusammenarbeit erforderlich machen, sowie einen Austausch von Daten und Poolen von Datenanalysen zwischen Forschergruppen. Es wird einer lückenlosen Zusammenarbeit zwischen Klinikern, Epidemiologen, Genetikern, Mathematikern und Computerexperten bedürfen, um den Zusammenhang zwischen genetischen Faktoren und Lebensstilfaktoren aufzuklären, der zu der Entstehung der komplexen genetischen Krankheiten führt. Um dabei den Schutz der beteiligten Individuen zu gewährleisten, müssen bestimmte juristische Fragestellungen angegangen werden. Hierbei sollte jedoch zusätzlich darauf geachtet werden, dass Gesetzgebungen nicht nur den Schutz der Integrität der Sub-

11 Vgl. Rubin et al. 2000.

jekte, an denen Forschung betrieben wird, gewährleisten sollten; darüber hinaus sollten sie groß angelegte internationale genetische epidemiologische Studien, die einen außerordentlich vielversprechenden potenziellen Nutzen für Individuen und Gesellschaften in sich bergen, erleichtern – und nicht komplizierter machen oder gar verhindern.

4. Aufklärung der Interaktion Gen – Umwelt

Die meisten Krankheiten des Menschen resultieren aus einer lebenslangen Interaktion zwischen unserem Genom und unserer Umwelt. Die Schätzung des genetischen Anteils bei komplexen Krankheiten des Menschen stellt immer noch eine große Herausforderung dar, und die Bestimmung der Interaktion zwischen Gen und Umwelt bei Krankheitsprozessen ist ein entmutigendes Unterfangen. Viele menschliche Krankheiten wie Bluthochdruck, Erkrankungen der Herzkranzgefäße und selbst manche psychiatrische Erkrankungen weisen dabei Merkmale von Gen-Umwelt-Interaktionen und Gen-Gen-Interaktionen auf. Wie im Fall derjenigen Gene, die zu hohen Lipidwerten beitragen, jedoch nur bei relativ fetthaltiger Diät exprimiert werden. Epidemiologische Kohortstudien, die genau den Einfluss von Umweltfaktoren wie zum Beispiel Rauchen, Diättypen und Sportgewohnheiten berücksichtigen, werden in Verbindung mit der Analyse genetischer Risikoprofile von immenser Wichtigkeit sein. Vermutete oder bekannte Gen-zu-Gen-Interaktionen in großem Stil in Studien zu berücksichtigen wird dabei neuartige analytische Strategien erfordern. Die funktionale Bedeutung vieler bekannter Varianten können unter Ausnutzung experimenteller Möglichkeiten anderer Art bewiesen werden – wie zum Beispiel der Möglichkeit, spezifische Varianten in einen wohldefinierten Zusammenhang einzufügen sowie derjenigen, die Umweltbedingungen mit hoher Präzision kontrollieren zu können.

Interpretation und Umsetzung genetischer Information in der Gesundheitsvorsorge

Mit größter Geschwindigkeit bewegen wir uns auf eine ‚Post-Genom-Ära' zu, eine Ära, die davon gekennzeichnet sein wird, dass genetische Information multifaktoriell bedingter Krankheiten bei der Analyse des Gesundheitszustands einer Person über einen lebenslangen Zeitraum hinweg zu berücksichtigen sein wird. Neugeborene können auf behandelbare genetische Krankheiten wie Phenylketonurie gescreent werden. Vielleicht können in nicht allzu ferner Zukunft Kinder mit einem hohen Risiko degenerativer Veränderung der Herzkranzgefäße identifiziert werden und Veränderungen der Gefäßwände therapeutisch entgegengewirkt werden. Hier wird es allerdings noch intensiver Forschung und gesellschaftlicher Debatte bedürfen, um bestimmen zu können, ab welchem Alter dieser Typus von Screening angeboten werden kann und wie effektiv Behandlungen überhaupt sein könnten. Schon bei 1.500 monogenetischen Krankheiten besteht für potenzielle Eltern im reproduktionsfähigen Alter die Möglichkeit zu wissen, ob sie Träger einiger rezessiver Krankheiten sind, aufgrund derer sie ihre ungeborenen Kinder einem signifikant höheren Risiko aussetzen, krank geboren zu werden. Was Populationen mittleren oder hohen Alters anbetrifft, werden zukünftige Kliniker in der Lage sein, Risikoprofile für zahlreiche spät einsetzende Krankheiten zu erstellen, noch bevor Symptome spürbar werden. Diese könnten dann bei frühzeitiger Behandlung wenigstens bis zu einem gewissen Grad abgewendet werden. In nicht allzu ferner Zukunft schon wird es eine Standardpraxis sein, über ein ganzes Leben hinweg mittels DNA-Tests individuelle Reaktionsprofile auf Medikamente zu erstellen.[12] Das Konzept genetischer Tests wird von da an ein weites Spektrum von Analysen umfassen, die völlig unterschiedliche Konsequenzen für Individuen und deren Familien mit sich bringen werden – ein besonders erwähnenswerter Aspekt im Gespräch mit der Öffentlichkeit.

Die Herausforderung für die im Gesundheitswesen Tätigen wird in der Interpretation und in der Umsetzung der Ergebnisse genetischer Tests für Ihre Klienten, deren Familien und der Gesellschaft insgesamt liegen. Genetische Beratung, Erklären von Sinn und Ergebnis genetischer Tests wird eine entscheidende Bedeutung haben was die Möglichkeit anbetrifft, Patienten dabei zu helfen, informierte Entscheidungen zu treffen – insbesondere dann, wenn die Ergebnisse in Wahrscheinlichkeiten präsentiert werden. Gegenwärtige Bildungsprogramme, die medizinischer Hochschulen miteingeschlossen, sind nicht gut darauf vorbereitet, Studenten auf diese Herausforderungen hin auszubilden. Die enormen Möglichkeiten effizienter Informationsübertragung via Internet kann und sollte dazu benutzt werden, die Öffentlichkeit hierüber zu informieren. Was besonders sensible und sehr persönlichen Fragen genetischer Information und all ihre Konsequenzen anbetrifft, erscheint der traditionelle persönlich Kontakt mit Medizinern immer noch am angemessensten. Die Früchte des Genomprojekts können nur dann geerntet werden, wenn der Umgang mit Information professionell ist und ethischen Standards der Lebensverbesserung und Leidensminderung entspricht. Um die verborgene Bedeutung des Humangenoms zu entschlüsseln und diese in wahres Wissen und Verständnis um die Entwicklung des Menschen, Alterungs- und Krankheitsprozesse umsetzen zu können, wird es dabei einer sehr engen Zusammenarbeit zwischen Epidemiologen, Klinikern, Molekulargenetikern und Bioinformatikern bedürfen.

Literaturverzeichnis

Eisenberg, D. et al. (2000): Protein function in the post-genomic era, in: Nature 405: 823–826.

12 Siehe Roses 2000.

Golub, T. R. et al (1999): Molecular classification of cancer: Class discovery and class prediction by gene expression monitoring in: Science 286: 531–537.

International Human Genome Sequencing Consortium (2001): Initial sequencing and analysis of the human genome, in: Nature 409: 860–921.

Lockhart, D. J., Winzeler, E. (2000): Genomics, gene expression and DNA-arrays, in: Nature 405: 827–836.

Marcotte, E. M. et al. (1999): A combined algorithm for genome-wide prediction of protein function, in: Nature 420: 83–86.

Overbeek, R. et al. (1999): The use of gene clusters to infer functional coupling, in: Proc Natl Acad Sci 96: 2896–2901.

Pandey, A., Mann, M. (2000): Proteomics to study genes and genomes, in: Nature 405: 837–846.

Pellegrini, M. et al. (1999): Assigning protein functions but comparative genome analysis, protein phylogenetic profiles, in: Proc Natl Acad Sci 96: 4285–4288.

Peltonen, L., McKusick, V. A. (2001): Dissecting Human Disease in the Postgenomic Era, in: Science 291: 1224–1229.

Perou, C. M. et al. (2000): Molecular portraits of human breast tumours, in: Nature 406: 747–752.

Roses, A. (2000): Pharmacogenetics and the practice of medicine, in: Nature 405: 857–865.

Rubin, G. M. et al. (2000): Comparative genomics of eukaryotes, in: Science 287: 2204–2215.

Hans Lehrach

Der Mensch als Summe seiner Gene: Herausforderung und Chance

Grundsätzlich beruhen alle Lebensvorgänge auf der Umsetzung der Information, die im Genom als Abfolge der Basen in einer Desoxyribonukleinsäure (DNS) in jeder Körperzelle gespeichert ist. Diese Information wird durch die ‚Maschinerie' der Zellen und durch ihre Interaktionen ausgewertet und bestimmt schließlich den gesamten Organismus.

Mit der Entschlüsselung der Genomsequenz und der jetzt ebenfalls in großem Maßstab ablaufenden Bestimmung der Funktion der Gene im Rahmen der funktionellen Genomanalyse haben wir erstmals die Möglichkeit, die komplexen Netzwerke biologischer Prozesse, die über Milliarden von Jahren entstanden sind, global zu analysieren und dadurch auch die Störungen dieser Prozesse, die sich als Krankheiten manifestieren, besser verstehen, ihnen besser vorbeugen und sie besser heilen zu können. Diese Untersuchungen werden wichtige Beiträge zum Verständnis von Krankheiten liefern und neue Möglichkeiten bei der Diagnose und Therapie erschließen. In Europa und den USA erkrankt im Durchschnitt jeder vierte Mensch an Krebs. Ausschließlich die Genomanalyse hat das Potenzial, hier weiter gehende Erkenntnisse bei der Erforschung der Krebsentstehung zu liefern. Alleine der volkswirtschaftliche Schaden, der durch die Krebserkrankungen entsteht, rechtfertigt eine volle Unterstützung der Genomforschung durch Staatsmittel.

Dass die DNA Träger der Erbinformation ist und den Phänotyp eines Organismus determiniert, war schon lange vor der Entschlüsselung des Genoms bekannt, und daher brachte das humane Genomprojekt hierzu keine grundlegenden neuen Einsichten.

Es wird immer wieder behauptet, dass die Resultate des Genomprojekts entweder Konzepte eines biologischen Determinismus beweisen oder widerlegen. In Wirklichkeit ist die Grundinformation über den Determinismus der Vererbung eindeutig durch den Vergleich der Ähnlichkeiten eineiiger gegen zweieiige Zwillinge bewiesen. So zeigen eineiige Zwillinge, die getrennt voneinander aufgezogen wurden, enorme Ähnlichkeiten in vielen Aspekten ihres Aussehens, ihrer Krankheitsanfälligkeiten und sogar ihres Verhaltens, Ähnlichkeiten, die bei zweieiigen Zwillingen in dieser Form nicht beobachtet werden können. Alle Aspekte des Aussehens oder des Verhaltens, die bei eineiigen Zwillingen eine größere Ähnlichkeit zeigen als bei (gleichgeschlechtlichen) zweieiigen Zwillingen, haben daher dementsprechend starke genetische Komponenten, da die Umgebung (sogar innerhalb des Uterus) ja sowohl bei eineiigen als auch bei zweieiigen Zwillingen identisch ist. Zweieiige Zwillinge haben aber, im Unterschied zu eineiigen Zwillingen, verschiedene Genome, und daher auch weit weniger Ähnlichkeit. Dadurch kann für jeden Phänotyp getrennt gezeigt werden, wie stark Aussehen und sogar Verhalten dem Einfluss der Gene unterliegt. In der Pflanzen- und Tierzucht sowie beim Einsatz von Versuchstieren wird die Tatsache, dass die Gene die Eigenschaften des jeweiligen Organismus bestimmen, selbstverständlich als Grundwahrheit akzeptiert. Die Übertragung dieser Erkenntnis auf den Menschen sowie die Tatsache, dass der Mensch nicht ausschließlich seinem freien Willen unterliegt, wird aber auch heute noch immer nicht überall anerkannt.

Das Negieren des Einflusses der Gene auf das menschliche Schicksal birgt die Gefahr, die vermeintliche Unfreiheit, die durch diese Determination entsteht, zu vergrößern, indem die Chancen, die durch die Gentechnik geboten werden, nicht in ausreichendem Maße genutzt werden. Die Kanalisation der Energien in Bereiche, die auch tatsächlich beeinflusst werden können, und das Bestreben, diesen Einflussbereich zu vergrößern, wären sicherlich sinnvoller.

Rimas Čuplinskas und Albert Newen

Genetischer Determinismus, Genegoismus und die Autonomie der menschlichen Person

Im Folgenden setzen wir uns mit zwei dem genetischen Wissen entspringenden Themenkomplexen auseinander, und zwar in Bezug auf ihre mögliche Bedeutung für unseren Status als moralisch verantwortungsfähige – und in diesem Sinne freie – Wesen. Es handelt sich um die einflussreichen Ideen des Genegoismus und des genetischen Determinismus.

1. Der Mensch als Einwegbehälter für egoistische Gene

In seinem 1976 erschienenen Hauptwerk *The Selfish Gene* vertritt Richard Dawkins die These, dass die Selektion im evolutionären Prozess auf genetischer Ebene und nicht auf der Ebene des Individuums oder der Gruppe bzw. Spezies stattfindet.[1] Auf der Basis dieser nicht unumstrittenen These versucht Dawkins zu zeigen, wie sich sowohl altruistisches als auch egoistisches Verhalten durch das grundlegende Gesetz des so genannten ‚Genegoismus' erklären lassen: Alle organischen Prozesse sind letztlich bestimmt vom Überleben miteinander in Konkurrenz stehender genetischer Moleküle. Dieses Prinzip hält er der weit verbreiteten Idee entgegen, Organismen erhielten durch den evolutionären Selektionsprozess die fundamentale Neigung, sich in einer für das Wohlergehen der Gruppe günstigen Weise zu verhalten. Das durchaus darwinistische Prinzip der Individualselektion wird bei Dawkins zum Prinzip der genetischen Selektion, weil das Gen – hier im Sinne des sich reproduzierenden Erbmoleküls DNS – auf diesem Planeten die unterste und somit für ihn die fundamentale Selektionseinheit darstellt. Folglich sei das Gen, und nicht die Spezies oder die Gruppe (und streng genommen nicht einmal das Individuum), die fundamentale „Einheit des Selbstinteresses", d.h. die Einheit, „um deren Willen" organische Prozesse ablaufen. Zum besseren Verständnis des Genegoismus ist es hilfreich Dawkins' Ausführungen über die Entstehung des Lebens sowie des Erbmoleküls DNS auf Erden kurz zu überblicken.

Dawkins betrachtet Darwins Prinzip des „Überlebens der Bestangepassten" als Sonderfall des Gesetzes vom „Fortbestand des Stabilen". In der präbiotischen Welt überdauerte etwas länger aufgrund dessen Stabilität. Beispielsweise neigen Seifenblasen dazu, kugelförmig zu sein, weil dies die stabilste Form für einen mit

1 Ein Vergleich der Standpunkte der *Gruppen-*, *Individual*selektion und Dawkinsschen „*genetischen* Selektion" ist zu finden in: Wuketits 1988, 73–76. Die folgende Schilderung basiert auf Dawkins 1989, 7–51.

Gas gefüllten geschlossenen und flexiblen Film ist. Salzkristalle neigen dazu, eine würfelförmige Form anzunehmen, weil dies eine stabile Art ist, Natrium- und Chloridionen miteinander zu verbinden. In lebenden Organismen gibt es komplexe Moleküle, wie z. B. das Hämoglobin, welches sich aus 574 Aminosäuremolekülen in je vier umeinander gewickelten Ketten zusammensetzt. Seine Stabilität besteht in der Art, wie sich vier lange Aminosäureketten umeinander wickeln, um ein solches Molekül zu bilden. Eine Gruppe von Atomen (oder auch Molekülen) kann also unter Zufuhr von Energie eine stabile Struktur erreichen und gegebenenfalls beibehalten. Folglich konnte in der ‚Ursuppe' (vermutlich bestehend aus Wasser, Kohlendioxid, Methan und Ammoniak) eine Art Evolution vor der Entstehung jeglichen Lebens stattfinden, indem sich neue Moleküle mittels einer Selektion stabiler und unter Ausschluss instabiler Formen gebildet haben.[2]

So konnten nach dem Gesetz vom „Fortbestand des Stabilen" in der Ursuppe der Meere vor schätzungsweise drei bis vier Milliarden Jahren immer komplexere organische Moleküle entstehen. Sie standen nicht miteinander in Konkurrenz, weil sie nichts für das Fortbestehen ihrer Molekülart unternehmen konnten. Das änderte sich mit dem zufälligen Entstehen eines ganz bemerkenswerten Moleküls, das Dawkins den „Replikator" nennt. Dieser hatte, wie der Name andeutet, die außergewöhnliche Fähigkeit, Kopien von sich selbst anzufertigen. Es bedurfte nur eines einzigen Moleküls dieser Art, um die Situation auf einem Planeten vollkommen zu verwandeln. Nachdem es die erste Kopie von sich selbst erstellt hatte, gab es nunmehr doppelt so viele solcher Moleküle. Dieser Prozess konnte sich theoretisch – gemäß einer Funktion aus Lebensdauer und Reproduktionsgeschwindigkeit – exponentiell fortsetzen. Eine andauernde Replikation war jedoch faktisch nur möglich, wenn das Molekül aus kleineren Molekülen zusammengesetzt war, die in der Ursuppe inzwischen zahlreich vorhanden waren. Im Vergleich zu der langsamen Entwicklung vor seiner Entstehung musste ein solcher Replikator bereits kurz danach relativ schnell Kopien von sich über alle Meere verbreitet haben, bis die für seine Reproduktion erforderlichen Bausteine zur Mangelware wurden. Man würde zunächst denken, dass das Resultat eine große Ansammlung identischer Kopien wäre, aber reale Kopiervorgänge haben bekanntlich die Eigenschaft, nicht immer perfekt zu sein. Aber gerade solche Fehler ermöglichen überhaupt

---

2 Seit den 50er Jahren werden Versuche durchgeführt, in denen die geschätzte Zusammensetzung der präbiotischen Ursuppe simuliert und Veränderungen protokolliert werden, die unter Zufuhr von Energie in Form von Ultraviolettstrahlung oder elektrischen Entladungen zustande kommen. Nach Tagen oder Wochen sind in der Regel bemerkenswerte Veränderungen festzustellen: Der Endzustand weist eine große Anzahl von Molekülen mit einem höheren Komplexitätsgrad auf als in den Ausgangselementen. Von besonderem Interesse ist vor allem, dass auch Aminosäuren entdeckt wurden – die Bausteine von Proteinen. Spätere Experimente haben sogar die Bildung von organischen Substanzen wie Purine und Pyrimidine festgestellt, welche Bausteine des genetischen Moleküls DNS selbst sind. Zu neueren Ergebnissen der experimentellen präbiotischen Chemie und zur Beschreibung des ersten Experiments von S. L. Miller vgl. Orgel 1994, bes. 54–56.

erst einen Evolutionsprozess. Durch diese Fehlkopien wurde die Ursuppe mit Gruppen von Replikatoren unterschiedlicher Struktur angereichert, die nunmehr miteinander in Konkurrenz standen. Der Bedarf für Bausteine, aus denen sie bestanden, setzte eine natürliche Grenze für das zunächst ungehemmte Wachstum. So begann ein ‚Überlebenskampf' unter den unterschiedlichen Arten von Replikatoren. Der ‚Kampf' bestand darin, dass Fehlkopien, die einen höheren Grad an Stabilität erzeugten (bzw. neue Mechanismen entwickelten, die Stabilität anderer Replikatoren zu schwächen), automatisch beibehalten wurden und sich vervielfältigten.[3] Es könnte zum Beispiel sein, dass eine Replikatorart zufällig die Fähigkeit entwickelt hatte, die Moleküle anderer Replikatoren auf chemische Weise auseinander zu bauen. Diese „Proto-Fleischfresser" hätten somit zweierlei erreicht: Gegnerische Replikatoren würden ausgeschaltet und Bausteine für weitere Kopien gewonnen. Andere könnten daraufhin Mechanismen entwickelt haben, sich selbst vor solchen ‚gegnerischen' Replikatoren zu schützen, z. B. durch den Bau einer Proteinmauer um sich herum. Auf diese Art sind möglicherweise die ersten Zellen entstanden. Von diesem Zeitpunkt an existierten die Replikatoren nicht bloß, sondern sie entwickelten auch immer raffiniertere Vehikel – nach Dawkins „Überlebensmaschinen" (*survival machines*) genannt –, deren einzige Funktion es war, ihr weiteres Fortbestehen abzusichern.[4]

Die eigentliche Pointe von Dawkins' Ausführung ist, dass diese Replikatoren keineswegs ausgestorben sind. Nach einer Entwicklung über vier Milliarden Jahre haben sie sich aus den Meeren erhoben und bevölkern in riesigen Kolonien eine Vielfalt von äußerst komplexen Vehikeln. Heute nennen wir sie Gene, und alle lebenden Organismen sind ihre Überlebensmaschinen. Somit fordert die These des Genegoismus unser Selbstbild in zweierlei Hinsicht heraus: Erstens besagt sie, dass das Fortbestehen unserer Gene der eigentliche Grund unserer Existenz sei; zweitens scheint sie zu implizieren, dass unser gesamtes Verhalten letztlich vom Zweck der Replikation unserer Gene bestimmt sei. Der erste Punkt stellt lediglich eine Reinterpretation dessen dar, was Darwin bereits 1859 formulierte. Inwiefern

3 Stabilität sei nach Dawkins nunmehr durch drei Eigenschaften gekennzeichnet: (1.) *Lebensdauer*: Replikatoren, die aufgrund ihrer molekularen Struktur länger erhalten blieben, existierten nicht nur selbst länger, sondern konnten auch in einer ‚Lebensspanne' mehr Kopien von sich erstellen; (2.) *Reproduktionsgeschwindigkeit*: je schneller eine Kopie erstellt werden konnte, desto schneller gab es andere Replikatoren, die sich ebenso vermehren konnten, und desto schneller wuchs die ‚Population' (in Abhängigkeit von der Lebensdauer); (3.) *Zuverlässigkeit der Replikation*: wenn Molekül *X* und Molekül *Y* die gleiche Lebensdauer und Reproduktionsgeschwindigkeit teilen, aber *X* viel häufiger Fehlkopien erzeugt als *Y*, so wird die Menge von *Y* mit der Zeit viel größer (Dawkins 1989, 47 f).

4 Es gibt unterschiedliche Theorien, wie das Leben auf der Erde entstanden sein könnte. Für Dawkins kommt es jedoch nicht auf den genauen Vorgang an, sondern vielmehr auf die grundsätzliche Idee der Entstehung von sich selbst reproduzierenden genetischen Entitäten, welche allen gängigen (nicht-kreationistischen) Theorien über die Emergenz des Lebens gemeinsam zu sein scheint. In *The Blind Watchmaker* (Dawkins 1986, 139–166) wählt Dawkins deshalb bewusst eine andere Theorie, um das gleiche Phänomen zu schildern. Vgl. Dawkins 1989, 425.

diese evolutionstheoretische Antwort auf die Frage, warum es uns gibt, tatsächlich unser Selbstbild strapaziert, hängt von ihrer Kompatibilität mit unseren sonstigen Überzeugungen ab. Doch sie als Grund für die Sinnlosigkeit menschlicher Existenz anzuführen, wäre vergleichbar mit der Behauptung, dass Erdöl in unserer Gesellschaft eigentlich wertlos sei, weil es geologisch gesehen nicht für die Herstellung von Benzin entstanden ist. Auf die Frage, warum es Erdöl gibt, gibt es nämlich eine aus wissenschaftlicher Sicht durchaus interessante, aber für uns existenziell unbedeutsame Antwort. Leider hat diese noch keinen daran gehindert, wegen der klebrigen Masse aus Kohlenwasserstoffen Kriege zu führen. Genauso wenig muss einen die Tatsache,[5] dass wir, biologisch gesehen, als Einwegbehälter für egoistische Gene fungieren, daran hindern, berechtigte existenzielle Gründe für die eigene Entstehung anzugeben – wie etwa der Entschluss der Eltern, ein Kind zu zeugen und liebevoll zu erziehen – bzw. sogar einen von den genauen Umständen der eigenen Entstehung völlig unabhängigen Sinn für sein Leben zu entdecken und zu pflegen.

Allerdings hängt die letzte Behauptung wesentlich von unserer Antwort auf die zweite Herausforderung des Genegoismus ab – die These, dass unser gesamtes Verhalten letztlich vom Zweck der Replikation unserer Gene bestimmt sei. Diese These, die eine Lesart des genetischen Determinismus darstellt, wird Dawkins zwar oft in den Mund gelegt,[6] jedoch von ihm selbst so nicht behauptet. Im Gegenteil, noch in der ersten Auflage von *The Selfish Gene* schreibt er:

> „Wir haben die Macht, den egoistischen Genen unserer Geburt [...] zu trotzen. Wir können sogar erörtern, auf welche Weise sich bewußt ein reiner, selbstloser Altruismus kultivieren und pflegen läßt – etwas, für das es in der Natur keinen Raum gibt, etwas, das es in der gesamten Geschichte der Welt nie zuvor gegeben hat. [...] Als einzige Lebewesen auf der Erde können wir uns gegen die Tyrannei der egoistischen Replikatoren auflehnen.“ (Dawkins 1989, 322)

Ein augenscheinliches Beispiel für eine Auflehnung gegen unsere egoistischen Gene besteht nach Dawkins bereits in der Praxis der Empfängnisverhütung und erst recht im Entschluss, ein zölibatäres Leben zu führen.[7] Nach Dawkins sind Menschen also in der Lage, Ziele zu verfolgen, die nicht auf genetische Imperative zurückzuführen sind und mit diesen gegebenenfalls sogar im Gegensatz stehen können. Eine ausführliche Erklärung dafür, wie dies möglich ist, liefert Dawkins nicht. Bevor wir uns jedoch diesem Thema zuwenden, betrachten wir noch den damit unmittelbar verbundenen Themenkomplex des genetischen Determinismus.

---

5 Natürlich nur dann, wenn man sie als Tatsache akzeptiert. Der Zweck dieser Ausführungen besteht nicht darin, die evolutionstheoretische Plausibilität der genetischen Selektion nach Dawkins im Detail zu untersuchen, sondern die potenziellen Folgen des genegoistischen Postulats für die menschliche Autonomie zu klären.

6 Vgl. Rose, Kamin, Lewontin 1984.

7 Dawkins 1989, 318, 427, 530.

2. Das Gespenst des genetischen Determinismus

Was genau unter ‚genetischem Determinismus' verstanden wird, variiert ziemlich stark in Abhängigkeit vom Verständnis der zwei Begriffe. Abgesehen von den grundsätzlichen Schwierigkeiten, uns in der Wissenschaft auf eine einzige Bedeutung des Wortes Gen zu beschränken,[8] ist die Unterscheidung zwischen ‚genetisch' und ‚umweltbedingt' – eine moderne Version der Dichotomie zwischen ‚angeboren' und ‚erworben' – zunächst deshalb problematisch, weil unklar ist, was welchem Bereich zuzuschreiben ist. Je nachdem wie großzügig man genetische Spezifikation und den Umfang der Umwelt definiert, kann letztlich jede Eigenschaft eines Organismus sowohl als genetisch spezifiziert wie auch als durch die Umwelt bedingt betrachtet werden.

Eine präzise Definition des Determinismus ist in der Physik zu finden. Etwas vereinfacht ausgedrückt ist ein deterministisches System ein solches, bei dem es, unter den zum Zeitpunkt t_n gegebenen Anfangs- und Randbedingungen des Systems, zum künftigen Zeitpunkt t_{n+1} *genau einen* möglichen Zustand gibt. Ein indeterministisches System unterscheidet sich hiervon dadurch, dass es zum künftigen Zeitpunkt t_{n+1} *mehrere* mögliche Zustände des Systems gibt.[9] Betrachten wir den Menschen als physikalisches System, so kann das klassische Problem der Willensfreiheit wie folgt beschrieben werden: Wie sollen wir die postulierte Freiheit des Menschen – abstrakt gesprochen: des makrophysikalischen Systems M – ohne Verletzung des Kausalitätsprinzips erklären, wenn der Gesamtzustand von M zu einem Zeitpunkt t_n immer aufgrund des Gesamtzustands von M (einschließlich der Anfangs- und Randbedingungen) zum früheren Zeitpunkt t_{n-1} vollständig determiniert ist? Mit anderen Worten, eine deterministische Auffassung der Mechanik scheint zur Folge zu haben, dass der Mensch nicht anders handeln oder entscheiden kann, als er es tatsächlich tut.

Soll unter ‚genetischem Determinismus' – in Anlehnung an den Begriff der deterministischen Mechanik in der Physik – die Auffassung verstanden werden, dass die Ontogenese des Phänotyps durch dessen Genotyp vollständig und eindeutig bestimmt sei, so ist sie mittlerweile unhaltbar. Zum einen gilt sogar für die Überzahl genetischer Krankheitsdispositionen, dass eine tatsächliche Erkrankung von zahlreichen äußeren Faktoren abhängt. Außerdem lassen sich die phänotypischen Folgen im Falle einer Erkrankung oft erfolgreich therapieren.[10] Zum anderen ist, wie bereits gesagt, eine verwickelte Interaktion zwischen einem genetischen Apparat und der Umwelt auf allen Ebenen gegeben, so dass eine strenge Trennung der beiden letztlich als inkohärent zu bewerten ist.

---

8 Vgl. Keller 2000.

9 Gemeint ist hier *nomologisch* möglich. Chaotische Systeme zeichnen sich beispielsweise dadurch aus, dass ihre Folgezustände trotz deterministischer Dynamik zwangsläufig nicht vorhersagbar sind, d. h. dass es *epistemisch* gesehen mehrere mögliche Zustände gibt, über die höchstens probabilistische Aussagen getroffen werden können.

10 Vgl. Propping 2001, 98ff.

Doch der Begriff des genetischen – oder, um auch Umweltfaktoren einzubeziehen, des soziobiologischen – Determinismus wird oft in einem schwächeren Sinne verwendet, um die Idee zu bezeichnen, dass wir aufgrund der vermeintlichen Automatik ontogenetischer Prozesse letztlich nicht für unseren Charakter, unsere Entscheidungen und folglich nicht für unser Verhalten verantwortlich sein können.[11] Obwohl der Umwelt und insbesondere der Erfahrung bei der neuronalen Entwicklung von Säugetieren – und somit bei der differenzierten Entwicklung ihrer Verhaltenssteuerung – nachweislich eine besonders entscheidende Rolle zukommt, ist dennoch die Frage berechtigt, wie sich der Genotyp zur menschlichen Autonomie verhält bzw. wie es kommt, dass Menschen – wie vorhin behauptet – in der Lage sind, Ziele zu verfolgen, die von genetischen Imperativen völlig unabhängig sind.

3. Natürliche Autonomie – Willensfreiheit als metareflexive Selbstkontrolle

Unter den naturalistischen[12] Ansätzen in der Diskussion über das Problem der Willensfreiheit sind ‚Inkompatibilisten' der Auffassung, dass die Existenz eines – im Sinne unseres moralischen Selbstverständnisses – freien Wesens in einer deterministischen Welt zwangsläufig zu einer Verletzung des Kausalitätsprinzips führen würde. Zu dieser Gruppe zählen sowohl solche, die Willensfreiheit für ein Epiphänomen oder eine Illusion halten, wie auch die so genannten ‚Libertarier', die Willensfreiheit zu retten versuchen, indem sie die These des physikalischen Determinismus in Frage stellen. Moderne Libertarier berufen sich dazu häufig auf die vermeintliche Rolle quantenmechanischer Indeterminiertheiten bei Entscheidungsprozessen. Dagegen halten ‚Kompatibilisten' Willensfreiheit für grundsätzlich verträglich mit einem physikalischen Determinismus. Für sie hat das Problem in erster Linie mit begrifflichen Missverständnissen zu tun, die es aufzudecken und zu klären gilt.

Das Problem, so wie es vorhin beschrieben wurde, geht von der Intuition aus, dass Willensfreiheit – und somit moralische Verantwortung – wesentlich damit zusammenhängt, dass ein Subjekt in einer gegebenen Situation durchaus auch anders hätte handeln oder entscheiden können.[13] Der Philosoph Harry Frankfurt – ein namhafter Kompatibilist – hat dieses Prinzip des Alternativismus als Kriterium für freie Handlungen überzeugend widerlegt. Durch Beispiele der Überdetermination zeigt er, dass unsere Intuitionen bezüglich dieses Prinzips auf der wohl berechtigten These beruhen, dass unverschuldete Zwangssituationen einen Handelnden von der Verantwortung entbinden. Daraus könne man jedoch nicht folgern, dass wir

---

11 Als Beispiel für eine solche Auffassung siehe Lehrach 2003 (in diesem Band).
12 „Naturalistisch" ist hier vor allem im Sinne von „nicht substanzdualistisch" zu verstehen.
13 Vgl. Moore 1903.

nur in solchen Situationen Verantwortung übernehmen müssen, in denen wir auch anders hätten handeln können. Nach Frankfurt besteht Willensfreiheit wesentlich in der Fähigkeit, effektive Wünsche höherer Stufe (d. h. Wünsche bezüglich der eigenen Wünsche) zu formulieren.[14] Daniel Dennett ergänzt Frankfurts Theorie um eine Untersuchung der Schlüsselbegriffe der Kontrolle und der Selbstkontrolle.[15] Dennetts Analyse ermöglicht es, die Frankfurtsche Theorie in einen Entwicklungsprozess selbstkontrollierender Systeme einzubetten, und somit eine konzeptuelle Brücke zu schlagen von den kognitiven Leistungen einfacher Organismen bis hin zu einem naturalistisch geklärten Begriff der Willensfreiheit beim Menschen. In einer kritischen Rekonstruktion des Dennettschen Modells können wir drei Stufen der Selbstkontrolle unterscheiden: (i) *einfache* Selbstkontrolle, gekennzeichnet durch tropistische Reaktionen eines Systems auf Muster in sich selbst oder in der Umwelt; (ii) *reflexive* Selbstkontrolle, gekennzeichnet durch Lernfähigkeit (oder die Reaktionen eines Systems *auf Muster in ihren Reaktionen* auf Muster in sich selbst oder in der Umwelt); und (iii) *metareflexive* Selbstkontrolle, gekennzeichnet durch die Fähigkeit eines Systems, die eigenen verhaltensbestimmenden dispositionalen Zustände (Wünsche, Überzeugungen und dgl.) durch eine Sprache der Selbstrepräsentation zu Gegenständen einer Untersuchung bzw. einer Revision zu machen. Willensfreiheit wird somit als die Fähigkeit eines Systems aufgefasst, metareflexive Selbstkontrolle auszuüben.[16]

Ein interessanter Zug des beschriebenen Erklärungsmodells ist nicht nur, dass eine natürliche Deutung menschlicher Autonomie im Sinne von metareflexiver Selbstkontrolle mit einem physikalischen Determinismus verträglich wäre, sondern auch – noch stärker –, dass eine weitgehende deterministische Mechanik auf makrophysikalischer Ebene sogar als notwendige Bedingung der Willensfreiheit gelten würde. Genau wie jeder andere Kontrollprozess kann auch metareflexive Selbstkontrolle nur dann erfolgreich ausgeübt werden, wenn die ihr zugrunde liegenden neuronalen Prozesse nicht durch unerwartete Ereignisse gestört werden – was bei der regelmäßigen Auswirkung etwa quantenmechanischer Indeterminiertheiten auf neuronaler Ebene vermutlich der Fall wäre.[17]

Wie verhält sich aus der Perspektive dieses Erklärungsmodells der Genotyp zur menschlichen Autonomie? Gibt es einen Anhaltspunkt dafür, dass sie miteinander in Widerspruch stehen? Zwar wurde die Frage, inwiefern bestimmten Verhaltens-

---

14 Frankfurt 1969, 1971; s. a. Dennett 1984 b.

15 Dennett 1984 a, Kap. 3.

16 Im Falle biologischer Systeme gehören etwa (i) Pflanzen, (ii) mindestens über implizite Lernmechanismen verfügende Lebewesen und (iii) gesunde, erwachsene Menschen den drei genannten Stufen an. Für eine ausführliche Behandlung des Gesamtthemas siehe Čuplinskas 1999, 2001.

17 Genau darin liegt das Hauptproblem des libertarischen Standpunktes – zu erklären wie echte Zufallsmomente zur Autonomie beitragen könnten ohne Handlungen nicht-intelligibel werden zu lassen. Ein physikalischer Indeterminismus ist jedenfalls nicht erforderlich, um die Welt mit epistemischen Möglichkeiten und Handlungsalternativen auszustatten – dazu reicht das Vorhandensein chaotischer Systeme, die uns reichlich umgeben (vgl. Walter 1999, 205ff).

dispositionen bereits durch den Genotyp der Weg gebahnt wird, nicht eingehend thematisiert, doch entscheidend ist letztlich die grundsätzliche Fähigkeit eines gesunden Erwachsenen, jene zu erkennen, in ein kohärentes Selbstmodell zu integrieren und bei Bedarf zu revidieren.[18] Die Phylogenese der menschlichen Spezies hat über Jahrmillionen Mechanismen hervorgebracht, die uns unter geeigneten ontogenetischen Bedingungen zur metareflexiven Selbstkontrolle befähigen. Tief greifende Störungen in dieser Entwicklung – wie etwa die meisten Chromosomenstörungen, die mit einer schweren geistigen Behinderung einhergehen[19] – können das Zustandekommen jener Mechanismen verhindern. So gesehen gilt der erfolgreiche Ablauf des genetischen Programms, welches die Entwicklung eines Menschen insbesondere bis in den Erwachsenenalter begleitet, sogar als Bedingung der Möglichkeit menschlicher Autonomie.

Literatur:

Čuplinskas, R. (1999): Willensfreiheit und Selbstkontrolle. Überlegungen zur Naturalisierung eines Begriffs, in: Logos. Zeitschrift für systematische Philosophie, N.F. 6 (1), 27–51.

Čuplinskas, R. (2000): Dimensionen des Selbst und deren biologische Grundlagen, in: Newen, A., Vogeley, K. (Hg.), Selbst und Gehirn. Menschliches Selbstbewußtsein und seine neurobiologischen Grundlagen, Paderborn, 121–148.

Čuplinskas, R. (2001): Rez.: Henrik Walter, Neurophilosophie der Willensfreiheit. Von libertarischen Illusionen zum Konzept natürlicher Autonomie (Paderborn, ²1999), in: Zeitschrift für Philosophische Forschung, 3/2001, 155–160.

Dawkins, R. (1986): The Blind Watchmaker, London.

Dawkins, R. (1989): The Selfish Gene, 2nd edition, Oxford (dt. Übers.: Das egoistische Gen, zweite Auflage, Reinbek bei Hamburg 1996).

Dennett, D. C. (1984 a): Elbow Room: The Varieties of Free Will Worth Wanting, Cambridge (dt. Übers: „Ellenbogenfreiheit“: Die erstrebenswerten Formen freien Willens, Weinheim 1994).

Dennett, D. C. (1984 b): I Could Not Have Done Otherwise – So What?, in: Journal of Philosophy 81, 553–565.

Frankfurt, H. (1969): Alternate possibilities and moral responsibility, Journal of Philosophy 66, No. 23 (Dez. 1969).

Frankfurt, H. (1971): Freedom of the will and the concept of a person, Journal of Philosophy 68, No. 1 (Jan. 1971).

Keller, E. F. (2000): Century of the Gene, Cambridge (dt. Übers.: Das Jahrhundert des Gens, Frankfurt 2001).

Keller, E. F. (2003): Genetischer Determinismus und *Das Jahrhundert des Gens,* in: Honnefelder, L. et al. (Hg.): Das genetische Wissen und die Zukunft des Menschen, Berlin (in diesem Band).

---

18 Für eine Einbettung dieser Fähigkeit in ein umfassenderes Modell des Selbst s. Čuplinskas 2000.

19 Vgl. Propping 2001, 95 f.

Lehrach, H. (2003): Der Mensch als Summe seiner Gene: Herausforderung und Chance, in: Honnefelder, L. et al. (Hg.): Das genetische Wissen und die Zukunft des Menschen, Berlin (in diesem Band).

Moore, G. E. (1903): Principia ethica, Cambridge (dt. Übers.: Principia ethica, Stuttgart 1977).

Orgel, L. E. (1994): The Origin of Life on Earth, in: Scientific American, October 1994, 53–61.

Propping, P. (2001): Vom Genotyp zum Phänotyp: Zur Frage nach dem genetischen Determinismus, in: Honnefelder, L., Propping, P. (Hg.): Was wissen wir, wenn wir das menschliche Genom kennen?, Köln, 90–102.

Rose, S., Kamin, L. J., Lewontin, R. C. (1984): Not in our Genes, London (dt. Übers.: Die Gene sind es nicht, Weinheim 1988).

Walter, H. (1999): Neurophilosophie der Willensfreiheit. Von libertarischen Illusionen zum Konzept natürlicher Autonomie, Paderborn.

Wuketits, F. M. (1988): Evolutionstheorien: historische Voraussetzungen, Positionen, Kritik, Darmstadt.

Didier Sicard

Illusionen und Hoffnungen der Genetik

Solange Alkoholismus, Drogen- und Tabakabhängigkeit, sexuell perverses Verhalten sowie verschiedene Neurosen weiterhin als menschliche Verhaltensweisen erscheinen, die sich jeglichen medizinisch rationalen Zugangs entziehen, bleiben auch die Möglichkeiten eines therapeutischen Zugriffs auf diese weiterhin arbiträr und wenig wissenschaftlich. Sobald aber ein biochemischer Marker oder ein Marker auftaucht, mit dem eine konkrete Vorstellung verbunden ist, keimt Interesse daran auf. Wenn darüber hinaus ein genetischer Marker identifiziert wird, schlägt dieses Interesse in Eifer um. ‚Das Gen von X' erklärt alles. Es ist so einfach, hierbei endlich auf eine Erklärung des Typs zurückgreifen zu können, wie er sich zum Beispiel bei der Erklärung von Experimenten an Mäusen anbietet. Die Anzahl der Gene der Maus unterscheidet sich nicht so sehr von der des Menschen – sie sind zu 83 % identisch. Transgene Mäuse, d. h. Mäuse, bei denen Gene ‚an- oder abgeschaltet' wurden, legen in ihrem Käfig ein Verhalten an den Tag, das sie von anderen Mäusen unterscheidet. Sie verfügen über ein schlechteres Erinnerungsvermögen, sind mehr oder weniger mütterlich, mehr oder weniger aggressiv, mehr oder weniger gefräßig etc. Warum also sollte dieser Reihe von Tatsachen von vornherein der Status einer Erklärung abgesprochen werden? Ein Gen, zwei Gene, mehrere Gene scheinen das Verhalten doch zu determinieren.

Es ist bedauerlich, wie sehr ein solcher simpler Reduktionismus als auch die festgestellte genetische Nähe der Maus zum Menschen schockierend wirken konnten. Als ob sich an der Zahl der Gene die Stellung im Bereich des Lebendigen bemessen ließe, wurden beim Menschen 40.– oder 50.000 Gene vermutet: laut *Science* sind es jedoch nur 37.000, laut *Nature* sogar lediglich 32.000. Der Mensch und der Schimpanse haben 98,6 % ihrer Gene gemeinsam, zumindest was die kodierenden Gene anbetrifft (die sicherlich einen extrem niedrigen Anteil an der Gesamtheit des Genoms ausmachen), nur 1,4 % weichen voneinander ab. Die Illusion liegt nun darin zu glauben, in diesen 1,4 % sei das genuin Menschliche zu verorten. [Eine solche pseudo-bedeutungsgeladene Kartographie erinnert an „diese Farben, die in einer bestimmten Ordnung an einer ebenen Oberfläche angeordnet werden" und die sowohl das Genie von Beckmann, Klee, Kieffer, Polke, Baselitz, Richter, Palerme erklären soll als auch die betrübliche Banalität irgendeines Malers für naive Touristen des Porto Vechchio in Venedig.] Gerade dieser Verweis auf die unterschiedliche Anzahl der Gene beim Schimpansen und beim Menschen (beim Versuch einer Erklärung dessen, was ‚das Humane' ausmacht) könnte, im Rückgriff auf die Präsenz bestimmter Gene, zu einer rassistischen Betrachtungsweise der mehr oder weniger großen Entwicklungen der Humanisierung des Menschen führen. Ein spezifisch menschliches Gen existiert aber ebenso wenig, wie es ein spezifisches Gen des Schimpansen gibt. Zum Glück![1] Denn dies würde sonst bedeuten, unser Menschsein bestünde nur in einer Ansammlung bestimmter Gene, deren schrittweise Identifizierung das spezifisch Menschliche aufzuspüren erlauben würde.

Alle Menschen sind, was die kodierenden Abschnitte ihres Genoms betrifft, zu 99,9 % identisch, und trotzdem ist jeder unterschiedlich in den nicht-kodierenden Abschnitten. Sogar eine unendlich kleine Abweichung kann dabei zu erheblichen Unterschieden im Phänotyp führen, wie zum Beispiel die weiße oder schwarze Hautfarbe. Eine weiße oder schwarze Rasse existiert deshalb jedoch nicht. Es gibt weiße oder schwarze Hautfarben, deren unterschiedliches Aussehen mit einer unterschiedlichen Disposition zusammenhängt, Melanin zu produzieren, welches bei der schwarzen Haut kontinuierlich und bei der weißen Haut diskontinuierlich in der Haut verteilt ist. Innerhalb schwarzafrikanischer Populationen ist die genetische Variation größer als zwischen dem Durchschnitt der Europäer und Schwarzafrikaner in ihrer Gesamtheit. Nicht allein schon weil bestimmte Merkmale sichtbarer als andere sind, weil sie auffälliger im sozialen Umgang miteinander sind (Größe, Farbe, Stärke, Augenform), sind sie auch schon Ausdruck irgendwelcher charakteristischer Rassenmerkmale. Es existiert nur eine menschliche Rasse, und nicht verschiedene. Dabei ist der Verweis auf vorhandene physische Unterschiede zur Begründung von Rassismus ebenso gefährlich wie der Versuch, Anti-Rassismus mit dem Nichtvorhandensein von biologischen Unterschieden nachweisen zu wollen.

Der Versuch, die Wissenschaft überhaupt nach biologischen Beweisen im einen oder anderen Sinn zu befragen, um einen Diskurs der Inklusion oder der Exklusion zu rechtfertigen, ist schon vom Ansatz her verfehlt: Hierdurch wird dem Biologischen eine unangemessene Wichtigkeit zugesprochen, und eine Debatte, die sich niemals auf Argumente dieses Typus stützen darf, verfälscht. Der dem Anderen gegenüber gebotene Respekt darf jedoch in keiner Weise von vorhandenen oder nicht vorhandenen Unterschieden abhängig sein. Die *erste* – gefährliche – *Illusion* besteht darin, zu glauben, von der Zahl der Gene und ihrer Eigenschaften hinge ein spezifischer biologischer Determinismus ab.

Die *zweite Illusion* besteht in der Auffassung, ein Gen kodiere ein einziges Protein. Dieser zirkulären Argumentationsweise zufolge würde es ausreichen, ein Protein zu identifizieren, welches dann auf ein Gen rückführbar wäre. Ein Gen der DNA kodiert jedoch oft mehrere mRNA und mehrere Proteine. Jedes dieser Proteine interagiert wiederum mit anderen Proteinen, mit Rezeptoren, die wiederum – inhibiert oder aktiviert – das Funktionieren des Gens selbst stimulieren oder inhibieren. Es liegt somit ein permanenter Verkettungsprozess von enormer Komplexität vor, der ständig von der Umwelt beeinflusst wird – durch Informationsaustausch, An- und Abschalten von Funktionen, Aktivierung von ruhenden Genen,

1 Die Frage nach biologischer Spezifität/Besonderheit des Menschen wird somit auf die Ebene der Sprache, der Kultur und des Geistes verlagert.

und wer weiß, vielleicht werden selbst nicht-kodierende Abschnitte hierdurch zu kodierenden? Diejenigen Sequenzen, die die Expression von Genen außerhalb ihrer selbst regulieren, sind dabei oftmals mehreren Genen gemeinsam. Die ‚Umwelt' der Gene ist dabei wichtiger als die Gene selbst (ein Beispiel hierfür stellt der Vorgang des Klonens dar, bei dem die bisher vernachlässigte Rolle der Mitochondrien der Oozyten von großer Wichtigkeit ist).

Der Einfluss der Umwelt mag durch folgendes Beispiel verdeutlicht werden: Beobachtungen einer bestimmten Vogelart haben scheinbar gezeigt, dass die Weibchen vom prunkvollen farbigen Gefieder der Männchen angezogen werden. Aus diesem Reiz bzw. der hieraus resultierenden Begattung schlüpfen Vögel, die dicker und kräftiger sind als diejenigen, die aus einer erzwungenen Begattung – ohne freie Partnerwahl – hervorgehen. Die ursprüngliche Erklärung lautete dabei wie folgt: Der durch die farbigen Federn ausgelöste Reiz veranlasst die Weibchen, sich mit den Männchen zu paaren, so dass diese wiederum ‚vorteilhafte' Gene an ihre Nachkommen weitergeben. – Bis zu dem Tag, an dem man den Vögeln mit unauffälligem Gefieder rote Ringe anlegte und den Vögeln mit prunkvollem Gefieder blaue. Wie sich herausstellte, waren es nur die roten Ringe, von denen die Weibchen angezogen wurden, nicht aber die Federn.

Tatsächlich ist es das Testosteron, das von denjenigen Weibchen gebildet wurde, welche von der roten Farbe angezogen wurden, das die Größe der Eier beeinflusst; und nicht die Gene der männlichen Vögel oder gar ihr schönes Gefieder.

Die beiden ersten Illusionen, die determinierende Kartierung, die Herstellung von identifizierten Proteinen und das Verkennen der Rolle der Umwelt, liegen einer ersten Gruppe von Missverständnissen zugrunde.

Tatsächlich verführt die Aufklärung bestimmter monogen vererbter Krankheiten, wie zum Beispiel Mukoviszidose, Myopathie, Hämophilie, die Steinertsche Krankheit, die Friedrichsche Krankheit, die Hämochromatose, etc. zu solchen Ansichten. In diesen Fällen entspricht tatsächlich einem Gen ein oder mehrere Proteine, deren Mutationen oder deren Defekte weitreichende Konsequenzen haben, da sie sich an einer zentralen Schnittstelle der Physiologie der Zelle befinden. Aus einer sehr kleinen Mutation kann dabei eine Kaskade katastrophaler Ereignisse resultieren.

Wie leicht man sich doch irreführen lassen kann durch transgene Experimente mit Tieren, sei es durch ‚knock out' oder Stimulation. Ein solches immer banaler werdendes ‚Herumbasteln', kennzeichnend für die heutige Forschung, privilegiert Erklärungen, die ein *künstliches* Bild der Funktionsweise von Genen zeichnen und die auch angenommen werden bei Vorgängen, die spontaner Natur sind. Das Ansetzen eines Eisenbahnschalthebels, der einen Zug entgleisen lässt, gibt keine Information bezüglich der Genese oder Bauweise des Zugs her. Sobald man zu einer (solchen) Erklärungsweise von Verhalten übergeht, hängt man derselben reduktionistischen Illusion nach wie ein Beobachter, der nackte Körper am Strand sieht und hieraus folgert, deren Nacktheit sei auf die Sonne und das Meer zurückzuführen. Die Präsenz von Sonne und Meer mögen es in einem gewissen Sinne vielleicht ermöglichen, dass die Körper sich entblößen, stellen aber natürlich nicht die Ursache dieses Vorgangs dar. Die ‚genetische Illusion' ist dabei jedoch nicht eines von vielen Fantasmen, sondern bildet die Grundlage eines außerordentlich großen Marktes. Man erinnere sich nur an die großen Titelüberschriften in den Zeitungen an jenem Tag, als die Entzifferung des menschlichen Genoms bekannt gegeben wurde. Hinter der Faszination vom Bild einer Aneinanderreihung des Menschlichen auf einer mehrere Meter langen Kette, bestehend aus einem Alphabet von vier Buchstaben, steht dabei vor allem der Gedanke an den Begriff des Rohstoffs. Durch die Verkettung der Nukleotide, dieser vier aneinandergereihten Buchstaben (ATCG), entstehen chemische Moleküle, deren finanzieller Wert schier ins Unermessliche reicht.

Und dies ist auch verständlich – wenn man berücksichtigt, dass von einer solchen Perspektive auf die Bedeutung der Entzifferung des Lebendigen Investitionen abhängen, die mit einer komplexen und indeterministischen Perspektive nicht verträglich sind. Daher auch die immerwährende und absurde Verlockung, ‚das Gen der Schizophrenie', ‚das Gen der Homosexualität', ‚das Gen der sexuellen Perversion', ‚das Gen der Intelligenz' isolieren zu wollen. Dass es Gene gibt, die Verhalten strukturieren, ist zwar von äußerst großer Wahrscheinlichkeit, aber nahezu ohne Bedeutung verglichen mit der Komplexität anderweitiger bestehender Vernetzungen, verglichen mit den Interaktionen von Millionen von Proteinen, verglichen mit kognitiven Reizen von außen etc.

Es mag genetische Krankheiten geben – mono- oder oligogenetische –, die mit mentaler Zurückgebliebenheit einhergehen, aber dies besagt nichts, absolut nichts, über die ‚Bauweise' von Intelligenz aus. *Neurotransmitter* werden unentwegt von außen stimuliert oder inhibiert. Ich frage mich übrigens, wie stark der Einfluss der Umgebung (und insbesondere der des Fernsehens) auf unsere ‚kollektiven Neurotransmitter' ist, eine Frage, die zu beantworten mir viel relevanter erscheint als die Frage nach bestimmten ‚Verhaltensgenen', eine Fragestellung, die mir als eigentlich sinnlos und immer schon ideologisch gefärbt erscheint. Unsere Neurotransmitter sind wahrscheinlich durch die Künstlichkeit ihrer Stimulation sediert, und dieses Betäubtsein erscheint umso fremdartiger, als unserem Bewusstsein dabei suggeriert wird, im Wachzustand zu sein.

Der Markt, ganz im Bann dieser Illusion, trägt somit dazu bei, diese Illusion aufrechtzuerhalten; und indem er sich auf diese Illusion stützt, schreibt er sie auch fest. Es ist im Übrigen nicht unwichtig, dass der Markt im kapitalistischen Sinn des Begriffs sich von derselben Art von Ideologie nährt, d. h. von ganz einfachen Gesetzen, die biologischen Gesetzen verwandt sind. Das vorliegende Argument – ‚das Gen' vermag ebenso alles zu erklären, wie ökonomische Parameter – ist hierbei genauso zirkulär. Es stimmt zwar, wie wir in Fällen bestimmter *monogener* Erkrankungen oder bestimmter transgener Experimente gesehen haben, dass Folgen durch diesen Typ von Erklärung eindeutig bestimmt werden können, so wie auch *bestimmte ökonomische Verhaltensweisen* in einem bestimmten Moment katastrophale Folgen haben können. Aber dies besagt *nichts über die Art* des in Frage stehenden wirtschaftlichen Fortschritts. Eine bestimmte Zahl von Arbeitsplätzen zu streichen, um den Preis einer Dienstleistung in die Höhe zu treiben, stellt keinen eigentlichen Fortschritt dar, kann aber als ein solcher dargestellt werden. Der Egoismus des besten Fortschritts *verkennt die Komplexität von Verhaltensweisen* und insbesondere die Unannehmbarkeit der schreiendsten Ungleichheiten.

Der Unsinn der Rede vom ‚Ende der Geschichte', der nach dem Fall der Berliner Mauer offensichtlich wurde, erinnert an das Ende der Entzifferung des Genoms. Werden wir es zu verstehen wissen, den Bereich des Biologischen nicht nach dem Muster reduktionistischer Erklärungen zu interpretieren, und werden wir es hinzunehmen wissen, dass menschliche Interaktion uns immer weiter vom angestrebten Ziel – der Beherrschung der Natur – entfernt? *Je mehr man zu beherrschen vermag, umso stärker infantilisiert man. Das menschliche Abenteuer, wenn es sich wissenschaftliche oder normative Programme setzt, endet immer im Desaster. Der Weg von einer ‚Diktatur des Gens' hin zur politischen Diktatur ist nicht sehr weit.*

Die *dritte Illusion* besteht darin zu glauben, die Kartierung des menschlichen Genoms werde uns lehren, die wichtigsten Prädispositionsgene aufzufinden. So versuchen ehrgeizige Programme in Island, Lettland und im Inselstaat Tonga, Phänotypen auf von Genen ausgehende Funktionen zurückzuführen, um der Welt eine Kartographie anzubieten. Es ist hierbei offensichtlich einfacher, mit relativ abgeschlossenen Populationen zu arbeiten, da dies erlaubt, die sprichwörtliche Suche nach der Stecknadel im Heuhaufen durch die Suche nach einer Nadel in einem Strauß von Gräsern zu ersetzen. Dahinter steckt die Idee, beträchtliche kommerzielle Gewinne auf dem Gebiet der diagnostischen oder prädiktiven Kits, auf dem Gebiet der Pharmakogenomik oder der Prävention von Krankheiten durch gezielte Verhaltensveränderungen in Funktion auf bestimmte Risikofaktoren zu erzielen. Diese neue genetische ‚Eroberung des Westens', die völlig akzeptabel ist, wenn es sich um informierte und aufgeklärte Länder handelt, ist hingegen fragwürdig, wenn es sich um z. B. afrikanische Populationen handelt, die seit langem vom Rest der Welt abgeschnitten sind und die Gegenstand richtiggehender genetischer Raubzüge werden, oder wenn es sich um von seltenen Krankheiten betroffene Familien handelt, die untersucht werden, ohne therapeutische Ziele oder Möglichkeiten aufzuweisen. Nur das erste – diagnostische oder prädiktive – Ziel hat einen kommerziellen Sinn, da Kits erfolgreicher sein werden. Es wird immer faszinieren, mittels eines Tropfen Bluts Zugang zur ‚Erkenntnis seiner Selbst' zu bekommen, auch wenn eine solche Beschreibung des Selbst kaum aussagekräftiger ist als eine genealogische oder eine phänotypisch medizinische. Der Begriff der ‚Prädisposition' ist in der Tat ein sehr schillernder. ‚HLA-B27 zu sein' besagt nichts anderes, als Träger eines Genabschnitts zu sein, aufgrund dessen der Träger bestimmten Infektionen gegenüber anfällig ist, oder auf die der Organismus mit einer übermäßig starken oder besonderen Immunreaktion reagiert. Wenn eine bestimmte Anzahl rheumatischer Erkrankungen, Erkrankungen des Verdauungsapparats oder bestimmte Augenkrankheiten sich fast ausschließlich auf diesem Abschnitt befinden, so bedeutet dies nicht, dass die HLA-B27 positiven Personen auch daran erkranken werden. Dieser Genabschnitt ist dabei unveränderbar, wie auch immer ein therapeutischer Eingriff aussehen mag. Eine Veränderung dieses Abschnitts selbst wird immer außer Reichweite jeglicher therapeutischer Eingriffsmöglichkeiten liegen. Dieses Beispiel könnte unendlich weitergesponnen werden. Mit diesem oder jenem Haplotypen mögen eine Anzahl von Krankheiten zusammen existieren. Dies besagt dabei jedoch nichts über die Risiken des infrage stehenden einzelnen Haplotypen selbst. Und doch löst das Wissen um seine Präsenz eine unglaubliche Angst aus. Ich erinnere mich in diesem Zusammenhang an eine Person, die HLA-B27 positiv und deshalb auch ohne spezifische pathologische Anzeichen sehr ängstlich war, die aber – um sich keinem Risiko auszusetzen – nicht mehr reisen wollte. Diese Angst kann selbst dann am größten sein, wenn nur nach bestimmten Prädispositionsgenen oder prädiktiven Genen – metabolischer, tumoröser und psychiatrischer Krankheiten oder Herzkrankheiten – gesucht wird. Und wie soll man denn auch die Tatsache interpretieren, dass man Träger eines bestimmten Genes des ‚plötzlichen Todes' ist, ohne dabei die Frequenz oder Inzidenz des Risikos, das Datum des Ereignisses, oder die Umweltfaktoren, die es bestimmen, zu kennen? Wüsste man dies, wäre im Übrigen eine solche Antizipation fast unmöglich zu ertragen. Das in einem solchen Fall vorgeschlagene Heilmittel der Mediziner besteht darin, einen tragbaren Defibrillator zur Verfügung zu stellen – „für den Fall, dass ...". Wie soll man mit der Untersuchung auf solche Gene hin umgehen? Soll man z. B. das Untersuchungsergebnis eines Kindes mit einem ‚Diabetes-Gen' akzeptieren, so dass man es gegebenenfalls dann schon früh daran hindern könnte, sich von Zucker zu ernähren? Oder wie soll man sich bei Gentests auf z. B. BRCA1 BRCA2 in einer Familie, in der Brustkrebs vorkommt, verhalten? Muss hier präventiv chirurgisch eingriffen werden – beide Brüste und beide Eierstöcke entfernt werden? Und wenn ja, in welchem Alter?

Eine Illusion besteht somit also darin zu glauben, dass die Feststellung, Träger eines bestimmten Gens zu sein, mit vorbeugenden Verhaltensmaßnahmen einhergeht, welche zum Beispiel Fettleibigkeit, Diabetes, Bluthochdruck, Infarktrisiko, Medikamentenabhängigkeit, Alkoholismus und Tabaksucht etc. angemessen erscheinen. Allen präventiven Maßnahmen wird jedoch stets die Komplexität der Verhaltensfreiheit entgegenstehen, so effektiv sie auch sein mag. Auf dieser Illusion beruhen z. B. alle Genkartierungprogramme. Man weiß zwar auch um vernünftige Verhaltensweisen beispielsweise im Fall von hohem Herz-Kreislaufrisiko im Verhältnis zu Tabakgenuss oder exzessiver Bewegungsarmut. Aber dieses Wissen um die Prädispositionsgene wird gleichzeitig einen relativ großen Einfluss auf die Ängstlichkeit und den empfundenen Determinismus des eigenen Lebens haben. Alle auftretenden Symptome werden dabei immer als die Ankündigung einer Katastrophe interpretiert, die oftmals gar nicht eintritt, oder aufgrund des Eintritts anderer Ereignisse nicht die Möglichkeit der Entstehung hat.

Was die Pharmakogenomik betrifft, so scheint ihr tatsächlich eine ‚strahlende' Zukunft beschieden zu sein. Man weiß sehr gut, dass bestimmte Gene bestimmte Therapien tolerieren oder nicht tolerieren. Aber die Komplexität dieses Entzifferungsprozesses ist dabei ebenso beträchtlich wie die Vergeblichkeit solcher Bemühungen. In den siebziger Jahren wusste man zum Beispiel, dass Kranke, die gegen Tuberkulose behandelt werden sollten, mehr oder weniger schnell INH acetylieren. Man entwarf – ausgehend von biochemischen Phänotypen – therapeutische Modelle, musste dabei aber nach und nach feststellen, dass die Relevanz dieses Parameters überschätzt worden war. Eine der allergrößten Illusionen besteht darin zu glauben, dass jeder einzelne ein persönlich adaptiertes Anti-Hochdruckmedikament, einen persönlich adaptierten Cholesterolinhibitor etc., in Funktion eines bestimmten Gens, haben könnte. Diese Annahme ist unrealistisch und ihre Erforschung wäre extrem kostenaufwendig und verwaltungsökonomisch unmöglich.

Eine weitere Illusion, die besagt, dass es eine Medizin genetischer Krankheiten durch Gentherapie, basierend auf Eingriffen in das Genom selbst, mittels einer Art von ‚Genchirurgie', gäbe, gehört schlichtweg in den Bereich der Science Fiction.

Eine noch weitreichendere Illusion ist das ‚Basteln' von Genen – nicht etwa Transgenese, die auf PGM (Phosphogluconatmutase) abzielt, nicht die Fähigkeit, Immungene abzuschalten im Rahmen von Xenotransplantationen, wodurch Tiere humanisiert werden, nicht die Ermöglichung der Produktion von Medikamenenten durch Pflanzen (Lipase, Hämoglobin, Phyto-Oestrogene, etc.) –, sondern das Basteln von Genen auf der Ebene der DNA selbst. Dem zugrunde liegendem Alphabet ACTG neue Buchstaben Y, S hinzuzufügen, um hierdurch mit einer so modifizierten mRNA neue Proteine herzustellen, würde bedeuten, das Gleichgewicht des Lebendigen zu verkennen – so als könne man hier einfach etwas hinzufügen, ohne dieses Gleichgewicht zu zerstören. Eine lebendige, modifizierte DNA zu programmieren hieße gewissermaßen, oberhalb der Wirkkette einzugreifen, es hieße, die Interaktionen zwischen Genen, zwischen Proteinen zu verkennen und weiter dem Glauben anzuhängen, man könne die Natur verbessern, ohne ein Desaster heraufzubeschwören. Den Bereich des Lebendigen manipulieren zu können bedeutet nicht notwendigerweise auch schon, ihn zu verstehen.

Eine weitere Illusion besteht darin, ausgehend von einer ‚Informations-Genomik' (*génomique informationelle*) rasch zu einer funktionellen Genomik übergehen zu können; so als sei man berechtigt zu glauben, man habe durch bloßes Isolieren der Leber bereits ihre Funktionsweise verstanden. Es wird noch Jahre dauern, bis wir in diesem Bereich zu tiefer gehenden Einsichten gelangen.

Eine weitere Illusion besteht darin, die *Patentierbarkeit von Genen* als Faktor des Fortschritts in der Forschung zu verstehen. In langen, manchmal sehr heftig verlaufenden Debatten stehen diejenigen, die der Meinung sind, dass Patente nicht an die Spezifizität des Lebendigen angepasst werden müssen und dass sie Forschung erleichtern denjenigen gegenüber, die – wenngleich sie akzeptieren, dass der Bereich des Lebendigen nicht vom Fortschritt in der Wissenschaft ausgenommen werden sollte – fordern, dass eben gerade dieser Spezifizität der Gene Rechnung getragen werden muss. Ein Gen mittels einer automatisierten Technik zu ‚erfinden', es auf eine bestimmte Funktion einzuschränken, hat beträchtliche kommerzielle und ökonomische Konsequenzen und kann Forschung verhindern. Die Auseinandersetzung findet hierbei vielleicht weniger zwischen denjenigen, die patentieren wollen, und denjenigen, die dies nicht erlauben wollen, statt, es geht hierbei vielmehr um erhebliche Geldsummen. Wir sprechen hier von 400 Milliarden Euro. Auf diesem Gebiet muss noch eine beträchtliche Arbeit geleistet werden – aber vielleicht ist es schon zu spät. Die Gene BRCA1 und A2 zu patentieren und sie sich somit über zwanzig Jahre hinweg anzueignen setzt voraus, dass ihre Funktion nicht nur ein Krebsrisiko ankündigt. Man hat gerade herausgefunden, dass sie vielleicht auch bei der Anämie von Fanconi eine Rolle spielen – aber Forschungen zu Fanconi können nur durchgeführt werden, wenn den Entdeckern des zu Brustkrebs prädisponierenden Gens Gebühren gezahlt werden.

Man sollte sich nicht zuletzt auch davor hüten, eine negative Sichtweise von Genmutationen aufzubauen. Der Prozess der Mutation stellt die Grundlage des Lebens dar. Ein Blick auf die Evolutionsgeschichte erinnert uns daran, dass unsere Immunfähigkeit ursprünglich von einer Infektion durch ein Transposon herrührt, die vor 400 Millionen Jahren unser Immunrepertoire angelegt hat. Ein Blick auf die Evolutionsgeschichte erinnert uns auch daran, dass die heterozygote Form der Sichelzellen vor Malaria schützt, dass die Präsenz des HLA-B27 wahrscheinlich vor AIDS schützt, wenn nicht vor der Infektion durch das HIV selbst, sowie daran, dass die heterozygote Form des Mucoviszidosegens ursprünglich wahrscheinlich vor Dehydratation im Kleinkindstadium schützte, dass genetische Variation weitere unerwartete Reaktionen ermöglicht und dass eine Chromosomenmutation auch schützen kann. Letztendlich ausschlaggebend dafür, ob ein Gen ‚gut- oder bösartigen Charakter' hat, ist der Einfluss der Umwelt, die die genetischen Funktionsparameter fortlaufend modifiziert. So ist bekannt, dass die an Fettleibigkeit leidenden Bevölkerungen einiger pazifischer Inseln aufgrund reichhaltiger Nahrungsaufnahme zu Diabetikern wurden. Ihre Gene haben sich an einen chronischen Mangel an Lebensmitteln adaptiert; wenn dieser Mangel wieder verschwindet, versagen die Korrekturmechanismen einer zu großen Menge von Kalorien gegenüber.

Auf der anderen Seite ist die Genetik auch mit zahlreiche Hoffnungen verknüpft. So ist zum Beispiel die Möglichkeiten des Erkennens von mutierten Genen, den so genannten Heterozygoten, im Bereich der Fortpflanzungsmedizin bereits Realität geworden. Auf diesem Gebiet sind beträchtliche Fortschritte erzielt worden, die es erlaubt haben, die Geburt von schwerkranken Kindern zu verhindern, wobei der infrage stehende Phänotyp der Eltern keinerlei pathologische Merkmale aufgewiesen hatte.

Ebenso wenig illusorisch ist die Entdeckung mutierter Gene durch die Präimplantationsdiagnostik. Selbst wenn die Machbarkeit der Präimplantationsdiagnostik mit Problemen behaftet ist und die verbundenen ethischen Fragen in Grenzbereiche hineinreichen, kann nicht geleugnet werden, dass es unendlich viel schmerzhafter ist, eine Schwangerschaft auf den Weg zu bringen und diese im vierten Monat zu unterbrechen, als eine Präimplantationsdiagnose durchzuführen.

Realität ist auch die Art und Weise, wie Versicherungen mit genetischem Wissen umgehen – so als handele es sich um eine Weiterführung des Determinismus. In diesem Bereich stehen die Chancen allerdings gut, dass diese fixe Idee der Früherkennung auch als eine solche erkannt werden wird. Denn es könnte sein, dass sich andernfalls die Versicherten auch zu ihrem Vorteil an ihre Versicherung wenden könnten, auf der Basis bestimmter positiver oder negativer Informationen.

Ebenfalls real ist die Gentherapie, wie sie weltweit zum ersten Mal von Alain Fischer durchgeführt wurde. Er hat bei Kindern mit schwerem Immundefizit das Rezeptorgen eines notwendigen Wachstumsfaktors für die Produktion von Lymphozyten eingeführt. Dass sich im Knochenmark Zellen ansiedelten, die auf diesen Faktor reagierten, beweist die Wirksamkeit dieser Therapie.

Anlass zu Hoffnung liegt in der Möglichkeit, Gene zu injizieren, welche die Synthese von anti-hämophilen Faktoren regulieren, d. h. Schutzfaktoren vor dem Zelltod, wenngleich der Zelltod immer ein normales Phänomen des Lebens bleiben wird. Denn Leben überhaupt wird durch zelluläre Übereinstimmung, nicht durch Überleben einzelner Zellen ermöglicht.

Des Weiteren setzt man große Hoffnungen in neue therapeutische Ansätze bei der Behandlung bestimmter Krankheiten, wie z. B. bei STI571 im Zusammenhang mit der Behandlung chronischer Knochenmarkleukämie. Diese Behandlung basiert auf der Untersuchung des Codes eines schädlichen Proteins durch hybride Chromosomen, dem Philadelphia-Chromosom. Die Zytogenetik hat es ermöglicht, die Produktion von Proteinen durch das Hybrid zu untersuchen, gegen das Enzyme des Anti-Proteasetyps entwickelt werden können. Unser verbessertes Verständnis der Krankheit AIDS zum Beispiel verdankt sich diesen genetischen Studien.

Große Hoffnungen erweckt die Identifizierung des genetischen Ursprungs von weit verbreiteten Krankheiten wie Alzheimer, obwohl der größte Teil dieser Krankheiten gar nicht genetischen Ursprungs ist. Die Aufklärung genetischer Mechanismen wird es mithilfe der Proteomik erlauben, Enzyminhibitoren von Enzymen zu entwickeln, die durch Gene reguliert werden . Die Zukunft der so genannten ‚Antiproteasen' in diesem Bereich erscheint äußerst vielversprechend.

Es kann abschließend festgestellt werden, dass unsere mit der Genetik verbundenen Illusionen in unserem Stolz und unserem Streben nach Herrschaft ihre Entsprechung finden. Die heutige Wissenschaft zieht es vor, das ‚Angeborene' zu erforschen, was sich eher auszahlt, als die Erforschung des ‚Erworbenen', da es viel zu komplex ist – es sei denn, es handele sich um Erworbenes, das auf vereinfachte, ideologisch gefärbte, beweisbare Schemata rückführbar wäre. Es geht hierbei nicht darum, der Forschung gegenüber Gleichgültigkeit zu predigen, oder sie nicht weiter ermutigen zu wollen. Es geht mir vielmehr darum, vor einer Naivität gegenüber den Verheißungen der Genetik zu warnen und den Platz, den die Genetik in unserer Alltagsmedizin einnimmt, nicht zu überschätzen[2] und so naiv zu sein zu glauben, die therapeutische Revolution werde in absehbarer Zeit nur von der Forschung in diesem Bereich abhängen.

---

2 Ich persönlich in meiner Funktion als Internist glaube nicht, dass ich die Genetik mehr als 1–2-mal pro Jahr nutzen kann.

Die Genetik bleibt ein faszinierendes Forschungsgebiet, aber sie vermag keine Aussagen über den Menschen zu liefern, wie zum Beispiel über seine Fähigkeit zur Selbstbestimmung und seine Fähigkeit, die Zukunft unaufhörlich zu erfinden. Die Zukunft des Menschen liegt nicht in seiner Möglichkeit, am Lebendigen ‚herumzubasteln'; sie liegt in seiner Fähigkeit zu sagen, dass sein Schicksal gerade nicht den Genen eingeschrieben ist, sondern dass das Abenteuer Menschheit weiterhin von jedem von uns abhängen wird – insbesondere von unserer Fähigkeit, Unterschiede zu akzeptieren. Lassen Sie uns aus der Genetik keine neue Schöpfungsgeschichte machen.

Wir sollten den wirklichen Funktionsmechanismen des Lebendigen nicht mit der Art und Weise verwechseln, wie wir uns die Komplexität des Lebens vorstellen. Im Übrigen sollte das der Genetik zugrunde liegende kybernetische Modell der Informationsübertragung, welches aus dem Kommunikationsschema eine simple Bewegung von Sender zu Empfänger und umgekehrt macht, ohne dabei die unendliche Komplexität des Kommunikationsprozesses zu berücksichtigen, hinterfragt werden. Vermeiden wir jegliche Reduktionsmodelle in der Genetik, denn dieses Gebiet bedarf der Imagination und des Zufalls. Wir sollten mit der Art unserer Fragestellungen nicht schon eine bestimmte Antwort erzwingen. Vielleicht misstraut man im 21. Jahrhundert glücklicherweise immer mehr einem positivistischen Reduktionismus und bevorzugt eher Erklärungen, die auf die Annahme kodierender und nicht kodierenden Abschnitte zurückgehen, und verzichtet dabei auf die sinnlose Beweisführung, ein Gen entspräche einer Funktion.

Ebenso wenig sollten wir den biologischen Menschen mit der Person verwechseln. Gerade weil wir eine biologische Form der Repräsentation, die uns eher an das Lebendige ganz allgemein als an den Menschen heranführt, in unsere Sichtweise integrieren, werden wir den biologischen Prozess ganz klar vom Prozess der Humanisierung unterscheiden können. Und dieser Prozess der Humanisierung ist es, der uns angesichts unsicherer Werte zur Verantwortung aufruft.

Göran Hermerén

Der Einfluss der Humangenomprojekte auf unser Selbstverständnis

1. Ausgangsüberlegungen

1.1. Einführung

Im Zentrum der folgenden Überlegungen stehen die Kartierung des Humangenoms und ihre Implikationen. Was bedeutet es, wenn wir die Abfolge der vier Nukleotide (ATGC) im Genom identifizieren, das Genom kartieren und seine Struktur untersuchen, Mutationen charakterisieren (z. B. bei Erbkrankheiten), Krankheiten vorhersagen und Karten des Genoms anfertigen, die die Gene auf bestimmten Chromosomen lokalisieren usf.?

Welche Auswirkungen haben des Weiteren Projekte wie das der Human Genome Organization oder auch das Human Genome Diversity Project, das erstmals 1991 von Luigi Luca Cavalli-Sforza an der Stanford University vorgestellt wurde. Seine Idee war die Gewinnung von

> „genetischer Information vieler unterschiedlicher Völker. Dies würde den medizinischen Genetikern eine Handhabe geben, die Variationen in der Anfälligkeit für bestimmte Krankheiten zwischen bestimmten Populationen zu erfassen und wäre überdies von anthropologischer Bedeutung.“[1]

Die Vorgehensweise ist die, Sätze von Genmarkern zu benutzen, um den Grad der Verknüpfung jedes dieser Marker mit dem Auftreten bestimmter Krankheiten in der Bevölkerung zu bestimmen. Ein möglicher medizinischer Nutzen könnte aus der Untersuchung von Eingeborenenpopulationen mit ungewöhnlich hohem Vorkommen von Diabetes, Asthma usw. gezogen werden oder aus der von Genen mit krankheitsvorbeugender Wirkung. Die dahinterstehenden kommerziellen Interessen sind offenkundig enorm. Doch ebenso offenkundig sind die von der Sammlung dieser Daten aufgeworfenen ethischen Probleme (bezüglich des Zugangs, der Vertraulichkeit, der Privatheit und des informed consent), was Widerstand seitens verschiedener Individuen und Organisationen wie der RAFI (Rural Advancement Foundation International) in Montreal weckte.

Genetische Forschung ist ein sich rasch entwickelnder Zweig. Es gibt heute viele verschiedene Forschungsansätze, die alle energisch betrieben werden und mehr oder minder miteinander verknüpft sind. Manche legen ihr Hauptaugenmerk auf die Gene oder einem Teil des Gens, andere auf die Struktur oder die Funktion.

---

1 Wallace 1998. Alle folgenden Zitate wurden aus dem Englischen übersetzt, die Fußnoten verweisen jedoch auf den Originaltext.

Es ergeben sich Spezialisierungen wie die strukturelle Genomik, die physiologische Genomik, die Pharmakogenomik, die funktionelle Genomik, die statistische Genomik oder die mikrobiologische Genomik.

Die Sequenzierung des Genoms, die Suche nach Markern und Mutationen, Forschung mit dem Ziel der Identifizierung und Patentierung von Krankheitsgenen, der Entwicklung und Verbesserung von Tests auf Erbkrankheiten, im Bereich der Gentherapie und dort zu verwendender Vektoren etc. stellen zum Teil unterschiedliche philosophische und ethische Fragen. Die derzeitige Konzentration auf die so genannte Postgenomik unterstreicht die Schelllebigkeit der Forschung auf diesem Gebiet.

1.2. Wesen und Objekt des Einflusses

Der Einfluss, den die Ergebnisse der Genomprojekte auf jemanden haben werden, hängt von einer Vielzahl von Faktoren ab. Ein solcher Faktor ist der, welches Wissen, welches Verständnis und welche Interpretation dieser Forschungsergebnisse eine bestimmte Person oder eine Personengruppe besitzt. Viele Menschen haben nicht die geringste Ahnung, wie diese Ergebnisse aussehen, andere haben eine irrtümliche Vorstellung von ihnen und ihren Implikationen. Vor diesem Hintergrund wird deutlich, dass es auf die Ausgangsfrage nach dem Einfluss des Humangenomprojekts auf *unser* Selbstverständnis keine eindeutige Antwort geben kann, sie wird in Bezug auf die allgemeine Bevölkerung anders ausfallen als für einen Forscher oder die Gruppe mehr oder weniger informierter Menschen, die diese Fragen diskutieren.

Darüber hinaus besteht das Problem, die genaue kausale Relation, auf die der Begriff ‚Einfluss' referiert, herauszufiltern, wobei es u. a. gilt, die kulturellen Vorstellungen, in deren Lichte wir diesen Einfluss interpretieren, nicht aus den Augen zu verlieren.

Eine weitere Schwierigkeit ist die, dass das gewöhnliche Argument für das Vorliegen eines Einflusses darin besteht, dass eine Intervention eine Veränderung bewirkt. Um es ganz einfach darzustellen: Zuerst haben wir ein bestimmtes Konzept von uns selbst, dann wird das Wissen über das Humangenom verbreitet und danach bemerken wir, dass sich dieses Konzept verändert hat. Doch dieses Argument ist nicht immer gültig:

Angenommen zwei Faktoren A und B haben einen Einfluss auf C. Wäre B der einzige Kausalfaktor, so würde C sich verändern. Nehmen wir nun aber an, dass, metaphorisch oder wörtlich gesprochen, B C in die eine Richtung drängt, während A C in die entgegengesetzte Richtung drängt. Das Ergebnis ist, das C dort verbleibt, wo es anfangs war, was jedoch nicht heißt, dass A keinen kausalen Einfluss auf C hat. (Ich habe dieses Problem in einem Buch diskutiert, das vor einiger Zeit erschienen ist.[2])

2 Vgl. Hermerén 1975.

Schließlich sollte erwähnt werden, dass auch die Medien ein wichtiger Akteur auf dieser Bühne sind. Was sie schreiben hat bedeutende Konsequenzen: Indem sie Erwartungen wecken, verändern sie den Wert von Biotech-Unternehmen an der Börse etc. Bestimmte spektakuläre Verfahren oder Ergebnisse, wie Dolly oder die Verfahren, die bei seiner Erschaffung verwendet wurden, somatischer Kerntransfer oder Klonen, haben die Aufmerksamkeit der Medien auf sich gezogen, die dazu beigetragen haben, die Wahrnehmung der Menschen bezüglich dessen, was sich auf diesem Feld der Forschung abspielt, zu formen.

1.3. Unser Selbstverständnis

Unser Selbstverständnis enthält unterschiedliche begriffliche Komponenten: spekulative Annahmen, empirische Hypothesen und normative Aussagen. Diese können mehr oder weniger gehaltvoll sein, in Abhängigkeit davon, ob sie nur dazu dienen, Eigenschaften zu definieren oder ob sie auch andere begleitende Eigenschaften beinhalten.

Um den Einfluss der Humangenomprojekte auf das Verständnis unserer selbst und unseres Platzes in der Natur zu untersuchen, brauchen wir eine Ausgangsbasis, eine Vorstellung davon, was unser Selbstverständnis ist. Dies ist etwas, worüber insbesondere von Philosophen viel geschrieben wurde.

Die vorliegenden Anmerkungen beanspruchen keine Vollständigkeit. Über das Humesche Konzept des Selbst oder der Person als eines Bewusstseinsstroms hinaus gibt es in der Geschichte der Philosophie viele weitere Vorschläge von Plato und Hume bis Freud, Sartre, Marx und Skinner. Hier möchte ich mich auf einige beschränken, die in dem vorliegenden Kontext besonders relevant und interessant erscheinen.

Ich werde dabei drei Herangehensweisen unterscheiden:

1. Definition des Menschen durch Hervorhebung einer charakteristischen Eigenschaft oder Qualität, die den Menschen von anderen Wesen unterscheidet.

2. Definition des Menschen durch Aufzeigen einer charakteristischen Relation, in der er zu anderen Menschen steht.

3. Definition des Menschen durch die Charakterisierung der Unterschiede zwischen dem menschlichen Geist oder Gehirn und einem Computer.

Zu 1. Besondere Fähigkeiten:

Als anschauliches Beispiel für die erste Strategie führe ich einige wichtige Passagen des deutsch-amerikanischen Philosophen Ernst Cassirer an, die darüber hinaus den Vorteil haben, vor den Plänen der Human Genome Organisation verfasst worden zu sein. Das 2. Kapitel seines „Versuchs über den Menschen“ ist mit dem sprechenden Titel überschrieben: „Ein Schlüssel zum Wesen des Menschen: das Symbol“. In diesem Kapitel schreibt Cassirer:

„Der Begriff der Vernunft ist höchst ungeeignet, die Formen der Kultur in ihrer Fülle und Mannigfaltigkeit zu erfassen. Alle diese Formen sind symbolische Formen. Deshalb sollten wir den Menschen nicht als *animal rationale*, sondern als *animal symbolicum* definieren. Auf diese Weise können wir seine spezifische Differenz bezeichnen und lernen wir begreifen, welcher neue Weg sich ihm öffnet – der Weg der Zivilisation.“[3]

Diese Ideen werden im VI. Kapitel, „Zur kulturphilosophischen Bestimmung des Menschen“, weiterentwickelt.

Zu 2. Soziale/Gesellschaftliche Beziehungen/Relationen:

Schon der englische Dichter John Donne sagte:

„No man is an Island, entire of itself; every man is a piece of the Continent, a part of the main.“[4]

Diese Vorstellung wurde von manchen zeitgenössischen Gelehrten wie Taylor und Margolis aufgenommen und weiterentwickelt, die reduktive Ansätze kritisieren.

Taylor schreibt:

„Was ich als ein Selbst bin, meine Identität, ist wesentlich definiert durch die Art, wie Dinge für mich Bedeutung haben. Und nur durch eine Sprache der Interpretation, die ich als die korrekte Artikulation dieser Fragen akzeptiert habe, haben diese Dinge für mich Bedeutung und wird die Frage meiner Identität ausgearbeitet (...)“[5]

Eine symbolische Konzeption des Selbst wie die oben dargestellte ist nicht notwendigerweise inkompatibel mit einer sozial-historisch-linguistischen, also einer, die im Geiste von Taylor und anderen das Selbst als eine durch kulturelle und soziale Praxis vermittels der Sprache in der Zeit entwickelte Entität ansieht. Das Selbst ist nicht aus sich selbst heraus bestimmbar, so wie es das Genom einer Person ist. Es wird hier in Relation zu einer Gemeinschaft bestimmt.

„Folglich besteht eine entscheidende Tatsache über das Selbst oder die Person, die sich aus all dem Gesagten ergibt, darin, dass es kein Objekt im gewöhnlichen Sinne ist. Wir sind nicht in demselben Sinne wir selbst, in dem wir Organismen sind, wir besitzen unser Selbst auch nicht so wie wir ein Herz oder eine Leber besitzen.“[6]

Zu 3. Essenzielle Unterschiede:

Hubert Dreyfus analysierte das Programm der Künstlichen-Intelligenz-Forschung in zahlreichen Arbeiten[7] und kritisierte deren Ansatz. Indem er die Unter-

3 Cassirer 1990, 51.
4 Donne 1975.
5 Taylor 1989, 34.
6 Ebenda.
7 Vgl. Dreyfus 1986 und 1992.

schiede in der Funktionsweise von Computern und dem menschlichen Gehirn herausarbeitete und so die Grenzen des KI-Projektes aufdeckte, fügte er unserem Selbstverständnis eine neue Dimension hinzu. Dies untergräbt die Arbeiten von Cassirer und Taylor nicht, sondern ergänzt sie.

1.4. Kritische Fragen

In diesem Zusammenhang möchte ich auf einige kritische Fragen aufmerksam machen, die in der grundsätzlichen Debatte über den Einfluss der Genomprojekte auf unser Selbstverständnis nicht vergessen werden sollten. Da sie nicht unerlässlich für die Kernaussage dieses Beitrags sind, werde ich sie jedoch nicht weiterverfolgen:

Hat jeder ein Konzept (Begriff oder Vorstellung) seiner selbst?
Hat jeder dasselbe Konzept seiner selbst?
Verändert sich dieses Konzept in der Zeit?

Meine persönliche Meinung ist, dass die ersten beiden Fragen, und insbesondere die zweite, verneinend, die dritte hingegen bejahend beantwortet werden sollten.

Um Missverständnissen vorzubeugen, sollte betont werden, dass ich die Begriffe ‚Konzept', ‚Begriff' und ‚Vorstellung' nicht als synonym betrachte. ‚Vorstellung' unterstreicht die Relation zu unserer Selbstwahrnehmung, ‚Begriff' hingegen mehr die theoretischen oder intellektuellen Aspekte. Selbstverständlich hängen sie zusammen, doch spaltet sich jede Frage in zwei etwas divergierende Fragen auf, in Abhängigkeit davon, ob man sich dafür entscheidet, den Blick auf Konzepte oder Vorstellungen zu richten.

Darüber hinaus gibt es z. B. kulturbedingte Variationen. Kenneth Gergens Beschreibung dessen, was er als „das postmoderne Selbst" bezeichnet, mag auf ein Selbstverständnis zutreffen, das in gewissen Schichten der Bevölkerung von New York oder Los Angeles, vielleicht auch von Berlin und Stockholm, vorherrscht, sicherlich jedoch nicht in den ländlichen Gebieten von Pennsylvania oder dem nördlichen Skandinavien, ganz zu schweigen von überwiegenden Teilen der Dritten Welt. Wenn man diese dann wiederum im Kontrast zum Selbstverständnis der Azteken,[8] dem jüdischen Selbstverständnis[9] oder dem von Jugendlichen sieht, so verstärkt sich dieser Eindruck noch. Stellte man darüber hinaus noch Vergleiche an bezüglich etwa des Selbstverständnisses des einen Geschlechts mit dem des anderen, der Jugend mit dem des Alters, einer ethnischen Gruppe mit dem einer anderen[10] oder des Selbstkonzepts einer Kultur in seiner vergangenen Form mit dem der jetzigen Form dieser Kultur, so könnte dies sicherlich zu weiteren interessanten Einsichten führen.

---

8 Siehe Léon-Portilla 1992.
9 Siehe Berkowitz 2000.
10 Siehe Vaeth 1986.

2. Einige grundlegende Veränderungen

Was aber sind nun die grundlegenden Veränderungen, die durch die Genomprojekte bewirkt wurden? Ich möchte sie unter vier separaten Schlagworten untersuchen:

- Neues medizinisches Wissen
- Neues Selbstverständnis
- Neues historisches Wissen
- Kultur und Wissenschaft

2.1. Neues medizinisches Wissen

Die Humangenomprojekte bzw. die Humangenomforschung veränderten und erweiterten unser medizinisches Wissen und damit auch die medizinische Praxis in Bereichen wie Diagnostik, Therapie und Prävention. Die genaue Art dieser Veränderungen gilt es im Folgenden zu beleuchten.

2.1.1. Die Transformation der Medizin

Vereinfachend könnte man die Transformation der Medizin folgendermaßen beschreiben: Die klassische Medizin geht vom Symptom aus zu den zugrunde liegenden Ursachen. Zuerst kommt demnach das Symptom und die Diagnostik, daraufhin erst die Erklärung. Doch nun scheint sich diese (Denk-)Richtung umzukehren. Man möchte bei Genkarten und möglichen Ursachen ansetzen, um sich von da aus zu den Symptomen ‚vorzuarbeiten'. Wenn dies gelingen sollte, wird es zu einem neuen Verständnis von Medizin und von Krankheiten führen – und über dies hinaus zu einer neuen Rolle der Bioinformatik.

2.1.2. Prädiktive Medizin

Die Veränderungen in unserem Verständnis des Gesundheits- und des Krankheitsbegriffs bereiten einer neuen Art von prädiktiver Medizin den Weg. Große Erwartungen werden in diesem Zusammenhang in von der Pharmakogenomik zu entwickelnde sogenannte maßgeschneiderte Medizin gesetzt, Medizin, die auf den einzelnen oder bestimmte Zielgruppen zugeschnitten ist[11]. Doch diese Entwicklung zieht auch Probleme der sozialen Gerechtigkeit nach sich. Wer wird zu ihr Zugang haben?

> „Die Enthusiasten (...) sind davon überzeugt, dass die neuen genetischen Einblicke nichtsdestotrotz eine neue Ära der Medizin einleiten werden, innerhalb derer prä-

11 Vgl dazu auch die Beiträge von Beckmann und Brockmöller in diesem Band.

ventive Maßnahmen den Durchbrüchen des letzten Jahrhunderts bei Antibiotika, Chirurgie und Impfungen Konkurrenz machen werden."[12]

Dieser Aspekt wurde auch von den Medien, von wissenschaftlichen Publikationen und populärwissenschaftlichen Werken aufgegriffen.

2.2. Neues Selbstverständnis

Das Bewusstsein des von der Genomforschung zu Tage geförderten (überraschend großen) Ausmaßes der Übereinstimmung des menschlichen Genoms mit dem anderer Spezies hat wahrscheinlich einen tiefgreifenden Einfluss auf unser Selbstverständnis. Folglich verändert Genomik zwangsläufig das Bild unserer selbst und unserer Beziehungen zu anderen lebenden Organismen.

2.2.1. Theoretische Aspekte (Einzigartigkeit und Identität)

Wir sind – zumindest in Bezug auf die DNA – Vögeln und Fischen sehr viel ähnlicher als die meisten früher jemals vermutet hätten. Dies untergräbt die Vorstellung, dass dem Menschen in dieser Hinsicht eine einzigartige Stellung in der Natur zukommt.

Doch es sollte vielleicht angemerkt werden, dass die Tatsache, dass das Genom von Vögeln oder Fischen sehr viel mehr dem unseren gleicht als die meisten Menschen vor einigen Jahrzehnten wussten, keine Abwertung des Menschen bedeuten muss. Im Gegenteil ist es möglich, von der Bedeutsamkeit der Unterschiede der Phänotypen auszugehen und in diesem Lichte die der Genotypen stärker hervorzuheben.

Wie steht es nun mit den Implikationen für unsere Sicht des Menschen und seines Platzes in der Natur? Ferner, und interessanterweise, scheint die Sequenzierung des Menschen, anderer Säugetiere und die von Fischen und Pflanzen eine pantheistische Konzeption der Welt zu stützen, wie sie in der Religion der amerikanischen Indianer und bei manchen der pantheistischen Philosophen des 19. Jahrhunderts, in Deutschland repräsentiert durch bspw. Friedrich Schelling, zu finden ist.

Diese theoretischen Aspekte können unsere Einstellung zu vielen Aspekten der menschlichen Natur verändern. Wenn Alkoholismus, Schizophrenie, manisch-depressive Störungen, Dickleibigkeit, gewalttätiges Verhalten, Intelligenz etc. Mutationen der Gene zuzuschreiben sind, so kann das Individuum wenig ausrichten, da wir uns unsere Eltern nicht aussuchen können. Und wenn dasselbe auch auf kriminelles Verhalten zutrifft, so wird es wahrscheinlich tief greifende Auswirkungen auf unsere Sicht eben von Kriminellen oder auch Alkoholikern haben, insbesondere im Hinblick auf ihre Verantwortung für ihr Verhalten. Es wird auch zwangsläufig bemerkbaren Einfluss auf unsere Praxis der Bestrafung und der Re-

---

12 Vgl. Bishop/Waldholz 1990, 284.

habilitation haben; Reprogrammierung des Genoms könnte an die Stelle von Vergeltung treten, soweit sie technisch machbar und ethisch vertretbar wäre.

2.2.2. Ethische Aspekte – normative Komponenten

Insoweit dem Menschen ein besonderer Wert beigemessen wird oder ihm besondere Schutzwürdigkeit zuerkannt wird, werden die Ergebnisse der Genomkartierung auch wichtige ethische Konsequenzen auf unterschiedlichen Gebieten nach sich ziehen: Der Grad an Schutzwürdigkeit, der vormals Menschen und Primaten vorbehalten war, könnte ausgeweitet werden. Hat aber der Mensch Anspruch auf besonderen Schutz und sollte seine Würde respektiert werden, so gibt es Dinge, die weder getan noch erlaubt werden sollten, sogar wenn die Sequenzierung des Genoms sich als beachtliches wirtschaftliches Potenzial beherbergend erweisen sollte.

Der Mensch besitzt nämlich seine einmalige Stellung nicht in dem Sinne, dass seine DNA einzigartig ist, sondern in diesem, dass die Organe seines Körpers oder Teile dieses Körpers und dieser Organe nicht gekauft, verkauft oder auch nur zum Verkauf angeboten werden dürfen. Dies ist ein wichtiger Bestandteil wenigstens eines Konzeptes des Menschen.

Was aber hat sich nun verändert? Es ist oft fruchtbar, Veränderungen näher zu beleuchten. Betrachten wir also, mit dem bisher Vorgebrachten im Hinterkopf, den Einfluss des Humangenomprojekts – 1. auf das, *was* wir über uns denken.

Der Fokus liegt hier auf dem Inhalt unserer Vorstellungen: auf dem, was wir für die treibenden Kräfte menschlichen Handelns ansehen, auf der Existenz des freien Willens, auf Determinismus, auf Verantwortung, auf einem Leben nach dem Tod, auf der Unterscheidung zwischen Mensch und Tier, wie auch der zwischen Mensch und Computer usw.

Oder aber wir richten unsere Aufmerksamkeit – 2. auf das, *wie* wir über uns denken.

Hier liegt der Fokus auf der Art unseres Denkens: auf den Unterschieden dahin gehend, wie wir über uns und wie wir über andere denken, einschließlich Tiere und Maschinen.

Betrachten wir zum Beispiel vertraute Redeweisen wie:

„Ich war gestern nicht ich selbst.", „Ich verstehe mich gerade selber nicht." ...

Sagen oder denken wir so etwas Vergleichbares von Maschinen oder Tieren? Können wir uns denn vorstellen, dass sie so etwas über sich sagen oder denken? Und wenn nicht, warum nicht?

In beiden Fällen, bei der Frage nach der Art und der nach dem Inhalt unserer Selbstreflexionen, sollte das Hauptaugenmerk den folgenden Punkten gelten:

- den biologischen, moralischen und intellektuellen Eigenschaften des Menschen, d. h. individuellen Aspekten: wie wir den Menschen heutzutage verstehen;

- Menschen in der Gesellschaft, d. h. sozialen und gesellschaftlichen Aspekten: wie wir uns als Menschen in der kulturellen und sozialen Umgebung verstehen, in der wir existieren;
- der Geschichte des Menschengeschlechts, d. h. historischen Aspekten der menschlichen Evolution.

Diese Aspekte, von denen ich einige weiter unten ausführlicher diskutieren werde, werfen wiederum verschiedene Arten von Fragen auf:

- *begriffliche*: In welchen Fällen wird genetische Terminologie verwendet, um Begriffe und Probleme abseits des traditionell zur Genetik gerechneten Gebietes zu definieren?
- *institutionelle*: In welchen Fällen ist genetische Expertise vonnöten, um mit Problemen außerhalb dieses Gebietes fertig zu werden?
- *kulturelle*: Wann verändert genetisches Wissen unsere Einstellung zu Themen wie Fortpflanzung, Gesundheitswesen, Prävention und Kontrolle der Medizin?
- *philosophische*: Wann beeinflusst die Genetik unsere Überzeugungen hinsichtlich der menschlichen Identität, der zwischenmenschlichen Beziehungen, der individuellen Freiheit und ihrer Grenzen, wie auch bezüglich Fragen der Eigenverantwortlichkeit?

2.3. Neues historisches Wissen

Vermutlich vertiefen die Ergebnisse der Humangenetik auch unser Wissen über die Geschichte der Menschheit, die Geschichte der Weltbevölkerung und ihrer Verbreitung. Forschung über die genetische Geschichte des Menschen in Verbindung mit archäologischen Studien und Untersuchungen der Entwicklung und Verbreitung von Sprachfamilien könnte neues Licht auf eine Vielzahl faszinierender historischer Fragen werfen.

Damit soll nicht suggeriert werden, dass die Geschichte der Gene identisch mit der Geschichte des Menschen ist. Sicherlich ist der Mensch mehr als seine DNA, er ist nicht nur ein Produkt aus der Kombination der vier Nukleotide, ausgedrückt durch die Buchstaben A, T, C und G. Die Idee, die Geschichte des Menschen mit der der Gene gleichzusetzen, basiert vielmehr auf deterministischen und reduktionistischen Überzeugungen, die der Umwelt, dem kulturellen Kontext, sozialen Entscheidungen und gesellschaftlichen Bedingungen jede Bedeutung absprechen.

2.4. Kultur und Wissenschaft

Wenden wir uns nun dem möglichen Einfluss der Genomprojekte auf unsere Kultur zu. Eine exakte Analyse desselben gestaltet sich hier aus mehreren Gründen deutlich schwieriger als im vorausgegangenen Fall, was mit der komplexen Wechselwirkung zusammenhängt:

Es soll in Erinnerung gerufen werden, dass die Einflussbeziehung zwischen Genetik und Kultur in beiden Richtungen wirksam ist: Unser Verständnis der modernen Genetik wird einen Einfluss auf unseren sozialen und kulturellen Lebenskontext haben, wie auch unsere kulturellen und sozialen Kodices, Normen und Vorstellungen einen Einfluss auf unser Verständnis und den Gebrauch der Ergebnisse der Genetikforschung ausüben werden.

Schematisch lassen sich diese Abhängigkeitsverhältnisse als Dreieck darstellen:

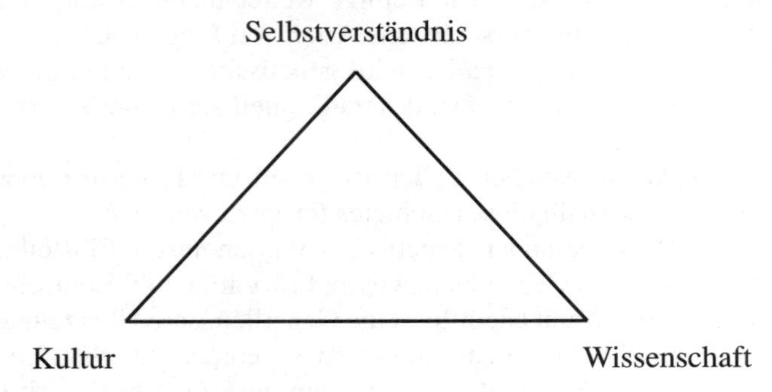

Demzufolge hat unsere Kultur genauso einen Einfluss auf die zeitgenössische Wissenschaft und unser Selbstverständnis, wie umgekehrt die Wissenschaft und unser Selbstverständnis auf unsere Kultur.

Einen besonders interessanten Aspekt des neuen medizinischen Wissens – selbst wenn es keinerlei Auswirkungen auf die medizinische Praxis haben sollte – wird die Untergrabung stereotyper Vorstellungen und Klassifikationen der Menschen in unterschiedliche Rassen, in normal versus abnormal usw. darstellen. Wenn wir alle als von irgendeiner Norm abweichend zu bezeichnen sind, so kann dies zu einem neuen Verständnis der *conditio humana* und des Anspruches auf Solidarität führen. Welche Rolle wird diese neue Wissensform für unser Verständnis unseres sozialen Umfeldes, der Alltagssprache und unseres Denkens spielen? Nelkin und Lindee zeigen in ihrem Buch „The DNA Mystique" von 1995, in dem sie populäre Quellen untersuchen, wie weitverbreitete Vorstellungen „ein erstaunliches Bild des Gens als einflussreich, deterministisch und sowohl für das Verständnis des alltäglichen Verhaltens wie auch des ‚Geheimnisses des Lebens' zentral" vermitteln.[13]

Falls und sobald soziale Probleme auftauchen, besteht die Versuchung, eher unsere Gene zu verändern als unsere Umwelt. Das ‚social engineering' der 30er und 40er könnte durch die Gentechnologie der kommenden Jahrzehnte ersetzt werden.

13 Vgl. Nelkin, Lindee 1995, 2.

3. Probleme und Projekte

Im Mittelpunkt sollen nun normative Fragen stehen, von denen sich manche auf Veränderungen der menschlichen Identität oder der Kriterien für personale Identität beziehen, andere aber auf Prozesse, die mögliche Resultate dieser Veränderungen selbst sind: die Genetisierung und die Verwissenschaftlichung des menschlichen Lebens.

3.1. Die Genetisierung des Menschen

In den frühen 90er Jahren führte Abby Lippman, eine Sozialwissenschaftlerin der McGill University in Montreal den Begriff der Genetisierung („geneticization") ein. Sie definierte Genetisierung als den

> „im Gang befindlichen Prozess, der solchen Unterschieden zwischen Individuen den Vorrang einräumt, die auf deren DNA-Kode basieren, und demnach die meisten Störungen, Verhaltensweisen und psychologischen Variationen zumindest teilweise erblich strukturiert sind."[14]

Lippman wollte den Blick eindeutig auf die sozialen und kulturellen Folgen des neuen genetischen Wissens lenken. Während in den 70ern – insbesondere in den Diskussionen um psychische Gesundheit und Bildungsreformen – das Augenmerk der Gesellschaftswissenschaften eindeutig auf dem Menschen und seiner sozialen Umwelt lag und die Genetik darin nur sehr wenig Raum fand, schlug das Pendel mit der Genetisierungsdebatte in die entgegengesetzte Richtung aus.

Eine für unsere Überlegungen fundamentale Frage ist also offensichtlich die, ob die Ergebnisse der modernen Humangenomforschung neue Formen des Genetizismus stützen. Meiner Meinung nach ist dies nicht der Fall. Der Grund dafür ist, dass ein Schluss, wie ihn die Genetizisten ziehen, erfordert, dass die Entdeckungen und Experimente der Genetik zu allererst in einen Kontext eingeordnet, interpretiert und bewertet werden müssen.[15] Wie ten Have und andere treffend betont haben, ist es unerlässlich, einen Unterschied zwischen der wissenschaftlichen Debatte innerhalb der genetischen Forschung und der öffentlichen Wahrnehmung und Diskussion der Ergebnisse dieser Forschung zu machen.[16] Aus der wissenschaftlich gestützten These, dass bestimmte (Krankheits-)Gene mit bestimmten Krankheiten in Verbindung gebracht werden können oder dass bestimmte Krankheiten durch spezifische Genmutationen verursacht werden, folgt nicht, dass diese Gene mit den Krankheiten zu identifizieren sind – was fehlt ist im Mindesten die Erfahrung des Krankseins und des Leidens an einer bestimmten Krankheitsform. Ein genetischer Essenzialismus, der den Wert eines Menschen oder einer Krank-

---

14 Lippman 1993, 178.
15 Vgl. Katz Rothman 1998.
16 Vgl. z. B. ten Have 2001, 295.

heit nach seiner genetischen Ausstattung und bestimmten Genmutationen bemisst, folgert übereilt und ohne Ansehen der Komplexität der Wirkmechanismen.

In einer Formalisierung dieses Argumentes wird die argumentative Lücke zwischen Prämissen und Folgerungen sogar noch offensichtlicher:

Aus den Prämissen
1. X ist statistisch korreliert mit Y
oder
2. X verursacht oder wird verursacht durch Y
folgt nicht
3. X und Y sind identisch
oder
4. Der Wert von X ist identisch mit dem Wert von Y

Aus der Entdeckung bspw. der Doppelhelix zu folgern, dass der Mensch nichts als eine Doppelhelix ist, ist eine reduktionistische und totalisierende Sichtweise, die, um als berechtigt gelten zu dürfen, zusätzlicher stützender Anhaltspunkte bedarf: Es müssen Werteprämissen und Interpretationen hinzukommen, um die Lücke zwischen den Genkarten und unserem Verständnis dessen, was in unserem Alltag vor sich geht, zu überbrücken.

Dies wurde sogar von einigen ‚Genetizisten', wie zum Beispiel Pääbo in einem relevanten Artikel realisiert:

> „Also ist es ein Irrglaube zu denken, dass die Genomik alleine jemals in der Lage sein wird, uns zu erklären, was es heißt, ein Mensch zu sein. Um uns an dieses hochfliegende Ziel heranzuarbeiten, bedürfen wir eines Ansatzes, der die Kognitionswissenschaften, die Primatologie, die Sozialwissenschaften und die Geisteswissenschaften integriert. Doch da die Verfügbarkeit der kompletten Humangenomsequenz in Reichweite ist, hat die Genetik eine hervorragende Position, um in diesem Unterfangen eine führende Rolle zu übernehmen."[17]

3.2. Normalität, Wertefragen und kultureller Kontext

Bei der Diskussion von Konzepten unserer selbst, einschließlich der personalen Identität, ist es wichtig, definierende Eigenschaften, Begleiteigenschaften, Wiedererkennungskriterien und Werturteile zu unterscheiden.

Werturteile können auf der einen Seite explizit gemacht werden oder sich offen in der Praxis zeigen (vgl. rassistische Diskriminierung oder Sexismus), sie können jedoch auf der anderen Seite auch in scheinbar neutrale Diskurse um Normalität, Variabilität und abweichende Verhaltensweisen ‚eingeschmuggelt' werden. Deshalb ist es notwendig innerhalb solcher Debatten die zugrunde liegenden Begriffe von Normalität und Variation zu klären. Dabei sollte beachtet werden, dass es nicht nur genetische Unterschiede zwischen allen Menschen gibt, sondern dass

17 Pääbo 2001.

sich durch Mutationen auch das Genom jedes Einzelnen im Laufe seines Lebens verändert. Entscheidend wird die Frage nach der Grenzziehung zwischen dem sein, was bezüglich Aussehen, Verhalten, Gesundheit, Krankheit oder Lebensqualität als normal gelten soll und dem, was als von dieser Norm abweichend betrachtet wird.

Unser Selbstverständnis kann zudem explizit oder implizit Werturteile beinhalten, die Implikationen für andere Lebewesen (andere Menschen, aber auch Tiere) mit sich bringen und bei der Verfügbarkeit bestimmter biotechnologischer Möglichkeiten ethische Fragen aufwerfen wie:

> „Welche Werte werden wir als diejenigen auswählen, die wir unseren Nachkommen genetisch einprogrammieren, Werte, die diese spätere Generation als töricht, engstirnig oder sogar schlecht ansehen wird?"[18]

Demnach zeigt sich, dass anstatt der falschen Vorstellung Glauben zu schenken, unser Selbstverständnis sei wertfrei, beachtet werden muss, dass es vielmehr Werturteile über uns selbst, oder präziser über solche Eigenschaften unserer selbst, die als wertvoll beurteilt werden und deren Fehlen bei anderen Menschen den Wert dieser Menschen für uns negativ beeinflusst, beinhaltet. Damit ist die Brücke zum Problem der Diskriminierung gebaut: Eugenikorientierte Argumente basieren, wie Wolpe zeigt, letztlich auf genuin moralischen Urteilen über genetisch begründeten Wert.

3.3. Ethische Herausforderungen

Die Einsicht in die Normativität unseres Selbstverständnisses erlaubt es nun, nachdem es bereits mehrfach angeklungen ist, die ethischen Herausforderungen des neuen genetischen Wissens zu beleuchten.

Was sind die Konsequenzen der Möglichkeit des Menschen, bald vielleicht sogar routinemäßig in die genetische Konstitution seiner Nachfahren eingreifen zu können und damit die Grenzen zwischen natürlich und künstlich determinierter Entwicklung zu verwischen? Welche Konsequenzen und Herausforderungen gibt es für das Versicherungswesen, für Beschäftigungsverhältnisse, für die Pflege, Behandlung und Rehabilitation psychisch kranker oder gestörter Personen oder für die Pflege, Behandlung bzw. Bestrafung und Rehabilitation Krimineller? All diese Fragen werfen auf eine jeweils spezifische Weise wohlbekannte Probleme des *informed consent*, der Sicherheit, der Vertraulichkeit, der möglichen Kommerzialisierung und des Schutzes der extrahierten genetischen Information, die Individuen oder bestimmten Personengruppen zugeordnet werden kann, auf. Sie sollen angesichts der Menge an entsprechender Literatur zu jedem dieser Aspekte hier genauso wenig diskutiert werden, wie DNA-Banken, die von juristischem und kriminologischen Interessen sind.[19]

---

18 Wolpe 1997, 227.

19 Zu Gentests siehe die Beiträge von Brockmöller, Beckmann in diesem Band.

Es gibt zahlreiche weitere ethische Herausforderungen, wie z. B. den kürzlichen ‚Chicago-Fall', bei dem PID zur Prävention der Alzheimererkrankung angewendet wurde, der in dem Newsweek-Artikel „Risk-Free Babies" im März 2002 beschrieben wurde. Es geht dabei um die Möglichkeit durch eine sog. Präimplantationsdiagnostik zu verhindern, dass Frauen mit einer seltenen Krankheit diese an ihre Kinder weitergeben. Die Frage ist, wann und in welchem Maße solche gentechnologischen Methoden über Alzheimer hinaus weitere Verbreitung finden und auf was hin getestet wird. Ich möchte vor allem, wie bereits Henk ten Have und andere zuvor, darauf aufmerksam machen, dass diese neuen Möglichkeiten und Entscheidungssituationen neue Lasten, neue Ängste und neue Verantwortung mit sich bringen. Eine Argumentation zur Verlagerung der Verantwortung auf die Eltern, deren Kind mit einer genetisch bedingten Erkrankung zur Welt kommt, verläuft typischerweise wie folgt:

1) Das Leid hätte z. B. durch die Verwendung eines Gentests oder einer Methode wie PID verhindert werden können.
2) Die Wahl der Eltern fiel jedoch auf den Verzicht auf prädiktive Analysen.
3) Die Eltern können nicht länger behaupten, das Leid sei ihnen widerfahren.
4) Sie müssen sich das Leid vielmehr selbst zuschreiben.

Wird diese Argumentationskette ernst genommen, so ergibt sich für den Einzelnen ein gewichtiger Stimulus, so viel genetische Information wie nur möglich zu erhalten.[20]

3.4. Argumente gegen ‚Verwissenschaftlichung'

Die neuen Erkenntnisse der Humangenomforschung haben einen Einfluss auf die Rolle, die Wissenschaft in unserem Leben einnimmt. Gibt es allgemeine Vorbehalte gegen die ‚Verwissenschaftlichung' von Phänomenen des alltäglichen Lebens? Welche common-sense Überlegungen werden als Argumente gegen Eingriffe in das biologische System des Menschen und insbesondere in das Genom angeführt?

Innerhalb dieses Aufsatzes möchte ich nur einige stichwortartig auflisten:

- Verarmung des menschlichen Lebens durch reduktionistische Sichtweise
- Anrecht auf genetische Integrität und ein Recht auf Nicht-Wissen
- Instrumentalisierung und Kommodifizierung des menschlichen Körpers bzw. der Person
- Dammbruch-Argumente (‚slippery slope argument')
- Risiken des Missbrauchs (die angesichts der Erfahrungen des letzten Jahrhunderts nicht unterschätzt werden sollten)
- Unsicherheit hinsichtlich der Folgen von Eingriffen in das Genom (z. B. Gentherapie)

---

20 Vgl. ten Have 2001, 301.

- negative Aspekte der Kommerzialisierung
- negative Auswirkungen auf die Forschungsentwicklung
- Machtkonzentration bei denjenigen, die über die neuen Technologien verfügen
- Erosion der persönlichen Verantwortung

Diese Einwände sind von unterschiedlicher argumentativer Kraft. Sie sind nicht unabhängig voneinander, doch ihre Verknüpfungen sind umstritten, weil sie teilweise in unterschiedliche Richtungen zielen. Überdies basieren sie auf Annahmen, die nicht allgemein geteilt werden müssen. So ist eine öffentliche Debatte über diese Einwände unerlässlich.

3.5. Umfassende Selbstmodelle

Nach dieser Argumentation gegen eine Genetisierung des Menschen und der schematischen Darstellung der Einwände gegen Verwissenschaftlichung, können wir nun zum Hauptanliegen des Beitrages zurückkehren und die Frage wieder aufnehmen, welchen Einfluss das Humangenomprojekt auf unser Selbstverständnis hat. Methodisch gibt es dabei zwei Wege: Entweder ist es möglich, auf bestehende umfassende Modelle des menschlichen Selbstverständnissen zurückzugreifen oder solche zu entwickeln, um sie im Folgenden zu analysieren und zu bewerten. Oder aber man entscheidet sich dafür, dass es so etwas wie *unser* Verständnis unserer selbst nicht gibt, es aber durchaus sinnvoll ist, sich bestimmten grundlegenden Ideen und Vorstellungen, die zu dem Selbstverständnis der Mehrzahl gehören, zuzuwenden.

Wenden wir uns zunächst der ersten Alternative zu, indem wir ein Selbstmodell betrachten, das ich an anderer Stelle die „DNA-Sicht des Menschen" genannt habe und das den Versuch einer Modellkonstruktion darstellt, die mit den Ergebnissen des Human Genome Organization Project und des Human Genome Diversity Project konsistent ist, und diskutieren die Pros und die Kontras dieses Modells:

> „Diesem Weltmodell zufolge gibt es keinen Gott, sondern nur Überlebensmaschinen unterschiedlicher Komplexitätsgrade, und der Mensch ist eben eine davon. Der Zweck einer solchen Überlebensmaschine ist es, als ein Gefäß zu funktionieren, um eine bestimmte Menge von Genen eine begrenzte Zeitspanne lang zu schützen und diese Gene, im besten Fall in großer Zahl, zu reproduzieren bevor das ‚Transportgefäß' zerstört wird. Menschen haben innerhalb dieses Weltmodells keine Sonderstellung, die sie vom Rest unterschiede. Sie erfahren sich als im Besitz eines freien Willens, durch den sie gegebenenfalls eine andere Entscheidung hätten treffen können. Aus diesem Grunde sind die Menschen für ihr Handeln in der Welt verantwortlich."[21]

Eine Frage, die nun gestellt werden kann ist, ob sagen wir Cassirers, Marx', Freuds, Lorenz' oder Sartres Konzept des Menschen mit der DNA-Sicht des Men-

21 Hermerén 2001.

schen kompatibel ist, oder vorsichtiger, unter welchen Umständen, wenn überhaupt, irgendeines dieser Konzepte oder Definitionen mit der DNA-Sicht des Menschen kompatibel ist. Ich möchte dafür argumentieren, dass es Bedingungen gibt, unter denen das der Fall ist. Eine Ausarbeitung dieser These bedarf allerdings einer Interpretation der Resultate der Genomik im Lichte der uralten Auseinandersetzungen zwischen naturalistischen und nicht-naturalistischen ontologischen Theorien.

Notwendig wäre eine interpretative Leistung mit dem Ziel, einen Kontext für das neue Wissen, das sich aus der Entschlüsselung des Humangenoms ergibt, bereitzustellen, also ein Modell zu entwerfen, innerhalb dessen sich all dies kohärent und sinnvoll zusammenfügt. Entscheidend ist an dieser Stelle die Idee eines ‚bedeutungsvollen Rahmens'. Offensichtlich kann man in dieser Idee eine Analogie zur Interpretation von Gedichten oder Gemälden erkennen. Kann der Kritiker, indem er bspw. eine Freudianische oder Marxistische Interpretation vorschlägt, ein kohärentes Modell entwickeln, worin alles oder zumindest das meiste, was wir in wissenschaftlichen Arbeiten auf diesem Gebiet finden können, hineinpasst und das für uns einen Sinn ergibt? Gibt es irgendwelche alternativen Interpretationen der Ergebnisse der Entschlüsselung des Humangenoms? Und wenn ja, welche? Auf welchen Annahmen basieren sie? Und inwiefern sind sie kulturell bedingt?

Wir leben, wie Wolpe, Margolis und viele andere bemerkt haben, im Zeitalter der Hermeneutik. Die Gesellschaft, die Seele und auch das menschliche Handeln werden häufig durch Textmetaphern beschrieben. Dies bedeutet, dass für das Verständnis dieser Phänomene der Zugang durch die Methoden der Textinterpretation möglich und vielleicht sogar angeraten erscheint. Ist die Entzifferung eines Textes ein Weg zur Wahrheit (vgl. Gadamer), so ist vielleicht auch die interpretierende Entschlüsselung des Genoms ein Weg zur Wahrheit – über uns.

3.6. Grundlegende Ideen über das Wesen des Menschen

Anstatt nach einem umfassenden Modell des Menschen und seines Platzes in der Welt zu suchen, kann man aber auch den zweiten vorgeschlagenen Weg wählen und sein Augenmerk auf grundlegende Ideen richten, die typischerweise zu unserem Selbstverständnis gehören.

3.6.1. Die Idee der Einzigartigkeit des Menschen

Es ist möglich die Idee der Einzigartigkeit theologisch zu interpretieren, indem man die Sonderstellung des Menschen durch Gott, den Schöpfer der Welt, garantiert. Es ist jedoch auch möglich, ohne theologischen Hintergrund eine besondere Stellung des Menschen in der großen Lebenskette zu behaupten.

Ich habe bereits erwähnt, dass die Idee der Einzigartigkeit durch die Entdeckungen der Genforschung angekratzt wurde, jedoch auch betont, dass die geringen verbleibenden Unterschiede zwischen den Genotypen eine große Bedeutung im Hinblick auf die bemerkbaren Unterschiede und die bemerkenswerte Vielfalt der Phänotypen erhalten.

3.6.2. Die Idee des Determinismus

In seinem 1978 erschienen Buch „On Human Nature" äußert sich E. O. Wilson zur Reichweite unserer genetischen Determiniertheit:

> „Zu welchem Grad sind unser Aussehen und unsere Charakterzüge angeboren? Der allgemeine Hintergrund dieser Diskussion über Determinismus ist das Konzept der Erblichkeit sowohl in Bezug auf Individuen als auch auf Populationen und Kulturen. Die angesammelten Beweise für eine gewichtige erbliche Komponente sind detaillierter und zwingender als den meisten, einschließlich sogar der Genetiker selbst, bewusst ist. Ich möchte noch weitergehen: Sie sind bereits entscheidend."[22]

An späterer Stelle fährt Wilson fort:

> „Wenn wir über ausreichendes Wissen über die menschliche Natur, die Geschichte der Gesellschaften und ihre physische Umgebung verfügten, könnten wir zu einem geringeren und noch immer unerforschten Grade das statistische Verhalten der menschlichen Gesellschaften vorhersagen. Die genetische Determination verengt die Straße, entlang derer sich die zukünftige kulturelle Evolution entwickelt."[23]

Wenn das menschliche Denken und Handeln tatsächlich durch den genetischen Kode programmiert ist, so haben Freiheit, Kreativität und Verantwortung nur wenig Raum, da die genetische ‚Blaupause' die ganze Wahrheit über uns beinhaltet. Insbesondere in den frühen Tagen der genetischen Forschung stand die Überzeugung von der deterministischen Kraft der Gene im Vordergrund und veranlasste James Watson dazu, die Desillusionierung des menschlichen Selbstverständnisses durch die Genetik zu beschwören: „Wir glaubten, unser Schicksal stünde in den Sternen. Jetzt wissen wir, dass es in hohem Maße in unseren Genen liegt." Doch nun scheint es, dass die Dinge nicht so einfach sind. Polygenetische, komplexe Krankheiten wie Herz-Kreislauf-Erkrankungen, bei denen zwar Mutationen bestimmter Gene das Risiko des Trägers an dieser Krankheit zu erkranken erhöhen, der Ausbruch der Krankheit aber von einer Kombination von genetischen Faktoren und der individuellen Lebensführung abhängig ist, können nicht mit monogenetischen Krankheiten wie Huntington verglichen werden, bei denen die Kausalkette von der Genveränderung zur Erkrankung linearer verläuft. Der genetische Determinismus, Reduktionismus und Essenzialismus, der durch Watsons Zitat hindurchschimmert erfuhr so zahlreiche Kritik, wie seitens des Stanforder Genetikers David Cox:

> „Aus molekulargenetischer Sicht ist es absolut klar, dass wir die Argumente des genetischen Determinismus zerstören. Doch haben dieses Fakten, den Menschen, die

22 Wilson 1978, 19.
23 Wilson 1978, 78.

Genetik in einer deterministischen Weise in unsere Gesellschaft einführen wollen, noch nie im Weg gestanden."[24]

Die Frage bleibt, inwieweit die genetische Konstitution des Menschen sein Leben bestimmt.

Das hier diskutierte Dilemma könnte, insofern es uns als selbstreflektierende Wesen betrifft, so beschrieben werden: Wie sollen wir unser alltägliches Bewusstsein unserer selbst als freier, verantwortlicher und kreativer Handlungssubjekte damit in Einklang bringen, was uns die Genforschung über die determinierende Kraft der genetischen Ausstattung lehrt? Falls jedes Ereignis eine Ursache besitzt, so muss dies auch auf meine Entscheidungen und Handlungen zutreffen.

Dieses komplexe Problem, das sich in viele verschiedene Einzelfragen aufspalten lässt, war schon seit Jahrhunderten Thema philosophischer Abhandlungen von Spinoza bis Ted Honderichs „How Free Are You?".[25] Ich möchte an dieser Stelle nur auf zwei grundlegende Fragerichtungen aufmerksam machen:

1) Sind Menschen der Kausalität unterworfen? Sind wir also in zumindest einem fundamentalen Sinne mit Pflanzen oder Maschinen vergleichbar?

2) Was folgt daraus, wenn der Determinismus zutrifft, das heißt, wenn wir kausalen Gesetzen unterworfen sind? Folgt daraus logisch, dass wir nicht frei sind?

3.6.3. Die Idee des freien Willens und der Verantwortlichkeit

Man kann die unterschiedlichen Versionen des Determinismus in zwei Arten unterteilen, von denen die eine dann ‚weich' genannt werden könnte, die andere ‚hart'.

Der sogenannte ‚harte' Determinismus nimmt an, dass die Gegenwart und die Zukunft anders verlaufen könnten, wenn die Vergangenheit anders verlaufen wäre. Doch sind bestimmte Bedingungen und die Vergangenheit festgelegt, so sind sowohl das Jetzt als auch die Zukunft determiniert. Demnach wäre es eine Illusion, von Entscheidungsfreiheit zu sprechen, da wir bei gegebenen Bedingungen gar nicht die Möglichkeit besitzen, anders zu handeln als vorgegeben. Daher kann dem Menschen auch keine Verantwortung für sein Handeln zugesprochen werden, kein moralisches Urteil wie Lob oder Tadel kann angewandt werden.

Der ‚weiche' Determinismus sieht hingegen eine Möglichkeit, die Freiheitserfahrung in eine deterministische Grundhaltung zu integrieren. Die Idee dahinter ist, Freiheit als das Fehlen bestimmter Arten von internem oder externem Zwang zu bestimmen. Eine Person handelt dann frei, wenn sie tut, was sie will, das heißt, wenn ihre Handlungen aus ihren Wünschen, Überzeugungen und Charaktereigenschaften resultieren, die ihrerseits aber zumindest teilweise durch die natürliche Konstitution des Menschen festgelegt sein können. Auf diese Weise schließen sich

24 Zitiert nach Allen 1997, 34.
25 Honderich 1993.

Freiheit und Determinismus nicht aus. Die Idee der persönlichen Verantwortung kann genauso bewahrt werden, wie die Verwendung normativer Begriffe wie ‚richtig', ‚falsch', ‚Pflicht', ‚Erlaubnis' usw. Menschliche Freiheit ist in dieser Bestimmung aber nichts Absolutes, sondern vielmehr etwas Graduelles. In einem gegebenen Zusammenhang kann eine Person mehr oder weniger frei sein in Abhängigkeit davon, woraus genau sich ihr Handeln ergibt.[26]

Doch sowohl der ‚harte' wie auch der ‚weiche' Determinismus können sich im Hinblick auf wichtige Aspekte irren:

Wie z. B. Ted Honderich gezeigt hat, ist es gemäß beiden selbstverständlich, dass wir alle eine bestimmte, festgelegte Vorstellung teilen, wie eine Handlung beschaffen sein muss, um als frei zu gelten.[27] Ebenfalls sind die Vertreter dieser Positionen davon überzeugt, dass entweder die Kompatibilisten oder die Inkompatibilisten, das heißt entweder die harten oder die weichen Deterministen falsch liegen müssen und die andere Seite dann im Recht ist. Sie halten unsere Frage nach den Konsequenzen des Determinismus überdies für eine rein intellektuelle – und nicht etwa für die, welche Einstellung wir gegenüber bestimmten Entdeckungen einnehmen sollten.

4. Abschließende Bemerkungen

Es gibt Grundfragen, die bei jeder Diskussion einer bestimmten Problemstellung fruchtbar sind: Wessen Problem ist es? Warum handelt es sich um ein Problem? Wie sollte das Problem beschrieben werden? Gibt es mehr als eine mögliche Beschreibungsweise?

Wenn der Einfluss der Genetik auf unser Leben zur Debatte steht, kann zuallererst in medizinischen Begriffen beschrieben werden, das heißt unter der Verwendung der gewohnten medizinischen Termini wie ‚Diagnose', ‚Therapie', ‚Prävention', ‚Nachuntersuchung'. Bis zu einem bestimmten Punkt ist dies auch hilfreich. Doch es besteht auch die Möglichkeit eine andere Perspektive einzunehmen und das Problem in einer Terminologie zu fassen, die den Sozialwissenschaften entliehen ist und – wie ich es bevorzuge – Begriffe wie ‚Forschung', ‚Debatte', ‚Gesetzgebung' und ‚Berufskodices' zu verwenden. Die sich aus einer solchen Perspektive ergebenden speziellen Fragen sind: Welche Art von Forschung brauchen wir, um die Fragen der Einflussbeziehungen zu untersuchen, wie auch die sozialen und kulturellen Zusammenhänge ihrer Wahrnehmung? Was könnte getan werden, um die Debatte über zahlreiche Aspekte dieser Fragestellungen und ihre sozialen und ethischen Implikationen zu stimulieren? Welche Mischung aus Ge-

26 Man könnte diesen Pfad weiterverfolgen, indem man den Begriff des ‚menschlichen Handelns' untersucht und sich dabei die Frage stellt, ob eine kausale Erklärung des menschlichen Handelns die adäquate Erklärungsweise böte.

27 Vgl. Honderich 1993, 100–101.

setzgebung und Berufskodices ist notwendig, um die langfristigen Interessen der unterschiedlichen Interessengruppen zu berücksichtigen?

Ich stimme mit Wolpe überein, wenn er feststellt:

> „Das Problem ist nicht die Klonierung einer Armee von Hitler und die Lösung nicht die Luddite-Reaktion gegen Technologie. Wir müssen vielmehr die langsamen, fundamentalen Veränderungen in unserem Verständnis unserer selbst und unseres Platzes in der Welt überwachen.“[28]

Abschließend sei nochmals wiederholt, was bereits bezüglich der notwendigen Beachtung der kommerziellen Aspekte erwähnt wurde: Wenn es Menschen gibt, die bereit sind, für eine bestimmte Leistung zu bezahlen und andere, die bereit sind, die Leistung gegen Geld anzubieten (vgl. Prostitution), wenn es also in anderen Worten einen freien Markt gibt, dann reicht ein moralischer Diskurs nicht aus. Was benötigt wird, ist darüber hinaus eine Kombination aus Gesetzgebung und Berufsrichtlinien zur Regelung des Umgangs mit den neuen Möglichkeiten und Technologien. Welche Kombination die geeignetste ist, muss erarbeitet werden, dass jedoch beide Regelungsformen darin eine Rolle spielen sollten, steht meiner Meinung nach fest. Dieses Desiderat ist das, was, so hoffe ich, in der zukünftigen Diskussion im Mittelpunkt stehen wird.

Literaturverzeichnis

Allen, A. (1997): Policing the Gene Machine: Can Anyone Control the Human Genome Project?, in: Lingua Franca (3), 29–36.

Berkowitz, M. (2000): The Jewish self-image: American and British Perspectives, 1881–1939, London.

Bishop, J., Waldholz, M. (1990): Genome: The Story of the Most Astonishing Scientific Adventure of Our Time – the Attempt to Map All the Genes in the Human Body, New York.

Cassirer, E. (1990): Versuch über den Menschen. Einführung in eine Philosophie der Kultur, aus dem Engl. v. Reinhard Kaiser, Hamburg.

Donne, J. (1975): Devotions upon emergent occasions, Salzburg, darin 17th Meditation.

Dreyfus, H. L. (1986): Mind over machine: the power of human intuition and expertise in the era of the computer, Oxford.

Dreyfus, H. L. (1992): What computers still can't do: a critique of artificial reason, Cambridge.

Have, H.A.M.J. ten (1997): Living with the Future: Genetic Information and Human Existence, in: Chadwick, R., Levitt, M., Shickle, D. (eds.): The Right to Know and the Right Not to Know, Avebury, 87–95.

Have, H.A.M.J. ten (2001): Genetics and culture: the geneticization thesis, in: Med Health Care Philos. 4 (3), 295–304.

---

28 Wolpe 1997, 228.

Hermerén, G. (1975): Influence in Art and Literature, Princeton.
Hermerén G. (2001): Stem Cell Research. Philosophical Aspects, in: The Ethical Issues in Human Stem Cell Research, Copenhagen, 55–78.
Honderich, T. (1993): How free are you? The determinism problem, London.
Katz Rothman, B. (1998): Genetic Maps and Human Imaginations. The Limits of Science in Understanding Who We Are, New York/London.
Léon-Portilla, M. (1992): Te Aztec image of self and society: an introduction to Nahua culture, ed. by Klor de Alva, Jorge, Salt Lake City/Utah.
Lippman, A. (1993): Prenatal Genetic Testing and Geneticization: Mother Matters for All, in: Fetal Diagn Ther 8 (suppl. 1), 175–188.
Nelkin, D, Lindee, M. S. (1995): The DNA Mystique. The Gene as a Cultural Icon, New York.
Pääbo, S. (2001): Genomics and society. The human genome and our view of ourselves, in: Science 291 (5507), 1219–1220.
Taylor, C.V. (1989): Sources of the Self: the making of the Modern Identity, Cambridge/Mass.
Vaeth, J. M. (ed.) (1986): Body image, self-esteem, and sexuality in cancer patients, 2. rev. ed., Basel.
Wallace, R.W. (1998): The Human Genome Diversity Project: medical benefits versus ethical concerns, in: Mol Med Today 4 (2), 59–62.
Wilson, E. O. (1978): On Human Nature, Cambridge/Mass.
Wolpe, P. R. (1997): If I am only my genes, what am I? Genetic essentialism and a Jewish response, in: Kennedy Inst Ethics J 7 (3), 213–230.

Ludwig Siep

Wissen – Vorbeugen – Verändern

Über die ethischen Probleme beim gegenwärtigen Stand des Genomprojekts

Ethik hat es mit den Pflichten der Menschen, aber auch mit Gütern und Werten zu tun, von denen man glaubhaft machen kann, dass sie zu den gemeinsamen Vorstellungen eines guten Lebens gehören. Denn viele dieser Güter können nur gemeinsam realisiert werden. Das gilt mit Sicherheit auch für den Wert der Gesundheit. Zentral für seine Bewahrung ist nicht der Schutz des Individuums vor bewussten Verletzungen durch andere, sondern gemeinsame Anstrengungen in den Bereichen der Hygiene, der Ernährung, der medizinischen Forschung, der Beherrschung und der Organisation therapeutischer Maßnahmen, der Krankenpflege etc.. Welche Pflichten die Einzelnen in diesem Bereich haben, ergibt sich also aus einem Gut bzw. einem Komplex von Gütern, die verwirklicht werden sollen.

Allerdings sind Güter selten genau bestimmte Zustände oder Gegenstände. Das gilt für das Gut der Gesundheit ganz besonders. Es ist kein momentaner, klar umrissener Zustand wie der des Schmerzes oder der Müdigkeit, und es ist kein Gegenstand wie ein Medikament oder eine Krücke. Zwar kann man die Gesundheit als einen bestimmten Zustand des Körpers und der Seele (Psyche) bestimmen, aber adäquater spricht man von einer bestimmten Verfassung, die über einen längeren Zeitraum anhält und die eine erhebliche Bandbreite besitzt (die mehr oder minder ‚gute' Gesundheit).

Gesundheit ist dabei einmal instrumentell bestimmt als eine Verfassung, die Menschen erlaubt, bestimmte Handlungen zu vollbringen und bestimmte Zustände zu erleben. Zum anderen ist sie selber ein Komplex solcher Zustände: Sie umfasst Wachheit, Freiheit von Schmerzen, die nicht selbst verursacht und für bestimmte Ziele in Kauf genommen sind, ein Bewusstsein und Gefühl des Könnens bzw. der ungestörten körperlichen Leistungsfähigkeit etc. Bei beiden Aspekten des Gutes der Gesundheit gibt es spezifische Probleme, die mit den positiven Seiten und mit der möglichen Steigerung zu tun haben: Gehört zum subjektiven Wohlbefinden des Gesunden nur Schmerzfreiheit oder ein positives Wohlgefühl? Gehört zu den Zwecken, denen ein gesunder Körper dienen kann, nur das ‚normale' Leben des Durchschnittsbürgers oder auch besondere Leistungen? Und wie stellt man Normalität in diesem Bereich fest?

Es geht mir hier nicht um eine erneute philosophische Erörterung des Gesundheitsbegriffs.[1] Aber die angeschnittenen Fragen sind bekanntlich für die Genom-

1 Zur Debatte um den Gesundheitsbegriff vgl. Caplan, A. L., Engelhardt Jr., H. T., McCartney, J. J. (eds.) (1981): Concepts of Health and Disease: Interdisciplinary Perspectives. Reading,

forschung und die darauf beruhende Prävention und Therapie von großer Bedeutung: Sollen sie dem Ziel der Reparatur genetischer Defekte und der Vorbeugung des Umschlags genetischer Dispositionen in Krankheiten dienen oder auch der Verbesserung derjenigen menschlichen Körper, die genetisch ungünstig ausgestattet sind?

Die weiteren ethisch dringenden Fragen betreffen die Rückwirkungen, die bestimmte Schritte zur Realisierung des Gutes der Gesundheit auf dieses selber und auf den Zustand der Individuen haben, die ihre Gesundheit erhalten oder wiedererringen wollen. Wie wird sich das körperliche Wohlbefinden ändern durch das Wissen, dass man eine erhöhte Disposition für bestimmte Krankheiten besitzt? Wie wird das Lebens- und Zeitgefühl beeinflusst durch das Bemühen, den Ausbruch einer solchen Krankheit zu verhindern? Welche Schäden kann der Einzelne dadurch erleiden, dass das Wissen über seine Krankheitsdispositionen oder körperlichen Mängel in die Verfügung anderer gerät?

Probleme der ethischen Beurteilung treten nicht allein da auf, wo es um die Verletzung von Rechten oder die Schädigung von Wohlergehen geht. In solchen Fällen haben wir es in der Regel eher mit praktischen Fragen der Vermeidung und Sanktionierung zu tun. Probleme der ethischen Reflexion entstehen erst, wenn Güter, Rechte oder Pflichten miteinander kollidieren, oder wenn fraglich ist, ob es sich überhaupt um ein „wirkliches" Gut und nicht bloß um einen privaten Wunsch handelt. Nur im ersten Fall kann es ja eine ethische Verpflichtung geben, an seiner Verwirklichung mitzuwirken. Ich möchte im Folgenden noch einmal in aller Kürze resümieren, um welche Art von Konflikten es sich im Bereich des Wissens, der Prävention und der (evtl. einmal möglichen) Korrektur genetischer Dispositionen handelt.

1. Wissen

Die Konflikte im Bereich des genetischen Wissens sind in der Vergangenheit ausführlich diskutiert worden. Sie betreffen die Schäden, die einem durch das Wissen von der eigenen genetischen Veranlagung zustoßen können. Ferner diejenigen, die einem durch das Wissen anderer über die eigenen Dispositionen zugefügt werden oder werden können. Aber auch das Wissen über die Veranlagungen anderer kann einem schaden, etwa wenn es sich um prospektive oder aktuale Lebenspartner handelt.

Handelt es sich bei diesen Konflikten um solche von Gütern, Pflichten oder Rechten? Ich will hier nicht prinzipiell erörtern, ob und in welcher Weise die einen auf die anderen zurückgeführt werden können. Wird jemandem ein Wissen über ihn selber aufgedrängt oder eignen andere sich ein solches gegen seinen Wil-

---

Mass.; Lanzerath, D. (2000): *Krankheit und ärztliches Handeln. Zur Funktion des Krankheitsbegriffs in der medizinischen Ethik*, Freiburg i. Br., München.

len an, dann haben wir uns angewöhnt, von einer Verletzung des Rechts auf Nicht-Wissen oder informationelle Selbstbestimmung zu sprechen. Wenn ein Genetiker indessen darüber nachdenkt, wie er einen um genetische Diagnose Bittenden beraten soll, dann wird er nicht um eine Abwägung umhinkommen, wie bestimmte Informationen sich auf das psychische Wohlergehen des Betroffenen auswirken können. Auch wenn er ohne jeden Paternalismus auf das Auskunftsverlangen eingeht, muss er ja zuvor über die Risiken informieren, die dem Ratsuchenden durch bestimmte Informationen entstehen können. Dabei wird er ihm klar machen müssen, dass Wissen über sich selber auch belastend sein kann, vor allem wenn Therapien nicht zur Verfügung stehen und Prävention mit Entbehrungen verbunden ist. Mit anderen Worten: Er wird mit dem Ratsuchenden gemeinsam eine Güterabwägung vornehmen müssen, auch wenn er die Entscheidung dann dem Anderen überlässt.

Auch bei den Problemen der Schädigung durch das Wissen anderer geht es nicht bloß um die Verletzung bestehender Rechte. Inwieweit Partner im Arbeits- und Geschäftsleben (Versicherungen etc.) voneinander Informationen verlangen können, ist auch eine Frage der Fairness angesichts des möglichen zukünftigen Schadens, der ohne solche Informationen für eine oder beide Seiten entstehen kann. Allerdings muss diese Abwägung auch in ‚typisierender' Form von der Gesetzgebung oder der Rechtsprechung getroffen werden.

Dass die Probleme des Umganges mit dem genetischen Wissen mit Güterabwägungen zu tun haben, zeigt sich auch bei den jüngst vielfach diskutierten Fragen der genetischen Datenbanken, etwa über ganze Bevölkerungen oder Bevölkerungsgruppen. Gegenstand der Abwägung ist hier auf der einen Seite das Interesse der Einzelnen, entweder an einer Datensammlung nicht teilzunehmen oder umgekehrt, seine genetischen Daten gewinnbringend zu veräußern. Auf der anderen Seite steht ein ebenfalls gegensätzliches Interesse der Gruppe: zum einen das am möglichen diagnostischen und präventiven Nutzen genetischer Datenbanken, zum anderen der Schutz vor Missbrauch im Umgang mit genetischen Daten.

Über die Fragen der Freiwilligkeit und der aufgeklärten Zustimmung ist viel diskutiert worden. Ich gehe auf diese Diskussion und die komplexen Fragen nach den Formen der Anonymisierung und der Einwilligung hier nicht ein.[2] Ethisch brisant ist auch die zweite Frage der Güterabwägung: Soll es Individuen gestattet sein, Daten über eigene Erbanlagen (und das entsprechende Körpermaterial) der Wissenschaft, den Behörden oder auch Unternehmen zur Verfügung zu stellen – u. U. auch gegen Gewinn? Einerseits sollte jeder selber entscheiden, wie er mit abgetrenntem Material des eigenen Körpers und den daraus zu entnehmenden Daten umgehen will. Auf der anderen Seite wird dem Einzelnen nicht erlaubt, sich beliebig in Abhängigkeiten zu begeben oder auf Schutzstandards zu verzichten. Niemand hat das Recht, ‚unsittliche' Verträge zu schließen. Und Rechtsstandards

2 Vgl. dazu jetzt die Stellungnahme der Zentralen Ethikkommission bei der Bundesärztekammer „Die (Weiter)Verwendung von menschlichen Körpermaterialien für Zwecke der medizinischen Forschung".

zum Datenschutz sollten auch nicht durch freiwillige Verzichte ausgehöhlt werden. Sonst ist der Schutz einer ganzen Gruppe gefährdet.

Es ist das gleiche Gut der Selbstbestimmung über den eigenen Körper und über die genetischen Informationen, das hier unterschiedliche Rechte und Pflichten begründen kann. Es ist also notwendig abzuwägen, wo der Kern dieses Gutes und wo weniger wichtige Aspekte betroffen sind – und wo das Gut für eine ganze Gruppe u. U. den Verzicht Einzelner auf eigene oder fremde Unwissenheit verlangt.

Das gilt auch für die Fragen der Pflicht, an einer Familiendiagnose teilzunehmen. Auch hier geht es nicht um ein generelles Recht oder eine generelle Pflicht. Ethisch gesehen kann es bei geringer Belastung und einem großen Gewinn für andere durch Prävention oder Therapie eine Pflicht zur Teilnahme sicher geben – woraus die Forderung ihrer rechtlichen Durchsetzung noch keineswegs folgt. Es kommt eben wieder darauf an, wie schwer das Gut wiegt, das jemand durch eigene Einbußen für andere zu realisieren hilft.

Mit dem Plädoyer für die Bedeutung von Gütern und Güterabwägungen in diesen Kontexten ist nicht gesagt, dass ein kollektives Gut stets individuelle Rechte überwiegt. So zeigt sich etwa am Beispiel der (unerlaubten) genetischen Diagnose krimineller Veranlagungen, dass das Recht auf Unverdächtigkeit und Unbescholtenheit wichtiger sein kann als eine allgemeine Verbrechensprävention. Zum Guten für den Menschen gehören kollektive Güter ebenso wie individuelle Rechte, die nicht immer aus diesen Gütern folgen.[3] Anders fällt indes die Abwägung aus, wenn es sich um Aufklärung eines geschehenen Verbrechens handelt, obgleich auch hier die Generalprävention im Spiele ist. Es ist aber nicht diese, sondern es sind die Rechte und Interessen der direkt Betroffenen (Opfer, Angehörige, unschuldig Verdächtigte), die das Interesse der zur Diagnose Herangezogenen überwiegen.

2. Vorbeugen

Genetische Dispositionen zu Krankheiten realisieren sich mit unterschiedlicher Wahrscheinlichkeit. Die Auslöser für den Ausbruch der Krankheit können körperimmanente Prozesse sowie körperliche (Ernährung, physische Umwelteinflüsse) und psychische (auch soziale) Einwirkungen von außen sein. Wo erhöhte Krankheitsdispositionen bestehen, liegt es auf der Hand, ihre Wirksamkeit in tatsächlichen Krankheiten verhindern zu wollen. Die vorbeugenden Schritte zur Erhaltung der Gesundheit können aber den gegenwärtigen Zustand erheblich beeinträchtigen.

Diese Beeinträchtigung kann sehr unterschiedlicher Art sein. Zum einen kann sie in der Belastung durch das Wissen um die eigene Krankheitsdisposition oder die eines Nahestehenden liegen. Vor allem dann, wenn wirksame vorbeugende

3 Indirekt sind natürlich auch individuelle Abwehrrechte Bestandteil eines gemeinsamen Gutes, der persönlichen Autonomie aller.

Maßnahmen noch nicht zur Verfügung stehen. Wer von seinen Krankheitsdispositionen weiß, mag sich nicht nur vor der Zukunft fürchten, sondern auch gegenwärtig schon für ‚krank' halten.

Ferner kann die Lebensführung durch verschiedene Maßnahmen der Ernährung oder der Vermeidung von Anstrengungen, bestimmten Tätigkeiten, Umgebungen, Partnerschaften etc. in einer Weise eingeschränkt sein, dass man von ‚Gesundheit' im vollen Sinne nicht mehr sprechen kann. Zugespitzt gesprochen mag das ganze Leben auf die Vermeidung bestimmter Krankheiten ausgerichtet sein und dadurch an Reichtum und „Gegenwärtigkeit" einbüßen. Das alles wird verstärkt, wenn andere von den eigenen Anlagen wissen und einen als prospektiven Patienten behandeln.

Ob diese Beeinträchtigung durch Vorbeugung den Wert des gegenwärtigen Lebens über den möglichen zukünftigen Gewinn hinaus beeinträchtigen, ist sicher von Person zu Person, von Psyche zu Psyche verschieden. Es kann daher auch nicht darum gehen, mögliche präventive Maßnahmen generell vorzuenthalten. Aber man wird bei ihrer Entwicklung und ihrem Angebot im Auge behalten müssen, wie sie auf verschiedene Individuen wirken. Das gilt vor allem auch für das ausdrückliche Propagieren solcher Maßnahmen, sei es durch staatliche Gesundheitsaufklärung oder industrielles Marketing.

Zur psychischen Gesundheit gehört Angstfreiheit und eine ‚normale' Risikofreude. Sie durch das ‚Starren auf die Schlange' künftig möglicher Krankheiten zu beseitigen, kann keine ‚Gesundheitsvorsorge' sein. Diese Beeinträchtigungen müssen also gegen den Gewinn durch Prävention genetischer Krankheiten abgewogen werden – auch dies also ein Fall der Abwägung verschiedener Komponenten des Gutes der Gesundheit und der dazu dienenden Schritte und Maßnahmen.

3. Verändern

Genetisches Wissen sollte, zumindest in Zukunft, Basis der Beseitigung von Krankheitsursachen sein. Außer den erwähnten vorbeugenden Maßnahmen geht es dabei um Veränderung, sei es der Gene selber oder der von ihnen gesteuerten Prozesse. Dazu gehört somatische Gentherapie, Pharmakogenetik und Keimbahntherapie.

Die damit verbundenen ethischen Probleme werden unter verschiedenen Gesichtspunkten diskutiert. Die wichtigsten sind die der Ziele – Gesundheit oder Verbesserung? – der Risiken und des Verhältnisses zu den Nachkommen, vor allem ihrer Autonomie und ihrer Leidensfreiheit.

Die gerade vorgenommenen Unterscheidungen auf der Ebene der Maßnahmen wie der Ziele sind nicht unproblematisch. Ob sich die Grenzen zwischen somatischer Gentherapie und Keimbahntherapie eindeutig ziehen lassen, ist umstritten. Ebenso, ob sich zwischen Gesundheit und Verbesserung (‚enhancement') klar unterscheiden lässt. Schwer zu treffende oder flexible Grenzen sind aber in der medizinischen Ethik der Normalfall und kein Grund, von vornherein auf sie zu verzichten.

Bleiben wir also im Augenblick bei den erwähnten Unterscheidungen. Ethisch sind die Probleme der somatischen Gentherapie und der Pharmakogenetik geringer als die der Keimbahntherapie, weil die Autonomie des Kranken – oder des zur Krankheit Disponierten – durch die gewohnten Verfahren der aufgeklärten Einwilligung (‚informed consent') geschützt wird. Bei der somatischen Gentherapie bleiben also vor allem die Probleme der Risiken. Risikoabschätzung und -vermeidung sind aber wiederum Fragen der *Anwendung* ethischer Regeln, nicht ihrer Bestimmung. Die unverantwortlichen klinischen Versuche, die es offenbar gegeben hat, sind ethisch zu verurteilen, vielleicht auch die Beratung durch Ethik-Kommissionen. Ohne Risiko sind allerdings weder medizinische noch ethische Verfahren – es kann also nur um Fragen der Sorgfalt bei der Risikoabschätzung und bei der Aufklärung gehen.

Gibt es bei der Pharmakogenetik, also der Erforschung individueller Veranlagungen zur ‚Verarbeitung' von Medikamenten und der Umsetzung dieser Forschung überhaupt ethische Probleme? Sie liegen einerseits bei der schon erwähnten präventiven ‚Überlastung' möglicher späterer Kranker und andererseits bei der möglichen Benachteiligung durch die Kosten, die auf besonders ungünstig Disponierte zukommen könnten. Auch hier geht es wieder um Probleme der Fairness – zwischen Produzent und Konsument sowie zwischen den Mitgliedern der Solidargemeinschaft. Das Ziel, dem Einzelnen für ihn spezifisch wirksame Arzneimittel zu beschaffen, ist ethisch sicher hochrangig.

Auch Keimbahntherapie kann einem ‚konservativen' Ziel dienen: der Verhütung schwerer Erbkrankheiten bei Nachkommen. Ethische Probleme gibt es bei ihr aus drei Gründen: *Erstens*, weil der Betroffene nicht einwilligen kann; *zweitens*, weil die Grenze zur Verbesserung besonders leicht zu überschreiten ist; *drittens*, weil zukünftige Menschen durch diese Therapie – besser präventive Veränderung – für die Interessen ihrer Erzeuger instrumentalisiert werden könnten.

Aus diesen drei Gründen ist klar, dass Keimbahn-‚Therapie' nur unter ganz engen Einschränkungen ethisch erlaubt sein könnte: Nur wenn sie die Disposition zu schweren Erbkrankheiten mit Sicherheit und ohne irgendwelche ‚Nebeneffekte' beseitigen könnte. In diesen Fällen würde man die Zustimmung der Nachkommen antizipieren können.[4]

So klar dieses Urteil, so schwierig sind aber seine Bestandteile zu präzisieren. Was sind wirklich ‚schwere' Erbkrankheiten? Wie groß muss die Wahrscheinlichkeit ihres Eintretens sein und zu welchem Zeitpunkt muss damit zu rechnen sein, wenn Interventionen vertretbar sein sollen? Welche Nebenwirkungen genetischer Art wären allenfalls in Kauf zu nehmen (Beispiel: Haarfarbe)?

Präzisierungen und Abwägungen dieser Art lassen sich erst durchführen, wenn eine realistische therapeutische Möglichkeit besteht. Bislang ist nicht ein-

4 So auch Habermas, J. (2001): Auf dem Wege zu einer liberalen Eugenik, in: ders., Die Zukunft der menschlichen Natur, Frankfurt, 34–125.

mal der Weg dahin zu erkennen, denn ethisch verantwortbare wissenschaftliche Versuche zur Veränderung der menschlichen Keimbahn sind m.W. derzeit nicht vorstellbar. Die Sicherheit, die allein eine solche Therapie bei Gendefekten vertretbar machen würde, ist möglicherweise gar nicht ohne unakzeptable Versuche zu erreichen.

Noch weniger vorstellbar sind derzeit gezielte Veränderungen des menschlichen Genoms, die dessen Verbesserung zum Ziel haben. Denn bei solchen Eigenschaften wird es in aller Regel um eine komplexe Zusammenwirkung verschiedener Gene gehen. Dennoch wird die Frage der ethischen Erlaubnis zur gezielten Veränderung des menschlichen Genoms in der philosophischen Ethik ausführlich diskutiert.[5] Dabei ist es für die ethische Frage der Erlaubnis bzw. des Rechts, Menschen in ihrer erblichen Ausstattung zu verändern, unerheblich, auf welchem medizinischen Wege dies erfolgt. Denkbar wäre ja außer der Keimbahntherapie auch somatische Gentherapie – selbst beim reproduktiven Klonen und in noch kleineren Schritten auf dem Wege einer ‚eugenischen' Präimplantationsdiagnostik ist eine positive Qualitätsauslese theoretisch möglich.

Mit welchen Kriterien kann ethisch über die Verbesserung des menschlichen Genoms verhandelt werden? Ich resümiere hier nur kurz die Hauptargumente der Diskussion:

Bei *somatischen* Veränderungen spricht *für* die Zulässigkeit einer Verbesserung die Autonomie der Person, die sich selbst verbessern möchte. *Dagegen* spricht die Tatsache, dass dadurch die erbliche Ausstattung zum Gegenstand eines Marktes bzw. eines Wettbewerbes werden könnte. Das würde ganz neue Probleme der Chancengleichheit und der sozialen Gerechtigkeit aufwerfen.

Wenn es um die Verbesserung oder Auswahl der Erbanlagen des *Nachwuchses* geht, werden als Pro-Argumente entweder der Wunsch der Eltern oder die prospektive Zustimmung des Kindes zu einer günstigen Ausstattung ins Feld geführt. Die Selbstbestimmung über die Reproduktion soll die Freiheit zur Veränderung der Erbanlagen des Nachwuchses einschließen, jedenfalls solange es sich dabei nach allgemeinem Urteil um eine günstige Ausstattung und eine Erhöhung der Optionen für die Nachkommen handelt. Denn in diesem Fall könne man nicht von einer Verletzung der Autonomie sprechen – die Handlungsfreiheit würde ja gerade erhöht.

Gegen eine ethische Billigung positiver Eugenik sprechen vor allem drei Argumente:

Erstens die Beeinträchtigung der Autonomie. Sie liegt einerseits in der Herstellung von Erbanlagen nach dem Design der Erzeuger, andererseits in den Wünschen und Erwartungen der Umwelt (und des Trägers selber), die mit einer solchen Planung verbunden sind. Beide Formen der Beeinträchtigung werden dadurch verstärkt, dass das Urteil über die Wünschbarkeit von Erbanlagen von dem Zeit- und Gruppengeschmack der Planer abhängig ist.

---

5 Vgl. Buchanan, A. et al. (2000): From Chance to Choice. Genetics & Justice, Cambridge; kritisch dazu Habermas (2001).

Zweitens sprechen dagegen die schon erwähnten Probleme, die dadurch entstehen, dass die bisher zufällige Ausgangssituation für den sozialen Wettbewerb nunmehr selber zum Gegenstand von Wettbewerb und Markt wird. Auf der Basis der bisher weitgehend zufälligen, niemandem zuzuschreibenden Verteilung der Erbanlagen, ‚funktioniert' ein Großteil unserer sozialen Regeln und Wertvorstellungen – sowohl zwischen Eltern und Kindern wie zwischen den Mitgliedern von Gemeinwesen, die eine Rechts- und Sozialordnung besitzen.[6] Alle diese Regeln zur Erzeugung von Chancengleichheit werden unterhöhlt, wenn bereits die natürliche Ausstattung Resultat der gesellschaftlichen Positionen der Erzeuger wird.

Sicher hängt auch jetzt bereits die Hygiene, die medizinische Versorgung, das soziale Umfeld etc. von den sozialen Positionen der Eltern ab. Die ‚genetische Klassenbildung', die durch eine positive Eugenik denkbar ist, würde aber die sozialen Regeln (und den sozialen Frieden) vor ganz andere Herausforderungen stellen. In diesem Zusammenhang wären dann am Ende doch die negativen Utopien nicht völlig abwegig, wirtschaftlichen Druck auf die Herstellung instrumentalisierbarer ‚Bösewichter' auszuüben.

Das *dritte* Gegenargument geht von der Veränderung der *condition humaine* im Ganzen aus: Der moralische Umgang der Menschen miteinander beruhe auf der relativen genetischen Unabhängigkeit voneinander und auf den unverschuldeten körperlichen Schwächen, die durch wechselseitige Hilfe zu kompensieren sind.[7]

Ich will das Für und Wider dieser Argumente hier nicht ausführen.[8] Nach meinem Urteil sprechen die stärkeren Argumente *für* die Beibehaltung der Grenze zwischen Therapie und Verbesserung, zwischen Bewahrung und Herbeiführung von Gesundheit einerseits und darüber hinausgehender Herstellung günstiger genetischer Anlagen andererseits. Das bedeutet nicht, dass die menschliche Reproduktion von jedem Versuch der technischen Korrektur ihrer Zufälligkeit frei bleiben muss. Der Wunsch von Eltern, im eigenen Interesse und in dem des Kindes die Möglichkeiten der Medizin zugunsten gesunder Kinder zu nutzen, wird angesichts der allgemeinen Mühsalentlastung immer stärker und verständlicher. Solange er nicht zu den unakzeptablen Folgen der positiven Eugenik führt, ist ihm nur schwer ethisch zu widersprechen. Pränatale Diagnostik und evtl. einmal genetische Korrektur müssen aber auf schwere Schäden und ein frühes Entwicklungsstadium beschränkt bleiben.

Es kann sein, dass durch die Fortschritte der Genetik noch andere Güter betroffen werden, die unser Selbstverständnis, das Verständnis von Freiheit und Verant-

---

6 Vgl. Siep, L. (2003): Normative Aspects of the Human Body, In: Journal of Medicine and Ethics, Vol. 28, No. 2, 171–185; kritisch zur Vorstellung der Werthaftigkeit der bisherigen menschlichen Natur Bayertz, K. (2002): Der moralische Status der menschlichen Natur, in: Information Philosophie 4, 7–20.

7 Habermas (2001); Vgl. zur Debatte auch Honnefelder, L. (2002): Bioethik und Menschenbild, In: Jahrbuch für Wissenschaft und Ethik 7, 33–52.

8 Vgl. aber Siep, L. (2003), sowie Siep, L. (2002): Moral und Gattungsethik (Zu Jürgen Habermas, Die Zukunft der menschlichen Natur), In: Deutsche Zeitschrift für Philosophie, Heft 1, 111–120.

wortung sowie die wechselseitige Zuschreibung von Handlungen berühren. Es mag auch problematische Veränderungen im allgemeinen Menschenbild geben, wie es unter dem Stichwort „Genetisierung“ erörtert wird. Zu diesen Problemen hat sich Göran Hermerén in diesem Band umsichtig und differenziert geäußert.[9]

Mir ging es eher um eine Bestandsaufnahme der klassischen ethischen Probleme im Umgang mit genetischem Wissen und Handeln. Auch da haben wir es nach meiner Auffassung mehr mit Güterkonflikten zu tun als mit Fragen strikter Rechte und Pflichten. Es wäre daher angebracht, auch in der Bioethik nicht nur über Normen und ihre Gefährdungen, sondern auch über Vorstellungen des guten Lebens in einer Welt zunehmender genetischer Informationen und Veränderungsmöglichkeiten nachzudenken.

9 Siehe den Beitrag von Hermerén in diesem Band; vgl. auch ten Have, H. (2001): Genetics and Culture, in: ten Have, H., Gordijn, B. (eds.), Bioethics in a European Perspective, Dordrecht, 351–368.

Holger Wormer

Es muss etwas passiert sein – Auf dem Weg zu einer zeitgemäßen Berichterstattung über biomedizinische Themen

1. Umfang wissenschaftsjournalistischer Berichterstattung

Wenn die *tagesschau* 6 Minuten 40 über ein Wissenschaftsthema berichtet, dann muss etwas passiert sein. 6 Minuten 40, das ist die Hälfte der Sendezeit der wichtigsten deutschen Nachrichtensendung. Der Tag, an dem das passierte, war der 30. Januar 2002 – jener Tag, an dem der Bundestag über humane embryonale Stammzellen entschied.[1]

Dass Wissenschaft in den Tagesnachrichten zum ‚Aufmacher' wird, ist nicht die Regel. Dazu sind Ausnahme-Ereignisse wie im Januar 2002 oder am 27. Juni 2000 nötig, als alle überregionalen Tageszeitungen in seltener Einigkeit die ‚Entschlüsselung' des Humangenoms oben auf Seite eins platzierten. Eine Stichprobe aus dem Archiv der *Süddeutschen Zeitung* bestätigt dennoch, dass kontinuierliche Berichterstattung über biomedizinische Themen auch jenseits der Einzelereignisse enorme Bedeutung gewonnen hat: Für das Suchwort ‚Stammzell'- findet man ab dem 21.4.2001 (also kurz vor dem neuen DFG-Votum zu dieser Forschung) und den zwölf Monaten danach rund 580 Beiträge – im statistischen Durchschnitt zwei Artikel pro Ausgabe (zum Vergleich: Stichwort ‚Klon'- = 320, ‚Gentest'- = 90, ‚Fußball'- = 7050 Treffer).

2. Dimensionen wissenschaftsjournalistischer Berichterstattung

Der erwähnte *tagesschau*-Beitrag hat jedoch weitreichendere exemplarische Bedeutung. Er demonstriert, aus welchen Elementen zeitgemäßer Wissenschaftsjournalismus besteht: Zunächst ein Bericht über die Debatte im Bundestag (*politische Dimension*), ein Erklärstück über die Forschung selbst (*wissenschaftliche Dimension*), schließlich Statements u. a. von Kirchenvertretern (*ethisch-gesellschaftliche Dimension*).

In einer Zeit, in der insbesondere die Biomedizin Grundfragen der menschlichen Existenz berührt, reicht es nicht mehr aus, dem Wissenschaftsjournalisten die Rolle eines Übersetzers von Fachsprache zuzuweisen. Diese *reine* Übersetzer- oder gar Akzeptanzbeschaffer-Funktion wurde schon in den 90er Jahren zuneh-

1 ARD-tagesschau, 20 Uhr, 30.1.2002.

mend als töricht erkannt (z. B. Kohring[2]: „Ein Wissenschaftsjournalist ist genauso wenig Übersetzer für Wissenschaft wie ein Politikjournalist für Politik.“). Da zudem die Grenze zwischen Grundlagenforschung und anwendungsorientierter Forschung verwischt, müssen neben politischen zunehmend wirtschaftliche Interessen von vordergründig wissenschaftlichen Statements hinterfragt werden (*wirtschaftliche Dimension*).[3]

3. Fallbeispiel: Wann endet das Genomprojekt?

Inwieweit wissenschaftliche Aussagen von politischen, wirtschaftlichen oder weltanschaulichen Interessen überlagert sein können, zeigen auch einige Diskussionsbeiträge zum Humangenomprojekt, wie sie auf der Tagung in Berlin vorgetragen wurden, die der Ausgangspunkt für diesen Konferenzband war:[4] Ein Genetiker vertrat dort die Auffassung, das Genomprojekt sei erst abgeschlossen, wenn ausgehend von Eizelle und Umwelt der komplette spätere Organismus berechenbar werde. Die Mehrzahl der Wissenschaftler würde dieser Auffassung widersprechen. Wo aber liegt die wissenschaftliche Wahrheit? Und von welchen Interessen könnten die gemachten Aussagen überlagert sein?

Die Aussage selbst erinnert an das Weltbild des Maschinenbegriffs, der Natur als Uhrwerk, wie es vor allem im 17. bis 19. Jahrhundert dominierend war. Auch lassen sich Parallelen zur Vorstellung Kants erkennen, wonach „in jeder besonderen Naturlehre nur so viel eigentliche Wissenschaft angetroffen werden könne, als darin Mathematik anzutreffen ist“.[5] Nach Kants Auffassung zählte damals nicht einmal die Chemie zur „eigentlichen Wissenschaft“. In der Folgezeit wurde jedoch auch diesem Fach eine weitreichende Berechenbarkeit vorhergesagt – bis hin zum heutigen *Molecular Modeling*, der Berechnung von Molekülen und der Prognose chemischer Reaktionen am Computer. Der Blick in die Labors zeigt indes: Obwohl Modellrechnungen als Hilfsmittel dienen, kommt man keineswegs ohne das klassische Laborexperiment aus. Unterstellt man zudem, dass chemische Prozesse in der Regel eine geringere Komplexität aufweisen als biologische Prozesse, so erscheint die komplette Berechenbarkeit eines komplexen Phänotyps als unwahrscheinlich.

Bereits dieser kleine wissenschaftshistorische Vergleich lässt also zumindest den Analogie-Schluss zu, dass die Aussage des Genetikers aus wissenschaftlicher Sicht eher unrealistisch ist. Sie könnte stattdessen stark weltanschaulich motiviert

---

2 Kohring, M. (1998): Wissenschaft auf Kaffeefahrt, in: Süddeutsche Zeitung, 29.9.1998; bzw. Kohring, M. (1998): Der Zeitung die Gesetze der Wissenschaft vorschreiben?, in: Rundfunk und Fernsehen – Zeitschrift für Medien und Kommunikationswissenschaft 46, 175–198.

3 Siehe auch Wormer, H. (2000): Die politische Dimension naturwissenschaftlicher Berichterstattung, in: Nova Acta Leopoldina NF 82, 315, 209–217.

4 Tagung „The impact of genetic knowledge on human life“, Berlin, 10.–12.3.2002.

5 Kant, I. (1991): Metaphysische Anfangsgründe der Naturwissenschaft, zitiert nach Weischedel, W. (Hg.): Schriften zur Naturphilosophie, Werkausgabe, Bd. 9, 8. Aufl., Frankfurt a. M., 14.

sein (der ‚Glaube' an das eigene Fach) oder politisch-wirtschaftlich (denn sie überhöht die langfristige Bedeutung des eigenen Fachs – eventuell in der Hoffnung auf bessere Finanzierung). Ohnehin waren übertriebene Aussagen bezüglich des unmittelbaren Potenzials der Entzifferung des Humangenoms (Stichwort ‚Individualisierte Medizin' oder ‚Durchbruch im Kampf gegen Krankheiten') ein häufig beobachtetes und von den Medien gerne als Erfolgsstory aufgegriffenes Phänomen.[6] Erst in jüngerer Zeit wurden diese Erwartungen zunehmend relativiert.

Dennoch geben auch jene, die den *impact* des genetischen Wissens auf die Zukunft des Menschen als eher gering darstellen, nicht zwangsläufig eine realistische Einschätzung ab. In der Biomedizin drängt sich insbesondere im Bereich des Klonens mitunter der Eindruck einer bewussten Marginalisierung auf. Übertragen auf das oben diskutierte Beispiel hieße dies, dass auch die Leugnung weit reichender Vorhersagemöglichkeiten eines Phänotyps aus dem Genotyp mit Skepsis zu betrachten sind. Immerhin lässt die Genetik bereits heute in einigen Fällen Aussagen zu, die über die Beschreibung simpler monogenetischer Erkrankungen hinausgehen.

Der Versuch eines Wissenschaftlers, künftige Möglichkeiten seiner Forschung in den Medien zu marginalisieren, kann jedenfalls ebenso einer politischen (und sogar wirtschaftlichen) Motivation unterliegen wie die übertriebene Darstellung der Möglichkeiten. Wer das Potenzial seines Fachgebiets klein redet, marginalisiert auch mögliche negative Folgen und vermeidet ein schlechtes Image für sein Fach, das die eigene Forschung stören könnte.

In öffentlichen Äußerungen von Forschern ist sogar mitunter ein auffälliger Wechsel zwischen Übertreibung und Untertreibung zu beobachten: Wer als Wissenschaftler beispielsweise neue genetische Tests entwickeln möchte, tut aus seiner Sicht möglicherweise sogar gut daran, deren Möglichkeiten mal besser (vor potenziellen Kunden und Finanziers) und mal schlechter darzustellen (vor Politikern und Behörden, die sonst vielleicht mehr Anlass zur Reglementierung sehen würden).

4. Die künftigen Aufgaben des Wissenschaftsjournalisten

Das beschriebene Phänomen ist – insbesondere in Zeiten knapper Forschungsmittel – keineswegs auf die Biomedizin beschränkt. Wenn der Kollege von einer Boulevardzeitung berichtet, dass er den Chefarzt einer großen Klinik danach fragen muss, ob dessen Aussagen zur Wirkung eines Krebsmittels nicht übertrieben sensationell seien, so mag dies ein Einzelfall sein. Er zeigt in seiner Paradoxität jedoch, dass vermeintliche Sensationen nicht allein von den Medien gemacht werden, sondern oft von der Wissenschaft selbst. Zu den Aufgaben des Wissenschaftsjournalisten gehört es daher, wissenschaftliche Aussagen auf eine Überlagerung mit anderen Interessen zu prüfen.

---

6 Zum Beispiel in: Die Welt, 1, 27.6.2000.

Die Beispiele zeigen auch, welche Herausforderung diese ‚neue' Rolle bedeutet: Auch der Fachjournalist muss sich Grundzüge politischer, juristischer, ökonomischer und ethisch-gesellschaftlicher Denkweisen aneignen. Umgekehrt muss sich der Politikjournalist mit Grundzügen der Forschung vertraut machen. In der Journalistenausbildung besteht hier Nachholbedarf.[7] Besser ausgebildete (Wissenschafts-)Journalisten aber könnten nicht nur die in der Demokratie vorgesehene Kontrollfunktion der Presse ausüben, sondern auch Scharnier und Bindeglied zwischen verschiedenen, hochspezialisierten Fachdisziplinen werden.

7 Vgl. den Artikel: Von Hühnern und anderen Enten, in: Süddeutsche Zeitung, 12.12.2000.

Margot von Renesse

Genforschung und gesetzgeberischer Bedarf

Es ist seit jeher Aufgabe des Gesetzgebers, unter den menschlichen Handlungsmöglichkeiten diejenigen auszumachen, die der Rechtsgemeinschaft schaden oder zumindest gefährlich werden könnten. Solche zu definieren, zu unterbinden oder doch wenigstens einzudämmen, ist der Rechtsstaat seinen Bürgern und Bürgerinnen schuldig.

Am Beispiel der biopolitischen Debatte der letzten Jahre – übrigens in etlichen Staaten Europas, nicht nur in Deutschland – hat sich eine nicht neue Wahrheit aufs Neue bestätigt: Finden und Bewahren eines weithin getragenen Konsenses über eine gemeinsame Wertebasis hat für eine Gesellschaft eine unverzichtbare gemeinschaftsstiftende Bedeutung. Fehlt dieser Konsens oder wird er von den geltenden Gesetzen verletzt, so leidet der Zusammenhalt der Rechtsgemeinschaft wie die Bereitschaft ihrer Mitglieder, das Recht als ‚richtig' anzuerkennen und freiwillig zu befolgen.

Recht muss also werthaltig sein. Das gilt in besonderem Maße bei Regelungen für die Lebenswissenschaften, die in wahrhaftig ‚unerhörtem' Tempo ein Tabu nach dem anderen brechen. Mit Angst begegnet man dem biomedizinischen Experten, weil sein Wissen und Können ihn befähigt, unkontrolliert in bisher ungekannter Weise in Gestalt, Wesen und Schicksal von Menschen einzugreifen. Diese erleben sich als der gesteigerten Macht des Experten umso mehr ausgeliefert, als sie auf seine Kompetenz in eigenen Grenzsituationen angewiesen sein können: bei Zeugung und Geburt, bei Sterben und Tod, bei Krankheit und Behinderung. Vom Gesetzgeber wird zu Recht erwartet, dass er der Macht im Interesse der Ohnmächtigen Grenzen setzt. Eben dies verlangt in Deutschland das Grundgesetz, indem sein Artikel 1 alle staatliche Gewalt auf das Prinzip der Achtung vor der Menschenwürde verpflichtet. Niemandem soll deshalb sein Menschsein abgesprochen werden können, weil er einer Norm nicht entspricht, schwächer oder weniger ‚perfekt' ist.

Das Prinzip Menschenwürde als rechtsethischer Grundkonsens verdankt sich in der deutschen Verfassung wie in der Satzung der Vereinten Nationen der Erfahrung mit Chaos und Katastrophe, in die der ethische Nihilismus der NS-Zeit Europa gestürzt hatte. Recht geworden, kann dies Prinzip, das inzwischen auch die Grundrechtscharta der Europäischen Union einleitet, dann eine verlässliche gemeinschaftsstiftende Rolle in Europa übernehmen, wenn seine Bedeutung im Lichte seiner Entstehungsgeschichte verstanden und nicht mit weitergehenden Interpretationen aufgeladen wird. Denn die unbedingte Geltung für alles staatliche Handeln, die das Prinzip Menschenwürde mit Recht fordert, darf der weltanschaulich neutrale Staat nicht einer bestimmen Überzeugung einräumen, ohne die Menschenwürde derer zu verletzen, die sie nicht teilen.

Das Gesetz muss also einerseits werthaltig sein, um als ‚richtiges' Recht angenommen zu werden, darf aber nicht ein bestimmtes, nicht von der ganzen Gesellschaft geteiltes ethisches Wertesystem widerspiegeln. Ethik gewinnt ihre Plausibilität durch freie Überzeugung; Recht wird notfalls mit der Macht des Staates durchgesetzt. Dies ist bereits ein zureichender Grund, dass der Gesetzgeber gut daran tut, selbstkritisch jede weltanschauliche Festlegung im Recht zu vermeiden. Im Bereich der Biopolitik gilt dies nicht zuletzt für ontologische Aussagen zum Beginn der individuellen menschlichen Existenz – einer Frage, die in der europäischen Geistesgeschichte bis in die Gegenwart kontrovers diskutiert wurde.

Der angemessenen Bescheidenheit des Gesetzgebers entspricht, dass er zu den Lebenswissenschaften nur das Klärungsbedürftige entscheidet. Er läuft sonst angesichts des rasch zunehmenden Wissens Gefahr, dass er mit dem Erkenntnisstand von heute Festlegungen trifft, die sich schon morgen als überholt erweisen. So haben wir in Deutschland mit dem Stammzellgesetz nur für Grundlagenforschung eine vorsichtige Öffnung erlaubt; die zukünftigen Probleme von klinischen Erprobungen jedoch, die es noch nicht gibt und von denen wir nicht einmal wissen, ob es sie überhaupt geben wird, haben wir nicht behandelt. Das ist kein Mangel des Gesetzes, sondern seine Stärke, auch wenn das zur Folge hat, dass kein Gesetz ‚ein für alle Mal' alle Streitfragen beantwortet. Damit zusammen hängt auch die Notwendigkeit, dass die Auswirkungen eines Gesetzes stets beobachtet werden müssen. Bei den Lebenswissenschaften betreten wir, was ihre Nutzungsmöglichkeiten und deren gesellschaftliche Konsequenzen angeht, weitgehend Neuland, auf dem wir uns tastend fortbewegen müssen. Was bedeuten neue Techniken, etwa prädiktiver Genomdiagnosen, für Arbeits- und Versicherungsrecht oder für den Umgang mit Behinderungen, mit Krankheit oder mit Datenschutz? Wie verhält sich das Recht auf Wissen zu dem auf Nichtwissen? Der Gesetzgeber wird dies und mehr im Auge behalten und jederzeit zur Ergänzung wie zur Korrektur früher getroffener Entscheidungen bereit sein müssen.

Die rechtsethischen Grundlagen biopolitischer Regelungen sind auf dem Hintergrund der pluralistischen Gesellschaft äußerst kontrovers. Sie müssen mit Leidenschaft in aller Öffentlichkeit diskutiert werden, damit daraufhin eine tragfähige Verständigung erreicht werden kann. Die Rechtsgemeinschaft muss sich davon überzeugen können, dass kein Gesichtspunkt ungeprüft ‚um des lieben Friedens willen' unter den Tisch gefallen ist. Qualifizierter Streit bringt es auch mit sich, dass jede Seite die Sicht der anderen besser verstehen lernt. Das erleichtert die Verständigung. Ohne Streit und Kompromiss lassen sich keine Gesetze entwickeln, die die notwendige Plausibilität für die gesamte Rechtsgemeinschaft entfalten.

Verständigung setzt noch mehr voraus: Zu einer ethisch verankerten Streit- und Kompromisskultur, wie Demokratien sie benötigen, muss der Respekt vor der freiheitlichen Verfassung hinzutreten, wie wir sie heut in allen Staaten Europas vorfinden. Dieser Repekt bindet den Gesetzgeber, sich eine Begründungs- und Legitimationspflicht für jedes Verbot aufzuerlegen. In Deutschland wird diese Notwendigkeit institutionell durch das Verfassungsgericht repräsentiert. Hier kann sich jedes Mitglied der Rechtsgemeinschaft gegen gesetzliche Einschränkungen seiner Grundfreiheiten (der Berufsausübung, der Forschung, der selbstbestimmten Fortpflanzung usw.) beschweren, und Verbote überstehen die gerichtliche Prüfung nur dann, wenn sie mit rationaler Begründung dazu dienen, in der Verfassung benannte Werte der Gemeinschaft vor Beschädigung zu bewahren. Dabei hat der Gesetzgeber die Grenzen der Verhältnismäßigkeit zu beachten, ist andererseits aber durch das ‚Untermaßverbot' auch gehindert, hochrangigen Rechtsgütern (z. B. dem Lebensrecht) den rechtlichen Schutz zu verweigern.

Wie innerhalb aller nationalen Gesellschaften Europas ethische und rechtspolitische Kontroversen zu den Lebenswissenschaften auszutragen sind, so weisen auch die Lösungsmodelle und Rechtsregeln zwischen den Staaten deutliche Unterschiede auf. Bei aller kultureller Verbundenheit haben die europäischen Gesellschaften ihre je eigenen Traditionen und Sichtweisen entwickelt, die solche Unterschiede hervorbringen. Auch sie müssen streitig ausgetragen und mitunter hingenommen werden. Auf der gemeinsamen europäischen Ebene gilt es, nach Verständigung zu suchen. Auch für den nationalen Gesetzgeber haben die unterschiedlichen Regelungen der europäischen Staaten eine wichtige Konsequenz: Bei allem gesetzgeberischem Selbstbewusstsein, mit dem man die Orientierung an fremden Rechtsordnungen zurückweisen mag, kann angesichts der innereuropäischen Freizügigkeit und der Globalisierung der Wissenschaft eine steil restriktive Gesetzgebung schnell den Charakter bloßer Symbolik annehmen. Wir hatten in Deutschland diese Situation bei der Problematik des Schwangerschaftsabbruchs, bevor die letzte Reform des § 218 StGB erfolgte. Symbolische Gesetzgebung mag die Gewissen der Mitglieder des Parlaments beruhigen – sie ist für die Rechtshygiene deshalb gefährlich, weil der generelle Anspruch des Gesetzes, die Wirklichkeit zu prägen, darunter leidet.

Ethik und Recht sind nicht miteinander identisch, haben aber in einem System kommunizierender Röhren miteinander Verbindung. Das Recht muss auf Unterschiede ethischer Überzeugung Rücksicht nehmen, ist aber darauf angewiesen, dass Ethik die Übernahme persönlicher Verantwortung für Tun wie Unterlassen lehrt und einübt. So bleibt aus mehreren Gründen für Gesetz und Recht der philosophisch-ethische Diskurs in der Gesellschaft und zwischen den Gesellschaften von hoher praktischer Bedeutung, auch wenn dessen Ergebnisse nicht unmittelbar Recht werden können.

II. Genom und Organismus: Funktionelle Forschungsansätze in den Lebenswissenschaften und ihre sozialen Auswirkungen

Die Analyse der Funktion des Genoms im Zusammenspiel mit anderem Faktoren (wie denen der inneren und äußeren Umwelt) für den menschlichen Organismus erfordert neue interdisziplinär verfahrende Forschungsansätze, zu denen neben der Humangenomforschung auch die Entwicklungsbiologie, die Zellbiologie, die Bioinformatik und die klinische Medizin Beiträge erbringen müssen.

Diese funktionelle Forschung zielt auf die Entwicklung von Therapien, die vor allem im Bereich der Massenerkrankungen wie Bluthochdruck, Krebs, Diabetes u. a. zu verbesserten Behandlungsmöglichkeiten führen sollen. Sie muss wiederum in einen größeren sozialen und kulturellen Kontext eingebettet werden und daraus wesentliche Impulse für Forschungsausrichtung und Forschungskontrolle aufnehmen.

Die Veränderungen im Selbstbild von Wissenschaft, vor allen Dingen als Folge neuartiger Kooperationen von Wirtschaft und Wissenschaft, sowie die Konsequenzen einer ‚Genetisierung' der Gesellschaft bedürfen sorgfältiger Diskussionen.

Herbert Jäckle

Genetik, Zellbiologie und Entwicklungsbiologie

Die Entwicklungsbiologie ist eine Wissenschaft des Werdenden. Nicht die Messung und Beschreibung von Ist-Zuständen, sondern die Ergründung der Entwicklungsprozesse des werdenden Lebens stehen im Fokus ihrer Betrachtung.[1] Die Grundfragen der Entwicklungsbiologie lassen sich aus fundamentalen Beobachtungen, wie der Fähigkeit einer befruchteten Eizelle zur Bildung eines komplexen Organismus, etwa des menschlichen Körpers mit seinen 480 Zelltypen, verstehen. Die Ausstattung jeder Zelle mit dem gleichen Genom einerseits und die Vielzahl und Unterschiedlichkeit der Zelltypen andererseits stehen dabei scheinbar im Widerspruch zueinander. Zellteilungen und Differenzierung laufen nach einem zeitlich und räumlich hochgradig koordinierten Plan ab, der die Morphogenese von den ersten Stadien der embryonalen Entwicklung bis zur Herausbildung des adulten Organismus leitet und kontrolliert.

Fast alle Zellen des menschlichen Körpers besitzen das gleiche Genom, dennoch verfügen sie offenbar über eine unterschiedliche Kombination von exprimierten Genen, die notwendig sind, um spezifisch Zelltypen überhaupt erst hervorbringen zu können.

Bestimmte Schlüsselschritte der Entwicklung müssen einer besonderen Kontrolle unterworfen sein. Die an dieser Kontrolle beteiligten Gene müssen mindestens zweierlei regulieren: erstens den Prozess der Zellteilung; zweitens die Festlegung des Entwicklungsschicksals einer jeden Zelle oder eines Zellverbandes, sowie die raum-zeitliche Koordination der gesamten Morphogenese. Es ist das Ziel der molekularen Entwicklungsbiologie, genau diese Entwicklungskontrollgene und ihre Funktion zu identifizieren.

Die entscheidenden Versuche hierzu begannen vor etwa 20 Jahren durch Christiane Nüsslein-Vollhard an *Drosophila melanogaster,* der kleinen Taufliege.

Eine ganze Reihe von Eigenschaften macht Drosophila zu einem geeigneten Objekt für genetische Experimente. Taufliegen stellen geringe Ansprüche an ihre Haltungsbedingungen und können leicht in großer Menge im Labor gezüchtet werden. Die Generationszeit ist kurz (8 bis 9 Tage bei 25 °C) und die Anzahl der Nachkommen beträgt bis zu mehreren Hundert pro Elternpaar.

Unter Laborbedingungen entwickelt sich während eines Tages aus der befruchteten Eizelle die schlupfreife Larve. Fünf Tage nach der Eiablage findet die Verpuppung statt, nachdem vorher drei Larvenstadien durchlaufen wurden. Die eigentliche Puppe entsteht etwa 12 Stunden nach Beginn der Verpuppung, dabei werden durch Muskelkontraktion die im Inneren liegenden Flügel, Halteren und Bein-Anlagen, die so genannten ‚Imaginalscheiben', nach außen gestülpt. Im Lau-

1 Vgl. Gilbert, 1997.

fe der Metamorphose werden dann die meisten larvalen Zellen aufgelöst, während die Organe des adulten Tieres aus undifferenzierten Zellverbänden aufgebaut werden. Nach drei bis vier Tagen schlüpft die Fliege aus der Puppenhülle und wird nach wenigen Stunden bereits geschlechtsreif.

Genetische Studien an Drosophila reichen bis in das Jahr 1909 zurück. Thomas Hunt Morgan legte in seinem Labor damals den Grundstein für die in den darauf folgenden Jahrzehnten durchgeführten formalgenetischen Studien an Drosophila.

Christiane Nüsslein-Vollhard war die erste, die die Beteiligung von entwicklungssteuernden Genen bei der Ausbildung eines Körpers beschreiben und eine direkte Beziehung zwischen spezifischen Genen und bestimmten Entwicklungsschritten herstellen konnte. Dabei konnte sie zeigen, dass auch komplexe Vorgänge – wie die Musterbildung der frühen Larvenstadien in Drosophila – in einzelne definierte Schritte zerlegt werden können und so der Beitrag einer jeden Einzelkomponente am Zustandkommen des Gesamtsystems aufgeschlüsselt werden kann.

Ausgangspunkt der Untersuchungen ist das normale räumliche Körpermuster der Larve. Im ausdifferenzierten Cuticula-Muster der Drosophila-Larve sind zwei Körperachsen offensichtlich: die anterior-posteriore und die dorso-ventrale Achse. Kopf, Thorax, Abdomen und Schwanz werden entlang der anterior-posterior Achse angelegt, während sich an der Ventralseite Bänder robuster Zähnchen und an der Dorsalseite feine Härchen unterscheiden lassen. Für eine lagegerechte Ausbildung wird bereits sehr früh in der Entwicklung die anterior-posteriore und die dorso-ventrale Polarität festgelegt. Wird dieser Prozess gestört, fehlt den entstehenden Embryonen eine entsprechende Polarität.

Untersuchungen an entwicklungsgestörten Mutanten ergaben erste Hinweise auf das Vorliegen verschiedener an der Musterbildung beteiligter Typen von Genen: einerseits der maternal exprimierten und andererseits der so genannten zygotischen Genen, also von Genen, die im Embryo selbst aktiv sind.

Es wurden Mutanten untersucht, denen alle ventralen und lateralen Musterelemente fehlen, während die dorsale Cuticula ausgedehnt ist und den gesamten Embryo umgibt. Die folgende genetische Analyse dieser Mutanten hat ergeben, dass die verantwortlichen Gene schon während der Entwicklung des Eis in der Mutter aktiv sein müssen. Die entsprechenden Gene werden als ‚Maternaleffekt-Gene' oder ‚maternal exprimierte Gene' bezeichnet.

Die maternalen Mutanten, deren Mutation das anterior-posteriore Muster betrifft, können in drei Gruppen eingeteilt werden. Den Mutanten fehlen entweder Kopf und Thorax oder das Abdomen oder die unsegmentierten Terminalbereiche (Akron und Telson). Die drei maternalen Gengruppen scheinen dabei unabhängig von einander zu agieren. Indizien hierfür sind, dass die Ausfallbereiche im Segmentmuster der verschiedenen Mutanten-Gruppen sich kaum miteinander überlappen und dass Embryonen, denen zwei der drei Funktionen fehlen, immer noch in der Lage sind, die Segmentmusterbereiche nahezu normal auszubilden. Diese Segmentierung wird von einem dritten System organisiert.

Aufgrund der verschiedenen mutationsbedingten Phänotypen konnten Segmentierungsgenklassen etabliert werden, die sich dadurch unterscheiden, dass entweder zusammenhängende Teilbereiche im Segmentmuster fehlen, alternierende Segmentäquivalente deletiert sind oder dass in jedem Segment Teilbereiche fehlen und durch eine spiegelbildliche Verdopplung des verbliebenen Segmentteils ersetzt werden. Die den verschiedenen Klassen zugehörigen Gene werden als ‚Gap-Gene', ‚Paarregel-Gene' oder ‚Segmentpolaritätsgene' bezeichnet.

Die Logik, die sich aus den verschiedenen Phänotypen der Segmentierungsmutanten ableiten lässt, lässt folgende Aussagen und Prognosen über den Ablauf der Entwicklung zu:

Die Gap-Gene legen durch ihre Aktivität große, zum Teil noch überlappende Bereiche im Embryo fest. Diese Bereiche werden von Paarregel-Genaktivitäten überlagert, die den Embryo in Segmentäquivalente unterteilen, innerhalb derer dann die Segmentpolaritätsgene jeweils die entsprechenden Teilbereiche innerhalb eines jeden Segmentes festlegen. Die molekulare Blaupause spiegelt eine zunehmende Unterteilung des Embryos während der Entwicklung, die durch das Zusammenwirken von sich überlagernden Gradienten von maternalen und zygotischen Genen zustande kommt.

Innerhalb der verschiedenen Segmente werden jeweils die gleichen Segmentpolaritätsgene exprimiert. Die Segementpolaritätsgene legen dabei die so genannten ‚Parasegmente' innerhalb des Embryos fest. Da die gleichen Segmentpolaritätsgene in jedem Segment das Gleiche bewirken, würde ein Embryo mit einer Vielzahl gleicher Segmente entstehen. Die geschlüpfte Larve weist jedoch eine andere Struktur auf: so wird der Kopf aus insgesamt sieben nach innen gestülpten fusionierten Segmenten gebildet. Welche Gene bewirken dabei, dass die Anordnung der Segmente richtig erfolgt?

Als illustrierendes Beispiel seien Fliegen einer besonderen Art von Mutation genannt, die anstelle eines Antennenpaars ein Beinpaar tragen. In ihnen findet eine ‚homöotische Transformation' von Antenne nach Bein statt, d. h. anstelle einer Kopfstruktur entsteht eine Thoraxstruktur. Dies wird verursacht durch die Mutation von Selektorgenen, deren Aufgabe die Spezifizierung der Segmentidentität ist. Diese Gene unterstehen, reguliert durch einen komplexen Code, der Kontrolle von Gap- und Paarregelgenen. Mutationen von Selektorgenen führen nicht zu einem Ausfall von Segmenten, sondern zu einer Transformation der Segmentidentiät; sie bewirken also eine ‚Homöosis.' Aus diesem Grund werden die Selektorgene, die die Segmentqualität entlang der Längsachse des Embryos bestimmen, auch ‚homöotische Gene' genannt.

Aus obigen Beobachtungen kann geschlossen werden, dass Kaskaden von aufeinander abgestimmten maternalen und zygotischen Genen eine fortschreitende Unterteilung des Körpers in zunehmend kleinere Einheiten bewirken. Die Spezifität einer jeden dieser Einheiten wird durch insgesamt nicht mehr als 100 Gene festgelegt, von denen auf molekularer Ebene die allermeisten bereits bekannt sind.

Die beschriebenen Befunde stellen einen Meilenstein der Aufklärung molekularer Regelmechanismen in der frühen Embryonalentwicklung der Taufliege dar.

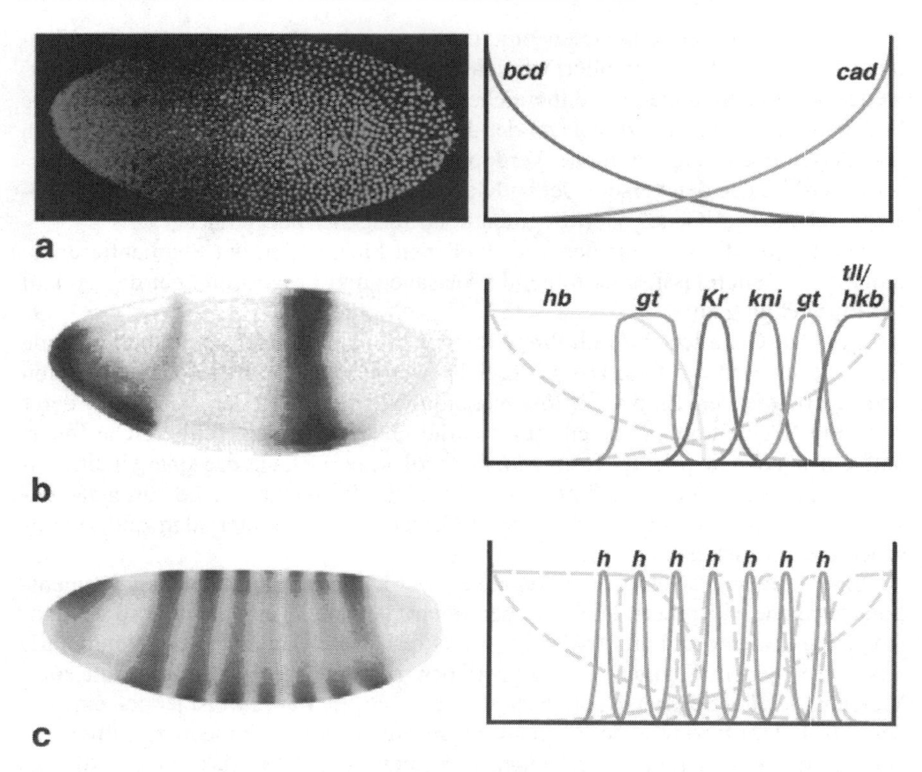

Abb. 1: Beispiele für maternale und zygotische Expression von musterbildenden Genen in Drosophila (links) und die schematische Darstellung der Verteilung von maternalen und zygotischen Transkriptionsfaktoren während verschiedener Entwicklungsstadien (rechts). a: Verteilung zweier maternaler Gene entlang der anterior-posterior Achse. b: Beispiel der Expression und Verteilung von Gap-Gen-kodierten Transkriptionsfaktoren, die entlang der Längsachse des Embryos die maternalen Gradienten überlagern. c: Expression der Paarregelgene, sichtbar als sieben gleichmäßig verteilte Streifen entlang der anterior-posterior Achse. (Niessing et. al.: „A Cascade of Transcriptional Control Leading to Axis Dermination in Drosophila", Journal of Cellular Physiology 173: 162–167 (1997).)

Zwar hat es hat auf den ersten Blick den Anschein, dass die hier gewonnenen Erkenntnisse ihre Gültigkeit nur im biologischen System Drosophila behalten. Das Problem der Übertragbarkeit auf höhere Tiere und, daran anschließend, das der praktischen Relevanz und Nutzbarmachung für den Menschen lässt sich in zwei Fragestellungen aufspalten, deren Klärung dann experimentell erfolgen kann:

Sind die grundlegenden molekularen Mechanismen, mit denen die Entwicklung in Drosophila gesteuert wird, auch bei höheren Tieren konserviert? In wie weit sind Struktur und Funktion des Genoms und der Gene zwischen evolutionär betrachtet weit entfernten Tierstämmen wie z. B. der Maus und der Fliege überhaupt übertragbar?

Noch vor 25 Jahren wäre der Vorschlag, die Maus oder die Taufliege als entwicklungsgenetisches System zum Verständnis der frühen Embryogenese der Säugetiere anzusehen, als unrealistisch abgetan worden. Verschiedene Pionierleistungen haben zu einer radikalen Revision dieser Einschätzung geführt. Eine Schlüsselstellung bei der Sammlung experimenteller Belege für die Übertragbarkeit der funktionellen Verwandtschaft von Genen in Drosophila und Maus nimmt die Entdeckung der ‚Homöo-Domänen' ein, die in so genannten ‚Homöo-Boxen' (Hox) organisiert sind. Innerhalb einer Homöo-Box der Maus liegen etwa zehn Gene, die in entsprechender Position mit denen von Drosophila homologisiert bzw. ihnen funktionell zugeordnet werden können. Ähnlich wie bei Drosophila werden die Hox-Gene der Maus in überlappenden Domänen exprimiert, die durch scharfe Vorder- bzw. Hintergrenzen entlang der Längsachse des Embryos charakterisiert werden. Diese Expressionsdomänen legen, wie bei Drosophila, segmentierte Einheiten fest. Überraschenderweise konnte nun eine kolineare Beziehung zwischen den Expressionsdomänen und der Position der Hox-Gene in der Box festgestellt werden. Die Expression entlang der Körperachse erfolgte entsprechend der Lage der Hox-Gene auf dem Genom.

Außer der räumlichen Kolinearitiät zwischen der Anordnung der Gene im Genom und ihrer Expression stellt man sowohl bei Drosophila als auch bei der Maus eine ausgeprägte zeitliche Kolinearität fest. Anterior exprimierte Gene werden früh, posterior exprimierte Gene später aktiviert. Offenbar ist die Aktivierung eines Gens erforderlich, um das nachfolgende Gen zu aktiveren.

Die Beispiele für Genaktivitäten, von denen gezeigt wurde, dass sie auch während der Embryonalenwicklung bei so verschiedenen Spezies wie Drosophila und Maus eine vergleichbare Rolle spielen, sind inzwischen so zahlreich, dass eine verallgemeinernde Schussfolgerung gerechtfertigt erscheint: die Natur bedient sich konservativer Motive, variiert diese durch Duplikation und Mutation und erlaubt deren Selektion. So verwundert es nicht, dass bei verschiedenen Tierarten morphoregulatorische Signalzentren ähnliche Faktoren produzieren, und diese über gleichartige Signalketten verwandte Transkriptionsfaktoren regulieren.

Ein besonders eindrucksvolles Beispiel für eine speziesübergreifende Genfunktion stellt das Gen Pax6 dar. Diesem Gen kommt bei der Entwicklung so unterschiedlicher Organe wie dem Komplexauge der Insekten und dem Linsenauge des Menschen jeweils die gleiche Schlüsselfunktion zu: Wird die Funktion dieses Gens zerstört, so bilden sich weder bei der Maus noch bei Drosophila Augen aus. Beim Menschen führt die heterozygote Mutation des mit Pax6 homologen Gens zur Erbkrankheit Aniridie.[2] Diese Ergebnisse zeigen, dass das Pax6-Gen in verschiedenen Spezies nicht nur strukturverwandt, sondern auch an vergleichbaren Entwicklungsentscheidungen beteiligt ist. Die Funktionsverwandtschaft der Pax6-Gene konnte eindrucksvoll mit einem Transgen belegt werden, das während der Larvalentwicklung von Drosophila die Pax6-Genexpression in verschiedenen

2 Die Aniridie ist eine seltene Augenkrankheit (Inzidenz 1:95.000). Charakteristisch ist der vollständige oder partielle Verlust der Iris bzw. eine Irishypoplasie.

Imaginalscheiben exprimierte. Unabhängig davon, ob es sich um das Pax6-Gen der Maus oder das Drosophila-eigene Pax6-Homolog (‚eyeless') handelte, die Expression bewirkte in beiden Fällen das gleiche, nämlich die Entwicklung ektopischer Augen, anstelle von Antenenteilen, in Flügeln oder an den Beinen. Dies zeigt, dass die Expression von Pax6 jeweils an der Basis der Augenentwicklung steht, unabhängig davon, ob es sich um Komplex- oder Linsenaugen handelt.

Die Aufklärung dieser einzigartigen entwicklungsbiologischen Zusammenhänge in Fliegen, Mäusen und Menschen lässt auf eine Aufklärung weiterer Regelkreise durch den Vergleich der beteiligten morphoregulatorischen Faktoren zwischen den Arten hoffen. Betrachtet man die enge Struktur- und Funktionsverwandtschaften der Gene verschiedener Modellorganismen, so wird aus diesen Analysen eine Vielzahl neuer Erkenntnisse erwachsen, die letztlich auch mittelbar auf den Menschen übertragbar sein werden. Die ersten Schritte hierfür sind bereits gemacht.

Zur Aufklärung der molekularen Mechanismen, die bei der Entstehung humaner Erbkrankheiten eine Rolle spielen, wurde der bisherige Ansatz – von der Fliege zum Menschen – nun umgekehrt. Alle bekannten menschlichen Gene, die an der Entstehung monokausaler Erbkrankheiten beteiligt sind, wurden mit der seit dem Jahr 2000 vorliegenden Gensequenz von Drosophila in einer computergestützten Analyse verglichen. Damit sollte der Frage nachgegangen werden, welche humanen Krankheitsgene für eine weiter gehende Untersuchung der molekularen Grundlagen in Drosophila besonders geeignet erscheinen.

Von den 900 humanen Krankheitsgenen konnte für 77 %, also für 550 Gene, eine Entsprechung auf dem 14.000 Gene umfassenden Drosophila-Genom gefunden werden. Es sind bereits für 153 dieser 550 Gene Drosophila-Mutanten bekannt, in denen durch zukünftige molekularbiologische Untersuchungen die Möglichkeit besteht, die genaue Funktionsweise der humanen Homologe zu untersuchen und so einen Beitrag zur Klärung der Ursachen humaner Erbkrankheiten zu leisten.

Kennt man die Funktion eines Gens und seiner Funktionspartner in einem Organismus, dann lässt sich vergleichsweise schnell feststellen, ob das Gen in anderen Modellorganismen die gleiche oder eine ähnliche Funktion trägt. Die Wahl des Modellsystems bleibt nicht allein auf Drosophila beschränkt, vielmehr stehen eine Reihe von Modellorganismen zur Verfügung, die im reduktionistischen Sinne Teilantworten ermöglichen. Erst die Synthese dieser Teilanworten ergibt dann einen Ansatz für ein, auf den Menschen übertragbares, Bild des Ganzen.

Somit ist ein weiter Ausblick auf die Möglichkeiten eröffnet, mit denen in absehbarer Zeit und mit vergleichbar geringem experimentellem Aufwand der Weg vom Genom zum Phänom aufgeklärt werden kann. Man wird verstehen können, welche Gene bezogen auf eine bestimmte morphologische oder physiologische Leistung oder eine bestimmen Zelldifferenzierung notwendig sind, und auch grob das Netzwerk verstehen, über das die einzelnen Genaktivitäten miteinander verschaltet sind.

Norbert W. Paul und Detlev Ganten

Zur Zukunft der molekularen Medizin

Handlungsoptionen orientieren sich entlang einer Zeitachse, die die Vergangenheit mit der Zukunft verbindet. Wenn wir über die Zukunft, auch die der molekularen Medizin, sprechen, reflektieren wir unsere Optionen an einem imaginären Ort auf dieser Zeitachse. Diese müssen dann durch Berücksichtigung vergangener Entwicklungen sowie durch plausible, theoretisch fundierte Annahmen eingeschränkt werden. Einen anderen Weg, die Unsicherheiten der Zukunft einzudämmen, haben wir nicht, auch wenn uns futurologische Visionen einer neuen Medizin gelegentlich vom Gegenteil zu überzeugen versuchen.

Wissenschaft allgemein und die Lebenswissenschaften insbesondere übernehmen in westlichen Gesellschaften verstärkt die Rolle, plausible Vorannahmen über unsere nähere Zukunft zu generieren, um sie planbar und gestaltbar zu machen. Vor allem im Bereich der Biomedizin hat die Entwicklung neuer molekularer Erklärungsmodelle und Methoden zu einem grundlegenden Wandel unseres Verständnisses von Gesundheit, Krankheit und – etwas provokant formuliert – der biologischen Zukunft des Menschen geführt. Öffentliche Debatten über die Zukunft der Medizin – etwa im Hinblick auf Forschung an humanen embryonalen Stammzellen – in sich einander nahe stehenden Kulturen wie z. B. der deutschen, belgischen, schwedischen, israelischen oder auch der japanischen und der US-amerikanischen zeigen, dass Biowissenschaften und molekulare Medizin als globale Phänomene einer weltweiten Forschungslandschaft durchaus auf lokaler Ebene zu unterschiedlichen Wahrnehmungen, Handlungen und Konsequenzen führen. Es ist zu erwarten, dass die praktizierte Medizin in verschiedenen Ländern unterschiedlich sein und bleiben wird, obgleich die wissenschaftlichen Voraussetzungen weitgehend identisch sind.

Dies erscheint uns deshalb wichtig festzuhalten, weil die durch innovative Methoden und Technologien beschleunigte Dynamik der Wissensproduktion im Bereich der molekularen Medizin eine Vielzahl neuer Bausteine für eine zukünftige Medizin liefert und damit zu unablässigen Differenzierungen führt, die wiederum oft nur schleppend oder gar nicht in die lokale öffentliche Wahrnehmung gelangen.

Wir werden auf vier Aspekte der molekularen Medizin eingehen: 1. Auf die Rolle der Genomforschung sowie das weitverbreitete Missverständnis, es gebe einen genetischen Determinismus; 2. Das interdisziplinäre Konzept der molekularen Medizin; 3. Auf vorhersehbare klinische Anwendungen auf der Basis pharmakogenetischer und pharmakogenomischer Ansätze; 4. Auf die Weiterentwicklung einer präventiven molekularen Medizin.

1. Genomforschung und die Unhaltbarkeit des genetischen Determinismus

Es steht außer Zweifel, dass Molekularbiologie und Molekulargenetik als neue Erklärungsmodelle für weite Teile der Physiologie und Pathophysiologie des Menschen angesehen werden können.[1] In immer höherem Maße wird es uns möglich, unsere Biologie und unser Verhalten mit Vorgängen auf genetischer und molekularer Ebene in Verbindung zu bringen. Im Jahr 1991 hat die genetische Epidemiologin Abby Lippman diesen Vorgang als „Genetisierung" bezeichnet und folgende Definition geliefert:

> „Geneticization refers to an ongoing process by which differences between individuals are reduced to their DNA codes, with most disorders, behaviors and physiological variations defined, at least in part, as genetic in origin. It refers as well to the process by which interventions employing genetic technologies are adopted to manage problems of health. Through this process, human biology is incorrectly equated with human genetics, implying that the latter acts alone to make us each the organism she or he is."[2]

Ein so charakterisierter genetischer Determinismus ist simplifizierend und wird der Komplexität der Biologie nicht gerecht, die sich auf der Basis neuer molekularer Interpretationen – gerade auch nach der Sequenzierung des menschlichen Genoms – im Hinblick auf höhere Organismen ergibt.[3] Es ist aus wissenschaftlicher, aber auch aus gesellschaftlicher Sicht wichtig, den politisierten Begriff der Genetisierung sowie das durch ihn transportierte deterministische Verständnis über Bord zu werfen. Längst ist jedem ernsthaft mit Genomforschung befassten Wissenschaftler klar, dass die Vorstellung, wir seien von unseren Genen programmierte Produkte der Natur naiv und unhaltbar ist.

Die frühen Ansätze der medizinischen Genomforschung sowie der molekularen Medizin sind von ihrer Entwicklung her durch eine grundlegende Verschiebung des biologischen Denkens bedingt. Zunächst wurde durch Methoden der Biophysik versucht, die Funktion von Molekülen anhand struktureller Analysen vorherzusagen. Max Delbrück, gemeinsam mit Nicolai Timoféeff-Ressovsky[4], sind unter den wichtigsten prominenten Vertretern dieses Ansatzes. Ihre Studien, die sie um 1930 herum vor allem in Berlin-Buch vorgenommen hatten, ließen das Genom in seiner *Struktur* als molekularen Grundbaustein des Lebens erscheinen. In der Weiterentwicklung dieses Ansatzes brachte die allmähliche Hinwendung zu biochemischen Ansätzen eine andere Fragestellung in den Fokus der molekularbiologischen Forschung. Mit biochemischen Verfahren wurde es möglich *Vorgänge* der molekularen Signalverarbeitung tatsächlich sichtbar zu machen und zu ana-

1 Vgl. Hubbard, Wald 1999, Pääbo 2001, Peltonen, McKusick 2001.
2 Lippman 1991.
3 Siehe Toulmin 1982, Aparicio 2000, Ewing, Green 2000, Holtzman, Marteau 2000, Paul 2001.
4 Siehe Timoféeff-Ressovsky et al. 1935.

lysieren. Damit standen erstmals Verfahren zu Verfügung, die es erlaubten biologische Prozesse auf der Ebene des Phänotyps anhand biochemischer Prozesse zu verstehen und vorherzusagen.

Vor diesem Hintergrund stellen die in den späten 1960er Jahren publizierten Arbeiten von James D. Watson and Francis Crick[5], ebenso wie das Werk von Jacques Monod and François Jacob[6] eine Schnittstelle zwischen der auf Konfiguration und Konformation von Molekülen ausgerichteten Biophysik sowie der auf biochemische Prozesse ausgerichteten Molekularbiologie dar.[7] Die DNA-Doppelhelix wurde nicht nur zum Symbol für den Wandel der biologischen Grundlagenforschung, sondern – mit einem zeitlichen Verzug von etwa einer Dekade – auch Ausgangspunkt eines fundamentalen Wandels biomedizinischer Forschung. Mitte der 1970er Jahre wurde die molekulare Interpretation des Lebens zentraler Motor der biomedizinischen Forschung, die damit auf die Entwicklung neuer diagnostischer Werkzeuge sowie neuer Therapieansätze zielte. Insbesondere Arbeiten zu den molekularen Mechanismen der Krebsentstehung waren von der Hoffnung getragen, die Pathogenese dieser Krankheitsgruppe bis auf molekulare Ebene zu erklären, und so kausale Therapien entwickeln zu können.[8] Dadurch wandelte sich allmählich das Gesicht der Medizin.

Die ‚klassische' naturwissenschaftliche Medizin geht im Wesentlichen so vor, dass sie phänotypisch biologische Phänomene beobachtet und beschreibt – wie etwa eine Krankheit –, sie grenzt die anatomische Lokalisation pathologischer Prozesse auf immer feinere, engmaschigere Strukturen ein, erstellt Hypothesen über die Pathophysiologie betroffener Organe und Organsysteme, analysiert krankhafte Veränderungen auf der Ebene von Geweben und Zellen und betrachtet schließlich inter- und intrazelluläre Mechanismen.

Im Gegensatz zu dieser klassischen Sichtweise der Medizin finden wir in der molekularen Medizin eine Herangehensweise, die methodisch davon ausgeht, dass unterschiedliche Krankheitsgeschehen auf molekularer Ebene vergleichbare biologische Grundlagen haben. In einem vom Genotyp ausgehenden Ansatz, der wesentlich auf der Analyse und dem Verstehen des menschlichen Genoms, seiner Funktionen, seiner Steuerung in Abhängigkeit zu biologisch wirksamen Umweltfaktoren sowie dem daraus resultierendem biologischen Verhalten beruht, werden Krankheitsprozesse als Störungen in der Übertragung oder der Interpretation biologischer Information verstanden. Noch sind wir weit davon entfernt, die komplexen Prozesse biologischer Informationsverarbeitung zu verstehen. Insbesondere die Tatsache, dass höhere Organismen mit ihrer sich unablässig wandelnden Umwelt in beständigem Austausch stehen, lässt die Suche nach den entscheidenden Signalwegen zu einer Suche nach der sprichwörtlichen Nadel im Heuhaufen werden, die nur durch immer ausgefeiltere Technologien mit hohem Durchsatz sowie

---

5 Vgl. Watson, Crick 1953, Watson, Stent 1998.
6 Vgl. Jacob, Monod 1961, Jacob 1998.
7 Vgl. Lenoir 1999.
8 Vgl. Bishop 1982, Fujimura 1996, Paul 2000.

immer neue, innovative Fragen an den immensen Fundus genetischer Information bewerkstelligt werden kann. Die Genomforschung hat sich dabei zwangsläufig auf das Gebiet der Gen-Umwelt-Interaktion ausgedehnt und behandelt somit Fragen der Steuerung genetischer Aktivität durch exogene Faktoren.[9] Das Verstehen des Zusammenspiels des Genoms mit Vorgängen auf proteinchemischer Ebene (Proteom) in Relation zu Umgebungseinflüssen (Physiom) ist ein entscheidender Eckstein im Gebäude der molekularen Medizin. Längst haben sich daher zu den ‚Genomics' die ‚Epigenomics' und die ‚Proteomics' gesellt und der Terminus ‚Post-Genom-Zeitalter' bezeichnet die Unzulänglichkeit einzelner Betrachtungsweisen, werden sie je nur für sich betrachtet. Dies ist auch Ausdruck dafür, dass das Genom keine statische Einheit ist, sondern in vielfältigen Interaktionen und Signalketten geregelt wird, die sich mit Umweltbedingungen und den unterschiedlichen physiologischen und pathologischen Zuständen und Verhaltensweisen des Organismus verändern.

Dazu kommt, dass sowohl bei der Vererbung genetischer Eigenschaften wie auch bei der somatischen Veränderung des einzelnen Genoms stochastische Veränderungen bedacht werden müssen, die jede Vorhersagbarkeit auf Grund genomischer Analysen im Einzelfall unmöglich machen.

Medizinische Genomforschung ist also weder angetreten noch dazu geeignet, den Menschen auf seine Gene zu reduzieren, sei es im Hinblick auf seine biologische Gegenwart und Zukunft oder in Bezug auf sein persönliches Schicksal. Ziele und Möglichkeiten der Genomforschung liegen vielmehr darin, ein erweitertes Verständnis von denjenigen Prozessen zu erlangen, die daran beteiligt sind, dass Menschen krank werden, um sich dieses Wissen dann zu Nutze zu machen, neue therapeutische Optionen zu erarbeiten. Dies stellt uns wegen der Offenheit biologischer Systeme und wegen der Komplexität der Interaktionen von Genom und Umwelt vor eine immense wissenschaftliche und technologische Herausforderung, die ein langfristiges Engagement erfordern wird.

2. Das interdisziplinäre Konzept der molekularen Medizin

Vor diesem Hintergrund wird deutlich, warum molekulare Medizin deutliche systematische Grenzen hat, aber auch alte disziplinäre Grenzen überwindet. Durch ihren auf die Speicherung, die Weitergabe und die Interpretation biologischer Information gerichteten Ansatz verschwinden traditionelle disziplinäre Grenzen, die auf einer organ- und gewebespezifischen Nosologie basieren. Die Spezialisierung innerhalb medizinischer Fachdisziplinen (wie etwa Kardiologie, Nephrologie, Urologie) ist die institutionelle Entsprechung dieses bislang vorherrschenden organbezogenen Konzepts.

Molekulare Medizin hingegen stellt – zumindest konzeptuell – den Aufbruch der biomedizinischen Forschung hin zu einer neuen Art der Wissensproduktion

9 Vgl. Pennington, Dunn 2001.

dar. In dem viel beachteten Buch ,The new production of knowledge' beschreiben Gibbons et al.[10] auf welche Weise problem- beziehungsweise lösungsorientierte Forschung im Gegensatz zu an Disziplinen orientierter Forschung die Zusammenarbeit von Experten mit unterschiedlichster Ausrichtung aus unterschiedlichsten Bereichen erfordert. Die molekulare Medizin erfordert insbesondere Synergien bei der Übersetzung eines grundlegenden molekularen Verständnisses pathologischer und physiologischer Prozesse in klinische Anwendungen. Wesentliche Voraussetzung hierfür ist die Tatsache, dass die Methoden und Fragestellungen sich in wesentlich höherem Maße auf vergleichbare Gegenstände, Fragen und Querschnittsthemen – etwa Genexpression, am gesamten Genom orientierte Hochdurchsatzanalysen, Signaltransduktion, Methylierungen etc. – beziehen, als dies in der klassischen, durch eine Spezialisierung auf eng definierte Gegenstandsbereiche gekennzeichneten naturwissenschaftlichen Medizin der Fall ist. Grundsätzliche Prozesse des Zellwachstums, der Zelldifferenzierung oder der Membranfunktion sind bei vielen Krankheiten im Bereich der Herz-Kreislauf-Erkrankungen, Krebs oder Krankheiten des Nervensystems gleichermaßen wichtig. Die disziplinäre Gliederung ergibt sich durch den klinischen Phänotyp des Patienten. Die Forschungsansätze sind grundsätzlich interdisziplinär. Während im Bereich der Grundlagenforschung das Konzept der molekularen Medizin daher weitestgehend problemlos umsetzbar ist, stellt die Implementierung einer klinischen molekularen Medizin eine nicht zu unterschätzende wissenschaftliche, technologische und auch organisatorische Herausforderung dar.

Die klinische Umsetzung der molekularen Medizin ist dabei von mehreren wesentlichen Stufen der Innovation abhängig. Dazu gehören: (a) die Produktion neuen biomedizinischen Wissens und einer neuen genomischen Terminologie, die eine Beschreibung, Klassifikation und Erklärung physiologischer und pathologischer Prozesse auf molekularer Ebene erlaubt; (b) die Entwicklung neuer diagnostischer Werkzeuge zur Identifizierung entsprechend korrespondierender molekularer Befunde bei individuellen Patienten; (c) die Entwicklung, Überprüfung und Implementierung neuer klinischer Interventionen, die auf die gleiche molekulare Ebene gerichtet sind, auf denen physiologische und pathologische Prozesse identifiziert und in individuellen Patienten diagnostiziert worden sind. Es hat sich gezeigt, dass der Schritt von der Grundlagenforschung hin zur Entwicklung diagnostischer Werkzeuge und neuer Therapien vorrangig in der Weitergabe von In-vitro-Technologien aus dem Forschungslabor in das klinische Labor besteht. Wie am Beispiel prädiktiver genetischer Tests sowie anderen Verfahren der molekularen Diagnostik deutlich geworden ist, ist dieser Übergang ein Problem des Technologietransfers, der Standardisierung und Validierung von Labortechnologien der Grundlagenforschung im klinischen Bereich. Der Übergang von der diagnostischen hin zur therapeutischen Anwendung stellt hingegen den Wechsel aus der technologisch kontrollierten Labor-Umgebung hin zur Anwendung in der prinzipiell offenen medizinischen Umgebung dar. Wie am Beispiel der klinisch immer noch enttäuschen-

10 Gibbons et al. 1994.

den Gentherapie eindrucksvoll nachzuvollziehen ist, ist dies weiterhin eine fundamentale Herausforderung an Wissenschaft und Technologie. Das wesentliche systematische Problem besteht dabei darin, dass – anders als im Übergang von analytischen Methoden des Forschungslabors hin zu Analyseverfahren für das klinische Labor – die Ableitung von In-vivo-Verfahren aus In-vitro-Technologien einen nicht-trivialen systematischen Sprung von kontrollierten biologischen Systemen in offene klinische medizinische Systeme beinhaltet. Die Schaffung hybrider Systeme und standardisierter Tiermodelle – wie etwa der transgenen Tiere – erleichtert diesen Schritt, aber vereinfacht ihn nicht. Trotz all dieser experimentellen Anstrengungen besteht ein Engpass in der Überführung der Ergebnisse der Grundlagenforschung in den Bereich klinischer Studien und Anwendungen, der nur durch die weitere Stärkung der Transdisziplinarität biomedizinischer Forschung sowie ihre starke klinische Ausrichtung überwunden werden kann. Dabei ist weit mehr erforderlich als eine inter- oder transdisziplinäre Ausrichtung einiger Wissenschaftler. Die neuen Anforderungen einer verteilten Wissensproduktion verlangen nach einer Umorientierung der klinischen Forschung. Die Realisierung dieser zielorientierten, „verteilten" Wissensproduktion durch Schaffung entsprechender Forschungsprogramme, die eine hohe Mobilität und Flexibilität der Wissenschaftler und klinischen Anwender fordert, ist eine *wichtige Voraussetzung* auf dem Wege hin zur molekularen Medizin.

3. Klinische Anwendungen

Auf dem Weg zur klinischen Anwendung erweisen sich auf krankheitsrelevante Genotypen bezogeneVerfahren als besonders fruchtbar. Sie zielen darauf, individuelle physiologische und pathologische Eigenschaften zu erkennen und sich im Rahmen therapeutischer Interventionen nutzbar zu machen.[11] In diesem Zusammenhang ergibt sich eine besondere und neue Rolle der Pharmakologie.

Medikamente greifen als spezifische chemische molekulare Wirkstoffe in komplexe biologische Signalketten ein. In Kombination mit genetischen Informationen können Rückschlüsse auf die Funktionsweise der Medikamente einerseits sowie auf die biologischen Funktionsabläufe andererseits gezogen werden. Inzwischen haben sich Studien der individuellen Reaktion von Patienten auf Medikamente auf der Basis individueller genetischer Merkmale (in vielen Fällen charakterisiert durch Variationen in einzelnen Basenpaaren der DNA, so genannten ‚Single Nucleotide Polymorphisms, SNPs') als *Pharmakogenetik* etabliert. Im Gegensatz dazu zielt die *Pharmakogenomik* auf die systematische Untersuchung krankheitsrelevanter molekularer Zielstrukturen (targets) für Medikamente bei Patienten, die spezifische individuelle Merkmalsmuster (Haplotypen) aufweisen. Während für pharmakogenetische Studien Untersuchungen an Patientengruppen eine notwendige Voraussetzung darstellen, ziehen pharmakogenomische Studien in wachsen-

11 Vgl. Weatherall 1999, Emilien et al. 2000.

dem Maße Datenbanken heran, um molekulare Zielstrukturen für Medikamente zu finden, deren genetischer Zusammenhang bislang ungeklärt ist.[12] Auch wenn deutlich geworden ist, dass einfache lineare Korrelationen zwischen Genotyp und Phänotyp, also auch zwischen genetischen Merkmalen und individuellen Erkrankungen nicht hergestellt werden können,[13] stehen mittlerweile hinreichend verlässliche und engmaschige Marker zu Verfügung, um phänotypische Variationen in Bezug auf physiologische und pathologische Eigenschaften zu identifizieren. Dies gilt für monogenetische und zum Teil auch für komplexe Erkrankungen.[14] Aufgrund der raschen Entwicklungen auf dem Gebiet der Pharmakogenetik und -genomik und aufgrund der Tatsache, dass beide Gebiete sich auf existierende rationale Formen der medikamentösen Therapie beziehen, ist es realistisch davon auszugehen, dass molekularen Medizin insbesondere durch diese Verfahren kurzfristig zur Lösung klinischer Probleme beitragen wird. In naher Zukunft wird die Kombination von Daten einer kompletten SNP-Kartierung mit individuellen Daten über Genotypen die Identifikation neuer therapeutischer Zielstrukturen ermöglichen.[15] Dies wird nachfolgend dazu beitragen medikamentöse Therapien genauer auf die Bedürfnisse einzelner Patienten zuzuschneiden, indem man genotypische Varianten als Marker zum Aufspüren unterschiedlicher biologischer Reaktionsmuster von Patienten auf Wirkstoffe nutzt. So werden in letzter Konsequenz die therapeutischen Effekte eines Medikaments besser genutzt, während die unerwünschten Nebenwirkungen minimiert werden. Auf lange Sicht zielen Pharmakogenetik und Pharmakogenomik auch auf die Entdeckung und Weiterentwicklung neuartiger therapeutischer Substanzen mit spezifischen molekularen Funktionen. Dies können zum einen Genprodukte sein, also etwa Proteine wie z. B. bestimmte Hormone, die von Patienten bei bestimmten Erkrankungen nicht oder fehlerhaft gebildet werden, zum anderen ist an Wirkstoffe zu denken, die einen direkten Effekt auf die „Genübersetzung“ (Transkription und Translation) haben. Damit würde möglicherweise die Basis für eine direkt an den Ursachen von Krankheiten angreifende, kausale Pharmakotherapie gelegt.

4. Präventive Medizin

Das Ziel moderner Medizin ist Prävention. Voraussetzung für molekulare Prävention ist eine prädiktive, eine vorhersagende molekulare Medizin. Eine der großen Herausforderungen der prädiktiven Medizin besteht in der Tatsache, dass genetische Information – von wenigen Ausnahmen etwa im Zusammenhang monogener Erkrankungen abgesehen – zunächst immer nur Aussagen über Erkrankungsrisiken auf probabilistischer Basis zulässt. Damit kann ein genetisches Risi-

12 Vgl. Roses 2000.
13 Siehe Aparicio 2000, Ewing, Green 2000, Holtzman, Marteau 2000.
14 Vgl. Roses 1997.
15 Vgl. Evans, Relling 1999.

ko immer nur im Sinne einer frequenten Wahrscheinlichkeit bezogen auf eine größere Population, nie jedoch als personale Wahrscheinlichkeit des individuellen Patienten, auf bestimmte Weise zu erkranken, verstanden werden. Dieser Umstand ist in der öffentlichen Debatte häufig vernachlässigt worden und hat viel zu dem Missverständnis, es gäbe einen genetischen Determinismus, beigetragen. Selbst die Tatsache, dass mittlerweile dem Konzept der ‚genetic susceptibility', also der Veranlagung oder Prädisposition gegenüber dem Konzept des genetischen Risikos der Vorzug gegeben wird, hat an diesem Missverständnis nicht viel geändert.

Auch im Kontext molekularer Prädiktion und Prävention kommt der Hinwendung zu Genotypen bzw. Haplotypen eine Schlüsselrolle zu. Durch die Analyse individueller genetischer Eigenschaften wird es möglich, hinreichend individualisierte molekulare Verfahren der Prädiktion – etwa durch hinreichend dichte Netze (sets) genetischer Markierungen (marker) zu etablieren. Diese können den hohen Anforderungen an diagnostische Verfahren gerecht werden und erlauben eine hinreichend begründete Indikationsstellung und Handlungsempfehlung, auch in präventiver Hinsicht.

Die vor diesem Hintergrund auftretenden ethischen, sozialen und rechtlichen Fragen sind in Wissenschaft und Öffentlichkeit bereits breit diskutiert.[16] Mögliche Probleme sind identifiziert und es bestehen Vorschläge, wie diese zu vermeiden sind. Einigkeit scheint vor allem zu bestehen, genetische Prädiktion auf solche Tests zu beschränken, die medizinisch relevante Aussagen erlauben und die Basis für weitere diagnostische, präventive oder therapeutische Indikationen bilden. Je öfter genetische Prädispositionen mit klinischen Krankheitsbildern korreliert werden, desto drängender werden auch Fragen der Vertraulichkeit von patientenbezogenen Daten sowie der informierten Einwilligung in Tests.[17] Insbesondere die Speicherung und Analyse phänotypischer und genotypischer Daten sowie von Zell- und Gewebeproben großer Bevölkerungsteile erfordert vor diesem Hintergrund besondere Sorgfalt.[18]

Es gilt ferner, klar zu sehen, dass sich mit einer stärker individualisierten molekularen Prädiktion und Prävention der Charakter der präventiven Medizin verändert. In diesem Zusammenhang sind vor allem zwei Formen der Prävention zu unterscheiden. Die erste Form ist als *phänotypische* Prävention beschrieben worden.[19] Sie strebt die Vermeidung von Gesundheitsschäden und Todesfällen in Personengruppen mit einem spezifischen Genotyp an. Die Beziehung potentiell schädlicher, mutagener oder genotoxischer Umweltfaktoren zum individuellen Genotyp wird als Ausgangspunkt für medizinische Strategien genommen. Diese

---

16 Siehe Holtzman, United States. Health Services Administration. Bureau of Community Health Services 1977, Holtzman 1989, Stoll 1989, Lippman 1991, Wilfond, Nolan 1993, Nelkin, Tancredi 1994, Kapp 1996, Marteau, Richards 1996, Roses 1997, Kavanagh, Broom 1998, Task Force on Genetic Testing (U. S.) et al. 1998, Conrad, Gabe 1999, Young 1999, Nabholtz 2000.

17 Siehe Council of Europe 1992, Reilly et al. 1997.

18 Vgl. Kommission der Europäischen Gemeinschaften 2002.

19 Vgl. Juengst 1995.

können grundsätzlich in der Veränderung der schädlichen Umweltfaktoren oder in einer Unterbrechung der schädlichen Interaktion von Umwelt und Genotyp bestehen. Bereits jetzt gibt es eine Debatte um die Rolle der Medizin, in der es darum geht zu unterscheiden, inwieweit Eingriffe in das menschliche Erbgut eine zulässige Möglichkeit zur Prävention darstellen, oder ob dieses grundsätzlich verboten werden soll.

Die Diskussion umfasst mittlerweile auch eine weitere Form der Prävention, die so genannte *genotypische Prävention*. Ihr Ziel ist es, die Weitergabe risiko- oder krankheitsbezogener genetischer Eigenschaften von einer Generation auf die nächste zu unterbrechen. Heute übliche Verfahren bestehen in der humangenetischen Beratung bei der Familienplanung, in genetischem Screening von Merkmalsträgern, pränataler Diagnostik und bei Vorliegen schwerwiegender genetischer Störungen in der Abtreibung. Hier könnten in Zukunft Verfahren der Präimplantationsdiagnostik sowie genetische Eingriffe in die menschliche Keimbahn als neue Instrumente zur Verfügung stehen[20], Optionen, die äußerst kontrovers diskutiert werden. Vor diesem Hintergrund ist deutlich, dass molekulare Optionen der Prädiktion, Prävention und der Intervention einerseits eine große Chance für die signifikante Verbesserung der Gesundheitssicherung darstellen, andererseits jedoch einen grundlegenden Wandel des Charakters von Prävention bedeuten können, der sich direkt auf soziale Werthaltungen und Praktiken der Vorsorge auswirkt und ethisches Konfliktpotential in sich birgt.

5. Resümee

Die nähere Zukunft der molekularen Medizin liegt nach derzeitigem Wissensstand vor allem in der Entwicklung neuer therapeutischer Substanzen und Strategien zur Verbesserung der Wirksamkeit von Pharmaka und in der Verminderung ihrer Nebenwirkungen sowie in einer verfeinerten Diagnostik. Die Genomforschung ist weder dazu angetreten noch dazu geeignet, Konzepte eines genetischen Reduktionismus oder gar Determinismus zu stützen. Sie sieht ihre Aufgabe vielmehr in der besseren Kenntnis von Zusammenhängen der Interaktion zwischen Genom und Umwelt sowie in der Nutzbarmachung des neuen Wissens über die Speicherung, Veränderung und Verarbeitung biologischer Information im menschlichen Organismus. In letzter Konsequenz bringt die Molekulare Medizin einen grundlegenden Wandel unseres Medizinverständnisses mit sich, dessen klinische Reichweite erst langfristig abschätzbar sein wird.

Neben nahe liegenden Anwendungen im Bereich der Pharmakogenetik und Pharmakogenomik wird vor allem der Aspekt einer auf genetischer Analyse basierenden prädiktiven und präventiven molekularen Medizin zunehmend an Bedeutung gewinnen. Das Nachdenken über die grundsätzlichen Ziele und Möglichkei-

---

20 Vgl. Campbell, Stock 2000, Khoury et al. 2000, Stock, Campbell 2000.

ten von genetischer Diagnostik und Prävention ist eine Voraussetzung für die medizinisch sinnvolle, ethisch verantwortbare und sozial verträgliche Etablierung neuer Verfahren. Dies ist nicht nur eine Herausforderung an die Naturwissenschaftler und Mediziner, ihre Arbeiten und Ziele in angemessener Weise in der Öffentlichkeit darzustellen, sondern es stellt auch die Bioethik vor die Aufgabe, die Kommunikation aus der Gesellschaft in Wissenschaft und Medizin hinein in adäquater Weise zu unterstützen. Dieser Aspekt von Bioethik und Wissenschaftskommunikation ist in seiner Komplexität und Tragweite nicht zu unterschätzen. Bisher ist die wechselseitige Kommunikation zwischen Forschung, Medizin und Gesellschaft nur in wenigen Ansätzen realisiert. Die solide wissenschaftliche Fundierung der molekularen Medizin stellt große Anforderungen an Forschung und Technologie. In gleicher Weise sind aber diejenigen Disziplinen herausgefordert, die sich mit den ethischen, rechtlichen und sozialen Auswirkungen von Biowissenschaften und Medizin befassen. Sicher scheint, dass eine biomedizinisch wohlinformierte, sorgfältige Rekonstruktion, Analyse, Kritik von Werthaltungen sowie schließlich die Erarbeitung von Vorschlägen zu deren Umsetzung in Zeiten raschen Wissenszuwachses auch von der Bioethik das Beschreiten neuer, interdisziplinärer Wege der Forschung erfordert.

Literaturverzeichnis

Aparicio, S. A. J. R. (2000): How to Count ... Human Genes, in: Nature Genetics 25, 129–130.

Bishop, J. M. (1982): Oncogenes, in: Scientific American 246, 80–92.

Campbell, J., Stock, G. (2000): A Vision for Practical Human Germline Engineering, in: Stock, G., Campbell, J., Engineering the Human Germline: An Exploration of the Science and Ethics of Altering the Genes We Pass to Our Children, Oxford, 9–16.

Conrad, P., Gabe, J. (eds.) (1999): Sociological Perspectives on the New Genetics, Oxford.

Council of Europe (1992): Recommendation No. R (92) 3 of the Committee of Ministers to Member States on Genetic Testing and Screening for Health Care Purposes, in: International Digest of Health Legislation 43, 284.

Croyle, R. T. et al. (1997): Psychologic Aspects of Cancer Genetic Testing, in: Cancer 80 (S 3), 569–575.

Emilien, G. et al. (2000): Impact of Genomics on Drug Discovery and Clinical Medicine, in: Quarterly Journal of Medicine 93 (7), 391–423.

Evans, W. E., Relling, M.V. (1999): Pharmacogenomics: Translating Functional Genomics Into Rational Therapeutics, in: Science 286 (5439), 487–491.

Evers-Kiebooms, G. (ed.) (1987): Genetic Risk, Risk Perception, and Decision Making: Proceedings of a Conference Held July 28–29, 1986, Leuven, Belgium, New York.

Ewing, B., Green, P. (2000): Analysis of Expressed Sequence Tags Indicates 35,000 Human Genes, in: Nature Genetics 25, 232–234.

Fujimura, J. (1996): Crafting Science. A Sociohistory of the Quest for the Genetics of Cancer, Cambridge MA.
Holtzman, N. A. (1989): Proceed With Caution: Predicting Genetic Risks in the Recombinant DNA Era, Baltimore.
Holtzman, N. A., Marteau, T. M. (2000): Will Genetics Revolutionize Medicine?, in: New England Journal of Medicine 343 (2), 141–144.
Holtzman, N. A., United States. Health Services Administration. Bureau of Community Health Services (1977): Newborn Screening for Genetic-Metabolic Diseases: Progress, Principles and Recommendations, Rockville, Md., Dept. of Health Education and Welfare Public Health Service Health Services Administration Bureau of Community Health Services.
Hubbard, R., Wald, E. (1999): Exploding the Gene Myth, Boston.
Jacob, F. (1998): Of Flies, Mice, and Men, Cambridge MA.
Jacob, F., Monod, J. (1961): Genetic Regulatory Mechanism in the Synthesis of Proteins, in: Journal of Molecular Biology 3, 318–359.
Juengst, E. T. (1995): ‚Prevention' and the Goals of Genetic Medicine, in: Human Gene Therapy 6, 1595–1605.
Kapp, M. B. (1996): Medicolegal, Employment, and Insurance Issues in APOE Genotyping and Alzheimer's Disease, in: Ann N Y Acad Sci 802, 139–148.
Kavanagh, A., Broom, D. (1998): Embodied Risk: My Body, Myself?, in: Social Science and Medicine 46, 437–444.
Khoury, M. J. et al. (2000): Genetics and Public Health: A Framework for the Integration of Human Genetics into Public Health Practice, in: Khoury, M. J. et al., Genetics and Public Health in the 21st Century: Using Genetic Information to Improve Health and Prevent Disease, New York, 3–23.
Koenig, B. A., Silverberg, H. L. (1999): Understanding Probabilistic Risk in Predisposition Genetic Testing for Alzheimer Disease, in: Genetic Testing 3 (1), 55–63.
Kommission der Europäischen Gemeinschaften (2002): Vorschlag für eine Richtlinie des Europäischen Parlaments und des Rates zur Festlegung von Qualitäts- und Sicherheitsstandards für die Spende, Beschaffung, Testung, Verarbeitung, Lagerung und Verteilung von menschlichen Geweben und Zellen (Vorlage der Kommission vom 19.06.2002), Brüssel.
Lenoir, T. (1999): Shaping Biomedicine as an Information Science, in: Bowden M. E., Hahn, T. B., Williams, R. V., Proceedings of the 1998 Conference on the History and Heritage of Science Information Systems, Medford NJ, 27–45.
Lippman, A. (1991): Prenatal Genetic Testing and Screening: Constructing Needs and Reinforcing Inequities, in: American Journal of Law and Medicine 17, 15–50.
Marteau, T., Richards, M. (eds.) (1996): The Troubled Helix: Social and Psychological Implications of the New Human Genetics, New York.
McConnell, L. M. et al. (1999): Genetic Testing and Alzheimer Disease: Recommendations of the Stanford Program in Genomics, Ethics, and Society, in: Genetic Testing 3 (1), 3–12.
Nabholtz, J.-M. (ed.) (2000): Breast Cancer Management: Application of Evidence to Patient Care, London.
Nelkin, D., Tancredi, L. R. (1994): Dangerous Diagnostics: The Social Power of Biological Information, Chicago.
Pääbo, S. (2001): The Human Genome and Our View of Ourselves, in: Science 291, 1219–1220.

Paul, N.W. (2000): Die molekulargenetische Interpretation des Krebs: Ein Paradigma, seine Entwicklung und einige Konsequenzen/The Molecular Interpretation of Cancer: A Paradigm, a Story, Some Consequences, in. Eckart, W. (Hg.), 100 Years of Organized Cancer Research, Stuttgart, 95–100.

Paul, N.W. (2001): Anticipating Molecular Medicine: Smooth Transition from Biomedical Science to Clinical Practice?, in: American Family Physician 63 (9), 1704–1706.

Peltonen, L., McKusick, V. A. (2001): Dissecting Human Disease in the Postgenomic Era, in: Science 291, 1224–1229.

Pennington, S. R., Dunn, M. J. (eds.) (2001): Proteomics: From Protein Sequence to Function, Oxford, New York.

Reilly, P. R. et al. (1997): Ethical Issues in Genetic Research: Disclosure and Informed Consent, in: Nature Genetics 15, 16–20.

Roses, A. D. (1997): Genetic Testing for Alzheimer Disease. Practical and Ethical Issues, in: Arch Neurol 54 (10), 1226–1229.

Roses, A. D. (2000): Pharmacogenetics and the Practice of Medicine, in: Nature 405 (6788), 857–865.

Stock, G., Campbell, J. (eds.) (2000): Engineering the Human Germline: An Exploration of the Science and Ethics of Altering the Genes We Pass to Our Children, Oxford.

Stoll, B. A. (1989): Women at High Risk to Breast Cancer, Dordrecht, Boston.

Task Force on Genetic Testing (U. S.) et al. (1998): Promoting Safe and Effective Genetic Testing in the United States: Final Report of the Task Force on Genetic Testing, Baltimore.

Timoféeff-Ressovsky, N.W. et al. (1935): Über die Natur der Genmutation und der Genstruktur, Berlin.

Toulmin, S. (1982): How Medicine Saved the Life of Ethics, in: Perspectives in Biology and Medicine 25 (4), 736–750.

Watson, J. D., Crick, F. H. (1953): Molecular Structure of Nucleic Acids. A Structure for Deoxyribose Nucleic Acid, in: Nature 171, 737–738.

Watson, J. D., Stent, G. S. (1998): The Double Helix: A Personal Account of the Discovery of the Structure of DNA, New York.

Weatherall, D. (1999): From Genotype to Phenotype: Genetics and Medical Practice in the New Millennium, in: Philos Trans R Soc Lond B Biol Sci 354 (1352), 1995–2010.

Wilfond, B. S., Nolan, K. (1993): National Policy Development for the Clinical Application of Genetic Diagnostic Technologies, in: JAMA 270, 2948–2954.

Young, I. D. (1999): Introduction to Risk Calculation in Genetic Counseling, Oxford, New York.

Lorenz Trümper

Die geänderte Rolle des Arztes im Zeitalter der Genomforschung

In einem Artikel für die Wochenzeitung *Die Zeit* schreibt Jürgen Habermas am 24. Januar 2002: „Bisher entfaltet die biotechnische Entwicklung eine Dynamik, die die zeitraubenden Selbstverständigungsprozesse der Gesellschaft über ihre moralischen Ziele immer wieder überrollt."

Gilt diese Behauptung von Habermas für die gesellschaftlichen Prozesse zur Willensbildung über die Anwendung von Ergebnissen der Genomforschung, so hat sich – eher unbemerkt, weil als dem Wohle kranker Menschen dienend nicht hinterfragt – in den letzten Jahren ein Wissenswandel vollzogen, der Patienten wie praktizierende Ärzte vor schier unlösbare Aufgaben zu stellen scheint, da das Wissen um neue Methoden der Diagnostik wie der Therapie, die auf den Erkenntnissen der Genomforschung basieren, rapide wächst und eine Einordnung dieses Wissens in die individuelle Behandlungssituation eines einzelnen Patienten neue Herausforderungen an Patient und Arzt stellt. Abgesehen von den Forschungs- und Therapieansätzen der ‚stammzellverbrauchenden Therapie', die hier ausgeklammert seien, bestehen keine Zweifel, dass die Ergebnisse der Genomforschung, soweit sie dem Nutzen des Einzelnen dienlich zu sein scheinen, anzuwenden sind. Die besonderen Schwierigkeiten der genetischen Beratung bei Patienten mit Veränderungen, die für die Entwicklung von Krankheiten prädisponieren, sind an anderer Stelle in diesem Band dargestellt. Ich möchte in meinem kurzen Beitrag am Beispiel der Onkologie aufzeigen, wie sich

1) die Rolle des Arztes gewandelt hat,
2) Ergebnisse der Genomforschung Diagnostik wie Therapie beeinflussen,
3) welche besonderen Schwierigkeiten in der klinischen Studienlandschaft in Deutschland bei der Umsetzung dieser Erkenntnisse bzw. der Korrelation derselben mit klinischen Verläufen entstehen.

1. Die geänderte Rolle des Arztes

Zunehmende Anforderungen in komplexen Formen der Diagnostik und Therapie haben in den letzten Jahrzehnten zu einer sehr weitgehenden Spezialisierung im Bereich der Primärversorgung im niedergelassenen Bereich wie auch in den Krankenhausabteilungen geführt. Neben dem primärärztlichen Hausarztsystem, das als ‚gate-way'-System eine besondere gesundheitspolitische Stärkung erfährt, hat sich ein spezialisiertes Facharztsystem entwickelt, in dem Behandlungs- wie Beratungsstrukturen (second opinion) eine wichtige Rolle einnehmen. Gerade bei schwierigen, lebensentscheidenden Therapieverfahren besteht heute ein Informationsbedürfnis, das durch Fachliteratur, aber auch durch patientenbezogene Literatur und die Stärkung der Patientenautonomie in Selbsthilfegruppen nur teilweise abgedeckt wird. Häufig wird dabei an den Fach-, aber auch den Hausarzt nicht mehr nur die Erwartung herangetragen, Krankheiten nach bestem Wissen und Kenntnisstand zu behandeln, sondern Informationen zu beschaffen, diese einzuordnen und kompetent zu beraten. Der Hausarzt wird dabei immer häufiger zum Begleiter und Berater des Patienten und seiner Angehörigen, und auch zum Mittler und Fürsprecher gegenüber den Spezialisten.

2. Beeinflussung von Diagnostik und Therapie durch Ergebnisse der Genomforschung

Zwei Beispiele aus der Onkologie mögen demonstrieren, wie innerhalb kurzer Zeit die Ergebnisse der Genomforschung nicht nur unser biologisches Bild, sondern ganz konkret auch Diagnostik und Therapie beeinflussen. Lymphome (Non-Hodgkin-Lymphome) sind klonale Erkrankungen lymphatischer Stammzellen oder ausgereifter, kommittierter lymphatischer Zellen, die sich als Lymphknotenschwellungen (Lymphome) oder bei leukämischer Verlaufsform als Leukämien äußern. Mit einer Gesamtinzidenz von ca. 15 pro 100.000/a in Mitteleuropa handelt es sich um eher seltene Erkrankungen. Seit ihrer Erstbeschreibung durch Thomas Hodgkin und später Rudolf Virchow ist bekannt, dass diese Erkrankungen sowohl pathomorphologisch wie klinisch eine äußerst heterogene Gruppe darstellen. Neben aggressiven, rapide verlaufenden, unbehandelt in wenigen Tagen tödlich verlaufenden Erkrankungen finden sich Erkrankungen, deren Diagnose die normale Lebenserwartung der betroffenen Patienten gar nicht oder kaum beeinflussen. Die Entscheidung darüber, welcher prognostischen Erkrankungsgruppe ein Patient zuzuordnen ist, wird in der Regel getroffen aufgrund histopathologischer Kriterien wie spezieller klinischer Verlaufskriterien. Die onkologische Forschung der letzten Jahrzehnte hat gezeigt, dass bösartige Erkrankungen durch genetische Veränderungen in einzelnen Zellen entstehen, die zunächst zu klonalem Zellwachstum und über zusätzliche genetische Aberrationen zur Entstehung einer bösartigen Erkrankung führen. Neben ‚chaotischen' Veränderungen, die entstehen, wenn Reparaturmechanismen des Genoms, z. B. aufgrund ererbter Enzymdefekte, gestört sind, finden sich ganz spezifische Veränderungen, häufig durch chromosomale Translokationen markiert, die zur Deregulation zellulärer Gene führen, die entweder die Proliferation oder den aktiven Zelltod (Apoptose) kontrollieren. Diese grundlegenden Erkenntnisse lassen sich heute auf die individuelle Diagnostik anwenden, da es mit Methoden komplexer, genomweiter Diagnostik möglich ist, individuelle Profile von Genveränderungen herzustellen. Bei den Lymphomen ist dies in den letzten beiden Jahren insoweit gelungen, als sich mit spezifischen Genexpressionsprofilen (‚Signaturen') Prognostik und wohl auch prädiktive Vorhersagen verknüpfen lassen. Dies ermöglicht eine andere – nur durch aufwändige Diagnostik und Berechnungen unterstützte – Diagnostik. Aus dieser folgt in einzelnen Bereichen auch schon eine andere Therapie. So sind spezifische, bestimmte intrazelluläre Signale inhibierende Antikörper, inzwischen gentechnisch hergestellt, verfügbar und ermöglichen häufig eine effektivere Behandlung als mit konventionellen Zytostatika alleine. Diese Antikörper können jedoch nur an das individuelle Risikoprofil adaptiert eingesetzt werden. Dasselbe gilt für andere Medikamente, die nicht mehr nur – wie Zytostatika – global Zellproliferation durch DNA-Schädigung verhindern, sondern spezifisch die bei bösartigen Zellen alterierten Signalwege inhibieren. Die erst vor kurzem erschienenen Arbeiten und die jetzt von vielen Gruppen unternommenen Anstrengungen, diese genetischen Profile bei Tumorzellen zu präzisieren, aber auch für die Diagnostik zu standardisieren, werden dazu führen, dass künftig ein individuelles prognostisches und prädiktives Bild der Erkrankung eines Patienten erstellt werden kann.

Wurden früher solche Lymphomerkrankungen – fast alle – versuchsweise mit relativ standardisierten Schemata behandelt, so wird es zukünftig zu einer sehr genauen Abschätzung der Prognose und Therapieaussichten führen. Dies kann in Zeiten der Ressourcenverknappung im Gesundheitswesen ein Anlass sein, bei Patienten mit sehr schlechter Prognose unter Anbringen einer Kosten/Nutzen-Abwägung Therapieoptionen zu verweigern. Auf der anderen Seite führt die Erhöhung der Kosten in der Diagnostik wie der Therapie mit spezifischeren Medikamenten dazu, dass in der Gesamtheit die Diagnostik- und Behandlungskosten für diese Patienten mit relativ seltenen und damit gesamtgesellschaftlich relativ wenig bedeutsamen Erkrankungen stark steigen. Die Diskussion über die ethischen Implikationen von Diagnostik- und Therapieeinschränkungen müssen demzufolge jetzt in einem offenen gesellschaftlichen Diskurs geführt werden.

Ein weiteres Beispiel aus dem Bereich der Onkologie zeigt sich in der Behandlung einer weiteren Erkrankung, die die blutbildende Stammzelle betrifft, der sog. chronischen myeloischen Leukämie. Diese entsteht durch eine spezifische genetische Veränderung, bei der ein für die Zellproliferation zuständiger molekularer Schalter, das ABL-Gen, so verändert wird, dass dieser Schalter in einer permanenten ‚Ein-Stellung' ist und damit zu einer Vermehrung weißer Blutkörperchen, also einer Leukämie führt. Die molekularen Mechanismen dieser Erkrankung wie auch die Folgen dieser sog. Philadelphia-Translokation sind sehr genau kartiert, und in Folge dieser genauen Kartierung ist eine spezifische Therapie entwickelt worden, die nur diesen molekularen Schalter inhibiert. Damit ist erstmals eine spezifische, hochwirksame molekulare Therapie bei einer einzelnen, wenn auch relativ seltenen Erkrankung möglich, die eine direkte Folge der Ergebnisse genetischer Forschung darstellt. Voraussetzung für die Anwendung dieser Therapie ist wiederum eine komplexe molekulare Diagnostik, die zu einer spezifischen, individualisierten Therapie führen kann.

An anderer Stelle in diesem Bande wird darauf eingegangen, wie eine individuelle Diagnostik bestimmter Enzymaktivitäten auf molekularer Basis so möglich ist, dass Dosis und Wirkung einer Chemotherapie spezifisch vorherbestimmt werden können. Mit diesem Gebiet befasst sich die Pharmakogenomik.

Zusammenfassend zeigen diese Entwicklungen in der Onkologie, dass das veränderte Krankheitsverständnis bzw. die Entdeckung der biologischen Grundlagen individueller Erkrankungen zu einer wesentlichen Verbesserung von Diagnostik, Prognostik und Therapie führen wird. Die damit einhergehende – auch auf den einzelnen Patienten bezogene – Informationsmenge nimmt rapide zu und stellt den beratenden, praktizierenden Arzt vor neue Herausforderungen, die er ohne spezialisiertes Wissen bzw. die Heranziehung von Spezialisten nicht mehr bewältigen kann. Zusätzlich entstehen der Gesellschaft als ganzer, die die gesundheitliche Versorgung als gesamtgesellschaftliche Aufgabe betrachtet, neue finanzielle Aufgaben wie auch Aufgaben einer ethisch noch nicht hinterfragten Auswahlstrategie.

3. Aufgaben der klinischen Studienforschung im Kontext der Humangenomforschung

Die nur schlaglichtartig aufgezeigten Entwicklungen, z. B. in der Onkologie, die die Humangenomforschung angestoßen hat, zeigen, wie wichtig neben der biologischen Krankheitserforschung eine Datenbasis ist, die diese Ergebnisse mit Behandlungs- und Prognosedaten so verknüpft, dass Beratung und Entscheidungsfindung für Patienten, Arzt und Gesellschaft möglich ist. Dies verändert das Bild einer klinischen Studienlandschaft wesentlich, die bis jetzt vorwiegend Therapieoptimierung, z. B. mit Medikamenten oder innovativen interventionellen Verfahren, betrieben hat. Vor dem Hintergrund der gegenwärtigen in Deutschland geführten gesundheitspolitischen Debatte über die Frage, ob durch den Artikel V des Sozialgesetzbuches solche Therapieoptimierungsverfahren überhaupt von den gesetzlichen Krankenkassen zu erstatten sind, gewinnen Kosten, Komplexität und Folgenabschätzung von Studien, die genetische Ergebnisse klinisch korrelieren, besondere Bedeutung. Folgende Hürden sind dabei m. E. für eine erfolgreiche Stukturierung dieser klinischen Forschung zu nehmen:

1. Durch die Dualität von Arzneimittelgesetz und ärztlichem Standesrecht bedingt, existieren keine einheitlichen Ethikkommissionsstrukturen in Deutschland. Nur für den Bereich der Stammzelltherapie sind bis jetzt zentrale, alle an solchen Studien teilnehmenden Ärzten beratende Ethikkommissionen geschaffen worden. Es ist schier unmöglich, bei der Menge und Komplexität der Fragestellungen jeweils lokale Ethikkommissionen, die zwangsläufig nicht allen Sachverstand aufbieten können, jeweils mit derselben Studie zu befassen. Weder sind die Kosten dafür tragbar, noch ist dieses Verfahren in angemessener Zeit durchführbar, noch werden daraus neue Erkenntnisse gewonnen. Zentrale Ethikvoten für jede Studie sollten die Grundlage für individuelle, dann im Wesentlichen die Befähigung des Studienarztes und lokale Gegebenheiten berücksichtigende, Ethikvoten sein.

2. Die Ergebnisse gut durchgeführter, Pharmaindustrie-unabhängiger Therapieoptimierungsstudien haben gezeigt, wie durch gut koordinierte, zentrale Strukturen Therapieverbesserungen für Patienten erreichbar sind. Der Kostengewinn für die Gemeinschaft der Versicherten auf mittlere Frist wie auch der Qualitätsgewinn für den einzelnen Patienten sind so groß, dass diese Studien von der Versichertengemeinschaft finanziert werden sollten; mehr noch, wie in einigen europäischen Ländern (Großbritannien, Schweiz) sollte der Einschluss in eine Studie bei ausgewählten, teuren und/oder innovativen Behandlungen Voraussetzung für die Behandlungserstattung sein. Dann kann die Studienlandschaft in Deutschland Ergebnisse der Genomforschung zügig aufgreifen und weiterhin bedeutsame Studienerfolge liefern. Hier sind dringend entsprechende politische Entscheidungen anzumahnen.

3. Ein wenig beachteter, aber in demselben Kontext klärungsbedürftiger Umstand ist die Frage, wie Interessenskonflikte von ‚clinician scientists', die auf der einen Seite ökonomische und inhaltliche Interessen an Biotechnologiefirmen haben und auf der anderen Seite Patienten über die Studien dieser Firmen aufklären bzw. sie in diese Studien einbringen sollen, gelöst werden kann. Hier handelt es sich weniger um die Frage der persönlichen Vorteilsnahme, als die Sicherstellung von Transparenz und die Vermeidung eines Auswertebias.

Die Humangenomforschung hat und wird zweifelsfrei für Patienten mit malignen Erkrankungen wesentliche Fortschritte bringen, indem das biologische Verständnis der individuellen Grundlagen der Krankheitsentstehung und der generellen Mechanismen der Krankheitsentstehung erhöht wird. Die veränderte Rolle des Arztes, der Patienten berät und klinische Studien durchführt, ist ansatzweise in diesem kurzen Beitrag skizziert worden. Eine gesundheitspolitische wie ethische Debatte über die Folgenabschätzung dieser veränderten Rolle ist gefordert, um die Ergebnisse der Genomforschung für Patienten nutzen zu können.

Dirk Lanzerath

Der Vorstoß in die molekulare Dimension des Menschen – Möglichkeiten und Grenzen

1. Qualität genetischen Wissens im Rahmen der Verwissenschaftlichung der Lebenswelt

Zur Charakterisierung der Moderne gehört die Feststellung, dass unsere Lebenswelt – nicht nur im Blick auf technisches Funktionieren, sondern auch hinsichtlich der zur Verfügung stehenden Deutungsmuster – trotz zahlreicher Gegenbewegungen zunehmend von den Naturwissenschaften und ihren Anwendungen beeinflusst wird. Kaum eine politisch-gesellschaftliche Entscheidung fällt ohne naturwissenschaftliche Expertise. Eine solche Bedeutung kommt mehr und mehr auch der Genetik und Molekularbiologie zu. Ein großes öffentliches Interesse an molekularbiologischen Entwicklungen forciert diese Tendenz auch über die Medien. Je mehr aber genetische Wissenschaft auf Deutungen in der menschlichen Lebenswelt Einfluss nimmt, desto mehr wird auch die Methode der Naturwissenschaften für die Lebenswelt relevant.

Zur naturwissenschaftlichen Methode gehört es, exakte Aussagen nur unter klar definierten und replizierbaren Laborbedingungen zu treffen. Darüber hinaus – wenn man die Wissenschaftssprache näher betrachtet – werden Erklärungsmodelle, Analogien, Metaphern, die dem wissenschaftlichen Verstehen dienen und oftmals der Lebenswelt entlehnt sind, im Rahmen des wissenschaftlichen Erkenntnisgewinns leicht wieder durch andere ersetzt (Programm, Translation, Übersetzung, Information, Steuerung ...). Wird dies mit den Bedingungen unserer Lebenswelt konfrontiert, dann kommen Indifferenzen zum Vorschein:

- Wir leben nicht unter standardisierten Laborbedingungen.
- Wenn die ursprünglich aus der Lebenswelt stammenden Metaphern und Analogien wieder zurück von der Wissenschaft in die Lebenswelt gelangen, fällt ihre Bedeutung nicht mehr mit ihrer ursprünglichen zusammen; es kommt also zu einer Bedeutungsverschiebung.
- Deutungen in der Lebenswelt können nicht im gleichen Maße ständig wechseln wie Theorien oder Hypothesen in den Wissenschaften, da uns bei der Lebensgestaltung nicht beliebig viele Wiederholungsmöglichkeiten zur Verfügung stehen.

In den Wissenschaften – insbesondere insofern sie theoretisch sind – gehört es zur Methode, Hypothesen zu entwerfen, zu verwerfen, neu zu generieren. Wenn Wissenschaften aber in der Lebenswelt praktisch werden, d. h. wenn aus diesem Wissen Handlungsoptionen folgen, dann haben die dahinter stehenden Hypothesen praktische Konsequenzen bspw. für Therapie, Prophylaxe, Lebensplanung,

Familienplanung. Wenn sich eine Hypothese als falsch erweist, ist das möglicherweise für die Wissenschaft ein enormer Fortschritt, im Rahmen einer medizinischen Handlung kann dies den Betroffenen zum Verhängnis werden. Denn die ärztlich-klinische Behandlung ist kein wissenschaftliches Experiment, die Handlungen sind nicht mehr rückholbar.

Je mehr nun genetisches Wissen in die Lebenswelt vordringt – von der ja Wissenschaft selbst auch ein Teil ist, aber eben nur ein Teil –, desto mehr muss die Beschränktheit der naturwissenschaftlichen Methode im Vergleich zur Komplexität der Selbst- und Lebensgestaltung geklärt sein, wenn man szientistische Ideologisierungen vermeiden und komplexe Verhaltensweisen auf Grund des genetischen Paradigmas nicht auf einen kleinen Erklärungsausschnitt reduzieren will. Ein einmal identifizierter biochemischer Marker oder das ‚entschlüsselte Gen' scheinen nur auf den ersten Blick das lebensweltliche Phänomen, das es zu erklären gilt, zu objektivieren, weil es den Wahrheitsbedingungen der naturwissenschaftlichen Methodik entspricht. Der Genotyp wird durch die Humangenomforschung immer weiter entborgen, aber er bekommt erst seine Bedeutung als Phänotyp im Kontext von Umwelt und Lebenswelt: Begriffe wie Mutation, Variabilität, Krankheit, Gesundheit entscheiden sich nicht auf der DNA-Ebene! Sie werden erst auf höherer Ebene zu distinkten Begriffen.[1]

Überprüft man die Qualität des genetischen Wissens hinsichtlich der lebensweltlichen Erwartungen, dann ist damit die Frage gestellt: Was bedeutet dieses Wissen für uns im Rahmen unserer lebensweltlichen Entscheidungen? Zur Klärung der Qualität des genetischen Wissens gehört es dann auch, die Bedingungen der Konzeptualisierungen zu verdeutlichen. In welchen Kontexten hat eine molekulargenetische Aussage welche Gütigkeit? Wie passt die wissenschaftliche Abstraktion zur Konkretion in der Lebenswelt? Sind wir in der Humangenomforschung nun auf dem Weg von der Syntax zur Semantik und muss diese Semantik die lebensweltlichen Verhältnisse berücksichtigen, dann ist dies gerade für die Klinik und das Arzt-Patient-Verhältnis von großer praktischer Bedeutung.

2. Genetisches Wissen: Von der Syntax zur Semantik

Das genetische Wissen, das durch die Entdeckung der molekularen Grundlagen der Vererbung und die darauf aufbauende Sequenzierung – und teilweise Kartierung – des menschlichen Genoms sowie anderer Genome gewonnen wurde, wird sich in den kommenden Jahrzehnten erheblich erweitern. In quantitativer Hinsicht werden die Voraussetzungen geschaffen werden, das jeweilige individuelle Genom genauer als bisher zum Gegenstand der Analyse machen zu können. Zugleich wird die Anwendung genetischen Wissens damit in eine neue Dimension eintreten.

1 Vgl. Lanzerath 2001 b.

In qualitativer Hinsicht wird die begonnene Funktionsanalyse dazu führen, das durch die Sequenzierung gewonnene Wissen über die ‚Syntax' des Genoms einer ‚semantischen' Interpretation zuzuführen und in das zu erwartende umfassendere zellbiologische und entwicklungsbiologische Wissen zu integrieren. Erst diese ‚Integration' in das Bild, das durch die begonnene interdisziplinäre Forschungskooperation von Genetik, Zellbiologie, Entwicklungsbiologie und klinischer Medizin zu erwarten ist, wird dem spezifisch genetischen Wissen seinen maßgeblichen Stellenwert geben, soweit dies die Komplexität der Genom/Organismus-Verschränkung zulässt.

Die weiter gehende Integration der Informationstechnik in die molekularbiologische Forschung führt über mathematische Modellierung und Verarbeitung zu einer missverständlichen Vorstellung von einer vollständigen ‚Berechenbarkeit' genetischer Prozesse im Organismus. Wird die methodische Begrenzung solcher Verfahren nicht eruiert, so erzeugt die Vorstellung einer vollständigen Berechenbarkeit der Ontogenese ihrerseits hinsichtlich der Handlungsoptionen Erwartungshaltungen, die auf eine neue Form von Kontrollierbarkeit und Planbarkeit der ontogenetischen und biografischen Entwicklungen ausgerichtet sind und sich auf das traditionelle Natur- und Selbstverständnis sowie auf Grundkategorien wie Krankheit und Gesundheit auswirken.

Die zu erwartende Erweiterung und Vertiefung des genetischen Wissens wird mit einer nicht minder großen Erweiterung und Vertiefung seiner medizinischen Anwendung verbunden sein. An die Stelle des bislang im Einzelfall und nur auf bestimmte Dispositionen bezogenen genetischen Tests wird die mit Hilfe von DNA-Chips vorgenommene, auf einer ungleich umfassenderen Datenmenge beruhende und deshalb einen höheren Aussagegehalt versprechende individuelle Analyse treten. Das auf das Individuum bezogene genetische Wissen (über identifizierte SNPs [Single nucleotide polymorphisms] und neue Targets) wird zu einer maßgeblichen Grundlage des medizinischen Handelns in Diagnose und Therapie werden (vgl. Pharmakogenomik). Zugleich gewinnt eine Reflexion auf die dahinter stehenden stochastischen und statistischen Annahmen eine bedeutende Rolle.

Der Stellenwert des zu erwartenden genetischen Wissens wird sich innerhalb der individuellen Biografie des Betroffenen ändern. Aus dem im Einzelfall erhobenen, stets nur auf bestimmte genetische Bedingungsfaktoren bezogenen und daher nur punktuell bedeutsam werdenden Wissen wird ein weitaus umfänglicheres Wissen. Dieses betrifft eine Vielzahl genetischer Bedingungsfaktoren des Individuums und ist begleitendes Wissen für die gesamte biografische Entwicklung; so betrachtet wird dieses Wissen auch Folgen für das soziale Selbstverständnis der Gattung haben.

Auf die damit skizzierten wissenschaftlichen, wissenschaftsphilosophischen, biografischen und sozialen Herausforderungen fehlt bislang eine die Entwicklung begleitende und die verschiedenen Perspektiven miteinander verbindende Antwort. Auf die Wissenschaftsphilosophie der Biologie bezogen hat das neu gewonnene und von der zukünftigen Forschung zu erwartende genetische Wissen bislang nur eine auf die unmittelbare Forschungspraxis bezogene oder wissenschaftshistorischen Interessen dienende Reflexion erfahren. Innerdisziplinäre Reflexionen zum Selbstverständnis von Genetik und Molekularbiologie[2] und wissenschaftshistorische Aufarbeitung der beschriebenen Entwicklung[3] haben den erreichten Stand deutlich gemacht, aber zugleich auch die Probleme formuliert, vor denen eine gerade erst begonnene, zukünftig weiterzuentwickelnde Theoriebildung steht.

Aus der Generierung genetischen Wissens sind viele ethische Fragestellungen erwachsen, die den praktischen Umgang mit genetischem Wissen in verschiedenen Anwendungsbereichen betreffen (bes. Pränataldiagnostik, Präimplantationsdiagnostik, postnatale prädiktive Gentests). Die Erörterung der Fragen hat in der Bioethik und in der gesellschaftlichen Diskussion immer wieder gezeigt, dass der praktische Diskurs dort an seine Grenze stößt, wo theoretische Fragen zum Status des genetischen Wissens bislang ungeklärt geblieben sind. Daraus ist das Desiderat gewachsen, über die bisherigen wissenschaftshistorischen Untersuchungen zur Generierung genetischen Wissens sowie ethischen, sozialwissenschaftlichen und psychologischen Untersuchungen hinsichtlich des Arzt-Patient-Verhältnisses hinaus diese neue Form genetischen Wissens, die das Produkt von Sequenzierung und Funktionsanalyse verschiedener Genome ist, auf seine hermeneutischen, naturphilosophischen und wissenschaftsphilosophischen Bedingungen hin zu prüfen. Denn mit der Erhebung genetischen Wissens im Rahmen der Funktionsanalyse des menschlichen Genoms geht es nicht nur darum, bestimmte, bislang noch verbliebene Lücken in unserem Wissen und Verstehen zu schließen. Vielmehr kommt den zu erwartenden Ergebnissen eine sehr viel weitere Bedeutung zu, sowohl für die Übersetzung aus der Wissenschaft als auch für die darauf beruhende Integrierbarkeit in das Humanum. Eine Integration in das Selbstbild setzt eine Übersetzung der Deutungsmuster voraus, mit der die wissenschaftlichen Ergebnisse der lebensweltlichen Interpretation überhaupt erst zugänglich gemacht werden. Denn hinter diesem Wissen stehen Handlungsoptionen, für die nur dann verantwortbare Operationalisierungsbedingungen formuliert werden können, wenn der Transfer von genetischem Wissen zwischen Wissenschaft und Lebenswelt ohne szientistische Verkürzungen möglich wird.

3. Die Spezifität genetischen Wissens

Da verschiedene Wissensformate nicht nur in der Differenz zwischen begrifflichem und vorbegrifflichem Wissen auftreten, sondern auch innerhalb des Rahmens wissenschaftlichen Wissens, erscheint es sinnvoll, zur Charakterisierung von ‚genetischem Wissen' verschiedene Wissensformate zu unterscheiden. So weisen biologische und physikalische Theorien starke systematische Unterschiede auf, die sowohl für Erklärungen als auch für Vorhersagen mithilfe dieser Theorien re-

2 Vgl. Jacob 1972/1998, Schrödinger 1944/1987 u. a.
3 Vgl. Keller 1998/2001, Kay 2000, Blumenberg 1986, Janich 2001, Gayon 2000, Ruse 1989, Mahner/Bunge 2000 u. a.

levant werden können. In der neueren wissenschaftstheoretischen Diskussion der Biologie wird die besondere Rolle von Mechanismen und Funktionen gegenüber Gesetzen betont.[4] Biologisches, insbesondere molekulargenetisches Wissen kann sich nur im Rahmen stark idealisierender Modell-Bedingungen auf verlässliche quantitative Regularitäten stützen. Die Entdeckungen der Molekulargenetik beziehen sich in der Regel auf spezielle Mechanismen, die für bestimmte Funktionen verantwortlich sind, ohne dass auf dieser Grundlage universelle Aussagen über das Auftreten des entsprechenden Mechanismus unter bestimmten Rand- und Anfangsbedingungen getroffen werden könnten. Eine Konsequenz ist, dass die praktische Relevanz probabilistischer prädiktiver Aussagen der Molekulargenetik anders einzuschätzen ist als jene entsprechender probabilistischer Aussagen physikalischer Theorien, z. B. der Quantenmechanik. Der Probabilitätscharakter genetischen Wissens, der für den einzelnen Organismus nur begrenzt zu definitiven Aussagen führt, die Verschränkung von Innen- und Außenfaktoren sowie das größtenteils nicht-lineare Verhältnis zwischen Genotyp und Phänotyp machen ein differenziertes Kausalitätsverständnis erforderlich.[5] Dies wird auch im biologischen Sprachgebrauch deutlich, wenn vielfach der Begriff der „Bedingtheit“ dem der „Verursachung“ vorgezogen wird.[6] Das Verhältnis zwischen molekularbiologischen Aussagen und biologischen Funktionen (wann ist eine Funktion, ein Merkmal genetisch „verursacht“ bzw. „bedingt“?), der Grad von Determination bzw. Nicht-Determination biologischer Funktionen durch genetische Dispositionen ist im Blick auf die Frage nach dem Typ dieses Wissens wissenschaftsphilosophisch bislang noch wenig untersucht.

4. Entwicklung des Lebendigen: Genetizismus und Kontextvariabilität

Nach den Kenntnissen aus der Sequenzierung verschiedener Genome und der zunehmenden Identifizierung von Funktionsweisen der Gene stellt sich die Frage nach der Deutung der Gene im Blick auf Differenzierungsleistung und Ontogenese neu. Der starre Ablauf eines (genetischen) ‚Programms‘, das ein Organismus aus den elterlichen Keimzellen erhält, das ihm Aussehen und Verhalten einprägt und das er – über Rekombination und Mutationen modifiziert – an die eigenen Nachkommen weitergibt, ist für die Beschreibung des Verhältnisses zwischen Gen und Organismus eine Metapher mit nur begrenzter heuristischer Kraft: Es mangelt ihr daran, erklären zu können, in welchem Verhältnis die determinierenden Eigenschaften des Genoms zu seiner Plastizität und Modulationsfähigkeit stehen und wie diese aktualisiert werden.

4 Vgl. Janich/Weingarten 1999, Bartels 2000 u. a.

5 Siehe Wagner 1999, Culp 1997, Gifford 2000, Schwartz 2000, Searle 1997, van Speybroeck 2000, Rehmann-Sutter 2000, Beurton 1998.

6 Vgl. Rheinberger 2001.

Die Bedeutung der DNA für Entwicklung und Vererbung ist unbestreitbar, doch Entwicklung und Vererbung, Leben und Überleben sind an weitaus mehr Elemente gebunden, wie besonders Zytologie, Embryologie und epigenetische Forschung eindrucksvoll bestätigen.[7] Das Genom in der Zelle, die Zelle im Organismus und der Organismus in Raum und Zeit verknüpfen Genwelten, Körperwelten, Umwelten und Lebenswelten. Das konservative Element, das die genetische Identität und die diachrone transspezifische Transportabilität durch Generationen hindurch sicherstellt auf der einen Seite sowie auf der anderen Seite das plastische Element, das Variabilität und kontextvariante Selbstverhältnisse ermöglicht, machen die Leistungsfähigkeit der DNA in beide Richtungen aus. Die phylogenetische Bedeutungsverschiebung diskreter Geneinheiten wird durch die Sequenzierungen der DNA evolutiv weit entfernter Arten deutlich. Beim Sequenzvergleich treten genetische Gemeinsamkeiten und Verschiedenheiten gleichermaßen hervor.[8] Diese Phänomene können hinsichtlich der Übereinstimmung als gemeinsamer phylogenetischer Ursprung gedeutet werden, wobei konvergente Mutationen nicht grundsätzlich auszuschließen sind; im Blick auf die Verschiedenheit ist es eher der immer komplexer werdende Organismus- und Umweltkontext, der hier zu einem Wirkwandel und möglicherweise zu einer größeren Gestaltungsoffenheit der Gene beiträgt. Sind Nukleotidsequenzen bei Ackerschmalwand (Arabidopsis) und Mensch chemisch gleich, funktionell aber unterschiedlich zu deuten, dann zeichnet sich die Notwendigkeit einer funktionsorientierten und damit kontextvarianten Interpretabiltät der Gene ab. In der Metapher der Sprache formuliert: Zur Syntax der Sequenz kommt die Semantik der Funktion.

Die Verschränkung von Plastizität und Determiniertheit des Genoms lässt eine speziesimmanente, nichtbeliebige, aber gleichzeitig kontextoffene innere Zielsetzung als Beschreibung des Entfaltungsprozesses zu. Die Nukleotidsequenzen bedingen als interpretable Einheiten einen Teil der Entfaltungsmöglichkeiten des Organismus. Im Laufe der Ontogenese als Prozess der Realisation von Möglichkeiten ergeben sich dann neue Möglichkeitsbedingungen, auf die auch genetische Faktoren als Rahmenbedingungen einen Einfluss ausüben können, die aber nicht ausschließlich oder gar eindeutig durch diese Faktoren bestimmt sind. Damit ist das materiale Kerngenom wohl kaum mit der aristotelischen Form äquivalent, aber es ist eine zentrale Voraussetzung für das organismische Entfaltungspotenzial innerhalb eines bestimmten Kontextes. Die hermeneutische Kraft für eine kontextuelle Deutung ist jedoch zunächst erst zu erbringen.

Gestaltungsoffenheit, onto- und phylogenetische Kontextvarianz sowie Wirkwandel und Funktionsorientierung können aus evolutionstheoretischer – und damit theorieabhängiger – Perspektive als eine Bewertung von Überlebensstrategien

7 Vgl. Speybroeck 2000.

8 Die gleiche bei der Entstehung des Insektenauges (Facettenauge bei Drosophila) und des Linsenauges beim Menschen beteiligte Nukleotidsequenz deutet nicht nur auf eine lange zurückliegende stammesgeschichtliche Verwandtschaft hin, sondern auch auf die kontextvariante Funktionsweise bei der Ausprägung eines komplexen Merkmals.

im Sinne einer erfolgreichen Selektion gedeutet werden. Aus der Perspektive des Individual- und Sozialwesens Mensch treten subjekt- und gesellschaftsorientierte Auslegungsmuster hinzu. Die Kontexte der Interpretabilität werden durch den Blick des Physikers, des Biologen, des Arztes, des betroffenen Subjekts gesetzt, womit ein zweiter Komplex von Bedingungen für die Identifikation von Genen genannt ist. Durch experimentell arbeitende Molekularbiologen werden die chemisch anonymen DNA-Fäden in einer vom Forschungsprogramm abhängigen Manipulation des Genoms ad hoc mobilisiert und dann als Gene bezeichnet.[9] Offensichtlich wird durch das Handeln von Molekularbiologe, Züchtungsforscher oder Arzt die ‚Information' in die DNA erst hineingetragen. Dieses Hineintragen ist aber gegenüber dem Vorgefundenen – angesichts der molekularen Struktur und der Geschichte des Moleküls – nicht beliebig.

5. Bedingungen der Konzeptualisierung von Genen

Deutet man Gene oder Nukleotidsequenzen nicht nur auf der Basis ihrer chemischen Zusammensetzung, sondern auch hinsichtlich ihrer Funktionalität – insbesondere im Sinne von Möglichkeitsbedingungen –, dann ist eine solche Deutung an bestimmte Prämissen gebunden, die den Deutungsrahmen der Funktionseinheiten angeben. Mit der Beschreibung von Funktionen – so auch der von Genen oder Nukleotidketten – wird ein Funktionieren „auf etwas hin" angezeigt. „Selbst wenn wir eine Funktion in der Natur entdecken, wie es der Fall war, als wir die Funktion des Herzens entdeckten, besteht die Entdeckung in der Entdeckung der kausalen Prozesse zusammen mit der Zuweisung einer Teleologie an diese kausalen Prozesse. Das zeigt sich an der Tatsache, dass jetzt ein ganzes Vokabular von Erfolg und Versagen angemessen ist, das den einfachen rohen Tatsachen der Natur nicht angemessen ist."[10] Erst unter diesen Voraussetzungen erscheint es sinnvoll, von ‚Mutation', ‚Variation', ‚Normalgenom', ‚Code für etwas' und schließlich von ‚Fitness' oder ‚Dysfunktion' zu sprechen. Die Funktionszuschreibung kann nur im Rahmen eines Systems vorgängiger Wertzuweisungen, d. h. Zwecken, teleologischen Annahmen, anderen Funktionen usf. erfolgen. Setzt man voraus, dass für Organismen das Überleben und die Reproduktion einen Wert haben – etwas, was in der Biologie häufig unhinterfragt angenommen wird –, dann können entsprechende ‚natürliche Funktionen' entdeckt werden, die dies im entsprechenden Kontext unterstützen. Daher können die gleichen molekularen Strukturen bei Arabidopsis und Homo sapiens sehr unterschiedliche biologische oder lebensweltliche Bedeutungen annehmen, die sich nicht unmittelbar aus der Physik und der Chemie des Moleküls ergeben.

Geht es nun darum, biologische Erkenntnisse in Begriffe und Sätze zu fassen, d. h. biologische Phänomene zu konzeptualisieren und zu propositionalisieren,

9 Vgl. Beurton 1998.
10 Searle 1997.

dann sind damit Fragen hinsichtlich der menschlichen Erkenntnisbedingungen angesprochen. Wenn Erkennen, bezogen auf das erkennende Subjekt, stets heißt, etwas als etwas zu erkennen, ist Erkenntnis ein sinngebender Bewusstseinsakt, der intentional auf einen zu erkennenden Gegenstand bezogen ist und der durch Sprache symbolisiert wird, die dadurch selbst einen intentionalen Charakter erhält. Intention und Intension sind wiederum an Rahmenbedingungen wie Sprachregeln, Kulturräume, Institutionen, Riten usf. geknüpft. Diese sind u. a. von Lily E. Kay wissenschaftshistorisch untersucht worden. Gegenüber realistischen und konstruktivistischen Deutungen des Genoms versucht Kay eine poststrukturalistische Deutung, in der die Existenz von Genen oder DNA weder sich selbst, außerhalb diskursiver Bedingungen, verdankt, noch Gene als einfach über die menschliche Erkenntnis hervorgebracht gedacht werden.[11] Kays Herausarbeitung der Bedeutung der Rahmenbedingungen für die Konzeptualisierung genetischen Wissens – und dies ist aus poststrukturalistischer Perspektive nicht weiter verwunderlich – bleibt vor der Frage nach der Stellung und Verantwortung des wissenden und erkennenden Subjekts sowie den Geltungsbedingungen seiner Urteile, die letztlich zu einem Verfügen über die Natur führen, stehen. Aber gerade im Verfügen werden die Konzeptualisierungen der Naturwissenschaftler mit denen anderer – z. B. von Kranken oder Verbrauchern – konfrontiert, die möglicherweise ganz anderen Institutionen und Ritualen entsprungen sein können.

6. Humangenom und menschliches Selbstverständnis

Wissen über uns selbst – und das schließt genetisches und d. h. zunächst naturwissenschaftliches Wissen mit ein – ist keineswegs wider die Humanität. Ganz im Gegenteil ist das Streben nach Wissen Grundbestandteil der Conditio humana. Naturwissenschaftliches Wissen hat immer wieder entscheidend unser Selbstverständnis geprägt. Es sei nur an den Übergang zum heliozentrischen Weltbild im 16./17. Jh. und an den Einfluss der Evolutionstheorien im 19. Jh. erinnert. Im Unterschied zu diesen historischen Beispielen betrifft jedoch das genetische Wissen nicht nur den Menschen als Gattungswesen, sondern auch als Individuum, insofern sich genetisches Wissen primär als individualbezogenes Wissen interpretieren lässt.

Die durch technische und medizinische Anwendungen so bedeutend gewordenen Biowissenschaften und die aus ihnen hervorgehenden Erklärungsmodelle der Gene haben für das menschliche Selbstverständnis nicht nur den Charakter von Fußnoten. So wird in der Internetpräsentation des Internationalen Humangenomprojekts das menschliche Genom als das „molekulare Selbst“ beschrieben. Das „Selbst“ wird hier offensichtlich in Form von DNA-Abschnitten konzeptualisiert. Wie wichtig aber eine genaue Verständigung über die Konzeptualisierungsbedingungen biologischer Phänomene im Sinne genetischen Wissens ist, machen die

11 Kay 2000.

sich immer weiter ausbreitenden genetischen Testverfahren mehr als deutlich. Denn die Aussagen „Auf der DNA Ihres Chromosoms 4 lässt sich eine Vermehrung des Tripletts CAG feststellen“ oder „Sie haben eine genetische Disposition für die schwere neurodegenerative Erkrankung Chorea Huntington“ oder „Sie werden mit der Wahrscheinlichkeit p_1 zum Zeitpunkt t_1 die Kontrolle über Ihren Körper und Geist zunehmend verlieren und werden mit der Wahrscheinlichkeit p_2 zum Zeitpunkt t_2 sterben“, gehen zwar auf enge empirische Befunde zurück, haben aber sehr unterschiedliche lebensweltliche Bedeutungen. Die Aussagen treffen für gewöhnlich in der genetischen Beratung als einer Kommunikationssituation zwischen naturwissenschaftlich ausgebildetem Arzt und einem medizinischen Laien mit völlig anderen Sprachgewohnheiten zusammen. Der Ratsuchende will wissen, welche praktische Bedeutung ein bestimmter krankheitsdisponierender Abschnitt auf der DNA für ihn hat. Hinsichtlich unseres Verhältnisses zum eigenen Körper, als Verhältnis zu unserer eigenen Natur, die wir nicht nur haben, sondern auch sind, kann der Umgang mit dem individuellen Genom, je mehr wir darüber wissen, von lebensentwurfsbestimmender Bedeutung sein. Die exakte laborbedingte Aussage der theoretischen Naturwissenschaften fällt nicht mit der einzelfallbezogenen Aussage der handlungsorientierten Medizin zusammen. Prognoseunsicherheit und die nur statistisch auszumachende – d. h. auf große Populationen bezogene – Korrelation zwischen Abschnitten der DNA und Eigenschaften beeinflussen hinsichtlich des Umgangs mit unserer eigenen Natur unsere Fremd- und Selbstzuschreibungen. Daher gilt gerade hinsichtlich genetischer Testverfahren, dass eine wissenschaftlich wie ethisch verantwortbare Beratung nur dann erfolgen kann, wenn deutlich wird, welche Art der Aussage in welchem Kontext Bestand und Gültigkeit hat im Blick auf den je einzelnen Lebensentwurf. Wert und Zwecksetzungen von Wahrscheinlichkeitsaussagen sind in einem lebensweltlichen Kontext zu bestimmen, damit eine Beratung aufgrund mangelhafter Kenntnisse nicht einem Orakelspruch gleichkommt.

Vor voreiligen Schlussfolgerungen und Anwendungen sind der Status des genetischen Wissens und seine lebensweltlichen Konsequenzen genau aufzuzeigen. Zu schnell ist bspw. der Mitentdecker der DNA-Doppelhelix James D. Watson zu ethisch mehr als problematischen praktischen Folgerungen bereit, die sich auf die allgemeine Verbesserung der menschlichen Gattung beziehen.

Was ergibt sich nun in Bezug auf unser Krankheitsverständnis?

7. Krankheit als Begriff unserer Lebenswelt

Bei Modellen, die das Genom als Rechenprozess oder als materialisiertes Wesen begreifen, besteht nicht zuletzt die Gefahr einer neuen wahrscheinlichkeitsbasierten und molekulargenetisch orientierten Ausweitung des Krankheitsbegriffs im Sinne einer neuen Kategorie des ‚Krankwerdens‘. Die Verbindung der genetischen Disposition mit der Wahrscheinlichkeit der Manifestation einer Krankheit führt zu einem präsymptomatischen Krankheitsbegriff, der dann auch das soziale

Etikett des ‚Krankwerdenden' zulassen würde. Damit wird nicht nur der individuelle Lebensentwurf beeinträchtigt – positiv wie negativ –, sondern auch die Zugriffsmöglichkeit seitens des im Sozialsystem implementierten Versicherungswesens werden über das Symptomatische hinaus ausgedehnt. Die Gesellschaft ist dann nicht mehr eine Gemeinschaft von Gesunden und Kranken, sondern besteht aus Kranken und Krankwerdenden und ein paar wenigen, die noch nicht wissen, dass sie eigentlich Krankwerdende sind.

Noch viel weitreichendere Konsequenzen hinsichtlich des Werts und Zwecks genbezogener Aussagen ergeben sich für gentechnische Eingriffe. Dies gilt besonders dann, wenn therapeutische Eingriffe zur Heilung von Krankheiten von jenen unterscheidbar sein sollen, die die menschliche Natur verbessern wollen (enhancement). Die DNA selbst gibt hier keinen Hinweis auf Kriterien der Unterscheidbarkeit. Dies ergibt sich nur aus dem Verhältnis, das der Mensch zu seiner eigenen Natur einnimmt.

So geht der Krankheitsbegriff nicht in denjenigen Komponenten auf, die durch naturwissenschaftlich erhebbare Parameter beschrieben werden können, vielmehr ist er tief in der menschlichen Lebenswelt verwurzelt. Die Interpretabilität gibt dem Krankheitsbegriff seine spezifische Unschärfe, aber auch seine praktische Leistungsfähigkeit. Vereinseitigungen bei der Interpretation von Krankheit würden den Arzt bei einer mechanistisch-naturalistischen Krankheitsinterpretation zum reparierenden Mechaniker machen; bei einem empathischen Krankheitsverständnis – angelehnt an die weitgefasste Gesundheitsdefinition der WHO – würde der Arzt über die Medizin hinaus auch zur Lösung von sozialen Problemen herangezogen. Versteht man das ärztliche Handeln als ein am subjektiv und klinisch hilfsbedürftigen Kranken orientiertes Handeln und die Medizin als eine an das Arzt-Patient-Verhältnis gebundene praktische Wissenschaft[12], dann wird der Krankheitsbegriff zur normativen Größe.

Aus der Natur selbst ergeben sich keine Standards und Normen, erst durch die Art und Weise, wie der Mensch seine ihm vorgegebene psycho-physisch konstituierte Natur deutet und als praktische Aufgabe akzeptiert, wird Natur in dieser Selbstinterpretation als Zustand der Gesundheit oder der Krankheit erfahren. Aus zu interpretierenden natürlichen Gegebenheiten, dem Selbstempfinden des erkrankten Subjekts im gesellschaftlichen Kontext erwachsen ärztliche Aufgabe und Auftrag in Form von Diagnose, Prognose, Heilung, Linderung und Prävention.

Offensichtlich gibt es bei der Betrachtung der individuellen genetischen Ausstattung keine hinlänglichen naturwissenschaftlichen Kriterien, mit deren Hilfe ausschließlich anhand des Erbmaterials abgelesen werden könnte, welche molekularbiologischen Zustände unter die Begriffe ‚Krankheit' oder ‚Behinderung' fallen. Genauso wenig lassen sich die beiden Begriffe naturwissenschaftlich unterscheiden. Vielmehr werden sie als praktische Begriffe für die Handlungskontexte von Arzt und Patient relevant, in denen sie erst als zwei distinkte Begriffe erscheinen.

12 Vgl. Wieland 1986.

Wenn sich der Krankheitsbegriff in seinem Kern am Subjekt und am Arzt-Patient-Verhältnis orientiert, dann kommt der Humangenetik als klinischer Disziplin eine zentrale Bedeutung für die Interpretation genetischer Daten zu.[13]

8. Grenzen der Aufklärung

Wissen über uns selbst – und das schließt genetisches Wissen ein – ist keineswegs wider die Humanität. Und so leitet Aristoteles seine Metaphysik auch mit dem Satz ein: „Alle Menschen streben von Natur aus nach Wissen." Wenn dieser Satz zutrifft, dann gehört das Wissenwollen, die Suche nach gesichertem Wissen, zu den Grunddimensionen des Menschseins. Man könnte mit Aristoteles sagen: Der Mensch ist das Wesen, das wissen will.

Doch führt Wissen nicht nur zu positiver Erkenntnis und produktivem Verfügen, sondern kann auch zu einer Belastung werden, wie dies gerade beim Wissen um die individuelle Gesundheit deutlich wird. Besonders die wachsenden Möglichkeiten in der prädiktiven Medizin produzieren mithilfe von Wahrscheinlichkeitsaussagen ein prognostisches Wissen, das auf den je einzelnen Lebensentwurf bis hin zur Familienplanung einen erheblichen Einfluss ausübt. Daher ist der Umgang mit Wissen im Rahmen von Medizin und ärztlichem Handeln als besonders sensibel anzusehen. Wissen in der Medizin hat nie nur theoretische, sondern immer auch eine praktische, d. h. unsere Handlungen bestimmende Bedeutung.

8.1. Wandel der Medizinethik zu einer Ethik der Selbstbestimmung

Die Frage nach dem Umgang mit dem Wissen über den gesundheitlichen Zustand eines Patienten ist eng verbunden mit der Frage nach der Bedeutung von Aufklärung und Selbstbestimmung innerhalb des Arzt-Patient-Verhältnisses. Wurde noch bis in die 60er-Jahre hinein das Nichtschadensprinzip des hippokratischen Ethos von Ärzten so interpretiert, dass man als Arzt den Patienten vor Ängsten schützt – und damit Schäden vermeidet – indem man ihm Informationen über gesundheitliche Risiken vorenthält, hat sich in der modernen Medizin die Einstellung zur Patientenaufklärung deutlich gewandelt. Diese medizinethische Verschiebung beruht auf der nach-aufklärerischen und modernen Ausrichtung hin zu Individualisierung, Selbstbestimmung und Selbstverantwortung. Man erkennt damit den Patienten als selbstbestimmt und selbstverantwortlich handelnde Person an, die in die Erhebung und Analyse individualbezogenen medizinischen Wissens sowie in die diagnostischen und therapeutischen Entscheidungen mit einbezogen wird. Die Vorenthaltung von Wissen wird – zumindest in der Theorie – eher zur Ausnahme. Besonders in der amerikanischen Medizinethik ist das Prinzip der Autonomie des Patienten und damit das Recht auf Selbstbestimmung zum zentralen

13 Lanzerath 2000/2001 a.

Prinzip avanciert und hat das paternale Element des ärztlichen Ethos in den Hintergrund gedrängt.

Da aber nur derjenige ein aufgeklärter Mensch sein kann, der ein Wissen richtig einzuschätzen weiß, sind bestimmte Kriterien an die Bedingungen der Aufklärung zu stellen. Aus ethischer Sicht stellt sich dann die Frage, welche Art der ‚Aufklärung' im Arzt-Patient-Verhältnis notwendig ist, damit der Patient auch wirklich aufgeklärt zustimmen kann und welcher Kommunikationsstruktur es dafür zwischen Arzt und Patient bedarf.

8.2. Selbstbestimmungsrecht und Zielsetzungen der modernen Medizin

Betrachtet man Freiwilligkeit und Selbstbestimmung als isolierte Kriterien für die Legitimation einer ärztlichen Handlung, dann stellt der Arzt naturwissenschaftlich erhobenes und gesichertes Wissen in Form technischen Handelns zur Verfügung und jedem Klienten muss es freigestellt sein, welche Behandlung er wünscht. Mit dieser Forderung wird jedoch die gesamte Last der Verantwortung auf den Einzelnen übertragen. Der Vorschlag erfordert, dass jeder Klient, der sich einem medizinischen Eingriff unterzieht, alle Details kennt und die Folgen des Eingriffs antizipieren kann. Diese Voraussetzungen sind jedoch fragwürdig. Bei Handlungen, die so tief in die Integrität von Leib und Leben eingreifen, können diese Verfahren nur dann verantwortbar praktiziert werden, wenn die Zielsetzungen ärztlichen Handelns grundsätzlich nicht zur Disposition stehen, denn die Bedürftigkeit stellt sich auch immer als eine Wehrlosigkeit dar, die die Selbstbestimmung eingrenzt.

Ein wohlverstandener Paternalismus ist daher kein Herrschaftssystem, sondern ein Fürsorgesystem, das eine treuhänderische Verwaltung der Autonomie des zum Patienten gewordenen Kranken intendiert. Dies ist aber nur dann möglich, wenn das Bekenntnis zu klaren Handlungszielen vorausgesetzt werden kann und sich so eindeutig darstellt, dass mit diesem Bekenntnis das Vertrauen zwischen Arzt und Patient stabilisiert wird.

Besteht nun jedoch in einer Gesellschaft mehrheitlich der Wunsch, dass für den Arzt in erster Linie dasjenige handlungsrelevant wird, was der ‚Patient' aufgrund seines Rechts auf informationelle Selbstbestimmung will und vom Arzt erwartet, und wird jede Form der Einschränkung als ‚undemokratisch' oder ‚voraufklärerisch' betrachtet, dann löst sich die zielgerichtete Struktur ärztlichen Handelns auf. Sicherlich ist vorstellbar, dass ‚ärztliche Dienstleistungen' zukünftig über individuelle Vertragsverhältnisse geregelt werden. Die damit vorgeschlagene ‚Medizin' würde aber eine völlig andere sein als die, die wir kennen: Die Medizin wird zur reinen Serviceleistung, der Patient ausschließlich zum Kunden. Die ursprüngliche Vertraulichkeit wird durch eine Vertraglichkeit ersetzt. Die Beantwortung der Frage, ob dies gewollt ist, setzt aber eine grundsätzliche Auseinandersetzung mit dem Selbstverständnis der Medizin hinsichtlich ihrer Ziele und Zwecke voraus.

8.3. Aufgeklärtes Wissen und Aufgeklärtes Nicht-Wissen im Arzt-Patient-Verhältnis

Eine neue Dimension des Umgangs mit individualbezogenem medizinischen Wissen wird mit der ärztlichen Anwendung der Humangenetik erreicht. Genetische Tests an einzelnen Personen können Vorhersagen über die Manifestation von Krankheiten bei den Getesteten selbst und bei deren Verwandten erlauben. Dabei ist eine sichere Prädiktion eher selten gegenüber der Angabe bloßer Eintrittswahrscheinlichkeiten. Das Wissen um eine Krankheitsdisposition, für die keine Therapie oder Präventionsmaßnahme zur Verfügung steht, kann mit erheblichen Konsequenzen für den zukünftigen Lebensstil und die Lebensqualität der Betroffenen verbunden sein und damit die Integrität von Leib und Leben und das psychische Befinden beeinträchtigen.

Mit der Erhebung genetischer Daten wächst die Möglichkeit, diese Daten zu anderen als den vereinbarten Zwecken zu nutzen und damit gegen die Pflicht zur Vertraulichkeit und zum Schaden des untersuchten Individuums zu handeln. Fehler bei der Durchführung oder unzureichende Beratung können zu Fehleinschätzungen und Fehlentscheidungen der Betroffenen führen. Bei der Vermittlung von Wissen im Rahmen der ärztlichen Beratung geht es nicht nur um sachlich richtige und vollständige Informationen, sondern auch um die Transformation dieser Informationen in die lebensweltliche Sprache des Patienten, damit dieser seine Risiken entsprechend einschätzen kann. Die genetische Beratung muss daher dem Betroffenen die Tragweite eines genetischen Tests bewusst machen. Nur sowohl die Beratung vor dem Test im Blick auf seinen Nutzen als auch die Erörterung eines Testergebnisses im Rahmen einer Arzt-Patient-Beziehung können sicherstellen, dass der Betroffene alle die Informationen erhält, die ihm die Einordnung eines möglichen oder wirklichen Testergebnisses in den je eigenen Lebenszusammenhang ermöglichen und einen eigenverantwortlichen Umgang damit fördern.

Gentests verlangen vom beratenden Arzt nicht nur eine medizintechnische, sondern auch eine hermeneutische Kompetenz im Rahmen einer Kommunikation zwischen ‚Ungleichen'. Daher kann die genetische Beratung – auch in der selbstbestimmten Informationsgesellschaft – nicht als die Entmündigung der einzelnen Person im Blick auf Informationen über sich selbst betrachtet werden. Vielmehr ermöglicht gerade eine solche Beratung erst die Vermittlung dieser Information, die immer nur ein Ergebnis eines hermeneutischen Vorgangs sein kann. Ob das gegenwärtige Gesundheitssystem genügend Raum – im Sinne von zeitlichen und finanziellen Ressourcen – bietet, bleibt zu diskutieren.

Zum selbstbestimmten Umgang mit genetischer Information gehört auch die Entscheidung darüber, ob man überhaupt etwas über seine eigene genetische Konstitution oder die seiner Nachkommen wissen will. Dies ist besonders dann der Fall, wenn bspw. das durch einen genetischen Test verfügbare Wissen nicht ausreicht, um Ungewissheiten über die Manifestation und den Verlauf einer Krankheit, wie beim erblichen Brustkrebs, aufzuheben. Der Wunsch auf Nicht-Wissen muss zu einem Recht umformuliert werden, das es erlaubt, auf einen genetischen

Test an sich selbst zu verzichten, ohne auf bspw. versicherungsrechtliche Probleme zu stoßen, und das es ferner ermöglicht, ein Kind auszutragen, ohne vorher eine genetische Diagnose durchführen zu lassen und dabei Gefahr zu laufen, im Falle einer Behinderung des Kindes gesellschaftlich stigmatisiert und diskriminiert zu werden. Aber hier sind es gerade auch die haftungsrechtlichen Bedingungen, die den Arzt unter Druck setzen, sich an einer ‚Aufklärungspflicht' zu orientieren, die nicht zwingend dem Wunsch der Eltern entsprechen muss.

Eine weitere Dimension des Konflikts zwischen Wissen-Wollen und dem Recht auf Nicht-Wissen wird mit den wachsenden Anwendungsmöglichkeiten der DNA-Chip-Technologie eröffnet. Hierbei ist durch den hohen Grad an Automatisierung eine gezielte Verknüpfung von verschiedenen Merkmalen in einem einzigen Test sowie eine damit einhergehende Verbilligung der Diagnostik verbunden. Die Ergebnisse solcher Gentests lassen möglicherweise sehr viele Schlüsse gleichzeitig zu, so auch zu genetischen Dispositionen, nach denen der Patient gar nicht gefragt hat. Bei der Anwendung von Genchips stellt sich daher ganz besonders die Frage, wie eine qualifizierte Beratung implementiert werden kann, zumal dann, wenn eine solche Technik so leicht handhabbar ist, dass sie jedermann technisch einfach nutzen kann und die Tests möglicherweise frei über das Internet angeboten werden.

Das Erbmaterial selbst als ‚genetische Information' zu bezeichnen führt daher in die Irre. Erst die damit verbundene Suggestion der Objektivierbarkeit von genetischer Information, die nicht an Selbstauslegung gebunden ist, führt im Sinne einer ‚Normabweichung' zu Verlusten in der zwischenmenschlichen Wertschätzung, d. h. zur Stigmatisierung und bildet den Ausgangspunkt für Nachteile innerhalb des im Sozialsystem implementierten Versicherungswesens.

Hinsichtlich des eigenen Nachwuchses – z. B. im Rahmen von Pränataldiagnostik (PND) – darf es aber nicht dazu führen, auf diejenigen Informationen zu verzichten, deren aufgrund bestimmter zu Verfügung stehender Handlungsoptionen eine Gefährdung des Kindes vermeiden könnte.

Die klassisch-aufklärerische Annahme, jede Information sei ein Gewinn für die Selbstbestimmung, kann in Bezug auf die prädiktive Medizin nicht grundsätzlich bestätigt werden. Ganz im Gegenteil kann eine gewisse Form der Ungewissheit und Schicksalhaftigkeit die Handlungsfreiheit eher steigern. Zur wahren Autonomie gehört es dann, bestimmte Informationen nicht zu haben und nicht zu wollen, aber selbst zu bestimmen, welche dies sind.[14] Dann ist die Möglichkeit, sich selbst begrenzen und dadurch verwirklichen zu können, offensichtlich Bestandteil der Autonomie.

So paradox dies klingen mag: das Problem des richtigen Umgangs mit Wissen stellt sich auch dann, wenn man von seinem Recht auf Nicht-Wissen Gebrauch macht: Denn ‚aufgeklärtes Nicht-Wissen' setzt voraus, dass ich antizipieren kann, was ich hinsichtlich meines Lebensentwurfs verpasse und welches Gefährdungspotenzial ich möglicherweise eingehe, wenn ich auf eine bestimmte Form von Wissen verzichte.

---

14 Vgl. Siep 1993.

Literaturverzeichnis

Bartels, A (2000): The Idea which we call Power. Naturgesetze und Dispositionen, in: Mittelsteadt, P., Vollmer, G.: Was sind und warum gelten Naturgesetze?, Philosophia Naturalis, 37, S. 255–268.

Beurton, P. J. (1998): Was sind Gene heute?, in: Theory in Biosciences 117, 90–99.

Blumenberg, H. (1986): Die Lesbarkeit der Welt, Frankfurt am Main.

Culp, S. (1997): Establishing Genotype/Phenotype Relationships: Gene Targeting as an Experimental Approach, in: Philosophy of Science, 64 (4), 268–278.

Gayon, J. (2000): From Measurement to Organisation: A Philosophical Scheme for the History of the Concept of Heredity, in: Beurton, P. J., Falk, R., Rheinberger, H.-J. (eds.): The Concept of the Gene in Development and Evolution: Historical and Epistemological Perspectives, Cambridge, 69–90.

Gifford, F. (2000): Gene Concepts and Genetic Concepts, in: Beurton, P. J., Falk, R., Rheinberger, H.-J. (eds.): The Concept of the Gene in Development and Evolution: Historical and Epistemological Perspectives, Cambridge, 40–66.

Jabob, F. (1998): Die Maus, die Fliege und der Mensch. Über die moderne Genforschung. Berlin.

Jacob, F. (1972): Die Logik des Lebendigen, Frankfurt a. M.

Janich, P. (2001): Der Status des genetischen Wissens, in: Honnefelder, L., Propping, P. (Hg.): Was wissen wir, wenn wir das menschliche Genom kennen?, Köln, 70–89.

Janich, P., Weingarten; M. (1999): Wissenschaftstheorie der Biologie: methodische Wissenschaftstheorie und die Begründung der Wissenschaften, München.

Kay, L. E. (2000): Who wrote the book of life? A history of the genetic code, Stanford.

Keller, E. F. (1998): Das Leben neu denken. Metaphern der Biologie im 20. Jahrhundert, München.

Keller, E. F. (2001): Das Jahrhundert des Gens, Frankfurt a. M.

Lanzerath, D. (2000): Krankheit und ärztliches Handeln. Zur Funktion des Krankheitsbegriffs in der medizinischen Ethik, Freiburg i. Br.

Lanzerath, D. (2001 a): Prädiktive genetische Tests im Spannungsfeld von ärztlicher Indikation und informationeller Selbstbestimmung, in: Jahrbuch für Wissenschaft und Ethik 3, Berlin, Heidelberg, New York 1998, 193–203.

Lanzerath, D. (2001 b): Genom im Kontext. Über den Einfluss der Genomforschung auf Natur und Selbstverständnis, in: Honnefelder, L., Propping, P. (Hg.): Was wissen wir, wenn wir das menschliche Genom kennen?, Köln, 165–184.

Mahner, M., Bunge, M. (2000): Philosophische Grundlagen der Biologie. Heidelberg, Berlin.

Rehmann-Sutter, Ch. (2000): Die Interpretation genetischer Daten – Vorwort zu einer genetischen Hermeneutik, in: Mittelstraß, J. (Hg.): Die Zukunft des Wissens, Berlin, 478–498.

Ruse, M. (1989): Philosophy of Biology, New York.

Schrödinger, E. (1987): Was ist Leben?, München (Orig.: What is Life? Cambridge 1944).

Schwartz, S. (2000): The Differential Concept of the Gene. Past and Present, in: Beurton, P. J., Falk, R., Rheinberger, H.-J. (eds.): The Concept of the Gene in Development and Evolution: Historical and Epistemological Perspectives, Cambridge, 26–39.

Searle, J. R. (1997): Die Konstruktion der gesellschaftlichen Wirklichkeit. Zur Ontologie sozialer Tatsachen, Reinbeck.

Siep L. (1993): Ethische Probleme der Gentechnologie, in: Ach, J. S., Gaidt, A. (Hg.): Herausforderung der Bioethik, Stuttgart-Bad Cannstatt, 1993, 137–156.

Speybroeck, L. van (2000): The Organism: A Crucial Genomic Context in Molecular Epigenetics?, in: Theory in Biosciences 119: 187–208.

Wieland, W. (1986): Strukturwandel der Medizin und ärztliche Ethik: philosophische Überlegungen zu Grundfragen einer praktischen Wissenschaft, Heidelberg – (Abhandlungen der Heidelberger Akademie der Wissenschaften, Philosophisch-historische Klasse, Jg. 1985, Abh. 4).

Wagner, A. (1999): Causality in Complex Systems, in: Biology and Philosophy, 83–101.

Claudia Wiesemann

Genomforschung im Kontext von individueller Biographie, Gesellschaft und Kultur

Die Medizin war über Jahrhunderte hinweg mit großer Selbstverständlichkeit eine ‚biographische Kunst'. Sie passte ihr Wirken den Lebensläufen und Lebensstadien ihrer Patienten an. Seit ihrer Hinwendung zu den experimentell arbeitenden Naturwissenschaften vor ungefähr 150 Jahren hat sich daran einiges geändert. Die experimentelle Medizin hat den Arzt quasi ‚methodisch' von seinem Patienten entfremdet. Denn das naturwissenschaftliche Experiment ist gekennzeichnet durch seine prinzipielle Wiederholbarkeit, d. h. also durch die Unabhängigkeit von Zeit, Ort und Beobachter. Der gleiche Vorgang kann unter variierenden Bedingungen so lange wiederholt werden, bis das erwünschte Ziel erreicht worden ist. Unsere Lebensgeschichten hingegen gehorchen einem anderen Prinzip, sie sind einmalig und irreversibel. Sie lassen sich nicht umkehren, und Möglichkeiten zur Variation von Bedingungen sind nur in einem ganz begrenzten Maß gegeben.

Während die experimentelle Methode geradezu danach trachtet herauszufinden, unter *welchen* variierenden Bedingungen *welche* Lebensvorgängen *wie* beeinflusst werden können, erleben wir unsere Lebenszeit als ein einmaliges und unaufhaltsames Geschehen, dem allenfalls in einzelnen Momenten individueller Entscheidung eine gewisse Richtung verliehen werden kann. Lebensgeschichten sind immer irreversibel, das verleiht den Entscheidungen von Menschen eine über das Alltägliche hinausreichende existenzielle Bedeutung.

Der Gegensatz von experimenteller und lebensgeschichtlicher Betrachtungsweise ist einer der gewichtigsten Gründe für unsere moderne Ratlosigkeit im Umgang mit den Fortschritten der Medizin. Denn das experimentelle Wissen muss durch gemeinsame kulturelle Anstrengungen in individuelle Lebensgeschichten integriert werden. Dies ist keinesfalls die triviale ‚Anwendung' von Wissen in der Praxis.[1] Betrachten wir einmal das Beispiel der genetischen Diagnostik. Die Kenntnisse von der Funktionsweise des Genoms haben zur Entwicklung einer Vielzahl von genetischen Tests geführt, die in der Schwangerschaft Anwendung finden können. Die Pränataldiagnostik ist inzwischen ein etablierter Zweig der geburtshilflichen Medizin. Das Angebot der Pränataldiagnostik für schwangere Frauen hat jedoch zu einer weit greifenden Veränderung der Erfahrung von Schwangerschaft geführt. In den Lebensgeschichten von Frauen ist Schwangerschaft nicht mehr selbstverständlich die Zeit des ungewissen, aber hoffnungsvollen Erwartens. Sie ist ein Abschnitt, in dem gewichtige Entscheidungen über Wissen- oder Nichtwissenwollen gefällt werden müssen. Wissen wollen und vor allen Dingen Wissen können lassen die Zeit der ‚guten Hoffnung' nicht unverändert. Sie

---

1 Vgl. Tsouyopoulos 1995.

transformieren die ersten Monate der Schwangerschaft in eine Zeit des noch unentschiedenen Abwartens, in eine ‚Schwangerschaft auf Probe' oder „tentative pregnancy", wie die amerikanische Ethikerin Barbara Katz Rothman so treffend gesagt hat. Die Entscheidung für oder gegen die Schwangerschaft bürdet den Eltern neue, ungewohnte Verantwortungen auf und verändert auch ihre Beziehung zu dem so erwarteten Kind.[2]

Mit dem Aufkommen der naturwissenschaftlichen Medizin wurde deshalb die Rolle des Klinikers immer wichtiger. Er steht an der Nahtstelle von Naturwissenschaft und individueller Lebensgeschichte. Er ist jene Person im System der Medizin, die für den sinnvollen Transfer experimentellen Wissens in individuelle Biographien auf der einen, und von menschlichen Nöten in experimentelle Fragestellungen auf der anderen Seite verantwortlich ist.

Diese Aufgabe ist keinesfalls trivial. Sie gleicht einem höchst komplexen Übersetzungsvorgang von einer Sprache in die andere, Sprachen, die sich weder in Wortschatz, noch Grammatik, noch Erfahrungshintergrund gleichen. Die Integration naturwissenschaftlich-experimentell gewonnenen Wissens in lebensgeschichtliche Zusammenhänge gehört zu den bedeutsamsten, aber möglicherweise auch am wenigsten verstandenen Kulturleistungen unserer Epoche. Wir müssen es lernen, die Erfindungen der Medizin aus lebensgeschichtlicher Perspektive neu zu lesen. Was bedeuten wissenschaftliche Neuerungen für die erlebte und erfahrene Geschichte? Das ist eine nicht nur intellektuell, sondern auch ethisch herausfordernde Aufgabe. Was wir herausfinden müssen ist, wie sich experimentelle Neuerungen in den Lebensgeschichten von Menschen auswirken werden, von Menschen, die nicht nur einer wahllosen Experimentierlust oder gar einem rohen Überlebenswillen gehorchen, sondern deren Dasein in sinnvollen individuellen, familiären und sozialen Bezügen geordnet ist.

Der molekulargenetische Entwicklungsschub in der Medizin in den letzten Jahren hat diese Aufgabe um einiges schwieriger gemacht. Zum einen beginnen sich die klassischen Grundlagenfächer der Medizin um ein neues Prinzip zu reorganisieren, Wissensinnovationen und -renovationen beschleunigen sich. Die komplexen wissenschaftlichen Grundlagen einer neuen molekulargenetischen Therapie sowie ihre Vor- und Nachteile zu kennen und einschätzen und dies schließlich auch noch einem Patienten angemessen erklären zu können, ist zu einer äußerst anspruchsvollen, nicht selten unmöglichen Aufgabe geworden.

Der Kliniker ist aber nicht nur mit einem Patienten in Not, sondern mit – teilweise organisierten – Patienten- und Selbsthilfegruppen konfrontiert, die durchaus einander entgegengesetzte Interessen artikulieren können.[3] Je mehr die gentechnologische Entwicklung Bereiche betrifft, die unser kulturelles Selbstverständnis berühren, desto eher fühlt sich auch der Staat aufgerufen, seinen Einfluss geltend zu machen, ganz abgesehen davon, dass er auch für eine Finanzierbarkeit der neuen Techniken sorgen muss. Und schließlich finanziert sich die biotechnologische Re-

2 Katz Rothman 1993, siehe dazu auch Schindele 1995.
3 Zur Rolle und den Rechten des Patienten in der modernen Medizin siehe Wiesemann 2001.

volution zu weiten Teilen auch durch privatwirtschaftliches Kapital und macht Biologen wie Kliniker zu Kapitaleignern börsenfähiger Unternehmen, deren Erfolg von den Launen öffentlicher Zustimmung abhängig sind, und deren Eigner gegenüber ihren ‚Kunden', den Patienten, in schwerwiegende Interessenskonflikte geraten können.

Die Ethik der Genomforschung muss sich deshalb mit der Frage beschäftigen, wie wir mit diesem komplexen Netzwerk von Kompetenzen und Interessen am besten umgehen können. Wir wissen inzwischen, dass unter den gegebenen Bedingungen der *informed consent* ein zwar notwendiges, aber keinesfalls hinreichendes Mittel ist, um den betroffenen Individuen mit ihren Wünschen und Interessen ausreichend Raum zu verschaffen. Alle Beteiligten – von der Entwicklungsbiologie bis zum Öffentlichen Gesundheitswesen – sind herausgefordert, Kompetenzen für eine angemessene Verständigung und faire Vermittlung zwischen den beteiligten Interessensparteien zu entwickeln.

Wenn wir die Rede vom Jahrhundert der Lebenswissenschaften wirklich ernst nehmen wollen, dann können damit nicht nur die experimentellen Lebenswissenschaften gemeint sein. Genauso dringend benötigen wir die Ergebnisse der historischen und kulturellen Lebenswissenschaften, um unsere Kenntnisse um die individuelle biographische und die soziale Dimension naturwissenschaftlichen Wissens zu erweitern. Sie erst helfen uns zu verstehen, warum die Transferleistung vom Experiment zur Lebenspraxis keinesfalls als nebensächlich oder gar als trivial angesehen werden kann.

Literaturverzeichnis

Tsouyopoulos, N. (1995): Die Einheit der Heilkunde und die Differenz der Perspektive von Arzt und Patient, in: Kröner, P. et al. (Hgg.), Ars medica. Verlorene Einheit der Medizin?, Stuttgart, Jena, 231–238.

Katz Rothman, B. (1993): The Tentative Pregnancy. How Amniocentesis Changes the Experience of Motherhood, New York.

Schindele, E. (1995): Schwangerschaft. Zwischen guter Hoffnung und medizinischem Risiko, Hamburg.

Wiesemann, C. (2001): Selbstbestimmte Patienten? – Die Nutznießer der Medizin und ihre Rechte, in: Das Gesundheitswesen 63, 591–596.

Donna Dickenson

Einwilligung, Kommodifizierung und Vorteilsausgleich in der Genforschung

Einführung

Der Biotechnologie-‚Goldrausch', bei dem das entsprechende Explorationsgelände das Humangenom oder der menschliche Körper sind, erkundet ein riesiges und bisher unerforschtes Gebiet.

Einige der ungeheuerlichsten Beispiele kommen aus der Dritten Welt, wie der Fall der Hagahai, Jäger und Sammler aus Papua-New Guinea, denen die Forscherin Carol Jenkins sagte, dass sie Blutproben nehmen wollte, um die Anwesenheit eines Insektes (‚Binitang') zu prüfen. In Wirklichkeit enthielten die Blutproben der Hagahai ungewöhnlich hohe Antikörper gegen den HTLV-I-Leukämievirus und ermöglichten die Entwicklung einer immortalen Zelllinie und einer Patentanmeldung für die Zelllinie, den infizierenden Virus und eine Reihe von daraus abgeleiteten Diagnosekits.[1] Isolierte kleine Völker wie diese sind nicht die einzigen Ziele: Indien und China werden beide als reichhaltige ‚Flöze' für genetische und pharmazeutische Forschung betrachtet.[2] In einem anderen Fall hatten Forscher der Universität Harvard Dorfbewohnern in China eine kostenlose medizinische Untersuchung zugesagt, wenn sie bereit wären, DNA-Proben für eine Asthmastudie zu spenden. In Wirklichkeit kam es nie zu dieser medizinischen Untersuchung und auch nicht zur versprochenen kostenlosen Nachsorge. Das einzige Ergebnis war ein Börsengang mit einer Kapitalisierung von 54 Mio. US-$ an der Wall Street des Sponsors, Millennium Pharmaceuticals, in Zusammenhang mit den Ergebnissen des chinesischen Forschungsprojektes.[3]

Worin liegt die Ungerechtigkeit in diesen Fällen begründet? Beide Forschergruppen haben ihre Probanden ganz einfach belogen – wie in dem berühmt-berüchtigten Erste-Welt-Fall *Moore gegen Regents of the University of California*.[4] Moore, dessen Splenektomie 1976 ungewöhnlich potente T-Zellen freisetzte, wurde von seinem Arzt, Dr. Golde, gesagt, dass weitere Proben von Blut, Serum, Haut,

1 US-Patentanmeldung 05397696, zugelassen am 14. März 1995, zitiert in: Thambisetty, S (2001): Human genome patents and developing countries, Study Paper 10, erarbeitet für das Department for International Development – Commission on Intellectual Property Rights, 17–18.

2 Brahmachari, S. (1996): Human genome studies and the people of India, Vortrag im Rahmen des International Bar Association Human Genome Treaty Symposium, 21. Oktober 1996, Berlin, zitiert in: Thambisetty 2001, 17.

3 Cahill, L. S. (2001): Genetics, commodification and social justice in the globalization era, in: Kennedy Institute of Ethics Journal 11, 221–238, 225–226.

4 793 S. 2d 479 (Cal. 1990), cert. denied, 111 S. Ct. 1388 (1991).

Knochenmarkaspirat und Sperma für seine Behandlung erforderlich seien, während sie in Wirklichkeit nur für die Weiterentwicklung einer Drei-Milliarden-Dollar-Zelllinie gebraucht wurden. Dies war eine Lüge einer interessierten Partei, die so empörend war, dass der Oberste Gerichtshof von Kalifornien keine andere Schlussfolgerung ziehen konnte, als dass Moore das Recht auf informierte Einwilligung verwehrt worden war. Dennoch wies er die Erkenntnis des Berufungsgerichts zurück, dass „das Recht auf Eigentum in Bezug auf den eigenen Körper und die damit verbundenen Interessen Eigentumsrechten so ähnlich sind, dass es nicht gerechtfertigt wäre, sie irgendwie anders zu bezeichnen".[5] Vielmehr sah er die Ungerechtigkeit in dem Fall darin begründet, dass es unter verfahrensrechtlichen Aspekten nicht möglich ist, eine angemessen informierte Einwilligung zu erhalten, und dass es sich nicht so sehr um eine Verletzung von materiell-rechtlichen Eigentumsrechten handelt.

Nicht nur wegen des Moore-Falls, sondern auch wegen Lücken im Gewohnheitsrecht, die das Eigentum am Körper zu einem verwirrenden Konzept machen[6], haben Beratungskommissionen und Entscheidungsträgergremien in den vergangenen Jahren immer dazu geneigt, anzunehmen, dass der Weg nach vorne darin besteht, die Rechte der gefährdeten Einzelpersonen und Völker durch Optimierung der Einwilligungsverfahren zu verbessern.[7] Während dieser Ansatz durchaus lobenswert ist, nicht zuletzt wegen der Anerkennung des Kräfteungleichgewichts zwischen Forschern und Forschungssubjekten und des Versuchs, internationale Regeln für die Forschung im globalen Kontext festzulegen, gibt es eine weiter gehende Schwierigkeit. Nach der Karioca-Erklärung auf dem Umwelt- und Entwicklungsgipfel von Rio de Janeiro haben einheimische Völker das Konzept, dass sie so etwas wie eine informierte Einwilligung zu etwas, was sie als grundlegend schlechtes Unterfangen betrachten, nämlich die Objektivierung und Kommodifizierung des menschlichen Lebens, geben sollen, weitgehend abgelehnt.[8] Nicht nur in der DrittenWelt, sondern auch in der Ersten hat es entsprechende Einwände gegeben: So etwa von der isländischen Bevölkerung in Bezug auf die sehr zuvorkommende Behandlung für eine einzige US-Firma, DeCode, wenn Zugriff auf die

---

5 Id. wie 505. Weitere Erläuterungen zu Moore, siehe u. a.: Gottlieb, K. (1998): Human biological samples and the law of property: the trust as a model for biological repositories, in: Weir, R. F. (ed.) Stored Tissue Samples: Ethical, Legal and Public Policy Implications, Iowa City, Iowa, 182–197; Gold, E. R. (1996): Body Parts: Property Rights and the Ownership of Human Biological Materials, Washington, D. C., 23–33.

6 Dickenson, D. (2001): Property and women's alienation from their own reproductive labour, in: Bioethics 15, 205–217.

7 National Bioethics Advisory Commission (2000): Research Involving Human Biological Materials: Ethical Issues and Policy Guidance, Bethesda, Maryland; US National Bioethics Advisory Commission, Medical Research Council (1999): Human Tissue and Biological Samples for Use in Research: Report of the Medical Research Council Working Group to Develop Operational and Ethical Guidelines, London; UK Medical Research Council. Human Genetics Commission (2002): Inside Information: Balancing Interests in the Use of Personal Genetic Data, London: UK Department of Health.

8 Siehe Tabelle 2 in Thambisetty 2001, 21, für eine vollständige Auflistung dieser Statements mit Aussagen aus Lateinamerika, Nordamerika, Asien und Neuseeland.

Gendatenbank der isländischen Bevölkerung gewährt werden würde.[9] Wenn dieser verfahrensrechtlichen Ungerechtigkeit abgeholfen wird, führt ein Mangel an informierter Einwilligung nicht zu einer Abschwächung der Einwände gegen die materiell-rechtliche Ungerechtigkeit der Kommodifizierung.[10] Ich möchte diese Spannungen im Folgenden einzeln darlegen, um die Frage zu beantworten, wo genau die potenzielle Ungerechtigkeit begründet ist.

Informierte Einwilligung: Eine libertäre Lösung?

Obwohl ich bisher den Schwerpunkt auf die Einwilligung als eher verfahrensrechtlich denn materiell-rechtlich charakterisiert habe, gibt es hier auch eine besondere Darstellung von materiell-rechtlicher Gerechtigkeit, und zwar eine individualistische und libertäre. Unter der Voraussetzung, dass die Einwilligung zur Entnahme von Gewebe oder DNA in diesem Modell informiert und freiwillig sein könnte, erfahren die Teilnehmer an einem Forschungsprojekt keine Ungerechtigkeit, selbst wenn sie keinen Gewinn aus ihrem eigenen Material erzielen. Solange es den Beteiligten überlassen bleibt, frei zu entscheiden, ob sie an Forschungsprojekten oder Versuchen teilnehmen möchten oder nicht, erleidet die Autonomie keinen Schaden und die Autonomie ist letzten Endes wichtiger als jeder Profit. (Weniger zynisch formuliert könnte man davon ausgehen, dass Teilnehmer an Forschungsprojekten altruistischerweise dem Zwecke der medizinischen Forschung dienen, wobei sie selbst langfristig davon Nutzen haben können, und der Begriff der ‚Spende' wird als ein Wert gesehen, der in der öffentlichen Politik als förderungswürdiger Wert gesehen wird.[11]) Der Grundsatz des Respekts für Personen sanktioniert nicht nur deren Wahl, sondern erfordert auch einen entsprechenden Schutz durch das Gesetz.

Dieser Altruismus lief häufig Gefahr, einseitig zu sein – von den Erforschten zum Forscher –, und einseitiger Altruismus sollte eher als Ausbeutung bezeichnet werden.[12] Dieser Punkt ist jedoch nicht mein Hauptanliegen in diesem Zusammen-

---

9 Andere Datenbanken der Ersten Welt sind die UK Biobank, eine nationale Datenbank die vom Medical Research Council und dem Wellcome Trust finanziert wird und das North Cumbria Community Genetics-Projekt sowie der Vorschlag von Gendatenbanken in Estland und in Schweden. Siehe Chadwick, R. (2002): Genetic databases, in: De Wert, G. et al., Ethics and Genetics: A Workbook for Practitioners and Students, Oxford.

10 Hier unterscheide ich mich in meiner Verwendung vom National Bioethics Advisory Commission-Konsultationsdokument Ethical and Policy Issues in International Research (September 2000), indem informierte Einwilligung als eine der drei materiell-rechtlichen Anforderungen für ethisch angemessene Forschungsprojekte betrachtet wird (zusammen mit einem positiven Risiko-Nutzen-Verhältnis und einer angemessenen Verteilung von Nutzen und Lasten der Forschung).

11 Medical Research Council Guidelines, Human Genetics Commission, Inside Information, introduction, section 9, 9.

12 Dickenson, D. (2002): Commodification of human tissue: implications for feminist and development ethics, in: Developing World Bioethics 2, 55–63.

hang. Die informierte Einwilligung sieht zunächst wie der Schlüssel zur Beseitigung von Ungerechtigkeit aus – zumindest für einen Libertären –, insbesondere wenn allgemeine Rückschlüsse sowohl auf Gemeinschaften als auch auf Einzelpersonen geschlossen werden können: In der isländischen Datenbank zum Beispiel gab es sehr viel Kritik an der Politik der angeblichen Einwilligung der gesamten Gemeinschaft, die es für den Einzelnen erforderlich machte, sich dagegen auszusprechen, wenn sie ihre genetischen Daten nicht erhoben haben wollten.[13] In den neueren politischen Ansätzen werden allmählich strengere Regelungen gefordert: Die estländische Datenbank – ein weiteres Beispiel für eine verhältnismäßig isolierte, genetisch homogene Bevölkerung im Kontext der Ersten Welt – sieht vor, dass Einzelne sich aktiv für die Aufnahme in das Projekt entscheiden müssen. Eine vorherige informierte Einwilligung einheimischer Gemeinschaften ist erforderlich für die Gültigkeit von Patenten und Verfahren aus traditioneller Medizin, wie in einer Erklärung der Andean-Gemeinschaft dargelegt. Ein Konsultationsdokument des Departments for International Development – Commission on Intellectual Property empfiehlt Verfahren, um die Einwilligung der Gruppe und die Einwilligung des Einzelnen einzuholen, weist aber auch darauf hin, dass die Einwilligung der Gruppe die Einwilligung des Einzelnen nicht ersetzen kann.[14] Es wird dabei ebenfalls darauf hingewiesen, dass die individuelle Einwilligung „ohne Informationen über eine mögliche Vermarktung unvollständig ist".[15]

Der im Mai 2002 veröffentlichte Bericht der Human Genetics Commission *Inside Information* bestätigt auf ähnliche Art und Weise, dass „die beste Praxis es erforderlich macht, dass die Frage der kommerziellen Beteiligung an einem Forschungsprojekt oder der Zugriff auf genetische Datenbanken vollständig informiert [sic] sein sollte, wenn die Einwilligung der Teilnehmer eingeholt wird. Dazu sollte eine kurze Erläuterung der Frage der geistigen Schutzrechte gehören."[16] Diese Empfehlung geht erheblich weiter als die Forderung des Medical Research Council nach einer zweiten Einwilligung für „nachgelagerte" Nutzungen von Materialien, die im Rahmen eines Projektes entnommen werden, jedoch mit mindestens einem Hinweis, der es dem Patienten erlaubt, zu verstehen, dass er keine weiteren Eigentumsrechte am Material hat. (Es gibt keine Bestimmung die vorsieht, dass der Patient hinzufügt „Ich verstehe das durchaus, aber ich kann nicht damit einverstanden sein".) Darüber hinaus schlägt die Human Genetics Commission (HGC) vor, dass ein Straftatbestand begründet wird, wenn persönliche genetische Informationen für nichtmedizinische Zwecke ohne Einwilligung gewonnen werden, was wiederum dem libertären Einwilligungsmodell Nachdruck verleiht.[17] Eine derartige Maßnahme wäre eine Warnung in Bezug auf potenzielle kommerzielle Interessen, deren

13 Chadwick 2002; Annas, G. J. (2000): Rules for research on human genetic variation—lessons from Iceland, in: New England Journal of Medicine 68, 353–682.

14 Thambisetty 2001.

15 Thambisetty 2001.

16 Human Genetics Commission, section 5.25.

17 Human Genetics Commission, section 3.61.

Ausnutzung nicht nur zur Einleitung von zivilrechtlichen Verfahren durch gefährdete Einzelpersonen, sondern auch zu strafrechtlicher Verfolgung führen könnte, wenn die persönlichen Daten ohne vollständig informierte Einwilligung erhalten werden, wobei dazu auch Informationen über kommerzielle Nutzungen gehören.

Diese Empfehlungen würden bei Umsetzung sicherlich das libertäre informierte Einwilligungsmodell stützen. Sie sind durch ein realistisches Bewusstsein des Kräfteungleichgewichts in klinischen und Forschungsprojektbeziehungen, nicht nur zwischen dem Forscher/Kliniker und Patienten, sondern auch zwischen den Forschern und den Finanzierungsinstitutionen gekennzeichnet.[18] Ausgestattet mit Leitlinien, die ihnen vorschreiben, Patienten über mögliche kommerzielle Nutzungen bei der Einholung einer informierten Einwilligung zu unterrichten, bei Androhung strafrechtlicher Konsequenzen für die Gewinnung von persönlichen genetischen Informationen ohne Einwilligung, wären ethisch sensible Forscher in einer stärkeren Position gegenüber den Finanzierern, die diese hinderlichen Anforderungen umgehen möchten.

Es gibt jedoch ernste Einschränkungen für das libertäre Einwilligungsmodell: Es sollte nicht das A und O sein, sondern der „kleinste gemeinsame Nenner" für die Teilnahme an einem Forschungsprojekt.[19] Einige der Gründe, aus denen dies richtig ist, sind in erster Linie rechtlicher Art: Die Einwilligung wird natürlich offensichtlicher erforderlich sein bei klinischen Prüfungen als bei der Patentierung von Informationen oder ‚Entdeckungen', die aus Humanmaterial oder persönlichen genetischen Daten abgeleitet werden.[20] Es kann möglich sein, die informierte Einwilligung über das Patentrecht durchzusetzen, indem zum Beispiel der Nachweis gefordert wird, dass eine vollständig informierte Einwilligung eingeholt worden ist, bevor ein Patent angemeldet werden kann; das Übereinkommen über die biologische Vielfalt ist ein Schritt in diese Richtung. Nachdem ein Patent jedoch erteilt worden ist, gibt es keinen weiteren Mechanismus, der es den Probanden in Forschungsprojekten erlaubt, spätere Nutzungen aus Verwendungen ihres Materials abzuleiten; mit anderen Worten, es gibt immer noch Potenzial für Ausbeutung. Das sollte Kritiker des libertären Modells auch nicht überraschen, es kann aber Abhilfe in einem gewissen Maße geschaffen werden, wenn es zu einem Vorteilsausgleich kommt, auf den ich später zurückkommen werde.

Es gibt darüber hinaus ein substanzielleres Problem im Zusammenhang mit dem Wertekonflikt. Viele einheimische Völker und einige Staaten misstrauen dem gesamten Konzept der Patentierung oder der informierten Einwilligung im Hinblick auf die Nutzung von Humanmaterial in kommerziellen Anwendungen. Einige der Gründe für diese Haltung sind historisch bedingt: Eine durchaus verständ-

18 Das DfID-Konsultationsdokument von Thambisetty weist zum Beispiel darauf hin, dass eine Einschränkung der informierten Einwilligung darin besteht, dass „ihre Wirksamkeit insgesamt von einer substantiellen Gleichstellung der Person, die die Information überträgt und der Person, die sie erhält, abhängt", 22.

19 Thambisetty 2001, 23.

20 Zum Beispiel, Artikel 3 der Europäischen Charta betrifft die informierte Einwilligung, aber nicht im Zusammenhang mit Patentierung. Siehe Thambisetty 2001, 5.

liche Reaktion auf die Exzesse der Kolonialzeit, die Ausbeutung der einheimischen Ressourcen durch die Kolonialmächte und selbst das Plündern von einheimischen Toten für westliche Museumssammlungen.[21] Andere Gründe sind in den kommerziellen Interessen der wohlhabenderen Entwicklungsländer zu sehen, die humangenetische Sequenzen und andere Formen von Humanmaterial als vorwettbewerbliche Informationen betrachten möchten. Dies ist eine durchaus vernünftige Reaktion auf die Errichtung von Tarifbarrieren durch die Erste Welt[22], sollte aber von der grundlegenderen moralischen Reaktion einiger einheimischer Völker und Länder unterschieden werden, die sich der Patentierung von Humanmaterial als Kommodifizierung des heiligen Elementes des Lebens widersetzen. Gerade das Human Genome Diversity Project, das als eine Kraft *gegen* Ethnozentrismus gesehen werden könnte, da es sich auf 80 % der Weltbevölkerung nichteuropäischer Abstammung konzentriert, sieht sich zahlreichen Vorwürfen ausgesetzt. Die Declaration of Indigenous Peoples of the Western Hemisphere Regarding the Human Genome Diversity Project, die 1995 unterzeichnet wurde, hat unter anderem den folgenden Wortlaut: „Wir prangern den Apparat der informierten Einwilligung als Werkzeug eines legalisierten westlichen Betrugs und Diebstahls an."

Im Rahmen des Trade-Related Intellectual Property-Systems (TRIPS) und weitaus mehr noch im Rahmen des patentrechtlichen Vertrags der World Intellectual Property Organisation von 2000 können Entwicklungsländer durchaus gezwungen werden, Patente an menschlichem biologischen Material zu erteilen. Informierte Einwilligung als Voraussetzung für die Patentierung wird von diesen Ländern und Völkern wahrscheinlich nicht als Schutz vor Ausbeutung betrachtet, sondern eher als ein zusätzlicher Nachweis für die Dominanz der Firmen, Regierungen und Werte der Ersten Welt. Es gibt möglicherweise auch ein ‚zweigeteiltes' System innerhalb der Dritten Welt: Patentvereinbarungen können durchaus Nutzen für lokale Forschungsprojekte oder Gesundheitsinfrastrukturen beinhalten, wobei sie jedoch nur den entwickelteren der Entwicklungsländer helfen, wie etwa Indien oder Brasilien. Die anderen können nur davon ausgehen, dass sie „Versuchsoasen" in Anlehnung an die „Steueroasen" bleiben.[23]

Können wir der Kommodifizierung zustimmen?

Die Dokumente der Human Genetics Commission und die CIPR-Unterlagen gehen über das libertäre Modell hinaus, indem sie anerkennen, dass humangeneti-

---

21 Lawrence, S. C. (1998): Beyond the grave – the use and meaning of human body parts, a historical introduction, in: Weir, R. F. (ed.), Stored Tissue Samples: Ethical Legal and Public Policy Implications, Iowa City, Iowa, 111–142. Siehe auch Geschichte des letzten reinrassigen tasmanischen Aboriginals in der Novelle von Kneale, M. (2000): English Passengers, London.

22 Stiglitz, J. (2002): Globalization and its Discontents, New York.

23 Thambisetty 2001, 6.

sches und biologisches Material manchmal mehr als nur das Material von einem Einzelnen ist. Die Terminologie der Solidarität und des gemeinsamen Erbes verbreitet sich zusehends in den anglophonen Ländern, zum Beispiel mit der Argumentation, dass Gamete nicht nur dem Einzelnen, der sie bereitstellt, gehören, sondern auch den Vorfahren und Nachkommen dieser Person.[24] Im restlichen Europa war dies immer weiter verbreitet, zusammen mit dem Konzept der Menschenwürde.[25] Die Sprache des gemeinsamen Interesses ist jedoch überall weitgehend symbolisch und die von der UNESCO 1997 verabschiedete Allgemeine Erklärung über das Humangenom und die Menschenrechte erkennt diese Einschränkung ausdrücklich an.

Die Human Genetics Commission unterstreicht in ihrem Bericht *Inside Information* ein Konzept mit der Bezeichnung „genetische Solidarität", das wie folgt zusammengefasst wird:

> „Wir haben alle das gleiche grundlegende Humangenom, obwohl es individuelle Variationen gibt, die uns von anderen Menschen unterscheiden. Die meisten unserer genetischen Merkmale sind jedoch auch in Anderen anwesend. Dieses Teilen unserer genetischen Konstitution führt nicht nur zu Möglichkeiten, anderen zu helfen, sondern unterstreicht unser gemeinsames Interesse an den Früchten einer medizinisch-basierten genetischen Forschung."[26]

Das Problem ist, dass diese Formulierung alles andere als ausbeutungssicher ist, sondern eher zur Ausbeutung verführt. „Möglichkeiten, anderen zu helfen" klingt verdächtig wie jener einseitige Altruismus, der weiter oben erwähnt wurde, und das Gleiche gilt für das „gemeinsame Interesse an den Früchten einer medizinisch-basierten genetischen Forschung". Die Reichen und Armen mögen ein gemeinsames Interesse haben, mit der bedeutenden Einschränkung jedoch, dass die medizinische Forschung, selbst in Ländern der Dritten Welt, sich immer mehr auf die Krankheiten der Reichen zu konzentrieren scheint. Trotz der strengen Vorgaben der Erklärung von Helsinki, des CIOMS (Council for International Organizations of Medical Sciences) und von UNAIDS, dahingehend, dass Forschung für die Gesundheitsbedürfnisse der Gemeinschaft, in der sie durchgeführt werden, relevant sein sollten, ist es allseits bekannt, dass die HIV-Stämme, die am häufigsten untersucht werden, eher die sind, die im Westen vorherrschen als diejenigen, die in Afrika vorkommen, und dass Arzneimittel, die in Dritte-Welt-Ländern entwickelt werden, mit dem Markt der Ersten Welt im Hinterkopf vermarktet werden.[27] Aber

---

24 Dickenson, D. (1997 a): Procuring gametes for research and therapy: the argument for unisex altruism, in: Journal of Medical Ethics 23, 93–95; Dickenson, D (1997 b): Property, Women and Politics: Subjects or Objects?, Cambridge, 153–154.

25 Andorno, R. (2001): The paradoxical notion of human dignity, in: Rivista internazionale di filosofia del diritto 2, 151–168; Boomgaarden, J. (2002): The language of dignity in medical research, in ders. et al., Issues in Medical Research Ethics, Oxford.

26 Human Genetics Commission, section 2.11.

27 CIOMS (1993): International Guidelines for Biomedical Research, Leitlinie 8: „Bevor Forschung an Probanden in unterentwickelten Gemeinschaften, in entwickelten oder Entwick-

selbst wenn Reiche und Arme ein gemeinsames Interesse hätten, könnten nur die Reichen zahlen: „Die Früchte einer medizinisch basierten Genforschung" wachsen nicht auf Bäumen.

Wenn Einwilligung also nicht die Lösung ist, stellt sich die Frage, ob starke Eigentumsrechte für Populationen der Dritten Welt an ihrem eigenen Gewebe vertreten werden sollten?[28] Ich habe bereits auf einen möglichen Einwand bezüglich dieser Strategie hingewiesen: Die Verabscheuung der gesamten Terminologie des Eigentums am Genom oder an Körperteilen ist mindestens genauso groß wie ihre Ablehnung des Begriffs der informierten Einwilligung. Der Begriff der Zulässigkeit von Eigentum am Menschen oder menschlichen Körper – insbesondere in Ländern, in denen Sklaverei und Menschenhandel vorherrschte oder immer noch vorherrscht – ist abstoßend, selbst wenn es in die Sprache des Sich-Selbst-Besitzens eingepackt wird. Es kann genauso besorgniserregend sein, wenn die Entwicklungsländer den Anspruch auf dieses Eigentumsinteresse „im Namen" ihrer „Bürger" erheben, wie etwa Indien und China, die menschliches Gewebe zum „Staatseigentum" erklären.[29] Angesichts der Hinrichtungspraxis in China und der dokumentierten Veräußerung von Körperteilen von hingerichteten Straftätern[30] ist dieser Begriff besonders problematisch.

Selbst im westlichen Kontext ist darauf hingewiesen worden, dass die „Kommodifizierung zu einer Herabsetzung des Menschseins auf individueller Ebene beiträgt, wobei gleichzeitig das Engagement für menschliches Wohlergehen auf sozialer Ebene ausgehöhlt wird."[31] Dazu hat Margaret Radin geschrieben: „Wenn man systematisch persönliche Attribute als fungible Objekte betrachtet, wird damit die Persönlichkeit bedroht, weil die Person von dem gelöst wird, was ein integraler Bestandteil der Person ist."[32] Wenn dies zutrifft, ist eine angemessen informierte Einwilligung nicht ausreichend. Es gibt Dinge, denen wir nicht zustimmen können und die dennoch absolut human bleiben. Vielleicht könnte dieser Punkt minimiert werden, zumindest im anthropologischen Kontext bestimmter ethni-

---

lungsländern durchgeführt wird, muss der Forscher sicherstellen, dass die Forschung auf die Gesundheitsbedürfnisse und die Prioritäten der Gemeinschaften, in denen das Projekt durchgeführt wird, eingeht." Dies entspricht der Forderung, dass „HIV-Impfstoffentwicklungen sicherstellen sollten, dass die Impfstoffe sich für die Populationen eignen, in denen die entsprechenden Versuche durchgeführt werden." (S. 6: UNAIDS (2000): UNAIDS Guidance Document: Ethical Considerations in HIV-preventive vaccine research, Geneva.)

28 Siehe zum Beispiel Harris, J.W. (1996): Property and Justice, Oxford.

29 Ethical Guidelines for Biomedical Research, im Jahre 2000 vom Indian Council of Medical Research ausgearbeitet, wobei „die Identifizierung des Eigentums an souveränen Rechten an humangenetischem Material" zugelassen wird; Übergansmaßnahmen für die Verwaltung von humangenetischen Ressourcen, die am 10. Juni 1998 in China in Kraft traten.

30 British Medical Association (2001): The Medical Profession and Human Rights: Handbook for a Changing Agenda, London, 166.

31 Holland, S. (2001): Contested commodities at both ends of life: buying and selling gametes, embryos and body tissues, in: Kennedy Institute of Ethics Journal 11, 263–284.

32 Radin, M. J. (1996): Contested Commodities: The Trouble with Trade in Sex, Children, Body Parts and Other Things, Cambridge, Massachusetts, 88. Siehe auch Radin, M. J. (2001): Response: persistent perplexities, in: Kennedy Institute of Ethics Journal 11, 305–315.

scher Gruppen und nicht so sehr im allgemein philosophischen Kontext, wenn es eine Einwilligung der Gemeinschaft zur Kommerzialisierung sowie zur ursprünglichen Forschung gibt.[33] Aber was genau bedeutet Einwilligung der Gemeinschaft in diesem Zusammenhang? Könnte es die Einwilligung von einigen wenigen führenden Persönlichkeiten bedeuten, die von den Gewinnen profitieren? Gehört dazu auch die Einwilligung der Frauen in patriarchalischen Kulturen?

Angesichts einer vollständigen Kommodifizierung von Lebensformen nach der US-Entscheidung des Jahres 1980 in *Diamond gegen Chakrabarty*[34] und der Europäischen Biotechnologie-Richtlinie von 1998[35] sowie angesichts des allgemeinen Fehlens einer Lehre zum Eigentum am Körper in den meisten Rechtssystemen, gibt es zunehmende und scheinbar unüberwindbare Spannungen. Anfällige Länder und Einzelpersonen brauchen Schutz vor Kommodifizierung des Humanmaterials; das Recht ist in diesem Zusammenhang eher schwach ausgeprägt, weil traditionell Gewebe, das aus dem Körper entnommen worden ist, res nullius ist, d. h. es gehört niemandem oder es ist eine Sache, die dem gehört, der als erstes einen Anspruch geltend macht. Als dieses Gewebe kaum Wert hatte, war auch die Schwäche des Rechts kaum von Bedeutung. Dies ist aber nicht mehr der Fall. Unter diesen Umständen ist die informierte Einwilligung besser als nichts, aber ist sie wirklich die einzige Alternative?

Vorteilsausgleich: Gerechtigkeit oder Bestechung?

Angesichts der Widerstände gegen die Patentierung und Kommodifizierung von menschlichen ‚Materialien' in zahlreichen einheimischen Kulturen und Entwicklungsländern, könnte der Kompromiss des Vorteilsausgleichs eher als Bestechung denn als Gerechtigkeit gesehen werden. Wenn Menschen keine Gebrauchsgegenstände sind oder nicht als Gebrauchsgegenstände behandelt werden sollen, wird die Unrechtmäßigkeit nicht dadurch abgeschwächt, dass Gewinne sowohl für den Ausbeuter als auch für den Ausgebeuteten anfallen.[36] Vorteilsausgleich ist dann lediglich eine Bestechung der Betroffenen, um Gebrauchsgegenstände zu werden. Während es unter intellektuellen Gesichtspunkten attraktiver sein kann, eine strikte Anti-Kommodifizierungslinie zu vertreten, besteht in dieser Sichtweise die Möglichkeit dessen, was Bernard Williams als „moralische Selbstgefällig-

---

33 Thambisetty 2001 geht auf diese Möglichkeit ein, 33.

34 447 U. S. 303.

35 Gold, E. R., Gallochat, A. (2001): The European Biotech Directive: past as prologue, in: European Law Journal 7, 332–366.

36 Ich verweise ausdrücklich auf den marxistischen Begriff der Ausbeutung als Wertschöpfung und die Annahme, dass diese Wertschöpfung dem menschlichen Material zugeordnet werden kann. Siehe Dickenson 1997, chapter 5. Siehe auch Lukes, S. (1985): Marxism and Morality, Oxford Press und Harris, J. (1992): Wonderwoman and Superman: The Ethics of Human Biotechnology, Oxford, für eine kritische Erörterung des Ausbeutungsbegriffs.

keit" bezeichnet.[37] Da die meisten entwickelten Länder sich für die Kommodifizierung aussprechen, wenn auch einige dabei leidenschaftlicher sind als andere, gibt es auch die Gefahr, dass die Entwicklungsländer noch größeren Einkommensunterschieden unterworfen werden, wenn wir den Vorteilsausgleich insgesamt ablehnen. Die Erhebung von Entwicklungsländern auf ein moralisches Podest, selbst ein von ihnen gestaltetes, wäre dann nur ein Weg, um ihnen noch mehr vorzuenthalten.

Betrachten wir zwei Beispiele des Vorteilsausgleichs, eines aus der entwickelten Welt und eines aus den Entwicklungsländern. Das „PXE"-Vorteilsausgleichsmodell wurde von einem Netzwerk von etwa 300 Gruppen, die um einige seltene Erbkrankheiten herum zusammengeschlossen sind, angenommen. Der Ursprung ist eine gemeinsame Patentanmeldung für das Gen, das für PXE kodiert (Pseudoxanthoma elasticum, eine genetische Erkrankung mit Beeinträchtigung von Haut und Augen, die schließlich zur Erblindung führt) durch die Eltern von betroffenen Kindern und Forschern an der Universität von Hawaii. Die Eltern hatten über das Internet bereits internationale Verbindungen aufgebaut, bevor das Gen entdeckt wurde, und wiesen auf Möglichkeiten für andere Patientengruppen, die sich mit genetischen Erkrankungen befassen, hin.[38]

In der Entwicklungswelt hat Tonga mit einer kleinen, stabilen und genetisch ähnlichen Population, die von Genforschern besonders geschätzt wird, einen Vertrag mit dem australischen Biotechnologieunternehmen Autogen abgeschlossen. Zur Identifizierung von Familien mit einer hohen Inzidenz von früh auftretendem Diabetes und Obesität verspricht das Unternehmen in ihrer Ethikpolitik nicht nur, dass „Wohlstand, Rechte, Glauben, Wahrnehmung, Gebräuche und das Kulturerbe" von Tonga respektiert werden, sondern das Volk von Tonga als Ganzes – nicht nur Mitglieder der identifizierten Familien – erhält einen vereinbarten Anteil an den Lizenzeinnahmen oder Gewinnen aus Arzneimitteln, die zur Behandlung dieser Erkrankungen entwickelt werden.[39] Autogen wird außerdem ein neues Forschungslabor unmittelbar neben dem Hauptkrankenhaus in Tonga erbauen und Einrichtungen und Ausrüstungen für dieses Krankenhaus bereitstellen, zusammen mit Forschungsmitteln für Projekte, die vom Gesundheitsministerium ausgewählt werden.

Die Verfügung, dass die gesamte Nation von Tonga profitiert, statt nur die betroffenen Familien, ist wichtig im Hinblick auf die Gleichbehandlung. Ein Argument, das häufig gegen die Gewinnansprüche von Forschungsprobanden vorgebracht wird, ist, dass sie die besonders wertvollen genetischen Merkmale nur rein zufällig besitzen: Moore-T-Zellen, zum Beispiel. Warum sollten einige von diesen zufälligen Anomalien profitieren, während andere das nicht können? Wie im

---

37 Williams, B (1981): Utilitarianism and moral self-indulgence, in: ders., Moral Luck. Cambridge, 40–53.

38 De Wert et al. 2002, Fn. 10.

39 Skene, L. (2001): ‚Sale' of DNA of People of Tongain: Genetics Law Monitor, März–April, 7–9.

„Schleier der Ignoranz“ von Rawls[40] bedingt Gerechtigkeit normalerweise, dass wir vergessen müssen, wer wir sind: Wir müssen von den Eigenarten unserer eigenen Situationen, wie auch immer sie genetisch oder sozial bestimmt werden, im Interesse der Unparteilichkeit, abstrahieren.[41] Genetisches Glück – zum Guten oder Schlechten – scheint antithetisch zu diesem unparteilichen Modell der Gerechtigkeit zu sein. Natürlich ist es einerseits genauso eine Frage des genetischen Glücks, ob man zur Tonga-Nation insgesamt oder zu einer der betroffenen Familien gehört, aber die Nation hat zumindest einen bestimmten Anspruch darauf, für alle ihre Mitglieder tätig zu werden. In Abwesenheit eines Weltstaates, der Verträge mit Biotechnologieunternehmen für alle Bürger der Welt abschließen kann, kann etwas besser als gar nichts sein.

Der Vorteilsausgleich ist auf vielen Ebenen vertreten worden: Die HUGO-Erklärung von April 2000, zum Beispiel, empfiehlt 1 bis 3 % der Gewinne. Die Indian National Bioethics Commission empfiehlt einen ähnlichen Prozentsatz. Zahlreiche Entwicklungsländer haben inzwischen Vorteilsausgleich in Verträge mit gentechnischen und Biotechnologiefirmen aufgenommen, wobei Durchführungsbefugnisse gewährt werden, die lokalen Gemeinschaften oder betroffenen Einzelpersonen nicht gewährt würden. Noch wichtiger wären gleichwertige Regelungen in den Heimatländern der Forscher. Da die Biotechnologie stark globalisiert ist, ist sie anfällig für die Anforderungen des Vorteilsausgleichs in Entwicklungsländern – auch wenn, wie weiter oben erwähnt, Vereinbarungen, die Technologietransfer oder Infrastrukturunterstützung beinhalten, die Wissens- und Wohlstandskluft zwischen den armen und ärmsten Ländern eigentlich noch erhöhen können. Es ist jedoch ermutigend, dass die Organisation für Afrikanische Einheit, die viele der ärmsten Länder vertritt, ein Modellgesetz verabschiedet hat, das sehr strenge Kriterien festlegt für den Zugriff auf das, was gemeinhin als gemeinschaftseigene Ressourcen betrachtet wird, einschließlich Vorteilsausgleich durch Zahlung von Gebühren in einen Sonderfonds zur Finanzierung von Projekten lokaler Gemeinschaften im Bereich nachhaltige Entwicklung und Erhaltung genetischer Ressourcen.[42]

Alle diese Argumente sind jedoch primär pragmatischer Natur. Der Einwand der Bestechung ist nicht entkräftet worden, auch wenn wir dies vorsichtiger formulieren, und zwar als unethische Anreize im Vergleich zu angemessenem Vorteilsausgleich.[43] Insbesondere weil der Nutzen nicht unmittelbar erkennbar and niemals größer als der Schaden sein kann, haftet dem „Kaufen“ von gefährdeten Gruppen immer noch etwas Negatives an.[44]

Die wesentliche Schwierigkeit ist jedoch, dass es sowohl nach Common Law als auch nach Ansicht zahlreicher Völker aus Entwicklungsländern eigentlich kein

---

40 Rawls, J. (1971): A Theory of Justice, Cambridge, Massachusetts.
41 Dickenson, D. (2003): Risk and Luck in Medical Ethics, Cambridge, 183–184.
42 Thambisetty 2001, 37.
43 Wie Thambisetty 2001, 35.
44 Chadwick 2002.

Eigentum am Körper gibt. Die ‚Spender' sind deshalb nicht Eigentümer ihrer Gene und haben nicht einmal ein begrenztes Besitzrecht daran. Sie können keine Erstattung für etwas bekommen, was ihnen nicht gehört, obwohl sie durchaus einen Anspruch auf Erstattung im Lock'schen Sinn für Arbeit haben können, die sie aufgewandt haben, um an einer Forschungsprüfung teilzunehmen oder eine Entnahme von DNA oder anderem Material zu erfahren. (Die Arbeit von Frauen bei IVF und/oder Schwangerschaft und Geburt gewährt das gleiche begrenzte Eigentumsrecht an Stammzellen.[45]) Ob dieses Material in einer ‚Spenden'-Beziehung ‚gespendet' wird oder im Rahmen eines Vorteilsausgleichs erstattet wird, ist von sekundärer Bedeutung, da diese Frage sich erst ergibt, wenn es einen Eigentumsanspruch in Bezug auf das Gewebe gibt. Es gibt jedoch keine kohärente Basis für einen solchen Anspruch. Hier stimmen ironischerweise die meisten Rechtsprechungen in entwickelten Ländern mit dem Widerstand der einheimischen Völker gegen Kommodifizierung überein. Damit schließt sich der Kreis und wir sind wieder beim Begriff der informierten Einwilligung als einzigem gangbaren Weg, um aus diesem logischen Durcheinander herauszufinden; aber wir haben bereits zu einem früheren Zeitpunkt gesehen, dass informierte Einwilligung ein schwaches Glied in der Kette ist.

Schlussfolgerung

Das Eigentum ist jedoch kein vereinheitlichtes Konzept; es handelt sich eher um ein „Bündel" zusammenhängender Rechte und Befugnisse, wie etwa Besitz, Nutzung, Bewirtschaftung, Einkommen, Kapitalwert, Sicherheit vor Diebstahl, Vermächtnis und sonstige Rechte und Pflichten.[46]. Die vielversprechendste Strategie, um aus dem Loch, in das wir uns eingegraben haben, wieder herauszukommen, ist meiner Meinung nach die Entwirrung der verschiedenen „Stränge" des „Bündels", und zwar so, dass wir den Schutz gewähren, den wir möchten, aber nicht mehr. Das Eigentum, über das Frauen verfügen in Bezug auf Produkte der IVF, einschließlich Stammzellen, braucht nicht mehr als ein Schutz vor unbefugter Entnahme zu sein. Dies gilt meiner Meinung nach auch für Entwicklungsländer. Schutz vor Diebstahl – auf der Grundlage der strafrechtlichen Verfolgung, die von der Human Genetics Commission bei unbefugter Entnahme empfohlen wird – wäre ausreichend, um Bevölkerungen vor ‚Biopiraterie' zu schützen. Dies wäre auch im Sinne des Anti-Kolonialismus; was hier übel genommen wird, ist die Ähnlichkeit mit Plünderungen, die es damals gab. Da Biotechnologiefirmen und Forscher Vereinbarungen mit Gemeinschaften und Regierungen abschließen müssten, welche die Anforderungen des Verbots der unbefugten Entnahme befriedigen müssen,

45 Dickenson, D. (2002 c): Who owns embryonic and fetal tissue?, in: dies. (ed.), Ethical Issues in Maternal-Fetal Ethics, Cambridge, 233–246.

46 Honore, A. M. (1961): Ownership, in Guest, A. G. (ed.), Oxford Essays in Jurisprudence. Oxford.

wären sie in einer gesetzlich anfälligen Position, welche von den Populationen dieser Länder zu ihrem Vorteil genutzt werden könnte, indem günstige Vorteilsausgleichsvereinbarungen geschlossen werden. Es braucht kein Anspruch erhoben zu werden, dass das Eigentum an Humanmaterial bei denjenigen liegt, denen es entnommen worden ist, aber andererseits sollten Biotechnologiefirmen nicht unbedingt alle Privilegien innerhalb des Eigentumsbündels genießen. Hier könnten die Verträge mit restriktiverem Inhalt geschlossen werden. Ein weiteres Modell für biologische Quellen ist der Trust, eine Treuhandbeziehung, bei der eine Partei den Besitz der Ressource hat, aber eine ständige Verpflichtung hat, diese zum Nutzen der anderen Partei einzusetzen.[47]

Eine letzte Möglichkeit besteht darin, die übliche juristische Weisheit, dass etwas entweder eine Sache (die kommodifiziert werden kann) oder eine Person (die nicht kommodifiziert werden kann, um nicht Sklaverei zu sein) sein muss, über Bord zu werfen. Es ist argumentiert worden, dass wir anerkennen müssen, dass der menschliche Körper beides sein kann, und wir müssen deshalb eine völlig neue Jurisprudenz entwickeln, um den neuen Möglichkeiten im Zusammenhang mit der genetischen Revolution gerecht zu werden.[48] Diese Position kann logischerweise attraktiv sein, aber es fehlt uns ständig an der Zeit, die dies in Anspruch nehmen würde: Kommodifizierung, illegal im Sinne traditioneller Jurisprudenz, ist schneller als wir. Es ist deshalb meiner Meinung nach besser, mit den Werkzeugen zu arbeiten, die wir haben, statt ganz von vorne zu beginnen oder an der Reglementierung der Biotechnologie überhaupt zu verzweifeln. Zu diesen Werkzeugen kann durchaus informierte Einwilligung gehören, aber nur als der ‚kleinste gemeinsame Nenner'. Dazu werden auch neuformulierte Modelle des Eigentums am Körper, zum Schutz gefährdeter Populationen vor unbefugter Entnahme als Minimum und zur Verbesserung ihrer Gesundheit und ihres Wohlstandes im größtmöglichen Umfang gehören.

---

47 Gottlieb, K. (1998): Human biological samples and the laws of property: the trust as a model for biological repositories, in: Weir, R. F. (ed.), Stored Tissue Samples: Ethical, Legal and Public Policy Implications, Iowa City, Iowa, 182–197.

48 Hirtle, M. (1996): International policy positions on the banking and further use of human genetic material, in: Knoppers, B., Caulfield, T., Kinsella, T. D. (eds): Legal Rights and Human Genetic Materials in Canada, Toronto, 85–115.

LeRoy Walters

Genforschung und Gesellschaft: Erwartungen, Ziele und Grenzen

Meine Anmerkungen zur Genetik werden in fünf Teile gegliedert:

- Eine terminologische Frage: ‚Humangentherapie' oder ‚Humangentransfer-Forschung'
- Humangentransfer-Forschung in den Vereinigten Staaten, 1988 bis heute
- Die bisher erfolgreichste Gentransferstudie: Dr. Alain Fischer am Hôpital Necker und SCID
- Öffentliche Überwachung der Humangentransfer-Forschung
- Künftige Fragen: das Gehirn, Enhancement und die Keimbahn

Terminologie

Hierzu möchte ich einige kurze Ausführungen machen. Der Begriff ‚Humangentherapie' lief immer Gefahr, den Beteiligten an den ersten klinischen Prüfungen im Zusammenhang mit Humangentransfer zu viele Vorteile zu versprechen. Insbesondere vor dem Hintergrund der dürftigen Ergebnisse von Humangentransfer-Studien seit dem Jahre 1990 ist es meiner Meinung nach richtiger und ehrlicher, einen neutralen Begriff zu verwenden, der lediglich die angewandte Methode beschreibt. Im Englischen lautet dieser neutrale Begriff ‚Human Gene Transfer' (Humangentransfer). Dieser ähnelt dem Begriff ‚Transplantation', der auch den Transfer von Zellen oder Geweben von einem Individuum zum anderen beschreibt, ohne jedoch Gefahr zu laufen, die Erwartungen der Empfänger unangemessen hoch zu halten. In diesem Beitrag werde ich ‚Humangentransfer'-Forschung in allen Zusammenhängen gebrauchen, außer wenn in Zitaten aus Originaldokumenten ein anderer Begriff verwendet wird.

Humangentransfer-Forschung in den Vereinigten Staaten, 1988 bis Februar 2002

Zwischen 1988 und Februar 2002 wurden dem Office of Recombinant DNA Activities der Nationalen Gesundheitsinstitute der USA (NIH) etwa 516 Humangentransfer-Protokolle unterbreitet. (Ich spreche von ‚ungefähr', weil einige Protokolle zurückgezogen und andere zusammengelegt wurden.) Es folgt die Anzahl der Protokolle, die in den einzelnen Jahren vorgelegt wurden:[1]

1988: 1	1993: 31	1998: 51
1989: 0	1994: 31	1999: 91
1990: 2	1995: 44	2000: 71
1991: 9	1996: 28	2001: 73
1992: 24	1997: 56	2002 (bis Mitte Februar): 4

Die Protokolle können in verschiedene Kategorien unterteilt werden:

Nach Haupttyp
Krankheitsorientierte Studien: 473
Genmarkierungsstudien: 40
Nichttherapeutische Studien: 3

Nach Krankheitstarget in krankheitsorientierten Studien
Unterschiedliche Krebsarten: 319 (63,2 %)
Einzelgen-Erkrankungen: 55 (10,9 %)
Sonstige Krankheiten oder Störungen: 52 (10,3 %)
Infektionskrankheiten: 38 (7,5 %)

Nach Ansatz in den Krebsprotokollen
Immuntherapie/In vivo-Transduktion: 108
Immuntherapie/In vitro-Transduktion: 92
Prodrug/HSV-TK und Ganciclovir: 40
Tumorsuppressoren: 35
Durch Vektor herbeigeführte Zytolyse: 14
Chemoprotektion: 12

Nach Krankheiten unter den am häufigsten angesprochenen Einzelgenerkrankungen
Mukoviszidose: 22
Schwerer kombinierter Immundefekt: 6
Hämophilie: 5

Nach Fehlfunktionen in ‚anderen Erkrankungen oder Krankheiten'
Periphere Arterienerkrankung: 17
Koronare Arterienerkrankung: 17

Nach Art der untersuchten Infektionskrankheiten
HIV-Infektionen oder AIDS: 37

---

1 Diese Daten stammen von der Website des Office of Biotechnology Activities der U. S. National Institutes of Health (NIH).

Die bisher erfolgreichste Gentransferstudie

Trotz umfassender Bemühungen von US-Forschern in nahezu 500 krankheitsorientierten Gentransferprotokollen ist der bisher größte Erfolg ein Humangentransfer-Klinikprotokoll aus Frankreich, wo Dr. Alain Fischer und Kollegen am Hôpital Necker in Paris fünf Jungen mit X-chromosomal vererbtem schwerem kombiniertem Immundefekt behandelt haben. Bei dieser Erkrankung funktioniert keine der beiden Hauptkomponenten des Immunsystems richtig. In der Studie von Dr. Fischer erhielten die Kinder ihre eigenen gentechnisch veränderten Knochenmarkzellen, vermutlich mit Knochmarkstammzellen. Die modifizierten Zellen haben scheinbar einen Vorteil gegenüber den nativen, funktionsgestörten Zellen und haben, mit Ausnahme von einem Kind, zu positiven Ergebnissen geführt. Dr. Fischer und Kollegen haben ihre positiven Ergebnisse im April 2000 in *Science*[2] und im April 2002 im *New England Journal of Medicine*[3] berichtet. Bedauerlicherweise haben Berichte von Anfang Oktober 2002 darauf hingewiesen, dass eines der Kinder vor kurzem ‚Lymphproliferation‘ entwickelt hat, wahrscheinlich weil der in dieser Studie verwendete retrovirale Vektor die Funktion einiger Zellen, die nach genetischer Modifikation auf das Kind übertragen wurden, gestört hat.[4]

Öffentliche Überwachung der Humangentransfer-Forschung

Dieses Kapitel könnte auch überschrieben sein: „Die Einführung, Abschwächung und Wiedereinführung einer wirkungsvollen öffentlichen Überwachung der Humangentransfer-Forschung in den Vereinigten Staaten: sechs Thesen.“[5]

These 1: In den Vereinigten Staaten gab es zwischen 1990 und 1995 ein wirkungsvolles, wenn auch leicht instabiles, nationales Überwachungssystem für Humangentransfer-Forschung.

Anfang der 90er Jahre wusste jeder interessierte Bürger und jeder politische Entscheidungsträger in diesem Land und weltweit genau, was im Bereich der Humangentransfer-Forschung in den Vereinigten Staaten vor sich ging. In der Tat hatten auch andere Länder nationale Beiräte in Anlehnung an das Recombinant DNA Advisory Committee (RAC) der Nationalen Gesundheitsinstitute (NIH) im Hin-

---

2 Cavazzana, M. et al. (2000): Gene Therapy of Severe Combined Immunodeficiency (SCID)-X 1 Disease, in: Science 288 (5466), 627–629.

3 Hacein-Bey-Alima, S. et al. (2002): Sustained Correction of X-Linked Severe Combined Immunodeficiency by *ex vivo* Gene Therapy, in: New England Journal of Medicine 346 (16), 1241–1243.

4 Siehe zum Beispiel Stolberg, S. G. (2002): Trials Are Halted on a Gene Therapy Experiment, in: New York Times, 9. Oktober 2002, A 1, A 20.

5 Dieser Teil des Vortrags basiert auf einem Vortrag an der University of Scranton im Jahre 2001; dieser Vortrag wird bei MIT Press veröffentlicht werden.

blick auf die öffentliche Prüfung von klinischen Humangentransfer (HGT)-Forschungsprotokollen eingesetzt.

Das öffentliche Überwachungssystem der Vereinigten Staaten war ein wichtiger Präzedenzfall. Auch wenn es einige Jahre nach den ersten Versuchen von Martin Cline (UCLA) im Bereich des Humangentransfers folgte,[6] war es dennoch ein antizipatorisches System. Diejenigen von uns, die Ende 1984 und Anfang 1985 mit dazu beitrugen, Forschungsleitlinien in diesem Bereich auszuarbeiten, waren besorgt, dass wir unsere Arbeiten möglicherweise nicht vor Einreichung des ersten Forschungsprotokolls abschließen könnten. Die erste Genmarkierungsstudie wurde dem RAC 1988 vorgelegt und die erste Gentransferstudie für die Behandlung von Menschen wurde erst Anfang 1990 begonnen.

Es gab sicherlich Schwächen und Unklarheiten im öffentlichen Überwachungssystem. Die kritischste Schwäche war im Nachhinein die Tatsache, dass es den NIH und der Food & Drug Administration (FDA) nicht gelungen war, genaue komplementäre Rollen bei der Prüfung der Gentransferprotokolle festzulegen. Im Nachhinein kann man sich nur die Frage stellen, warum die NIH, die eine Finanzierungsrolle wahrnahmen, sich mit der Reglementierung der Forschung befassten, die sie finanzierten? Noch problematischer ist die Frage, warum die NIH den Versuch machten, klinische Forschung, die von Biotechnologie- und Pharmafirmen aus dem Privatsektor durchgeführt wurden, zu reglementieren? Die einfache Antwort auf die beiden letzten Fragen ist, dass die NIH Mitte der 70er Jahre einen Präzedenzfall geschaffen hatten, als sie die Initiative ergriffen, um rekombinante DNA-Forschungsprojekte für das ganze Land zu prüfen.[7] Die NIH und die Forscher, die von den NIH finanziert wurden, bevorzugten diese Form der Selbstregulierung gegenüber den möglicherweise weniger flexiblen Vorschlägen, die Kongressmitglieder 1976 und 1977 vorlegten.

Weitere Fragen beschäftigten den RAC und die NIH in diesen Jahren. Dazu gehörten auch die folgenden:

Wie hoch sollte der Standard für den wissenschaftlichen Nutzen von Humangentransfer-Protokollen angesetzt werden?

Wie viel Zeit und wie viel Mühe sollte für die Einwilligungsformulare für diese Studien verwendet werden?

Wie könnten der RAC und die NIH vermeiden, dass ihre Zustimmung zu Humangentransfer-Studien als ein Freibrief interpretiert werden könnte, mit dem die Unternehmen anschließend versuchen könnten, Investoren anzuziehen?

Wie könnten der RAC und die NIH die Übertreibungen vermeiden, die von Forschern und Unternehmen manchmal verwendet wurden, um etwas zu publizieren, was eigentlich nur sehr bescheidene Forschungsergebnisse waren?

---

6 Siehe Thompson, L. (1994): Correcting the Code: Inventing the Genetic Cure for the Human Body, New York, Chapter 7.

7 Eine faszinierende Untersuchung dieses Prozesses in Fredrickson, D. S. (2001): The Recombinant DNA Controversy: A Memoir, Washington, DC.

Könnte ein Beirat, der primär aus Akademikern bestand und nur einmal pro Quartal zusammenkam, Schritt halten mit einem sich so rasch entwickelnden Bereich wie der Humangentransfer-Forschung?

Trotz der mangelnden Klarheit in Bezug auf seine Rolle konnte der RAC glaubwürdig mit der zunehmenden Anzahl von Forschungsprotokollen, die zwischen 1990 und 1995 eingereicht wurden, Schritt halten. Dank der Weitsicht und der Kreativität der inzwischen verstorbenen Brigid Leventhal, einer pädiatrischen Onkologin an der Johns Hopkins Universität, entwickelte der RAC ein System, bei dem die Forscher jährlich von schweren Nebenwirkungen berichten mussten, die bei den Probanden ihrer Gentransferstudien aufgetreten waren. Im Juni 1995 führte der RAC ein umfassendes Audit aller bis dato durchgeführten Humangentransfer-Forschungsprojekte in den USA durch, erfasste die Anzahl der geprüften Protokolle, die verschiedenen Anwendungen des Gentransfers und die Targetkrankheiten der Studien, bei denen Patienten mit einer Vielzahl von genetischen und nichtgenetischen Krankheiten behandelt werden sollten. Diese umfassende Prüfung war einer der Höhepunkte in der Geschichte des RAC.[8]

These 2: 1996 und 1997 wurde dieses Überwachungssystem durch die politischen Entscheidungsträger der NIH und der FDA erheblich geschwächt.

Zwischen 1994 und Anfang 1996 kam verstärkt Kritik an der Rolle des RAC bei der Prüfung von Humangentrans-Forschungsprojekten von einigen Mitgliedern der Biotechnologie- und Pharmaindustrie, AIDS-Aktivisten und Hochschulforschern auf. Die Kritik basierte hauptsächlich darauf, dass der RAC, der sich lediglich einmal pro Quartal traf, nicht rechtzeitig auf neue Entwicklungen in diesem, in einem ständigen Wandel befindlichen Bereich der Forschung reagieren konnte. Plötzlich tauchten Gesetzesentwürfe auf, die im Zuge der Reform der Reglementierungspraxis der FDA zu einer Aufhebung der Überwachung durch den RAC in diesem Bereich geführt hätten. Diese Bestimmungen wurden zu keinem Zeitpunkt verabschiedet, aber eine Warnung in Bezug auf die mangelnde Popularität des RAC war klar und eindeutig von einem gegen Reglementierung eingestellten Kongress ausgegangen.

Die Gründe für den Widerstand gegen die Rolle des RAC basierten teilweise auf der bereits erwähnten mangelnden Klarheit. In anderen Bereichen bleibt die Feindseligkeit, die dem RAC in dieser Zeit entgegengebracht wurde, jedoch auch heute noch ein Rätsel. Man kann in Bezug auf die Beweggründe der Opponenten nur spekulieren. Sie wollten sicherlich unnötige Arbeitsverdopplung und Verzögerungen im Überwachungssystem in diesem wichtigen Bereich vermeiden. Andere Kritiker könnten zu der Schlussfolgerung gelangt sein, dass die nahezu gesetzgeberische Prüfungsfunktion des RAC bei einer Behörde wie der FDA angesiedelt sein sollte. Ein Faktor in der Opposition, zumindest bei einigen Privatunterneh-

---

8 Der Audit wurde veröffentlicht in *Human GeneTherapy* unter dem Titel Gene Therapy in the United States: A Five-Year Status Report, in: Human Gene Therapy 7 (14), 1781–1790.

men, mag der Wunsch nach einer vertraulicheren und damit weniger transparenten Reglementierung, wie in den Beziehungen zwischen den Unternehmen und der FDA, gewesen sein.

Unabhängig vom Hintergrund für seine Entscheidung verkündete NIH-Direktor Harold Varmus seine Pläne in Bezug auf die Zukunft des RAC in einer Ansprache, die er im Mai 1996 in Hilton Head, South Carolina, hielt. Der Wortlaut seiner Rede liegt nicht vor, aber ausgehend von den darüber veröffentlichten Berichten und einem Interview mit Dr. Varmus veröffentlichte Eliot Marshall von *Science* einen Artikel über die Pläne des Direktors bezüglich der Abberufung des RAC.[9]

Auf die Ansprache von Dr. Varmus folgten im Juni 1996 mehrere Versuche offizieller Vertreter der NIH, um den Kongressmitgliedern und ihren Mitarbeitern die Grundlage des neuen Plans zu erläutern. Im Juli 1996 wurde im *Federal Register* der offizielle NIH-Vorschlag zur Abberufung des RAC veröffentlicht und praktisch die gesamte öffentliche Überwachung und Verantwortung für Humangentransfer-Forschung auf die FDA übertragen.

Zwischen Juni und August 1996 wandten sich vier Kongressmitglieder[10] ganz entschieden gegen die NIH-Pläne für den RAC. Dies war auch der Tenor zahlreicher Schreiben als Reaktion auf die Veröffentlichung im *Federal Register,* einschließlich Kritik von Persönlichkeiten aus dem Bereich der Bioethik. In der Zwischenzeit stornierte der RAC die Sitzungen, die für März, Juni und September 1996 vorgesehen waren, teilweise mit der Begründung, dass es angeblich nicht genügend neue, zu prüfende Protokolle gab. Der Direktor des Office of Recombinant DNA Activities, das die RAC-Aktivitäten unterstützte, verließ die NIH Ende 1996, um seine wissenschaftlichen Arbeiten an der Hochschule fortzuführen, so dass die Situation des RAC noch komplexer wurde.

Im November 1996, Februar 1997 und Oktober 1997 wurden drei weitere Vorschläge für ein neues öffentliches Überwachungssystem im *Federal Register* veröffentlicht. Zusammenfassend kann man diesen langwierigen Prozess mit dem folgenden Kompromiss beschreiben:

Der RAC würde auch weiterhin bei den alle Vierteljahre stattfindenden Treffen Gentransferprotokolle erörtern, in denen neue Aspekte angesprochen, neue Vektoren eingesetzt und neue Krankheiten behandelt werden.

Es würde aber nicht mehr eine Genehmigung oder Ablehnung von Humangentransfer-Protokollen durch den RAC geben; die Genehmigung oder Ablehnung (oder besser gesagt: die Genehmigung, um mit der Umsetzung zu beginnen) fiel ausschließlich in den Zuständigkeitsbereich der FDA.

Die Mitgliederzahl des RAC wurde von 25 auf 15 verringert.

Ein neues Forum, die Gene Therapy Policy Conferences, würde die Arbeiten des RAC begleiten und ein ganz bestimmtes Thema erörtern, Uterogentransfer,

9 Siehe Marshall, E. (1996): Varmus Proposes to Scrap the RAC, in: Science 272 (5264), 945.
10 Siehe Pryor, D. et al. (1996): A Word to Varmus [Letter], in: Hastings Center Report 26 (4), 46–47.

statt sich mit einem bestimmten Protokoll zu befassen. Diese Innovation war meiner Meinung nach eine ausgezeichnete Ergänzung der Rolle des RAC.

These 3: Die unmittelbarste und offensichtlichste Auswirkung der Änderungen von 1996–1997 war der Verlust an Transparenz im Überwachungssystem und die Abschwächung der Rolle des RAC bei der Prüfung von Forschungsprotokollen und der Erfassung des Standes der Wissenschaft in diesem Bereich.

Ein Forschungsprojekt der University of Pennsylvania zur Untersuchung von Gentransfer in Patienten mit Ornithintranscarbamylase-Mangel (OTC-Mangel) kann möglicherweise als Paradebeispiel für die neue Situation, die sich ab Anfang 1996 entwickelte, dienen. Der RAC hatte dieses Protokoll detailliert auf der Sitzung vom Dezember 1995 erörtert und hatte den Forschern Vorschläge in Bezug auf Änderungen gemacht, die nach Ansicht des Ausschusses die Studie verbessern würden. Da der RAC aber im März, Juni und September 1996 keine Sitzungen durchführte und die Debatte über die Fortsetzung und die angemessene Rolle des RAC anhielt, verschwand das OTC-Mangelprotokoll einfach aus der öffentlichen Betrachtung. Hier einige Fragen zum Penn-Protokoll, für die es in den Jahren 1996 bis 1999 keine eindeutige Antwort gab:

Hatte die FDA Penn die Erlaubnis gegeben, das OTC-Mangelprotokoll im Rahmen des IND-Antrags von Penn weiterzuverfolgen?

Hatte das Studiendesign nach der öffentlichen Prüfung durch den RAC eine Änderung erfahren?

Hatte das Einwilligungsformular nach der Prüfung durch den RAC eine Änderung erfahren?

War eine klinische Prüfung eingeleitet worden?

Wenn ja, hatte es irgendwelche schweren Nebenwirkungen gegeben?

Aus Gründen der Fairness gegenüber den NIH sollte ich erwähnen, dass die neuen Leitlinien, die am 31. Oktober 1997 im *Federal Register* veröffentlicht wurden, die Forscher verpflichteten, die NIH und den RAC über alle Änderungen und alle ernsten Nebenwirkungen nach der Prüfung durch den RAC zu unterrichten.

Es gab aber auch allgemeinere Hinweise auf die Abschwächung der Rolle des RAC und darauf, dass das nationale Überwachungssystem ab 1996 weniger wirkungsvoll war. In den Jahren 1996, 1997, 1998 oder 1999 wurde kein jährliches Audit des Bereichs Humangentransfer durchgeführt. Die politischen Entscheidungsträger, die Öffentlichkeit und die Forscher weltweit hatten somit keinen umfassenden Überblick mehr, wie ihn der RAC im Juni 1995 noch gegeben hatte. Ein solches Audit wäre in diesen Jahren schwierig durchzuführen gewesen und zwar aus mindestens drei Gründen: Erstens, während eines Zeitraums von zwei Jahren nachdem der frühere Direktor den RAC Ende Juni 1996 verlassen hatte wurde kein entsprechend qualifizierter Leiter bestellt (Ph. D. oder M. D.), um den Mitarbeitern des RAC vorzustehen. Zweitens, 1995 war die FDA nicht mehr bereit, mit den NIH und dem RAC weiter an der Entwicklung einer öffentlichen Online-Datenbank zu arbeiten, um ernste Nebenwirkungen in Humangentransfer-Prüfungen zu verfolgen. Die Bemühungen der NIH, eine solche Datenbank allein zu erstellen, machten nur sehr langsam Fortschritte und hatten vier Jahre später noch zu keinem Ergebnis geführt. Drittens, wie bereits erwähnt, wurde die Mitgliederzahl des RAC Anfang 1997 von 25 auf 15 reduziert; die Verteilung der Arbeitsbelastung, die noch den Audit von 1995 ermöglicht hatte, war damit schwieriger geworden.

These 4: 1998 und 1999 waren die Weigerung eines Forschers und eines Unternehmens, ernste Nebenwirkungen in Gentransferprüfungen offen zu legen, symptomatisch für die zusätzlichen Probleme des öffentlichen Überwachungssystems.

Im Rahmen der Vorbereitung ihrer Sitzung im September 1999 wurden die RAC-Mitglieder gebeten, eine Vertraulichkeitserklärung zu unterzeichnen, in der darauf hingewiesen wurde, dass sie ernste Nebenwirkungsberichte aus zwei Protokollen prüfen würden, aber dass sie nicht die Erlaubnis hatten, die Nebenwirkungsberichte in der öffentlichen Sitzung zu erörtern. Einige Mitglieder des RAC waren eindeutig nicht mit dieser mangelnden Transparenz einverstanden und wählten Formulierungen, die dann von der Mehrheit der RAC-Mitglieder angenommen wurden, um die bestehende Politik des RAC zu klären, d. h. dass keine Berichte über Nebenwirkungen als vertraulich zu betrachten waren. Presseberichte über diese Weigerungen zur Offenlegung von ernsten Nebenwirkungen begannen ebenfalls veröffentlicht zu werden.

In den Jahren 1997 und 1998 gab es parallel dazu eine Entwicklung, über die nicht sehr viele Einzelheiten bekannt sind. Einige Hochschulwissenschaftler und einige wenige Unternehmen begannen, Probanden in neuartige Gentransferforschungs-Protokolle aufzunehmen, bevor die RAC-Prüfung durchgeführt wurde, aber nachdem die FDA den Forschern die Erlaubnis erteilt hatte, ihre Investigational New Drug Applications (IND) weiter zu verfolgen. In diesem Zusammenhang ist darauf hinzuweisen, dass das Präsidium des RAC, die Mitarbeiter des RAC und der Syndikus der NIH ihre Haltung aufrechterhielten und schließlich den akademischen Instituten, die mit dem Privatunternehmen bei diesen Protokollen kooperierten, drohten, alle NIH-Beihilfen und Auftragsfinanzierungen einzustellen, wenn sie nicht bis zum Abschluss der RAC-Prüfung warten würden, bevor sie mit ihren Prüfungen beginnen.

These 5: Der Tod eines 18-jährigen verhältnismäßig gesunden Probanden in einem Gentransferversuch und die anschließende Untersuchung offenbarten fundamentale Schwachpunkte im Überwachungssystem und führten zu einer qualvollen Neubewertung der klinischen Forschung in Verbindung mit Humangentransfer.

Wie bereits im vorhergehenden Kapitel erwähnt, hatten Forscher der University of Pennsylvania im Herbst 1995 ein OTC-Mangelprotokoll bei den NIH und dem RAC eingereicht. Der Direktor des Instituts für Humangentherapie der Universität, James Wilson, war verantwortlich für die Vorstellung des Protokolls beim RAC. Der Hauptprüfer für das Protokoll war jedoch ein Kollege von Dr. Wilson, Mark Batshaw, ein Pädiater. Zusammenfassend kann OTC-Mangel als eine Einzelgenerkrankung beschrieben werden, die zu einem Überschuss an Ammoniak in der Leber führt. Laut dem Protokolldesign sollten sechs Kohorten, aus jeweils drei Probanden, zunehmende Dosen eines adenoviralen Vektors und eine Geninsertion erhalten. Das Protokoll war als Phase-I-Prüfung ausgewiesen; das heißt, Ziel der Prüfung war die Ermittlung der potenziellen Toxizität des Vektors und des Transgens und nicht so sehr eine Behandlung der Erkrankung der Probanden.

Wie bereits weiter oben erwähnt, verschwand das OTC-Mangelprotokoll nach der Prüfung durch den RAC vom Dezember 1995, bei der der RAC mehrere Änderungen am Prüfungsdesign empfohlen hatte, aus der öffentlichen Betrachtung. Das Protokoll tauchte erst wieder bei der Sitzung der American Society for Gene Therapy im Juni 1999 auf. Für diese Sitzung hatten Dr. Wilson und seine Kollegen ein Abstract vorbereitet, in dem die Ergebnisse ihrer ersten [vier] Kohorten von Probanden berichtet wurden. Die meisten Vertreter der Öffentlichkeit und die meisten RAC-Mitglieder nahmen jedoch nicht an dieser Sitzung teil und kannten somit nicht den Stand der Studie. Aus den öffentlichen Aufzeichnungen zur Studie, die Ende 1999 und im Jahre 2000 zusammengestellt wurden, wissen wir, dass diese klinische Prüfung zwischen Anfang 1996 und September 1999, dem Monat, in dem der Proband verstarb, durchgeführt wurde.

Zwischen Februar und Dezember 1996 prüfte die FDA das OTC-Mangelprotokoll. Im Dezember genehmigte die FDA die Durchführung der Studie. Die Probanden wurden Anfang 1997 rekrutiert und im April füllte der erste Proband der ersten Kohorte die Angaben zur Teilnahme im Protokoll aus. In den restlichen Monaten des Jahres 1997, im Jahre 1998 und in den ersten Monaten des Jahres 1999 wurde die Prüfung fortgesetzt: Drei Probanden wurden in den ersten drei Kohorten rekrutiert; vier wurden in der vierten Kohorte rekrutiert, drei in der fünften und zwei in der sechsten. Der zweite Proband in der sechsten Kohorte, ein 18-jähriger Mann namens Jesse Gelsinger, starb aufgrund seiner Teilnahme an der Prüfung.

Es gibt kontextuelle Faktoren im Zusammenhang mit dieser Prüfung, die im Detail untersucht werden sollten. Die ersten Faktoren betreffen die lokale Ebene, d. h. Maßnahmen, die von den Forschern und der University of Pennsylvania ergriffen und politische Leitlinien, die verabschiedet wurden. Im Juni oder Juli 1995 wurde zwischen dem Institute for Human Gene Therapy (IHGT), der University of Pennsylvania und Genovo, einem Unternehmen, das 1992 von James Wilson gegründet worden war, eine Finanzierungsvereinbarung geschlossen. Laut den Bestimmungen der Fünf-Jahres-Vereinbarung sollte Genovo die Finanzmittel für das Forschungsprojekt des IHGT bereitstellen und dafür die exklusiven Lizenzrechte aus der HGT-Forschung von James Wilson erhalten. Im Rahmen dieses finanziellen Arrangements wurden dem IHGT jährlich etwa 4,7 Mio. US-$ oder etwa 20 % des Budgets des Instituts bereitgestellt. Die Vereinbarung wurde vom Conflict of Interest Standing Committee der University of Pennsylvania genehmigt.[11]

Ende 1996 und im Folgejahr gab es zwei Fälle von Kommunikationspannen zwischen den Penn-Forschern und der FDA. Im November 1996 stellten das IHGT und die FDA übereinstimmend fest, dass die Penn-Forschungsgruppe das Protokoll Version 1.0 nicht bei der FDA eingereicht hatte, nachdem das Protokoll vom Institutional Review Board (IRB) von Penn geprüft worden war. Laut FDA erhöhte die Penn-Forschungsgruppe neun Monate später, im August 1997, die zulässigen Ammoniak-Werte für Probanden, die in die Prüfung aufgenommen wurden, von 50 auf 70 Mikromolar im Protokoll Version 2.0, ohne diese Änderung in der Zusammenfassung der Änderungen für die Revision, die der FDA zur Verfügung gestellt wurde, anzugeben.[12]

Es wäre möglich, diese Unterlassungen als Nichteinreichung von Routineunterlagen bei einer Behörde zu betrachten. Im Nachhinein war die nächste Kommunikationspanne jedoch möglicherweise ernster. Laut FDA waren im Oktober und November 1998 Labortoxizitäten von Grad 3 (mäßig ernst) bei zwei Probanden beim vierten Dosiswert nicht unmittelbar an den IRB von Penn oder die FDA berichtet worden und die klinische Prüfung wurde nicht ausgesetzt. Daraufhin stimmte die Penn-Forschergruppe den Feststellungen der FDA zu, aber behauptete, dass diese Toxizitäten des Grades 3 der FDA in einem Schreiben vom Januar 1999 und einem Jahresbericht vom März 1999 mitgeteilt worden waren. Die Gruppe fasste die Toxizitäten außerdem in einer Tabelle zusammen, die für eine jährliche Prüfung durch den Penn-IRB am 9. August 1999 erstellt wurde.

1998 kam es außerdem zu einer Unterbrechung der Kommunikation über parallel durchgeführte Tierversuche der Penn-Forschungsgruppe. Zwischen Oktober und Dezember 1998 führte die Gruppe eine vorklinische Studie an drei Affen mit adenoviralen Vektoren durch. Laut FDA zeigten zwei Affen ernste Reaktionen auf erste Versionen des Vektors und ihr Tod wurde deshalb herbeigeführt; ein dritter Affe hatte eine mildere Ausprägung der Symptome als Reaktion auf einen Vektor der dritten Generation, der simultan in der OTC-Mangelprüfung verwendet wurde. Bei der Prüfung der tragischen Ereignisse vom September 1999 stellte die FDA fest, dass die Ergebnisse dieser vorklinischen Prüfung ihr hätten gemeldet werden müssen, weil sie unmittelbar relevant für die OTC-Mangelstudie waren. Die Penn-Forscher gaben zu, dass die Ergebnisse dieser Studie der FDA im Jahresbericht vom März 2000 hätten mitgeteilt werden müssen, argumentierten aber, dass die Dosen des Vektors in der vorklinischen Studie siebzehnmal höher waren als in der klinischen Prüfung. Die Forscher wiesen außerdem darauf hin, dass die Reaktion

11 Siehe Hensley, S. (2000): Targeted Genetics Agrees to Buy Genovo, in: Wall Street Journal, 9. August 2000, B 2; Hensley, S. (2000): Targeted Genetics' Genovo Deal Leads to Windfall for Researcher, in: Wall Street Journal, 10. August 2000, B 12; Knox, A., Collins, H. (2000): Rival to Buy Local Biotech Pioneer Genovo, in: Philadelphia Inquirer, 10. August 2000, A 1.

12 Die Informationen in diesem Absatz und den folgenden Absätzen beziehen sich auf verschiedene Mitteilungen der U. S. Food and Drug Administration an James M. Wilson und Kollegen von der University of Pennsylvania.

des Affen, der den Vektor der dritten Generation erhalten hatte, weniger schwer war als diejenige der Affen, die Vektoren früherer Generationen erhalten hatten.

Im September 1999 erhielt der Patient 019, Jesse Gelsinger, den Vektor und die Geninsertion, obwohl sein Ammoniakwert am Tag vor der Infusion 91 Mikromolar war. (Der zulässige Wert war entweder 50 oder 70 Mikromolar, abhängig von der entsprechenden Version des Protokolls.) Die Penn-Forscher wiesen darauf hin, dass die Ammoniakwerte von Herrn Gelsinger innerhalb des zulässigen Bereichs waren, als er im Juni 1999 im Hinblick auf eine mögliche Aufnahme in die Studie untersucht wurde, dass ihm ein Medikament verabreicht wurde, um seine Ammoniakwerte zu senken und dass sie eine klinische Überprüfung vorgenommen hatten, mit dem Ergebnis, dass ein Ammoniakwert von 91 keine schädliche Wirkung für den Probanden haben würde.

Neben den oben genannten Fragen auf lokaler Ebene zeigte die tragische Geschichte des Penn-OTC-Mangelprotokolls auch ernste Probleme des nationalen Überwachungssystems für Humangentransfer-Forschung auf. Wie bereits erwähnt, gab es große Ungewissheit zwischen Mai 1996 und mindestens Oktober 1997. In dieser Zeit gab es zahlreiche Empfehlungen und Vorschläge in Bezug auf die Rolle und die Existenz des RAC. Es gab außerdem zahlreiche Versionen der NIH-Leitlinien. Die Forscher erhielten im übrigen eindeutige Signale von den NIH, dass „sie von der Forschungsgemeinschaft ab jetzt primär mit der FDA zu tun haben würden". Die Wirkung dieser Entwicklungen war (1) Verwirrung und (2) eine Untergrabung der Autorität des RAC.

Das bedeutendste Systemproblem war wahrscheinlich die Tatsache, dass Gentransferforscher den NIH und dem RAC ernste Nebenwirkungen nicht rechtzeitig mitteilten. Ein Schreiben von Dr. Varmus vom 21. Dezember 1999 an den Kongressabgeordneten Waxman enthält dieses ernüchternde Eingeständnis: „Von den 691 ernsten Nebenwirkungen, die berichtet wurden [aus Prüfungen mit adenoviralen Vektoren], waren 39, wie von den *NIH-Leitlinien* gefordert, vorher berichtet worden" (S. 7).[13] 39 von 691 sind 5,6 %.

Die große Unbekannte auf nationaler Ebene ist, wie die FDA ihre Überwachungszuständigkeit für das Penn-OTC-Mangelprotokoll und andere Humangentransfer-Protokolle zwischen 1996 und 1999 wahrnahm. Man würde dazu gerne Antworten auf begründete Fragen wie die folgenden erhalten:

Wie viele medizinische Sachverständige und Prüfer der FDA waren an der Überwachung des OTC-Mangelprotokolls beteiligt?

Wie sorgfältig haben sie die Korrespondenz und die Jahresberichte zu diesen und anderen Investigational-New-Drug-Anträgen gelesen?

Welche Datenbankressourcen standen zu ihrer Verfügung?

Haben sie Muster von ernsten Nebenwirkungen in Prüfungen mit adenoviralen Vektoren erkennen können?

---

13 Schreiben von Harold Varmus an Henry Waxman vom 21. Dezember 1999.

Die Ermittlungen nach dem Tod von Jesse Gelsinger waren mühsam für die Familie Gelsinger, für die Regierung und für die Forschungsgemeinschaft. Im Dezember 1999 befasste sich die Sitzung des RAC mit der Prüfung der Todesursachen von Jesse Gelsinger und überlegte, wie das Überwachungssystem geändert werden könnte, um ähnliche Tragödien in Zukunft zu vermeiden. Im Januar 2000 übermittelte die FDA der Penn-Forschungsgruppe eine Reihe von Inspektionsanmerkungen und setzte die klinische OTC-Mangelprüfung aus. Einen Monat später berief Senator Bill Frist eine Anhörung zur Überwachung der Humangentransfer-Forschung ein, bei der der Vater von Jesse Gelsinger, Paul Gelsinger, und der Autor aussagten. Im März übersandte die FDA eine formelle Abmahnung an Dr. Wilson und das Institute for Human Gene Therapy an der University of Pennsylvania. Zwei Monate später berichtete ein externer Prüfungsausschuss unter dem Vorsitz des früheren Senators John Danforth über die Erkenntnisse an die Präsidentin der University of Pennsylvania, Judith Rodin, die daraufhin beschloss, alle klinischen Forschungsprojekte am Institut einzustellen.[14]

Im Sommer des Jahres 2000 beschloss die University of Pennsylvania die Vereinbarung mit Genovo nicht zu verlängern. Laut veröffentlichten Berichten im *Wall Street Journal* und im *Philadelphia Inquirer* wurde Genovo an Targeted Genetics (TG) für neu ausgegebene Aktien im Wert von 89,9 Mio. US-$ veräußert. Die Zeitungen berichteten außerdem, dass Penn eine Beteiligung von 3,2 % an Genovo hielt, für die sie Aktien der Targeted Genetics im Werte von 1,4 Mio. US-$ erhielten, und dass James Wilson 30 % des nicht stimmberechtigten Stammkapitals hielt, für die er TG-Aktien im Werte von 13,5 Mio. US-$ erhielt. Biogen erhielten 50 Mio. US-$ TG-Aktien für ihren Anteil an Genovo.[15]

Im September 2000 verklagte die Familie Gelsinger die University of Pennsylvania wegen des Ablebens von Jesse Gelsinger. Nach sechswöchigen Verhandlungen zwischen den Parteien wurde die Rechtsstreitigkeit außergerichtlich beigelegt. Die Einigungsgrundlage wurde nicht offen gelegt.[16]

These 6: Seit Oktober 2000 hat es mehrere viel versprechende Entwicklungen auf der Ebene der NIH und der FDA gegeben.

Eine der ermutigendsten Entwicklungen Ende 2000, im Jahre 2001 und Anfang 2002 war die allmähliche Wiederherstellung der traditionellen Rolle des RAC und der NIH. Am 10. Oktober 2000 wurde im *Federal Register* verfügt, dass eine RAC-Prüfung und eine daran anschließende lokale institutionelle Genehmigung vorliegen müssen, bevor eine klinische Prüfung im Bereich Humangentransfer begonnen werden kann.[17] Im Dezember 2000 und erneut im November 2001 schlu-

---

14 Bezüglich der Informationen in diesem Absatz, siehe Nelson, D., Weiss, R. (2000): Penn Ends Gene Trials on Humans, in: Washington Post, 25. Mai 2000, A 1.

15 Siehe Literaturliste in 11.

16 Nelson, D., Weiss,R. (2000): Penn Researchers Sued in Gene Therapy Death, in: Washington Post, 19. September 2000, A 3; Weiss, R, Nelson, D: (2000): Penn Settles Gene Therapy Suit, in: Washington Post, 4. November 2000, A 4.

gen die NIH die Einsetzung eines Human Gene Transfer Safety Assessment Board vor, um die Nebenwirkungen von Gentransferprüfungen organisiert und systematisch zu bewerten und dem RAC regelmäßig zu berichten.[18] Dieses Safety Assessment Board erhielt im Januar 2002 die endgültige Zulassung durch das Office of Management Budget und die Revision der Leitlinien zur Zulassung des Gremiums wurde im Mai 2002 im *Federal Register* veröffentlicht.[19] Darüber hinaus führte der RAC im September und Dezember 2001 längere Diskussionen über ernste Nebenwirkungen, die in zwei klinischen Prüfungen zur Untersuchung von Gentransfer in Probanden mit Hämophilie aufgetreten waren. Schließlich wurde die Anzahl der RAC-Mitglieder wieder auf mehr als 15 erweitert, so dass mehr wissenschaftliche und klinische Expertise im Ausschuss vertreten sein kann.

Die FDA verkündete im Januar 2001, in den letzten Tagen der zweiten Clinton-Regierung, ihre Absicht, „bestimmte Daten und Informationen zur Humangentherapie und Xenotransplantation offen zu legen".[20] Öffentliche Stellungnahmen zu diesem Vorschlag wurden vor Umsetzung der politischen Leitlinien berücksichtigt. Der Tod eines gesunden Probanden in einer Asthma-Studie, die im Juni 2001 an der Johns Hopkins University durchgeführt wurde, erinnerte sowohl die Forscher als auch die Öffentlichkeit daran, dass Forschungsprobanden auch bei scheinbar harmlosen Versuchen ernsten Gefahren ausgesetzt sein können.[21] Mehrere Monate nach dem Tod dieses Probanden setzte die FDA ein neues Office for Good Clinical Practice im Rahmen des Commissioner's Office ein, „um die Durchführung und Überwachung von klinischer Forschung zu verbessern und den Schutz der Beteiligten an Forschungsprojekten, die im Zuständigkeitsbereich der FDA sind, sicherzustellen."[22]

Künftige Fragen

Wenn wir in die Zukunft schauen steht fest, dass die kritischsten Fragen im Zusammenhang mit der Humangentransfer-Forschung das Gehirn (und insbesondere Verhaltensmuster), genetisches Enhancement und die menschliche Keimbahn be-

17 Office of Biotechnology Activities (2000): Recombinant DNA Research: Action under the Guidelines; Notice, in: Federal Register 65 (196), 60327–60332.

18 Office of Biotechnology Activities (2000): Recombinant DNA Research: Action under the NIH Guidelines, in: Federal Register 65 (239), 77655–77659; Office of Biotechnology Activities (2001): Recombinant DNA Research: Proposed Actions under the NIH Guidelines, in: Federal Register 66 (223), 57970–57977.

19 Office of Biotechnology Activities (2002): Recombinant DNA Research: Notice under the NIH Guidelines, in: Federal Register 67 (101), 36619–36620.

20 Food and Drug Administration (2001): Availability for Public Disclosure and Submission to FDA for Public Disclosure of Certain Data and Information Related to Human Gene Therapy or Xenotransplantation, in: Federal Register 66 (12), 4688–4706.

21 Bor, J., Cohn, G. (2001): Research Volunteer Dies in Hopkins Asthma Study, in: Baltimore Sun, 14. Juli 2001, 1A.

22 Pressemitteilung, U. S. Food and Drug Administration, 26. Oktober 2001.

treffen werden. Ich möchte in diesem Zusammenhang jedoch eine Einschränkung machen: Meiner Meinung nach ist es wahrscheinlich zu früh, um zu wissen, welche relativen Beiträge zur menschlichen Gesundheit geleistet werden können von (1) Gentransfer, (2) Zelltransplantation (einschließlich embryonaler Stammzellentransplantation) und (3) Arzneimitteln. Eine vor kurzem veröffentlichte Studie deutet an, dass eine Kombination von Faktoren beteiligt sein könnte.[22a]

Das Gehirn

In diesem Bereich kann man sich vorstellen, dass das Gehirn, das bisher off limits war, mit Ausnahme der Behandlung von Krankheiten wie Gliomen, ein legitimes Ziel für Gentransferforschung werden wird. Einen Vorgeschmack in Bezug auf die zu erwartenden Entwicklungen könnte eine neuere Gentransferstudie sein, die den Versuch machte, den Dopamin-D-2-Rezeptor in Ratten einzuführen, um ihren Alkoholkonsum zu verringern.[22b]

Enhancement

Ein offensichtliches physisches Enhancement mit Krankheitsbezug wäre eine Verfeinerung des menschlichen Immunsystems, so dass es zu weniger Fehlentwicklungen kommt in Bezug auf den Angriff auf den Körper eines Betroffenen bei Autoimmunerkrankungen oder bei einer Überreaktion auf Umweltallergene. Ein mögliches intellektuelles Enhancement wäre die Erhaltung des Gedächtnisses im Alterungsprozess im Gegensatz zur Demenzia, die so viele ältere Menschen beeinträchtigt. Wichtige theoretische Fragen im Zusammenhang mit Enhancement sind: „Was ist Enhancement und was ist die Abhilfe in Bezug auf einen unerwünschten Zustand und können wir eine klare Linie zwischen diesen beiden Kategorien ziehen?"[23]

Eingriff in die Keimbahn

Für viele Menschen ist die endgültige und bedrohlichste Grenze der Genetik möglicherweise der bewusste Versuch, bestimmte Gene auf unsere Kinder und Enkel zu übertragen. Dabei kann es sich um Fälle handeln, in denen zusätzliche Maßnahmen zu einem Punkt führen, an dem jede bedeutende Industriegesellschaft zunächst betrachten muss, welche künftige Politik sie in Bezug auf Eingriffe in die

---

22a Siehe William M. Rideout III, et al. (2002): Correction of a Genetic Defect by Nuclear Transplantation and Combined Cell and Gene Therapy, in: Cell, April 5, 109(1), 17–27.

22b Siehe Panayotis K. Thanos et al. (2001): Overexpression of Dopamine D2 Receptors Reduce Alcohol Self-Administration, in: Journal of Neurochemistry 78 (5), 1094–1103.

23 Zu diesem Thema, siehe Walters, L. Gage Palmer, J. (1997): The Ethics of Human Gene Therapy, New York, Kapitel 4.

menschliche Keimbahn verfolgen möchte. Hier sind einige voraussehbare Schritte, die uns zu diesem Punkt führen könnten:

- Keimbahnveränderungen als unbeabsichtigte Nebenwirkungen eines somatischen Zellgentransfers
- Zellkerntransfer in menschliche Eier, um Mitochondrien-Erkrankungen zu verhindern
- Die genetische ‚Reparatur' von Sperma- oder Eizellen, um Krankheiten zu verhindern
- Die genetische ‚Reparatur' von Präimplantations-Embryonen, um Krankheiten zu verhindern.[24]

Schlussfolgerung

Es gibt keine einfachen Antworten auf diese atemberaubenden technologischen Möglichkeiten – weder in einem Vortrag noch in 100 Vorträgen. Was wir möglicherweise brauchen, ist ein Engagement für gute Prozesse, die es uns erlauben, auf diese Möglichkeiten vorbereitet zu sein, wenn sie aktuell werden. Der erste Prozess ist sowohl akademischer als auch politischer Natur; er wird durch diese Konferenz exemplifiziert. Er erfordert Ruhe, Rationalität, Antizipation und interdisziplinäre Gespräche – Gespräche, an denen auch Vertreter der Öffentlichkeit beteiligt werden. Der zweite Prozess ist primär politisch, aber es wäre zu hoffen, dass dabei die Beteiligung der Wissenschaft und der allgemeinen Öffentlichkeit nicht vergessen wird: Um auf die genetischen Technologien der Zukunft vorbereitet zu sein und diese handhaben zu können, brauchen wir transparente, flexible und wirkungsvolle Überwachungssysteme.

24 Zum Thema Eingriff in die Keimbahn, siehe Walters, Palmer 1997, Kapitel 5.

III. Genetische Information als Basis von Diagnose und Prädiktion: Möglichkeiten und Grenzen

Mit dem Fortschritt der Humangenomforschung wird sich die kognitive Basis für die Entwicklung prädiktiver genetischer Tests rapide erweitern. Zugleich wird die Entwicklung neuer Testverfahren (DNA-Chips) deren Verfügbarkeit und Zugänglichkeit in einer bislang unbekannten Weise steigern. In einem bisher nicht vorhergesehenen Maß wird die individuelle Genomanalyse eine Grundlage der ärztlichen Behandlung werden. Die gewonnenen genetischen Daten werden ihrerseits Gegenstand weiterer Forschung sein. Mit dieser Entwicklung in Forschung und Anwendung sind Fragen verbunden, die sowohl die Tests selbst (Qualität, Interpretation, Zulassung, Dokumentation in Datenbanken u. Ä.) als auch ihre Implementierung (gesellschaftliche Folgen, ethische, rechtliche Kriterien, Datenschutz) betreffen und ihrerseits Forschung herausfordern.

Jörg Schmidtke

Gentests. Entwicklung, Leistungsfähigkeit, Interpretation

1. Einleitung

Ende des Jahres 2000[1] waren rund zwei Drittel der vermutlich (nur) etwa 31.000 menschlichen Gene kartiert (d. h. in ihrer Lage auf den Chromosomen positioniert), und ihre Sequenz (DNA-Bausteinabfolge) war zu 90 % ermittelt.[2] Es waren rund 1.200 Gene identifiziert worden, die eine nachweisliche Rolle bei der Auslösung erblicher und erblich mitbedingter Erkrankungen spielen, und bei etwas mehr als 1.400 solcher Erkrankungen kann – zumindest in einem Teil der Fälle – die krankheitsauslösende Genveränderung (Mutation, Genvariante) charakterisiert werden. Zur Zeit tritt pro Tag eine weitere molekular diagnostizierbare Krankheit hinzu und zugleich erhöht sich der Anteil von Krankheitsfällen, die einer molekulargenetischen Diagnostik zugänglich werden.

2. Gentest-Szenarien

Es kann zur Zeit davon ausgegangen werden, dass rund ein Drittel aller bekannten monogen verursachten Erkrankungen molekular charakterisiert ist. Dies eröffnet die Möglichkeit (1) einer genetischen Absicherung klinischer Verdachtsdiagnosen, (2) der Prognosestellung im Einzelfall, (3) der prädiktiven Diagnostik spätmanifestierender Krankheiten, (4) der vorgeburtlichen Diagnostik zahlreicher genetisch bedingter Störungen und (5) von genetischen Reihenuntersuchungen.

2.1. Die molekulare Absicherung klinischer Verdachtsdiagnosen

Klinisch gestellte Diagnosen sind häufig unsicher. Das gilt vor allem für das Anfangsstadium, einen Zeitpunkt also, zu dem sekundär präventiv wirkende Maßnahmen in Gang gesetzt werden müssten. Die klinische Diagnostik wird daher traditionell durch klinisch-chemische Laboruntersuchungen und bildgebende Verfahren (Röntgen, Ultraschall u. a.) ergänzt. Genetische Tests komplementieren diese Untersuchungen. Da sie nicht am Symptom, sondern an der Ursache ansetzen, erzeugen Gentests jedoch eine ungleich größere Erkenntnistiefe. Gelegentlich führen Gentests auf therapeutische Entscheidungen, die ohne sie nur schwer zu treffen wären. Ein Beispiel: Das Marfan-Syndrom, eine autosomal-dominant erbliche

1 Dies ist der Zeitpunkt der letzten publizierten Zusammenfassung der medizinisch relevanten Ergebnisse des Humangenomprojekts, siehe Peltonen und McKusick 2001.

2 91 % der vorliegenden Gensequenzen haben eine Fehlerrate <1/10.000.

Erkrankung, die auf Mutationen im Fibrillin1 (einer Bindegewebskomponente) beruht, geht mit einer fortschreitenden Ausweitung der Aorta einher, deren innere Wände schließlich in lebensbedrohlicher Weise aufbrechen können. Wenn das Vorliegen des Marfan-Syndroms durch einen Gentest gesichert wurde, kann bei der Indikation für einen gefäßchirurgischen Eingriff nicht nur der aktuelle, lokale Befund, sondern auch die fortschreitende Tendenz der Erkrankung berücksichtigt werden; damit bleiben dem Patienten u. U. risikoreiche Nachoperationen erspart.

2.2. Prognosestellung im Einzelfall

In gewissen Grenzen eignen sich die Ergebnisse von Gentests auch für die Prognosestellung im Einzelfall, nämlich immer dann, wenn eine gesicherte Korrelation zwischen einem bestimmten Genotyp und einem bestimmten Phänotyp existiert. Bestimmte Mutationen im CFTR-Gen, dem für die Cystische Fibrose verantwortlichen Gen, gehen mit einer Teilsymptomatik (z. B. ‚nur' Infertilität) einher oder sie sagen wegen langanhaltender Nicht-Betroffenheit eines Organs (wie der Bauchspeicheldrüse) einen überdurchschnittlich günstigen Verlauf voraus. Andere Beispiele: Manche Mutationen in den für den familiären Brustkrebs verantwortlichen BRCA-Genen disponieren stärker als andere auch zum Eierstockkrebs; Mutationen in Genen, die für Enzyme kodieren, erhalten enzymatische Restaktivitäten, die einen milderen Krankheitsverlauf bedingen; die Größe der ‚dynamischen Mutation' im Huntingtin-Gen korreliert invers mit dem Lebenszeitpunkt, zu dem sich die Krankheit manifestiert. In der Regel handelt es sich aber bei den Phänotyp-Genotyp-Korrelationen nur um statistisch darstellbare Zusammenhänge, die für den Einzelfall doch nur eine begrenzte Aussage ermöglichen.

2.3. Prädiktive Diagnostik spätmanifestierender Krankeiten

Die durch die ‚neue Genetik' geschaffenen Möglichkeit, Krankheitsanlagen zu einem Zeitpunkt zu erkennen, der lange, u. U. Jahrzehnte vor dem eigentlichen Ausbruch der Erkrankung liegt, stellt die tatsächlich neuartige Dimension dar, welche die Genetik in den Mittelpunkt unserer heutigen Diskussion stellt. Um sie in ihren medizinischen, psychologischen und gesellschaftlichen Auswirkungen besser zu verstehen, sollten ‚prädiktive' genetische Tests kontextbezogen betrachtet werden.

Heute noch ganz im Vordergrund stehen individuenbezogene prädiktive Tests bei einem aufgrund der familiären Vorgeschichte erhöhten Risiko für eine monogen bedingte Krankheit. Beispiele sind die familiären Krebserkrankungen (Brust- und Darmkrebs), neurodegenerative Erkrankungen (M. Alzheimer, Huntingtonsche Krankheit, spinocerebelläre Ataxien), Stoffwechselerkrankungen (Hämochromatose) und thrombotische Erkrankungen.

Zunehmend stärker werden genetische Tests auch bei den komplexen Erkrankungen nachgefragt, Störungen also, bei denen mehrere genetische Faktoren gleichzeitig und insbesondere auch Umweltbedingungen eine wichtige Rolle hinsichtlich Auslösung und Verlauf spielen. Hierzu gehört der Diabetes mellitus, die koronare Herzerkrankung, Allergien, rheumatische Erkrankungen, die meisten Krebserkrankungen und die Psychosen. Komplexe Erkrankungen lassen sich von den monogenen Krankheiten nur unscharf abtrennen, insofern letztere nur selten wirklich den klassischen ‚deterministischen' Mendelschen Regeln folgen. Die genetischen Faktoren komplexer Erkrankungen lassen sich als ‚Suszeptibilitätsgene' auffassen. Die Wahrscheinlichkeit des Eintretens einer Erkrankung bei gegebenem Genotyp lässt sich derzeit nur als an Kollektiven erfasste statistische Größe darstellen. Nur ein sehr kleiner Teil der heute realisierbaren Tests darf hinsichtlich ihrer medizinischen Relevanz als hinreichend validiert gelten. Immer wieder wird die Erfahrung gemacht, dass genetische Assoziationen bei den komplexen Erkrankungen nicht reproduzierbar sind; die meisten Untersuchungen dieser Art kranken an zu kleinen und/oder nicht wirklich vergleichbaren Bevölkerungsstichproben. Das wissenschaftliche Interesse auf diesem Gebiet ist jedoch enorm. Es sind bereits mehr als 100 Gene identifiziert worden, die eine erhöhte Suszeptibilität zu bestimmten Erkrankungen verleihen dürften.

Eine in naher Zukunft wachsende Rolle dürften prädiktive genetische Tests im Zusammenhang mit der individuellen Antwort auf die Einnahme von Medikamenten spielen. Zu den klassischen Beispielen pharmakogenetisch relevanter Störungen zählen die Porphyrie, ein komplexes Krankheitsbild mit Bauchkoliken und wahnhaften Anfällen, welches durch Alkohol und eine Vielzahl von Medikamenten ausgelöst werden kann, und die maligne Hyperthermie, eine u. U. lebensbedrohliche Entgleisung der Körpertemperatur-Regulation als Reaktion auf Narkosemittel. Es ist davon auszugehen, dass in naher Zukunft zahlreiche weitere Genvarianten identifiziert werden, welche die Medikamentenantwort individuell steuern. Denkbar sind auch Polymorphismen anonymer DNA-Marker (‚SNP-Profile'), die auch ohne Kenntnis der zugrunde liegenden Gene Vorhersagen über pharmakogenetische Reaktionsweisen zulassen.

Heute noch schwer abschätzbar ist die Bedeutung, die von der Untersuchungsmöglichkeit auf ‚protektive Anlagen' ausgehen könnte. Bestimmte Genvarianten schützen ihren Träger vor dem Ausbruch bestimmter Krankheiten oder zögern ihn hinaus. Ein ‚Null-Allel' des CCR5-Gens (welches für ein Zelloberflächenprotein kodiert) verleiht Resistenz gegenüber AIDS, und das APOE2-Allel schützt vor der Alzheimerschen Erkrankung. Einige Genvarianten sind mit besonderer körperlicher Fitness oder mit Langlebigkeit assoziiert. Derartige Zusammenhänge sind bislang kaum ins öffentliche Bewusstsein gelangt.

Die Bundesärztekammer hat 1998 bzw. 2003 Richtlinien zur Diagnostik der genetischen Disposition für Krebserkrankungen[3] und für die allgemeine prädiktive genetische Diagnostik[4] erlassen.

---

3 Vgl. Bundesärztekammer 1998 a.
4 Vgl. Bundesärztekammer 2003.

2.4. Pränataldiagnostik

Krankheiten und Entwicklungsstörungen konnten auch schon vor der Genomära vorgeburtlich erkannt werden, unter Verwendung zytogenetischer Methoden oder, auf der Ebene des Phänotyps, mit biochemischen und bildgebenden Verfahren. Ein schwer wiegender Nachteil phänotypischer Untersuchungsmethoden ist der oftmals sehr späte Entwicklungszeitpunkt, zu dem eine Aussage getroffen werden kann. Die meisten Frauen empfinden eine Entscheidung über einen Schwangerschaftsabbruch im zweiten oder gar dritten Schwangerschaftsdrittel als hoch problematisch oder vollkommen unzumutbar. Gentests sind jedoch immer dann schon durchführbar, wenn überhaupt fetale DNA gewonnen werden kann, also technisch problemlos ab Mitte des 1. Schwangerschaftsdrittels. Damit sind heute alle Erkrankungen und Entwicklungsstörungen, für die ein direkter oder indirekter Gentest zur Verfügung steht, grundsätzlich auch vorgeburtlich diagnostizierbar.

Das Spektrum pränatal diagnostizierbarer Erkrankungen schließt heute alle Störungen mit ein, die in der Regel erst in einem sehr viel späteren Entwicklungsstadium des Individuums (Erwachsenenalter, Senium) manifest werden, darunter familiäre Krebserkrankungen und neurodegenerative Krankheiten. Es ist ferner technisch möglich, genetische Störungen mit geringem Krankheitswert und genetisch bedingte oder beeinflusste Normalmerkmale vorgeburtlich zu erfassen. Diese Potenziale erwecken vielfach die Befürchtung, dass die Pränataldiagnostik in rechtlich und ethisch unvertretbarer Weise ausgeweitet werden könne. Es gibt allerdings derzeit keinerlei empirische Belege für eine von der Genomforschung induzierte ausufernde Nutzung der Pränataldiagnostik.

Unter Verwendung von Gentests lassen sich Krankheiten und Entwicklungsstörungen nunmehr auch präkonzeptionell (Polkörperchen-Diagnostik) oder präimplantativ (d. h. am frühen Embryo) durchführen. Diese Verfahren sind nur im Zusammenhang mit einer künstlichen Befruchtung (In-vitro-Fertilisation) anwendbar und deswegen auf spezifische Fragestellungen begrenzt. Die Präimplantationsdiagnostik gilt in Deutschland zur Zeit als rechtswidrig, in zahlreichen Nachbarländern ist sie es jedoch nicht.

Aufgrund ihrer hohen Empfindlichkeit sind genetische Testverfahren prinzipiell auch geeignet, Untersuchungen an dem aus dem mütterlichen Kreislauf in geringen Mengen isolierbaren fetalen Zellmaterial durchzuführen. Der Vorteil dieses bislang noch in der Entwicklung befindlichen Vorgehens ist die Umgehung eines risikobehafteten invasiven Eingriffs.

Auch zur pränatalen Diagnostik von Krankheiten und Krankheitsdispositionen hat die Bundesärztekammer im Jahr 1998 Richtlinien herausgegeben.[5]

---

5 Vgl. Bundesärztekammer 1998 b.

2.5. Genetische Reihenuntersuchungen

Reihenuntersuchungen auf genetisch bedingte Krankheiten erfolgen weltweit im Rahmen des ‚Neugeborenen-Screenings', Untersuchungen auf angeborene Stoffwechselstörungen, die durch rechtzeitige Erkennung verhindert werden können; hierzu zählen die Phenylketonurie und die Hypothyreose. Wäre sie eine Erkrankung des Kindesalters, so würde sicher auch die Hämochromatose dazugehören. Da sich diese Störung des Eisenstoffwechsels (es kommt zu einer krankhaften Einlagerung von Eisen in zahlreichen Organen mit der Folge schwerwiegender Funktionsausfälle) jedoch erst im Erwachsenenalter manifestiert, existiert kein etablierter Rahmen für ein entsprechendes Screening. In mehreren Ländern (darunter den USA, Australien und Deutschland) kommt es jetzt zu Pilotprojekten, in denen geeignete Bedingungen für solche Programme erforscht werden.

Ein ganz anderes Thema ist das sogenannte ‚Heterozygoten-Screening'. Die Anlageträgerschaft für Erkrankungen, die erst bei den Nachkommen der Getesteten entstehen können, lässt sich bereits seit Jahrzehnten ermitteln. Diese Form prädiktiver genetischer Tests wird in zahlreichen Ländern der Welt im Rahmen bevölkerungsweiter ‚Vorsorgeprogramme' praktiziert, so in den Mittelmeerländern zur Suche nach der Anlage für die beta-Thalasämie (erbliche Blutarmut) oder in der Ashkenasim-jüdischen Bevölkerung zur Identifizierung von Anlageträgern für einige hier häufige Stoffwechselerkrankungen. Erst durch die Genomforschung möglich wurde ein Anlageträger-Screening in Bezug auf die Cystische Fibrose (CF, Mukovizidose). Seit 2001 ist jeder amerikanische Frauenarzt an eine Empfehlung seines Berufsverbandes gebunden, einen CF-Anlageträgertest jeder schwangeren Frau anzubieten. Die dem Arzt entstehenden schadensrechtlichen Folgen, die eine Nicht-Befolgung dieser Empfehlung auslösen können, und die Tatsache, dass während der Schwangerschaft ergehende Testangebote regelmäßig mit hohen Akzeptanzraten einhergehen, werden dazu führen, dass die Cystische Fibrose in den USA als Krankheit ‚ausstirbt' – ähnlich wie die beta-Thalassämie in Sardinien, einer Region, in der das Anlageträger-Screening besonders konsequent erfolgte.

Hinter manchen Screening-Programmen sind durchaus auch eugenische Motive zu erkennen, wenn man unter Eugenik alle diejenigen Maßnahmen versteht, mit denen versucht wird, Einfluss auf die reproduktiven Entscheidungen Einzelner zu nehmen, um ein gesellschaftliches Ziel zu erreichen.[6] In Deutschland, wo die Sensibilität gegenüber eugenischen Tendenzen besonders groß ist, ist auf absehbare Zeit nicht mit der Einführung derartiger Programme zu rechnen.[7] Aber es darf vorhergesagt werden, dass sich auch ohne ein organisiertes Programm eine Screening-Situation schleichend einstellen wird, weil sie dem auch vom einzelnen Elternpaar gehegten Wunsch nach einem gesunden Kind entgegenkommt.

---

6 Vgl. Holtzman 1989, Schmidtke 2002.
7 Vgl. Memorandum ‚Genetisches Screening' der Bundesärztekammer 1992.

3. Gentest-Angebote

Der ‚Berufsverband Medizinische Genetik' gibt alljährlich eine Liste von genetisch bedingten Erkrankungen heraus, die in deutschen Labors molekulargenetisch untersucht werden können.[8] Anfang des Jahres 2001 betrug die Zahl so untersuchbarer Krankheiten 280 und die Anzahl von Testanbietern belief sich auf 110. Für die in dieser Liste aufgenommenen Labors besteht eine Teilnahmepflicht an vom Berufsverband angebotenen qualitätssichernden Maßnahmen. Die Liste dient im Wesentlichen den Labors als wechselseitige Informationsquelle und genetischen Beratern und anderen Ärzten, die eine Indikation für einen Gentest stellen, als Hilfsmittel, rasch ein kompetentes Labor zu finden. Sofern man in dieser Liste nicht fündig wird, lässt sich die Suche heute problemlos international ausweiten.[9]

In welchem Umfang Gentests tatsächlich nachgefragt und erbracht werden, ist nicht vollkommen zuverlässig recherchierbar. Solange die Zahl von Testanbietern noch überschaubar war und diese sich im Wesentlichen auf humangenetische Hochschullabors beschränkten, konnten Umfrageergebnisse noch als einigermaßen repräsentativ gelten.[10] Dies dürfte heute nicht mehr der Fall sein. Eine Alternative stellt die Datenbank des Zentralinstituts der Kassenärztlichen Bundesvereinigung, Köln, dar. Hier werden die Abrechnungshäufigkeiten ärztlicher, im ‚Einheitlichen Bewertungsmaßstab' (EBM) erfasster Leistungen quartalsweise erfasst. Die Datenbank enthält außer belegärztlichen keine im stationären Zusammenhang erbrachten Leistungen, keine Daten von privatversicherten bzw. selbstzahlenden Patienten und keine Daten ‚kommerzieller', d. h. unter nicht-ärztlicher Leitung stehender Labors. Gleichwohl dürfte sie gute Anhaltspunkte zumindest für mittelfristige Trends innerhalb der kassenmedizinischen ambulanten Entwicklung liefern und um die 80 % aller tatsächlich erbrachten Leistungen umfassen.

Ein sinnvolles Maß für die Anzahl von Personen, an denen ein Gentest vorgenommen wurde, ist die Abrechnungshäufigkeit der EBM-Ziffer 4977 (DNA-Extraktion aus menschlichem Gewebe). Aufgrund textlicher Revisionen des EBM und der Tatsache, dass der Datenrücklauf aus den regionalen kassenärztlichen Vereinigungen für die Jahre 2000 und 2001 noch nicht abgeschlossen ist, stehen für diese Betrachtung nur die Jahrgänge 1997, 1998 und 1999 zur Verfügung. Es zeigt sich – für manchen vielleicht erstaunlich – dass die Zahl relativ konstant bei 90.000 pro Jahr liegt. Es ergibt sich also insgesamt folgendes Bild: Nachdem in den 90er Jahren des letzten Jahrhunderts ein dramatischer Anstieg von Gentests zu verzeichnen war (Nippert u. Mitarb. 1997), befinden wir uns seit mehreren Jahren

---

8 Siehe Bundesverband Medizinische Genetik, Liste ‚Molekulargenetische Diagnostik', http://www.bvmedgen.de.

9 Siehe EDDNAL: European Directory of DNA Laboratories, www.eddnal.com, Genetests, www.genetests.org und Orphanet: Netzwerk seltener Krankheiten, www.orpha.net, www.orphanet.de

10 Vgl. Nippert et al. 1997.

in einer Phase des ‚Null-Wachstums'. Wie oben ausgeführt, gilt dies nur für das kassenärztlich verantwortete Segment der Gesundheitsleistungen. Es ist unbekannt, welche Entwicklungen in den Randbereichen (z. B. im ‚Wellness'-Markt) der Medizin stattfinden. Aber es kann als ein vorläufiges Ergebnis dieser Recherche angesehen werden, dass medizinisch indizierte Gentests keineswegs ‚ausufern' und der Anteil der Personen, die irgendwann im Leben einen Gentest veranlassen wird, derzeit relativ konstant bei ca. 5 % liegt; nur ein Bruchteil dieser Zahl bezieht sich auf die im hier diskutierten Kontext im Wesentlichen interessierenden prädiktiven Tests.

4. Die Besonderheiten genetischer Information im medizinischen Kontext

Wir haben vorausgehend ausschließlich von ‚Gentests', also der molekulargenetischen Analyse der Erbsubstanz gesprochen. Es existieren jedoch zahlreiche andere Zugangswege zur Erfassung der genetischen Konstitution einer Person. Die Ermittlung der Beschaffenheit der Chromosomen nach Zahl und Struktur (‚Karyotyp') erfolgt mit zytogenetischen und molekular-zytogenetischen Methoden. Rückschlüsse auf die genetische Konstitution lassen sich auch über die Erfassung des ‚Phänotyps' treffen, also über klinische Untersuchungen des äußeren Erscheinungsbildes, sowie bildgebende und biochemische (Proteine, Stoffwechselprodukte) Verfahren, und allein die Betrachtung der Familienvorgeschichte erlaubt u. U. präzise genetische Diagnosestellungen. Ein Beispiel hierfür: Wer erfährt, dass sein eigenes Kind ebenso wie ein gemeinsamer Vorfahre an einer autosomal-dominanten Störung erkrankt ist (z. B. Huntingtonsche Erkrankung), weiß mit Gewissheit, dass auch er die Anlage hierfür in sich trägt.

Das vorgenannte Beispiel zeigt, dass genetische Information über das Individuum hinaus immer auch auf andere verweisen kann. Die genetischen Verknüpfungen zwischen den Mitgliedern einer Familie sind oft auch Verknüpfungen eines Krankheitsschicksals. Konflikte können u. a. entstehen, wenn die Inanspruchnahme von prädiktiven Gentests das Recht anderer auf Nicht-Wissen verletzt. Über die Familie hinaus birgt das gemeinsame genetische Erbe z. B. ethnischer Minderheiten die Gefahr kollektiver Diskriminierung.

Genetische Information hat Konsequenzen über lange Zeiträume hinweg. Bei den spätmanifestierenden Krankheiten können Jahrzehnte zwischen dem Gentest, also der Kenntnis des Genotyps und dessen phänotypischer Manifestation liegen. Manche Merkmale können sich niemals bei dem Getesteten selbst, sondern erst bei dessen Nachkommen manifestieren – in Abhängigkeit vom Genotyp des Partners.

Genetische Tests können höchst unterschiedliche Folgen haben. Im Falle eines ‚negativen' (also günstigen) Ergebnisses können ansonsten indizierte weitere Maßnahmen eingestellt werden – was insbesondere dann eine große Entlastung bedeutet, wenn diese Maßnahmen ihrerseits risikobehaftet wären (z. B. häufige Untersuchungen in Vollnarkose bei genetisch bedingtem Risiko für ein Retinoblastom, einem bösartigen Tumor des Kindesalters). Im Falle eines positiven Testergebnisses kann eine Indikation für weiter gehende diagnostische Maßnahmen gestellt werden, um den richtigen Zeitpunkt für präventive oder sonstige therapeutische Maßnahmen bestimmen zu können. Aber nicht immer sind die Testfolgen nur unmittelbar medizinischer Art. Die Ergebnisse von Gentests können weit reichende Folgen für die gesamte Lebens- und Familienplanung haben.

5. Ausblick

Es darf prognostiziert werden, dass bis zum Jahr 2005 praktisch alle monogenen Erkrankungen bei allen Anlageträgern molekulargenetisch analysierbar sein werden. Einen wesentlichen Beitrag zu dieser Entwicklung leistet die DNA-Chip-Technologie, die es erlaubt, zahlreiche Mutationen innerhalb eines oder mehrerer Gene simultan zu testen. Einsatzmöglichkeiten dieser Technologie im gendiagnostischen Sektor sind insbesondere Krankheiten mit ausgeprägter allelischer Heterogenität (z. B. Brustkrebs), Krankheiten mit ausgeprägter Locus-Heterogenität (z. B. Fettstoffwechselstörungen) und vor allem pharmakogenetische Untersuchungen.

Literaturverzeichnis

Bundesärztekammer (1992): Memorandum: Genetisches Screening, in: Deutsches Ärzteblatt 89, A-2317–2325.

Bundesärztekammer (1998 a): Richtlinien zur Diagnostik der genetischen Disposition für Krebserkrankungen, in: Deutsches Ärzteblatt 95, A-1396–1403.

Bundesärztekammer (1998 b): Richtlinien zur pränatalen Diagnostik von Krankheiten und Krankheitsdispositionen, in: Deutsches Ärzteblatt 95, A-3236–3242.

Bundesärztekammer (2003): Richtlinien zur prädiktiven genetischen Diagnostik, in: Deutsches Ärzteblatt 100, B-1085–1093.

Holtzman, N. A. (1989): Proceed with caution, Baltimore.

Nippert, I. et al. (1997): Die medizinisch-genetische Versorgung in Deutschland, in: Medizinische Genetik 9, 188–205.

Peltonen, L., McKusick, V. A. (2001): Dissecting human disease in the postgenomic era, in: Science 291, 1224–1229.

Schmidtke, J. (2002): Vererbung und Ererbtes. Ein humangenetischer Ratgeber, 2. Aufl., Chemnitz.

Peter Propping und Markus M. Nöthen

Wozu Forschung mit genetischen Daten und Informationen?

Die Genetik ist in der biologischen und medizinischen Forschung allgegenwärtig. Trotzdem fällt es vielen Menschen schwer, den Stellenwert der heutigen und vor allem der zukünftigen Entwicklungen richtig einzuschätzen. In der Medizin dient die Genetik beim gegenwärtigen Methodenstand in erster Linie der Aufklärung von Krankheitsursachen. Ihre Bedeutung beruht darauf, dass an der Entstehung der meisten Krankheiten genetische Faktoren beteiligt sind. Die Kenntnis der genetischen Faktoren eröffnet weit reichende Möglichkeiten für die nächsten Schritte, die in der Medizin immer schon die entscheidende Bedeutung hatten: Aufklärung der Pathophysiologie von Krankheiten, Entwicklung neuer Behandlungsverfahren und Vorbeugung. Der eigentliche Grund für die Bedeutung der Genetik in der Medizin ist die Tatsache der Variabilität im menschlichen Genom. Es ist daher nötig, sich die wesentlichen Fakten zur Variabilität klar zu machen.[1]

Variabilität im menschlichen Genom

Das Genom des Menschen ist in Form der DNA-Doppelhelix in jeder Zelle doppelt vorhanden. Abschnitte des DNA-Fadens sind jeweils päckchenartig in den 2 x 23 Chromosomen komprimiert, die man mit Hilfe des Lichtmikroskops bei einer etwa 1.000fachen Vergrößerung untersuchen kann. Das haploide menschliche Genom enthält $3{,}2 \times 10^9$ genetische Bausteine, die Basenpaare des genetischen Alphabets. Die Abfolge der Basenpaare ist seit 2001 im Wesentlichen bekannt, bedarf allerdings noch der Präzisierung. Nur 1,1–1,4 % der Basensequenzen werden in Proteine umgesetzt. Der größte Teil des menschlichen Genoms, nämlich 98,6–98,9 %, besteht aus nicht-kodierender DNA.[2] Über die Funktion dieses großen Anteils weiß man wenig. Es ist gut möglich, dass diese DNA Funktionen hat, die erst noch entdeckt werden müssen. Bestimmte Sequenzabschnitte haben für die Regulation der Realisierung der genetischen Information Bedeutung.

Etwa jede 1.000. Nukleotidposition im menschlichen Genom ist variabel (single nucleotide polymorphism, SNP). Einerseits ist die Basensequenz zu über 99,9 % bei allen Menschen gleich. Andererseits besitzt ein Mensch im Durchschnitt etwa 3 Millionen SNPs. Momentan sind bereits mehr als 2 Millionen SNPs bekannt. In den kodierenden Abschnitten ist die Variabilität geringer als in den nicht-kodierenden Abschnitten. Man schätzt, dass nur 5–10 % der SNPs in kodierenden Abschnitten bzw. in Steuerelementen der DNA lokalisiert sind, so dass die

1 Cichon et al. 2002; Freudenberg et al. 2002.
2 International Human Genome Sequencing Consortium 2001; Venter et al. 2001.

Menschen sich durchschnittlich in 150.000 bis 300.000 funktionell relevanten SNPs unterscheiden. Ein Teil dieser Polymorphismen schlägt sich auf Proteinebene nicht in Unterschieden nieder (same-sense-Mutationen). Die verbleibenden Unterschiede sind die wesentliche Erklärung für die genetische Einmaligkeit eines Menschen, für ethnische Unterschiede, Krankheitsdispositionen, für manche Besonderheiten in der Reaktion auf Pharmaka und für einen Teil der seelischen Unterschiede.

Seit einigen Jahren gelingt es immer besser, die Evolution des Menschen mit genetischen Methoden nachzuvollziehen. Zusammen mit den noch begrenzten Kenntnissen über die Populationsgenetik multifaktoriell erblicher (genetisch komplexer) Krankheiten beginnt sich auch ein Bild der Entstehung von Krankheitsdispositionen herauszubilden.[3] Für monogene Krankheiten gilt: An jedem Genort, für den eine Mendelsche Krankheit bekannt ist, gibt es zahlreiche verschiedene Mutationen. Die meisten dieser Mutationen sind selten und kommen in verschiedenen Bevölkerungen oft in unterschiedlicher Häufigkeit vor. Da die zu monogen erblichen Krankheiten führenden Mutationen für den Träger meist mit einem gewissen Nachteil verbunden sind, sind sie evolutionär eher jung. Die meisten dieser Mutationen sind wahrscheinlich nur einige tausend Jahre alt, d. h. sie sind in Teilpopulationen aufgetreten, nachdem sich der moderne Mensch in den letzten 100.000 Jahren von Ostafrika aus über die Welt verbreitet hat.

Außer den SNPs, die potentiell funktionelle Bedeutung haben, gibt es im menschlichen Genom noch andere Typen von Varianten. Hier sind vor allem die sog. Mikrosatelliten-Marker zu nennen. Dabei handelt es sich um Motive von 1–11 Basenpaaren, die sich mehrfach wiederholen und gleichmäßig über das Genom verteilt sind. Sie werden auch als short tandem repeats (STR) bezeichnet. Die Anzahl der Motiv-Wiederholungen ist außerordentlich variabel. Bisher sind 80.000 Dinukleotid-repeats und annähernd 60.000 Trinukleotid-repeats bekannt. Für die genetische Forschung in der Medizin beruht die enorme Bedeutung der Mikrosatelliten darauf, dass sie ihre Umgebung im Genom, d. h. den betreffenden chromosomalen Abschnitt ‚markieren' können und ihn damit von der entsprechenden Region eines anderen Chromosoms unterscheidbar machen. Wie Wegweiser auf einer Landkarte stellen Mikrosatelliten im Genom Markierungspunkte für die Orientierung dar.

Die Identifikation krankheitsrelevanter Gene

Die genetische Forschung will die konstitutionellen, d. h. ererbten Faktoren identifizieren, die zu bestimmten Phänotypen bzw. Krankheiten führen. Auch wenn das menschliche Genom und die darin vorkommenden Varianten entschlüsselt sind, bedeutet dies noch lange nicht, dass es einfach ist, einen Bezug zu einem

3 Chakravarti 1999.

Phänotyp herzustellen. Dieser Weg war in den letzten Jahrzehnten bei den Merkmalen und Krankheiten besonders erfolgreich, die einem einfachen Erbgang nach Mendel folgen. Aus der Tatsache eines einfachen Erbganges – z. B. eines dominanten oder rezessiven Erbganges – lässt sich schließen, dass die Veränderung (Variante, Mutation) in einem spezifischen Gen für den Phänotyp verantwortlich sein muss. Man spricht von monogener Vererbung.

Bei den meisten monogen erblichen Merkmalen lässt sich a priori keine plausible Hypothese über ein möglicherweise verantwortliches Gen formulieren. Die Lösung kommt aus der Kombination der formalen Genetik mit einem molekulargenetischen Ansatz: In Familien, in denen eine monogen erbliche Krankheit bei mehreren Angehörigen vorkommt, untersucht man systematisch eine große Zahl genetischer Marker auf gemeinsame Vererbung mit dem Phänotyp (Kopplungsuntersuchung). Wenn es unter Berücksichtigung der Statistik gelungen ist, die Vererbung eines Markers oder besser einer Kombination mehrerer benachbarter Marker mit dem Phänotyp nachzuweisen, dann lässt sich schließen, dass in der ‚markierten' chromosomalen Region das Gen lokalisiert ist, das für den Phänotyp verantwortlich ist. Man kann dann in genetischen Datenbanken für die betreffende chromosomale Region unter Berücksichtigung funktioneller Gesichtspunkte ein ‚Kandidaten-Gen' benennen, das sodann bei Merkmalsträgern vollständig sequenziert wird. Wenn man die ursächliche Mutation identifiziert hat, dann eröffnen sich ganz neue Möglichkeiten für das Studium der Pathophysiologie der Krankheit.

Die allermeisten monogen erblichen Krankheiten kommen nur in geringer Häufigkeit in der Bevölkerung vor. Man schätzt, dass etwa 6 % aller Menschen – lebenslang betrachtet – von irgendeiner der vielen tausend monogen erblichen Krankheiten betroffen sind. Diese Krankheiten lassen sich auf Grund der ‚Monokausalität' leichter analysieren und sind in der Vergangenheit daher bevorzugt wissenschaftlich bearbeitet worden. Schwieriger zu analysieren sind die multifaktoriellen, d. h. genetisch komplexen Krankheiten. Viele komplexe Krankheiten kommen in der Bevölkerung mit Häufigkeiten im Prozentbereich vor. Dazu gehören z. B. hoher Blutdruck, Herzinfarkt, allergische Krankheiten, Diabetes mellitus, Epilepsie und seelische Krankheiten wie Schizophrenie und manisch-depressive Krankheit. Diese Krankheiten treten zwar mit einer gewissen Familiärität auf, lassen aber eine Segregation entsprechend einem Mendelschen Erbgang vermissen. Bei vielen komplexen Krankheiten betragen die Wiederholungsrisiken bei Verwandten 1. Grades 10–15 %. Dieses Risiko ist etwa 5–15-mal so hoch wie die Krankheitshäufigkeit in der Allgemeinbevölkerung. Es ist unwahrscheinlich, dass eine einzige Mutation den gesamten Krankheits-Phänotyp erklären kann. Viel wahrscheinlicher ist es, dass mehrere Gene, die Mutationen tragen, zu einer Krankheitsdisposition beitragen. Es entscheiden vielfach exogene oder stochastische Einflüsse darüber, ob eine Krankheit resultiert. Die für die Krankheitsdisposition verantwortlichen Genvarianten können in der Bevölkerung nicht selten sein, sonst könnte man die relativ hohen Wiederholungsrisiken unter den Verwandten 1. Grades nicht erklären.

Während die genetische Ursachen bereits bei einer großen Zahl monogen erblicher Krankheiten bekannt sind, ist deren Aufklärung bei genetisch komplexen Krankheiten bisher nur in Einzelfällen gelungen. Welche Forschungsstrategie wird dabei verfolgt? Während bei den monogen erblichen Krankheiten für die Kartierung des relevanten Gens meist wenige Familien ausreichen, benötigt man bei den genetisch komplexen Phänotypen zur Kartierung krankheitsrelevanter Gene eine sehr große Zahl von Familien mit der betreffenden Krankheit. Von besonderer Wichtigkeit ist dabei die sorgfältige Erhebung des Phänotyps. Die Untersuchung auf gemeinsame Vererbung zwischen den genetischen Markern und dem Phänotyp muss mit unterschiedlichen Phänotypdefinitionen erfolgen, da man a priori nicht weiß, welche Definition dem ‚wahren' Phänotyp am nächsten kommt.

Einer genetisch komplexen Krankheit wird meist die Verschiebung eines funktionellen Gleichgewichts oder Regelkreises zugrunde liegen. Diese Verschiebung des Gleichgewichts ist mit einer Krankheitsdisposition verbunden. Der funktionelle Effekt kommt wahrscheinlich dadurch zustande, dass Mutationen an verschiedenen Genorten, die bei einem Menschen nebeneinander vorliegen, sich auf der Funktionsebene auswirken. Derartige Effekte sind bisher allenfalls ansatzweise verstanden. Man kann aber sicher sagen, dass jede der Mutationen, die zur Disposition für eine multifaktorielle Krankheit beiträgt, das Krankheitsrisiko nur in begrenztem Ausmaß erhöht. Der Zusammenhang zwischen Genotyp und Phänotyp, der bei den monogen erblichen Krankheiten sehr strikt ist, ist bei den genetisch komplexen Krankheiten nur statistischer Natur. Eine einzelne Mutation ist nur mit einem ‚relativen Risiko' für die betreffende Krankheit verbunden. Ob eine Krankheitsdisposition tatsächlich zu einer Krankheit führt, hängt u. a. auch von verschiedenen äußeren Faktoren ab (z. B. exogene Trigger, Ernährung, Infekte, seelische Einflüsse).

Es ist bei genetisch komplexen Krankheiten ungleich schwerer als bei monogen erblichen Krankheiten, den Beweis zu führen, dass eine bestimmte Mutation in einem bestimmten Gen tatsächlich ursächlich ist. Wegen der statistischen Natur des Zusammenhangs muss die Korrelation zwischen Genotyp und Phänotyp in großen Patientenkollektiven bestätigt werden. Danach müssen funktionelle Untersuchungen durchgeführt werden.

Ein wichtiger Unterschied der Genwirkung bei monogenen im Vergleich zu multifaktoriell erblichen Krankheiten ist die ‚Labilität' der phänotypischen Auswirkung einer Mutation. Da nicht jede genetische Disposition auch zu einer Krankheit führt, lassen sich multifaktorielle Krankheiten therapeutisch in der Regel eher beeinflussen als monogene. Dies zeigen auch die bereits existierenden Möglichkeiten der Behandlung. Krankheiten wie Hypertonie, Epilepsie, Diabetes mellitus, Allergien, Schizophrenie, manisch-depressive Krankheit sind in gewissem Ausmaß medikamentös behandelbar, obgleich man nur sehr ungenaue Vorstellungen über die Ursachen dieser Krankheiten hat. Die Behandlungsmöglichkeiten sind bei den meisten Krankheiten mit einem Mendelschen Erbgang viel schlechter.

Mit genetischen Methoden ist es nicht möglich, das Auftreten einer multifaktoriellen Krankheit zuverlässig vorherzusagen. Selbst wenn eines Tages alle Gene, die die Disposition zu einer multifaktoriellen Krankheit beeinflussen, bekannt sind, lässt sich kein schicksalhafter Verlauf vorhersagen. Man kann die Güte der prinzipiellen Vorhersagbarkeit sogar quantitativ angeben. Hierzu kann man man auf Befunde der klassischen Zwillingsforschung zurückgreifen. Man unterscheidet eineiige und zweieiige Zwillinge. Eineiige Zwillinge stimmen in ihrer genetischen Ausstattung völlig überein, zweieiige besitzen auf Grund ihrer Abstammung die Hälfte der Erbanlagen gemeinsam. Eineiige Zwillinge sind sich äußerlich zum Verwechseln ähnlich. Sie haben oft auch ähnliche Krankheiten, aber eben nicht immer. Wenn eineiige Zwillinge für eine Krankheit nicht 100%ig konkordant sind, dann weist dies auch auf den Einfluss exogener Faktoren hin. Die Konkordanzrate für die Schizophrenie liegt z. B. bei 50 %, für die manisch-depressive Krankheit bei 70 %. Dabei handelt es sich um Spontanverläufe der Krankheiten. Man kann damit rechnen, dass die Therapie dieser Krankheiten in der Zukunft noch verbessert wird. Damit wird die ‚Schicksalhaftigkeit' des Verlaufs weiter abnehmen. Mit genetischen Methoden wird es immer nur bei einer statistischen Aussage zum Auftreten einer multifaktoriell erblichen Krankheit bleiben. Die Vorhersage kann nie über die Höhe der Konkordanzrate eineiiger Zwillinge hinausgehen.

Genetische Medizin – die Medizin der Zukunft

Es ist eine besondere Stärke der genetischen Forschung, dass sie biologische Ursachenfaktoren, nicht Epiphänomene identifiziert. Es wird letztlich möglich sein, den gesamten genetischen Anteil an der vorhandenen Gesamtvarianz eines Merkmals in der Bevölkerung zu erfassen. Dabei wird sich ergeben, dass die genetische Disposition zu Krankheiten in die ‚normale' Variabilität übergeht. Insbesondere wird es dadurch möglich, die Wechselwirkung zwischen Umwelteinflüssen und genetischer Disposition zu verstehen. Mehr noch: Es wird sich herausarbeiten lassen, warum ein bestimmter Umwelteinfluss verschiedene Menschen unterschiedlich betrifft. Dadurch wird es möglich werden, für Träger bestimmter Krankheitsdispositionen spezifische Präventionsstrategien und Therapien zu entwickeln. Die genetische Forschung zielt daher keineswegs nur auf den biologisch-konstitutiven Anteil an der Entstehung von Krankheiten ab, sie hat auch eminente Bedeutung für das Verständnis der exogenen Einflüsse. Erst die Kombination aus dem Vorliegen des entsprechenden Genotyps und bestimmter Umwelteinflüsse setzt einen Krankheitsprozess in Gang. Wenn man die Komponente Genotyp verstanden hat, lässt sich auch zielstrebiger nach den äußeren Bedingungsfaktoren fahnden.

Alle diese Zusammenhänge werden sich nur mit Hilfe sehr großer Bevölkerungsstichproben aufdecken lassen. Dies beruht auf der statistischen Natur der meisten Genwirkungen. Wie müssen Forschungsprojekte angelegt sein, um den Effekt bestimmter Mutationen bzw. Polymorphismen in der Bevölkerung aufzuklären? Man wird zunächst mehrere unabhängige Familienkollektive sammeln müssen, in denen jeweils mehrere Personen einen bestimmten Phänotyp, z. B. Hypertonie, Diabetes mellitus oder eine Geisteskrankheit tragen. Wenn man ein plausibles Gen identifiziert hat, bedarf der Befund zur Absicherung noch umfänglicher Fall-Kontroll-Studien sowie anschließender Laboruntersuchungen, um die funktionellen Zusammenhänge zu verstehen.

Wenn Mutationen in Genen identifiziert sind, die für bestimmte Krankheiten ursächlich relevant sind, dann kann man in einem nächsten Schritt untersuchen, wie stark ein bestimmter Genotyp das Risiko für eine bestimmte Krankheit erhöht und welche exogenen Faktoren die Krankheitsmanifestation begünstigen bzw. davor schützen. Hier kommen bevölkerungsbezogene DNA-Banken ins Spiel, wie sie in den kommenden Jahren z. B. in Großbritannien angelegt werden. Dort soll innerhalb von fünf Jahren eine DNA-Bank von 500.000 Personen angelegt werden, über deren Gesundheit wesentliche Information vorhanden ist. Diese Einrichtung wird eine enorme Ressource für die genetische Medizin darstellen, insbesondere für die anschließende Anwendung in Prävention und Therapie.

Die immer tieferen Einsichten in die biologischen Abläufe, die auf der Basis ererbter Dispositionen zu Krankheiten führen, sind auch mit Sorgen vor Fehlentwicklungen und Missbrauch verbunden. Andererseits ist vielen Menschen nicht bewusst, dass die genetische Medizin nur eine konsequente Fortsetzung der Erfolgsgeschichte der naturwissenschaftlichen Medizin der letzten Jahrhunderte ist. Die großen Fortschritte der Medizin, die enorm gestiegene Lebenserwartung bei gleichzeitig immer längerer Gesundheit ist der naturwissenschaftlichen Medizin zu verdanken. Diejenigen, die dieses Konzept tragen, haben daher die Aufgabe, die Sorgen der Menschen ernst zu nehmen und die Allgemeinheit zu informieren und zu beraten. Die Wissenschaft hat eine Bringschuld gegenüber der Gesellschaft.

Sorgen und Befürchtungen

Im Folgenden nehmen wir zu einigen häufig geäußerten Sorgen Stellung.

Schere zwischen Diagnose und Therapie. Die Genetik ist eine analytische Disziplin, sie eröffnet in der Medizin weit reichende diagnostische Möglichkeiten. Es ist die Sorge verbreitet, dass sich die Schere zwischen Diagnose und Therapie immer weiter öffnet, dass nur einem ‚genetischen Voyeurtum' Vorschub geleistet wird.

Die Schere zwischen Diagnostik und Therapie ist keineswegs nur für die Genetik charakteristisch, sie hat schon immer existiert und öffnet sich in der gesamten Medizin immer weiter. Man denke an die Feinheit der Diagnostik in der Neurologie, an die bildgebenden Verfahren wie Computertomographie, Kernspintomographie oder funktionelle Kernspintomographie. Kardiologie und Krebsdiagnostik sind weitere Beispiele, bei denen die Diagnostik viel weiter als die Therapie ist. Trotzdem muss man feststellen, dass es in den letzten Jahrzehnten auf den genannten Gebieten weit reichende Fortschritte in der Therapie gegeben hat. Die Bedeutung der genetischen Medizin wird vor allem in den Möglichkeiten der Krankheitsfrüherkennung und den daraus resultierenden Möglichkeiten der Prävention liegen. Ohne ein tiefes ätiologisches Verständnis wird es jedenfalls weder in der Prävention noch in der Therapie Fortschritte geben.

Genetischer Determinismus. Die genetische Diagnostik erlaubt prädiktive Aussagen für Krankheitsdispositionen, vielleicht auch bestimmte Begabungen, sowohl was die körperlichen Fähigkeiten anbelangt, z. B. im Sport, als auch im Hinblick auf geistige Leistungen. Es ist die Sorge verbreitet, die Genetik würde einem biologischen Determinismus den Weg bereiten mit unabsehbaren Folgen für das gesellschaftliche Zusammenleben.

Diese Sorgen basieren auf der Vorstellung einer strikten Umsetzung eines Genotyps in einen Phänotyp. Tatsächlich gilt der Zusammenhang aber nur für die monogen erblichen Merkmale und Krankheiten. Die meisten der in der Bevölkerung häufigen Krankheiten kommen auf der Basis komplizierter genetischer Dispositionen zustande. Wie oben erläutert, gibt es zwischen einem einzelnen Genotyp und der damit korrelierten Krankheit nur einen statistischen Zusammenhang. Es hängt nicht nur von dem Muster disponierender Genotypen ab, die sich in einer Person vereinigt haben, sondern auch von exogenen und stochastischen Einflüssen, ob eine genetische Disposition in eine manifeste Krankheit umschlägt.

In diesem Zusammenhang ist an die Einsichten der oben erwähnten klassischen Zwillingsforschung zu erinnern. Eineiige Zwillinge sind genetisch vollständig identisch, sie entwickeln oft, aber keineswegs immer die gleichen Krankheiten. Eineiige Zwillinge haben zwar ähnlich gelagerte Begabungen, ihr Lebensweg ist aber im Durchschnitt nicht gleich. Im Hinblick auf Persönlichkeitseigenschaften sind eineiige Zwillinge einander zwar ähnlicher als zweieiige Zwillinge und normale Geschwister, das Ausmaß ihrer Ähnlichkeit ist aber mäßig. Man kann allgemein formulieren: Auch wenn alle Gene und deren Varianten bekannt sind, die zu einer bestimmten Dimension des Verhaltens oder zu einer Krankheit disponieren oder mit einer bestimmten Begabung korreliert sind, wird eine Vorhersage nie besser sein können als die Konkordanzrate eineiiger Zwillinge in der betreffenden Dimension. Die Freiheit des Menschen ist durch die Einsichten der Genetik nicht bedroht. Es ist eine Erkenntnis der modernen Genetik, dass die Umsetzung von Genotypen in Phänotypen außerordentlich kompliziert und keineswegs klar vorhersagbar ist.

Diejenigen, die in Sorge vor dem gläsernen, berechenbaren Menschen sind, gehen von einer Vorstellung aus, die noch die Genetiker des ersten Drittels des 20. Jahrhunderts hatten. Unter dem Eindruck der Wiederentdeckung der Mendelschen Gesetze im Jahre 1900 hoffte man, den Menschen vollständig mit genetischen Methoden erklären zu können. Wie wir heute wissen, beruhte dies auf der unzulässigen Verallgemeinerung der Verhältnisse bei monogen erblichen Merkmalen.

Designer-Kinder durch Pränataldiagnostik? Genetische Diagnostik wird nicht nur bei Kindern und Erwachsenen durchgeführt, sondern auch schon vorgeburtlich. Mit Hilfe der Pränataldiagnostik können Elternpaare, die ein erhöhtes Risiko für die Geburt eines Kindes mit einer schweren genetisch bedingten Krankheit haben oder aus diesen Gründen bereits ein Kind verloren haben, in einer Schwangerschaft untersuchen lassen, ob das heranwachsende Kind von der befürchteten Krankheit betroffen ist. In vielen Fällen kann man Schwangere beruhigen. Sollte der Embryo unglücklicherweise als betroffen erkannt werden, dann bleibt als ultima ratio ein Abbruch der Schwangerschaft.

In den meisten entwickelten Ländern ist seit einigen Jahren die Präimplantationsdiagnostik (PID) eingeführt, die in den deutschsprachigen Ländern Europas bislang nicht erlaubt ist. Bei diesem Verfahren wird zunächst eine In-vitro-Fertilisation durchgeführt. Sodann kann der entstandene Embryo im Achtzellstadium auf eine genetisch bedingte Krankheit untersucht werden. Es muss natürlich bekannt sein, für welche Krankheit das Risiko erhöht und welches Gen zu untersuchen ist. Von Kritikern wird nun argumentiert, mit der Diagnostik auf schwere, monogen erbliche Krankheiten würde die PID erst einmal salonfähig gemacht. In der nächsten Phase würden dann mit Gen-Chips immer mehr Gene oder sogar das ganze Genom auf ‚Fehler' abgesucht. Dies wäre der Einstieg in die ‚positive Eugenik' mit unabsehbaren Konsequenzen für die Gesellschaft und die Zukunft der Gattung Mensch.

Ein Kind kann prinzipiell nur die Erbanlagen besitzen, die auch bei seinen Eltern vorhanden sind. Dem ‚Designen' eines Kindes sind daher bereits durch die genetische Ausstattung der Eltern Grenzen gesetzt. Es ist aber ein weiterer Gesichtspunkt zu beachten. Wir haben oben gesehen, dass die Disposition zu den meisten ‚Volkskrankheiten' sowie die Begabungen und Persönlichkeitseigenschaften einerseits durch eine Kombination von Erbanlagen, andererseits durch exogene Einflüsse bedingt ist. Könnte man Embryonen nach genetischen Dispositionen selektieren? Zur Beantwortung dieser Frage muss man eine Modellrechnung anstellen.

Wollte man bei einem Embryo nicht nur eine bestimmte rezessiv erbliche Krankheit, sondern noch eine weitere Variante an einem zweiten Genort ausschließen, die bei einem Elternteil vorkommt und im Laufe des Lebens zu einer Krankheit disponiert, dann ist die kombinatorische Natur der Vererbung von Genen zu berücksichtigen. Während 3/4 der Embryonen die Krankheit nicht entwickeln werden, sind es nur 3/8, die weder die Krankheit noch die zweite disponierende Erbanlage tragen. Soll noch zusätzlich die Variante an einem dritten Genort bei dem Kind ausgeschlossen werden, dann erfüllen nur 3/16 der Embryonen diese Bedingung. In den drei Beispielen müsste man also vier, acht bzw. sechzehn Embryonen erzeugen, damit die gewünschten genetischen Konstellationen überhaupt mit hinreichender Wahrscheinlichkeit anzutreffen sind und drei Embryonen in die Gebärmutter übertragen werden können. Dazu käme die statistische Dimension, d.h. die Zufallsverteilung und das Problem technischer Störungen. Während die gleichzeitige Berücksichtigung von zwei unabhängig vererbten Genen bei PID noch eben möglich wäre, so scheitert dies spätestens ab drei Genorten. Man müsste eine so große Zahl von Eizellen gewinnen, wie dies wegen Nebenwirkungen der Hormonbehandlung gegenüber der Frau nicht zu verantworten ist.

Diese Zusammenhänge sind auch im Hinblick auf die ‚positive Eugenik' zu berücksichtigen. Die von vielen Menschen als ‚günstig' eingestuften Eigenschaften wie hohe Intelligenz, seelische Gesundheit oder körperliche Attraktivität sind durch das Zusammenwirken zahlreicher Gene, die bisher allerdings nur ansatzweise bekannt sind, im Verein mit äußeren Einflüssen bedingt. Es hat evolutionäre Gründe, dass ‚günstige' Eigenschaften immer multifaktoriell erblich sind. Sollte eine einzelne Erbanlage allein für einen ‚günstigen' Phänotyp verantwortlich sein, dann hat die Evolution dafür gesorgt, dass wir sie heute alle besitzen. Aus Gründen der genetischen Kombinatorik wird man weder mit PID noch mit anderen Methoden der Pränataldiagnostik jemals eine Selektion nach einem multifaktoriell determinierten Phänotyp vornehmen können. Zu groß ist die mögliche Zahl von Kombinationen. Die Unmöglichkeit, pränatale Selektionsverfahren auf multifaktoriell determinierte Merkmale anzuwenden, hat nicht technische Gründe, sondern beruht auf der Natur der multifaktoriellen Vererbung.

Offene Diskussion

Wie bei jeder anderen technischen Neuerung sind auch bei der Genetik Fehlentwicklungen möglich. Eine offene und öffentliche Debatte sollte derartige Fehlentwicklungen erkennen und gegebenenfalls korrigieren können.

Literaturverzeichnis

Chakravarti A. (1999): Population genetics – making sense out of sequence, in: Nature Genetic Supply 1 (21), 56–60.

Cichon S. et al. (2002): Variabilität im menschlichen Genom, in: Deutsches Ärzteblatt 99, A-3091–3101.

Freudenberg J. et al. (2002): Blockstruktur des menschlichen Genoms: Ein Organisationsprinzip der genetischen Variabilität, in: Deutsches Ärzteblatt 99, A-3190.

International Human Genome Sequencing Consortium (2001): Initial sequencing and analysis of the human genome, in: Nature 409, 860–921.

Venter J. C. et al. (2001): The sequence of the human genome, in: Science 291, 1304–1351.

Hille Haker

Genetische Diagnostik und die Entwicklung von Gentests: Reflexionen zur ethischen Urteilsbildung

Neben der Entwicklung der Gentherapie ist die Gendiagnostik oder, im weiteren Sinne, die Entwicklung von Gentests das für die nächsten Jahre entscheidende Anwendungsfeld der Genomforschung. Während in den vergangenen Jahren vor allem die Gendiagnostik im Kontext der Fortpflanzung in der öffentlichen Diskussion stand, geraten gegenwärtig zunehmend auch die anderen Bereiche in den Blick – nicht zuletzt deshalb, weil weite Bereiche der Gentestentwicklung und -durchführung einer rechtlichen Regulierung bedürfen. Für die *ethische* Beurteilung der verschiedenen Anwendungsfelder bedarf es dabei eines Instrumentariums, das die ethische Vor-Annahmen offen legt, darüber hinaus aber auch einer Differenzierung nach den verschiedenen Handlungstypen Rechnung trägt.

1. Kriterien der ethischen Urteilsbildung

1.1. Bewertungsprinzip für die ethische Bewertung: Menschenwürde[1]

Bekanntlich gibt es je nach ethischem Ansatz verschiedene Grundannahmen der ethischen Beurteilung, die in gewisser Weise eine Weichenstellung bezüglich der Beurteilungsergebnisse darstellen. Sie offen zu legen erscheint mir deshalb notwendig, weil nur so eine argumentative Auseinandersetzung über diese Annahmen erfolgen kann. Ich vertrete, wie ich andernorts gezeigt habe, eine Ethik der Menschenrechte, die gleichwohl nicht auf die Dimension der Strebensethik im Sinne einer Ethik des guten Lebens verzichtet.[2]

Das Selbstverständnis des Menschen, das in der philosophischen Anthropologie reflektiert wird, ist von einer grundsätzlichen Offenheit bezüglich der Art und Weise, das individuelle und soziale Leben zu gestalten, geprägt. Dadurch entsteht ein konstitutiver Zusammenhang zwischen Menschsein und Handlungsfähigkeit. Wäre der Mensch nicht handlungsfähig in einem anspruchsvollen Sinn der Zurechenbarkeit, so wäre er kein moralisches Wesen. Die Fähigkeit zu handeln impliziert die Fähigkeit (und Notwendigkeit), Verantwortung für das Handeln zu übernehmen. Neben dieser Fähigkeit, die den Menschen vor allen anderen Wesen als moralischen Akteur, als Moralsubjekt kennzeichnet, ist der Mensch aber auch ein

---

1 Vgl. zur Diskussion um die Menschenwürde und Biomedizin auch: Rager 1997, Steigleder 1999, Behr et al. 1999, Braun 2000, Eibach 2000, Düwell 2001, Höffe et al. 2002, Baranzke 2002.

2 Vgl. Haker 2002.

verletzliches und bedürftiges Wesen. Er bedarf anderer, um er selbst zu sein, um sein Leben führen und gestalten zu können. Jede ethische Reflexion ruht quasi auf diesen elementaren Einsichten der philosophischen Anthropologie. Handlungs- und Moralfähigkeit sowie Verletzbarkeit und Abhängigkeit bilden entsprechend auch den Hintergrund für die Ethik der Menschenwürde und Menschenrechte. Wenn heute eine Unterscheidung zwischen Menschsein und Personalität vorgenommen wird, so meint der Personbegriff vor allem die erste Dimension, nämlich die Handlungs- und Moralfähigkeit des Menschen, während die zweite Dimension – meines Erachtens zu Unrecht – aus dem Personbegriff herausgehalten wird. Mit den folgenden Stichworten möchte ich demgegenüber den Zusammenhang von Menschsein *als* Personsein betonen, ohne den das Konzept der Menschenwürde unverständlich bliebe.

1.1.1. Die biographisch-narrative Einheit und elementare Kontinuität personaler Identität

Der Bezugspunkt der Würde ist die Person. Dabei ist auszugehen von einem prozessualen Begriff der Person, d. h. von der Notwendigkeit der biographisch-narrativen Einheit und der elementaren Kontinuität personaler Identität. Die Dauer oder zeitliche Erstreckung ist eine transzendentale Bedingung für die Identität einer Person, sie ist jedoch als Lebens*geschichte* eine notwendige narrative Konstruktion. Identität bedeutet daher unter anderem eine unaufhörliche Selbstaneignung dessen, was zunächst als Fremdzuschreibung beginnt, wie es symbolisch mit der Namensgebung als Identitätszeichen geschieht. Der Begriff „Person" verschleiert diesen notwendigen Zusammenhang zur Lebensgeschichte, zur Dauer und zur Narrativität.[3]

1.1.2. Leiblichkeit

Der Personbegriff, der in der philosophischen Anthropologie zugrunde gelegt wird, ist an die Bestimmung der Leiblichkeit gekoppelt. Die spezifische Selbsterfahrung, die mit dem Begriff des Selbstbewusstseins und der Selbstbestimmung nur unzureichend gefasst ist, ist eine vorgängige, jeden Wirklichkeitsbezug konstituierende, körperlich vermittelte Erfahrung. Diese Leibgebundenheit bedeutet einerseits Vereinzelung und Individualität. Sie bedeutet aber auch eine Grenze der Selbstverfügbarkeit, der Selbsttransparenz, eine Grenze der Selbstkontrolle. Leiblichkeit konstituiert den Zugang zur ‚Welt', und sie verhindert, dass Personen als „Körpermaschinen" konstruierbar sind.[4] Die mit der Leiblichkeit einhergehende physische und psychische Verletzbarkeit mündet in *Schutzrechte*.

---

3 Vgl. Haker 2002, dort zahlreiche Literatur.
4 Vgl. für den Kontext der Biomedizin List 2001.

1.1.3. Freiheit und Selbstbestimmung

Der Personbegriff zielt insbesondere in seiner Verwendung in bioethischen Kontexten jedoch weder auf die Identität und Lebensgeschichte noch auf das leibliche Selbstverhältnis, sondern vielmehr auf die Handlungsfähigkeit im Sinne von Freiheit und Selbstbestimmung. Dies ist zunächst im Sinne der Handlungs- und Wahlfreiheit zu verstehen, im weiteren Sinne jedoch im Sinne der moralischen Autonomie. Die Unterscheidung zwischen Autonomie und Autarkie macht dabei deutlich, dass es nicht um eine vollkommene Unabhängigkeit der individuellen Person von anderen Personen geht, sondern durchaus um eine relational gefasste Autonomie. Andererseits bedeutet aber *moralische* Autonomie sehr viel mehr als nur die Entscheidungsfreiheit. Im Gefolge Kants meint Autonomie die Notwendigkeit der Überzeugtheit von der Richtigkeit dessen, was eine Person tut, für *alle*. Moralische Autonomie ist damit an das Prinzip der Universalisierbarkeit gebunden. Sie mündet in *Freiheitsrechte* und in das Verbot der Verfügungsmacht anderer über Personen.

1.1.4. Soziale Interaktion und Anerkennungsverhältnisse

Der Personbegriff ist nicht atomistisch zu fassen, vielmehr ist Personalität an soziale Beziehungen gekoppelt, an soziale Interaktionen und Anerkennungsverhältnisse. Da die sozialen Interaktionen nie nur symmetrisch zu fassen sind, sondern immer auch asymmetrische Beziehungen einschließen, münden sie – komplementär zu den Freiheitsrechten – in spezifische *Anspruchs- und Förderungsrechte*.

Vor dem Hintergrund dieser Bestimmungen ist das Verhältnis von Würde und Rechten genauer als ein „Erläuterungsverhältnis“[5] zu fassen: Würde fungiert als konstitutives Prinzip der moralischen Rechte, dieses entfaltet seine normative Aussagekraft aber erst auf der Ebene der verschiedenen Rechtetypen. Diese Rechtetypen sind zu unterscheiden nach Freiheits- oder Abwehrrechten, Schutzrechten, Anspruchs- oder Förderungsrechten. Die Reflexion auf die Rechte, insbesondere aber natürlich die Zuschreibung von Rechten *an* Personen muss einerseits die biologische Kontinuität *und* die narrative Einheit berücksichtigen, welche die Würde unteilbar macht, andererseits aber auch die Entwicklung in dieser Kontinuität und Einheit, also den prozessualen Charakter. So kann es zu einer Gradualität der Rechte nach Maßgabe der Fähigkeit ihrer Ausübung kommen – dies gilt insbesondere für die Freiheitsrechte und wird uns noch im Zusammenhang mit Gentests an Kindern beschäftigen –, nicht aber zu einer Gradualisierung der elementaren Schutz- und Anspruchsrechte.

Was trägt diese Verhältnisbestimmung auf der Grundlage eines erweiterten Personbegriffs für die biomedizinische Ethik aus? Nicht viel, wenn er nicht an den Begriff der Rechte gebunden wird, die aber interpretationsbedürftig und – in Konfliktsituationen, mit denen es die Ethik immer zu tun hat – gegeneinander abgewogen werden müssen. Würde bedeutet nicht Abwägungsabstinenz. Würde bedeutet, dass

5 So auch Düwell 2001.

eine individuelle, stärker aber noch eine institutionelle Abwägung zwischen verschiedenen Rechten, und gleicher Rechte zwischen verschiedenen Personen, unter Wahrung der elementaren Integrität aller Betroffenen erfolgen muss. Sie gibt der Abwägung selbst noch einmal einen Maßstab, auch wenn der Rekurs auf die Rechte eine notwendige Entfaltung des Sinns von Würde darstellt.

Der Würdebegriff ist daher, kurz gesagt, ein Emblem für ein Moralkonzept, das das *prinzipielle Recht auf Schutz der physischen und psychischen Verletzbarkeit*, den *Respekt vor der Selbstbestimmung*, also der Freiheit, und das *Recht auf Unterstützung* behauptet. Das Verhältnis von Schutz-, Freiheits- und Anspruchsrechten ist dabei Diskussionsgegenstand aller modernen Ethiken – auch dort, wo sie dies Verhältnis nicht in die Sprache von Rechten, sondern etwa von Interessen kleiden.

1.2. Normative Referenzpunkte für die medizinethische Bewertung

Menschenrechte müssen für verschiedene Kontexte unterschiedlich gefüllt werden, deshalb spricht man zum Beispiel von politischen und sozialen Menschenrechten. Die jeweilige Differenz ergibt sich nicht aus einer unterschiedlichen Bewertung von Verletzbarkeit oder Freiheit, sondern aus der je unterschiedlichen Bewertung der Einschlägigkeit der Rechte. Für die Medizinethik, die insgesamt eher implizit als explizit mit dem Menschenrechtskonzept arbeitet, stellen die folgenden Maßstäbe eine Errungenschaft der bioethischen bzw. medizinethischen Reflexion der letzten Jahrzehnte dar.[6] Sie sind meines Erachtens unmittelbare Konsequenz aus dem von mir favorisierten Ansatz der Menschenwürde und Menschenrechte:

1) Respekt vor der Autonomie der Betroffenen (Entscheidungsfreiheit),
2) Respekt vor der Unverfügbarkeit von Menschen (Respekt vor der Autonomie, Instrumentalisierungsverbot),
3) Linderung von Krankheit, Förderung der Gesundheit (Arztpflichten, Arztauftrag),
4) Diskriminierungsverbot (Berücksichtigung sozialer Folgen von gesellschaftlichen Praktiken).

Der erste Maßstab drückt das Freiheitsrecht aus, das allerdings in der Medizinethik häufig in der Form der Entscheidungsfreiheit enggeführt wird. Zudem muss

6 Der bekannte Ansatz von Beauchamp and Childress spricht von den Referenzpunkten (Principles): Autonomy, Non-Maleficence, Beneficence, Justice. Die hier angeführten Referenzpunkte erscheinen mir demgegenüber aber präziser ausbuchstabierbar zu sein. Außerdem berücksichtigen sie explizit eine deontologische und eine teleologische Dimension der ethischen Urteilsbildung. Sie sind nicht exklusiv gedacht, sollen aber doch Orientierungen für die ethische Beurteilung geben, so dass eine Nichtberücksichtigung oder Außerkraftsetzung eines oder mehrerer Referenzpunkte eigens begründet werden müsste.

die Unterscheidung zwischen Entscheidungen der individuellen Lebensgestaltung und Entscheidungen, die andere in ihrer Identität und/oder Integrität betreffen, berücksichtigt werden. Dies ist, wie wir sehen werden, bei den Gentests deshalb sehr schwer zu beurteilen, weil Gentests nicht ausschließlich individuelle Ergebnisse zeitigen, sondern vielmehr Bestandteil einer (genetischen) Familiengeschichte sind, also immer andere Familienmitglieder potentiell mitbetroffen sind.

Der Respekt vor der Unverfügbarkeit, den in Deutschland jüngst Jürgen Habermas stark gemacht hat,[7] ist eine Übersetzung des Verbots der Totalinstrumentalisierung. Zum einen ist es die Kehrseite der Anerkennung von Autonomie, zum anderen ist es aber ein Maßstab, der insbesondere für die Handlungen gilt, die ohne Zustimmung anderer vollzogen werden: dies gilt bei Kindern, bei Neugeborenen, bei Embryonen oder Föten, bei aufgrund ihrer Konstitution nicht einwilligungsfähigen Personen. Der Maßstab der Unverfügbarkeit meint hier die Wahrung der Grenze zwischen Person und Ding und hängt aufs Engste mit den Schutzrechten zusammen, insbesondere aber mit dem Schutz der physischen und psychischen Integrität.

Der Gesundheitsschutz betrifft zum einen therapeutische Maßnahmen bei vorliegender Krankheit, zum anderen aber auch zum Beispiel Präventivmaßnahmen, die dem Zweck dienen, dass eine Krankheit gar nicht erst ausbricht oder aber in einem möglichst frühen Stadium erkannt wird. Insofern der Gesundheitsschutz eine Pflicht darstellt, ist er Bestandteil des Arztethos. Er wird also nicht als Pflicht, ein gesundes Leben zu führen, verstanden (dies wird vielmehr als Ausdruck des guten Lebens betrachtet, das allenfalls einen optativen, nicht aber einen präskriptiven Charakter hat und entsprechend nur angeraten werden kann), sondern vielmehr als interpersonale und institutionelle Pflicht. Als solche ist sie Bestandteil der Anspruchsrechte, die immer einer Abwägung (mit der individuell je unterschiedlichen Kraft der Helfenden im Fall etwa von Pflege oder mit der sozialen Gerechtigkeit wie im Fall der Gesundheitsversorgung) unterworfen sind. Auch hier gibt es einen erbitterten Streit darüber, wo die Grenzen der Anspruchsrechte im Kontext der Reproduktionsmedizin bzw. Präimplantationsdiagnostik verlaufen, und wo die Pflicht des Arztes zu helfen, höher zu veranschlagen ist als das Lebensrecht von Embryonen in ihrem frühesten Stadium.

Schließlich bezeichnet das Verbot der Diskriminierung, verstanden als Ausdruck der Berücksichtigung sozialer Folgen im Hinblick auf den Respekt potentiell betroffener Gruppierungen, ein Schutzrecht, das in diesem Fall aber auf das Schutzrecht der psychischen Integrität abzielt. Als solches ist es eng mit den sozialen Anerkennungsverhältnissen verbunden, die durch die Träger von „Würde", nämlich Personen, im Blick behalten werden müssen. Denn wenn es stimmt, dass Würde faktisch eben *auch* zugeschrieben (oder abgeschrieben) werden kann,[8] also extrem abhängig von der sozialen Konstruktion ist, dann bedeutet das soziale Nichtdiskriminierungsverbot, auf den Bereich der Medizin übertragen, das Ver-

---

7 Vgl. Habermas 2001.
8 Vgl. Margalit 1997.

bot, mittels medizinischer Handlungen an sozialen Ausschlussverfahren teilzunehmen.

Sollen diese Referenzpunkte zum Tragen kommen, so müssen sie auf die jeweiligen Kontexte der Beurteilung bezogen werden – ich will dies am Ende für einen Bereich, in denen Gentests zur Anwendung kommen, versuchen. Dabei bin ich mir bewusst, dass dies nicht mehr als ein erster Schritt einer komplexen Beurteilung sein kann.[9]

2. Anwendungskontexte der Genomforschung: Gentests

2.1. Typen von Gentests

Gentests können zum einen Tests meinen, die mit Hilfe gentechnischer Verfahren vorgenommen werden. Zum anderen, und diese sind für mich im weiteren Verlauf vor allem wichtig, meinen sie aber Tests, die genetische Merkmale untersuchen. Auch diese müssen noch einmal unterschieden werden:

a) Diagnostische Tests

- können *im Kontext therapeutischer Behandlungen* auf Krankheiten mit vorliegenden Symptomen abzielen (zum Beispiel Chorea Huntington, Cystische Fibrose, alle Krankheiten, bei denen eine genetische Ursache nachgewiesen ist) oder präsymptomatische Tests, (z. B. Phenylketonurie, eine Stoffwechselkrankheit, bei der im Falle nicht durchgeführter Therapie die Krankheit ausbricht),
- können den Trägerstatus ohne Krankheitsausprägung feststellen, etwa *im Kontext von Elternschaftsentscheidungen* (z. B. Cystische Fibrose, Tay Sachs, Beta-Thalassämie),
- können Merkmale ohne Krankheitswert feststellen (z. B. Geschlecht),
- können der Identifizierung einer Person dienen (Elternschaftstests, kriminologische Fahndungen),
- können im Kontext des Abschlusses einer Lebensversicherung oder (privaten) Krankenversicherung durchgeführt werden, um individuelle Risikopotentiale abzugleichen.

b) Prädiktive Tests

- können bei Krankheiten, deren Ausbruch in der Kindheit zu erwarten ist, durchgeführt werden, wobei die Grenze zu den präsymptomatischen Tests nicht trennscharf ist,
- können bei Krankheiten, deren Ausbruch im Erwachsenenalter zu erwarten ist, vorgenommen werden (Chorea Huntington, Alzheimer),

---

9 Für den Bereich der Pränataldiagnostik und Präimplantationsdiagnostik habe ich hingegen eine ausführliche ethische Untersuchung vorgelegt: Haker 2002.

- können im Kontext des Abschlusses einer Lebensversicherung oder (privaten) Krankenversicherung durchgeführt werden, um individuelle Risikopotentiale abzugleichen.

c) Dispositionstests

- können bei Krankheiten durchgeführt werden, für die es bestimmte genetische Dispositionen gibt, die intensivere Präventionsmaßnahmen notwendig machen (einige Krebsarten, vor allem Brust- und Darmkrebs),
- können in Zukunft möglicherweise die Voraussetzung bei beruflichen Einstellungen in bestimmten Arbeitsfeldern sein.

2.2. Bewertung von Gentests nach Aussagekraft und Therapiemöglichkeit

Ich werde mich im Folgenden auf die Erörterung von Gentests im medizinischen Kontext beschränken. Für diese hat W. Burke ein Einteilungsschema entwickelt[10], das meines Erachtens sinnvoll ist, um entscheiden zu können, um welche Art von Entscheidungen es sich jeweils handelt.

Aussagekraft	Therapie möglich	Therapie unmöglich
hoch	z. B. PKU	z. B. Chorea Huntington
niedrig	z. B. Einige Krebsarten (Prävention)	z. B. Alzheimer

Tab. 1: Aussagekraft und Therapie (nach Burke)

Dieses Schema erleichtert es einem Arzt oder einer Ärztin, der betroffenen Person in überschaubarer Weise zu vermitteln, welche Art von Entscheidung sie zu treffen hat: Ist, wie bei der PKU, die Aussagekraft eines Tests sehr hoch und gleichzeitig eine Therapie möglich, so ist die Entscheidung analog zu vielen anderen Entscheidungen im medizinischen Kontext anzusehen. Aber schon im nächsten Fall verschwimmt die Eindeutigkeit: bei relativ niedriger Aussagekraft ist die Art der Therapie oder der präventiven Maßnahmen mit dem finanziellen und das Verhalten betreffenden Aufwand abzuwägen. Unter Umständen können psychische Faktoren krankheitsverstärkend wirken, so dass der Test nicht notwendig und vor allem nicht in jedem Fall angezeigt ist. Bei einer hohen Aussagekraft und fehlender Therapiemöglichkeit ist die psychische Disposition womöglich ausschlaggebend: eine Person, die ein hohes Maß an Informationen benötigt, um ihren Lebensplan verwirklichen zu können, wird anders mit einer Testmöglichkeit

10 Burke et al. 2001.

umgehen als eine Person, der gerade die Nichtkontrollierbarkeit und Unverfügbarkeit der Zukunft wichtig erscheint. Bei einer geringen Aussagekraft und fehlender Therapiemöglichkeit wird die Abwägung mit der psychischen Verunsicherung entsprechend noch einmal gewichtiger ausfallen.

An Burkes Schema lassen sich nun aber nicht nur die faktischen Differenzen der Gentests und auch nicht nur die individuellen Präferenzen zeigen, welche mit psychologischen Methoden zu analysieren wären – darüber hinaus sind auch normative Ansprüche erkennbar, die sich aus den medizinethischen Referenzpunkten ergeben:

Bei *therapierelevanten Tests* besteht die Arztpflicht darin, die betroffene Person so aufzuklären, dass ihr im Fall der Ablehnung bewusst ist, dass sie eine Gesundheitsschädigung in Kauf nimmt, die aus ärztlicher Sicht zu vermeiden ist. Hier kann es zu Konflikten zwischen dem Maßstab der Anerkennung des Entscheidungsrechts einer Person und dem Arztethos kommen, das auf die Nichtschädigung bzw. Gesundheitsförderung abzielt. Gemeinhin wird – sofern nicht akute Lebensgefahr besteht und eine Person handlungs- und moralfähig ist – zugunsten des Entscheidungsrechts der Betroffenen gehandelt. Anders sieht dies aus, wenn es sich um stellvertretende Entscheidungen handelt, wie dies bei den PKU-Tests zum Beispiel der Fall ist. Hier wird keine Einverständniserklärung der Eltern eingeholt, weil davon ausgegangen wird, dass die ärztliche Pflicht gegenüber dem Kind und seinem Gesundheitsrecht höher zu bewerten ist als das Entscheidungsrecht der Eltern über ihr Kind.[11]

Bei *prädiktiven Gentests* tritt die Arztpflicht dann in den Hintergrund, wenn es keine aus dem Test ableitbaren Konsequenzen gibt. Vor allem bei den spät ausbrechenden Krankheiten besteht die Arztpflicht in der eingehenden Aufklärung und dem Angebot an die betroffene Person, eine Beratung in Anspruch zu nehmen, um eine informierte Entscheidung zu ermöglichen. Hier ist der Zusammenhang von normativen und evaluativen Aspekten besonders augenfällig. Der Arzt muss entsprechend berücksichtigen, dass ein Test unter Umständen weit reichende Konsequenzen im Hinblick auf Lebensgestaltung und Lebensqualität einer betroffenen Person hat.

Diagnostische Tests ohne unmittelbare Therapierelevanz (z. B. auf Trägerstatus für Cystische Fibrose) durchzuführen, fällt nicht unter die Arztpflichten – es sei denn, eine Person leidet psychisch unter dem Nichtwissen aufgrund von Elternschaftsentscheidungen. Hier sind wiederum Gerechtigkeitsaspekte mit dem berechtigten Wunsch einer Person abzuwägen. Unter Umständen sollten diese Gentests nicht vom ‚solidarisch' gestalteten Krankenkassensystem finanziert werden.

11 Würde allerdings der so genannte Guthrie-Test/PKU-Test als Modell für den Umgang mit Gentests an Kindern genommen, hätte ich starke Bedenken, ohne Information und Einverständnis der Eltern vergleichbare Tests auszuführen. Hier hat der schleichende Übergang zwischen prädiktiven und präsymptomatischen bzw. diagnostischen Tests normative Auswirkungen, die eine Differenzierung erforderlich machen.

2.3. Allgemeine Aspekte des Umgangs mit Gentests

Erscheint es so, dass sich mit diesen wenigen Maßstäben der Berufsethik zumindest die klinische Praxis, vor allem in der Dimension der Klienten-/Patientenaufklärung differenziert gestalten lässt, so sind dennoch in einem darüber hinausgehenden Reflexionsschritt zumindest die folgenden allgemeinen Aspekte für den Umgang mit Gentests festzuhalten:

- Gentests müssen Fall für Fall einer genauen Effizienz- und Qualitätskontrolle unterzogen werden.
- Fragen des Datenschutzes und die Aufbewahrung der Testergebnisse sind rechtlich zu klären.
- Gentests sind zwar individuell durchführbar, sie bergen jedoch Informationen, die für andere Familienangehörige relevant sind.
- Informationen zur genetischen Konstitution bilden eine neue Kategorie des Wissens. Entsprechend müssen auch neue individuelle und gesellschaftliche Handlungsmuster entworfen werden, die den Umgang mit genetischer Information verantwortlich regeln. Dazu gehört in erster Linie öffentliche Aufklärung, wissenschaftliche Kontrolle und Überprüfbarkeit der zugrunde liegenden Modelle sowie individuelle Beratung.
- Wie auch in anderen Bereichen der Medizinethik ist zu klären, wie mit dem Verhältnis von individueller Autonomie und dem Arzt- bzw. Rechtsvorbehalt umzugehen ist, insbesondere in den Fällen, in denen keine therapeutische Relevanz vorliegt, wohl aber Fragen der Lebens- und Familienplanung zur Debatte stehen.

2.4. Sozialethische Betrachtung

Über die traditionellen medizinethischen, also arztethischen und individualethischen Fragen nach Gesundheitsschutz, Respekt vor der Autonomie und der Bereitstellung von Beratung hinaus ist zu berücksichtigen, dass es einen gewissen Automatismus zwischen Entwicklung genetischer Tests, ihrer Anwendung und Nutzung für verschiedene Bereiche gibt. Die Entwicklung von Tests unterliegt dabei zu einem großen Teil den Forschungsinteressen, gekoppelt mit legitimen kommerziellen Interessen von Seiten der pharmazeutischen oder biotechnologischen Unternehmen. Deshalb stellt sich die Frage, wie eine sozialethische Normierung im Sinne von Gerechtigkeit und Diskriminierungsverbot praktisch greifen kann. Besonderer Aufmerksamkeit bedürfen dabei seltene Krankheiten, die für Pharmafirmen deshalb unattraktiv erscheinen können, weil die Testentwicklungskosten in einem *ökonomisch* nicht zu vertretenden Missverhältnis zu den erwarteten Umsatzzahlen stehen.

Aus sozialethischer Sicht stellen sich im Hinblick auf die Testentwicklung verschiedene Fragen: Was wird getestet? Welches Krankheitsverständnis liegt zugrunde? Welche Bedingungen müssen erfüllt sein, damit ein Test auf dem Markt angeboten werden darf? Nach welchen Kriterien wird festgelegt, welches genetische Merkmal als Krankheitsmerkmal zählt und welches nicht? Wie werden die gesetzlichen und privaten Krankenkassen eingebunden? Gibt es Diskriminierungseffekte, die nicht intendiert, aber dennoch in Kauf genommen werden? Dabei geht es mir keineswegs nur um den Respekt vor den Trägern bestimmter genetischer Merkmale, sondern vielmehr um den Definitionsrahmen selbst, nach dem festgelegt wird, welche *genetischen* Merkmale unabhängig von ihrer phänotypischen Ausprägung dafür stehen, die Lebensqualität von Betroffenen einzuschränken. Deshalb ist Burkes Schema auch sozialethisch relevant: Zweifellos gibt es Krankheiten wie die Alzheimer Krankheit, die wohl genetische Teilursachen hat, bei denen aber nicht davon ausgegangen werden kann, dass ein Test unmittelbar oder auch nur mittelbar therapeutische (oder präventive) Maßnahmen zur Folge hat. Gentests dienen hier vor allem der Lebensplanung, dem (berechtigten) Interesse nach dem Wissen, mit welcher Zukunft eine Person zu rechnen hat oder aber der Familienplanung, wie etwa bei der Cystischen Fibrose. Nicht *dass* die Tests entwickelt werden, erscheint hier das sozialethische Problem, sondern die Abwägung nach Maßgabe der Verteilungsgerechtigkeit im Gesundheitswesen (Übernahme der Kosten durch Krankenkassen) sowie der Verhältnismäßigkeit im Vergleich mit anderen möglichen Maßnahmen im Präventions- und Therapiebereich.

3. Gentests an Kindern

Ein Bereich, der bei der ethischen Diskussion häufig vernachlässigt wird, ist die Frage, wie mit Gentests umzugehen ist, die bei Kindern durchgeführt werden und die auf der stellvertretenden Entscheidung ihrer Eltern basieren.[12] Zwar wurde in den vergangenen Jahren viel über die Pränataldiagnostik und die Präimplantationsdiagnostik diskutiert, aber nicht unter der Perspektive der stellvertretenden Entscheidungen. Vielmehr stand hier die Autonomie der Frauen bzw. Paare sowie der Schutz des Lebens von Embryonen und Föten im Vordergrund. Im Kontext der ethischen Beurteilung von Gentests selbst spielt es nun aber eine entscheidende Rolle, ob Personen Tests durchführen lassen, die ihrer *eigenen* Gesundheit und Lebensplanung dienen, auch wenn diese Auswirkungen auf die übrigen Familienangehörigen haben, oder ob sie Tests an ihren Kindern durchführen lassen. Auch für die Ärzte bedeuten diese Entscheidungen eine besondere Verantwortungssituation. Aus ethischer Sicht geht es bei der Frage der Gentests an Kindern insbesondere um die folgenden Aspekte:

1. Kinderrechte: Es muss jeweils – auch mit Hilfe des Schemas über Aussagefähigkeit und Therapienähe – deutlich gemacht werden, ob die Rechte von Kindern berücksichtigt werden, und zwar hinsichtlich aller Rechtetypen, die ich oben benannt habe: ihrer Schutzrechte, ihrer Freiheitsrechte, sofern eine Entschei-

12 Vgl. zur Diskussion maßgeblich Clarke 1998.

dungskompetenz bereits ausgebildet ist, und ihre Anspruchsrechte im Hinblick auf die Förderung ihrer Gesundheit und Selbständigkeit.

2. Entscheidungsfindung und Zustimmungsprobleme: Schon bei der Entscheidung über die Durchführung von Gentests für die eigene Person sind viele Aspekte zu berücksichtigen, die in Aufklärungs- bzw. Beratungsgesprächen aufgearbeitet werden müssen. Die Entscheidungsfindung ist bei stellvertretenden Entscheidungen eher noch komplexer. Für die Zustimmungsfähigkeit von Kindern gelten deshalb Faustregeln, die auch für den Kontext der Gentests anzusetzen sind: So geht man davon aus, dass Kinder bis zum 7. Lebensjahr keine Entscheidungsfähigkeit besitzen, zwischen dem 7.–11. Lebensjahr eine eingeschränkte Entscheidungsfähigkeit, die aber dazu führen muss, dass eine Informationspflicht gegenüber dem Kind besteht, und dass ab dem 11. Lebensjahr eine geteilte Entscheidungsfindung angestrebt werden sollte.[13]

3. Elternrechte und Elternpflichten: Wie insgesamt für stellvertretende Entscheidungen gilt es die Elternrechte – etwa ihr Recht auf Wissen bezüglich der genetischen Konstitution ihres Kindes – mit ihren Fürsorgepflichten gegenüber dem Kind abzuwägen. Elternpflichten orientieren sich dabei an den Rechten der Kinder, aber mit Onora O'Neill kann man festhalten, dass es neben den vollkommenen Pflichten (hier sind es die Schutzrechte und Freiheitsrechte) auch unvollkommene Pflichten zu berücksichtigen gilt, die an ihren Rändern (und dies gilt insgesamt für die Anspruchsrechte) sehr interpretationsbedürftig und -offen sind. O'Neill verweist zu Recht darauf, dass sich hier die normative Dimension mit Zielvorstellungen von Elternschaft überschneiden.[14]

4. Elterliche Sorge für das Wohl ihrer Kinder: Weil es eine Grauzone zwischen der normativen Ebene der Rechte und Pflichten und der strebensethischen Ebene der Sorge um das Wohl des Kindes gibt, müssen die Eltern in ihrer zunächst vorauszusetzenden emotionalen Nähe zu den Kindern als ihr erster Anwalt ernst genommen werden. Sie sind daher prima facie gegenüber Dritten als erste ‚Fürsprecher' ihrer Kinder anzusehen. Dies ist auch deshalb wichtig, weil die Gentests unter Umständen Vorentscheidungen in Bezug auf die Lebensplanung des Kindes darstellen.

Welche konkreten Referenzpunkte gibt es nun für die *ethische* Beurteilung, von der ich oben gesagt habe, dass sie zwar den allgemeinen Maßstab der Menschenwürde/Menschenrechte zugrunde legt, von der aber auch gilt, dass sie je nach Kontext einer Konkretion bedarf?

1. Kinderrechte (UN-Deklaration): Für die Gentests an Kindern sind die in der UN-Kinderrechte-Deklaration niedergelegten Rechte auch ethisch einschlägig. Insbesondere zählen dazu die folgenden Paragraphen:

---

13 Vgl. etwa Wertz 1994.
14 Vgl. O'Neill 2000.

- Art. 2: Nicht-Diskriminierung,
- Art. 3: Vorrang des Kindes-Interesses,
- Art. 4–6: Führung, Entwicklung und Sicherstellung der Entwicklung des Kindes durch den Staat,
- Art. 18: Elternpflicht zur Fürsorge, Unterstützung durch den Staat,
- Art. 24: Recht auf bestmögliche Gesundheitsversorgung.

2. Menschenrechtskonvention zur Biomedizin: Mit der so genannten Bioethik-Konvention ist für die Europäische Union ein Standard gesetzt, der die Gentests an Kindern unmittelbar betrifft:

Artikel 6 regelt Interventionen bei nichteinwilligungsfähigen Personen, wie zum Beispiel Kindern:

- Es muss einen unmittelbaren Nutzen geben (allerdings: Ausnahmeregelung).[15]
- Wenn ein Kind noch nicht einwilligungsfähig, ist ein Stellvertreter notwendig; es gilt jedoch die Informationspflicht.[16]
- Für Kinder wird von einer graduellen Autonomie ausgegangen.[17]
  Artikel 16 regelt Forschungsvorhaben:
- Das Vorhaben muss alternativlos sein (Art. 16), es muss eine Aufklärung vorliegen.[18]

---

15 Vgl. Artikel 6: Schutz einwilligungsunfähiger Personen: „(1) Bei einer einwilligungsunfähigen Person darf eine Intervention nur zu ihrem unmittelbaren Nutzen erfolgen; die Artikel 17 und 20 bleiben vorbehalten."

16 Art. 6 (2) „Ist eine minderjährige Person von Rechts wegen nicht fähig, in eine Intervention einzuwilligen, so darf diese nur mit Einwilligung ihres gesetzlichen Vertreters oder einer von der Rechtsordnung dafür vorgesehenen Behörde, Person oder Stelle erfolgen."

17 Vgl. ebd.: Der Meinung der minderjährigen Person kommt mit zunehmendem Alter und zunehmender Reife immer mehr entscheidendes Gewicht zu.

18 Artikel 16: Schutz von Personen bei Forschungsvorhaben:
„Forschung an einer Person ist nur zulässig, wenn die folgenden Voraussetzungen erfüllt sind:
i) Es gibt keine Alternative von vergleichbarer Wirksamkeit zur Forschung am Menschen;
ii) die möglichen Risiken für die Person stehen nicht im Mißverhältnis zum möglichen Nutzen der Forschung;
iii) die zuständige Stelle hat das Forschungsvorhaben gebilligt, nachdem eine unabhängige Prüfung seinen wissenschaftlichen Wert einschließlich der Wichtigkeit des Forschungsziels bestätigt hat und eine interdisziplinäre Prüfung ergeben hat, daß es ethisch vertretbar ist;
iv) die Personen, die sich für ein Forschungsvorhaben zur Verfügung stellen, sind über ihre Rechte und die von der Rechtsordnung zu ihrem Schutz vorgesehenen Sicherheitsmaßnahmen unterrichtet worden, und
v) die nach Artikel 5 notwendige Einwilligung ist ausdrücklich und eigens für diesen Fall erteilt und urkundlich festgehalten worden. Diese Einwilligung kann jederzeit frei widerrufen werden.
(2) In Ausnahmefällen und nach Maßgabe der durch die Rechtsordnung vorgesehenen Schutzbestimmungen darf Forschung, deren erwartete Ergebnisse für die Gesundheit der betroffenen Person nicht von unmittelbarem Nutzen sind, zugelassen werden, wenn außer den Voraussetzungen nach Absatz 1 Ziffern i, iii, iv und v zusätzlich die folgenden Voraussetzungen erfüllt sind:

- Die Abwägung von Risiken und Nutzen fällt zugunsten des Nutzens aus.
- Der wissenschaftliche Wert, die Wichtigkeit und ethische Vertretbarkeit sind von unabhängigen Stellen geprüft worden.
- Die Personen sind informiert worden.

Während es nun für entscheidungsfähige Personen eine Ausnahmeregelung gibt, die Forschung auch ohne unmittelbaren Nutzen für die Teilnehmer ermöglicht, wird dies in Art. 17 für die Gruppe der Nichteinwilligungsfähigen explizit geregelt:

Art. 17: Schutz einwilligungsunfähiger Personen bei Forschungsvorhaben[19]

- Es muss ein tatsächlicher und unmittelbarer Nutzen vorliegen.
- Es gibt keine Möglichkeit, die Forschung mit entscheidungsfähigen Personen durchzuführen.
- In Ausnahmefällen soll Forschung auch ohne den unmittelbaren Nutzen ermöglicht werden, wenn wissenschaftlicher Nutzen für die betroffene Person selbst *oder ähnlich Betroffene* in vergleichbaren Situationen zu erwarten ist und nur ein minimales Risiko und eine minimale Belastung zu erwarten ist.

---

i) Die Forschung hat zum Ziel, durch eine wesentliche Erweiterung des wissenschaftlichen Verständnisses des Zustands, der Krankheit oder der Störung der Person letztlich zu Ergebnissen beizutragen, die der betroffenen Person selbst oder anderen Personen nützen können, welche derselben Altersgruppe angehören oder an derselben Krankheit oder Störung leiden oder sich in demselben Zustand befinden, und

ii) die Forschung bringt für die betroffene Person nur ein minimales Risiko und eine minimale Belastung mit sich.“

19 (1) Forschung an einer Person, die nicht fähig ist, die Einwilligung nach Artikel 5 zu erteilen, ist nur zulässig, wenn die folgenden Voraussetzungen erfüllt sind:

i) Die Voraussetzungen nach Artikel 16 Ziffern i bis iv sind erfüllt;

ii) die erwarteten Forschungsergebnisse sind für die Gesundheit der betroffenen Person von tatsächlichem und unmittelbarem Nutzen;

iii) Forschung von vergleichbarer Wirksamkeit ist an einwilligungsfähigen Personen nicht möglich;

iv) die nach Artikel 6 notwendige Einwilligung ist eigens für diesen Fall und schriftlich erteilt worden, und

v) die betroffene Person lehnt nicht ab.

(2) In Ausnahmefällen und nach Maßgabe der durch die Rechtsordnung vorgesehenen Schutzbestimmungen darf Forschung, deren erwartete Ergebnisse für die Gesundheit der betroffenen Person nicht von unmittelbarem Nutzen sind, zugelassen werden, wenn außer den Voraussetzungen nach Absatz 1 Ziffern i, iii, iv und v zusätzlich die folgenden Voraussetzungen erfüllt sind:

i) Die Forschung hat zum Ziel, durch eine wesentliche Erweiterung des wissenschaftlichen Verständnisses des Zustands, der Krankheit oder der Störung der Person letztlich zu Ergebnissen beizutragen, die der betroffenen Person selbst oder anderen Personen nützen können, welche derselben Altersgruppe angehören oder an derselben Krankheit oder Störung leiden oder sich in demselben Zustand befinden, und

ii) die Forschung bringt für die betroffene Person nur ein minimales Risiko und eine minimale Belastung mit sich.

Über den letzten Passus ist gerade in Deutschland heftig gestritten worden. Bezogen auf die Einführung von Gentests an Kindern gibt es in der Tat eine eigens durchzuführende Abwägung zwischen dem in den UN-Kinderrechten geforderten „Vorrang des Kindesinteresse" vor allen möglichen anderen Interessen: dem Elterninteresse – etwa ein Kind an einer Studie teilnehmen zu lassen – oder auch Vorrang vor dem Interesse der Forscher. Sowohl die UN-Kinderrechte als auch die Bioethik-Konvention betonen dabei, dass diesseits der Ausnahmefälle ein unmittelbarer Nutzen gegeben sein muss – und dies kann eigentlich nur in die Richtung der Prävention oder Therapie gedeutet werden.

Wir haben oben gesehen, dass die politischen und rechtlichen Regulierungen in der ethischen Reflexion mit den medizinethischen Referenzpunkten korreliert werden müssen. In den konkreten Kontexten werden diese noch einmal ausbuchstabiert, wie es etwa für den *informed consent* mit dem Gradualismuskonzept getan wurde. Darüber hinaus werden nach Art eines induktiven Urteilsverfahrens Empfehlungen ausgesprochen, meistens in der Form von Berufsrichtlinien oder Stellungnahmen. Im Fall der Gentests gibt es eine solche Stellungnahme zumindest für die Neugeborenen-Screenings:

3. Gesellschaft für Humangenetik: Neugeborenen-Screenings:[20] Die Gesellschaft für Humangenetik e. V. hat sich in ihrer Stellungnahme von 1995 in Bezug auf prädiktive Tests nur bei früh ausbrechenden Krankheiten *mit* Therapierelevanz ausgesprochen – dies ist bei der PKU der Fall, wäre aber zum Beispiel nicht bei Krebsdispositionen möglich. Bei spät ausbrechenden Krankheiten, so die Gesellschaft, soll „in der Regel nicht" getestet werden dürfen.[21] Ebenso lehnt sie ein Träger-Screening für Neugeborene ab.

Hilfreich erscheinen mir die folgenden Differenzierungen zu sein, die Dorothee Wertz vorgenommen hat.[22] Sie unterscheidet nach

1) dem unmittelbarem Nutzen für die Kinder – durch Prävention oder Therapie,
2) dem unmittelbarem Nutzen für Entscheidungen in Bezug auf die Familienplanung,
3) dem Wunsch der Eltern jenseits der Familienplanung,
4) dem Nutzen für andere Familienangehörige.

Diese Motive bzw. Indikationen für die Nachfrage nach einem Gentest müssen zunächst einmal eruiert werden, um sie dann vor dem Hintergrund der Kinderrechte und Elternrechte interpretieren zu können. Wertz formuliert für sie die folgenden Regeln, die sie auch für die Erstellung von Richtlinien empfiehlt:

- Tests müssen so früh wie möglich durchgeführt werden, wenn präventive oder therapeutische Maßnahmen möglich sind. Gibt es keine Indikation für frühe

20 Kommission für Öffentlichkeitsarbeit der Deutschen Gesellschaft für Humangenetik e.V. 1995.
21 Vgl. auch Cohen 1998.
22 Wertz 1994.

Tests, dürfen diese auch nicht durchgeführt werden. Weigern sich Eltern, therapeutisch indizierte Tests durchzuführen, gilt dies als Verweigerung von Hilfe- und Fürsorgepflichten (also als Verweigerung der vollkommenen Pflichten).

- Jenseits dieser klaren Fälle gilt das Recht auf Wissen und Nichtwissen – das in Beratungsgesprächen eruiert wird und das im Konflikt zwischen Eltern und Kind bzw. Arzt, Eltern und Kind im Einzelfall abgewogen werden muss (Grauzone von unvollkommenen Pflichten und Elternautonomie). „Lebensplanung" der Kinder, so Wertz, ist der häufigste Grund für Tests an Kindern, aber das ‚Planen' kann auch „Einschränken" meinen. (z. B. wird dies bei CF beobachtet: Eltern machen sich Sorgen, ob ihre Kinder selbst Kinder bekommen sollten, wenn sie Träger sind etc.).
- Ab dem Alter von 15 Jahren ist die stellvertretende Entscheidung der Eltern nicht mehr ausschlaggebend. Jugendliche können im Allgemeinen selbst über die Tests entscheiden (Grauzone zwischen Kindesautonomie und Fürsorgepflicht, durch Eltern und Staat).
- Kinder können nicht gezwungen werden. Sind sie zu klein und gibt es keine Alternative zu einem Test mit unmittelbarem Nutzen für sie, können sie getestet werden. Ob dies auch im Fall der Forschungen gilt, bei denen kein unmittelbarer Nutzen für die Kinder erkennbar ist, ist, wie im Hinblick auf die Bioethik-Konvention schon ausgeführt, umstritten. Diskutiert wird für die genetischen Tests, die bereits in der klinischen Anwendung sind, allerdings nicht so sehr das Elternrecht oder die Elternpflicht, sondern vielmehr der Paternalismus von Seiten der Ärzte in den Fällen, in denen kein medizinischer Effekt mit den Tests einhergeht. Hier stellt sich die Frage, ob es sich bei der Weigerung, einen Test an einem Kind durchzuführen, das nicht entscheidungsfähig ist, um einen ‚gerechtfertigten Paternalismus' handelt, weil der Gesundheitsschutz des Kindes, wie die UN-Deklaration sagt, unbedingt Vorrang vor der Autonomie haben muss, oder aber um einen Paternalismus, der ethisch ungerechtfertigt ist, weil er in die Freiheitsrechte von Eltern und mittelbar von Kindern eingreift.

Für die weitere Auseinandersetzung mit den ethischen Aspekten von Gentests an Kindern sind diese Aspekte weiter zu verfolgen.

4. Ausblick

Insbesondere die Konkretion, die ich exemplarisch für die Gentests von Kindern in den Blick genommen habe, zeigt überdeutlich, dass die ethische Beurteilung ein komplexes Geflecht unterschiedlicher Aspekte zu berücksichtigen hat und dass es unmöglich ist, ohne eine differenzierte Herangehensweise zu begründeten Urteilen zu kommen. Die deutsche Diskussion steht hier erst am Anfang, was auch damit zu tun hat, dass zwischen dem Schritt der Entwicklung von Tests und der rechtlichen Regulierung die ethische Beurteilung systematisch zu kurz kommt. Ich habe zu zeigen versucht, dass diese nicht viel mit der Repetition von ‚Weltanschauungen' zu tun hat – wie immer häufiger angesichts eines moralischen Pluralismus unterstellt wird, dem jedoch in der Erklärung der Menschenrechte in ihren verschiedenen kontextbezogenen Formulierungen eine Grenze gesetzt ist – sondern vielmehr mit einer nachvollziehbaren Argumentation und Reflexion.

Literaturverzeichnis

American Academy of Pediatrics. Committee on Bioethics (2001): Ethical Issues with genetic testing in Pediatrics, in: Pediatrics 107, 6, 1451–1455.

Baranzke, H. (2002): Würde der Kreatur? Die Idee der Würde im Horizont der Bioethik, Würzburg.

Beauchamp, T. L., Childress, J. F. (eds.) (1994): Principles of Biomedical Ethics, Oxford et al.

Beyleveld, D., Brownsword, R. (2002): Human Dignity in Bioethics and Biolaw, Oxford.

Braun, K. (2000): Menschenwürde und Biomedizin. Zum philosophischen Diskurs der Bioethik, Frankfurt a. M.

Burke, W., Pinsky, L., Press, N. (2001): Categorizing genetic tests to identify their ethical, legal, and social implications, in: American Journal of Medical Genetics 106, 233–240.

Chadwick, R., Levitt, M., Shickle, D. (eds.) (1997): The right to know and the right not to know, Aldershot.

Clarke, A. (ed.): The genetic testing of children, Oxford.

Cohen, C. B. (1998): Wrestling with the future: Should we test children for adult-onset genetic conditions?, in: Kennedy Institute of Ethics Journal 8, 2, 111–130.

Danish Council of Ethics (2002): Genetic Investigation of Healthy Subjects. Report on Presymptomatic Genetic Testing, Kopenhagen.

Düwell, M. (2001): Die Menschenwürde in der gegenwärtigen bioethischen Debatte, in: Graumann, S. (Hrsg.): Die Genkontroverse. Grundpositionen, Freiburg/Basel/Wien, 80–87.

Eibach, U. (2000): Menschenwürde an den Grenzen des Lebens. Einführung in Fragen der Bioethik aus christlicher Sicht, Neukirchen-Vluyn.

Ethik-Beirat beim Bundesgesundheitsministerium (2001): Prädiktive Gentests. Eckpunkte für eine ethische und rechtliche Orientierung.

Habermas, Jürgen (2001): Die Zukunft der menschlichen Natur. Auf dem Weg zur liberalen Eugenetik?, Frankfurt a. M.

Haker, H., Beyelveld, D. (eds.) (2000): The Ethics of Genetics in Human Procreation, Aldershot.

Haker, H. (2002): Ethik der genetischen Frühdiagnostik. Sozialethische Reflexionen zur Verantwortung am Beginn des menschlichen Lebens, Paderborn.

Hermerén, G. (1999): Neonatal screening: ethical aspects, in: Acta Paediatrica Supplement 432, 99–103.

Höffe, O. et al. (Hgg.) (2002): Gentechnik und Menschenwürde. An den Grenzen von Ethik und Recht, Köln.

Kommission für Öffentlichkeitsarbeit und ethische Fragen der Deutschen Gesellschaft für Humangenetik e.V. (1995): Stellungnahme zur genetischen Diagnostik bei Kindern und Jugendlichen, in: Medizinische Genetik 7, 358–359.
Krämer, H. (1992): Integrative Ethik, Frankfurt am Main.
List, E. (2001): Grenzen der Verfügbarkeit. Die Technik, das Subjekt und das Lebendige, Wien.
Margalit, A. (1997): Politik der Würde. Über Achtung und Verachtung, Berlin.
Mieth, D. (1999): Menschenwürde und Menschenrechte in theologisch-ethischer Sicht, in: Behr, B. v. et al. (Hgg.): Perspektiven der Menschenrechte – Beiträge zum fünfzigsten Jubiläum der UN-Erklärung, Frankfurt am Main, 77–97.
Mieth, D. (2002): Was wollen wir können? Ethik im Zeitalter der Biotechnik, Freiburg i. Br./Basel/Wien.
O'Neill, O. (2000): The ‚Good Enough Parent' in the Age of the New Reproductive Technologies, in: Haker, H., Beyleveld, D. (eds.), The Ethics of Genetics in Human Procreation, Aldershot, 33–48.
Rager, G. (Hg.) (1997): Beginn, Personalität und Würde des Menschen, München.
Steigleder, K. (1999): Grundlegung der normativen Ethik. Der Ansatz von Alan Gewirth, Freiburg/München.
Werner, M. (2000): Streit um die Menschenwürde, in: Zeitschrift für Medizinische Ethik, 259–272.
Wertz, D., Fanos, J., Reilly, P. (1994): Genetic Testing for Children and Adolescents. Who decides?, in: JAMA, 272, 11, 875–881.

Reinhard Damm

Prädiktive genetische Tests: Gesellschaftliche Folgen und rechtlicher Schutz der Persönlichkeit

1. Gesellschaftliche Folgen prädiktiver genetischer Tests

Es ist selbstverständlich, dass hier nicht *die* gesellschaftlichen Folgen prädiktiver genetischer Tests erörtert werden können, jedenfalls nicht durch einen Rechtswissenschaftler. Insofern kann es nur um Streiflichter gehen, die auf einige normativ, auch rechtlich relevante Probleme gerichtet werden, die für individuelle Lebensführung und soziale Entwicklungen folgenreich sein können. Und es geht ‚nur' um die humangenetische Diagnostik, nicht um *die* Genetik. Ungeachtet dessen soll eingangs festgehalten werden: Die Genetisierung der Medizin wirft weiter reichende Fragen auf, als die hier behandelten. Diese erreichen letztlich auch das Recht: „Wissenschaftlich-technische Innovationen werfen ... zunehmend und wie nie zuvor die Frage nach der Eigenständigkeit und der Funktion des Rechts auf". Betroffen sind aber im Grunde nahezu alle gesellschaftlichen und wissenschaftlichen Sachbereiche. „Neue biologische Paradigmen erheben den Anspruch auf die Definitionshoheit über die Begriffe", auch rechtliche Begriffe. Ob vor diesem Hintergrund „eine allgemeine Theorie des evolutionären Wandels ... wie eine universelle Säure in alle Disziplinen eindringen und das Bild vom Menschen, von der Natur und der Schöpfung zersetzen" wird, ist eine der zentralen Fragen, für deren Bearbeitung nicht isolierte Einzeldisziplinen aufgerufen sind. Es ist daher kein Zufall, dass die Betroffenheit des Medizin- und Gesundheitssystems gerade aus einer kombiniert rechtshistorischen und medizinrechtlichen Sicht besonders hervorgehoben wird.

> „Mit Macht schreitet der Werte- und Strukturwandel offenkundig und exemplarisch im Gesundheitswesen voran: Der umworbene, medizineingebundene Patient wird zum Klienten, zum Kunden mit dem Willen zur Selbstbestimmung und dem Streben nach Selbstverwirklichung ... Neue medizinische Methoden stoßen immer auf eine Nachfrage, die ihrerseits Anbieter jenseits aller Grenzen stimuliert."[1]

Die damit angedeuteten Probleme gehören in die Gesamtverantwortung der natur-, sozial- und normwissenschaftlichen Disziplinen, weil die durch Genetik und molekulare Medizin in Gang gesetzten fachwissenschaftlichen, kulturellen und zivilisatorischen Gesamtentwicklungen auch im Verbund nicht aus dem Blick geraten dürfen. Mit diesen großformatigen Tendenzen sind die Gegenstände der

---

1 Alle Zitate bei Laufs (2001): Ein Jahrhundert wird besichtigt: Rechtsentwicklungen in Deutschland im 20. Jahrhundert, in: Zeitschrift der Savigny-Stiftung für Rechtsgeschichte 118, 1 ff. (16 f.).

nachfolgenden kleinformatigen Betrachtungen zur genetischen Diagnostik verknüpft, aber nicht identisch. Sie werden zunächst in Ausschnitten unter den Stichwortorientierungen von Rechtsgüterbezug, Interessenbezug und Systembezug thematisiert.

1.1. Rechtsgüterbezug

Die mir vorgegebene thematische Verknüpfung der ‚gesellschaftlichen Folgen' genetischer Tests mit dem ‚rechtlichen Schutz der Persönlichkeit' scheint auf den ersten Blick recht locker zu sein, ist aber bei näherer Betrachung nahe liegend. Rechtssysteme versuchen national und international gerade mit persönlichkeitsrechtlichen Prinzipien auf die sozialen Rahmenbedingungen und Konsequenzen prädiktiver genetischer Tests zu reagieren. Es gehört auch zu den Aufgaben des Rechts, die *Gleichzeitigkeit von Bedeutungszuwachs und Problemzuwachs* genetischer Tests in Betracht zu ziehen. Es ist gerade diese Gleichzeitigkeit, die auch die gesellschaftlichen Dimensionen solcher Tests bedingt.

Der Zusammenhang von Gendiagnostik und Persönlichkeitsschutz betrifft einen der repräsentativsten Ausschnitte der aktuellen medizinischen Entwicklung und der hierauf bezogenen Versuche einer normativen, d. h. ethischen und rechtlichen Flankierung. Die Genmedizin nimmt daher aus rechtlicher Sicht an zwei sich überschneidenden Langzeitentwicklungen des Gesellschafts- und Rechtssystems teil. Erstens: Bei dem, was Juristen und Gerichte seit langem (allgemeines) *Persönlichkeitsrecht* und (besondere) *Persönlichkeitsrechte* nennen, ging es immer schon zentral auch um die Reaktion auf neue Problemlagen der wissenschaftlich-technischen Entwicklung.[2] Zweitens: Es geht um Rechtsgüterschutz in Humantechnologien, die sich dadurch auszeichnen, dass sie sich unmittelbar auf Verhaltensorientierungen, soziale Normen und kulturelle Werte auswirken. Die besondere Betroffenheit von Persönlichkeitsrechten durch die modernen Varianten der Medizin-, Transplantations-, Reproduktions- und Gentechnik, aber auch der Informations- und Kommunikationstechniken indiziert besondere gesellschaftliche und normative Implikationen. Es geht vor diesem Hintergrund bei dem Zusammenhang von medizin-spezifischer Gentechnik und Gendiagnostik sowie Persönlichkeitsrechten letztlich um den Zusammenhang von Wissenschafts- und Technikentfaltung sowie sozialer und kultureller Entwicklung.

Aus der Perspektive des Rechtsgüterschutzes geht es, anders als bei den konsentierten klassischen, relativ klar bestimmbaren und gewissermaßen ‚harten'

---

2 Vgl. hierzu und zum folgenden Damm (1993): Neue Risiken und neue Rechte. Subjektivierungstendenzen im Recht der Risikogesellschaft, Archiv für Rechts- und Sozialphilosophie 7, 159 ff.; Damm (1999): Rechtliche Risikoregulierung aus zivilrechtlicher Sicht. Theoretische Steuerungskonzepte und empirische Steuerungsleistungen, in: Bora (Hg.): Rechtliches Risikomanagement. Form, Funktion und Leistungsfähigkeit des Rechts in der Risikogesellschaft, 93 ff. (107 ff.); Damm (1998): Persönlichkeitsschutz und medizintechnische Entwicklung, Juristenzeitung 53, 926 ff.

Rechtsgütern (Leben, Gesundheit, Eigentum) mehr um kontroverse, unscharfe, gewissermaßen ‚weiche' Schutzgüter mit etwas diffusem, aber fundamentalem Klang: Es geht um Selbstbestimmung und Autonomie, Personalität und Identität, Privatheit oder privacy und dies häufig flankiert durch das verfassungsnormative Basiselement der Menschenwürde. Bei näherer Betrachtung gibt es, was hier nur knapp angedeutet werden kann, eine eigene Geschichte des Verhältnisses von wissenschaftlich-technischer Entwicklung und Rechtsgüterschutz, eine allerdings bislang im Wesentlichen ungeschriebene Geschichte. In der synchronen Abfolge von Technikgeschichte und Rechts(güter)geschichte geht es bei den Dampfkesselexplosionen des 19. Jahrhunderts und den Risiken der Großchemie und Kerntechnik auch rechtsgüterspezifisch primär um ‚Sicherheit', demgegenüber in den humanspezifischen Bio- und Medizintechniken zunehmend um die Sicherung von Integrität, Personalität und Autonomie. Die relevanten Technikfolgen erscheinen von vornherein nicht ausschließlich als materielle Folgen des Technikeinsatzes am biologischen Substrat, sondern als immaterielle, unmittelbare *normative Folgen* für Verhaltens- und Wertorientierungen in kulturellen und zivilisatorischen Wandlungsprozessen. Nur aus dieser Perspektive wird die besondere Beunruhigung verständlich, die die medizinwissenschaftliche und -praktische Entwicklung in den einschlägigen Bereichen verursacht. Und nur aus diesem Blickwinkel erklären sich auch die besonderen rechtstheoretischen, -praktischen und -politischen Schwierigkeiten im Umgang mit den medizintechnischen Entwicklungslinien. Sie resultieren, resümierend, aus der *Koinzidenz von Technikfolgen als gesellschaftlichen Folgen einschließlich normativer Folgen*. Es sind nicht in erster Linie die medizininternen, sondern die sozialen und normativen Folgen der gendiagnostischen Entwicklung, die zu gesellschaftlichen Unruhestiftern werden. Der traditionelle ‚sicherheits'orientierte rechtsgüterspezifische Blick erfasst nicht immer mit der nötigen Schärfe den Umstand, dass gerade die Betroffenheit ‚weicher' Schutzgüter die in sozialer und kultureller Hinsicht ‚härteren' Folgen anzeigen könnte. Für den Ausschnitt der ‚Informationsgesellschaft' scheint dies schon deutlicher realisiert zu sein als für die Genetisierung von Medizin und Gesellschaft, deren Probleme weit über den hier ausschließlich behandelten Ausschnitt prädiktiver genetischer Tests hinausreichen.

1.2. Interessenbezug

Vor diesem Hintergrund stellt sich die Frage nach den gesellschaftlichen Folgen prädiktiver genetischer Tests unter zwei weiteren Aspekten, die als *Interessenbezug* und *Systembezug* solcher Tests bezeichnet werden sollen. Der Interessenbezug betrifft die mitunter gestellte und nicht immer beantwortete folgenreiche Frage nach dem oder den gesellschaftlichen Interesse(n) an der Durchführung solcher Tests. Genetische Diagnostik erfolgt in einem Raum mit medizinischen, sozialen und ökonomischen Dimensionen, in dem zwischen den Eigeninteressen betroffener Patienten und ‚Klienten' einerseits und Drittinteressen andererseits unterschieden werden muss. Diese Interessen kommen in sehr verschiedenen Sozialbeziehungen zum Tragen, namentlich in der individuellen Arzt-Patient-Beziehung und darüber hinaus in Verwandtschaftsbeziehungen, Forschungsprojekten, Arbeits- und Versicherungsverhältnissen oder auch in Straf- und Zivilprozessen. Derartige *Sozialbereichsvernetzungen* werfen die besonders schwer wiegenden Probleme genetischer Tests auf. Weder Mediziner noch Juristen dürfen daher der Illusion Vorschub leisten, es würde die zukünftige Entwicklung von Gentechnik und Prädiktiver Medizin im individuellen Arzt-Patient-Verhältnis entschieden.

Die Frage nach betroffenen gesellschaftlichen Interessen ist im Gesundheitsbereich wie in anderen Bereichen und wie bei ähnlichen Begriffen (Allgemeininteresse, Gemeinwohl) gerade problematisch. Dies gilt jedenfalls für demokratische Verfassungsstaaten und pluralistische Gesellschaften. In ihnen ist ein gesamtgesellschaftliches Interesse weniger vorgegebene Größe als aufgegebene Zielorientierung. Allerdings hat sich diese Zielgröße am allgemeinen Normbestand und insbesondere am Grundrechtskatalog der Verfassung zu orientieren. Aus dieser Perspektive kann von einem gesellschaftlichen Interesse nur im Sinne einer Resultante aus gesellschaftlichen Teilinteressen die Rede sein. Umso wichtiger ist die Entscheidung über die Vor- und Nachrangigkeit unterschiedlicher Interessen und einschlägige entscheidungsbezogene Verfahren. Danach liegt es näher, statt der Frage nach einem gesellschaftlichen Interesse die Doppelfrage zu stellen: *welche Interessen?* und *wessen Interessen?* Insbesondere vier Interessenebenen sind hervorzuheben:

a) Betroffene

Auf einer ersten Ebene müssen die Interessen *Betroffener* mit (tatsächlichen oder möglichen) genetischen Dispositionen für Schwer- und Schwersterkrankungen auch in ihrer Gewichtung an der Spitze eines ‚Interessenrankings' stehen. Aber auch deren Interessen an Durchführung oder Vermeidung eines Gentests sind bekanntlich nicht einfach zu bestimmen, sondern werfen teilweise komplizierte Interessenkonflikte auf (etwa im Familienverband). Betroffeneninteressen sind auch deshalb zwar hochrangig, aber ohne Absolutheitsanspruch, weil die Gendiagnostik nicht nur Einzelinteressen in Individualverhältnissen, sondern auch gesellschaftliche Folgen in Sozialverhältnissen betrifft. Und sie tangiert letztlich ganz allgemein die kulturelle Entwicklung einschließlich der Frage nach der gesellschaftlich wünschenswerten Medizinkultur.

b) Medizin

Auf einer weiteren Ebene werden Interessen an der Entwicklung und Anwendung von Gentests seitens der *medizinischen Forschung und medizinischen Praxis* geltend gemacht. Dies ist vor dem Hintergrund bedeutsam, dass sich Genmedizin offensichtlich auf dem Weg zur einer Querschnittsdisziplin[3] befindet und zunehmend von einer „Genetisierung der Medizin"[4] die Rede ist. Im Übrigen müssen die gegenwärtigen und zukünftigen Leistungen der Gendiagnostik auseinander gehalten werden: Wo es derzeit ganz überwiegend nur um Diagnostik geht, werden für die Zukunft gentherapeutische Heilungschancen in Aussicht gestellt. Auch auf dieser Ebene ist auf die Unterscheidung von fachwissenschaftlichen Interessen und Orientierung an Patienten- und Betroffeneninteressen zu achten.

c) Soziale Sicherung und Versicherung

Um wichtige gesellschaftliche (Teil-)Interessen geht es auch auf der Ebene sozialer *Sicherungs- und Versicherungssysteme*. Hier könnte der Zusammenhang von genetischer Diagnostik und Wirtschaftlichkeits- und Ressourcengesichtspunkten immer mehr zum Thema werden. Insofern sind die Folgen des weiteren Zusammenwachsens von *Präventionsmedizin* und *Prädiktiver Medizin* wachsam im Auge zu behalten.

d) Wirtschaftliche Interessen

Schließlich geht es um *private wirtschaftliche Interessen* an der Durchführung und Verwertung genetischer Tests (Versicherungs- und Arbeitgeber, Dienstleistungs- und Produktanbieter namentlich mit Blick auf kommerzielle Testanbieter). Auch diese werfen die Frage nach Vor- und Nachrangigkeit gesellschaftlicher (Teil-)Interessen an Gentests auf. Sie darf jedenfalls nicht im Sinne einer dominanten fremdnützigen ‚Privatisierung' genetischer Dispositionen und Daten beantwortet werden. Auch aus einer Perspektive, die im Ergebnis auf eine konsequente Schutzlinie zugunsten von Betroffenen abstellt, sind solche privaten Interessen, z. B. von Versicherungsunternehmen, zwar nicht von vornherein illegitim, aber prüfungs- und gewichtungsbedürftig. Insofern ist die komplexe Interessenlage nicht abschließend geklärt.

Zusammenfassend ist festzuhalten: Auch auf dem Gebiet der Gendiagnostik gibt es nicht ein Interesse, sondern Interessenvielfalt; diese Interessenvielfalt führt zu Interessenkonflikten; bei der Konfliktbewältigung ist aus der Betroffenenperspektive insbesondere zu verhindern, dass genetisches Wissen um genetische Risiken zusätzlich zu existenzieller Betroffenheit auch noch zu einem schwer erträglichen sozialen Risiko für Betroffene wird.

---

3 Winter (2001): Was ist Genmedizin? – Eine Einführung, in: Winter, Fenger, Schreiber (Hg.): Genmedizin und Recht. Rahmenbedingungen und Regelungen für Forschung, Entwicklung, Klinik, Verwaltung, 1 ff. (9 ff.).

4 Schmidtke (1998): Die Genetisierung der Medizin, Public Health Forum 19, 12; teilweise ist auch von einer „Genetisierung des Menschenbildes" die Rede, Bayertz (2000): Molekulare Medizin: ein ethisches Problem?, in: Kulozik, Hentze, Hagemeier, Bartram: Molekulare Medizin. Grundlagen – Pathomechanismen – Klinik, 451 (452).

1.3. Systembezug

Mit ‚Systembezug' genetischer Tests soll hier das Verhältnis, auch Spannungsverhältnis zwischen individuellen Patientenrechten und generellen Entwicklungstendenzen des Medizin- und Gesundheitssystems bezeichnet werden. Dieses Verhältnis wird derzeit insbesondere durch drei, auch miteinander verwobene *Bewegungsgesetze* bestimmt, nämlich die *Technisierung*, *Objektivierung* und *Ökonomisierung* der Medizin.

a) Technisierung der Medizin: medizintechnische Entwicklung und Patientenrechte

Der Technikbezug, an dem Gentechnik und Gendiagnostik teilhaben, ist bekanntlich nicht ein Merkmal moderner Medizin neben vielen anderen. Er ist vielmehr so zentral, dass der medizinische Fortschritt zunehmend wie selbstverständlich über den medizintechnischen Fortschritt definiert wird, was aber durchaus nicht so selbstverständlich ist. Hier soll nur hervorgehoben werden, in welch unmittelbarem Zusammenhang *neue Medizintechnik und Patientenrechte/Persönlichkeitsrechte* stehen. Dies gilt insbesondere für Selbstbestimmungsprobleme im Zusammenhang mit neuen Behandlungsalternativen allgemein und speziell mit neuen Techniklinien der Biomedizin, namentlich der genetischen Diagnostik, Fortpflanzungsmedizin, aber auch der Intensiv- und Transplantationsmedizin. Es ist zu allererst die moderne Medizintechnik, die zu der feststellbaren Neubelebung der interdisziplinären Diskussion um Selbstbestimmungspostulate und Autonomiekonflikte geführt hat. Dabei darf der überkommene helle Klang des Autonomiekonzepts nicht dazu verleiten, dessen ambivalente Begleitprobleme und manche Störgeräusche zu überhören[5].

b) Objektivierung der Medizin: naturwissenschaftliches Paradigma und professionsinterne Normbildung

Auch die genetische Diagnostik ist von einer Entwicklungstendenz betroffen, die als Objektivierung der Medizin gekennzeichnet werden kann. Diese manifestiert sich in einer Verstärkung des naturwissenschaftlichen Paradigmas und einem Bedeutungszuwachs professionsinterner Normsetzung. Insgesamt vollzieht sich diese Entwicklung einer weiteren Verwissenschaftlichung als Vernaturwissenschaftlichung der Medizin nicht zuletzt auf der Grundlage epidemiologisch-statistisch-empirischer Forschung und deren Rezeption durch wissenschaftliche Kon-

5 Dazu näher Damm (2003): Imperfekte Autonomie und Neopaternalismus. Medizinrechtliche Probleme der Selbstbestimmung in der modernen Medizin, in: Robertson (Hg.): Der perfekte Mensch. Genforschung zwischen Wahn und Wirklichkeit, 153 ff.; vgl. auch Feuerstein, Kuhlmann (Hg.) (1999): Neopaternalistische Medizin. Der Mythos der Selbstbestimmung im Arzt-Patient-Verhältnis.

zepte wie evidenzbasierte Medizin und Health Technology Assessment sowie durch professionsinterne Normsetzung, namentlich ärztliche Leitlinien und Richtlinien.

Insgesamt geht es um komplexe Systeme der Bewertung und Evaluation individueller Behandlungsmethoden und allgemeiner Gesundheitsversorgung. Die aus dieser Entwicklung resultierenden Probleme für Medizin und Medizinrecht sind noch weitgehend ungelöst. Auf betroffene grundsätzliche wissenschaftstheoretische Orientierungsfragen der medizinischen Disziplinen, gewissermaßen zwischen Objektivierung und Hermeneutik, Reduktionismus und Holismus, kann ich nur beiläufig hinweisen.

Vor diesem Hintergrund vollzieht sich derzeit eine intensive Verknüpfung eines *Objektivierungsschubs* mit einem *Normierungsschub*, namentlich über das Konzept evidenzbasierter Leitlinien. Mit diesem Konzept werden weit reichende Hoffnungen auf größere Qualität und Effektivität, Effizienz und Transparenz medizinischer Behandlung verknüpft und dies wohl grundsätzlich zu Recht. Die Auswirkungen dieses Prozesses auf das Arzt-Patient-Verhältnis sind aber bislang eher offen, wenn auch andeutbar: Sie beziehen sich auf eine weitere (natur-)wissenschaftliche Engführung ärztlicher Standards, gewissermaßen eine Standardisierung des Standards, und dies ungeachtet der durchgängigen Betonung verbleibender ‚Handlungskorridore' für die individuelle Behandlungssituation. Sie haben damit potentielle Folgen für die Therapiefreiheit und auch rechtliche Verantwortlichkeit des Arztes sowie die Behandlungsqualität und Wahlfreiheit des Patienten.

Problematisch erscheint die Reichweite des Geltungsanspruchs dieser Objektivierungstendenzen, nicht zuletzt für die kommunikative Dimension der Arzt-Patient-Beziehung, also für ärztliche Aufklärung und Beratung und damit ganze medizinische Disziplinen. Paradigmatisch ist insofern die Humangenetik, die sich selbst als ‚sprechende Medizin' versteht und in der der Arzt subjektive, oft existentielle Entscheidungen beratend zu begleiten hat. An dem angesprochenen Normierungsschub beteiligen sich auch die Fachgesellschaften mit einer großen Zahl von Leitlinien, Richtlinien, Stellungnahmen, Empfehlungen und Positionspapieren. Dennoch ist das Problem weiter zu bearbeiten, ob und wieweit neben der naturwissenschaftlich-instrumentellen Seite der Arzt-Patient-Beziehung auch die kommunikativen, sehr kontextabhängigen Beratungsanteile der betroffenen Disziplinen objektivierbar und normierbar sind. Dies schließt eine in den Norm- wie Medizinwissenschaften wohl derzeit nicht ausreichende Differenzierung des unterschiedlichen normativen Status einzelner Behandlungs- und Beratungsschritte ein, insbesondere in der Abfolge der *gendiagnostischen Sequenzen* (von der Indikation über Test und Befunderhebung, der Interpretation des Befundergebnisses bis zur eigentlichen Beratung und diese vor und nach Diagnostik und mit unterschiedlichen Informationsgehalten: von „medizinischen Zusammenhängen" bis zur „Hilfe" bei der individuellen Entscheidungsfindung).[6] Insgesamt geht es um

---

6 Zu Abfolge und Zitaten: Gesellschaft für Humangenetik: Stellungnahme zur postnatalen prädiktiven Diagnostik; Berufsverband Medizinische Genetik: Leitlinien zur genetischen Beratung. Abdruck beider Regelwerke in „Richtlinien und Stellungnahmen des Berufsverbandes

die Grenzen der *Objektivierbarkeit des Subjektiven*, das sich nicht ohne weiteres einer naturwissenschaftlichen ‚Evidenz' erschließt.

c) Ökonomisierung der Medizin: Wirtschaftlichkeit und Ressourcenknappheit

Die Zusammenhänge zwischen Medizin und Ökonomie sind bekanntlich elementar und expansiv. Wirtschaftlichkeitserwägungen und Ressourcenknappheit lenken den Blick auf Probleme der Verteilungsgerechtigkeit, von Makro- und Mikroallokation auf der Systemebene und der Anspruchsbegründung und -begrenzung auf der Individualebene. Die Humangenetik bleibt hiervon nicht unberührt. Im Gegenteil: Die Schere zwischen ökonomischer Restriktion und medizinwissenschaftlicher Expansion durch immer neue Diagnose- und Therapiechancen öffnet sich weiter. Ob die Expansionstendenzen der Humangenetik auch als „Inseln der Überflusses im Meer der Knappheit"[7] interpretierbar sind, soll hier offen bleiben. Konkreter können die einschlägigen Probleme auf zwei miteinander kommunizierenden Ebenen zunehmende Bedeutung erlangen, der *Leistungsebene* und *Präventionsebene*. Auf der ersten Ebene geht es um Zulässigkeit, Zugänglichkeit und Finanzierbarkeit neuer medizinischer Optionen. Insofern sei auf strukturell vergleichbare, im In- und Ausland gerichtlich ausgetragene Konflikte um die rechtliche Begrenzung „reproduktiver Autonomie" in der Fortpflanzungsmedizin verwiesen.[8] Auf der zweiten Ebene stellt sich das nicht minder problematische Verhältnis von *Prädiktion* und *Prävention*. Insofern stellt sich das janusköpfige Doppelproblem, dass Wirtschaftlichkeitserwägungen einerseits zu einer kostenorientierten Leistungsbeschränkung zu Lasten eigentlich ‚indizierter' medizinischer Behandlungen, andererseits zu möglicherweise ebenfalls kostenorientierten ‚aufgedrängten' Präventionsmaßnahmen führen könnten.

Der Zusammenhang von Gendiagnostik, Gesundheitspolitik und Gesundheitsrecht verdeutlicht die sensible Verknüpfung mit dem prekären Verhältnis von *So-*

Medizinische Genetik und der deutschen Gesellschaft für Humangenetik", medizinische genetik, Sonderdruck, 7. Aufl., 2001, 11 ff., 57 ff.

7 Feuerstein (1999): Inseln des Überflusses im Meer der Knappheit. Angebotsexpansion und Nachfragesteuerung im Kontext gentechnischer Leistungen, in: Feuerstein, Kuhlmann (Hg.): Neopaternalistische Medizin. Der Mythos der Selbstbestimmung im Arzt-Patient-Verhältnis, 95 ff.

8 (Österreichischer) Verfassungsgerichtshof (2000): Medizinrecht 18, 389, zu Verboten bestimmter Reproduktionstechniken durch das österreichische Fortpflanzungsmedizingesetz; dazu Lurger (2000): Das Fortpflanzungsmedizingesetz vor dem österreichischen Verfassungsgerichtshof, Deutsches und Europäisches Familienrecht 2, 134 ff.; Bundessozialgericht Az. B 1 KR 22/00 R und B 1 KR 40/00 R sowie Landessozialgericht Niedersachsen, Neue Zeitschrift für Sozialrecht 10 (2001), 32, zur umstrittenen Frage des Ein- oder Ausschlusses der sog. intrazytoplasmatischen Spermainjektion (ICSI) in der gesetzlichen Krankenversicherung; einschlägig auch Umfang und Grenzen der Erstattungsfähigkeit der In-vitro-Fertilisation in der gesetzlichen und privaten Krankenversicherung (§ 27 a SGB V einerseits und BGHZ 99, 228 andererseits).

lidaritätsprinzip und Subsidiaritäts- sowie Selbstverantwortungsprinzip. Daraus resultiert der schwierige Balanceakt zwischen medizinischer Option, ökonomischer Rationalität und der ambivalenten Betroffenenperspektive, letztere zwischen erwünschter Gesundheitsvorsorge und möglichem und möglicherweise auch rechtlichem Zwang zur Prävention. Können prädiktive genetische Tests mit Blick auf eine weitere Früherkennung und Vorverlagerung der Diagnose neben wertvollen Gesundheitsgewinnen auch zu einer Überdehnung von Vorsorgelasten zu Lasten individueller Selbstbestimmung führen? Oder anders formuliert: Inwieweit sollten oder dürfen genetisch Belastete in rechtlich verbindliche präventive Strategien der Risikovermeidung eingebunden werden?[9] Insofern ist zu betonen, dass mit diesen Hinweisen selbstverständlich nicht die Sinnhaftigkeit des Präventionskonzepts als solchem in Zweifel gezogen wird. Es geht vielmehr darum, dass dieses Konzept zunehmend von seinen bekannten medizinischen und gesundheitspolitischen Dimensionen und somit auch Gerechtigkeitsfragen abgekoppelt und durch gentechnisch bestimmte ‚prädiktive Prävention' dominiert wird. Und es stellt sich insgesamt auch für die Humangenetik das allgemeine Problem *ökonomischer Grenzen* und *Grenzen der Ökonomisierung* des Medizin- und Gesundheitssystems.

2. Rechtlicher Persönlichkeitsschutz

2.1. Normkonsense und Normkonflikte

Das Postulat, dass prädiktive genetische Tests durch rechtlichen Persönlichkeitsschutz, teilweise auch Würdeschutz von Patienten, Klienten und Probanden zu flankieren sind, hat ebenfalls einen hellen Klang und trifft auf breiten, grundsätzlichen Konsens. Dies gilt sowohl für Äußerungen der medizinischen Professionen als auch für rechtliche Normkonzepte. So wird etwa in der Stellungnahme des Berufsverbandes Medizinische Genetik[10] schon zum Abschlussbericht der Bund-Länder-Kommission „Genomanalyse" von 1990 der „Schutz individueller Persönlichkeitsrechte" besonders hervorgehoben und im wichtigen Positionspapier der Gesellschaft für Humangenetik[11] von 1996 der Respekt vor der menschlichen Würde als „übergeordnetes, handlungsleitendes Prinzip". Die von der Bundesärztekammer 1998 vorgelegten „Richtlinien zur Diagnostik der genetischen Disposition für Krebserkrankungen"[12] stellen die von dieser Diagnostik berührten

---

9 Simon (1993): Rechtliche und rechtspolitische Aspekte der gegenwärtigen und zukünftig erwartbaren Nutzung genanalytischer Methoden am Menschen. Gutachten der Forschungszentrums Biotechnologie im Auftrag des Büros für Technikfolgenabschätzung beim deutschen Bundestag, 128 ff.

10 Abdruck in Eberbach, Lange, Ronellenfitsch: Recht der Gentechnik und Biomedizin, Teil II, F.

11 Abdruck in „Richtlinien und Stellungnahmen des Berufsverbandes Medizinische Genetik und der Deutschen Gesellschaft für Humangenetik", 2001, 47 ff.

12 Bundesärztekammer (1998): Richtlinien zur Diagnostik der genetischen Disposition für Krebserkrankungen, in: Deutsches Ärzteblatt 95, A-1396.

„Kernbereiche der Privatsphäre" besonders heraus. Die vormals sog. „Bioethikkonvention" des Europarates beschwört den Schutz der Menschenwürde in Titel und Text gleichermaßen. Ein *schweizerischer Gesetzentwurf* zur Genomanalyse beim Menschen[13] hebt als Gesetzeszweck lapidar den Schutz von „Menschenwürde und Persönlichkeit" hervor. Ein Entwurf der Bundestagsfraktion von *„Bündnis 90/Die Grünen"* zu einem „Gesetz zur Regelung von Analysen des menschlichen Erbguts (Gentest-Gesetz)"[14] hebt als Regelungszweck hervor: Sicherung des „Rechts am eigenen genetischen Code", Gewährleistung des „Schutzes des geninformationellen Selbstbestimmungsrechts und des Persönlichkeitsrechts". Die deutschen *Datenschutzbeauftragten* zielen mit einem kürzlich vorgelegten Entwurf für ein „Gesetz zur Selbstbestimmung bei genetischen Untersuchungen" neben einem Diskriminierungsverbot auf den „Schutz der Menschenwürde, der Persönlichkeit und der informationellen Selbstbestimmung der Betroffenen". Letztlich wird national und international die Frage thematisiert, ob die Entwicklung der Humangenetik die Entwicklung eines spezifischen „genetic privacy law"[15] erforderlich mache.

Bei soviel Normkonsens scheint sich die Frage nach Normproblemen und Normkonflikten zu erübrigen. Aber der Schein trügt.

Dies liegt auf rechtlicher Ebene daran, dass generalklauselförmige Grundkonsense Einzelkonflikte hier wie allgemein nicht zu verhindern vermögen und daran, dass rechtliche Schutzpositionen regelmäßig mit rechtlichen Gegenpositionen konfrontiert sind.

Auf medizinethischer Ebene besteht das sehr grundsätzliche Problem, dass einschlägige Prinzipien ärztlichen Handelns, nicht zuletzt Selbstbestimmungs- und Autonomiepostulate, gerade im Bereich der Genmedizin in ihrer Doppelbödigkeit zu reflektieren sind. Sie können, wie auch „medizinkritische" Mediziner unterstreichen, einerseits zur „Akzeptanzbeschaffung" für neue Techniken missbraucht werden, und andererseits doch ihres Charakters als grundsätzlich „kostbare ethische Normen der Autonomie des Patienten/Ratsuchenden und des ‚informed consent'"[16] nicht entkleidet werden.

Auf empirischer Ebene geht es um Normkonflikte produzierende Interessenkonflikte zwischen einer Mehrzahl von Betroffenen und weiteren Dritten sowie teilweise damit zusammenhängend um faktische Durchsetzungsgrenzen von Rechtspositionen.

---

13 (Schweizerischer) Vorentwurf eines Bundesgesetzes für genetische Untersuchungen beim Menschen, in: Zeitschrift für schweizerisches Recht 117 (1998), 473.

14 Abrufbar unter http://www.gruene-fraktion.de/uthem/bildung/index.htm; dazu jetzt Goerdeler, Laubach (2002): Im Datendschungel. Zur Notwendigkeit der gesetzlichen Regelung von genetischen Untersuchungen, in: Zeitschrift für Rechtspolitik 35, 115 ff.

15 Dazu mit weiteren Nachweisen McGleenan (1997): Rights to know and not to know: Is there a need for a genetic privacy law?, in: Chadwick, Levitt, Shickle (Hg.): The Right to Know and the Right not to Know, 43 ff.

16 Dörner (1999): Ethik der prädiktiven Medizin in der Onkologie, in: Forum (Deutsche Krebsgesellschaft) 14, 242 ff. (243, 244, 246).

„Zur Autonomie gehört, dass niemand unter Zwang oder Druck steht, sich über seine genetischen Defekte aufklären zu lassen. Gerade das aber ist schwierig angesichts der Tatsache, daß ein diagnostisches Angebot leicht zur sozialen Pflicht wird – ‚man' tut so etwas."[17]
„Denn je mehr Tests zur Verfügung stehen, um so größer wird der gesellschaftliche, gesundheitspolitische Druck, der institutionelle Zwang. Schließlich kommt durch die Faktizität der Beratungsmöglichkeiten ein Sog auf, sich der genetischen Beratung zu stellen, ohne zu wissen, wie man mit den Ergebnissen leben kann."[18]

Dies ist der Grund für die Forderung, neben der Effizienz auch die „Insuffizienz der Kriterien von Autonomie und Wohlergehen" in Rechnung zu stellen und hinsichtlich mancher Technikfolgen auch die Notwendigkeit in Betracht zu ziehen, eine „Begrenzung der Autonomie aus Gründen des Zusammenlebens autonomer Personen" vorzunehmen[19].

Konfliktpotentiale genetischer Tests existieren in einer Vielzahl von Sozialbeziehungen, von denen hier eine Trias hervorgehoben soll:

- Arzt-Patient-Beziehung
  Hier erscheinen nach wie vor folgende Problembereiche erörterungsbedürftig: Indikation, Beratungsprinzipien, informationelles Konsensprinzip (informed consent), Schweigepflicht und Drittinteressen, Verantwortungsanteile von Arzt und Patient hinsichtlich möglicher Entscheidungen vor und nach genetischen Tests.
- Patienten-/Klienteninteressen und Drittinteressen
  Hier geht es um Patientendatenschutz und Mitbetroffenheit von Angehörigen im Familienverband, ökonomische Interessen von Arbeits- und Versicherungsgebern, Dienstleistungs- und Produktanbietern, Wissenschaft und Forschung.
- Individualinteressen und Allgemeininteressen
  Insoweit ist genetische Diagnostik eingebunden in die Entwicklungsprobleme von Gesundheitsversorgung und -ökonomie, aber auch in die Grundsatzdebatte um auch langfristige Wertkonflikte und Verhaltensnormierung.

2.2. Norm- und Regelungskandidaten

Die Normentwicklung zu genetischen Tests ist seit langem im Gange, insbesondere durch professionsinterne Regeln der betroffenen Fachdisziplinen. Von einer abschließenden Klärung zahlreicher Grundsatz- und Detailprobleme sind wir trotzdem weit entfernt. Eine spezielle gesetzliche Regelung genetischer Tests fehlt derzeit im deutschen Recht. Es wird insofern auf verfassungsrechtliche Normen

17 Siep (1996): Ethische Probleme der Gentechnologie, in: Beckmann (Hg.), Fragen und Probleme der medizinischen Ethik, 309 ff. (327).

18 Bundesministerium für Forschung und Technologie (Hg.) (1991): Arbeitsgruppe „Erforschung des menschlichen Genoms", 188.

19 Siep 1996, 328.

und einfachrechtliche Regeln und Grundsätze zurückgegriffen. Nunmehr liegen aber einige Gesetzesinitiativen und Gesetzentwürfe vor[20], die sich ihrerseits jedenfalls teilweise an ausländischen Regelungsvorbildern orientieren.[21] Sollte sich der deutsche Gesetzgeber zu einer Regelung entschließen, steht auch er vor der Entscheidung, wie weit er regulierend in die Breite und Tiefe der Probleme genetischer Tests intervenieren sollte.

Es ist in diesem Rahmen auch nicht annähernd möglich, alle oder auch nur die meisten als Regelungskandidaten in Betracht kommenden Aspekte anzusprechen. Statt dessen wird es um folgende der Zentrierung auf die Betroffenenperspektive entsprechende Problemauswahl gehen: Informationelle Selbstbestimmung, Indikationsvorbehalt, Arztvorbehalt, Beratungsvorbehalt und Drittinteressen.

a) Informationelle Selbstbestimmung

Der Grundsatz der informationellen Selbstbestimmung bildet das normative Rückgrat jeder genmedizinischen Normbildung. Das klassische medizinethische Konzept des informationellen Konsensprinzips (informed consent) ist neuen Akzenten des Rechts auf informationelle Selbstbestimmung mit seiner nicht zufälligen Herkunft aus dem Datenschutzrecht konfrontiert. Ebenso wenig zufällig ist seine Fortschreibung zu einem „Recht auf geninformationelle Selbstbestimmung“[22]. Für die Humangenetik ist insofern von zentraler Bedeutung, dass das Recht auf informationelle Selbstbestimmung unterschiedliche, teils gegenläufige Stoßrichtungen entfalten kann. Es kann sich einerseits gegen die Vorenthaltung von Informationen, andererseits gegen aufgedrängte Informationen richten und sich so als *Informationsrecht* und *Informationsabwehrrecht* präsentieren. Dementsprechend sind in der genetischen Diagnostik ein *Recht auf Wissen* und ein *Recht auf Nichtwissen*, gewissermaßen als Varianten eines positiven und negativen informed consent, mittlerweile geläufige normative Größen. Die (verfassungs-)rechtliche Ausgangslage erscheint zunächst unproblematisch. Fast formelhaft wird sie häufig so gefasst: „Das allgemeine Persönlichkeitsrecht umfaßt sowohl ein Recht auf Wissen als auch ein Recht auf Nichtwissen.“[23]

Das ist zwar grundsätzlich zutreffend, verdeckt aber die eigentlichen Probleme, die erst jenseits der paritätischen Anerkennung beider Rechte entstehen, wenn Informationsrechte und Informationsabwehrrechte mehrerer Beteiligter oder diese Rechte mit überindividuellen Interessen in Konflikt geraten. Außerdem sind unterschiedliche faktische Durchsetzungschancen beider Normvarianten in Rechnung

---

20 Vgl. oben unter II, 1.

21 Ausdrückliche Bezugnahme auf das österreichische Gentechnikgesetz und den schweizerischen Entwurf für den Entwurf der Grünen etwa bei Goerdeler, Laubach 2002, 119.

22 Vgl. etwa Sternberg-Lieben (1987): „Genetischer Fingerabdruck“ und § 81 a StPO, in: Neue Juristische Wochenschrift 40, 1242 (1246).

23 Hierzu mit weiteren Nachweisen Damm (1999): Recht auf Nichtwissen? Patientenautonomie in der prädiktiven Medizin, in: UNIVERSITAS 54, 433 ff.; Taupitz (1998): Das Recht auf Nichtwissen, in: Festschrift für Wiese, 583 ff.

zu stellen. Normative Rechtsgewährung garantiert bekanntlich noch nicht reale Rechtsdurchsetzung. Ebenso gewährleistet die normative Gleichrangigkeit des positiven und negativen informed consent nicht schon per se faktische Gleichrangigkeit. Etwas salopp formuliert: Bei dem Recht auf Wissen (Optionsrecht) könnte es sich zunehmend um einen Selbstläufer in Konformität mit dem Entwicklungsprozess der Genmedizin handeln, bei dem Recht auf Nichtwissen (Schutz-, Abwehrrecht) eher um einen defensiv technikaversen antizyklischen Irrläufer. Medizin, Medizinrecht und Rechtspolitik kommt die Aufgabe zu, die jedenfalls grundsätzliche Gleichrangigkeit genspezifischer Informations- und Informationsabwehrrechte zu sichern. Dies könnte sich mittel- und langfristig schwieriger erweisen als vielfach angenommen. Ich verweise insofern nur auf das noch anzusprechende Problem konkurrierender Rechte Dritter[24] und auf mögliche ‚Nebeneffekte' des (Arzt-)Haftungsrechts unter dem Blickwinkel haftungsrechtlich sanktionierter ärztlicher Aufklärungspflichten:

> „Die den Arzt treffende Gefahr der Haftung wegen eines Aufklärungspflichtversäumnisses (macht) es wahrscheinlich, dass der Arzt, schon um der eigenen Interessen willen, eher dem Informationsrecht des Patienten als dessen Recht auf Nichtwissen Rechnung trägt."[25]

Und noch pointierter: „Der Haftungsdruck reicht mit anderen Worten aus, um ein wie immer formuliertes Recht auf Nichtwissen zu übergehen."[26] Dies ist wohl sehr pauschal formuliert, markiert aber zutreffend klärungsbedürftige haftungsrechtliche Fragen der Gendiagnostik.[27]

Nur am Rande sei mit Blick auf die Bedeutung des informationellen Konsensprinzips darauf hingewiesen, dass dieses Prinzip derzeit, von vielen noch unbemerkt, erneut auf dem Prüfstand und teilweise in der Kritik steht. Einschlägig ist insofern eine Neuauflage der Diskussion um Partnerschaft und Paternalismus in der Arzt-Patient-Beziehung, in der sich Positionen eines variantenreichen „*Neopaternalismus*" zu Wort melden. Darin wird insbesondere eine „Ambivalenz von Selbstbestimmung", nämlich die Verlagerung von Verantwortungs- und Entscheidungs-

---

24 Unten e) aa).

25 Taupitz 1998, 599.

26 Simitis (1994): Allgemeine Aspekte des Schutzes genetischer Daten, in: Schweizerisches Institut für Rechtsvergleichung (Hg.): Genanalyse und Persönlichkeitsschutz, 107 ff. (123).

27 Die Beunruhigung der Humangenetiker ist in diesem Zusammenhang verständlicherweise groß, wie Reaktionen auf den „Tübinger Fall" (BGHZ 124, 128) gezeigt haben; vgl. etwa Wolff, Schmidtke, Pap (1995): Das Urteil des Bundesgerichtshofes zum „Tübinger Fall" und seine Bedeutung für die genetische Beratung, in: Der medizinische Sachverständige 91, 120 ff. Allerdings scheinen insofern auch Missverständnisse in der Ärzteschaft eine Rolle zu spielen. Diese bedürfen dringend einer Bearbeitung, die hier nicht vorgenommen werden kann. Andeutend sei aber darauf hingewiesen, dass hinsichtlich der Haftungsprobleme der Humangenetik genauer als vielfach geschehen danach zu differenzieren ist, welche der gendiagnostischen Sequenzen im haftungsrechtlichen Konflikt steht (Indikation, Test, Befunderhebung, Interpretation des Ergebnisses, eigentliche Beratung). Auch haftungsrechtlich sind die technisch-instrumentelle und die kommunikative Seite ärztlichen Handelns auseinanderzuhalten.

lasten auf den Patienten als Folge von Autonomie thematisiert und dies nicht zuletzt mit Blick auf die gendiagnostische Entwicklung, aber auch mit kritischen Seitenblicken auf eine angeblich zu weite Ausuferung ärztlicher Aufklärungspflichten durch Justiz und Juristen. Das Verhältnis von Patientenwohl und Patientenwille, Wahrheit und Wirklichkeit der Patientenaufklärung, Selbstbestimmung und Selbstverantwortung soll gewissermaßen neu austariert werden.[28] Für den besonders ausgeprägten normativen Autonomiebias der genetischen Diagnostik ist diese Diskussion einschließlich des mahnenden Hinweises auf Selbstbestimmung zwischen „Akzeptanzbeschaffung" und „kostbarer Norm"[29] von besonderem Gewicht.

b) Indikationsvorbehalt

Die Bindung genetischer Tests an eine medizinische Indikation im Individualverhältnis (und außerhalb eines solchen an gesundheitsbezogene Forschungszwecke sowie vorbehaltlich gesetzlicher Sonderregeln wie etwa bereits zur Identifizierung im Strafverfahren) erscheint ebenfalls als zentrale normative Steuerungsgröße genetischer Diagnostik. Sie entspricht dem Regelungskonzept des Europäischen Menschenrechtsübereinkommens zur Biomedizin und wirkt einer, soweit ersichtlich, auch von der deutschen Ärzteschaft abgelehnten beliebigen Verfügbarkeit solcher Tests entgegen und zwar in einer doppelten Richtung: einerseits gegenüber einer fremdnützigen Kommerzialisierung, andererseits, und dies ist das normativ schwierigere Problem, gegenüber Testwilligen mit einem anderen als medizinisch indizierten Interesse (bis hin zu „Lifestyle-Diagnostik"[30]). In der Sache geht es damit um Begrenzung von Selbstbestimmung durch gesundheitsbezogene Zweckbindung. Dies läuft auf die Grundregel hinaus: Die freie individuelle Selbstbestimmung ist notwendige, aber nicht hinreichende Bedingung für die Vornahme des Tests. In Kurzform: ohne Selbstbestimmung, Freiwilligkeit und Einwilligung kein Test, aber auch mit Einwilligung nicht jeder Test. Dass diese Position ihrerseits weitere rechtliche, auch verfassungsrechtliche Probleme aufwirft, kann hier nur knapp angedeutet werden.

Im Übrigen ist mit dieser Grundposition nur eine normative Basisgröße bestimmt, die noch zahlreiche Folgeprobleme klärungsbedürftig lässt. So beantwortet die Bindung an eine gesundheitsspezifische Indikation noch nicht die dann zwangsläufig, auch von Humangenetikern, zu stellende Frage: „Wann sind genetische Tests eigentlich ‚indiziert'?"[31] Die Entscheidung darüber, dass auch der Gesetzgeber insofern ein regulatives Datum setzten sollte, fällt leichter, als diejenige, ob und wie-

28 Ausführlich Damm 2003.

29 Vgl. noch einmal Dörner 1999.

30 Henn (2000): DNA-Chiptechnologie in der medizinischen Genetik: Ethische und gesundheitspolitische Probleme, in: medizinische genetik 12, 341ff. (342); vgl. jetzt den Pressebericht zum freiverkäuflichen „Gentest aus dem Supermarkt fürs allgemeine Wohlbefinden" im Spiegel vom 25.3.2001, 190, mit Hinweisen auf kritische Stellungnahmen deutscher Humangenetiker (Propping, Schmidtke).

31 Schmidtke (1997): Vererbung und Ererbtes. Ein humangenetischer Ratgeber, Reinbek, 95.

weit rechtliche Regelung hier ins Detail gehen sollte. Bereits vorliegende Normvarianten reichen auch im internationalen Vergleich von einer knappen Grundsatzregelung bis zu ausführlicheren Einzelregelungen (theoretisch bis hin zu enumerativen Indikationskatalogen) und weisen so bezeichnende Unterschiede auf.

So lautet der in dem *schweizerischen Gesetzentwurf* formulierte „Grundsatz": „Genetische Untersuchungen dürfen nur durchgeführt werden, wenn sie einem prophylaktischen oder therapeutischen Zweck oder als Grundlage für die Lebensgestaltung oder die Familienplanung dienen." Dabei fällt die Anknüpfung an die „Lebensgestaltung", und dies neben der Familienplanung, nahezu grenzenlos aus und verliert die Bindung an eine medizinische Indikation völlig aus dem Auge, wenn nicht, wie im Gesetzentwurf der Bundestagsfraktion *Bündnis 90/Die Grünen*, im Sinne einer „an der Prävention ausgerichteten Lebensgestaltung" konkretisiert wird. Der entsprechende Grundsatz im Gesetzentwurf der deutschen *Datenschutzbeauftragten* vom Herbst 2001 lautet: „Zu medizinischen Zwecken dürfen prädiktive Untersuchungen nur durchgeführt werden, wenn sie nach ärztlicher Indikation der Vorsorge, der Behandlung oder der Familienplanung der betroffenen Person dienen." Es bleibt manches interpretationsbedürftig und dies erst recht, wenn wie im Gesetzentwurf der *Grünen* Gentests auf „erhebliche" und präsymptomatische Tests auf „schwere" Erbkrankheiten beschränkt werden.

Insgesamt sprechen, ohne dass dies ein Patentrezept darstellte, die überwiegenden Gründe für eine deutliche Grundsatzregelung mit knapper situationsspezifischer Differenzierung von Gentests (pränatal, postnatal, Tests an Kindern und Nichteinwilligungsfähigen). Weit gehende Ausdifferenzierungen könnten sich sowohl mit Blick auf Probleme rechtlicher Regelungskompetenz als auch auf die Sicherstellung fachwissenschaftlicher Kompetenz und Dynamik als kontraproduktiv erweisen. Insbesondere sollte das Regelungskonzept starrer Indikationskataloge nicht weiter verfolgt werden.

c) Arztvorbehalt

Eng mit der Indikationsproblematik verknüpft ist die eines Arztvorbehalts für genetische Tests. Durch ihn ist in einer Formulierung der *Deutschen Forschungsgemeinschaft* sicherzustellen, dass solche Tests „nicht frei zur allgemeinen Verfügung stehen können, sondern nur im Zusammenhang eines Arzt-Patient-Verhältnisses und bei Vorliegen einer entsprechenden ärztlichen Begründung (Indikation) vorgenommen werden dürfen."[32] Entsprechende, im Detail voneinander abweichende Regelungen enthalten die Gesetzentwürfe der *Datenschutzbeauftragen* und der *Grünen*. Damit wird gleichzeitig eine Bindung an die bestehenden ärztlichen Verhaltenspflichten begründet und einer beliebigen Kommerzialisierung entgegengewirkt.

---

32 Deutsche Forschungsgemeinschaft (1999): Stellungnahme Humangenomforschung und prädiktive genetische Diagnostik.

Allerdings sind auch insofern Widerstände und Probleme im Detail in Betracht zu ziehen und zwar aus gänzlich unterschiedlichen Perspektiven. Drei Gesichtspunkte seien hervorgehoben: Erstens resultiert aus dem Arztvorbehalt die Beschränkung von Freiräumen zu Lasten von Gentestanbietern auf sich entwickelnden Märkten für Gentests angesichts zunehmender technischer Verfügbarkeit, Vereinfachung, Computerisierung und Kommerzialisierung dieser Tests.[33] Zweitens wird von gänzlich anderer, nämlich medizinethischer Seite geltend gemacht, der Arztvorbehalt solle mit Rücksicht auf das Selbstbestimmungsrecht des Einzelnen nur eingeschränkt, etwa nur für Fälle *erheblicher* Krankheiten/Krankheitsdispositionen gelten.[34] Und drittens geht es auch bei Befürwortung eines Arztvorbehalts um weiteren Entscheidungsbedarf zwischen einem *Arztvorbehalt, Facharztvorbehalt und Humangenetikervorbehalt.* Insofern scheint es auch innerhalb der Ärzteschaft noch Abstimmungsbedarf zu geben[35], teilweise ist von einem „interdisziplinär angelegten Facharztvobehalt"[36] die Rede.

Mit Blick auf die beiden erstgenannten Gesichtspunkte (Kommerzialisierung, medizinethische Restriktion) sollte zugunsten eines Arztvorbehalts am Postulat eines Normierungsbedarfs festgehalten werden. Für den dritten Aspekt ist zwar grundsätzlich Zurückhaltung vor einem zu weit gehenden ‚Hineinregieren' des Rechts in die Aufgabenverteilung unter den medizinischen Fachdisziplinen angebracht. Allerdings steht dieser allgemeine Vorbehalt unter dem nachfolgend behandelten Beratungsvorbehalt, der für die genetische Diagnostik auch genetische Beratung zu sichern hat.

d) Beratungsvorbehalt

Eine qualifizierte genetische Aufklärung und Beratung ist offenkundig ein Element sowohl der Qualitäts- als auch der Autonomiesicherung. Ein Beratungsvorbehalt sollte daher grundsätzlich auch in eine gesetzliche Regelung aufgenommen werden. Dies erscheint auch deshalb ratsam, weil empirische Untersuchungen im humangenetischen Bereich darauf hinweisen, dass es bei der praktischen Umsetzung von Beratungsgrundsätzen interkulturelle Unterschiede und auch Defizite zu

---

33 Insofern sollten auch problematische Entwicklungen im Ausland berücksichtigt werden. Dies gilt etwa für den Hinweis, dass in den USA mehr als 40 % der einschlägigen Labore genetische Tests allein auf Wunsch von Testwilligen und ohne eine Einbeziehung eines Arztes durchgeführt werden sollen, vgl. Taupitz (2000): Genetische Diagnostik und Versicherungsrecht, Karlsruhe, 38 m. N.; zum Versandhandel mit „ernährungsbezogenen" Gen-Kits der Bericht im Spiegel vom 25.3.2002, 190.

34 Ausführlich Beckmann (2000): Autonomie und Krankheitsrelevanz, in: Bartram et al.: Humangenetische Diagnostik, Berlin, 126 ff.

35 Vgl. etwa die Kontroverse zwischen Raue und Propping, in: Deutsches Ärzteblatt 96 (1999), A-289 f.

36 Bartram (2001): Richtlinien der Bundesärztekammer zur Diagnostik der genetischen Disposition für Krebserkrankungen, in: Winter et al. (Hg.): Genmedizin und Recht, München, 429 ff. (435, Rz. 1096).

geben scheint.[37] Aufklärungs- und Beratungsdefizite in der prädiktiven genetischen Diagnostik stehen nicht zufällig fortgesetzt in der Diskussion.[38] Außerdem entfalten professionsinterne Regeln der Ärzteschaft offenbar nur eine begrenzte Wirksamkeit.[39]

Jenseits dieser Ausgangsfeststellung beginnen auch hier die Probleme im Detail, und zwar aus rechtlicher Sicht insbesondere aus zwei Gründen: Zum einen ist genetische Beratung als ‚sprechende Medizin' in besonderer Weise von der konkreten Situation des individuellen Patienten/Klienten abhängig und widersetzt sich daher einer zu weit gehenden standardisierenden Verrechtlichung.

Zum anderen gibt es innerhalb der beratenden Berufe offensichtlich auch Auffassungsunterschiede hinsichtlich des fachlich angemessenen *Beratungskonzepts*.[40] Dies gilt insbesondere für die lange weitgehend akzeptierten Beratungsprinzipien der Nichtdirektivität und Neutralität, zwei Highlights der gendiagnostischen Prinzipiendiskussion. Der Grundsatz der ‚Nichtdirektivität' wird sowohl in Regeln der medizinischen Professionen als auch national und international in gesetzlichen (Entwurfs-)Regelungen wiederholt und fast selbstverständlich zugrunde gelegt. Bei näherer Betrachtung sind jedoch neben der faktischen Durchsetzbarkeit der normative, auch rechtliche Status dieses Grundsatzes kaum abschließend geklärt: Was bedeutet Nichtdirektivität eigentlich genau? Ist strikte Nichtdirektivität überhaupt möglich? Und insbesondere: Ist Nichtdirektivität normativ überzeugend oder gar rechtlich verbindlich? Es geht um komplexe Gesprächssituationen, in denen sich der Berater auf einer Gratwanderung zwischen ärztlicher Fürsorge und Respekt vor der Patientenautonomie befindet und in denen Patienten/Klienten vielfach nicht nur Information, sondern ‚Rat' statt nur humangenetische Datenvermittlung, also – eben – ‚Beratung' erwarten.

Daher erscheint es problematisch, Nichtdirektivität, wie teilweise schon geschehen, gesetzlich vorzuschreiben. Als Regelungskonzept liegt es näher, zwar das Prinzip einer individuellen Beratung mit Orientierung an der Selbstbestimmung und Lebenssituation des konkreten Ratsuchenden und einen Mindestin-

---

37 Vgl. die empirische Studie von Wertz (1989): The 19-nation-survey. Genetics and ethics around the world, in: Wertz, Fletcher (Hg.): Ethics and human genetics. A cross-cultural perspective, Berlin u. a., 1 ff.

38 Dazu Regenbogen, Henn (2003): Aufklärungs- und Beratungsprobleme bei der prädiktiven genetischen Diagnostik, in: Medizinrecht 21, 152 ff.

39 Nippert, Wertz (2001): Grundprinzipien bei der Anwendung gentechnischer Testverfahren, in: Winter et al. (Hg.): Genmedizin und Recht, 371 ff. (Rz. 944 ff.).

40 Reiter-Theil (1995): Nichtdirektivität und Ethik in der genetischen Beratung, in: Ratz (Hg.): Zwischen Neutralität und Weisung – Zur Theorie und Praxis von Beratung in der Humangenetik, 83 ff.; Reiter-Theil: Ethische Fragen in der genetischen Beratung. Was leisten Konzepte wie „Nichtdirektivität" und „ethische Neutralität" für die Problemlösung?, in: Concilium 34, 138 ff.; Wolff, Jung (1994): Nichtdirektivität und genetische Beratung, in: medgen 6, 195 ff.; Reiter-Theil (1995): Direktivität – Nichtdirektivität – Erfahrungsorientiertheit: Zur Entwicklung eines integrativen Ansatzes zur Gesprächsführung in genetischer Beratung, in: Ratz (Hg.): Zwischen Neutralität und Weisung – Zur Theorie und Praxis von Beratung in der Humangenetik, 8 ff.

halt[41] der Beratung zu fixieren, ohne aber darüber hinaus ein bestimmtes Beratungskonzept vorzugeben. Es sind insofern die Grenzen des Rechts, die Gefahren einer dysfunktionalen Verrechtlichung des Arzt-Patient-Verhältnisses und die Verantwortlichkeit der Fachdisziplinen für Konzept und Konkretisierung der Beratungsprinzipien in Rechnung zu stellen.

e) Drittinteressen

Das Nebeneinander von und der Konflikt zwischen Betroffeneninteressen und ganz unterschiedlichen Drittinteressen gehört offensichtlich zu den besonderen Problemen prädiktiver genetischer Tests. Ein Blick in gesetzliche Regelungen und Regelungsentwürfe, interne Regeln der medizinischen Fachdisziplinen, aber auch Empfehlungen von Selbsthilfeorganisationen offenbart zweierlei: erstens, dass konfliktträchtige Drittinteressen fast durchgängig als normierungsbedürftige Regelungskandidaten betrachtet werden; zweitens, dass sich alle Regelwerke an dieser Stelle durchgängig besonders schwer tun. Dies überrascht nicht, geht es hier doch nicht nur um den positiven und negativen informed consent, Rechte auf Wissen und Nichtwissen, sondern weiter etwa um Spannungsverhältnisse zwischen (ärztlicher) Schweigepflicht und Drittinteressen.

Dabei sind insbesondere zwei Großbereiche betroffen: erstens der private Nahbereich von Verwandtschaft und Familienverband, zum anderen auch ökonomisch relevante Fern- und Marktbeziehungen, zum Beispiel Arbeits- und Versicherungsverhältnisse.

aa) Genetische Daten im Familienverband

Ein möglicherweise ermittelter genetischer Risikostatus ist im wahrsten Sinne ‚naturgemäß' nicht nur für die untersuchte Person, sondern unentrinnbar auch für weitere lebende oder später geborene Personen relevant. Dies bildet eine Basisproblematik der humangenetischen Praxis – entsprechend dem aus dieser Praxis kolportierten Motto: „Meine Anlagen sind auch deine Anlagen"[42] (und umgekehrt). So geht es vielfach nicht um das vertraute duale Arzt-Patient-Verhältnis, sondern um eine Klienten- und Beratungsgemeinschaft unter Einschluss potentieller Interessenkonflikte.

Für die Schwierigkeiten, die Interessen von Patienten/Ratsuchenden mit denen von Familienangehörigen abzustimmen, finden sich bei genauerer Analyse der an-

41 So die Gesetzentwürfe der Datenschutzbeauftragten und der Grünen; der letztere fixiert im Übrigen auch den Grundsatz nichtdirektiver Beratung.

42 Schmidtke 1997. 153; ebenfalls aus der genetischen Beratungspraxis etwa Retzlaff, Henningsen, Spranger, M., Janssen, Spranger, S. (2001): Prädiktiver Gentest für Chorea Huntington. Erfahrungen mit einem ressourcen- und familienorientierten Beratungsansatz, in: Psychotherapeut 46, 36 ff.; Henn (2002): Probleme der ärztlichen Schweigepflicht in Familien mit Erbkrankheiten, in: Zeitschrift für medizinische Ethik 48, 343 ff.

gesprochenen professionsinternen Regeln, Regelwerken von Selbsthilfegruppen und gesetzlichen Regelungen deutliche Belege. Aufschlussreich ist etwa das wichtige „Positionspapier“ der *Deutschen Gesellschaft für Humangenetik*. Dieses spricht mit Blick auf gegensätzliche Informationsinteressen bezüglich genetischer Krankheitsdispositionen bei Verwandten einerseits mit Blick auf den Humangenetiker von einem „prinzipiell unlösbaren Konflikt“, andererseits mit Blick auf Familienangehörige von einer „moralischen Verpflichtung, genetisches Wissen zu teilen“.

Normbildungsprobleme, die auch Selbsthilfeorganisationen an dieser Stelle haben, werden im persönlichen Gespräch und in einschlägigen Regelwerken von Betroffenenverbänden deutlich. So findet sich in Texten der *Deutschen Huntington-Hilfe* der Satz: „Eine beachtliche Mehrheit (also: nicht Einstimmigkeit, R. D.) der Vertreter der Selbsthilfeorganisationen sprachen sich dafür aus, dass das Recht auf Wissen eines erwachsenen Kindes über dem Recht auf Nichtwissen eines Elternteils stehen sollte.“ Allerdings können moralische Positionen kaum durch Mehrheitsentscheidung begründet oder beseitigt und erst recht nicht in Rechtspositionen transformiert werden.

Die *Richtlinien der Bundesärztekammer* zur Diagnostik der genetischen Disposition für Krebserkrankungen enthalten den Grundsatz, dass

> „der betreuende Arzt den Patienten darüber (informiert), daß er (der Patient) die Personen mit erhöhtem Krebsrisiko unter seinen Verwandten auf dieses Risiko hinweisen sollte. Auch die Information über die Möglichkeit einer prädiktiven Diagnostik, die verfügbaren Früherkennungsmaßnahmen und präventiven therapeutischen Optionen sollten dem Patienten überlassen werden.“

Damit ist zunächst eine Linie zwischen Patientenautonomie einerseits und einem von ärztlicher Fürsorge getragenen sanften Paternalismus andererseits vorgezeichnet. Im Übrigen soll der Arzt die Informationshoheit gegenüber Dritten unter bestimmten Voraussetzungen doch an sich ziehen können:

> „Grundsätzlich soll sich der Arzt nicht selber an die Verwandten seines Patienten wenden, es sei denn, daß der Patient seine Angehörigen nicht informiert und die Verwandten vom gleichen Arzt mitbehandelt werden, wobei die Fürsorge gegen die ansonsten bestehende Schweigepflicht abzuwägen ist.“

Dieses Informationsmodell basiert auf *drei Voraussetzungen* für eine ärztliche Informationshoheit auch gegenüber Dritten/Verwandten: erstens Nichtinformation der Drittperson(en) durch den Patienten, zweitens ‚Mitbehandlung‘ des Verwandten durch denselben Arzt und drittens einem Abwägungsvorbehalt zwischen Schweigepflicht und Drittinteressen. Dieses Konzept verweist damit auf Probleme, die es bei allem Bemühen kaum abschließend zu lösen vermag. Es geht zunächst um die Offenbarung von Patientendaten gegenüber Dritten ohne/gegen den Willen des Patienten, also um dessen Recht auf informationelle Selbstbestimmung. Es geht weiter um die nach dem Richtlinienwortlaut nicht ausgeschlossene unverlangte Information von Verwandten als weiteren Patienten und um deren Recht auf Nichtwissen, zudem um einen möglichen Konflikt mit dem Grundsatz nichtaktiver Beratung. Und es ist drittens auf einige Unschärfen der Kriterienbildung zu verweisen. Dies gilt möglicherweise für den Aspekt des ‚Mitbehandelns', sicher aber für die Abwägungsproblematik, wobei die letztgenannte Problematik in der Tat kaum zu vermeiden sein wird.

Allerdings handelt es sich hierbei nicht nur um ein Problem der ärztlichen Richtlinien, sondern einer Normbildung allgemein, auch von gesetzlichen Regelungen. So enthält das *österreichische Gentechnikgesetz* eine Vorschrift für den Fall, dass „anzunehmen ist, daß eine ernste Gefahr einer Erkrankung von Verwandten besteht": Dann „hat der die Genanalyse veranlassende Arzt der untersuchten Person zu empfehlen, ihren möglicherweise betroffenen Verwandten zu einer humangenetischen Untersuchung und Beratung zu raten". Man muss dies auf der Zunge zergehen lassen: eine (gesetzliche!) *Pflicht* des Arztes zu der *Empfehlung*, etwas zu *raten*. Die Regelung ist zurückhaltender als die BÄK-Richtlinien und ist von dem Gentest-Gesetzentwurf der *Grünen* wörtlich übernommen worden. Im Gesetzentwurf der deutschen *Datenschutzbeauftragten* ist vorgesehen, dass erstens der Arzt seinen Patienten darauf hinzuweisen hat, dass mitbetroffenen Verwandten ein Recht auf Nichtwissen zusteht und zweitens, dass der Arzt gegen den Willen eines Patienten dessen Verwandte oder Partner nur dann von dem Untersuchungsergebnis unterrichten darf, „wenn und soweit dies zur Wahrung erheblich überwiegender Interessen erforderlich ist". Im bereits mehrfach angesprochenen *schweizerischen Gesetzentwurf* ist insofern weniger voraussetzungsvoll nur von der „Wahrung überwiegender Interessen" die Rede.[43] Auch diese Normkonzepte arbeiten so bei der Kriterienbildung mit unscharfen Rändern und dies absichtsvoll, da sich diese Unschärfen jedenfalls grundsätzlich an dieser Stelle kaum vermeiden lassen.

Aus rechtlicher Sicht stellen sich insbesondere zwei Fragen: erstens, ob ein Gesetzgeber an dieser Stelle ins Detail gehen sollte, und ob, zweitens, möglicherweise bestehende *moralische Informationspflichten* auch als *Rechtspflichten* erwogen werden sollten. Was den zuletzt genannten Gesichtspunkt betrifft, so ist es beachtenswert, dass jedenfalls für das Verhältnis von Eltern zu ihren Kindern bereits auf der Grundlage des geltenden Rechts Informationspflichten als Rechtspflichten formuliert worden sind:

> „Ebensowenig wie Eltern, die sich ... einer Genomanalyse unterziehen, negative Erkenntnisse vorenthalten können, ohne ihre Sorgfaltspflichten zu verletzen, sind Eltern mit Rücksicht auf die potentiellen Folgen für die Kinder befugt, auf eine Kenntnisnahme zu verzichten."[44]

---

43 Art. 16; in der medizinrechtlichen Literatur ist für den Konflikt zwischen Patientenschutz, Schweigepflicht und Drittinteressen auch von „übermächtigen" oder „überragenden" Interessen Dritter die Rede, Deutsch (1997): Medizinrecht, 3. Aufl., Rz. 379.

44 Simitis (1994): Allgemeine Aspekte des Schutzes genetischer Daten, in: Schweizerisches Institut für Rechtsvergleichung (Hg.): Genanalyse und Persönlichkeitsschutz, 122 f.

Ich halte diese Position in ihrer generalisierenden Form für problematisch und überprüfungsbedürftig.

Hinsichtlich der Drittinformation von Seiten des Arztes weise ich nur am Rande auf die in jüngster Zeit vor den Gerichten ausgetragenen Konflikte um ärztliche Offenbarungsbefugnisse oder gar Offenbarungspflichten in Partnerbeziehungen bei HIV-Konstellationen hin. Insofern ist der Grundsatz formuliert worden: „Sind beide Lebenspartner Patienten des gleichen Arztes, ist dieser nicht nur berechtigt, sondern sogar verpflichtet, den anderen Lebenspartner über die Aids-Erkrankung und die bestehende Ansteckungsgefahr aufzuklären."[45] Die damit begründete „Pflicht zum Bruch der Schweigepflicht"[46] ist sicher keinesfalls umstandslos auf die Situation der genetischen Beratung übertragbar. Sie verdeutlicht aber in ihrer Zuspitzung das strukturelle Grundproblem von Informations- und Datenhoheit in konfliktreichen Drittbeziehungen.

Die in Betracht kommenden Regelungsmodelle laufen entweder auf eine *Vorrangregel* zugunsten eines Rechtsträgers als potentiellem Genträger, eine interessenbezogene *Abwägungsregel* oder ein *Kombinationsmodell* hinaus. In diese Richtung weist im Ergebnis das Positionspapier der Gesellschaft für Humangenetik, in dem sich diese grundsätzlich für eine Einzelfallabwägung ausspricht, zugleich jedoch für den Fall nicht behandelbarer und nicht verhinderbarer Krankheiten dafür plädiert, dass insofern „das Recht auf informationelle Selbstbestimmung Vorrang vor dem Recht auf Information" haben solle. Andererseits soll, wie bereits angesprochen, nach Gesetzentwürfen der *Schweiz* und der deutschen *Datenschutzbeauftragten* gegen den Willen des Patienten eine Information von Verwandten und Partnern nur in Betracht kommen, wenn bei diesen „überwiegende" beziehungsweise „erheblich überwiegende" Interessen vorliegen. Es kommen damit auf der Grundlage eines *Regelungsmodells* „Abwägung" für die Ebene der *Abwägungskriterien* im Grunde drei abgestufte interessenbezogene Begriffsbildungen in Betracht, die als *weiche, mittlere und harte Interessenformeln* bezeichnet werden könnten: überwiegendes Interesse, erheblich überwiegendes Interesse und harte Notstandssituation[47] als Voraussetzung der Drittinformation.

Im Übrigen gilt auch hier: Es geht um die Prüfung von Situationen des *Konflikts*; soweit zwischen den Beteiligten *Konsens* besteht, treten jedenfalls in diesem Zusammenhang Rechtskonflikte kaum auf.

---

45 OLG Frankfurt/Main (2000), in: Neue Juristische Wochenschrift 53, 875.

46 Spickhoff (2000): Erfolgszurechnung und „Pflicht zum Bruch der Schweigepflicht", in: Neue Juristische Wochenschrift 53, 848.

47 Vgl. dazu auch eine ausformulierte Fassung bei J. Simon (1993): Rechtliche und rechtspolitische Aspekte der gegenwärtigen und zukünftig erwartbaren Nutzung genanalytischer Methoden am Menschen, Gutachten des Forschungszentrums Biotechnologie im Auftrag des Büros für Technikfolgenabschäzung beim Deutschen Bundestag, 183: „Eine Offenbarung ist nach den Grundsätzen des überwiegenden Interesses dann gerechtfertigt, wenn im Einzelfall für die Verwandten das Verschweigen des Befundes eine gegenwärtige, nicht anders als durch Mitteilung abwendbare Körper- oder Lebensgefahr bedeutet, und diese wesentlich höher zu bewerten ist als das Recht auf Wahrung der Privat- und Intimsphäre des Ratsuchenden."

bb) Versicherungsrecht

Auf Drittinteressen in auch wirtschaftlich relevanten Vertrags- und Marktbeziehungen will ich an dieser Stelle nur kurz hinweisen, mich dabei auf das Versicherungsproblem und insofern auf nur einen Gesichtspunkt beschränken.

Die Position, dass Versicherern (und Arbeitgebern) der Zugriff auf genetische Daten jedenfalls im Grundsatz versperrt bleiben sollte, fand lange breite, wenn auch keine uneingeschränkte und nach Versicherungssparten differenzierte Zustimmung. Dies gilt sowohl mit Blick auf die rechtliche als auch fachwissenschaftliche Bewertung. So ist mit gutem Grund formuliert worden: „Wo befürchtet werden muß, daß genetische Daten Eingang in Versicherungsverträge und Personalbögen finden können oder gar sollen, ist ein intimer Umgang mit den eigenen Genen nicht mehr möglich.“[48]

Allerdings sind in jüngerer Zeit Bestrebungen zu beobachten, parallel zur fortschreitenden Routinierung und *‚Normalisierung‘* genetischer Tests auch eine ‚Normalisierung‘ genetischer Daten zu postulieren. Danach sollen auch im Versicherungsbereich genetische Daten nicht anders behandelt werden als andere medizinisch-diagnostische Daten. Sowohl hinsichtlich der Informationsgewinnung als auch des Informationsinhalts einschließlich der Prädiktivität bestehe kein grundlegender Unterschied zwischen genetischen Analysen und anderen medizinischen Analysen.[49] Überdies verstoße im Bereich der Privatversicherung eine Sonderbehandlung genetischer Daten gegen Gleichheits- und Freiheitsrechte der Versicherungsunternehmen.

> „Und wenn man davon ausgeht, dass ein Solidarausgleich zu Gunsten von Menschen mit angeborenen Krankheitsdispositionen stattzufinden habe, dann ist damit die originäre Aufgabe der *Sozialversicherung* angesprochen, nicht aber die auf der Grundlage von *Vertragsfreiheit* agierende und auf dem Gedanken der *Risikoäquivalenz* beruhende Privatversicherung.“[50]

Will man dies als „Systemfehler“[51] der derzeitigen Funktionsverteilung zwischen Sozial- und Privatversicherung ansehen, so verfängt die Argumentation jedenfalls nicht vor einer entsprechenden Systemänderung.

In diesem Zusammenhang sind auch die medizinischen Fachdisziplinen aufgefordert, die Eigenart prädiktiver genetischer Daten herauszustellen, gewissermaßen zwischen ‚Normalität‘ und Exzeptionalität und besonderer Sensibilität. Solange auch Humangenetiker betonen: „Genetische Information hat eine Son-

---

48 Schmidtke (1995): Nur der Irrtum ist das Leben, und das Wissen ist der Tod. Das Dilemma der Prädiktiven Genetik, in: Beck-Gernsheim (Hg.): Welche Gesundheit wollen wir?, Frankfurt a. M., 25 ff.

49 Taupitz 2000, 50.

50 Taupitz 2000, 52 f. (Hervorhebungen im Original).

51 Birnbacher (2000): Ethische Überlegungen im Zusammenhang mit Gendiagnostik und Versicherung, in: Thiele (Hg.): Genetische Diagnostik und Versicherungsschutz. Die Situation in Deutschland, Bad Neuenahr-Ahrweiler, 39 ff. (45).

derstellung in der Medizin"[52], solange muss auch mit der *normativen Normalisierung* genetischer Information zurückhaltend verfahren werden. Mit guten Gründen wird daher aus medizinethischer Sicht die „Andersheit" genetischen Wissens betont.[53] So liegt es nahe, wie beispielsweise in den Gesetzentwürfen der *Datenschutzbeauftragten* und der *Grünen* an einem grundsätzlichen Verbot der Verwertung genetischer Tests jedenfalls für den Bereich einer Basissicherung durch Versicherung festzuhalten. Wichtige Differenzierungen wie die Unterscheidung von „Daseinsvorsorge" und „Wohlseinsvorsorge"[54] oder zwischen „normalen" und „verdächtigen" Versicherungssummen[55] sind wesentlich, aber hier nicht zu verfolgen.

Auf der sozialversicherungsrechtlichen Ebene geht es primär nicht um Probleme der *Begründung* des Versicherungsverhältnisses, also der *Aufnahme* in die Solidargemeinschaft, sondern um solche des Inhalts *bestehender* Versicherungsverhältnisse mit Blick auf das rechtliche Gefüge von möglichen Pflichten oder Obliegenheiten des Versicherungsnehmers. Die oft wie selbstverständlich vertretene Auffassung, genetische Diagnostik sei im Rahmen der Sozialversicherung schlicht irrelevant, greift zu kurz. Jedenfalls perspektivisch zeichnen sich hier Probleme der Verknüpfung von Prädiktion und Prävention ab. Es sind daher allgemeine sozialrechtliche Grundsätze mit Blick auf prädiktive genetische Tests aufmerksam und in einem besonderen Licht zu lesen. Ich verweise insofern auf die Leitvorschrift des § 1 SGB V, der, nicht zufällig unter der programmatischen Überschrift „Solidarität und Verantwortlichkeit", für die gesetzliche Krankenversicherung formuliert:

> „Die Versicherten sind für ihre Gesundheit mit verantwortlich; sie sollen durch eine gesundheitsbewusste Lebensführung, durch frühzeitige Beteiligung an gesundheitlichen Vorsorgemaßnahmen ... dazu beitragen, den Eintritt von Krankheit und Behinderung zu vermeiden oder deren Folgen zu überwinden."

Könnten in Zukunft Gentests zu obligatorischen Vorsorgemaßnahmen werden? Vor dem Hintergrund solcher Fragen wird in der versicherungsrechtlichen Litera-

52 Schmidtke 1997, S. 96: „Genetische Information ... behält ihre Voraussagekraft über lange Zeiträume; ist von großer Bedeutung für reproduktive Entscheidungen; stellt Verbindungen zu Rasse und Ethnizität her und birgt damit das Potential sozialer Diskriminierung; hat Implikationen über das getestete Individuum hinaus; ist oft mit prognostischer Unsicherheit behaftet; kann einen Vorwand für soziale Stigmatisierung schaffen (Arbeitsplatz, Versicherungswesen, Heiratsmarkt); kann zu erheblicher psychischer Verunsicherung des Trägers führen."

53 Beckmann (2001): Gentest und Versicherungen aus ethischer Sicht, in: Sadowski (Hg.): Entrepreneurial Spirits, Horst Albach zum 70. Geburtstag, 271 ff. (276 f., 281) mit wohlbegründeten Hinweisen auf Einblickstiefe und probabilistischen Charakter genetischer Tests sowie Unterschiede zwischen Informationen auf der Ebene von Genotyp und Phänotyp.

54 Beckmann 2001, 284, 285 f.

55 Gegen die Anknüpfung an die Höhe von Versicherungssummen für das Verlangen von Gentests seitens des Versicherungsnehmers Beckmann, 2001, 286; Goerdeler, Laubach, 2002, 119.

tur zur Genanalyse die Perspektive einer möglichen „Verpflichtung zur Durchführung von Gentests“ und eines „faktischen Zwangs zur Prävention“ auch für die Sozialversicherung diskutiert.[56] Daher liegt auch dieser für den Großteil der Bevölkerung entscheidende Versicherungsbereich nicht außerhalb des Relevanzbereichs der genetischen Diagnostik.

cc) Forschung

Persönlichkeits- und Datenschutz sind im Forschungsbereich national und international Gegenstand zahlreicher gesetzlicher Regelungen, Gesetzgebungsaktivitäten und professionsinterner Regeln. Diese weisen Differenzen in Einzelbereichen, aber auch Übereinstimmungen in normativen Grundsatzfragen auf. Zu letzteren gehört insbesondere die Auseinandersetzung mit der informationellen Selbstbestimmung von Probanden. Ich verweise dazu stellvertretend auf das *österreichische* Gentestgesetz (§ 66), den *schweizerischen* Gesetzentwurf (Art. 17), den Entwurf der deutschen *Datenschutzbeauftragten* (§§ 25 ff), den Entwurf der *Grünen* (§ 22) und das *Europäische Biomedizinübereinkommen* (Art. 15 ff.).

Das Verhältnis von medizinischer Forschung und Datenschutz wird bekanntlich vielfach als kontrovers diskutiertes Spannungsverhältnis gesehen. Aus diesem Grund sind jüngste Bemühungen um fachwissenschaftliche Regeln und rechtliche Regelungen zur Abstimmung von Persönlichkeitsschutz und informationeller Selbstbestimmung einerseits und Forschungsinteressen andererseits besonders bedeutsam. Insofern liegen aktuelle Normvorschläge vor, unter anderem „Leitlinien und Empfehlungen zur Sicherung von Guter Epidemiologischer Praxis“ der *Arbeitsgruppe Epidemiologische Methoden* aus dem Jahre 2000 und der von den deutschen *Datenschutzbeauftragten* vorgelegte Gesetzentwurf von 2001.

Diese Regeln und Regelungsvorschläge gehen jedenfalls im Grundsatz und zu Recht von einem besonderen Stellenwert des Persönlichkeitsschutzes und insbesondere des informationellen Selbstbestimmungsrechts von Probanden aus. Dies mag für die amtlichen Vertreter des deutschen Datenschutzes von vornherein nicht verwunderlich sein, gilt aber auch für die erwähnten *Forschungsleitlinien*. Sie heben eingangs die Bindung der Forschung an ethische Prinzipien, die allgemeinen Menschen- und Bürgerrechte sowie speziell Patienten-, Probanden- und Forscherrechte nachdrücklich hervor. Besonders unterstrichen wird die Einhaltung der „geltenden Datenschutzvorschriften zum Schutz der informationellen Selbstbestimmung“ bei Planung und Durchführung epidemiologischer Studien, allerdings auch die Aufforderung an die Forscher, diese „sollten offensiv das Interesse der Forschung vertreten und auf Verbesserungen der Datenschutzbestimmungen bei der Nutzung personbezogener Daten für wissenschaftliche Zwecke hinwirken“. Was unter dieser „Verbesserung“ zu verstehen sein soll, bleibt hier allerdings of-

56 Schöffski (2001): Genomanalyse und Versicherungsschutz, in: Winter, Fenger, Schreiber (Hg.): Genmedizin und Recht, München, 543 ff. (Rz. 546, 547 f.).

fen. Aufklärung und Einwilligung der Probanden spielen eine zentrale Rolle, so bei der Anlage und Nutzung biologischer Probenbanken und den „eventuellen Modalitäten einer Mitteilung der Ergebnisse von Laboranalysen an die Probanden", ebenso die Information über mögliche Interessenkonflikte etwa im Rahmen kommerzieller Kooperation, schließlich das Widerrufsrecht vor vollständiger Anonymisierung personenbezogener Daten.

Der Gesetzentwurf der *Datenschutzbeauftragten* ist wegen seiner besonderen Ausrichtung auf genetische Tests sowohl spezieller als auch mit Blick auf die Rechte betroffener Probanden ausdifferenzierter. Ausgangspunkt für die Harmonisierung, jedenfalls Optimierung von Probandeninteressen und Forschungsinteressen ist eine dreifach abgestufte *Forschungs- und Abwägungsklausel.* Danach ist die Erhebung, Verarbeitung und Nutzung genetischer Daten

> „zulässig, wenn
> 1. die Proben und die genetischen Daten der betroffenen Person nicht mehr zugeordnet werden können oder
> 2. im Falle, dass der Forschungszweck die Möglichkeit der Zuordnung erfordert, die betroffene Person eingewilligt hat oder
> 3. im Falle, dass weder auf die Zuordnungsmöglichkeit verzichtet, noch die Einwilligung eingeholt werden kann, das öffentliche Interesse an der Durchführung des Forschungsvorhabens die schützenswerten Interessen der betroffenen Person überwiegt und der Forschungszweck nicht auf andere Weise zu erreichen ist."

Im Übrigen enthält der Gesetzentwurf Regelungen zur erforderlichen Probandenaufklärung einschließlich des Rechts auf Unterrichtung sowie auf Nichtkenntnisnahme probandenrelevanter Untersuchungsergebnisse, zur Anonymisierung und Pseudonomysierung von Proben und genetischen Daten. Insgesamt liegt dem ein abgestuftes Regelungskonzept zugrunde, das von einem Vorrang des informed consent und sodann von einer probanden- und forschungsspezifischen Abwägungsklausel sowie Anonymisierungsgrundsätzen ausgeht.

Bei Verständigung auf diese Elemente sollte es möglich sein, die Harmonisierung von Persönlichkeitsschutz und Forschungsinteresse konkreter zu diskutieren als auf der Grundlage eines pauschalen Generalverdachts, wonach es sich bei Datenschutz und Forschungsfreiheit um einander ausschließende Größen handeln müsse. Angemessen ist ein auf „Zieloptimierung" gerichteter Dialog beider Bereiche.[57] Allerdings: Soweit trotz aller Optimierungsbemühungen Interessenkonflikte verbleiben sollten, kommt es zur Nagelprobe für den auch im Europäischen Biomedizinübereinkommen niedergelegten Grundsatz, wonach individuelle Interessen des Menschen „Vorrang gegenüber dem bloßen Interesse der Gesellschaft oder der Wissenschaft" haben.

---

57 Vgl. Weichert (1998): Medizinische Forschung und Datenschutz, in: Niedersächsische Verwaltungsblätter 5, 36 ff. (42).

3. Schlussbemerkung

Prädiktive genetische Tests entwickeln sich auf fachwissenschaftlicher Ebene immer deutlicher in die Richtung einer expansiven ‚Normalisierung' genetischer Daten. In dieser Situation kann es nicht darum gehen, diesen Prozess umstandslos im Sinne einer auch normativen Normalisierung freizusetzen. Probleme auf der Individual- und Sozialebene machen regulative Eingrenzungen erforderlich. Dabei sind nicht nur die Interessen von Patienten, Klienten und Probanden unter Autonomiegesichtspunkten aufzunehmen, sondern unter Qualitätsgesichtspunkten auch solche der ärztlichen Praxis und der Entwicklung von Sozialstrukturen und Medizinkultur.

Bei dem Prozess der Normgenerierung gehört es auch hier zur Eigenart entwickelter Rechtssysteme, dass bei der Normierung entwickelter Medizinsysteme Normvorgaben nicht pauschal und zentralistisch vom staatlichen Gesetzgeber vorgegeben werden. Diese sind vielmehr diskursiv und arbeitsteilig durch Gesetzes- und Richterrecht, professionsinterne Normbildung und medizinethische Reflexion, Gesundheitssystemforschung und all dies begleitet durch Betroffenen- und Selbsthilfeorganisationen auszuformulieren.

Stephan Kruip

Prädiktive genetische Tests – Eine Stellungnahme aus der Patientenperspektive

Leben mit Mukoviszidose

Bei Mukoviszidose wird durch eine Mutation auf dem CFTR-Gen des 7. Chromosoms (entdeckt 1989) ein Chloridkanal in der Zellmembran nicht korrekt ausgebildet. Dadurch wird den Schleimhäuten zu wenig Flüssigkeit zugeführt, das Sekret wird zähflüssig, was Veränderungen in den sekretbildenden Drüsen des Körpers nach sich zieht (Lunge, Bauchspeicheldrüse, Leber, Niere, auch Schweißdrüse). Im Vordergrund steht die Besiedelung der verschleimten Lunge mit Bakterien, welche eine chronische Immunantwort des Körpers verursachen. Die langjährige Entzündung der Lunge führt schließlich zu schweren Lungenveränderungen, die in der letzten Lebensphase auch das Herz belasten. Die Herz-Lungen-Probleme sind zu 88 % die Ursache für Todesfälle von Mukoviszidose-Patienten.

Bei der Diskussion zur Anwendung neuer gentechnolgischer Methoden wie der Präimplantationsdiagnostik (PID) wird als Beispiel für eine schwerwiegende, tödlich verlaufende und in der Lebenserwartung begrenzte genetische Erkrankung oftmals die Mukoviszidose genannt. Da die Mukoviszidose auf einem einzelnen Gen lokalisiert ist und zudem häufig vorkommt (etwa jedes 2.000. Neugeborene in Deutschland hat Mukoviszidose), ist die Anwendung bei Mukoviszidose nach Meinung der Befürworter sinnvoll, ja zur Vermeidung von Leiden geradezu Notwendig. Dabei wird das Bild des lebenslang nach Atem ringenden, jederzeit von einem Lungenriss oder einer Lungenblutung bedrohten Patienten benutzt, um die Dringlichkeit der Einführung beispielsweise der PID zu untermauern.

Deshalb wird es Sie evtl. erstaunen, dass der Autor selbst Mukoviszidose-Patient ist, seit 37 Jahren mit der Mukoviszidose lebt, nicht nur voll berufstätig ist und relativ gesund aussieht, sondern auch verheiratet ist und drei kleine Kinder hat.

Einen differenzierten Blick auf die Lebenswirklichkeit heutiger Mukoviszidose-Patienten liefert das vom Mukoviszidose e.V. finanzierte Qualitätssicherungsprojekt, aus dessen Bericht über das Jahr 2000 folgende Zahlen stammen: Statistisch hat heute jeder zweite Patient die Chance, mindestens 32 Jahre alt zu werden. Jeder dritte wird wahrscheinlich 40 oder älter. Die Mukoviszidose-Patienten in Deutschland leben also im Durchschnitt länger als ein durchschnittlicher Bürger des alten Rom oder des heutigen Afrika. Die Arbeitslosigkeit beträgt 4,8 %, also unter dem Durchschnitt der Normalbevölkerung, wobei ergänzt werden muss, dass 14 % der erwachsenen Patienten eine Erwerbsunfähigkeitsrente aufgrund ihres Gesundheitszustandes erhalten. Massivkomplikationen wie Lungenblutung oder Lungenriss wurden im Berichtsjahr bei 0,6 % der Patienten beobachtet.

Die jeweiligen statistischen Erhebungen zeigten, dass ein 1965 geborener Patient (z. B. der Autor) 1984 (mit 19 Jahren) eine statistische Lebenserwartung von noch 4 Jahren hatte, während sie heute (mit 37 Jahren) bei noch 10 Jahren liegt. Der mutigen Folgerung, mich aufgrund der steigenden persönlichen Lebenserwartung als unsterblich zu fühlen, wird nur dadurch etwas der Glanz genommen, dass natürlich die in die Statistik einfließenden Patientenkollektive für die jährlichen Erhebungen nicht identisch waren. Tatsache ist aber, dass eine Gruppe von erwachsenen Patienten (in Deutschland bisher ca. 2.000) heranwächst, die es vor 1980 überhaupt nicht gab, deren Lebenserwartung ungewiss ist und jährlich steigt und die medizinisch kompetent versorgt werden möchte (70 % der erwachsenen Mukoviszidose-Patienten müssen mangels kompetenter internistischer Ambulanzen zur Behandlung in die Kinderklinik). Wichtig zu erwähnen ist, dass diese positive Veränderung der Lebenserwartung und Lebensqualität alleine durch herkömmliche Medizin und Physiotherapie erreicht wurde, also durch die Anwendung von Antibiotika, Verdauungsenzymen, Inhalationstherapie und Autogener Drainage.

Erwartungen, Ziele und Grenzen

Seit 1988 beschäftigt sich der Arbeitskreis Leben mit Mukoviszidose, die Interessenvertretung der erwachsenen Patienten innerhalb des Mukoviszidose e.V., mit der Bewertung von gentechnologischen Möglichkeiten. Entstanden sind sehr differenzierte und von der Situation und Methode abhängige Positionen, die anhand einiger Beispiele erläutert werden sollen:

Sicherstellung der Diagnose der Erkrankung mittels Genomanalyse

Wenn einem Menschen mit Symptomen, die der Mukoviszidose ähneln, dem aber aufgrund herkömmlicher Diagnosemethoden (z. B. Schweißtest oder Potentialdifferenzmessung) keine sichere Auskunft erteilt werden kann, mittels Gendiagnostik Sicherheit bezüglich seiner eigenen Krankheit verschafft werden kann, so sehen wir hier keine Probleme, solange die ärztliche Schweigepflicht und der Datenschutz gewahrt werden.

Gentest für Verwandte

Auch die diagnostische Möglichkeit, bei Verwandten, z. B. Geschwistern von Mukoviszidose-Patienten und deren Partnern die Genträgerschaft festzustellen, wird von den meisten Patienten positiv gesehen, denn hiermit könnten Pränataldiagnosen vermieden werden, da in den meisten Fällen die Wahrscheinlichkeit für ein Mukoviszidosekind von ca. 3,5 % auf theoretisch unter 1 Promille reduziert werden kann.

Medikamentenentwicklung, transgene Tiere und Stammzellforschung

Große Hoffnungen setzen wir Mukoviszidose-Patienten in die Entwicklung neuer Medikamente zur Behandlung der Symptome mit Hilfe von gentechnologischer Forschung, obwohl es bisher außer viel versprechenden Ansätzen keine konkreten Auswirkungen auf die Therapie hatte. Das Gleiche gilt für die Entwicklung von Impfstoffen gegen gefährliche Lungenkeime wie den Pseudomonas aeroginosa. Dafür nehmen die meisten Patienten in Kauf, dass Versuchstiere, die für die Forschung geopfert werden, vorher auch genetisch verändert werden.

Über die Verwendung der verschiedenen Arten von Stammzellen für die Forschung wurde in unserem Verband noch keine einheitliche Meinung gebildet.

Gentherapie bei Mukoviszidose

Gentherapieversuche wurden bereits in großer Zahl bei Mukoviszidose-Patienten durchgeführt. Die anfängliche Euphorie ist großer Ernüchterung gewichen, nachdem klar wurde, dass durch Einatmen von Adenoviren der Basisdefekt zwar theoretisch behoben werden kann, in der Praxis aber nicht die erforderlichen 10 % der schleimbildenden Zellen der Lunge erreicht werden, die Wirkung nur wenige Tage anhält und der Körper eine wiederholte Adenoviren-Infektion mit seiner Immunantwort verhindert. Trotz großer Forschungsaufwendungen konnten diese Probleme bisher nicht gelöst werden. Für heute erwachsene Mukoviszidose-Patienten stellt die Gentherapie deshalb keine konkrete Hoffnung dar.

Neben der beschriebenen somatischen Gentherapie der Körperzellen gibt es den Ansatz der Keimbahn-Gentherapie, bei der der Gendefekt im embryonalen Stadium behoben werden soll. Abgesehen von unlösbaren Problemen bei der Erforschung dieser Methode (es werden experimentelle Menschen hergestellt) ist diese Methode aus unserer Sicht abzulehnen, weil auch zukünftige Nachkommen des Patienten, die zu diesem Eingriff ihre Zustimmung nicht geben können, betroffen sind. Es macht auch keinen Sinn, bei einer rezessiven Erkrankung, bei der immer auch gesunde Embryonen gezeugt werden, kranke Embryonen zu therapieren. Verfolgt man solche Ziele, wird man viel leichter mit der bereits bekannten Methode der PID einen gesunden Embryo auswählen.

Bevölkerungsscreening

Die Pränataldiagnostik bleibt nicht auf die schweren Notlagen der Mütter begrenzt, in denen wir auch eine Abtreibung entsprechend der deutschen Gesetzeslage nicht verurteilen.

Noch viel problematischer wird von uns der Gentest bewertet, wenn er als Heterozygoten-Bevölkerungsscreening angeboten wird. Das standardmäßige Anbieten des Mukoviszidose-Tests in der Normalbevölkerung dient nicht mehr der Hilfe für Menschen mit persönlichen Problemen, die sich selbst an einen Arzt wenden, sondern soll Paare aufsuchen, die ein erhöhtes Risiko haben. Auch wenn als Begründung meist nur die Erhöhung der Handlungsoptionen solcher Paare genannt wird, ist die praktische Auswirkung bei positivem Test doch die Abtreibung.

Weder wir Patienten noch unsere behandelnden Ärzte sehen jedoch Mukoviszidose an sich als Abtreibungsgrund an, wie ja auch der § 218 eine Abtreibung eines Embryos mit Mukoviszidose nur dann straffrei stellt, wenn die Belastung durch das Kind für die Mutter nicht zuzumuten ist. Aus unserer Sicht ist nicht von vornherein davon auszugehen, dass ein Kind mit Mukoviszidose unzumutbar ist, denn dann wären auch viele gesunde Kinder den Eltern nicht zuzumuten.

Die Erfahrung mit entsprechenden Pilotstudien, die gegen unseren erklärten Willen auch in Deutschland stattgefunden haben, zeigen, dass entsprechend der Erwartungen sehr viele (> 1.000) Tests durchgeführt werden müssen, bevor ein Kind mit Mukoviszidose auf diese Weise ‚vermieden', sprich abgetrieben wird. Besonders problematisch ist das Angebot solcher Tests direkt an Schwangere, denn diese können ein Testangebot ‚für die Sicherheit ihres Kindes' schon aus emotionalen Gründen kaum ablehnen und haben auch nicht ausreichend Zeit zur Entscheidungsfindung. Bei einer Pilotstudie in Berlin haben deshalb über 99 % der angesprochenen Schwangeren dem Test zugestimmt.

Präimplantationsdiagnostik

Um über die Einführung der Präimplantationsdiagnostik (PID) zu entscheiden, muss die Hilfe für einzelne Personen gegen die Aufgabe hochrangiger gesellschaftlicher Werte abgewogen werden. Die negativen Folgen der möglichen Einführung der PID betreffen die gesamte Gesellschaft, daher muss die Gesellschaft als Ganzes bzw. ihre gewählten Vertreter auch die Entscheidung treffen. Aus Sicht der Menschen, die mit Mukoviszidose leben, heben wir folgende Probleme hervor:

Legt man die Kriterien der Bundesärztekammer zugrunde, ist Mukoviszidose aus der Sicht der Betroffenen keine Indikation für PID. Tatsächlich aber wird weltweit PID am häufigsten aufgrund einer Erbanlage für Mukoviszidose durchgeführt.[1]

---

1 Siehe Human Reproduction (2000): 15 (12), 2673–2683.

Das Urteil über den Embryo fällt bei der PID alleine aufgrund seiner genetischen Abweichung, die Selektion ist geplant und gewollt. Bei einer Erbkrankheit des Embryos ist ein Schwangerschaftsabbruch dagegen nur im Falle einer Notlage der Mutter erlaubt. Wir halten es für unzulässig, diese Regelung auch auf Notlagen auszudehnen, die erst durch den Transfer des Embryos entstehen.

Die Erfahrung bei der Pränataldiagnostik (PND) zeigt, dass keine wirksame Beschränkung auf bestimmte Indikationen möglich ist. Für die Kategorie ‚schwerste genetische Erkrankung' einen Katalog von Krankheiten aufzustellen, bei denen PID erlaubt sein soll, ist unmöglich, wie schon die Diskussion am Beispiel Mukoviszidose deutlich zeigt.

Für eine verantwortbare Entscheidung der Eltern ist ein von den ausführenden Ärzten unabhängiges Gespräch in einer humangenetischen Beratungsstelle unverzichtbar. Wir befürchten eine ähnliche Entwicklung wie bei der Pränataldiagnostik. Die Enquetekommission hatte die Beratung damals als verpflichtende Voraussetzung für PND gesehen. Nachdem dies nicht gesetzlich festgelegt wurde, wird aber heute der weitaus größte Prozentsatz der PND's ohne vorherige humangenetische Beratung durchgeführt.

Der Blick auf die USA verdeutlicht, dass die Einführung der PID einen Dammbruch in Richtung ‚Schöne neue Welt' bewirken könnte:

In USA wird inzwischen aufgrund geänderter Richtlinien der Frauenärzte jeder Schwangeren und jedem zeugungswilligen Paar das Merkmalsträgerscreening auf Mukoviszidose angeboten.[2] Sind beide Eltern Merkmalsträger, wird PID angeboten. Dieses Bevölkerungsscreening hat die Vermeidung von Erbkranken aus Kostengründen zum Ziel: Die TAZ zitierte am 19.10.2001 den US-Reproduktionsmediziner William E. Gibbons: „Es ist kosteneffizient, 2.000 bis 3.000 Dollar zusätzlich zu den Kosten einer künstlichen Befruchtung für die PID zu zahlen, wenn ich dadurch die Einpflanzung eines Embryos mit Mukoviszidose vermeiden kann, der später sehr hohe Pflegekosten verursachen würde." Jeder Test kostet ca. 230 €, die Kosten übernimmt oft die Krankenkasse. Dabei wird übersehen, dass durch die riesige Zahl an Tests ca. eine halbe Mio. € ausgegeben werden müssen, um ein Kind mit Mukoviszidose zu vermeiden.

Es wurden bereits mehrere Kinder geboren, die mittels PID so ausgewählt wurden, dass sie für die Therapie ihrer kranken Geschwister ‚verwendet' werden können, so z. B. bei einem Patienten mit HLA-Gendefekt[3] und einem an Leukämie erkrankten Jungen.[4]

Selbst die gezielte Geschlechtsauswahl mittels PID ist in den USA kein Tabu mehr. John Robertson, der Vorsitzende der Ethikkommission der Fachgesellschaft der US-amerikanischen Reproduktionsmediziner hat die Geschlechtswahl Ende September 2001 in einer schriftlichen Stellungnahme gebilligt. Nachgefragt hatte der Arzt Norbert Gleicher, der in Chicago und New York neun Fruchtbarkeitskli-

2 Siehe Washington Post, 1.10.2001.
3 Siehe Reproductive BioMedicine Online (2000): 1 (2), 31.
4 Siehe TAZ vom 19.10.2001.

niken betreibt. Postwendend erklärte Gleicher: „Wir werden das sofort anbieten. Wir haben eine Liste von Patientinnen, die dies wünschen.“[5]

In der Diskussion zur PID werden immer wieder Argumente vorgebracht, die einer Überprüfung nicht standhalten. Deshalb sei auf folgende Sachverhalte hingewiesen:

Unterstellt man, dass in Deutschland kein eugenisches Bevölkerungsscreening durchgeführt wird, dann wird sich die Zahl der ca. 200 Mukoviszidose-Kinder, die jährlich geboren werden, nicht ändern, da diese in Familien hineingeboren werden, in denen die Eltern nichts von ihrer Genträger-Eigenschaft wissen. PID hilft lediglich den Eltern von Patienten, die bisher auf weitere Kinder verzichtet haben, zusätzliche Kinder ohne diese Erkrankung zu bekommen.

Es handelt sich nicht nur um einige wenige Embryonen, die bei Durchführung der PID verworfen werden. Die Erfahrung im Ausland zeigt, dass nach erfassten 1.318 Zyklen von 886 Paaren weltweit 123 Kinder geboren wurden.[6] Unterstellt man nur 5 befruchtete Eizellen pro Zyklus, so werden durchschnittlich über 50 Embryonen gebraucht, bis ein Kind zur Welt kommt.

Die Einführung der PID wird die Zahl der ca. 80.000 PND's pro Jahr und die daraus resultierenden Spätabbrüche nicht wesentlich reduzieren. PND wird fast ausschließlich nach natürlicher Zeugung durchgeführt, während PID nur mit künstlicher Befruchtung anwendbar ist.

Diese Probleme aus Patientensicht müssen bei der Entscheidung für oder gegen die Einführung der PID berücksichtigt werden. Da der Mukoviszidose e.V. auch einige Mitglieder hat, die PID anwenden würden bzw. bereits jetzt im Ausland anwenden, weil es die einzige Möglichkeit darstellt, nach einem Mukoviszidose-Kind ein weiteres, mit großer Sicherheit ohne Mukoviszidose lebendes Kind zu bekommen, hat sich der Verein nicht für oder gegen die PID entschieden.

---

5 Der Spiegel (2001): (41), 201.
6 Siehe Human Reproduction (2000): 15 (12), 2673–2683.

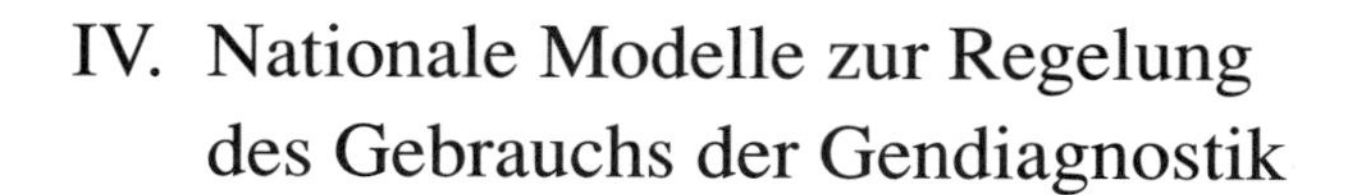

IV. Nationale Modelle zur Regelung des Gebrauchs der Gendiagnostik

Die ethischen und rechtlichen Fragen, die sich aus der Entwicklung genetischer Tests und ihrer Anwendung in medizinischen, aber auch in versicherungs- und arbeitsrechtlichen Kontexten ergeben, haben in einigen Ländern bereits verschiedene Gesetzesvorhaben und staatliche Regulierungsmodelle motiviert. Dabei wird die Diskussion der unterschiedlichen Ansätze insbesondere in Hinblick auf einen europäischen Grundkonsens geführt.

A. Schweiz:

Ruth Reusser

Die schweizerische Rechtsordnung – Ein Beispiel für Regelungsansätze in Etappen

1. Überblick über die Rechtsentwicklung

Ängste und Hoffnungen im Zusammenhang mit dem zunehmenden genetischen Wissen sowie die Diskussionen um die medizinisch unterstützte Fortpflanzung haben in der Schweiz dazu geführt, dass gestützt auf eine Volksinitiative[1] im Jahr 1992 – als wohl weltweit einmaliges Phänomen – ein spezieller Artikel über die Fortpflanzungsmedizin und Gentechnologie in die Bundesverfassung aufgenommen worden ist. Dieser Artikel 119 lautet wie folgt:

> [1]Der Mensch ist vor Missbräuchen der Fortpflanzungsmedizin und der Gentechnologie geschützt.
> [2]Der Bund erlässt Vorschriften über den Umgang mit menschlichem Keim- und Erbgut. Er sorgt dabei für den Schutz der Menschenwürde, der Persönlichkeit und der Familie und beachtet insbesondere folgende Grundsätze:
> a. Alle Arten des Klonens und Eingriffe in das Erbgut menschlicher Keimzellen und Embryonen sind unzulässig.
> b. Nichtmenschliches Keim- und Erbgut darf nicht in menschliches Keimgut eingebracht oder mit ihm verschmolzen werden.
> c. Die Verfahren der medizinisch unterstützten Fortpflanzung dürfen nur angewendet werden, wenn die Unfruchtbarkeit oder die Gefahr der Übertragung einer schweren Erbkrankheit nicht anders behoben werden kann, nicht aber um beim Kind bestimmte Eigenschaften herbeizuführen oder um Forschung zu betreiben; die Befruchtung menschlicher Eizellen ausserhalb des Körpers der Frau ist nur unter den vom Gesetz festgelegten Bedingungen erlaubt; es dürfen nur so viele menschliche Eizellen ausserhalb des Körpers der Frau zu Embryonen entwickelt werden, als ihr sofort eingepflanzt werden können.
> d. Die Embryonenspende und alle Arten von Leihmutterschaft sind unzulässig.
> e. Mit menschlichem Keimgut und mit Erzeugnissen aus Embryonen darf kein Handel getrieben werden.
> f. Das Erbgut einer Person darf nur untersucht, registriert oder offenbart werden, wenn die betroffene Person zustimmt oder das Gesetz es vorschreibt.
> g. Jede Person hat Zugang zu den Daten über ihre Abstammung.

---

1 100.000 Bürgerinnen und Bürger können mit ihrer Unterschrift eine Ergänzung der schweizerischen Bundesverfassung verlangen.

Diese Verfassungsnorm bringt zum Ausdruck, dass die Möglichkeiten der Gentechnologie genutzt werden dürfen und sollen, dass aber der Gesetzgeber Leitplanken setzen und Missbräuche verhindern muss. Von Verfassungs wegen verboten sind u. a. das reproduktive wie das therapeutische Klonen, die Keimbahntherapie, die Chimären- und Hybridbildung.

In Ausführung des Verfassungsauftrags ist am 1. Januar 2001 das Bundesgesetz über die medizinisch unterstützte Fortpflanzung (Fortpflanzungsmedizingesetz, FMedG)[2] in Kraft getreten, welches in einem zweiten Teil auch die von der Verfassung vorgegebenen Verbote durch Strafnormen absichert. Gestützt auf das Fortpflanzungsmedizingesetz hat die Regierung im Übrigen eine nationale Ethikkommission im Bereich der Humanmedizin eingesetzt, die ihre Arbeit im Juli 2001 aufgenommen hat. Die Kommission hat insbesondere die Aufgabe:

- die Öffentlichkeit über wichtige Erkenntnisse zu informieren und die Diskussion über ethische Fragen in der Gesellschaft zu fördern;
- Empfehlungen für die medizinische Praxis auszuarbeiten;
- auf Lücken in der Gesetzgebung und auf Vollzugsprobleme in den Gesetzgebungen des Bundes und der Kantone aufmerksam zu machen;
- die Regierung (Bundesrat) auf Anfrage zu beraten und Gutachten zu erstellen;
- das Parlament und die Kantone auf Anfrage zu beraten.

Im November 2001 leitete die Regierung dem Parlament die Botschaft zu einem Bundesgesetz über die Verwendung von DNA-Profilen in Strafverfahren und zur Identifizierung von unbekannten und vermissten Personen zu.[3] Die parlamentarische Beratung dazu ist noch nicht abgeschlossen.

Noch dieses Jahr dürfte auch eine Vorlage über genetische Untersuchungen beim Menschen reif für die parlamentarische Beratung sein.[4]

In Vorbereitung ist ferner ein Bundesgesetz, welches die Forschung am Menschen unter Einschluss von menschlichen Embryonen und Föten umfassend regeln soll. In einem vorgezogenen Erlass soll insbesondere die Frage beantwortet werden, unter welchen Voraussetzungen überzähligen menschlichen Embryonen aus der In-vitro-Fertilisation Stammzellen entnommen werden dürfen und damit geforscht werden darf. Über den Gesetzesentwurf wird im Mai oder Juni dieses Jahres ein so genanntes Vernehmlassungsverfahren, d. h. ein Konsultationsverfahren, eröffnet werden.

2 SR 814.90.
3 Bundesblatt (BBl) 2001, 29 ff.
4 Ein Konsultationsentwurf von 1998 findet sich auf der Homepage des Bundesamtes für Justiz: www.ofj.admin.ch, Rubrik ‚Mensch und Gesellschaft', Link ‚genetische Untersuchungen'.

2. Grundzüge des Gesetzesentwurfs über genetische Untersuchungen beim Menschen

2.1. Allgemeine Leitlinien des geplanten Gesetzes

Das menschliche Genom, der ‚heilige Gral der Biologie', wie es in einem Presseartikel bezeichnet worden ist, wird immer rascher entschlüsselt. Damit öffnet sich die Schere zwischen dem Diagnostizierbaren und den Präventions- bzw. Therapiemöglichkeiten immer weiter. Umso schwerwiegender können die sozialen und psychologischen Auswirkungen von genetischen Untersuchungen sein. Bei der juristischen Bewältigung der Genanalyse geht es deshalb darum, die persönliche Freiheit und damit das informationelle Selbstbestimmungsrecht der betroffenen Person zu wahren, soweit nicht überwiegende Interessen der Allgemeinheit vorliegen. Ferner sind die Persönlichkeitsrechte im vorliegenden Bereich zu schützen und sicherzustellen, dass genetische Untersuchungen in ethisch verantwortbarer Weise angeordnet und durchgeführt werden und mit den Ergebnissen nicht Missbrauch betrieben wird.

In einem Spezialgesetz soll deshalb die Durchführung von genetischen Untersuchungen insbesondere im Medizinal-, Arbeits-, Versicherungs- und Haftpflichtbereich (unter Ausschluss der Forschung) geregelt werden. Ein Spezialgesetz vereinfacht den Zugang zur Materie und unterstreicht die besondere Dimension der genetischen Untersuchungen sowie die Gemeinsamkeiten in den verschiedenen Anwendungsbereichen, trägt aber auch zur Rechtszersplitterung bei und birgt die Gefahr einer inkohärenten Gesetzgebung in sich, indem lediglich die genetische Untersuchung ins Visier der politischen Auseinandersetzung gerückt wird. Letzteres ist besonders unerfreulich.

Auch wenn damit Inkohärenzen nicht einfach beseitigt werden können, geht der Gesetzesentwurf zumindest von einer sehr offenen Definition der genetischen Untersuchungen aus. Als solche gelten nicht nur zytogenetische und molekulargenetische Untersuchungen zur Abklärung angeborener oder während der Embryonalphase erworbener Eigenschaften des Erbguts des Menschen, sondern auch alle weiteren Laboruntersuchungen, die unmittelbar darauf abzielen, solche Informationen über das Erbgut zu erhalten. Nicht unter den Anwendungsbereich des Gesetzes fallen pathologische genetische Veränderungen bestimmter Zellen, die sich im Laufe des Lebens eines Menschen bei der Zellteilung oder durch Umwelteinflüsse entwickeln. Vielmehr geht es nur um genetische Veranlagungen, die einer Person ‚in die Wiege' gelegt werden. Dabei handelt es sich nicht nur um Eigenschaften des Erbguts, die von den Eltern stammen, also ererbt sind, sondern auch um Eigenschaften des Erbguts, die sich während der frühen Embryonalphase gebildet haben, also angeboren sind.

Diese offene Definition erlaubt, der raschen Weiterentwicklung von Biologie und Biochemie Rechnung zu tragen. Dem gleichen Ziel dient, dass der Gesetzesentwurf sich darauf beschränkt, nur die wichtigsten Grundsätze festzuhalten. Einer Eidgenössischen Fachkommission für genetische Untersuchungen soll die Aufgabe übertragen werden, im Sinne von ‚soft law' u. a. Empfehlungen abzugeben und Richtlinien auszuarbeiten. Zudem soll diese Fachkommission die Entwicklung laufend verfolgen und auf Lücken in der Gesetzgebung aufmerksam machen.

2.2. Qualitätssicherung

Genetische Untersuchungen sollen nur dort angeordnet werden, wo sie wirklich einen Sinn haben. Auf die Qualitätssicherung wird deshalb großer Wert gelegt.

Grundsätzlich sollen nur Ärztinnen und Ärzte genetische Untersuchungen veranlassen dürfen. Der Arztvorbehalt lässt sich aber nur durchsetzen, wenn genetische In-vitro-Diagnostika, die erlauben, eine genetische Untersuchung durchzuführen, nicht auf dem freien Markt erhältlich sind. Solche genetischen In-vitro-Diagnostika sollen deshalb nicht an Personen für eine Verwendung abgegeben werden dürfen, die nicht der beruflichen oder gewerblichen Tätigkeit dieser Personen zugerechnet werden kann. Indessen ist nicht auszuschließen, dass in Zukunft bestimmte genetische In-vitro-Diagnostika entwickelt werden, deren Anwendung durch einen Laien durchaus Sinn machen könnte. Zu diskutieren bleibt deshalb, ob nicht die Regierung unter bestimmten Voraussetzungen Ausnahmen vom Abgabeverbot für bestimmte Sorten von genetischen In-vitro-Diagnostika soll machen können. Verlangt werden muss allerdings auf jeden Fall, dass die Verwendung eines Kits durch einen Laien von einer Ärztin oder einem Arzt verschrieben und begleitet wird.

Schließlich sollen Laboratorien, die zytogenetische oder molekulargenetische Untersuchungen durchführen, im Interesse der Qualitätssicherung einer Bewilligungspflicht unterstellt werden. Diese Maßnahme dient im Übrigen nicht nur dem Schutz der betroffenen Personen, die genetisch untersucht werden, sondern soll auch sicherstellen, dass das Erbgut einer Person nicht von unberechtigten Dritten ausgeforscht wird.

2.3. Die Regelung des Medizinalbereichs im Besonderen

Wir wissen heute, dass recht viele Krankheiten eine genetische Komponente haben. Ob eine bestehende Krankheit aufgrund einer herkömmlichen Methode oder einer genetischen Untersuchung diagnostiziert wird, soll deshalb ein Ermessensentscheid der behandelnden Ärztin oder des behandelnden Arztes bleiben. Das Gesetz soll sich hier nicht einmischen. Wenn aufgrund einer genetischen Untersuchung rascher die richtige Diagnose einer Krankheit gestellt und damit die erfolgversprechende Behandlung sofort eingeleitet werden kann, so ist dies durchaus zu begrüßen.

Dagegen verlangen präsymptomatische Untersuchungen, Untersuchungen im Hinblick auf die Familienplanung und pränatale Untersuchungen nach besonderen Schutzvorkehrungen. Sie sollen nur von Personen angeordnet werden, die über eine entsprechende Weiterbildung verfügen. Zwingend soll ferner sein, dass sie von einer ganzheitlichen genetischen Beratung begleitet werden, die auch zu dokumentieren ist.

Als Indikationen für eine genetische Untersuchung kommen in Frage:

- prophylaktische oder therapeutische Zwecke;
- die Lebensplanung;
- die Familienplanung.

Insbesondere genkritische Organisationen machten im Konsultationsverfahren zum Gesetzesentwurf geltend, dass die Indikation der Lebensplanung das Einfallstor für alle möglichen Auslegungen sein könnte und deshalb zu streichen sei. Gegeneinander abzuwägen sind hier das informationelle Selbstbestimmungsrecht einer Person und ein allfälliger Schutzauftrag des Staates, Menschen vor Wissen zu schützen, das ihnen schaden, aber unter Umständen auch nützen kann. Persönlich votiere ich für das Selbstbestimmungsrecht, dies umso mehr, als im Rahmen der genetischen Beratung Schaden und Nutzen einer genetischen Untersuchung diskutiert werden müssen und nach dem Gesetzesentwurf eine angemessene Bedenkzeit eingehalten werden muss, bevor die Untersuchung durchgeführt wird.

Nicht nur das Recht auf Wissen, sondern auch das Recht auf Nichtwissen muss geschützt werden. Genetische Untersuchungen bei urteilsunfähigen Personen bedürfen somit klarer Schranken. Grundsätzlich sollen sie nur zulässig sein, wenn sie zum Schutz der Gesundheit erforderlich sind.

Genetische Reihenuntersuchungen bergen eine besondere Problematik in sich. Geplant ist deshalb, die Anwendungskonzepte einer Bewilligungspflicht zu unterstellen. Die Bewilligung soll erteilt werden, wenn eine Frühbehandlung oder eine Prophylaxe möglich ist, die Untersuchungsmethode nachweislich zuverlässige Ergebnisse liefert und die angemessene genetische Beratung sichergestellt ist.

Eugenische Tendenzen bei pränatalen Diagnosen müssen verhindert werden. Die geplante Gesetzgebung will deshalb – ohne zu Verbotslösungen zu greifen – einer routinemässigen Anordnung von pränatalen genetischen Untersuchungen vorbeugen. Verlangt wird vor und nach der pränatalen genetischen Untersuchung eine umfassende nicht direktive genetische Beratung, bei der unter anderem auch auf das Selbstbestimmungsrecht der betroffenen Frau ausdrücklich hinzuweisen ist. Im Übrigen sollen unabhängige Stellen in allgemeiner Weise über pränatale Untersuchungen informieren und Kontakte zu Elternvereinigungen behinderter Kinder vermitteln. Ferner wird im Gesetz festgehalten, dass pränatale Untersuchungen in keinem Fall darauf abzielen dürfen, Eigenschaften des Embryos oder des Fötus, welche die Gesundheit nicht unmittelbar beeinträchtigen, zu ermitteln oder aus anderen Gründen als der Diagnose einer Krankheit das Geschlecht festzustellen.

2.4. Die Grundsätze für den Arbeits- und den Haftpflichtbereich

Diskriminierungen von Menschen aufgrund ihres Erbguts sind unstatthaft. Die Durchführung von präsymptomatischen Untersuchungen und die Mitteilung von Ergebnissen solcher Untersuchungen im Interesse von Arbeitgebern und Haftpflichtigen sollen deshalb ausgeschlossen werden.

Vorbehalten bleibt allerdings der Bereich der Arbeitsmedizin. In allen Fällen, in welchen der Gesetzgeber selber spezielle Eignungsuntersuchungen bei einer Arbeitnehmerin oder einem Arbeitnehmer zur Vermeidung von schweren Unfallgefahren oder gesundheitliche Untersuchungen zur Verhinderung von Berufskrankheiten vorgeschrieben hat, soll die Durchführung einer präsymptomatischen Untersuchung nicht von vornherein ausgeschlossen sein. Verlangt wird aber u. a., dass nach dem Stand der Wissenschaft die Berufskrankheit oder die Unfallgefahr tatsächlich mit einer bestimmten genetischen Veranlagung zusammenhängt, die Fachkommission für genetische Untersuchungen diesen Zusammenhang bestätigt und die Untersuchungsmethode als zuverlässig bezeichnet hat. Zudem muss die betroffene Person zustimmen. Von selbst versteht sich im Übrigen, dass sich die Untersuchung auf die bestimmte genetische Veranlagung beschränken muss, die am Arbeitsplatz relevant ist.

2.5. Der Versicherungsbereich

Knacknuss ist vor allem der Versicherungsbereich. Zwar steht fest, dass Versicherungseinrichtungen von den Antragstellern nie die Durchführung einer präsymptomatischen genetischen Untersuchung verlangen dürfen. Klar ist auch, dass die Nachfrage nach den Ergebnissen früherer präsymptomatischer genetischer Untersuchungen im Sozialversicherungsbereich unter Einschluss der beruflichen Alters- und Hinterbliebenenversicherung und der obligatorischen Krankenversicherung ausgeschlossen sein muss.

Dagegen stehen sich in der Frage, inwieweit Privatversicherungen sich nach solchen Ergebnissen erkundigen dürfen, zwei Standpunkte unversöhnlich gegenüber. Die einen postulieren unter Hinweis auf die allgemeinen Grundsätze, die im Privatversicherungsbereich gelten, einen generellen Zugang, die anderen verlangen absolute Verbote und wollen damit Elemente der Sozialversicherung in die Privatversicherung hineintragen. Hier liegt deshalb ein typischer Bereich vor, in dem unter Umständen ein politischer Kompromiss getroffen werden muss.

2.6. Schlussbetrachtung

Unabhängig von politischen Gegebenheiten sind Gesetzgebungsarbeiten im Bereich der Gentechnologie im Allgemeinen und in der Gendiagnostik im Besonderen besonders schwierig, u. a. weil sich die naturwissenschaftlichen und medizinischen Grundlagen in einer steten Weiterentwicklung befinden. Bezeichnend ist denn auch, dass bis jetzt relativ wenige Staaten umfassend über genetische Untersuchungen legiferiert haben. Der Rückgriff auf gute Vorbilder aus dem Ausland ist deshalb nur sehr beschränkt möglich. Trotzdem meine ich, dass die Schaffung einer nationalen Gesetzgebung ein wichtiger und unverzichtbarer Schritt in der Bewältigung der Herausforderungen durch die Gentechnologie ist. Sie wird nicht nur dem Schutz der betroffenen Personen dienen, sondern auch den Anwendern von genetischen Untersuchungen einen gesicherten Rahmen geben.

Allerdings ist angesichts der Globalisierung der technologischen Konsequenzen der Wissenschaft das Bedürfnis nach einer gesamteuropäisch verbindlichen Antwort unübersehbar. Die Europäische Konvention über Menschenrechte und Biomedizin hat bereits Teilantworten geliefert, und zu hoffen ist, dass möglichst viele Staaten diese Konvention ratifizieren. Artikel 11 des Übereinkommens verbietet die Diskriminierung einer Person wegen ihres Erbgutes. Nach Artikel 12 dürfen prädiktive Gentests nur für medizinische Zwecke oder für die gesundheitsbezogene wissenschaftliche Forschung eingesetzt werden.[5] Namentlich ist es verboten, dass Versicherungseinrichtungen vor dem Abschluss von Versicherungsverträgen die Durchführung einer prädiktiven genetischen Untersuchung verlangen. Schließlich darf eine Intervention, die auf die Veränderung des menschlichen Genoms gerichtet ist, nur zu präventiven, diagnostischen oder therapeutischen Zwecken und nur dann vorgenommen werden, wenn sie nicht darauf abzielt, eine Veränderung des Genoms der Nachkommen herbeizuführen. Diese Grundsätze für sich allein genügen aber noch nicht. Die Schweiz begrüßt und unterstützt deshalb die Bestrebungen des Europarates, ergänzend zur Konvention über Menschenrechte und Biomedizin[6] ein Zusatzprotokoll über die Genetik auszuarbeiten.

5 Vorbehalten bleibt Art. 26 des Übereinkommens.

6 Die Regierung hat dem Parlament mit Botschaft vom 13. September 2001 die Ratifizierung der Biomedizinkonvention und des Zusatzprotokolls über das Verbot des Klonens menschlicher Lebewesen beantragt, siehe BBl 2002, 271 ff.

B. Deutschland:

Jochen Taupitz

Wie regeln wir den Gebrauch der Gendiagnostik?

1. Einleitung und Problemanalyse

Genetische Tests eröffnen ein großes Potenzial an Erkenntnismöglichkeiten. Sie können im Grunde überall dort angewandt werden, wo es auf die mehr oder weniger großen genetischen Unterschiede zwischen den Menschen oder auf die genetische Abweichung von einem als „normal" oder „erstrebenswert" angesehenen Zustand (etwa auf die Diagnose und ggf. Therapie eines als „Krankheit" bezeichneten Zustandes) ankommt, und zwar u. U. schon lange vor dessen Manifestation. Entsprechend vielgestaltig sind die Gefahren, die bei Anwendung genetischer Tests befürchtet werden:[1]

- Durch Feststellung des DNA-Identifizierungsmusters lassen sich Körperzellen einer bestimmten Person zuordnen und lässt sich dadurch die Verbindung dieser Person zu einem bestimmten Ort bzw. Geschehen nachweisen (DNA-Fingerprint für Zwecke des Strafverfahrens, Vaterschaftstest für Zwecke des Zivilverfahrens). Dies greift in das Grundrecht der betreffenden Person auf informationelle Selbstbestimmung ein.
- Genetische Tests erlauben Rückschlüsse auf persönlichkeitsrelevante Merkmale wie Erbanlangen, Krankheiten und vielleicht auch Charaktereigenschaften. Sie ermöglichen damit ein Persönlichkeitsprofil und tangieren deshalb Kernbereiche der Persönlichkeit.
- Genetische Informationen behalten ihre Voraussagekraft in der Regel über lange Zeiträume. Zugleich handelt es sich um Informationen mit u. U. erheblicher „Eingriffstiefe"[2], die bei dem Betroffenen gravierende Auswirkungen auf das individuelle Selbstverständnis, das zukünftige Verhalten und möglicherweise auf komplette Lebensentwürfe haben können.[3] So kann das Wissen um eine Krankheitsdisposition, die erst nach vielen Jahren zum „fühlbaren" Ausbruch der Krankheit führt, während der „Wartezeit" mit erheblichen psychischen Problemen und daraus resultierenden körperlichen Belastungen verbunden sein. Erst recht kann das Wissen um eine Krankheitsdisposition, für die *keine*

---

1 Siehe zum folgenden bereits Taupitz 2001 II, 265 ff.
2 Deutsch 1992, 169.
3 Damm 1999 II, 438 m. w. N.; Damm 1998 I, 932.

Therapie oder Prävention zur Verfügung steht, außerordentlich belastend sein. Mit anderen Worten beinhalten genetische Tests ein hohes „Angstpotential".

- Ergebnisse genetischer Tests können Drittwirkung haben. Sie sind u. U. von Bedeutung für reproduktive Entscheidungen bis hin zu Abtreibungsentscheidungen. Zudem betreffen Informationen zu vererblichen Merkmalen neben dem Ratsuchenden auch seine genetischen Verwandten, so dass diese u. U. ohne ihre vorherige Zustimmung von den Ergebnissen erfahren und daraus resultierende Belastungen ebenfalls tragen müssen.
- Es besteht die Gefahr, dass bestimmte Merkmalsträger gesellschaftlich stigmatisiert oder diskriminiert werden.
- Selbst wenn keine Stigmatisierung oder Diskriminierung die Folge ist, werden aus dem Wissen u. U. Schlussfolgerungen gezogen, die (etwa im Versicherungsrecht oder Arbeitsrecht) aus individueller oder kollektiver Sicht unerwünscht sind.
- Ein wachsender gesellschaftlicher Anspruch auf kollektive Gesundheit kann dazu führen, die Förderung gewünschter Erbanlagen voranzutreiben und umgekehrt mit Hilfe der Humangenetik die Ausbreitung von Erbkrankheiten zu verhindern (positive und negative Eugenik).
- Aus der Erhebung von Daten erwächst stets die Möglichkeit, diese entgegen der Pflicht zur Vertraulichkeit und/oder zu anderen als den vereinbarten Zwecken zu benutzen.
- Fehler bei der Indikationsstellung, Durchführung oder Interpretation von Gentests können zu weit reichenden Fehlentscheidungen der Betroffenen führen.
- Die gleiche Gefahr erwächst aus einer unzureichenden oder fehlerhaften Beratung des Betroffenen, wenn sie z. B. den Unterschied zwischen Prädisposition und tatsächlicher Erkrankung, zwischen Prädisposition und Überträgerstatus, zwischen statistischem Risiko und konkreter Gefährdung des Betroffenen, zwischen Penetranz und Expressivität oder ganz allgemein die prognostische Unsicherheit, mit der genetische Informationen weithin behaftet sind, nicht hinreichend verdeutlicht.
- Das Wissen um die eigene genetische Konstitution, etwa über die Sequenz des untersuchten Gens, genügt in der Regel nicht, um als Laie aus diesem Wissen auch die zutreffenden Schlussfolgerungen zu ziehen. Das „Fachwissen" muss vielmehr in ein vom Laien „verstehbares" Wissen „übersetzt" werden, und zwar konkret bezogen auf den Einzelfall und aus dem Blickwinkel der Verständnismöglichkeiten des konkret Betroffenen. Erfolgt diese „Übersetzung" inkompetent, unvollständig oder verantwortungslos, kann dies für den Betroffenen zu weit reichenden Fehlentscheidungen führen.
- Die Gefahren wachsen mit einer zunehmenden Kommerzialisierung von Gentests, etwa durch Test-Kits, die jedermann zugänglich sind; dies gilt erst recht, wenn die Tests als solche keiner präventiven Marktzugangskontrolle (im Hin-

blick auf ihre Qualität und die ihnen beigefügten Informationen) unterworfen sind.

- Ein weiteres Gefahrenpotential entsteht aus der Möglichkeit, breit gefächert und ohne eine auf ein bestimmtes Individuum bezogene Indikation Populations-Screenings durchzuführen, die ganze Bevölkerungsgruppen bis hin zu einem Großteil der Gesellschaft erfassen und deren Ergebnisse für zahlreiche Zwecke verwendet und auch mit anderen Daten zusammengeführt werden können.

Allerdings relativieren sich die Gefahren erheblich, wenn man genetische Tests mit anderen Formen körperbezogener (insbesondere medizinischer) Untersuchungen vergleicht:

- Sie unterscheiden sich keineswegs per se und grundlegend von anderen *Arten der Informationsgewinnung*. Diagnostische Methoden auf der Genotypebene (molekulargenetisch und cytogenetisch) werden mehr und mehr dazu verwendet, um auch bereits ausgebrochene und nicht-erbliche Krankheiten zu diagnostizieren[4] und umgekehrt dienen Methoden auf der Phänotypebene (klinisch[5], bildgebend[6] und biochemisch[7]) z. T. seit langem dazu, genetisch bedingte Krankheiten festzustellen.
- Sie unterscheiden sich von anderen medizinischen Untersuchungen nicht per se und grundlegend aus dem Blickwinkel des *Inhalts* der Information, da auch andere Untersuchungen auf die *erblichen* (und damit genetischen) Ursachen von Erkrankungen und Erkrankungsrisiken gerichtet sind. Beispielsweise können das Serumcholesterin, der Blutzucker, Bestandteile des Urins, der Bluthochdruck und der Salzgehalt des Schweißes verlässliche, hochspezifische Indikatoren genetischer Störungen sein.[8]
- Es lässt sich keine unterschiedliche Beziehung zur *Therapiefähigkeit* herstellen in dem Sinne, dass aufgedeckte bereits ausgebrochene Krankheiten stets, aufgedeckte gefahrerhebliche genetische Dispositionen dagegen nie therapiefähig und deshalb belastender wären.[9] Und es besteht auch kein grundlegender Unterschied im Hinblick auf die *Art der Erkrankung* (z. B. Krebserkrankung, Stoffwechselerkrankung, Entwicklungsstörung), da gleichartige Erkrankungen sowohl Manifestation einer vererbten genetischen Disposition sein als auch spontan (durch eine sich erst im Laufe des Lebens – z. B. durch Umweltfaktoren hervorgerufene – genetische Veränderung) entstehen können.

---

4 Siehe Bartram/Fonatsch 2000, 59 f.; ferner Berberich 1998, 163.

5 Café-au-lait-Flecken als Symptom einer Neurofibromatose I.

6 Zystennieren als Ausdruck einer autosomal-dominant erblichen polyzystischen Nierenerkrankung.

7 Metabolite als Hinweis auf genetische Stoffwechselstörung, z. B. erhöhtes Serum-Cholesterin als Hinweis auf familiäre Hypercholesterinämie.

8 Schmidtke 2002, 72. Zur unklaren Trennlinie zwischen genetischen und nicht-genetischen Informationen s. auch Schöffski 2000, 167 f.

9 Lorenz 1999, 1311.

- Genetische Untersuchungen unterscheiden sich nicht im Hinblick auf die *Aussagekraft* per se und grundlegend von anderen Untersuchungen, und zwar weder aus dem Blickwinkel der Prädiktivität noch aus dem Blickwinkel ihres Charakters als Wahrscheinlichkeitsaussagen: Auch andere medizinische Untersuchungen zielen darauf ab, mehr oder weniger sicher eine *zukünftige* Erkrankung zu erkennen oder zu verhindern bzw. das *Risiko* einer zukünftigen Erkrankung einzugrenzen und zu verringern, wie etwa das Beispiel der Diagnose des Bluthochdrucks zeigt. Zudem führen viele genetische Dispositionen erst im Zusammenwirken mit anderen genetischen Veranlagungen oder mit Umweltfaktoren (z. B. auch Lebensgewohnheiten des Anlageträgers) zum Ausbruch der fraglichen Krankheit[10], so dass sich häufig allenfalls ein „relatives Risiko" angeben lässt, also die Wahrscheinlichkeit, mit der der Träger eines bestimmten Genotyps im Vergleich zu einer anderen Person eine bestimmte Krankheit ausprägen wird. Damit kann auch keineswegs durchgängig gesagt werden, dass dem Betroffenen bei Kenntnis von seiner genetischen Disposition in aller Brutalität bewusst sein müsse, dass das „endgültige" Urteil über ihn gefällt sei und sein Schicksal nunmehr unverrückbar feststehe.

- Auch die Information über *nicht* genetisch bedingte Erkrankungen kann erhebliche Eingriffstiefe erreichen und mehr oder weniger weit in die Zukunft reichen (Krebsdiagnose, Diagnose einer HIV-Infektion vor dem Ausbruch von AIDS).

- Eine Stigmatisierung und Diskriminierung droht keineswegs nur aufgrund von genetisch bedingten Merkmalen. Vor allem aber kann nicht gesagt werden, dass eine Stigmatisierung und Diskriminierung gerade dann in besonderem Ausmaß droht, wenn die entsprechenden Merkmale durch einen genetischen Test (etwa molekulargenetisch oder cytogenetisch auf der Genotyp-Ebene) ermittelt wurden, dagegen die Gefahr geringer ist, wenn das Merkmal auf der Phänotyp-Ebene ‚für jedermann' sichtbar ist.

- Gleiches gilt für individuell oder kollektiv unerwünschte Schlussfolgerungen aus genetischen Analysen: Sofern es nicht zutrifft, dass bestimmte Erkenntnisse nur oder vorrangig aus bestimmten (genetischen) Analyseverfahren gewonnen werden oder gewonnen werden können, ist eine *Methodendiskriminierung* unangebracht. Das Verbot, eine bestimmte Information zu verwerten, wenn die Information unter Verwendung eines bestimmten Verfahrens gewonnen wurde, die Verwertung der gleichen oder einer gleichartigen Information aber dann zu erlauben, wenn sie auf andere Weise ermittelt wurde, stellt einen Verstoß gegen den Gleichheitssatz dar.[11]

- Der Gefahr des Missbrauchs genetischer Informationen ist nicht per se größer als die Gefahr des Missbrauchs anderer Informationen.

---

10 Fey/Seel 2000, 5 ff.; Kulozik et al. 2000, 285 ff., 303 ff., 455 f.
11 Taupitz 2000 III, 36 ff.; Taupitz 2001 I, 123, 154 ff., 168 f.

Angesichts des vorstehenden Befundes, wonach die Ergebnisse genetischer Analysen nicht *per se* etwas Besonderes sind, muss eine angemessene Lösung darauf ausgerichtet sein, *unmittelbar* am jeweils zugrunde liegenden *Problem* anzusetzen:

1 Zum einen stellt sich die Frage nach der Zuverlässigkeit des genetischen Analyseverfahrens. Denn ohne ein sachlich zutreffendes Analyseergebnis fehlt die Grundlage für jede adäquate Schlußfolgerung gleich welchen Anwendungsbereichs. Dieser Problematik der vor allem ‚labortechnischen' Qualitätssicherung ist im Rahmen der folgenden Ausführungen aus Raumgründen nicht näher nachzugehen.

2 Von größerer Bedeutung im Rahmen der gesellschaftlichen und politischen Diskussion ist die Frage, zu welchen *Zwecken* genetische Informationen überhaupt erhoben und/oder verwendet werden dürfen. Hier geht es um die Teleologie der genetischen Analyse und dabei nicht zuletzt um die Frage, welche Schlussfolgerungen aus dem naturwissenschaftlichen Befund gezogen werden dürfen.

3 Und schließlich ist zu klären, in welchem Kontext und unter welchen Bedingungen (auch aus dem Blickwinkel der Selbstbestimmung des von der Analyse Betroffenen) eine entsprechende Analyse durchgeführt werden darf. Hier geht es auch darum, welcher kommunikative (informierende und beratende) Dialog mit dem Betroffenen die Analyse angesichts ihrer u. U. bestehenden personalen „Eingriffstiefe" vor- und nachgeschaltet zu begleiten hat. Gerade dieser Aspekt wird in der internationalen Diskussion zunehmend in den Mittelpunkt gerückt, indem die „informationelle Dimension der Gendiagnostik" betont, Gentechnik als „Datentechnik" und Humangenetik als „sprechende Medizin" charakterisiert wird.[12] Es müsse daher nicht nur die Qualität der Testverfahren, sondern auch die der sozialen Implementierung vor allem im Sinne einer ausführlichen genetischen Beratung sichergestellt werden.[13] Diese Aspekte führen zu der Frage, welche Anforderungen an die *Fachkunde* derjenigen zu stellen ist, die die Ergebnisse genetischer Analysen interpretieren und vermitteln.

12 Damm 1999 II, 437, 439, 440 mit weiteren Nachweisen.
13 Deutsche Forschungsgemeinschaft 2000, 50f.

2. Legitimität der Erhebung bzw. Verwertung genetischer Informationen

2.1. Genetische Informationen zu Identifizierungszwecken

2.1.1. Einleitung

Mit modernen Methoden ist es möglich geworden, kleinste Mengen menschlichen Spurenmaterials einer konkreten Person zuzuordnen bzw. daraus die Verwandtschaft zweier Personen zu ermitteln. Besondere Relevanz kommt dem im Rahmen erkennungsdienstlicher Maßnahmen im Strafprozess sowie im Abstammungsprozess zur Feststellung der Vaterschaft zu.

2.1.2. Strafprozessuale Regelungen

Nach §§ 81 a ff. StPO ist es zulässig, zur Identifizierung bzw. zum Ausschluss von Spurenverursachern mit Hilfe der DNA-Analyse Körpermaterial des Beschuldigten und/oder des Spurenlegers zu untersuchen und mit anderen Proben zu vergleichen, die zur Feststellung von Tatsachen, die für das Verfahren von Bedeutung sind, vom Beschuldigten entnommen worden sind. Dabei ist keine Einwilligung des Beschuldigten bzw. der weiteren Personen, insbesondere Zeugen, die von den Maßnahmen betroffen sind, erforderlich. Jedoch darf die Untersuchung nur von einem Richter angeordnet werden. Zudem ist erforderlich, dass der Beschuldigte einer Straftat von *erheblicher* Bedeutung verdächtig ist. Gemäß § 81 a StPO sind die gewonnenen Proben zur Verhinderung von Missbrauch unverzüglich zu vernichten, sobald sie für die Zwecke des anhängigen Strafverfahrens nicht mehr erforderlich sind. Dies gilt entsprechend für Proben Tatunverdächtiger (§ 81 c StPO).[14]

§ 81 g StPO schafft weiter gehend die Möglichkeit, eine DNA-Identifizierungsdatei beim BKA einzurichten, um die Ergebnisse genetischer Analysen über das anhängige Verfahren hinaus zu Identifizierungszwecken in künftigen Strafverfahren verwenden zu können.[15] Allerdings wird die Möglichkeit, die DNA-Analytik auch zu *präventiven* Zielen einzusetzen, vom Bundesverfassungsgericht abgelehnt.[16] Die Vorschriften seien ausschließlich auf die zukünftige Strafverfolgung, nicht jedoch auf Gefahrenabwehr ausgerichtet.

Insgesamt berücksichtigten die strafprozessualen Regelungen in hinreichendem Maß die Eingriffsintensität in die grundgesetzlich geschützten Rechtspositionen der durch die Untersuchung betroffenen Personen. Die Zweckbindung, das

---

14 Ausgenommen von der Vernichtung ist allerdings aufgefundenes, sichergestelltes oder beschlagnahmtes Spurenmaterial (§ 81 e Abs. 2 S. 2 StPO, der nicht auf § 81 a Abs. 3 zweiter Halbsatz verweist).

15 Zur Verfassungsmäßigkeit s. BVerfG, NJW 2001, 879 f.

16 BVerfG, NJW, 879, 880.

Gebot der Anonymisierung, Vernichtungsregelungen sowie der Richtervorbehalt stellen weitestgehend sicher, dass DNA-Analysen nicht missbräuchlich eingesetzt werden.

2.1.3. Zivilprozessuale Regelungen

Im Rahmen des Zivilprozesses sind DNA-Untersuchungen in Familienrechtsprozessen zur Feststellung der Vaterschaft zum Standardverfahren geworden. § 372 a ZPO normiert für Konstellationen der Vaterschaftsvermutung bzw. der gerichtlichen Vaterschaftsfeststellung sowie „in anderen Fällen" eine *Duldungspflicht der betroffenen Personen* bezüglich der für die Feststellung der Vaterschaft erforderlichen Untersuchungen im Rahmen des gerichtlichen Verfahrens, soweit diese nach den anerkannten Grundsätzen der Wissenschaft erforderlich und zumutbar sind.[17]

Im Rahmen des Zivilprozesses erfolgt die Anordnung der Abstammungsuntersuchung von Amts wegen durch den Richter, der auch die Einhaltung der Verfahrensvoraussetzungen zu überwachen hat. Insbesondere obliegt es dem Richter, die Erforderlichkeit, d. h. die Entscheidungserheblichkeit und Beweisbedürftigkeit, die Geeignetheit, d. h. die Anerkanntheit der wissenschaftlichen Methode und die Zumutbarkeit hinsichtlich der Art der Untersuchung und der möglichen Folgen des Testergebnisses für die Testperson zu prüfen.

Trotz des in Kindschaftssachen geltenden Amtsermittlungsgrundsatzes ist es den Parteien allerdings nicht verwehrt, eigene Beweismittel vorzulegen. So können auch von den Parteien privat veranlasste DNA-Gutachten in das Verfahren eingeführt werden. Da im Rahmen der privat veranlassten Gutachten § 372 a ZPO nicht zur Anwendung kommt, bedürfen die Untersuchungen an sich der Einwilligung aller beteiligten Personen. Soweit das zu untersuchende Kind aufgrund seiner Minderjährigkeit noch nicht einwilligungsfähig ist, bedarf es der Einwilligung des gesetzlichen Vertreters, also des oder der Personensorgeberechtigten. Wird dessen oder deren Zustimmung zur Vornahme der DNA-Analyse nicht eingeholt (etwa bei Umgehung der Mutter durch den [Schein-]Vater), liegt ein Eingriff in das Recht auf informationelle Selbstbestimmung des Kindes vor. Hierin liegt das Problem der in der Praxis nicht seltenen *heimlichen DNA-Gutachten zur Feststellung der Vaterschaft.*[18] Anders als beim rechtswidrig erlangten Beweismittel im Strafprozess, das als unverwertbar nicht in die richterliche Beurteilung einfließt, entfaltet das private DNA-Gutachten im Abstammungsprozess schon im *Vorfeld* des Prozesses Wirkungen und werden selbst rechtswidrig erlangte Gutachten nicht selten zumindest zur Begründung eines schlüssigen Klageantrags herangezogen.[19] Ist das Gerichtsverfahren erst einmal in Gang gesetzt, kann das unzuläs-

17 Greger in: Zöller 2001, § 372 a Rdnr. 2 ff.

18 Siehe hierzu ausführlich Rittner/Rittner 2002.

19 Dies führt in der Praxis teilweise zu einer Umgehung der 2-Jahres-Frist des § 1600 b BGB, wenn ein Scheinvater sich darauf berufen kann, erst durch das Gutachten Zweifel an seiner

sigerweise ‚heimlich' erlangte Beweismittel zwar dann u. U. letztlich doch nicht verwertet werden; es kann jedoch von seiten des Gerichts ein weiteres Gutachten in Auftrag gegeben werden, das seinerseits freilich die bereits eingetretenen Verletzungen des Rechts auf informationelle Selbstbestimmung des Kindes nicht mehr heilen kann.

Aufgrund der weit reichenden erb- und unterhaltsrechtlichen Folgen, die ein Abstammungsprozess für die Beteiligten haben kann, wäre es daher notwendig, wenn auch im Zivilprozessrecht Regelungen zum ausreichenden Schutz der Betroffenen vor Eingriffen in ihre grundgesetzlich geschützten Rechtspositionen getroffen würden.

2.2. Verwendung genetischer Informationen durch Versicherungen

2.2.1. Einleitung: Der Ruf nach einem gesetzgeberischen Verbot

Spezielle gesetzliche Bestimmungen zur Erhebung und/oder Verwertung genetischer Informationen für Zwecke der Versicherung existieren in Deutschland nicht. Allerdings wird vielfach eine gesetzliche Regelung *gefordert*, die es Versicherern vorbehaltlich eng begrenzter Ausnahmen verbieten soll, Gentests als Voraussetzung für den Abschluss von Lebens- und Krankenversicherungsverträgen zu verlangen oder den Versicherungsinteressenten nach bereits durchgeführten Tests zu fragen.[20] Zur Begründung eines entsprechenden Verbots werden vor allem folgende Argumente vorgebracht:

- Das Recht des Versicherungsinteressenten auf (gen-)informationelle Selbstbestimmung werde verletzt, wenn er vor dem Vertragsabschluss zum „genetischen Striptease" gezwungen werde. In der Tat hat jeder das Recht, selbst über die Verwendung seiner personenbezogenen Daten zu bestimmen. Auch ist das Recht jedes Menschen zu achten, dass er bestimmte Dinge über sich selbst *nicht* wissen möchte (Recht auf Nichtwissen).
- Der Versicherungsinteressent werde diskriminiert, wenn er bei Vorhandensein einer bestimmten genetischen Dispositionen keinen Personenversicherungsschutz erlangen könne: Für die eigenen Gene sei man nun einmal nicht verantwortlich und könne man auch im versicherungsrechtlichen Sinne nicht verantwortlich gemacht werden.
- „Genetisch", also „von Natur aus" Benachteiligte dürften nicht zusätzlich finanziell benachteiligt und damit gewissermaßen „doppelt" für ihre „schlechten Gene" „bestraft" werden. Gerade sie seien besonders auf Versicherungsleis-

Vaterschaft bekommen zu haben; siehe zu den Anforderungen an einen schlüssigen Klageantrag im Rahmen der Vaterschaftsanfechtung: BGH, NJW 1998, 2976ff.

20 Etwa vom Bundesrat, s. BR-Drucks. 530/00 (Beschluß) vom 10.11.2000. Weitere Nachweise für gleich lautende Stimmen bei Taupitz 2000 III, 23.

tungen angewiesen und ihr Ausschluss führe zu einer „genetischen Klassengesellschaft“.
- Die vorvertragliche Aufdeckung genetischer Dispositionen laufe dem Zweck der Versicherung, nämlich dem Risikoausgleich unter Zugrundelegung des Merkmals der Unsicherheit, zuwider: „Wer keine Versicherung braucht, wird keine abschließen; wer eine braucht, wird keine abschließen können.“

Wenn man diese Einwände würdigen will, muss man sich zunächst vor Augen führen, dass in Deutschland zwei vollkommen *unterschiedliche* Systeme der finanziellen Vorsorge gegen Gesundheitsrisiken bestehen:

2.2.2. Pflichtversicherung (Sozialversicherung) – freiwillige Versicherung (Privatversicherung)

Die *Sozialversicherung*, in der über 90% der Bevölkerung gegen Krankheit, Unfall und Invalidität abgesichert sind, beruht auf dem Prinzip der *Pflichtversicherung*. In diesem System haben persönliche (insbesondere gesundheitliche) Merkmale der potenziellen Versicherungsnehmer keinerlei Bedeutung. Infolge der Versicherungspflicht spiegelt das Kollektiv der Versicherten die ‚natürliche‘ Risikomischung der Bevölkerung wider, weil niemand aufgrund seines gesundheitlichen Zustandes oder Risikos ausgeschlossen werden kann und auch niemand die Wahl hat, ob und zu welchen Bedingungen er in diesem System versichert sein möchte. In der Sozialversicherung haben damit auch *genetische Informationen keinerlei Relevanz* für das ‚Ob‘ und das ‚Wie‘ des Vertrages. Sie *dürfen* auch keinerlei Relevanz haben, weil der Solidarausgleich zwischen Gesunden und (dispositiv) Kranken zu den wesentlichen *Grundlagen* der Sozialversicherung gehört.[21]

Ganz anders sieht es dagegen in der *Privatversicherung* aus. Sie beruht auf dem Prinzip der *Freiwilligkeit* für Versicherer *und* Versicherungsinteressenten: Kein Versicherer ist verpflichtet, einen Antrag anzunehmen, jeder Versicherer kann den Umfang des von ihm angebotenen Versicherungsschutzes selbst festlegen, und jeder Versicherungsinteressent kann sich denjenigen Versicherer aussuchen, der ihm die günstigsten Konditionen gewährt. Zu den *prägenden Strukturprinzipien* der privaten Versicherung gehört dabei die *Risikoäquivalenz der Konditionen*: Die Vertragsbedingungen (insbesondere die *Prämienhöhen*) hängen vom jeweils individuell eingebrachten Risiko ab, so dass derjenige mit einem hohen Risiko (z. B. der bei Vertragsschluss bereits Erkrankte oder Alte) eine höhere Prämie zahlt als derjenige, der (z. B. als Junger und Gesunder) ein geringes Risiko in die Versichertengemeinschaft einbringt. Deshalb wird vor Vertragsschluss nach den gesundheitlichen Risiken gefragt oder (seltener) eine ärztliche Untersuchung als Voraussetzung des Vertragsschlusses verlangt. Nach § 16 VVG hat der Versiche-

21 Die Bundesregierung sieht denn auch zu Recht keinen Raum dafür, aus genetischen Tests gewonnene Erkenntnisse beim Zugang zur Sozialversicherung zu verwerten: Pressemitteilung der Bundesregierung vom 1.3.2001.

rungsinteressent sogar *ungefragt* alle ihm bekannten und für die Annahmeentscheidung des Versicherers erheblichen Umstände anzuzeigen. Erst während der Laufzeit des Vertrages findet ein „sozialer", „solidarischer" oder wie auch immer zu bezeichnender „Ausgleich" insoweit statt, als weder der Versicherer noch der Versicherte einseitig wegen einer erst nach Vertragsschluss feststellbaren oder sich verändernden Risikolage eine Änderung der Vertragsbedingungen verlangen kann.

Damit zeigt sich eine zentrale Weichenstellung: Genetische Informationen über die zu versichernde Person können allenfalls in der *Privatversicherung* von Bedeutung sein, nicht dagegen in der *Sozialversicherung*. Damit stellt sich lediglich mit Blick auf die *Privatversicherung* die Frage, ob der Gesetzgeber es *verbieten* sollte, genetische Informationen zu verwenden, ob nämlich die freiwillig versicherten Menschen davor zu bewahren sind, vor dem Versicherer zum ‚gläsernen' Menschen zu werden.

2.2.3. Zur Berechtigung eines Verbots der Verwendung genetischer Informationen im Privatversicherungsrecht

Tatsächlich haben einige wenige Länder (z. B. Österreich) ein striktes Verbot der Verwendung genetischer Informationen (auch) im Privatversicherungsbereich erlassen[22] – eine Lösung, die allerdings nur dann gerechtfertigt ist, wenn sich genetische Informationen wirklich *als solche* von anderen medizinischen Informationen unterscheiden. Sieht man genauer hin, dann lässt sich ein grundlegender Unterschied allerdings *nicht* ausmachen:

Zwar lassen sich bestimmte genetische Analysen von „traditionellen" medizinischen Untersuchungen durch die Art der *Methode* (DNA-Analyse) unterscheiden. Vom *Inhalt* der Informationen und ihrer *Bedeutung* her betrachtet besteht ein grundlegender Unterschied jedoch nicht. Dies wurde bereits einleitend (oben unter 1.) ausführlich dargestellt.

Zudem wird eine genetische Analyse auch im Kontext eines Versicherungsvertrages keineswegs zwangsläufig *lange* vor Ausbruch der entsprechenden Krankheit durchgeführt: Genetisch bedingte Krankheiten brechen keineswegs typischerweise erst im höheren Lebensalter aus und keineswegs jeder Versicherungsvertrag wird schon „in jungen Jahren" des Versicherten geschlossen. Von daher ist es aber mehr als zufällig und kein hinreichender Grund für eine unterschiedliche Behandlung, ob eine genetische Analyse unmittelbar *vor* oder *nach* Auftreten der ersten (möglicherweise noch nicht zutreffend gedeuteten) Symptome erfolgt. Zudem ist auch eine traditionelle medizinische Untersuchung für die Versicherung nicht etwa deshalb von Bedeutung, weil daraus Informationen über den *gegenwärtigen* Gesundheitszustand des Versicherungsinteressenten gewonnen werden können.

---

22 Überblick über die internationale Lage bei Max-Planck-Institut für ausländisches und internationales Privatrecht 2002, 118 ff.; Simon 2001, 27 ff.; Berberich 1998, 348 ff.; Taupitz 2000 III, 15 ff.

Vielmehr ist für die Versicherung lediglich relevant, welche Belastungen für die Versichertengemeinschaft *in Zukunft* (während der Laufzeit des Vertrages) voraussichtlich entstehen werden. Will man der Versicherung diesen „Blick in die Zukunft" verwehren, müsste dies konsequenterweise und zur Vermeidung einer unzulässigen (weil gegen den Gleichheitssatz des Art. 3 GG verstoßenden) Ungleichbehandlung auch für andere medizinische Untersuchungen gelten, die z. B. auf die Ermittlung physikalischer Werte (Bluthochdruck) oder physiologischer Werte (Enzyme) als Indizien für eine *Risikolage* gerichtet sind. Dies wird aber von niemandem ernsthaft gefordert. Selbst das (genetisch bedingte!) Geschlecht ist anerkanntermaßen ein sachgerechtes Differenzierungskriterium im Privatversicherungsrecht, obwohl nach Art. 3 GG niemand aufgrund seines Geschlechts ungerechtfertigt benachteiligt werden darf: Weil das über die gesamte Lebensspanne berechnete *statistische Risiko* unterschiedlich hoch ist (Frauen leben länger, sind aber häufiger krank als Männer), zahlen Frauen in der Krankenversicherung höhere, in der Lebensversicherung aber geringere Prämien.

Insgesamt zeigt sich, dass es der *Gleichheitssatz* verbietet, speziell die Verwendung der Ergebnisse *genetischer Analysen* in der Privatversicherung zu *verbieten*, gleichartige Informationen dagegen *zuzulassen*, nur weil sie mit einer *anderen* Methode ermittelt wurden.

Zu bedenken ist auch Folgendes: Unstreitig haben die Versicherungen nicht das Recht und sind sie auch gar nicht daran interessiert, ‚alles' über die zu versichernde Person zu erfahren. Es geht vielmehr nur um Informationen über solche Risiken, die eine *unmittelbare Auswirkung* auf den konkret in Frage stehenden Vertrag haben, die nämlich auf der Basis von versicherungsmathematischen Berechnungen das zu vereinbarende Verhältnis von Leistung und Gegenleistung betreffen. Und insofern gilt: Je *größer* die *Unsicherheit* ist, ob die bloße genetische *Disposition* zu einer Erkrankung später tatsächlich (und in welcher Intensität) zum *Ausbruch der Krankheit* führen wird, umso weniger Anlass besteht für den Versicherer, einen Versicherungsantrag abzulehnen oder ihn nur zu besonderen Konditionen anzunehmen. Je *geringer* aber diese Unsicherheit ist, umso eher hat er Anlass, die fraglichen Umstände gemäß der Risikobezogenheit der privaten Versicherung in seine Überlegungen einzubeziehen.

Des Weiteren: Wenn man dem Versicherer per se verbietet, vor Abschluss des Vertrages vom Versicherungsinteressenten einen Gentest zu verlangen, könnte nicht verhindert werden, dass ein Versicherungsinteressent in *Kenntnis* einer gefahrerheblichen genetischen Disposition und gerade *deswegen* Personenversicherungsverträge abschließt, um sich oder von ihm bestimmten Bezugsberechtigten einen ungerechtfertigten Versicherungsschutz zu verschaffen (Gefahr der ‚Antiselektion'). Schon bisher dient die ärztliche Untersuchung, die der Versicherer im Vorfeld eines Versicherungsvertrages verlangen kann, auch dazu zu verhindern, dass der Versicherungsinteressent sein Wissen einseitig zu seinem Vorteil ausnutzt. Man kann es aber nicht einerseits erlauben, dass der Versicherungsinteressent „Kapital aus seinen Genen" schlägt, wenn er die entsprechende Kenntnis aufgrund einer *genetischen Analyse* erlangt hat, ihm dies dagegen verwehren, wenn er die Kenntnis durch eine andere Methode erworben hat. Selbst wenn man eine *routinemäßige* Durchführung von (risikoerheblichen) Gentests vor Vertragsabschluss ablehnt, muss dem Versicherer wegen der Gefahr von Antiselektion zumindest *im Einzelfall* (z. B. bei konkretem Verdacht falscher Angaben, bei Beantragung einer ungewöhnlich hohen Versicherungssumme oder im Falle des Antrags auf Wegfall üblicher Wartezeiten vor Beginn des Versicherungsschutzes) die Möglichkeit offen stehen, den Vertragsabschluss gemäß bisheriger Praxis von einer ärztlichen Untersuchung der zu versichernden Person abhängig zu machen. Sofern in concreto eine medizinische Indikation hierfür gegeben ist, muss diese Untersuchung auch eine genetische Analyse umfassen können. Nur auf diese Weise kann *Vertragsparität* durch *Informationsparität* gewährleistet werden.

Insgesamt lautet die Schlussfolgerung, dass es nicht gerechtfertigt wäre, genetische Informationen im Versicherungsrecht grundsätzlich anders zu behandeln als sonstige Ergebnisse medizinischer Untersuchungen. Eine angemessene Lösung muss vielmehr darauf ausgerichtet sein, *unmittelbar* am jeweils zugrunde liegenden *Problem* anzusetzen.

2.2.4. Differenzierende *problemorientierte* Lösungen

2.2.4.1. Das Recht auf Nichtwissen als zentrales Problem

2.2.4.1.1. Der Schutz vor unerwünschtem Wissen an sich

Die größte Gefahr, die durch genetische Analysen in besonderer Schärfe hervortritt, ist zweifellos die Gefahr einer Verletzung des Rechts auf Nichtwissen: Immerhin kann ein Versicherungsinteressent durch die anlässlich eines Versicherungsantrags durchgeführte Gesundheitsuntersuchung unter Einschluss eines genetischen Tests u. U. überraschenderweise Kenntnis von einer eigenen genetischen Disposition erlangen, mit der er nicht gerechnet hat und von der er auch keine Kenntnis hätte erlangen wollen.[23] Diese Kenntnis kann bei dem Betroffenen – wie dargestellt – gravierende Auswirkungen haben. Selbst angesichts der Tatsache, dass es einen genetischen „Zwangstest“ im Vorfeld des Abschlusses eines Versicherungsvertrages nicht gibt[24], ist die Möglichkeit einer *faktischen Gefährdung* des Rechts auf Nichtwissen nicht zu leugnen. Deshalb stellt sich die Frage, wie dieser Gefahr begegnet werden kann.

Den geringsten Eingriff in die Rechte des Versicherers unter Wahrung der Belange des Versicherungsinteressenten stellt es zweifellos dar, wenn der Versicherer

23 Vergleichbares gilt allerdings auch für sonstige medizinische Untersuchungen, durch die anlässlich einer Gesundheitsuntersuchung im Vorfeld eines Versicherungsvertrages eine noch „schlummernde“ Krankheit (HIV-Infektion) oder eine in ihren Symptomen zuvor nicht richtig gedeutete Krankheit festgestellt wird.

24 Näher Lorenz 1999, 1309, 1312; Taupitz 2000 III, 4f.

(mit Zustimmung des Versicherungsinteressenten) in die Lage versetzt wird, versicherungsrelevante Schlussfolgerungen aus den ermittelten Gesundheitsdaten zu ziehen, ohne dass dem Versicherungsinteressenten die Kalkulationsbasis offenbart wird. Eine derartige Lösung (die lediglich in Fällen von – zu vereinbarenden – Risikoausschlüssen versagt, weil diese natürlich konkret benannt werden müssen) wird zwar nicht selten deshalb als wenig praktikabel angesehen, weil der Versicherungsinteressent jedenfalls bei erheblicher Risikorelevanz der Informationen schon dadurch in Sorge versetzt werde, dass sein Antrag vom Versicherer nicht zu den allgemein üblichen Konditionen, sondern nur gegen einen Risikoaufschlag angenommen werden soll (oder gar – äußerst selten – ganz abgelehnt wird).[25] Jedoch ist zu berücksichtigen, dass es in einer derartigen Situation primär Sache des *Versicherungsinteressenten* ist, ob er vom Versicherer *Auskunft* über den *Grund* des Prämienaufschlags verlangt. Damit hat es der Versicherungsinteressent *selbst* in der Hand, sein Recht auf Nichtwissen zu wahren.[26] Zudem mag es in Zukunft – vergleichbar der prognostizierten „Individualisierung der Medizin" im Gefolge der Pharmakogenomik[27] – durchaus zu einer stärkeren ‚Individualisierung der Versicherungskonditionen' kommen, so dass unterschiedlich hohe Versicherungsprämien dann keineswegs drängende Sorgen hinsichtlich des eigenen Gesundheitszustandes der versicherten Person aufkommen lassen. Zwar wird es im Zuge einer derartigen Entwicklung immer schwerer werden, die Leistungen der verschiedenen Versicherer miteinander zu vergleichen. Aber abgesehen davon, dass auch schon heute eine wirkliche Vergleichbarkeit kaum mehr gegeben ist, weil nicht nur die heterogenen „harten" Leistungsversprechen, sondern auch die Praktiken der späteren Regulierung während der Laufzeit des Versicherungsvertrages kaum überschaubar und vorhersehbar sind, stellt sich doch die Frage, ob eine Gesellschaft der *Markttransparenz* oder aber dem *Recht auf Nichtwissen* der Versicherungsinteressenten den Vorrang einzuräumen gewillt ist. Und berücksichtigt man, dass es auch in anderen Bereichen keineswegs üblich ist, die Kalkulationsbasis des eigenen Vertragsangebots in jeder Hinsicht offen zu legen, dann stellt sich die Frage, warum dies im Bereich der u. U. Sorgen weckenden Verwendung von persönlichen (gesundheitsrelevanten) Input-Daten seitens eines Versicherers anders sein muss.

Im Übrigen ist gerade aus dem Blickwinkel der Prämisse, das Nichtwissen des eigenen Genoms stelle für die Versicherungsinteressenten einen Wert an sich dar, davon auszugehen, dass mindestens ein Versicherungsanbieter das von den Nach-

---

25 Beckmann 2001, 279.

26 Abgesehen davon kann der Versicherungsinteressent, wenn ihm sein Nichtwissen etwas ‚wert' ist, auch ‚vorsorglich' zur Aufrechterhaltung seines Nichtwissens einen individuellen Risikoausschluss oder Prämienzuschlag (nur) hinsichtlich entsprechender genetisch bedingter Krankheiten vereinbaren, ohne zu wissen und wissen zu müssen, ob der Risikoausschluss bzw. Prämienzuschlag aufgrund seiner eigenen genetischen Konstitution wirklich im konkreten Fall indiziert ist: Taupitz 2001 I, 144; zur Bedeutung der Verfügbarkeit von (ggf. nur gegen einen Mehrpreis erhältlichen) Alternativen auch Birnbacher 2000, 45.

27 Dazu Bayertz/Ach/Paslack 2001, 287 ff.

fragern höher geschätzte Produkt ‚Versicherungsschutz ohne vorherigen Gentest' auf den Markt bringt, solange der Markt der Privatversicherungen (wie es in Europa der Fall ist) weder kartelliert ist noch Zutrittsbeschränkungen existieren.[28] Dem Antragsteller steht es somit jederzeit frei, sich einen solchen Vertragspartner zu suchen.

Insgesamt zeigt sich, dass es durchaus Möglichkeiten gibt, eine Gefährdung des Rechts auf Nichtwissen der Versicherungsinteressenten zu vermeiden, ohne zugleich in die Rechte der Versicherer einzugreifen.

2.2.4.1.2. Der Schutz vor weit in die Zukunft reichendem Wissen

Eine weitere Gefährdung des Rechts auf Nichtwissen, die keineswegs *nur* mit genetischen Informationen verbunden ist, bei einigen von ihnen aber in besonderer Schärfe hervortritt, resultiert aus der u. U. weit in die Zukunft reichenden Aussagekraft genetischer Informationen, mit anderen Worten aus dem gegenüber anderen Informationen zum Teil höheren „Prädiktivitätspotenzial": Einige genetische Informationen unterscheidet sich von z. B. geschlechtsbezogenen oder altersbezogenen Wahrscheinlichkeitsaussagen durch die stärkere *Individualität* der Aussage und durch die u. U. besonders *weit in die Zukunft* reichende individuelle Aussagekraft. Besonders belastend kann die Vorhersage bei solchen (seltenen) monogenetischen Erkrankungen sein, deren Penetranz (also Eintrittswahrscheinlichkeit) besonders hoch ist, deren Folgen besonders gravierend sind und bei denen umgekehrt so gut wie keine wirksamen Therapiemöglichkeiten bestehen (Beispiel: Chorea Huntington). Von daher kann ein „Zufallsbefund" bei Abschluss eines Versicherungsvertrages lange vor dem spürbaren Ausbruch der Krankheit „lebensverändernde" Bedeutung haben.

Es wurde allerdings auch bereits darauf hingewiesen, dass ein Krankenversicherungsvertrag keineswegs immer (etwa in jungen Jahren der zu versichernden Person) lange vor Ausbruch einer entsprechenden Krankheit geschlossen wird und der Umstand, ob die Krankheit gerade schon oder noch nicht ausgebrochen ist bzw. in ihren Symptomen gerade schon (richtig) gedeutet wurde oder nicht, kein hinreichender Grund dafür ist, die Verwertung genetischer Informationen im einen Fall zu erlauben, im anderen Fall aber nicht. Angesichts dessen und angesichts der Tatsache, dass nicht die Erkrankung an sich, sondern die von der Information bis zum Ausbruch der Krankheit verstreichende *Zeitspanne* im Gefolge des Prädiktivitätspotenzials mancher Analysen das entscheidende Problem darstellt (wäre die Krankheit selbst das Problem, müsste man die Versicherer verpflichten, z. B. HIV-Infizierte oder AIDS-Kranke zu denselben Konditionen zu versichern wie nicht Infizierte bzw. Erkrankte, was aber niemand ernsthaft fordert[29]), dann kann eine die Interessen beider Seiten berücksichtigende Lösung nur bei der Zeitspanne selbst

---

28 Breyer 2000, 181; s. auch Raestrup 1990, 37.
29 Siehe Taupitz 2000 III, 39.

ansetzen.[30] Dies liegt auch deshalb nahe, weil bei größerer Zeitspanne bis zum Auftreten der fraglichen Krankheit die Wahrscheinlichkeit steigt, dass *andere* Umstände (Unfall, [anderweitiger] Tod) intervenierende Bedeutung erlangen.

Eine Lösung kann deshalb darin bestehen, solche Informationen, die für den Betroffenen *und* den Versicherer voraussichtlich erst nach einer gewissen Zeitspanne (z. B. 5 oder 10 Jahren) „spürbare" Relevanz haben werden, weil der Betroffene voraussichtlich erst dann Symptome ausprägen und auf den Versicherer erst dann finanzielle Belastungen zukommen werden, nicht als Grundlage von individuellen Konditionen (bzw. einer den Versicherungsantrag ablehnenden Entscheidung) zu verwerten. Dabei haben die zu erwartenden finanziellen Belastungen für den *Versicherer* zwar seit jeher in den versicherungsmathematischen Berechnungen aus dem Blickwinkel der Risikoäquivalenz der Konditionen eine Rolle gespielt; hinzutreten könnte jedoch stärker als bisher eine Berücksichtigung der psychischen und sozialen Belastung für den *Betroffenen* bis zum Ausbruch der Krankheit. Deshalb sollte die fragliche Zeitspanne durchaus danach variieren, wie gravierend sich das Wissen um die fragliche Erkrankung voraussichtlich auf die Lebensgestaltung des Betroffenen auswirkt: Je belastender für den Betroffenen die Folgen ‚vorzeitigen' Wissens sind, umso größer sollte die Zeitspanne der Irrelevanz sein (allerdings durchaus nicht losgelöst vom Ausmaß der zu erwartenden finanziellen Belastungen für den Versicherer). Von daher könnte es sich z. B. anbieten, die Information über eine Mutation im Huntington-Gen, die voraussichtlich erst im 5. Lebensjahrzehnt des Betroffenen zu manifesten Auffälligkeiten führen wird, als nicht risikorelevant in der Krankenversicherung zu behandeln und die entsprechende Information damit nicht bei Festlegung der Versicherungskonditionen zu verwerten, wenn der Versicherungsvertrag vor dem 40. oder 45. Lebensjahr geschlossen wird. Im Interesse der Transparenz sollte die Versicherungswirtschaft über ihre Verbände für verschiedene Krankheitsdispositionen unterschiedliche Zeiträume der Irrelevanz festlegen, um den potenziell Betroffenen die Angst vor Zufallsbefunden zu nehmen.

2.2.4.1.3. Der Schutz vor schädlichem Nichtwissen

Eine dritte Gefahr „unerwünschter Wirkungen" der möglichen Verwertung genetischer Informationen im Versicherungsbereich resultiert daraus, dass u. U. das *Prädiktivitätspotenzial* genetischer Informationen im Bereich der *Prävention bzw. Früherkennung* verbaut wird, wenn und soweit die Betroffenen vorsorglich (zur Vermeidung ungünstiger versicherungsrechtlicher Konsequenzen) unwissend

30 In dieser Richtung auch bezogen auf die Krankenversicherung (nämlich für Zulässigkeit der genetischen Analyse lediglich zur Ermittlung von bereits bestehenden und von „unmittelbar bevorstehenden Krankheiten") Bund-Länder-Arbeitsgruppe „Genomanalyse" 1990, 43; ganz ähnlich die Enquête-Kommission „Chancen und Risiken der Gentechnologie" des Bundestages 1987, 174 f.; Ausschuß für Forschung, Technologie und Technikfolgenabschätzung, 1994, 69 ff.; Bioethik-Kommission des Landes Rheinland-Pfalz 1989, 44 ff.; Entschließung des Bundesrates vom 16.10.1992, BR-Drucks. 424/92 (Beschluß), II 2 e, 6.

bleiben wollen. Da aber sowohl die Betroffenen (aus Gründen der Nichterkrankung bzw. rascheren Heilung) als auch die Versicherer (zur Vermeidung von Kosten) durchaus ein Interesse an der Ausnutzung des entsprechenden Prädiktivitätspotenzials haben, mag es durchaus für beide Seiten kontraproduktiv sein, wenn der Versicherungsinteressent in der Befürchtung, entsprechendes Wissen werde schlechtere Vertragskonditionen nach sich ziehen, eine prädiktive genetische Analyse gerade hinsichtlich solcher Krankheiten unterlässt, bei denen präventive bzw. früherkennende Maßnahmen möglich sind (z. B. bei verschiedenen Formen des erblich bedingten Krebses). Deshalb kann eine den Interessen beider Seiten Rechnung tragende Lösung darin bestehen, dass prädiktive Informationen hinsichtlich solcher Krankheiten nicht zur Grundlage versicherungsrechtlicher Sonderkonditionen gemacht werden, bei denen eine effektive Prävention bzw. Früherkennung möglich ist. Auch hier kann durchaus der Zeitpunkt des Vertragsabschlusses im Verhältnis zum voraussichtlichen Manifestationszeitpunkt eine mitbestimmende Rolle spielen.

2.2.4.2. Differenzierung zwischen Informationserhebung und Informationsverwertung

Von zentraler Bedeutung ist schließlich die Unterscheidung zwischen Informationserhebung und Informationsverwertung. Denn das Recht auf Nichtwissen des Versicherungsinteressenten kann allenfalls dann gefährdet sein, wenn speziell für Zwecke des Versicherungsvertragsabschlusses ein Gentest vom Antragsteller verlangt wird; nur dann ist der Antragsteller gemäß den vorstehenden Ausführungen u. U. vor überraschenden Befunden, die er nicht kennen möchte, zu bewahren. Das Recht auf Nichtwissen ist dagegen dann von vornherein nicht tangiert, wenn der Versicherungsinteressent lediglich jene Kenntnisse an den Versicherer weiterzugeben hat, die er selbst bereits besitzt. Am Erhalt dieser Informationen hat der Versicherer schon deshalb ein berechtigtes Interesse, um der Gefahr missbräuchlicher Antiselektion entgegenwirken zu können. Hinzu kommt das berechtigte Interesse des Versicherers, eine exakte Risikokalkulation durchführen zu können, um seiner Verpflichtung zur hinreichenden Deckungsvorsorge Rechnung tragen zu können.

2.2.5. Der fehlende gesetzgeberische Handlungsbedarf und die Subsidiarität gesetzgeberischen Handelns

Abgesehen davon, dass – wie dargestellt – differenzierte Lösungen den Problemen genetischer Analysen Rechnung tragen können und ein pauschales gesetzliches Verbot der Verwertung entsprechender Informationen von daher nicht sachgerecht ist, sind genetische Analysen und prädiktives genetisches Wissen im Vorfeld des Abschlusses eines privaten Personenversicherungsvertrages derzeit in Deutschland überhaupt kein praktisch relevantes Problem: In einer Selbstverpflichtungserklärung aller Mitgliedsunternehmen des Gesamtverbandes der Deutschen Versicherungswirtschaft und des Verbandes der Privaten Krankenversicherer vom Oktober 2001 haben sich die Versicherungsunternehmen bereit erklärt, „die *Durchführung* von prädiktiven Gentests nicht zur Voraussetzung eines Vertragsabschlusses zu machen"; sie erklären weiter, „für private Krankenversicherungen und für alle Arten von Lebensversicherungen einschließlich Berufsunfähigkeits-, Erwerbsunfähigkeits-, Unfall- und Pflegeversicherungen bis zu einer Versicherungssumme von weniger als 250.000 EURO bzw. einer Jahresrente von weniger als 30.000 EURO nicht von ihren Kunden zu verlangen, aus anderen Gründen freiwillig durchgeführte prädiktive Gentests dem Versicherungsunternehmen vor dem Vertragsabschluß vorzulegen. In diesen Grenzen *verzichten* die Versicherer auf die im VVG verankerte vorvertragliche Anzeigepflicht gefahrerheblicher Umstände. Die Versicherungsunternehmen werden in diesen Fällen von den Kunden dennoch vorgelegte Befunde nicht verwerten. (...) Diese Erklärung gilt zunächst bis zum 31. Dezember 2006."[31]

Angesichts dieses Moratoriums besteht *vom Tatsächlichen her* zur Zeit kein *Anlass* für den Gesetzgeber, verbietend einzugreifen. Selbst wenn nämlich der eine oder andere deutsche Versicherer oder ein von dem Moratorium von vornherein nicht erfasster ausländischer Versicherer einen Gentest verlangt oder die Antragsteller nach ihrem genetischen Wissen fragt, hat doch jeder Antragsteller ohne weiteres die Möglichkeit, auf einen jener Versicherer auszuweichen, die dem Moratorium beigetreten sind.

Man kann sogar noch einen Schritt weitergehen: Da es in Gestalt des *freiwilligen* Selbstbeschränkungsabkommens (wie es sich auch in anderen Bereichen bewährt hat[32]) durchaus ein alternatives Regulierungsmodell von geringerer Eingriffstiefe als ein hoheitliches Gesetz gibt, erweist sich ein gesetzliches *Verbot* der Erhebung oder Verwertung genetischer Informationen, das in die *Grundrechte* der Beteiligten (wie auch die Vertragsfreiheit) eingreift und die *Grundprinzipien der privaten Personenversicherung* tangiert, aus verfassungsrechtlicher Sicht als nicht *erforderlich.* Gerade im Fall lediglich präventiver Schutzmaßnahmen gegen in ihrem genauem Umfang noch nicht absehbare Gefahren ist es nicht nur ein Gebot der Vernunft, sondern Ausprägung des verfassungsrechtlichen *Übermaßverbotes*, nicht übereilt die Gesetzgebung zu bemühen, sofern nicht die andernfalls zu gewärtigenden Schäden gravierend und irreparabel wären.[33] Dies ist hier jedoch nicht der Fall, so dass es zuvörderst den Versicherern und ihren Verbänden zu überlassen ist, in Form von Selbstbeschränkungsabkommen den Umgang mit genetischen Daten so festzulegen, dass ein angemessener Ausgleich der Interessen stattfindet. Auch von verschiedenen Beratungsgremien wird denn auch ein gesetzgeberisches Eingreifen nur für den Fall befürwortet wird, dass die Versicherer ihre derzeit geübte Zurückhaltung nicht beibehalten.[34]

---

31 Zitiert nach der Erklärung vom 25.10.2001, auszugsweise abgedruckt in VersR 2002, 35.

32 Siehe hier nur die Darstellung bei Taupitz 1991, 513ff.

33 Zutreffend Tjaden 2001, 249f.

34 Enquête-Kommission „Chancen und Risiken der Gentechnologie" des Bundestages 1987, XV, 174f.; Ausschuß für Forschung, Technologie und Technikfolgenabschätzung 1989, 16f.;

2.2.6. Ausblick: Die Notwendigkeit einer obligatorischen Grundversicherung für alle

Die Frage der Zulässigkeit von Genanalysen offenbart allerdings ein viel grundlegenderes Problem: Der *Solidarausgleich* zugunsten von Menschen mit angeborenen Krankheitsdispositionen ist – wie dargestellt – originäre Aufgabe der *Pflichtversicherung*, in Deutschland also der *Sozialversicherung*. Sieht man diesen Solidarausgleich als wesentliches *Grundprinzip* einer Gesellschaft an, dann ist es in der Tat ein Konstruktionsmangel des deutschen Sozialsystems, wenn die Mitgliedschaft im Bereich der Grundsicherung für bestimmte Bevölkerungsgruppen (z. B. Beamte, Selbständige und Gutverdienende) nicht obligatorisch oder sogar nicht erreichbar ist. Konsequenterweise muss dieser Mangel aber systemgerecht in der *Sozialversicherung* beseitigt werden, nicht aber durch systeminadäquate ‚Versozialisierung' der Privatversicherung, d. h. durch einseitige Inanspruchnahme gerade jenes Privatversicherers, den sich ein Versicherungsinteressent – aus welchen Gründen auch immer – als seinen Vertragspartner ausgesucht hat und der allein aus diesem Grund die entsprechende sozialstaatliche Aufgabe ohne die Möglichkeit eines angemessenen In-Verhältnis-Setzens von Leistung und Gegenleistung zu Lasten des von ihm gebildeten Versichertenkollektivs zu erfüllen hat. Deshalb gilt es auch sehr genau zu überlegen, ob es – wie zunehmend gefordert wird – wirklich angebracht ist, die Daseinsvorsorge der Bürger immer mehr aus der Sozialversicherung heraus in den Bereich der Privatversicherung zu verlagern. Richtigerweise wäre gerade umgekehrt der Aspekt der Solidarität zumindest in einem Bereich der Grundsicherung auf die gesamte Bevölkerung auszudehnen.

2.3. Verwendung genetischer Informationen bei Anbahnung eines Arbeitsverhältnisses

Inwieweit ein Arbeitgeber von einem Stellenbewerber Informationen über dessen Gesundheitszustand einholen darf, ist nur im Hinblick auf ganz bestimmte Berufe spezialgesetzlich geregelt. Außerhalb des Anwendungsbereichs dieser Spezialvorschriften darf der Arbeitgeber nur solche ärztlichen *Untersuchungen* verlangen, an deren Vornahme er ein berechtigtes Interesse hat. Dies ist insbesondere dann der Fall, wenn die Untersuchung erforderlich ist, um herauszufinden, ob die angestrebten Tätigkeit aufgrund des Gesundheitszustandes des Bewerbers eine erhöhte Gefahr für ihn selbst oder Dritte bedeuten würde.[35] Für das Recht des Arbeitgebers, *Fragen* zum Gesundheitszustand des Stellenbewerbers zu stellen, gilt Ähnliches: Sie sind nur dann zulässig, wenn der Arbeitgeber ein berechtigtes Interesse an den gewünschten Informationen hat. Ein das Interesse des Bewerbers am Schutz seiner Privatsphäre überwiegendes berechtigtes Interesse des Arbeitge-

---

s. auch die differenzierenden und in der Tendenz zurückhaltenden Empfehlungen des Max-Planck-Instituts für ausländisches und internationales Privatrecht 2002, 135 ff.

35 Keller 1988, 562 ff.

bers liegt z. B. dann vor, wenn er wissen möchte, ob bei dem Stellenbewerber eine Beeinträchtigung des Gesundheitszustandes vorliegt, „durch die die Eignung für die vorgesehene Tätigkeit auf Dauer oder in periodisch wiederkehrenden Abständen eingeschränkt ist."[36] Dagegen sind Fragen, die den allgemeinen Gesundheitszustand des Bewerbers betreffen, unzulässig.

Wendet man diese Grundsätze auf das Verlangen nach Durchführung eines genetischen Tests und die Frage nach dem Ergebnis bereits durchgeführter genetischer Tests an, so wird deutlich, dass ein berechtigtes Interesse des Arbeitgebers nur unter engen Voraussetzungen zu bejahen ist.[37] Da die meisten genetisch bedingten Krankheiten erst durch ein Zusammenwirken mehrerer Faktoren zum Ausbruch kommen, gibt die Kenntnis der Erbanlagen zumeist weder im Hinblick auf eine bevorstehende noch auf eine dauerhafte oder periodisch wiederkehrende Arbeitsunfähigkeit zuverlässig Auskunft. Sie gestattet allenfalls eine Wahrscheinlichkeitsaussage im Hinblick auf eine spätere Erkrankung. Eine gewisse Wahrscheinlichkeit von Erkrankungen oder sogar einer späteren Berufsunfähigkeit ist aber bei jedem Arbeitnehmer vorhanden; sie gehört zu den Unternehmerrisiken, die der Arbeitgeber bei jeder Neueinstellung zu tragen hat. Hinzu kommt, dass der Stellenbewerber ein erhebliches Interesse an der Wahrung seines Persönlichkeitsrechts, insbesondere am Schutz seines Rechts auf Nichtwissen, hat. Deshalb wird in aller Regel zumindest kein *überwiegendes* Interesse des Arbeitgebers an der Kenntnis der genetischen Veranlagung des Stellenbewerbers vorliegen.

Die Verwendung genetischer Tests ist im Bewerbungsverfahren allerdings dann zulässig, wenn nur auf diese Weise geklärt werden kann, ob von der angestrebten Tätigkeit erhebliche Gesundheitsgefährdungen für den Bewerber oder vom Bewerber für Dritte ausgehen, was z. B. bei einem Piloten anzunehmen sein kann. Auch in diesen Fällen bedarf es jedoch einer Zustimmung des Stellenbewerbers nach umfassender Aufklärung; außerdem unterliegt der untersuchende Arzt der Schweigepflicht, er darf also nicht das Ergebnis des Tests selbst, sondern lediglich die Eignung des Stellenbewerbers an den Arbeitgeber mitteilen.[38]

---

36 Bundesarbeitsgericht, Der Betrieb 1984, 2706.
37 Schaub 2000, § 24, Rdnr. 19; Wiese 1994, 45 ff.
38 Schaub 2000, § 24, Rdnr. 19.

2.4. Beschränkung prädiktiver genetischer Analysen auf das Verfolgen von Gesundheitszwecken

Eine das Versicherungs- und Arbeitsrecht weit übergreifende Beschränkung der legitimen Zweckbestimmung genetischer Analysen enthält Art. 12 der Menschenrechtskonvention zur Biomedizin des Europarates, die für Deutschland allerdings bisher nicht in Kraft getreten ist: „Untersuchungen, die es ermöglichen, genetisch bedingte Krankheiten vorherzusagen oder bei einer Person entweder das Vorhandensein eines für eine Krankheit verantwortlichen Gens festzustellen oder eine genetische Prädisposition oder Anfälligkeit für eine Krankheit zu erkennen, dürfen nur für Gesundheitszwecke oder für gesundheitsbezogene wissenschaftliche Forschung und nur unter der Voraussetzung einer angemessenen genetischen Beratung vorgenommen werden." Diese Vorschrift ist indes wenig überzeugend:

- Der Zweck als das (subjektiv) verfolgte Ziel einer Untersuchung ist schwer feststellbar, zudem der latenten Gefahr des Vortäuschens von Zielen ausgesetzt und deshalb zur Gefahrsteuerung nur bedingt tauglich.
- Es stellt sich die Frage, auf wessen Zwecksetzung es überhaupt ankommen soll, nämlich auf diejenige des Testenden oder aber auf diejenige der getesteten Person. Soweit auf den von der testenden Person verfolgten Zweck abgestellt wird, bleiben solche Verfahren ungeregelt, deren medizinische Eignung und damit Zwecksetzung dem zu Testenden nur vorgespiegelt wird. Damit bleiben zu große Freiräume für betrügerische Machenschaften auf der ‚Angebotsseite'. Nicht ohne Grund hat die deutsche Rechtsprechung zum Heilpraktikergesetz die Eindruckstheorie entwickelt[39], die auch solche Maßnahmen dem Erlaubnisvorbehalt nach dem Heilpraktikergesetz unterstellt, hinsichtlich derer bei dem Behandelten der *Eindruck* erweckt wird, ihm werde die entsprechende medizinische Hilfe bzw. Information zur Verfügung gestellt.
- Soweit auf den von der getesteten Person verfolgten Zweck abgestellt wird, steht ebenfalls die Täuschungsgefahr im Raum. Zudem lässt sich die *nachträgliche* Zweckänderung oder Verfolgung von ‚Sekundärzwecken' kaum ausschließen: Vorhandenes Wissen ist nun einmal ‚da' und lässt sich nicht zweckbestimmt ‚einschließen'.
- Nimmt man die Vorschrift wörtlich, sind genetische Untersuchungen im Rahmen der Aus- und Fortbildung selbst an anonymisiertem Material unzulässig (weil keine Gesundheitszwecke verfolgt oder gesundheitsbezogene wissenschaftliche Forschung betrieben wird), obwohl hier keinerlei Gefahren für den Betroffenen drohen.
- Im Gegensatz zu ihrer Überschrift erfasst die Vorschrift keineswegs nur *prädiktive* genetische Tests, sondern alle Tests, die es ermöglichen, das „Vorhandensein eines für eine Krankheit verantwortlichen Gens" festzustellen; damit

39 Siehe dazu unten Fn. 47.

sind auch Krankheiten umfasst, die bereits manifest sind. Warum aber bezogen auf eine bereits ausgebrochene Krankheit Informationen über die Ursache nicht unter den gleichen Voraussetzungen für Versicherungszwecke oder für Zwecke eines Arbeitsverhältnisses erhoben werden dürfen, wie es bei anderen medizinischen (nicht genetischen) Untersuchungen bezogen auf diese Krankheit auch möglich ist, bleibt unverständlich.

- Das Erfordernis der angemessenen Beratung ist zu ungenau formuliert. Eine Beratung ist nur dann erforderlich, wenn die Ergebnisse der Analyse dem Betroffenen mitgeteilt werden (sollen). Dies ist aber bei Analysen im Rahmen der *Forschung* oder Lehre keineswegs immer der Fall und sollte auch nicht pauschal gefordert werden.[40]

- Vor allem aber ist der „Gesundheitszweck" als solcher kaum handhabbar, zumal dann, wenn er weit gefasst wird, um auch das für die Medizin inzwischen so wichtig gewordene Kriterium der „Lebensqualität" mit einschließen zu können. Da die Bedingungen von Lebensqualität ganz wesentlich von individuellen Vorstellungen des Einzelnen abhängen, verliert der Gesundheitsbegriff seine eingrenzende Wirkung. Zudem fällt die Entscheidung darüber, was als „normales" oder „nicht normales", als „gesundes" oder „krankes" Merkmal eingestuft wird, interkulturell sehr verschieden aus[41]. Schließlich können „Gesundheitszwecke" ebenso wie „gesundheitsbezogene wissenschaftliche Forschung" auf die gesamte Bandbreite zwischen mehr oder weniger großen Gesundheits*gefahren* einerseits und positiven Gesundheitsaspekten wie Verbesserung der Gesundheit bis hin zu einem „Zustand des vollständigen körperlichen, geistigen und sozialen Wohlbefindens" im Sinne des bekannten Gesundheitsbegriffs der WHO[42] gerichtet sein. Damit ist die von der Menschenrechtskonvention formulierte Begrenzung nahezu konturlos, kann sie doch letztlich alles umfassen, was (unmittelbar oder mittelbar) die menschliche Befindlichkeit betrifft.

3. Gewährleistung der „Richtigkeit" der Ergebnisse genetischer Analysen und der daraus zu ziehenden Schlussfolgerungen: Fachkundeerfordernisse

3.1. Einleitung

Wegen der u. U. großen Eingriffstiefe von genetischen Informationen muss gewährleistet sein, dass die zugrunde liegende Analyse ordnungsgemäß ausgeführt

40 Näher (auch gegen die anderslautende Forderung im Entwurf eines Forschungsprotokolls des Euruoparates) Taupitz 2002, 127 ff.

41 Lanzerath 1998, 196 ff.

42 Satzung vom 22.7.1946.

sowie vom Ergebnis her zutreffend interpretiert und an den Betroffenen vermittelt wird. Dementsprechend ist eine bestimmte Fachkunde zu verlangen.

3.2. Die geltende Rechtslage

3.2.1. Die Medizinprodukte-Betreiberverordnung

Nach § 2 Abs. 2 der Medizinprodukte-BetreiberVO dürfen Medizinprodukte (zu denen auch Gendiagnostika gehören) nur von Personen errichtet, betrieben, angewendet und in Stand gehalten werden, die die dafür erforderliche Ausbildung oder Kenntnis und Erfahrung besitzen. Was dies im Einzelnen bedeutet, wird in der Verordnung allerdings nicht festgelegt.

§ 4 a Abs. 1 befasst sich mit „Kontrolluntersuchungen und Vergleichsmessungen in medizinischen Laboratorien" und verlangt u. a. die Beachtung näher bezeichneter Richtlinien der Bundesärztekammer; diese Richtlinien enthalten bisher allerdings keine spezifischen Regeln für cytogenetische oder molekulargenetische Untersuchungen. Lediglich für den Bereich der Krebserkrankungen existieren Richtlinien der Bundesärztekammer zur Diagnostik der genetischen Disposition, die in Abschnitt 2 auf die für molekulargenetische Analysen erforderlichen besonderen Qualitätskriterien hinweisen und deren Erfüllung anordnen. Auf sie wird allerdings im MPG bzw. den ergänzenden Verordnungen nicht Bezug genommen.

Wesentlich detaillierter sind die vom Berufsverband Medizinische Genetik verfassten Leitlinien zur molekulargenetischen und cytogenetischen Diagnostik. Ebenso wie die Richtlinien der Bundesärztekammer legen auch diese Leitlinien einen besonderen Wert auf die fachliche Qualifikation desjenigen, der die Untersuchung vornimmt. Daneben unterliegen aber auch die Methoden der Befunderstellung besonderen Anforderungen. Diese Leitlinien besitzen allerdings nur eine sehr eingeschränkte rechtliche Verbindlichkeit, da sie lediglich als Orientierung für die geltende Standesauffassung der Humangenetiker dienen. Eine weiter gehende Kontrolle zur Einhaltung dieser Qualitätskriterien existiert dagegen nicht.

3.2.2. Das Heilpraktikergesetz

Nach § 1 Abs. 1 HPG bedarf derjenige, der die *Heilkunde*, ohne als Arzt bestellt zu sein, ausüben will, dazu der Erlaubnis. Ausübung der Heilkunde im Sinne des Gesetzes ist „jede berufs- oder gewerbsmäßig vorgenommene Tätigkeit zur Feststellung, Heilung oder Linderung von Krankheiten, Leiden oder Körperschäden bei Menschen, auch wenn sie im Dienste von anderen ausgeübt wird" (§ 1 Abs. 2 HPG). Um eine Überdehnung einerseits[43] und unsachgemäße Einengung anderer-

43 Streng genommen umfasst der Wortlaut auch rein technische und handwerkliche Tätigkeiten wie z. B. diejenigen der orthopädischen Schuhmacher oder Augenoptiker.

seits[44] zu vermeiden, ist die gesetzliche Definition nach herrschender Meinung (insbesondere der Rechtsprechung) präzisierend dahin auszulegen, dass Heilkundeausübung dann vorliegt, wenn die Tätigkeit nach allgemeiner Auffassung ärztliche bzw. medizinische Fachkenntnisse voraussetzt, sei es im Hinblick auf das Ziel, die Art bzw. die Methode der Tätigkeit selbst, sei es im Hinblick auf die Feststellung, ob im Einzelfall mit der Behandlung begonnen werden darf. Zudem muss die Tätigkeit – bei generalisierender und typisierender Betrachtung – gesundheitliche Schädigungen verursachen können.[45] Das bedeutet bezogen auf die Durchführung genetischer Tests:[46]

Heilkundeausübung liegt vor, soweit sich bei der betreffenden Person bereits eine Krankheit, ein Leiden oder ein Körperschaden manifestiert hat und die genetische Analyse im Rahmen der Feststellung, der Heilung oder der Linderung dieser Krankheit etc. durchgeführt wird. Denn die Feststellung, Heilung oder Linderung einer Krankheit etc. umfasst auch die Ursachenforschung und Ermittlung der Therapiemöglichkeiten und folglich auch – sofern tatsächlich oder vorgeblich[47] zu diesem Zweck vorgenommen – die Durchführung und Interpretation einer entsprechenden genetischen Analyse.

Darüber hinaus kann aber schon in der genetischen Abweichung vom Normalen als solcher ein *aktuell vorhandener ‚Körperschaden‘* zu sehen sein; denn als Körperschaden werden vom Normalen abweichende Zustände verstanden, die nicht mit subjektiv fühlbaren Beschwerden wie Schmerzen u. Ä. verbunden sind. Immerhin sind die Gene Teile des menschlichen Körpers, die in Aufbau, Struktur und Anordnung einer bestimmten Norm folgen; genetische Abweichungen von dieser Norm sind gewissermaßen Anomalien von „winzigen Körperteilen".[48] Primär ein medizinisch-naturwissenschaftliches, hinsichtlich der ‚sichtbaren‘ Symptome aber auch ein gesamtgesellschaftliches Problem stellt dabei allerdings die Frage dar, wann in diesem Bereich von einer ‚Abweichung‘ vom ‚Normalen‘ gesprochen werden kann, und zwar insbesondere dann, wenn es sich um genetische Erscheinungen handelt, die häufig anzutreffen sind.

Folgt man der Auslegung, wonach genetische Anomalien „Körperschäden" im Sinne des § 1 Abs. 2 HPG darstellen, so dass genetische Tests per se der „Feststellung" von Körperschäden dienen und (berufsmäßig oder gewerblich durchgeführte) auf bestimmte Personen bezogene Interpretationen genetischer Tests damit vom HPG erfasst sein können, dann lautet die weitere entscheidende Frage, ob die Interpretation der Tests (im Hinblick auf ihr Ziel, ihre Art bzw. ihre Methoden oder

44 Wörtlich genommen sind nicht erfasst prophylaktisch oder kosmetisch indizierte, meist aber nicht weniger gefährliche Eingriffe am gesunden Menschen sowie insbesondere auch betrügerische Machenschaften unter bloßer Vortäuschung von diagnostischen oder therapeutischen Zwecken.

45 Siehe die Darstellung mit umfangreichen Nachweise bei Taupitz 1993, 173 ff.

46 Zum Folgenden genauer Taupitz 2000 I, 112 ff.

47 Näher zur sog. Eindruckstheorie der Rechtsprechung Taupitz 1993, 175; Taupitz 2000 I, 109.

48 Zu Wachstumsanomalien von Körperteilen als „Körperschaden" s. etwa Bundesverwaltungsgericht, Neue Juristische Wochenschrift 1966, 1187.

im Hinblick auf die Feststellung, ob im Einzelfall mit einer Behandlung begonnen werden darf) nach allgemeiner Auffassung ärztliche bzw. medizinische Fachkenntnisse voraussetzt und ob diese Interpretation bei generalisierender und typisierender Betrachtung unmittelbar oder mittelbar gesundheitliche Schädigungen bei dem Betroffenen verursachen kann und diese Gefahr nicht nur geringfügig ist. Diese Frage kann allerdings nur im *Einzelfall* beantwortet werden, so dass das Regulativ des Erlaubnisvorbehalts gemäß dem Heilpraktikergesetz insgesamt ganz maßgeblich von individuellen Umständen abhängig ist. Dies führt zu einer nicht unerheblichen *Unsicherheit.*

Der Schutz durch das Heilpraktikergesetz ist darüber hinaus auch deshalb nur schwach ausgeprägt, weil es sich bei der Erlaubnis nach diesem Gesetz gerade nicht um eine positive staatliche Anerkennung im Sinne eines *Befähigungsnachweises* handelt, sondern um eine minimalistische Maßnahme der Gefahrenabwehr.[49] Die erforderliche Überprüfung beinhaltet denn auch keine Fachprüfung, sondern beschränkt sich darauf, ob der zu prüfende Kandidat um die *Grenzen* der Heilbefugnis des Heilpraktikers weiß. Zum (auch der Information der Ratsuchenden dienenden) Nachweis von Fachkompetenz vergleichbar der ärztlichen Approbation taugt die Heilpraktikererlaubnis damit gerade nicht.

3.3. Argumente für einen (beschränkten) Arztvorbehalt und Formulierungsvorschlag[50]

1. Angesichts des schwachen und unsicheren Schutzes, den das Heilpraktikergesetz gegen unqualifizierte genetische Analysen gewährt, sprechen gute rechtspolitische Argumente für die *Einführung* eines speziellen Arztvorbehalts durch den (Bundes-)Gesetzgeber:[51]

- Da das bloße ‚Wissen' um die eigenen Gene in der Regel nicht ausreicht, um als Laie aus diesem Wissen die zutreffenden Schlussfolgerungen zu ziehen (oben 1.), bedarf es eines Experten, der im individuellen Gespräch mit dem Betroffenen und eingehend auf die Besonderheiten des Einzelfalls für die notwendige ‚Übersetzung' des Fachwissens und damit beim Betroffenen für das erforderliche Verständnis (auch ggf. im Hinblick auf die nur beschränkte Aussagekraft entsprechender Ergebnisse) sorgt. Für einen Arztvorbehalt spricht dabei der Umstand, dass die Beurteilung und Vermittlung der Chancen und Risiken genetischer Testverfahren erhebliche klinische und psychologische Erfahrung voraussetzt, die ein Nicht-Mediziner in der Regel nicht besitzt.[52]

---

49 Näher Taupitz 2000 I, 116 ff.

50 Siehe zum Folgenden bereits Taupitz 2000 II, 155 ff.

51 Näher zur Gesetzgebungszuständigkeit und zur verfassungsrechtlichen Lage Taupitz 2000 I, 118 ff.

52 Zum Beratungsbedarf im Bereich genetischer Analysen s. näher Buchborn 1996, 441 ff.

- Besonders wichtig ist die fachlich kompetente Beratung dabei aus dem Blickwinkel des Spannungsverhältnisses zwischen dem Recht auf Wissen und dem Recht auf Nichtwissen[53]: Jedes Individuum hat das Recht zu entscheiden, ob es Informationen über die eigene genetische Konstitution erhalten oder nicht erhalten möchte. Die Kenntnis der eigenen genetischen Konstitution kann Handlungsmöglichkeiten nicht nur erweitern, sondern auch zerstören. Deshalb muss jede Person die Möglichkeit haben, die Unbestimmtheit und Offenheit ihrer eigenen Zukunft deren Berechenbarkeit vorzuziehen.[54] Das damit bestehende Recht auf Nichtwissen als Ausprägung des Selbstbestimmungsrechts darf aber nicht dadurch zu einem Mittel der Fremdbestimmung werden, dass von anderen Personen ohne weiteres – wenn auch vielleicht in guter Absicht – unterstellt wird, der Betroffene wolle die Informationen nicht erhalten. Auch kann nicht etwa daraus, dass viele andere Menschen das fragliche Wissen nicht erwerben möchten, geschlossen werden, dass auch die betroffene Person ganz individuell nicht wissen möchte. Vielmehr kann von der Wahrnehmung eines Rechts auf Nichtwissen nur dann ausgegangen werden, wenn Anzeichen für einen entsprechenden Abwehrwillen bestehen.[55] Ein derartiger Abwehrwille setzt aber voraus, dass der Betroffene wenigstens eine Grundinformation darüber hat, was er genauer wissen könnte. Zugleich gilt, dass eine umfassende Wissensvermittlung ihrerseits das Recht auf Nichtwissen verletzt. Deshalb muss der betreffenden Person die zur ‚Aktivierung' des Rechts auf Nichtwissen erforderliche Grundinformation[56] gegebenenfalls vorsichtig und schrittweise vertieft vermittelt werden. Insofern bedarf es schon vor der Durchführung einer genetischen Analyse eines intensiven und gegebenenfalls stufenweise intensivierten Beratungsgesprächs, das den Betroffenen in die Lage versetzt, über den Umfang der durch die Analyse möglichen Informationen zu entscheiden. Auch das Ergebnis der Analyse ist mit dem Betroffenen eingehend – und wiederum vor dem Hintergrund der genannten Rechte auf Wissen und auf Nichtwissen – zu erörtern.[57] Nur durch diese Trias ‚Beratung – Diagnostik – Beratung' kann sichergestellt werden, dass der Betroffene seine personalen Belange informiert-eigenverantwortlich wahren kann und der Analyse nicht „hilflos" ausgeliefert ist.[58] Mit gleicher Zielrichtung verlangt die Menschenrechtskonvention zur Biomedizin des Europarates denn auch zu Recht (wenn auch zu pauschal formuliert), dass prädiktive genetische Tests „nur unter der Voraussetzung einer angemessenen genetischen Beratung vorgenommen werden" dürfen (Art. 12). Die somit notwendige

53 Dazu Wiese 1991, 475 ff.; Damm 1998 II, 115 ff.; Damm 1999 I, 433 ff.; Koppernock 1997, 89 ff.; Taupitz 1998, 583 ff.
54 Laufs 1993, Rdnr. 406.
55 Näher Taupitz 1998, 583 ff.
56 Dazu Taupitz 1998, 598.
57 Damm 1999 II, 441, 442; Buchborn 1996, 442.
58 Taupitz 1992, 1092; s. ferner Bund-Länder Arbeitsgruppe „Genomanalyse" 1990, 15 ff.

fachlich kompetente und auf die individuellen Verhältnisse eingehende Beratung mit dem Ziel der Ermöglichung einer autonomen Entscheidung des Ratsuchenden kann nur durch entsprechend ausgebildete Fachleute erbracht werden, wozu der Arzt aufgrund seiner umfassenden medizinischen Kenntnisse und seiner täglichen Praxis in Aufklärungsfragen zweifellos am ehesten geeignet ist.

- Für einen Arztvorbehalt bezogen auf genetische Analysen spricht des Weiteren, dass dann nicht in erster Linie durch abstrakt-generelle Regeln oder bestimmte abstrakt definierte Zwecke (z. B. ‚Gesundheitszwecke') festgelegt wird, wer unter welchen Bedingungen und zu welchen Zwecken Informationen über seine genetische Konstitution erhält, sondern in besonderem Maße auf den Einzelfall und die individuellen Besonderheiten, Verständnismöglichkeiten und Handlungsoptionen des konkret Betroffenen abgestellt werden kann. Nur auf diese Weise kann eine autonome Entscheidung des individuell Betroffenen ermöglicht werden, der nicht von vornherein dem Maßstab eines „durchschnittlichen", „normalen" oder „vernünftigen" Betroffenen unterworfen wird.
- Es würde eine Barriere gegenüber der Entstehung eines ‚freien Testmarktes' geschaffen, auf dem genetische Diagnostik nach rein kommerziellen Gesichtspunkten angeboten werden kann[59]; die Durchführung von Gentests würde in das gesellschaftlich etablierte System der medizinischen Versorgung eingebettet, das durch anerkannte Prinzipien ein hohes Maß an Schutz für das betroffene Individuum gewährleistet.[60]
- Die Notwendigkeit einer Einzelfallbeurteilung, ob der konkret Tätige tatsächlich über ausreichende Kenntnisse verfügt, um die entsprechende Diagnostik sachgerecht durchführen zu können, würde entfallen.
- Zugleich wäre mit dem – ärztlicher Teleologie entsprechenden – Erfordernis einer ärztlichen Indikation ein inhaltliches Regulativ dafür gegeben, ob prädiktives Wissen erhoben werden soll oder nicht[61]; erforderlich wäre ein medizinisch zumindest vertretbarer Grund für die Durchführung des Gentests. Anders formuliert müsste der berufliche Heilauftrag der ärztlichen Profession die vorgesehene Maßnahme umfassen und legitimieren.
- Der Arzt, der die Analyse vornimmt, ist den standesrechtlichen Bestimmungen seines Berufes unterworfen, was unter den Gesichtspunkten der fortlaufenden Qualitätssicherung und Integrität von Bedeutung ist.[62]

---

59 Ausschuß für Bildung, Forschung und Technikfolgenabschätzung 2000, 42.

60 Bartram et al. 2000.

61 Lanzerath 1998, 196; Ausschuß für Forschung, Technologie und Technikfolgenabschätzung 1994, 48; gegen die Notwendigkeit einer ärztlichen Indikation bei genetischer Diagnostik aber Schmidt 1993, 395.

62 Vgl. Bund-Länder-Arbeitsgruppe „Genomanalyse" 1990, 25, 31; Ausschuß für Forschung, Technologie und Technikfolgenabschätzung 1994, 47f.

- Des Weiteren bedeutet ein Arztvorbehalt, dass die entsprechenden Daten hier von der (auch strafrechtlich sanktionierten) Schweigepflicht erfasst und damit sowohl vor einer Weitergabe als auch vor unbefugtem Zugriff Dritter weitgehend geschützt sind.
- Auch im Arbeits- und Versicherungsrecht wäre durch einen Arztvorbehalt sicherzustellen, dass eine genetische Untersuchung nur dann durchgeführt wird, wenn eine entsprechende Indikation hierfür besteht.[63]
- Zugleich führt die Zuweisung genetischer Diagnostik zur Ärzteschaft zu einer – auch gesellschaftlich bedeutsamen – klaren Verantwortlichkeit eines bestimmten Berufsstandes.

2. Die vorstehenden Argumente tragen allerdings keinen *umfassenden* Arztvorbehalt unter Einschluss *sämtlicher* genetischer Tests. Denn genetische Analysen sind nicht *per se* etwas Gefährliches. Auch bedarf nicht jede Aussage über die genetische Konstitution eines Menschen eines komplizierten Tests – beispielsweise sieht man es den meisten Menschen ‚auf den ersten Blick' an, ob sie – genetisch bedingt (!) – männlich oder weiblich sind. Es kann also nur darum gehen, bestimmte Informationen über die genetische Konstitution eines Menschen wegen der besonderen *Gefahren*, die mit der Information verknüpft sind, besonderen Beschränkungen zu unterwerfen. Solche Gefahren können entweder hinsichtlich der Informations*erhebung* entstehen, etwa weil die Daten schwer zu ermitteln oder schwer zu interpretieren sind. Die Gefahren können aber auch die Informations*verwertung* betreffen, etwa weil die aus dem Wissen zu ziehenden Schlussfolgerungen für den Betroffenen oder Dritte von weit reichender Bedeutung sind. Der Arztvorbehalt ist zur Gefahrsteuerung insoweit tauglich, als genetische Analysen der Erkennung oder Verhütung von Krankheiten, Körperschäden oder Leiden dienen oder soweit dem Betroffenen gegenüber zumindest der Eindruck erweckt wird, die Analyse diene diesem Ziel. Berührt ist hier die originäre Aufgabe des Arztes, „medizinische Diagnostik" zu betreiben. Bei Einführung eines generellen Arztvorbehalts würde der Arzt demgegenüber auch solche Informationen nach seinen eigenen Regeln „zuzuteilen" haben, die die allgemeine Lebensführung oder Lebensgestaltung auch unabhängig von medizinischen Fragen betreffen. Das übersteigt das jedenfalls derzeit akzeptierte Tätigkeitsmonopol des Arztes.

3. In Anlehnung an Art. 12 der Menschenrechtskonvention zur Biomedizin des Europarates und in Anlehnung an die Rechtsprechung zum Heilpraktikergesetz könnte eine praktikable und die betroffenen Grundrechtspositionen hinreichend berücksichtigende Regelung wie folgt formuliert werden:[64]

---

63 Taupitz 2000 III, 37 f.

64 Siehe dazu schon Taupitz 1991, 502; ferner Bayertz/Ach/Paslack 2001, 294 ff.

„Tests, die es ermöglichen oder mit der Zielrichtung angeboten werden, genetisch bedingte Krankheiten, Körperschäden oder Leiden vorherzusagen oder bei einer Person entweder das Vorhandensein eines für eine Krankheit, einen Körperschaden oder ein Leiden verantwortlichen Gens festzustellen oder eine genetische Prädisposition oder Anfälligkeit für eine Krankheit, einen Körperschaden oder ein Leiden zu erkennen (Maßnahmen genetischer Diagnostik), dürfen zu personenbezogenen prophylaktischen, diagnostischen oder therapeutischen Zwecken berufs- oder gewerbsmäßig nur von einem Arzt/einer Ärztin veranlasst, interpretiert und von den Ergebnissen her vermittelt werden."

4. Zusammenfassung

1. Informationen, die aufgrund einer DNA-Analyse erworben werden, unterscheiden sich *nicht grundlegend* von personenbezogenen Informationen, die mit anderen Methoden ermittelt werden.
2. Zwar weisen u. U. *einzelne* aufgrund von Genanalysen ermittelte Informationen eine besondere „Eingriffstiefe" auf und lassen genanalytische Verfahren einige Probleme des Umgangs mit personenbezogenen Informationen zum Teil in besonderer Schärfe hervortreten; dies gilt aber keineswegs für genetische Informationen „an sich" oder auch nur für die Mehrheit genetischer Informationen, so dass diese Umstände nicht ausreichen, um genetische Analysen bzw. Informationen als solche rechtlich grundlegend anders zu behandeln als sonstige medizinische Verfahren bzw. Informationen.
3. Erforderlich sind Lösungen, die auf die *spezifischen Probleme* zugeschnitten sind.
4. Aus dem Blickwinkel möglicher Steuerungsmechanismen muss die Frage beantwortet werden, zu welchen *Zwecken* genetische Informationen erhoben und/oder verwendet werden dürfen. Zentrale Problemfelder sind insoweit:
   - genetische Analysen für *Identifizierungszwecke*; hier bestehen bezogen auf das Strafverfahren ausreichende Regelungen, während die Rechtslage bezogen auf das Problem heimlicher Vaterschaftstests im Zivilrecht unsicher ist;
   - Gentests für Zwecke der *Versicherung*; hier bestehen zwar keine speziellen gesetzlichen Regelungen, wohl aber existiert ein sehr weit reichendes (hinter den berechtigten Belangen der Versicherungen und der bei ihnen zusammengeschlossenen Versicherten, denen durchaus durch *differenzierte* Lösungen Rechnung getragen werden könnte, sogar weit zurückbleibendes) Moratorium der deutschen Privatversicherer, aufgrund dessen keine prädiktiven Gentests verlangt werden und unterhalb sehr hoher Versicherungssummen auch nicht nach bereits durchgeführten prädiktiven Gentests gefragt wird; im Bereich der Sozialversicherung, in der über 90 % der Bevölkerung gegen Krankheit, Unfall und Invalidität abgesichert sind, spielen

gesundheitliche Zustände/Risiken des Versicherten und damit auch genetische Informationen ohnehin keinerlei Rolle;

– Gentests im *Arbeitsbereich*; hier bestehen zwar kaum spezielle gesetzliche Regelungen; die von der Rechtsprechung erarbeiteten allgemeinen Grundsätze zum Fragerecht des Arbeitgebers können aber als ausreichend angesehen werden.

Eine allgemeine Regelung gemäß Art. 12 der Biomedizinkonvention des Europarates, wonach genetische Analysen nur für *Gesundheitszwecke* oder für gesundheitsbezogene wissenschaftliche Forschung durchgeführt werden dürfen, ist nicht sachgerecht.

5. Regelungsbedarf besteht hinsichtlich der Fachkunde derjenigen, die die Ergebnisse genetischer Analysen bewerten und vermitteln. Mit dem Heilpraktikergesetz und dem Medizinprodukte-BetreiberVO bestehen nur unzureichende Regelungen. Vorgeschlagen wird die gesetzliche Einführung eines beschränkten Arztvorbehalts.

Literaturverzeichnis

Ausschuss für Bildung, Forschung und Technologiefolgenabschätzung (2000): Bericht, BT-Drucks, 14/4656 v. 16.11.2000.

Ausschuß für Forschung, Technologie und Technikfolgenabschätzung (1994): Bericht, BT-Drucks, 12/7094.

Ausschuß für Forschung, Technologie und Technikfolgenabschätzung (1989): Bericht, BT-Drucks, 11/5320.

Bartram, C. R., Fonatsch, C. (2000): Humangenetische Beratung und Diagnostik im Zeitalter der Molekularen Medizin, in: Bartram, C. R. et al., Humangenetische Diagnostik, Berlin, Heidelberg, 51–71.

Bayertz, K., Ach, J., Paslack, R. (2001): Wissen mit Folgen. Zukunftsperspektiven und Regelungsbedarf der genetischen Diagnostik innerhalb und außerhalb der Humangenetik, in: Jahrbuch für Wissenschaft und Ethik 6, Berlin, 271–307.

Beckmann, J. (2001): Gentests und Versicherungen aus ethischer Sicht, in: Sadowski, D. (Hg.), Entrepreneurial Spirits, 271–290.

Berberich, K. (1998): Zur Zulässigkeit genetischer Tests in der Lebens- und privaten Krankenversicherung, Karlsruhe.

Bioethik-Kommission des Landes Rheinland-Pfalz (1989): Bericht, in: Caesar, P. (Hg.), Humangenetik, Heidelberg.

Birnbacher, D. (2000): Ethische Überlegungen im Zusammenhang mit Gendiagnostik und Versicherung, in: Thiele, F. (Hg.), Genetische Diagnostik und Versicherungsschutz, Bad Neuenahr-Ahrweiler, 39–46.

Breyer, F. (2000): Implikationen der Humangenetik für Versicherungsmärkte, in: Bartram, C. R. et al., Humangenetische Diagnostik, Berlin/Heidelberg, 163–184.

Buchborn, E. (1996): Konsequenzen der Genomanalyse für die ärztliche Aufklärung in der prädiktiven Medizin, in: MedR 14 (10), 441–444.

Bund-Länder-Arbeitsgruppe „Genomanalyse" (1990): Abschlußbericht, Bundesanzeiger Nr. 161 a vom 29.8.1990.

Damm, R. (1998 I): Persönlichkeitsschutz und medizintechnische Entwicklung, in: Juristen Zeitung 53 (19), 926–938.

Damm, R. (1998 II): Persönlichkeitsrecht und Persönlichkeitsrechte, in: Heldrich, A., Schlechtriem, P., Schmidt, E. (Hg.), Festschrift für Helmut Heinrichs, München, 115–139.

Damm, R. (1999 I): Recht auf Nichtwissen?, in: Universitas 54 (5), 433–447.

Damm, R. (1999 II): Prädiktive Medizin und Patientenautonomie, in: Medizinrecht 17 (10), 437–448.

Deutsch, E. (1992): Das Persönlichkeitsrecht des Patienten, in: Archiv für die civilistische Praxis 192 (1992), 161–180.

Deutsche Forschungsgemeinschaft, Senatskommission für Grundsatzfragen der Genforschung (2000): Humangenomforschung und prädiktive genetische Diagnostik: Möglichkeiten – Grenzen – Konsequenzen, in: Deutsche Forschungsgemeinschaft, Senatskommission für Grundsatzfragen der Genforschung (Hg.), Humangenomforschung – Perspektiven und Konsequenzen, Weinheim, 37–66.

Enquête-Kommission „Chancen und Risiken der Gentechnologie" des Bundestages (1987): Bericht, BT-Drucks. 10/6775.

Fey, G., Seel, K-M. (2000): Naturwissenschaftliche Grundlagen einer prädiktiven Genetik, in: Bartram, C. R. et al., Humangenetische Diagnostik, Berlin/Heidelberg, 5–45.

Keller, U. (1988): Die ärztliche Untersuchung des Arbeitnehmers im Rahmen des Arbeitsverhältnisses, Neue Zeitschrift für Arbeit 5 (16), 561–568.

Koppernock, M. (1997): Das Recht auf bioethische Selbstbestimmung, Baden-Baden.

Kulozik, A. E. et al. (2000): Molekulare Medizin, Berlin.

Lanzerath, D. (1998): Prädiktive genetische Tests im Spannungsfeld von ärztlicher Indikation und informationeller Selbstbestimmung, in: Jahrbuch für Wissenschaft und Ethik 3, Berlin, 193–203.

Laufs, A. (1993): Arztrecht, 5. Auflage, München.

Lorenz, E. (1999): Zur Berücksichtigung genetischer Tests und ihrer Ergebnisse beim Abschluß von Personenversicherungsverträgen, in: Versicherungsrecht 50 (31), 1309–1315.

Max-Planck-Institut für ausländisches und internationales Privatrecht (2002): Stellungnahme: Genomanalyse und Privatversicherung, in: Rabels Zeitschrift für ausländisches und internationales Privatrecht 66 (1), 116–139.

Münchener Kommentar zur Zivilprozeßordnung (2000), Bd. 2 §§ 355–802, 2. Auflage München.

Raestrup, O. (1990): Versicherung und Genomanalyse, in: Versicherungsmedizin 42 (2), 37–38.

Rittner, C., Rittner, N. (2002): Unerlaubte DNA-Gutachten zur Feststellung der Abstammung – eine rechtliche Grauzone, in: Neue Juristische Wochenschrift (im Druck).

Schaub, G. (2000): Arbeitsrechts-Handbuch, 9. Auflage, München.

Schmidt, A. (1993): Genetische Beratung im Spiegel des Rechts, in: Med. Genetik 4/1993, 395 ff.

Schmidtke, J. (2002): Vererbung und Ererbtes – ein humangenetischer Ratgeber, 2. Auflage, Chemnitz.

Schöffski, O. (2000): Gendiagnostik: Versicherung und Gesundheitswesen, Karlsruhe.
Simon, J. (2001): Gendiagnostik und Versicherung, Baden-Baden.
Taupitz, J. (1991): Die Standesordnungen der freien Berufe, Berlin.
Taupitz, J. (1992): Privatrechtliche Rechtspositionen um die Genomanalyse: Eigentum, Persönlichkeit, Leistung, in: Juristen Zeitung 47 (22), 1089–1099.
Taupitz, J. (1993): Körperpsychotherapie als erlaubnispflichtige Heilkundeausübung, in: Arztrecht 28 (6), 173–179.
Taupitz, J. (1998): Das Recht auf Nichtwissen, in: Hanau, P., Lorenz, E., Matthes, H.-C. (Hg.), Festschrift für Günther Wiese, Neuwied, 583–602.
Taupitz, J. (2000 I): Genetische Tests. Rechtliche Möglichkeiten einer Steuerung ihrer Gefahren, in: Bartram, C. R. et al., Humangenetische Diagnostik, Berlin/Heidelberg, 82–125.
Taupitz J. (2000 II): Juristische Argumente für einen (beschränkten) Arztvorbehalt und Formulierungsvorschlag, in: Bartram, C. R. et al., Humangenetische Diagnostik, Berlin/Heidelberg, 155–161.
Taupitz, J. (2000 III): Genetische Diagnostik und Versicherungsrecht, Karlsruhe.
Taupitz, J. (2001 I): Die Biomedizin-Konvention und das Verbot der Verwendung genetischer Informationen für Versicherungszwecke, in: Jahrbuch für Wissenschaft und Ethik 6, Berlin, 123–177.
Taupitz, J. (2001 II): Humangenetische Diagnostik zwischen Freiheit und Verantwortung: Gentests unter Arztvorbehalt, in: Honnefelder, L., Propping, P. (Hg.), Was wissen wir, wenn wir das menschliche Genom kennen?, Köln, 265–288.
Taupitz, J. (2002): Biomedizinische Forschung zwischen Freiheit und Verantwortung, Berlin/Heidelberg.
Tjaden, M. (2001): Genomanalyse als Verfassungsproblem, Frankfurt a. M.
Wiese, G. (1991): Gibt es ein Recht auf Nichtwissen?, in: Jayme, E. et al. (Hg.), Festschrift für Hubert Niederländer, Heidelberg, 475–488.
Wiese, G. (1994): Genetische Analysen und Rechtsordnung, Neuwied.
Zöller, R. (2001): Zivilprozeßordnung, 22. Auflage, Köln.

C. Großbritannien:

Alexander McCall Smith

Tests und Screening zur Gewinnung persönlicher genetischer Informationen: Die britische Erfahrung

Die Frage der persönlichen genetischen Informationen ist aus mehreren Gründen von besonderer Bedeutung in Großbritannien. Großbritannien hat erhebliche Investitionen im Bereich der Humangenetik getätigt, einen wesentlichen Beitrag zum Humangenomprojekt geleistet und beachtliche Mittel für Forschungsprojekte im Bereich der klinischen Genetik bereitgestellt. Unter finanziellen und industriellen Gesichtspunkten verfügte Großbritannien über eine aktive Biotechnologieindustrie und dieser Wirtschaftssektor fördert in erheblichem Maße die Forschung in Bereichen, in denen Humangenetik eine Rolle spielt. Es gibt somit überzeugende politische Gründe um sicherzustellen, dass ein zufrieden stellender und staatlich geförderter Rahmen für Forschungsprojekte in diesem Bereich geschaffen wird.

Die Situation gestaltet sich potentiell etwas komplizierter aufgrund unterschiedlicher nicht medizinischer und nicht forschungsbezogener Nutzungen persönlicher genetischer Informationen. Zunächst gibt es ein eindeutiges Bekenntnis seitens der Regierung zur Entwicklung einer breiten und aussagekräftigen forensischen DNA-Datenbank, deren Zweck die Identifizierung von potentiellen Straftätern ist. Diese Datenbank, die eine der größten weltweit ist, umfasst zur Zeit identifizierende Informationen und physische Proben von mehr als einer Million Menschen und wächst weiterhin rapide. In den Augen der Öffentlichkeit wird die Frage der DNA-Nutzung im polizeilichen Zusammenhang möglicherweise gewissermaßen mit der Nutzung von DNA-Informationen in anderen Zusammenhängen verwischt. Ein weiterer Faktor, der in diesem Zusammenhang eine Rolle spielt, sind die öffentlichen Bedenken in Bezug auf die Verwertung von DNA-Testergebnissen für Versicherungs- und Beschäftigungszwecke. Diese beiden Faktoren unterstreichen die heikle politische Dimension des gesamten Fragenkomplexes der persönlichen genetischen Informationen sowie der Umstände, unter denen diese durch Tests oder Screeningprogramme gewonnen werden können.

Der gesetzliche Rahmen

Die Reglementierung von Medizin und Biotechnologie wird in Großbritannien durch einen pluralistischen Ansatz geprägt. Einige Aspekte biomedizinischer Tätigkeiten werden durch besondere Gesetze geregelt (die menschliche Embryoforschung und assistierte menschliche Fortpflanzung werden, zum Beispiel, durch den Human Fertilisation and Embryology Act von 1990 geregelt); andere unterliegen der Aufsicht von Behörden, die bestimmten Ministerien unterstehen (zum Beispiel das Gene Therapy Advisory Committee). In wiederum anderen Fällen können die Aktivitäten außerhalb der gesetzlichen Reglementierung angesiedelt, aber dennoch der Reglementierung durch Berufsverbände unterworfen sein (medizinische Forschung, die von Ärzten durchgeführt wird, unterliegt, zum Beispiel, der indirekten Reglementierung durch die Disziplinarmaßnahmen des General Medical Council). Dann gibt es eine Vielzahl von Verhaltenskodizes und Richtlinien, die von Gremien wie etwa dem Medical Research Council veröffentlicht werden. Dieses Gremium hat unter anderem Empfehlungen und Verhaltensleitlinien für die Forschung an menschlichen Probanden veröffentlicht.[1] Schließlich ist darauf hinzuweisen, dass der überwiegende Teil der medizinischen Forschung und klinischen Leistungen in Großbritannien innerhalb des staatlich kontrollierten National Health Service (NHS) erfolgt und damit die administrative Reglementierung durch die NHS-Geschäftsstellen eine bedeutende Rolle im Gesamtkontext spielt.

Im Bereich der Humangenetik kommt der Human Genetics Commission (HGC), einem Ende 1999 von der Regierung eingesetzten Beratungsgremium, eine große Bedeutung zu. Die Aufgabe der HGC besteht darin, die Regierung in allen Fragen der Humangenetik, einschließlich rechtlicher, ethischer und sozialer Aspekte, zu beraten. Diese Kommission hat keine gesetzgeberische Rolle, aber berät zu geeigneten Formen von Reglementierung und Gesetzgebung, damit die gewünschten Ziele erreicht werden können. Eines der wichtigsten Themen, mit denen sich die HGC bisher befasst hat, sind persönliche genetische Informationen und die Möglichkeiten, diese zu gewinnen und vertraulich zu behandeln. 2001 veröffentlichte die HGC einen bedeutenden Bericht, *Inside Information*[2], in dem eine Reihe von Empfehlungen an die Regierung zu vielen unterschiedlichen Fragen, einschließlich Tests, ausgesprochen wurden. Bei einigen dieser Empfehlungen ging es um die mögliche künftige Gesetzgebung, während andere nur dazu bestimmt waren, die besten Praktiken für Kliniker, Forscher und andere, die mit persönlichen genetischen Informationen umgehen, festzulegen.

Gentests: Der klinische Kontext

Gentests, die in einem klinischen Kontext durchgeführt werden, unterliegen der gleichen Reglementierung wie alle anderen Formen von klinischen Prüfungen.

---

1 Zum Beispiel Medical Research Council (1998): Guidelines for Good Clinical Practice in Clinical Trials, London.

2 Human Genetics Commission (2001 a): Inside Information: Balancing interests in the use of personal genetic information, Department of Health, London (online verfügbar unter: www/hgc.gov.uk/insideinformation/).

Im englischen Recht (und im schottischen Recht) fällt dies in den Geltungsbereich des Common Law, das heißt, es gibt keine spezifische Gesetzgebung, die sich mit diesen Themen befasst. Die Einwilligung des Patienten ist deshalb erforderlich und dies setzt einen gewissen Informationsstand voraus. Dieser wird derzeit unter rechtlichen Aspekten durch eine berufsständische Norm unter Bezugnahme auf die Praktiken, die ein vernünftiger Kliniker unter den jeweiligen Umständen als erforderlich betrachten würde, festgelegt. Es hat einige Diskussionen darüber gegeben, ob es erforderlich ist, den Patienten über die Tatsache zu informieren, dass der vorgesehene Test ein Gentest ist oder ob die Einwilligung zu ‚einem Test' ausreichend ist. Dies reflektiert die Debatte, die bei der Einführung von HIV-Tests aufkam, wobei sich die Frage stellte, ob es rechtlich und ethisch zulässig ist, Menschen auf HIV zu testen, ohne vorher klarzustellen, dass der jeweilige Test in Bezug auf HIV durchgeführt wurde.[3] Obwohl die Gerichte nicht angerufen wurden, um Entscheidungen diesbezüglich zu treffen, bestand weitgehend Übereinstimmung darin, dass die Auswirkungen eines Tests in Bezug auf den HIV-Status potentiell von einer derart persönlichen und sozialen Bedeutung für den Einzelnen sind, dass eine ausdrückliche Einwilligung eingeholt werden sollte, bevor ein solcher Test durchgeführt wird.

In Anlehnung an die HIV-Tests könnte argumentiert werden, dass einige Gentests ausreichend ernste Auswirkungen haben können, um zu rechtfertigen, dass vor Einholung der Einwilligung klargestellt werden sollte, dass es sich um Gentests handelt. Dies gilt ebenfalls für Tests, die bedeutende Folgen für Verwandte haben können und bei denen der Proband somit bedenken muss, ob er oder sie möchte, dass Informationen mit erheblichen familiären Implikationen gewonnen werden. Genauso kann ein Gentest Folgen für den Bereich der Versicherung oder Beschäftigung haben, und auch in diesen Fällen sollte die Tatsache, dass es sich um einen Gentest handelt, offen gelegt werden.

Es hat eine Reihe von Sonderberichten in Großbritannien zu bestimmten Aspekten diagnostischer Gentests gegeben. Das Advisory Committee on Genetic Testing, ein Regierungsausschuss, den es nicht mehr gibt (und dessen Rolle eigentlich von der HGC übernommen wurde), hat Leitlinien für Gentests im Zusammenhang mit spät auftretenden Erkrankungen herausgegeben.[4] Diese Leitlinien befassen sich nicht nur mit technischen Aspekten der Qualität und Zuverlässigkeit von Gentests, sondern auch mit Fragen der Einwilligung und Beratung sowie dem schwierigen Thema, ob solche Tests an Kindern durchgeführt werden sollten. Die Schlussfolgerung des Ausschusses zur letzten Frage ist, dass präsymptomatische Tests an Kindern im Hinblick auf spät auftretende Erkrankungen, für die keine Therapie zur Verfügung steht, nicht angemessen sind.

---

3 Zur Diskussion siehe Grubb, A., Pearl, D, (1990): Blood Testing, AIDS and DNA Profiling: Law and Policy, Bristol.

4 Advisory Committee on Genetic Testing (1998): Report on Testing for Late Onset Disorders.

Screeningprogramme

Screeningprogramme sind öffentliche Gesundheitsinitiativen, die sich auf Bevölkerungsgruppen konzentrieren, für die ein Risiko in Bezug auf einen bestimmten gesundheitlichen Zustand gesehen wird und die sich möglicherweise nicht dieses Risikos bewusst sind oder die ihre Gefährdung in Bezug auf diesen gesundheitlichen Zustand nicht kennen. Diese Programme werden auch denjenigen angeboten, die bereits betroffen sind und die aufgrund des Screenings möglicherweise feststellen können, ob eine Behandlung angemessen wäre. Screening hat insofern ethische Implikationen, als die Betroffenen Kenntnisse über eine Gefährdung erhalten und ihnen damit potentiell Wissen vermittelt wird, das sich als Belastung herausstellen kann. Es geht somit um die Frage des ‚Rechts auf Nichtwissen', ein Recht, das sowohl in der Allgemeinen Erklärung über das menschliche Genom und Menschenrechte der UNESCO als auch im Menschenrechtsübereinkommen zur Biomedizin des Europarats anerkannt wird.

In Großbritannien ist das National Screening Committee zuständig für die Bewertung von genetischen Screeninginitiativen. Dieser Ausschuss hat die Aufgabe, Screeningprojekte innerhalb des NHS zu bewerten und berät das Gesundheitsministerium in Bezug auf die Umsetzung der Programme. Die Kriterien, auf deren Grundlage das National Screening Committee vorgesehene Screeningprogramme bewertet, sind die einflussreichen Kriterien, die zunächst in einem Bericht der Weltgesundheitsorganisation (WHO) im Jahre 1966 ausgearbeitet wurden[5] – Kriterien, die geändert wurden, um das erhöhte Wissen um negative Auswirkungen von Interventionen unter bestimmten Umständen gebührend zu berücksichtigen. Die derzeitigen Kriterien sehen die folgenden Voraussetzungen vor:

- Die Erkrankung sollte ein bedeutendes Gesundheitsproblem sein;
- die Erkrankung sollte ausreichend verstanden werden und es sollte einen erkennbaren Risikofaktor oder einen Krankheitsmarker und eine Latenzzeit oder ein früheres symptomatisches Stadium geben und
- geeignete primäre Präventionseingriffe sollten bereits erfolgt sein.[6]

Sobald diese Kriterien in Bezug auf den gesundheitlichen Zustand selbst erfüllt sind, verlagert sich die Aufmerksamkeit auf die Sicherheit des Tests, die Akzeptanz für die Bevölkerung und das Vorhandensein einer vereinbarten Verhaltensweise in Bezug auf die Reaktion auf Informationen, die vom Test offen gelegt werden. Ein besonders wichtiger ethischer Faktor ist die Anforderung in Absatz 1.13 des Kriteriendokuments, dass der „Nutzen des Screeningprogramms höher sein sollte als die physische und psychologische Beeinträchtigung (die durch den Test, die Diagnoseverfahren und die Behandlung verursacht werden)".

---

5 Siehe Wilson, J., Jungner, G. (1968): Principles and Practice of Screening for Disease, WHO, Genf.

6 Department of Health (1998): National Screening Committee Criteria, London.

Das National Screening Committee hat jedoch keinen Zweifel aufkommen lassen, dass Screening möglicherweise eine andere Möglichkeit darstellen könnte, um eine gewünschte Reaktion auf einen bestimmten gesundheitlichen Zustand hervorzurufen. Einige Kritiker des genetischen Screenings haben argumentiert, dass freiwilliges Screening sehr leicht zu einem Zwangs-Eugenikprogramm werden könnte. Der NSC betont, dass das Screening in einem antenatalen Kontext der gescreenten Person die Möglichkeit geben soll, eine informierte Wahl in Bezug auf die Schwangerschaft zu treffen. Die Standardverfahren beim Down-Syndrom-Screening sehen zum Beispiel vor, dass vollständige Informationen offen gelegt und schriftlich dokumentiert werden. Die vom NSC zusammengestellte Literatur, die denjenigen zur Verfügung gestellt wird, denen diese Form des Screenings angeboten wird, unterstreicht den Ansatz der informierten Wahl. Es gibt zur Zeit mehrere Programme, die den Umfang des antenatalen Screenings für Schwangere in Großbritannien erweitern soll. Bis 2004 wird es ein allgemeines Screening – durch nichtinvasive Tests – in Bezug auf das Down-Syndrom geben. Neonatales Screening soll ebenfalls ausgeweitet werden: Das englische Gesundheitsministerium hat zum Beispiel vorgeschlagen, dass Mukoviszidose bei Neugeborenen allgemein festgestellt werden sollte – eine Form von Screening, die zur Zeit noch nicht allgemein zur Verfügung steht.

Pränatal- und Präimplantationsdiagnostik

Die erweiterten technischen Möglichkeiten zur Ermittlung der genetischen Merkmale eines Menschen vor der Geburt sind sowohl in Großbritannien als auch in andern Ländern ein heikles Thema gewesen.[7] Bezüglich des pränatalen Screenings gibt es hauptsächlich Bedenken dahin gehend, dass die Ermittlung von genetischen Zuständen zu einer Entscheidung für eine Abtreibung des Fötus führt, selbst wenn der jeweilige gesundheitliche Zustand keine ernste Erkrankung darstellt. Großbritannien hat ein System der medizinischen Indikation für Abtreibungen, in dessen Rahmen Abtreibung nur aus besonderen gesundheitlichen oder gesundheitsbezogenen Gründen erlaubt ist. Diese Bestimmungen bieten natürlich erheblichen Spielraum in Bezug auf ihre Auslegung, und einige Kritiker nennen es Abtreibung nach Bedarf. Die Bedenken sind in diesem Zusammenhang, dass bei Bereitstellung von immer mehr genetischen Diagnosen die Schwelle zur Entscheidung für eine Abtreibung erheblich niedriger angesetzt werden könnte. Es gibt zur Zeit keinen einheitlichen Ansatz in dieser Frage und einzelne Genetikberater und Ärzte können nach freiem Ermessen Frauen beraten, die mit einer Erkrankung konfrontiert sind, die ein von ihnen ausgetragener Fötus haben kann.

Die Präimplantationsdiagnostik wirft noch akutere Bedenken auf. Die HGC und die Human Fertilisation and Embryology Authority haben eine öffentliche

7 Das Thema wurde in Großbritannien im Bericht des Nuffield Council on Bioethics erörtert, (1993): Genetic Screening: Ethical Issues.

Anhörung zu diesem Thema durchgeführt. Die entsprechenden Ergebnisse wurden im Jahre 2001 veröffentlicht.[8] Im Rahmen dieser Anhörung wurde festgestellt, dass die Öffentlichkeit zwar an den Wert der Präimplantationsdiagnostik unter bestimmten Umständen glaubt, es aber ernste Bedenken bezüglich der möglichen Nutzung dieses Verfahrens zur Sicherstellung ‚wünschenswerter' Eigenschaften gibt. Die Anhörung führte zu einer Reihe von Empfehlungen durch die HGC, deren wichtigste darauf hinausläuft, dass diese Tests nur bei bestimmten und ernsten Erkrankungen durchgeführt werden sollten. Was eine ernste Erkrankung ist, ist natürlich eine problematische Frage. Dennoch hat die HGC den Versuch gemacht, einige der Faktoren zu bestimmen, die in Betracht zu ziehen sind, wenn auf einen Zustand geschlossen werden soll, der ausreichend ernst ist, um die Tests zu rechtfertigen. Unter diesen Faktoren gibt es die klinische Belastung, die beschrieben wird als

> „das Ergebnis der Ansicht der Eltern zu dieser Erkrankung, den wahrscheinlichen Leidensgrad in Verbindung mit diesem Zustand, die Verfügbarkeit wirkungsvoller Therapien oder Behandlungen und das Ausmaß einer geistigen Beeinträchtigung".[9]

Die Kommission empfiehlt, dass ein Screening in Bezug auf den Genträgerstatus vermieden werden sollte, soweit dies möglich ist, ohne die Genauigkeit eines Tests in Bezug auf das tatsächliche Bestehen eines bestimmten gesundheitlichen Zustandes zu gefährden. Es ist darauf hinzuweisen, dass empfohlen wird, dass die Eltern von behinderten Kindern und Behindertenorganisationen einbezogen werden sollten, um Informationen zusammenzustellen, die zu bestimmten gesundheitlichen Zuständen bereitgestellt werden und den potentiellen Eltern übergeben werden, damit sie ggf. eine Entscheidung in Bezug auf den fraglichen gesundheitlichen Zustand treffen können.

Allgemein erhältliche Gentests

Der allgemeine Direktvertrieb von Gentests statt über die Klinik ist in Großbritannien ein aktuelles Thema, da vor kurzem ein Unternehmen den Versuch gemacht hat, Gentests über normale Läden zu vertreiben. Hier geht es darum, ob es einem Einzelnen möglich sein sollte, genetische Informationen über DNA-Tests ohne Beteiligung eines Mediziners zu erhalten. Diese Frage wurde vom Advisory Committee on Genetic Testing erörtert, das ein freiwilliges Kontrollsystem empfohlen

---

8 Human Genetics Commission (2001 b): Outcome of the Public Consultation on Preimplantation Genetic Diagnosis (online verfügbar unter: www.hgc.gov.uk/business-publications.htm#pgdoutcome).

9 Human Genetics Commission (2001 c): Response to the Human Fertilisation and Embryology Authority on the Consultation on Preimplantation Genetic Diagnosis. Siehe dazu ebenfalls die Leitlinien des Department of Health (2002): Preimplantation Genetic Diagnosis (PGD) – Guiding Principles for Commissioners of NHS Services.

hat.[10] Im Rahmen dieses Systems werden Privatunternehmen gebeten, sich an einen Verhaltenskodex zu halten, in dessen Rahmen nur die Tests, die vom Ausschuss genehmigt worden sind, unmittelbar an die Öffentlichkeit vertrieben werden dürfen. Der Verhaltenskodex betont, dass die wichtigste Rolle von direkten Tests die Ermittlung des Genträgerstatus sein sollte, da dies keine Folgen für die Gesundheit des Kunden hat. Darüber hinaus werden mehrere Empfehlungen in Bezug auf Standards und Beratung gegeben.

Als dieser freiwillige Kodex verfasst wurde, war noch nicht zu erwarten, dass eine breitere Palette von Gentests bereitgestellt werden würde, um Einzelnen zu erlauben, Entscheidungen über Fragen wie Ernährung oder Umweltrisiken zu treffen. Tests, die beanspruchen, diese Informationen bereitzustellen, stehen jetzt zur Verfügung und es ist offensichtlich, dass Interesse daran besteht, sie sowohl anzubieten als auch diese Informationen zusammenzustellen. Das Argument zugunsten einer bestimmten Form von Kontrolle für diese Tests ist, dass es auf diese Art und Weise gewährleistet werden kann, dass die Öffentlichkeit nicht für Tests zahlt, die kaum oder keinen Wert haben oder Tests durchführen lässt, die Informationen offen legen können, welche eine bedeutende Auswirkung auf ihren künftigen Gesundheitszustand haben können. Könnte man zum Beispiel akzeptieren, dass ein kommerzielles Unternehmen einen Test für früh auftretende Alzheimer-Erkrankungen anbietet, der frei verkäuflich in der Apotheke oder sogar beim Lebensmitteleinzelhändler erhältlich wäre? Die Gefahr im Zusammenhang mit der Bereitstellung dieser Informationen für die Betroffenen ist, dass sie die entsprechenden Implikationen erst richtig verstehen können, wenn sie angemessen in Bezug auf die Bedeutung der Ergebnisse beraten werden. Die Philosophie des Schutzes der Öffentlichkeit, die in Großbritannien zu einem Verbot von direkt vertriebenen HIV-Tests geführt hat, könnte möglicherweise auch in diesem Zusammenhang gelten. Gleichzeitig gibt es ein überzeugendes Menschenrechtsargument dahin gehend, dass es zu vertreten ist, dass man ein Recht auf alle Informationen hat, die man über das eigene Genom haben möchte.

Die Frage des Direktvertriebs von Tests wird zur Zeit von der HGC geprüft, um die Regierung dann über eine mögliche Reglementierung dieser Angebote zu beraten, soweit sie überhaupt reglementiert werden sollen.[11] Eine mögliche Lösung ist die Schaffung eines Bewertungssystems, das eine Überwachung der Tests und der von ihnen gemachten Aussagen ermöglicht und gleichzeitig Aufklärungs- und Informationskampagnen vorsieht, um die Öffentlichkeit vor Tests zu schützen, die nicht die festgelegten Standards in Bezug auf Zuverlässigkeit und Nutzen erfüllen.

---

10 Advisory Committee on Genetic Testing (1997): Code of Practice and Guidance on Human Genetic Testing Services Supplied Direct to the Public (online verfügbar unter: www.doh.gov.uk/genetics/hgts.htm).

11 Human Genetics Commission (2002): The Supply of Genetic Tests Direct to the Public: a Consultation Document (online verfügbar unter: www.hgc.gov.uk/testingconsultation/testingconsultation.pdf).

Gentests im nichtmedizinischen Kontext

Versicherung:

Die Nutzung von persönlichen genetischen Informationen beim Abschluss von Versicherungsverträgen ist inzwischen sowohl in Großbritannien als auch in anderen Ländern etabliert. Persönliche genetische Informationen können natürlich auf phänotypischen Informationen oder einer Familienanamnese sowie auf DNA-Tests basieren, wobei unterschiedliche Grundsätze für diese verschiedenen Methoden der Informationsgewinnung gelten. In diesem Beitrag möchte ich mich nur mit DNA-Tests befassen.

Die Versicherungsgesellschaften in Großbritannien hatten diejenigen, die um Versicherungsschutz ersuchten, nicht gebeten, Gentests durchführen zu lassen, konnten aber Gentestinformationen nutzen, die bereits für den Antragsteller ermittelt worden waren.[12] Die Begründung für diese Vorgehensweise der Versicherungswirtschaft war, dass die Ergebnisse von Gentests relevante medizinische Informationen sind, die nicht wesentlich anders sind als andere Formen medizinischer Informationen über Einzelne. Die Versicherung, die einen Vertrag darstellt, der nach dem Grundsatz von höchster Gutgläubigkeit abgeschlossen wird, sah vor, dass ein Antragsteller alle relevanten Informationen offen legen sollte, die Auswirkung auf das zu versichernde Risiko haben könnten.

Es gab sehr viel Kritik in der Öffentlichkeit in Bezug auf die Nutzung von DNA-Testergebnissen durch die Versicherungsgesellschaften. Für einige Gegner dieser Nutzung war es irgendwie ‚unfair', Gentestergebnisse auf diese Art und Weise zu nutzen: Für andere war es sozial nicht wünschenswert, eine Klasse von Menschen zu schaffen, die ‚genetisch benachteiligt' wären, indem ihnen der Zugang zur Versicherung verwehrt würde. Diese Sichtweise bedeutet, dass die Versicherung wie ein öffentliches Gut behandelt wird, auf das alle Bürger mehr oder weniger den gleichen Zugriff haben sollten. Es gab auch pragmatische Argumente gegen diese Praxis, wie etwa, dass die Versicherungsgesellschaften die Informationen missbraucht hatten und dazu neigten, falsche Schlüsse aus Testergebnissen zu ziehen, die nicht gerechtfertig waren.

Nachdem bereits ein früherer beratender Ausschuss, das Human Genetics Advisory Committee, sich mit dieser Frage befasst hatte, erzielte die Regierung eine Vereinbarung mit der Vereinigung der britischen Versicherungswirtschaft über die Bedingungen und Bestimmungen eines Verhaltenskodex, der ein Selbstverpflichtungssystem für die Versicherungswirtschaft herbeiführen sollte. Im Rahmen dieses Systems sollten die Versicherungsgesellschaften nur Gentests einsetzen, die von einem staatlichen Ausschuss validiert worden waren, im vorliegenden Fall durch das Genetics and Insurance Advisory Committee. Es war die Rolle dieses

12 Zum Hintergrund der britischen Position siehe Human Genetics Commission 2001 a, Nr. 2; Cook, D. (1999): Genetics and the British Insurance Industry, in: Journal of Medical Ethics 25, 157.

Ausschusses, die wissenschaftliche Grundlage eines Testergebnisses zu prüfen und Empfehlungen in Bezug auf die zu ziehenden Schlüsse auszusprechen. Neben diesem Schutzmechanismus enthielt der Verhaltenskodex die Empfehlung, zu gewährleisten, dass diejenigen, denen der Versicherungsschutz abgelehnt wurde, entsprechende Erklärungen erhielten und Bemühungen gemacht werden würden, sicherzustellen, dass sie die Gelegenheit bekämen, in alternative Versicherungsschutzprogramme eingebunden zu werden.

Nachdem Kritik an der Praxis der Versicherungswirtschaft durch einen einflussreichen Ausschuss des House of Commons geäußert wurde,[13] sprach die HGC schließlich gegenüber der Regierung die Empfehlung aus, dass es ein Moratorium zur Nutzung der Ergebnisse von Gentests für alle Versicherungsprodukte bis zu einer bestimmten Höhe geben sollte. Diese Empfehlung wurde angenommen und die derzeitige Position Großbritanniens ist, dass Gentestergebnisse von Versicherungsgesellschaften nur bei Versicherungspolicen mit sehr hohen Deckungssummen in Betracht gezogen werden.[14] Für die meisten Versicherungsantragsteller gibt es somit nicht die Notwendigkeit, einem Versicherer die Ergebnisse von Gentests vorzulegen, die ggf. bereits durchgeführt worden sind. Während der Dauer des Moratoriums wird es eine weitere Prüfung der Optionen zur Reglementierung dieser Frage geben, einschließlich einer Analyse der Art und Weise, wie die Familienanamnese im Versicherungsabschlussverfahren genutzt wird.

Beschäftigung:

Die HGC hat berichtet, dass es keine Nachweise für die Nutzung von Gentests in Großbritannien im Zusammenhang mit Beschäftigung gibt. Die Behindertengesetzgebung schützt jedoch zur Zeit nicht diejenigen, die aufgrund asymptomatischer genetischer Zustände unfair behandelt werden könnten. Die Kommission hat deshalb empfohlen, dass hier durch eine entsprechende Gesetzgebung Abhilfe geschaffen werden sollte.[15]

Forensische Nutzung von Gentests:

Gentests bei Strafverdächtigen werden als zunehmend wichtiges Instrumentarium der Strafjustiz betrachtet und werden immer aussagekräftiger, da neue Verfahren die Gewinnung von identifizierenden Informationen aus äußerst kleinen Proben ermöglichen. Der Aufbau großer Datenbanken mit Informationen über zahlreiche Personen erfordert Tests an den entsprechenden Strafverdächtigen oder verurteilten Straftätern – je größer die Datenbank, umso bedeutender ihr Nutzen.

Die nationale forensische Datenbank in Großbritannien ist eine der größten der Welt und ist bisher äußerst erfolgreich gewesen. Gleichzeitig ist in Großbritannien

---

13 House of Commons Science and Technology Committee (2001): Fifth Report, *Genetics and Insurance* (HC 174).

14 Hintergrund des Moratoriums, siehe Human Genetics Commission 2001 a, Nr. 2, Kapitel 7.

15 Human Genetics Commission 2001 a, Nr. 2, Kapitel 8.

die Schwelle, Verdächtige zur Abgabe von Proben aufzufordern, niedriger als in den meisten Ländern. So ist es zum Beispiel zulässig, dass die Polizei Proben von Verdächtigen erhält, und, im Gegensatz zur Position in den meisten anderen Ländern, dürfen die Proben und das so erhaltene Profil in der Datenbank verbleiben, selbst wenn die Person, von der sie gewonnen worden sind, von der Straftat freigesprochen oder nicht angeklagt wird. (Dies gilt nicht für Proben, die in Schottland genommen werden, wo der Freispruch oder die Unterlassung einer Anklage zur Vernichtung der Probe und zur Löschung der Informationen führen.)

Die HGC hat Bedenken in Bezug auf die Rechtsansprüche des Staates im Hinblick auf die Proben Unschuldiger geäußert, die aber nicht von der Regierung unterstützt wurden. Gleichzeitig hat die Regierung zugestanden, dass es eine unabhängige ethische Beaufsichtigung der forensischen Datenbank und aller damit verbundenen Forschungsprojekte geben sollte. Eine Klage gegen die Akzeptanz der Probenaufbewahrung vor dem Hintergrund des Menschenrechtsgesetzes von 1998 (in dem die Bestimmungen der Europäischen Menschenrechtskonvention in britisches Recht übernommen worden sind) ist gescheitert, da das Gericht die Auffassung vertrat, dass es hier keine unverhältnismäßig hohe Verletzung der Privatsphäre gäbe.

Tests im Zusammenhang mit biomedizinischer Forschung

Gentests spielen eine besonders bedeutende Rolle in der medizinischen Forschung, sei es im Zusammenhang mit Tests an denjenigen, die von bestimmten genetischen Krankheiten betroffen sind oder an denjenigen, die an Populationsstudien im großen Maßstab beteiligt sind. In diesem Zusammenhang ist die Bedeutung der Einwilligung immer wieder betont worden: Die getesteten Personen müssen den Forschungszweck kennen, der mit der Probenahme verfolgt wird. Es hat einige Diskussionen darüber gegeben, ob diese Einwilligung spezifisch sein muss, d. h. ob sie sich auf eine bestimmte Form medizinischer Forschung beziehen muss. Die HGC hat empfohlen, dass die allgemeine Einwilligung zur Teilnahme an einem medizinischen Forschungsprojekt ausreichend sein dürfte. Dadurch wäre es nicht erforderlich, sich erneut an den Spender der Probe zu wenden, wenn ein neues medizinisches Untersuchungsgebiet angegangen wird.

Die Vertraulichkeit der genetischen Informationen aus Forschungsdatenbanken fällt unter das Datenschutzgesetz, genauso wie auch andere Formen von sensiblen medizinischen Informationen. Die HGC hat empfohlen, dass eindeutig festgehalten werden sollte, dass diese Datenbanken nicht für andere Nutzungen – einschließlich Nutzungen durch die Polizei – zur Verfügung stehen sollten, wobei in dieser Angelenheit jedoch noch keine endgültige Entscheidung getroffen worden ist. Eine weitere Empfehlung der HGC, dass ein neuer Straftatbestand im Zusammenhang mit Tests aus böswilligen und rechtswidrigen Gründen an einer Probe von Dritten vorgesehen werden sollte, würde in diesem Fall auch für alle Personen gelten, die berechtigt sind, die Datenbanken zu nutzen und Informationen daraus auf rechtswidrige und böswillige Art und Weise gewinnen.[16]

16 Diese Empfehlung ist Teil des Berichts Human Genetics Commission 2001. Zur weiteren Erörterung der ethischen Frage im Zusammenhang mit der Schaffung der Biobank UK siehe Dokumentation, zusammengestellt vom Wellcome Trust, einem der Sponsoren der Datenbank, unter: www.wellcome.ac.uk/en/1/biovenpopethtwo.html.

D. Frankreich:

Christian Byk

Ist legislativer Prinzipalismus eine illusorische und abwegige Politik?

Eine kritische Stellungnahme zur französischen Regelung und Praxis der Gentests

In Frankreich nahmen die medizinischen Kreise und die staatlichen Behörden bereits sehr früh eine restriktive Haltung[1] in Bezug auf den Einsatz von Gentests bei Erwachsenen, insbesondere im Bereich der prädiktiven Gentests, ein.

Es bestand die Befürchtung, dass die Genehmigung von Anwendungen dieser Tests außerhalb der Medizin durch Privatpersonen zu möglichen sozialen Diskriminierungen führen könnte.

Die Erfahrungen, die wir mit der Praxis von Gentests haben, hat jedoch gezeigt, dass andere Methoden inzwischen routinemäßig eingesetzt werden und weitgehend zu einer vollständigen Überarbeitung des Zivil- und Strafrechts in einigen Bereichen geführt haben und dass dies sich auf den Schutz öffentlicher Freiheiten und der Privatsphäre auswirken könnte.

1. Die Vertretung eines restriktiven Ansatzes in Bezug auf die Anwendung von Gentests

Da die ersten Gentests bei Erwachsenen hauptsächlich Vaterschafts- und Familientests waren, bestimmten der Schutz der Privatsphäre und die Verhütung von sozialem Eugenismus die Grundsätze des rechtlichen Rahmens für diese Tests. Dies erklärt außerdem, warum Gentests, selbst wenn sie für medizinische Zwecke durchgeführt werden, nur von Angehörigen der Heilberufe durchgeführt werden dürfen.

1.1. Rechtliche Begründung in Bezug auf Gentests

Die sogenannte Bioethik-Gesetzgebung, die 1994 verabschiedet wurde[2], hat die Stellungnahmen medizinischer und ethischer Kreise, wie etwa des nationalen

---

1 Comité Consultatif National d'Ethique pour les sciences de la vie et de la santé (CCNE) (1991): Avis No. 25 du 24 juin 1991 sur l'application des texts génétiques aux études individuelles, études familiales et études de population (Stellungnahme des Französischen Nationalen Ethikrats (FNEC), 24. Juni 1991).

2 Loi 94–653 du 20 Juillet 1994 (Journal Officiel, 30 Juillet)/Gesetz 94–653 vom 20. Juli 1994 (Französisches Gesetzblatt, 30. Juli).

Beirats für Ethik in den Lebenswissenschaften, berücksichtigt und den Einsatz von Gentests auf zwei Hauptzwecke beschränkt: wissenschaftliche und medizinische Bedürfnisse sowie Gerichtsverfahren. Sonstige potentielle Anwendungen sind demzufolge nicht zulässig.

1.1.1. Genetische Studien und Identifizierung

Zulässig sind genetische Studien (eigentlich Studien in Bezug auf die genetischen Merkmale eines Individuums: die Formulierung wird in der Änderung des Bioethik-Gesetzes überarbeitet werden) und genetische Identifizierung. (Im französischen bürgerlichen Gesetzbuch[3] sind nur Gentests zugelassen, die das Ziel verfolgen, eine Person zu charakterisieren oder zu identifizieren.)

Obwohl diese beiden Kategorien von Tests scheinbar durch die gleichen Grundsätze erfasst werden, sind sie in Wirklichkeit sehr unterschiedlich, insbesondere weil die genetische Identifizierung der einzige Bereich ist, der für nichtmedizinische Zielsetzungen im Rahmen von zivil- und strafrechtlichen Verfahren zugänglich ist.

Zusammenfassend kann festgestellt werden, dass nach der derzeitigen Gesetzgebung zwei verschiedene Arten von Tests für medizinische Zwecke zulässig sind[4] und dass die genetische Identifizierung ebenfalls für gerichtliche Zwecke verwendet werden darf.

1.1.2. Alle sonstigen Zwecke sind somit verboten

Das bedeutet, dass Gentests nicht genutzt werden dürfen, um einer Person mehr Wissen über ihre genetischen Merkmale zu vermitteln. Es besteht ein allgemeines Verbot dahin gehend, dass es einer Person nicht möglich ist, frei verfügbare Tests durchzuführen, wobei dieses Verbot auch Privatunternehmen betrifft, die komplexere Tests durchführen könnten, wie etwa Gentests im Hinblick auf die Ermittlung von Abnormalitäten oder hereditärer Prädisposition.

Im Übrigen kann die restriktive Anwendung von Gentests natürlich nicht nur auf den Schutz der Privatsphäre gegründet werden, da diese eng mit dem Konzept der Autonomie verbunden ist.[5] Im französischen Recht haben Einzelpersonen keine vollständige Autonomie, um die Praxis der Tests außerhalb des gesetzlichen Rahmens zu akzeptieren.[6]

---

3 Art. 16–10 et 16–11 du Code Civil (französisches BGB).

4 Der CCNE hat 1995 zur Ethik von Gentests Stellung genommen (Avis et recommandations No. 46 du 30 Octobre 1995 sur „Génétique et Médecine: de la prédiction à la prevention"); der nationale Ärzterat hat am 26. September 1997 einen Bericht mit Empfehlungen für seine Mitglieder zu Gentests und medizinischer Ethik verabschiedet.

5 Giudicelli, A. (1993): Génétique humaine et droit, A la redécouverte de l'homme, thèse, Poitiers.

6 D. Folscheid schreibt (Folscheid, D., Le Mintier, B., Mattei, J. F. (1997): Philosophie, éthique et droit de la médecine, PUF, 249): „Die Autonomie des Patienten kann somit nur einen

Die Nutzung von Tests oder die daraus abgeleiteten genetischen Informationen zur Ermittlung des Geschlechts von Teilnehmern an Sportwettkämpfen[7] oder des Risikos, das von einer Versicherungsgesellschaft abgedeckt wird[8], scheinen ebenfalls außerhalb des gesetzlich zulässigen Bereichs zu liegen.

Bedeutet dies, dass überhaupt keine Anwendungen von Gentests legal sein können?

Wir glauben, dass entsprechende Tests in der nahen Zukunft umfassend im Bereich der Berufskrankheiten entwickelt werden und sich dabei durchaus an die französische Arbeits- und Sozialgesetzgebung halten könnten, da letztere eine positive Diskriminierung vorschreiben, um behinderte Arbeitnehmer zu schützen und das Auftreten von biologischen Risiken zu vermeiden.[9]

Der Ermessensspielraum zur Begründung anderer Anwendungen von Gentests ist jedoch stark begrenzt. Dieser restriktive Ansatz wird außerdem durch die Bestimmungen im Zusammenhang mit dem Einsatz von rechtlich begründeten Tests bestätigt.

1.2. Reglementierung zulässiger Tests

Der Einsatz von Tests unterliegt strengen Auflagen und Schutzbestimmungen.

1.2.1. Auflagen

Die Auflagen betreffen die Durchführung des Tests und den Zugriff auf die daraus resultierenden Informationen.

1.2.1.1. Einwilligung ist natürlich die erste und wichtigste Voraussetzung, die in der gesetzlichen Reglementierung verankert ist.

Die Grundsätze

Grundsätzlich sieht Artikel 16–10 des Bürgerlichen Gesetzbuches die vorherige Einwilligung des Betroffenen bei Gentests vor.[10]

Die gleiche vorherige Einwilligung ist für den Identifizierungstest nach Artikel 16–11 des Bürgerlichen Gesetzbuches erforderlich.

Grundsatz darstellen, wenn er im rein moralischen Register der Menschenwürde als solcher eingetragen ist, und damit befinden wir uns auf einer anderen Ebene als dem unmittelbaren Willen des Patienten ..."

7 Der CCNE widersprach dem frühzeitig: Avis No. 30 du janvier 1992 (Questions éthiques posées par l'obligation de tests génétiques pour les concurrentes des jeux d'Albertville) (Stellungnahme vom 27. Januar 1992).

8 Ewald, F. (1999): L'éthique du risque in B. Le Mintier, „Les lois ‚bioéthique' à l'épreuve des faits", PUF, 173.

9 Dictionnaire permanent bioéthique et biotechnologies, Tests génétiques, 2437, No. 10–33, aktualisiert Feb. 1999.

10 Croizier (1998): Le consentement aux analyses génétiques, in: Doutremepuich, G. (Hg.): Les empreintes génétiques en pratique judiciaire, La Documentation Française, Paris, 49.

In diesem Zusammenhang sind jedoch drei praktische Aspekte angesprochen worden.[11]

- Der erste Aspekt betrifft die Bestimmung von Artikel 16–10 franz. BGB (Artikel 1131–1 Gesundheitsgesetzbuch), der unter außerordentlichen Umständen – hauptsächlich wenn die Gefahr besteht, dass der Test aufzeigt, dass die biologische und soziale Abstammung nicht übereinstimmen – keine Einwilligung erfordert. Die paternalistische Bestimmung verwechselt die Möglichkeit einer Einschränkung der Informationen, die aus einem Test resultieren, mit der Frage der Einwilligung zum Test. Der Gesetzesentwurf, der die Bioethik-Gesetzgebung ändern soll, schlägt vor, die Möglichkeit der Testdurchführung ohne Einwilligung einzuschränken, um das französische Gesetz an der europäischen Biomedizinkonvention auszurichten, in den Fällen, in denen es physisch unmöglich ist, die Einwilligung zu erhalten und unter der Voraussetzung, dass der Test medizinisch zum Wohle des Betroffenen erforderlich ist.[12]
- Der zweite problematische Aspekt wurde durch Gerichtsentscheidungen bestimmt, die *post mortem*-Tests zuließen, um eine parentale Beziehung festzustellen, wenn der Verstorbene diesem Test zeitlebens nicht zustimmte.[13] Der Gesetzesentwurf schlägt vor, den Test unter solchen Umständen nicht zuzulassen.[14]
- Der dritte Aspekt bezieht sich schließlich auf die Tatsache, dass das französische Bürgerliche Gesetzbuch (Artikel 16–11) keine Ausführungen bezüglich der Einwilligung zu Tests in Strafverfahren macht.

Es ist inzwischen gängige Praxis von Richtern und Staatsanwälten, dass die allgemeinen Grundsätze von Strafverfahren gelten, d. h. dass die vorherige Einwilligung erforderlich ist.[15] Aber unter bestimmten Umständen wird die Ablehnung einer Einwilligung als strafbare Handlung betrachtet.[16]

Die Formvorschriften in Bezug auf die Einwilligung sind unterschiedlich oder unklar.

---

11 Galloux, J.-C. (1999): L'identification de l'individu in B. Le Mintier, „Les lois ‚bioéthique' à l'épreuve des faits", PUF, 141.

12 Entwurf des Artikels L 1131–11 Gesundheitsgesetzbuch.

13 Es handelt sich dabei um den Fall Yves Montand. Im Vaterschaftsverfahren beschloss das Pariser Berufungsgericht post mortem-Tests zuzulassen, obwohl der Künstler Tests zu Lebzeiten abgelehnt hatte (C. A. Paris 6 November 1997, JCP 1998, S. 21, note Rubellin – Devichi).

14 Entwurf des Artikels 16–11 1 des französischen BGB.

15 Byk, C. (1998): Tests génétiques et preuve pénale, Revue internationale de droit comparé 2, 683.

16 Seit dem Gesetz vom 15. November 2001 (Gesetzesblatt vom 16. November), ist die bestehende Gendatenbank, die 1998 durch Gesetz für Sexualstraftäter geschaffen wurde, auf andere Kategorien von Straftätern ausgeweitet worden; ein Straftäter, der eine Probenahme zur genetischen Identifizierung ablehnt, kann nach dem neuen Artikel 706–55 des Strafgesetzbuches bestraft werden.

Identifizierungstests in Zivilverfahren sehen eine ausdrückliche Einwilligung vor und Identifizierungs- oder Gentests für medizinische Zwecke unterliegen einer schriftlichen Einwilligung (Artikel L 1131–1 Gesundheitsgesetzbuch).

Bezüglich der Tests, die zu wissenschaftlichen Zwecken durchgeführt werden, gelten die Bestimmungen des Gesetzes vom 20. Dezember 1988.

Für Strafverfahren gelten keine besonderen Formvorschriften.

Die rechtlichen Bestimmungen gehen auch nicht auf den Fall Behinderter ein. Für diese gilt nur der Bezug auf die besonderen Bestimmungen des bereits erwähnten Gesetzes von 1988, wenn die Tests aus Gründen der wissenschaftlichen Forschung durchgeführt werden.

1.2.1.2. Informationen aus den Tests: Die aus Tests resultierenden Daten und Informationen sind durch die maßgeblichen Bestimmungen in Bezug auf den Schutz der Privatsphäre geschützt, insbesondere durch Art. 9 franz. BGB und 40–4 §1 des Gesetzes vom 1. Juli 1994 über Datenschutz im Bereich der Gesundheitsforschung.

Probensammlungen für genetische Forschungszwecke sind von den Behörden zu registrieren (Artikel L 1131–4 Gesundheitsgesetzbuch). Diese Verpflichtung wird im Gesetzesentwurf zur Änderung der Bioethik-Gesetzgebung noch weiter verschärft werden.[17]

Wir haben bereits darauf hingewiesen, dass Gentests für Versicherungs- oder Beschäftigungszwecke nicht unmittelbar zulässig sind.

Um jedoch das Risiko im Zusammenhang mit der Bekanntgabe von Ergebnissen von Tests, die aus anderen Gründen durchgeführt werden, einzuschränken, sieht der Gesetzesentwurf vor, das System im Hinblick auf Sanktionen bei genetischer Diskriminierung zu verschärfen.

1.2.2. Kontrollen und Sanktionen

1.2.2.1. Eine Form von Kontrolle – die Kontrolle durch einen Richter – ist bereits eine wesentliche Voraussetzung für die Genehmigung von Identifizierungstests. Im Zivilprozess ist die Kontrolle noch unmittelbarer als im Strafverfahren, weil der Richter den Test nur genehmigen kann, wenn es ein Gerichtsverfahren gibt, d. h. der Test ist nicht möglich, um lediglich Beweise zu sichern sowie in eingeschränkten Fällen, die hauptsächlich mit der Vaterschaft zu tun haben.[18]

Eine andere Form der Kontrolle beruht auf der Begutachtung medizinischer Experten, die zugelassen sind, um Identifizierungstests durchzuführen.[19] Seit 1996 erlaubt eine Sonderbestimmung (Artikel 1131–2 Gesundheitsgesetzbuch) der Ge-

---

17 Entwurf des Artikels L 1131–4 PHC (Public Health Code) (Gesundheitsgesetzbuch).

18 Wesclous, Marsat (1998): Les empreintes génétiques dans le procès civil, Jurisclasseur Pénal.

19 Décret 97–109 du 8 Fevrier (Journal Officiel, 9 Fevrier)/Erlass 97–109 vom 8. Februar 1997; Gesetzesblatt vom 9. Februar.

sundheits- und Sicherheitsbehörde die Festlegung von technischen Verfahren im Hinblick auf die Sicherheit von Gentests für medizinische Zwecke.[20]

1.2.2.2. Strafrechtliche Sanktionen (Gefängnisstrafe von bis zu einem Jahr) können unter bestimmten Umständen verhängt werden:[21]

- Wenn der Test für andere Zwecke als die vom Gesetz zugelassenen durchgeführt wird oder die Ergebnisse entsprechend verwendet werden (Artikel 226–25 und 226–28 Strafgesetzbuch).
- Wenn die Einwilligung nicht eingeholt wird (Artikel 226–25 und 226–27 Strafgesetzbuch).
- Wenn die Identifizierungstests von Personen durchgeführt werden, die keine entsprechende Zulassung haben (Artikel 226–28 Strafgesetzbuch).

Nach dem parlamentarischen Bericht über Bioethik hat das Gesetz vom 4. März 2002 über Patientenrechte das Verbot der Gesundheitsdiskriminierung des Strafgesetzbuches (Artikel 255–1 bis 225–4) und des Arbeitsgesetzbuches (Artikel L 122–45) verschärft, indem eine neue Sonderbestimmung im franz. Bürgerlichen Gesetzbuch aufgenommen wurde, die vorsieht, dass „niemand eine Diskriminierung aufgrund von genetischen Merkmalen erfahren darf."[22]

Der Gesetzgeber hat somit alle Anstrengungen unternommen, um nichtmedizinische oder gerichtliche Anwendungen von Gentests zu verhindern und zu verbieten. Die rechtliche Praxis der Tests zeigt jedoch, dass Mitte der 90er Jahre der Einsatz von genetischen Fingerabdrücken den Bereich der Strafgerichtsbarkeit erobert hat.

1997 wurden 3.000 Tests durchgeführt und ein Jahr später bereits dreimal so viel![23]

Der Wunsch, der Polizei neue wissenschaftliche Methoden bereitzustellen, um Ermittlungen bei Schwerverbrechen zu erleichtern, hat außerdem dazu geführt, dass das Parlament 1998 ein Gesetz verabschiedete[24], das anschließend erweitert wurde[25] und eine genetische Datenbank für Straftäter einführt.

Das Risiko für unsere Freiheiten besteht somit nicht nur aufgrund von möglichem falschem Gebrauch, sondern auch aufgrund eines Missbrauchs der legal durchgeführten Gentests.[26]

---

20 Loi 96–452 du26 Mai 1996 (Journal Officiel du 29 Mai).

21 Véron, M. (1994): Ethique biomédicale, empreintes génétiques et sancion pénale, Dalloz, chron. 65.

22 Loi 98–468 du 17 Juin 1998 (Loi sur la criminalité sexuelle et la protection des mineurs) (Gesetz 98–468 über Sexualkriminalität und Schutz von Minderjährigen vom 17. Juni 1998).

23 Galloux 1999.

24 Loi 98–468 du 17 Juin 1998 (Loi sur la criminalité sexuelle et la protection des mineurs) (Gesetz 98–468 über Sexualkriminalität und Schutz von Minderjährigen vom 17. Juni 1998).

25 Art. 56 de la loi 1062–2001 du 15 Novembre 2001 (Art. 56 des Gesetzes 2001–1062 vom 15. November 2001) (vgl. Anmerkung 16).

26 Hennau-Hublet, C., Knoppers, B. M. (Hg.) (1997):, L'analyse génétique à des fins de preuve et les droits de l'homme, Bruylant, Bruxelles.

2. Die zweideutigen Erfahrungen mit der Praxis der Gentests.

Wenn wir uns auf die Hoffnungen beziehen, die durch die Entwicklung der medizinischen Genetik geweckt wurden, scheinen die Ergebnisse eher beschränkt zu sein: Prädiktive Medizin ist noch in weiter Ferne und die genetische Diagnostik wird im Wesentlichen in der Fortpflanzungsmedizin genutzt, um die Geburt von Kindern zu verhindern, die eine ernste genetische Erkrankung haben könnten.

Der große Erfolg der Gentests ist im Wesentlichen in Verbindung mit Identifizierungszwecken sowohl in zivil- als auch in strafrechtlichen Verfahren zu sehen.

1997 wurden genetische Fingerabdrücke in 3.500 Gerichtsfällen verwendet (3.000 betrafen strafrechtliche und 500 zivilrechtliche Verfahren).

2.1. Die Erfolgsgeschichte der Gentests außerhalb medizinischer Anwendungen.

Wir haben bereits weiter oben auf die Grundsätze hingewiesen, welche den Einsatz von genetischen Fingerabdrücken in Strafverfahren bestimmen.

Es ist jedoch wichtig, darauf hinzuweisen, dass dies das erste Mal in der Geschichte des französischen Strafrechts ist, dass eine wissenschaftliche Identifizierungsmethode so umfassend reglementiert wird. Diese Reglementierung zeigt auch, dass die Methode mit Ängsten verbunden ist in Bezug auf den Schutz der Privatsphäre und die Freiheit des Einzelnen.[27]

2.1.1. Genetische Fingerabdrücke und Kriminalitätsbekämpfung

Seit den ersten Anwendungen Ende der 80er Jahre sind die genetischen Fingerabdrücke allmählich von einer Identifizierungsmethode zu einer Methode der sozialen Kontrolle geworden.

2.1.1.1. Soweit dies als ein heikles Thema betrachtet wird, ist die Einbeziehung einer ganzen Gruppe von Männern, um die DNA eines jeden Mitglieds dieser Gruppe mit der DNA eines nichtidentifizierten Straftäters zu vergleichen, sicherlich der erste Schritt in dieser Entwicklung gewesen.

Der Fall Dickinson[28] mit mehr als 2.500 Tests im Jahre 1998 ist dann sicherlich das zu zitierende Beispiel, weil die soziale Kontrolle so groß war, dass nur ein Mann sich weigerte. Die Polizei beschloss dann, eine Hausdurchsuchung durchzuführen, um persönliche Gegenstände (Rasierklinge, Zahnbürste) mitzunehmen, mit denen der Test durchgeführt werden konnte.

---

27 Ibid.

28 Ein britischer Teenager wurde während eines Urlaubs in der Bretagne vergewaltigt und danach ermordet. Da die Polizei nur begrenzte Beweise in Bezug auf Verdächtige hatte, wurde zum ersten Mal im französischen Strafrecht vorgeschlagen, die gesamte männliche Bevölkerung des Ortes einem Gentest zu unterziehen. Dies wurde durch eine Entscheidung des Berufungsgerichts von Rennes vom 14. August 1997 genehmigt.

Das Beispiel ist auch interessant, weil es ein Fall von sexuellem Missbrauch eines Teenagers mit Gewaltanwendung war. Diese Kategorie von Straftaten hat auch im Zusammenhang mit dem Fall Dutrout in Belgien das Parlament weitgehend beeinflusst, um im Juni 1998 eine besondere Gesetzgebung für Straftäter im Zusammenhang mit sexuellen Missbrauch von Kindern zu verabschieden.

2.1.1.2. Das Gesetz vom 17. Juni 1998[29] ist eindeutig ein Gesetz, mit dem die Gesellschaft ihr Recht auf soziale Kontrolle über Personen, die unter kriminellen Gesichtspunkten gefährlich für Kinder sind, ausübt.

Um die Identifizierung von Sexualstraftätern zu erleichtern, wurde per Gesetz eine nationale Datenbank mit den genetischen Fingerabdrücken von Personen, die wegen Sexualstraftaten verurteilt wurden, erstellt.

Die genetischen Fingerabdrücke von Verdächtigen können so mit diesen Daten verglichen werden.

Obwohl es verfrüht ist, eine Feststellung dahin gehend zu treffen, wie wirkungsvoll die Datenbank sein kann[30], haben einige sich bereits erfolgreich dafür eingesetzt, dass der Geltungsbereich des Gesetzes ausgeweitet wird. Zum Zeitpunkt des Gesetzes von 1998 waren insbesondere Sexualstraftaten gegen Minderjährige betroffen.

Der Fall G. Georges, ein Serienmörder, der hätte identifiziert werden können, bevor er seine letzten Morde beging, diente als Beispiel, um die Ausweitung der Gesetzgebung auf Sexualstraftaten gegen Erwachsene oder selbst andere Straftaten als Sexualstraftaten zu rechtfertigen. Dies erfolgte im November 2001.[31]

Die neue Gesetzgebung ist äußerst interessant, weil sie nicht nur Gewaltverbrechen gegen Personen, sondern auch Verbrechen mit Sachschäden, soweit sie mit Gewalt ausgeführt werden, betreffen.

Ein weiterer äußerst interessanter Punkt der Gesetzgebung vom November 2001 ist, dass das Parlament eine neue Belastungsform begründet hat. Unter Beachtung der französischen Tradition der Strafgesetzgebung und der Bioethik-Gesetzgebung von 1998, die nicht vorsieht, dass jemand zum Gentest gezwungen

29 Loi 98–468 du 17 Juin 1998 (Loi sur la criminalité sexuelle et la protection des mineurs) (Gesetz 98–468 über Sexualkriminalität und Schutz von Minderjährigen vom 17. Juni 1998).

30 Die Organisation der Datenbank wurde erst im Jahre 2000 durch Erlass 2000–413 vom 18. Mai 2000 reglementiert (Decret 2000–413 du 18 Mai 2000) Sie wird nach einem dualen System betrieben: Das Innenministerium (Abteilung Kriminalpolizei) ist zuständig für die Datenverarbeitung, während die Gendarmerie die Kontrolle über das biologische Material hat. Zweck dieses komplexen Systems ist, die beiden französischen Polizeikräfte einzubinden. Es erklärt aber auch, warum das System einige Jahre nach Verabschiedung des Gesetzes immer noch nicht voll wirksam ist.

31 Seit dem Gesetz vom 15. November 2001 (Gesetzesblatt vom 16. November), ist die bestehende Gendatenbank, die 1998 durch Gesetz für Sexualstraftäter geschaffen wurde, auf andere Kategorien von Straftätern ausgeweitet worden; ein Straftäter, der eine Probenahme zur genetischen Identifizierung ablehnt, kann nach dem neuen Artikel 706–55 des Strafgesetzbuches bestraft werden.

werden kann[32], begründet das Gesetz einen neuen Straftatbestand. Verbrecher, die einen Gentest ablehnen, können danach verurteilt werden.[33]

Im Hinblick auf die Bekämpfung aller Formen von Verbrechen hat die Regierung vorgeschlagen, bis Ende 2002 im Übrigen alle Straftäter zu verpflichten, ihre Daten in der Datenbank speichern zu lassen, damit nicht nur Informationen über verurteilte Straftäter, sondern auch über Verdächtige gespeichert werden.[34]

Soweit dies dann der Fall sein wird, wird die soziale Kontrolle von Straftätern sich von der Auswertung von Fingerabdrücken auf die Auswertung von genetischen Fingerabdrücken verlagern.

2.1.2. Genetische Fingerabdrücke und Schutz der Privatsphäre

Obwohl die genetischen Informationen im Rahmen der allgemeinen Bestimmungen des Gesetzes über Datenschutz von 1978[35] geschützt sind, gibt es Sonderbestimmungen in Bezug auf den Schutz der Privatsphäre, die sich mit der Erfassung, Speicherung und Nutzung genetischer Daten befassen, die aber noch sehr stark eingeschränkt sind und damit auch die Entwicklung der Gentests im Strafverfahren reflektieren.

2.1.2.1. Da genetische Fingerabdrücke die Identifizierung eines Individuums erlauben, werden sie als persönliche Daten betrachtet, die durch Artikel 4 des Datenschutzgesetzes vom 6. Januar 1978 abgedeckt werden.

Im Rahmen des Gesetzes wurde eine nationale Kommission für den Schutz der Privatsphäre (CNIL)[36] eingesetzt, deren Rolle darin besteht, einen Verhaltenskodex für jedes Datenbankprojekt vorzugeben, das ihrer Kontrolle unterworfen ist, wobei dies allerdings nur für Projekte von Behörden gilt. Private Institutionen brauchen ihre Projekte nur anzumelden und unterliegen dann einer Vorprüfung.

Seit den 80er Jahren hat diese Kommission, die den Schwerpunkt der Umsetzung des Gesetzes bildet, intensiv im Gesundheitsbereich gearbeitet.[37] Das Gesetz von 1978 weist jedoch keine Sonderbestimmungen in Bezug auf die vorgenannten Straftaten auf, für die Datenbanken zusammengestellt werden können, und macht auch keine Angaben über die Dauer der Speicherung der persönlichen Informationen. Dies erleichtert keineswegs den Harmonisierungsprozess, der jedoch sehr nützlich im Bereich der genetischen Information wäre.

Wir können deswegen nur auf die Sonderbestimmungen verweisen, die in den 90er Jahren zum Zwecke der genetischen Information verabschiedet wurden.

---

32 Dictionnaire permanent bioéthique et biotechnologies, empreintes génétiques, p. 846, No. 18, Ed. Législatives, Montrouge, aktualisiert im Mai 2001.

33 Art. 706–56 du Code de Procédure Pénale (französisches Strafgesetzbuch).

34 Le Monde, 27. September 2002, 12.

35 Loi 78–17 du 6 Janvier 1978 (Loi relative à l'informatique et aux libertés).

36 Dictionnaire permanent bioéthique et biotechnologies, Commission nationale de l'informatique et des libertés, 505 et s., Ed. Législatives, Montrouge, aktualisiert im Februar 2000.

37 Dusserre, L., Ducrot, H., Allaërt, F.-A. (1996): L'information médicale, l'ordinateur et la loi, EM inter, Cachan.

2.1.2.2. Verschiedene Artikel des Strafgesetzbuches führen zu einer neuen Form der Belastung: Artikel 226–27 verbietet eine genetische medizinische Identifizierung ohne Einwilligung des Betroffenen, aber Artikel L 1131–1 des Gesundheitsgesetzbuches verfügt, dass es nicht erforderlich ist, die Einwilligung einzuholen, wenn der Arzt überzeugt ist, dass es im Interesse des Betroffenen ist (z. B., wenn das Ergebnis des Tests sein kann, dass ein Mann nicht der biologische Vater seines Kindes ist). Artikel 226–28, § 2 bestraft die Offenlegung von individuellen genetischen Informationen.[38]

Detailliertere Bestimmungen sind im Erlass vom 18. Mai 2000[39] enthalten, der sich mit der nationalen Gendatenbank für Straftäter befasst.

Nur ermächtigte Polizeibeamte haben Zugriff auf diese Informationen. Die Datenbank, die von einem Oberstaatsanwalt überwacht wird, kann nicht mit irgendeiner anderen Datenbank zusammengeführt werden.

Die Informationen dürfen nicht länger als 40 Jahre gespeichert werden.

2.2. Genetische Identifizierung und Vaterschaftsermittlung

Die Vaterschaft ist nicht nur eine biologische Angelegenheit, sondern in erster Linie eine soziokulturelle Frage, die eng mit der globalen Wahrnehmung des Familienkonzepts und der Rolle der Familie in der Gesellschaft verbunden ist. Die Ermittlung der Vaterschaft war immer streng im bürgerlichen Gesetzbuch geregelt. Als allgemeiner Grundsatz galt, dass der Ehemann als Vater der Kinder der Ehefrau angenommen wurde, und die Suche nach natürlicher Vaterschaft war stark eingeschränkt. Sowohl Familien- als auch öffentliche Interessen wurden durch Regeln geschützt, die jedoch zu einer ungerechten Behandlung von unehelichen Kindern führen konnte.[40]

Die Revolution der Familie, die in Europa nach dem Zweiten Weltkrieg begann, hat zu erheblichen Änderungen unseres Vaterschaftsrechts geführt. Um Kindern ähnliche Rechte zu gewähren, unabhängig davon, ob sie innerhalb oder außerhalb einer Ehe geboren wurden, wurde die Ermittlung der Vaterschaft für uneheliche Kinder erleichtert.[41]

Soweit genetische Tests Bluttests ersetzt haben und zuverlässigere Ergebnisse oder nahezu Gewissheit bezüglich der Frage ‚Ist dieser Mann der Vater?‘ geben, sind die biologischen Tests zu einem bedeutenden Nachweis der Vaterschaft in Gerichtsverfahren geworden.

Der Erfolg der genetischen Tests in Vaterschaftsklagen hat jedoch auch zu weit reichenden Folgen für das Rechtssystem der Vaterschaftsfeststellung von Kindern, die außerhalb der Ehe geboren wurden, geführt.

---

38 Diese Bestimmungen sind Teil der 1994 verabschiedeten Bioethik-Gesetzgebung.

39 Art. 56 de la loi 1062–2001 du 15 Novembre 2001 (vgl. Anmerkung 16).

40 Cornu, G. (1971): La naissance et la grâce, Dalloz, Chronique, 165.

41 Benabent, A.: Droit civil: la famille, 6e édition, Litec, Paris, No. 420.

2.2.1. Recht auf genetisches Gutachten

Als es erforderlich wurde, die Vaterschaftsbeziehung zwischen einem Kind und einem potentiellen Vater nachzuweisen, wurden genetische Tests allmählich als die bessere Methode verwendet, um diesen Nachweis erfolgreich vor Gericht zu führen.[42]

In diesem Stadium wurde der Gentest zu einer Erleichterung des Verfahrens und es wurden alle möglichen Anstrengungen unternommen, um dies sicherzustellen. Ein Gericht konnte anregen und sogar entscheiden, dass ein derartiges Gutachten eingeholt wird, selbst wenn dies nicht von den Parteien vorgeschlagen wurde.[43]

Das Gutachten konnte *ad futurum* im Hinblick auf künftige Gerichtsverfahren verfügt werden.[44]

Das Gutachten konnte sogar an einem Toten vorgenommen werden (selbst wenn dieser zu Lebzeiten grundsätzlich den Test hätte ablehnen können) und konnte auch als Grundlage für Ansprüche gegen diese Person dienen.[45]

Der wissenschaftliche Nachweis, der schließlich durch diese Vaterschaftstests geführt wurde, war so überzeugend, dass die Richter nur wenig Ermessensspielraum hatten, um die Ergebnisse von Gentests abzulehnen. Da die Gentests jedoch nicht zwingend vorgeschrieben waren, konnten sie auch andere Beweismittel annehmen.

Diese Situation wurde immer wieder kritisiert, weil es zu ungerechtfertigten Unterschieden zwischen Ansprüchen kam, während die Gentests unter allen Umständen die zuverlässigsten Beweise geliefert hätten.

Dies erklärt, warum eine Entscheidung des Obersten französischen Gerichtshofes vom 28. März 2000 feststellte, dass genetische Gutachten in Vaterschaftsfällen zwingend vorgeschrieben sein sollten, außer wenn es einen rechtmäßigen Grund für einen entsprechenden Verzicht gab.[46] In weiteren Entscheidungen hat das Gericht einige Beispiele für entsprechende legitime Gründe gegeben.[47]

Die biologische Revolution hat auch Folgen für das Rechtssystem der Nachweisführung im Vaterschaftsrecht gehabt.

---

42 Mazen, N.-J.: Tests et empreintes génétiques: du flou juridique au pouvoir scientifique, Petites affiches.

43 Cour de Cassation, Ière Chambre civile, 14. Februar 1990, Bulletin civil I, No. 46.

44 Vor dem Bioethik-Gesetz von 1994 (Loi 94–653 du 29 Juillet 1994), das die Anwendung der Tests nur in laufenden (und nicht künftigen) Gerichtsverfahren zuließ.

45 Massip, J.: Le refus de se soumettre à une expertise sanguine, moyen de preuve de la filiation la plus vraisemblable en cas de conflit de filiation, Petites affiches, 19. Juli 1996, 29.

46 Cass. Civ. 1ère, 28 Mars 2000, Dict. perm. bioéthique et biotechnologies, Bull. 89 (Mai 2000), 7792.

47 Cass. Civ. 1ère, 12 Juin 2001, Dict. perm. bioéthique et biotechnologies, Bull. 107 (Octobre 2001), 7400.

2.2.2. Reform unseres rechtlichen Ansatzes im Vaterschaftsrecht?

- In Bezug auf Kinder, die innerhalb der Ehe geboren werden, ist die angenommene Vaterschaft des Ehemannes nach wie vor Rechtsnorm, aber seit dem Gesetz zur Reform des Familienrechts ist die Annahme widerlegbar, um die Möglichkeiten des biologischen Tests zu berücksichtigen.[48]

  Die neuen Möglichkeiten, die sich aus der Anwendung von Gentests ergeben, haben die Gewissheit in Bezug auf Vaterschaft erhöht und deutlich gezeigt, dass die Vermutungsregel etwas sehr Künstliches ist.

  Dieser Grundsatz wird als grundlegende Regel nur noch aus sozialen Gründen und dem öffentlichen Interesse aufrechterhalten.

- In Bezug auf Kinder, die außerhalb einer Ehe geboren werden, wurden Gentests so häufig verwendet, dass das Gesetz vom 8. Januar 1993 verfügte, dass die Möglichkeit für ein Kind, seinen Vater ermitteln zu lassen, weiter geöffnet werden soll.[49] Vor diesem Gesetz wären entsprechende Ermittlungen nur unter fünf bestimmten Umständen zulässig gewesen (der Mann hat mit der Mutter gelebt, er hat für die Erziehung des Kindes gezahlt ...). Es ist jetzt unter allen Umständen möglich, soweit es gute Gründe für die Annahme gibt, dass der Mann der Vater sein könnte.

  Wenn der Richter entsprechend überzeugt ist, kann die Vaterschaftsklage eingereicht werden und, wie weiter oben erläutert, seit März 2000 hat der Richter keine andere Wahl, als ein biologisches Gutachten anzufordern.

Die Genetik hat große Hoffnungen in Bezug auf Diagnostik und Therapie geweckt. In den 90er Jahren wurden Verordnungen verabschiedet, um die medizinische Forschung zu erleichtern und mögliche Anwendungen der von der Gentechnik abgeleiteten Forschungsergebnisse beim Menschen zu fördern (Gentherapie, Diagnose von Erbkrankheiten durch Gentests). Der Erfolg dieser Forschung ist jedoch nach wie vor stark eingeschränkt und ethische Aspekte dieser neuen Forschungsrichtungen (Verwendung von geklonten Zellen oder Embryostammzellen) sind so kontrovers, dass es in der unmittelbaren Zukunft nur zu begrenztem Fortschritt in diesem Bereich kommen wird.

Demgegenüber ist die Verwendung von Gentests zur Identifizierung ein wahrer Erfolg, insbesondere im Bereich von Strafverfahren, in denen sie regelmäßig ausgeweitet werden. Aber auch im Bereich des Zivilrechts haben die Gentests zu bedeutenden rechtlichen Änderungen des Vaterschaftsrechts geführt.[50]

Obwohl sie nur einen begrenzten Anwendungsbereich in der französischen Gesetzgebung haben, führen genetische Daten zu neuen Formen der sozialen Kon-

---

48 Salvage-Gerest, P. (1976): Le domaine de la présomption „Pater is est" dans la loi du 3 janvier 1972, Revue trimestrielle de droit civil, 233.

49 Massip, J. (1993): Les modifications apportées au droit de la famille par la loi du 8 janvier 1993, Defrénois, No. 10 et 11, 609.

50 Bellivier, F., Brunet, L., Labrusse-Riou, C. (1999): La filiation, la génétique et le juge, Rev. trim. de droit civil, 529.

trolle, für die in Zukunft wahrscheinlich mehr rechtliche Beachtung erforderlich sein wird, um die Privatsphäre und die Freiheit des Einzelnen besser zu schützen.[51]

51 Malauzat, M.-J. (2000): Le droit face aux pouvoirs des données génétiques, PUAM.

V. Humangenomforschung als Tor zur individualisierten Medizin?

Die Humangenomforschung bildet nicht nur eine neue Grundlage der Arzneimittelentwicklung, sondern nährt auch Hoffnungen auf die Entwicklung und den Einsatz von Arzneimitteln, die auf die individuellen genetischen Dispositionen der Patienten abgestimmt sind. Nicht zuletzt geht die Erwartung dahin, die medizinische Versorgung (Diagnose, Prävention, Therapie) für Patienten mit gesundheitlich besonders relevanten genetischen Dispositionen insgesamt zu verbessern. Denn mit der Identifikation von Risiken und/oder Anfälligkeiten für bestimmte Erkrankungen geht die Möglichkeit einher, patientenbezogene Ansätze zur Vermeidung äußerer Auslöser (Ernährung, Umwelteinwirkungen), welche bei gegebener genetischer Veranlagung zu einer Erkrankung führen könnten, zu entwickeln.
Pharmakogenetik und individuelle genetische Diagnostik werden sich möglicherweise zu einem Konzept neuartiger, auf das persönliche Profil des Patienten zugeschnittener Arzneimitteltherapie verbinden. Auf der anderen Seite birgt die Identifikation von Risikofaktoren aber auch die Gefahr, ohne therapeutische Konsequenzen zu bleiben, wenn die kausalen Zusammenhänge zwischen genetischen Risikofaktoren, Umweltfaktoren und Verhalten nicht hinlänglich erkennbar sind. Das individuelle genetische Profil wird zum persönlichen Schicksal – ein Problem, auf das die Medizin in einzelnen Fällen bereits jetzt stößt.

Margret R. Hoehe

Individuelle Genomanalyse als Basis neuer Therapiekonzepte

Das Jahr 2001 wird in die Geschichte der Medizin und Biologie eingehen als das Jahr, in dem das menschliche Genom, über 90% der DNA-Sequenz von 3,2 Milliarden Basen, aufgeklärt und der Öffentlichkeit zugänglich gemacht worden ist. Ein Meilenstein ist damit erreicht worden, vergleichbar der Landung des ersten Menschen auf dem Mond. Damit ist die Voraussetzung dafür geschaffen, alle Gene, Transkripte und Proteine des menschlichen Organismus zu erfassen, ihre Funktionen zu analysieren, ihre Wechselwirkungen und damit die Regulation aller Stoffwechselprozesse und Funktionseinheiten, die menschliches Leben bedingen, zu charakterisieren – mit einem Wort: alle biologischen Prozesse des menschlichen Organismus aufzuklären.

Große Vision wird nun das ‚Gesamtmodell des menschlichen Organismus', das es ermöglicht, alle biologischen Prozesse *in silico* zu simulieren. Dieses bildet dann das Referenzsystem, ein ‚Masterplate' sozusagen, für die Modellierung pathophysiologischer Prozesse, und damit auch individueller Krankheitsprozesse. So wäre schließlich die nötige Wissensbasis für die Identifizierung molekularer Krankheitsursachen, für eine valide Diagnostik, wirkungsvolle Prädiktion und Prävention sowie zur Entwicklung effizienter, individuell optimierter Therapeutika geschaffen.

Das Vorliegen der ‚Referenzsequenz' des menschlichen Genoms ist zugleich Ausgangspunkt für einen neuen, ungleich bedeutsameren Abschnitt der Genomforschung: die Phase der ‚vergleichenden Genomik'. Man kann nun damit beginnen, systematisch die Sequenzen von Genen und Genomen zu vergleichen. Dies wird sowohl die systematische Analyse der genetischen Variabilität zwischen Individuen und zwischen Populationen innerhalb der Spezies Mensch ermöglichen, als auch die Analyse der genomischen Variabilität zwischen den Spezies als Ausdruck, als Stufen der Evolution. Somit werden nun die Beziehungen zwischen genetischer und genomischer Variabilität und phänotypischer Variabilität analysiert werden können. Von besonderer Bedeutung ist die Analyse von Genotyp-Phänotyp-Beziehungen beim Menschen da, wo es gilt, interindividuelle genetische Unterschiede mit dem Auftreten und dem Erscheinungsbild von Krankheiten oder anderen medizinisch bedeutsamen Merkmalen, wie z. B. individuell unterschiedlichen Reaktionen auf Therapeutika, zu korrelieren. Genetische Variabilität manifestiert sich durch interindividuelle Unterschiede auf der DNA-Sequenzebene, sog. Polymorphismen, wobei die sog. ‚single nucleotide polymorphisms' (SNPs) die bei weitem überwiegende Form der Variation im menschlichen Genom sind. Bei diesen Einzelnukleotid-Polymorphismen hat der Austausch einer DNA-Base als der kleinsten Informationseinheit eines Genoms durch eine andere stattgefunden. Die Brücke nun, die die Beziehung zwischen dem ‚Modell des menschlichen

Organismus', das alle biologischen Prozesse abbildet, und seiner Pathophysiologie herstellt, führt über solche DNA-Sequenzunterschiede, die mit einem Krankheitsphänotyp oder pharmakogenetischen Merkmalen assoziiert sind. Die Identifizierung solcher spezifischer DNA-Sequenzunterschiede in menschlichen Genen, die pathophysiologische Implikationen haben, ist gleichbedeutend mit der Identifizierung von Krankheitsgenen und damit mit der Markierung bestimmter Stoffwechselprozesse bzw. biologischer Funktionseinheiten, die bei einem Krankheitsphänotyp betroffen sind. Das Wissen um die biologischen Gesamtprozesse des Organismus in Kombination mit der Kenntnis der bei einer Krankheit fehlerhaft funktionierenden Moleküle wird es schließlich ermöglichen, individuelle Krankheitsprozesse und die Konsequenzen therapeutisch-pharmakologischer Intervention zu modellieren.

Nun zu unserem Thema, der ‚individuellen Genomanalyse', und inwieweit sie zur Basis neuer Therapiekonzepte werden kann. Folgende Fragestellungen spezifizieren dieses Thema: Inwieweit wird die Analyse des individuellen Genoms zur Grundlage von Diagnose und Therapie? Bedeutet sie eine grundlegende Neuausrichtung der Diagnostik oder besteht ihre Relevanz vornehmlich im Blick auf die Differentialdiagnostik? Welche auf der individuellen Genomanalyse basierenden neuen Therapiekonzepte zeichnen sich ab? Und: Welche präventiven Behandlungskonzepte sind denkbar oder möglicherweise zwingend? Diese Fragen sollen zunächst im Lichte der *Vision* behandelt werden, der Erwartungen und Hoffnungen also, die durch die Aufklärung der Sequenz des menschlichen Genoms geweckt wurden, an deren Ende die Vorstellung eines Gesamtmodells des menschlichen Organismus und die Simulierung individueller Krankheitsprozesse stehen. Im Anschluss daran sollen diese Fragen auf der Basis einer realistischen Bestandsaufnahme, die sowohl die Natur des Forschungsgegenstandes und den gegenwärtigen Forschungsstand als auch die sich daraus ergebenden Herausforderungen sowie erforderlichen Ressourcen und Technologien umfasst, einer kritischen Prüfung unterzogen werden.

Kommen wir zur ersten Frage, inwieweit die Analyse des individuellen Genoms zur Grundlage von Diagnose und Therapie werden kann. Wenn wir nun die oben dargelegten beiden Voraussetzungen, das ‚Gesamtmodell des menschlichen Organismus', das auch alle bei einer Krankheit potentiell betroffenen Stoffwechselwege, Funktionseinheiten oder Regulationsmechanismen abbildet, und die Identifizierung eines Krankheitsgenes im individuellen Genom erfüllen können, dann können wir diese Frage positiv beantworten, zumindest was die Diagnostik betrifft. Ausdruck dieses Fortschritts wäre sozusagen der ‚Computer am Krankenbett'. Entsprechende Hochtechnologien vorausgesetzt, wird man alle Regionen eines individuellen Genoms, die für die Erkrankung wichtige Genbereiche enthalten, systematisch durchsuchen, optimalerweise sogar das gesamte individuelle Genom, denn es könnte ja ein bis dato noch nicht bekanntes Krankheitsgen eine Rolle spielen. Wenn wir nun auf diesem Wege ein oder mehrere Krankheitsgene identifizieren, so werden dadurch zugleich ein oder mehrere Stoffwechselwege oder Funktionseinheiten markiert, und man kann den individuellen Krankheitsprozess, die Störung von Funktionsketten und ihre Implikationen simulieren. Die Identifizierung eines Krankheitsgenes und der dadurch ursächlich gestörten Funktionen ist gleichbedeutend mit der Identifizierung von kausalen pathophysiologischen Mechanismen, die der Entstehung der Erkrankung zugrunde liegen. Dadurch wird die Grundlage für eine molekulargenetische Diagnostik und zugleich – auf der Basis der Kenntnis der gestörten Funktion(en) – die Entwicklung neuer Therapeutika, die unmittelbar kausal angreifen, das Übel sozusagen ‚an der Wurzel packen', geschaffen.

Zweierlei Formen der Intervention durch Therapeutika lassen sich vorstellen:

1) eine spezifische Wechselwirkung mit dem ‚Krankheitsmolekül', falls diese aufgrund der Natur und zellulären Lokalisation des Moleküls möglich ist, z. B. die Blockade eines konstitutiv aktiven Rezeptors oder die Hemmung eines Enzyms, das ‚in die falsche Richtung' arbeitet, usw.,
2) eine Intervention an anderer Stelle des markierten Stoffwechselweges bzw. der biologischen Kaskade, die eine Funktionseinheit bildet, und zwar dort, wo sich optimalere Angriffsziele für Medikamente bieten, die die funktionelle Störung kompensieren bzw. maximalen Einfluss auf die Gesamtfunktion haben.

Gene und das menschliche Genom können sehr viel variabler sein als ursprünglich angenommen. Deshalb ist es grundsätzlich wichtig, das jeweils vorliegende individuelle Profil des Genes bzw. seines Genproduktes als Zielmolekül für Therapeutika mitzuberücksichtigen, wenn das Medikament einen individuell optimalen ‚Fit' und damit eine optimale Wirkung haben soll. Viele Gene besitzen eine Vielzahl individuell unterschiedlicher Profile und es besteht das Risiko, dass das Zielmolekül bei einem Teil der Bevölkerung eine unteroptimale oder gar keine Bindung mit der Wirksubstanz eingehen kann, d. h., wenig oder gar nicht wirkt. In letzterem Fall wäre es immer noch vorzuziehen, ein entsprechendes Medikament gar nicht zu verabreichen. Die zweite Ebene, die durch die individuelle Genomanalyse unmittelbar miterfasst wird, ist die Analyse der Variabilität der Gene, die den Transport und die Verstoffwechselung der pharmazeutischen Wirksubstanzen steuern. In der Tat ist große Variabilität bei diesen Genen eher die Regel als die Ausnahme und viele Arzneimittel zeigen große interindividuelle Unterschiede in Wirksamkeit und Toxizität. Das Spektrum der klinischen Beobachtungen reicht von ungewöhnlich starken Reaktionen auf Pharmaka über das vollkommene Fehlen oder mangelnde Effizienz einer therapeutischen Wirkung bis hin zu schweren und im Extremfall sogar tödlichen Nebenwirkungen. Deshalb ist eine Kenntnis des ‚genetischen Make-Ups' dieser Gene vor Verabreichung von Medikamenten unerlässlich und muss integraler Bestandteil einer individuellen Genomanalyse sein.

Zusammenfassend ist damit auch die zweite Frage, ob die individuelle Genomanalyse eine grundlegende Neuausrichtung der Diagnostik bedeutet oder ihre Relevanz vornehmlich im Blick auf die Differentialdiagnostik besteht, beantwortet. Die grundlegende Neuausrichtung der Diagnostik besteht in der unmittelbaren Diagnose der Krankheitsursachen, der zugrunde liegenden molekularen Pathologie. Da ein und demselben Krankheitsphänotyp unterschiedliche molekulare und genetische Ursachen zugrunde liegen können (man spricht auch von ‚genetischer

Heterogenität'), hat die individuelle Genomanalyse damit zugleich entscheidende Bedeutung für die Differentialdiagnostik.

Bezugnehmend auf die dritte Frage, die Frage nach neuen sich abzeichnenden Therapiekonzepten, ist noch einmal auf die Kenntnis der Ursachen zu verweisen, die eine kausale Therapie als neues Konzept ermöglichen. Kein Einsatz von Medikamenten also, die nur Symptome modifizieren und letztlich mehr oder weniger zufällig, auf der Basis von ,Versuch und Irrtum', und im Extremfall als Epiphänomene, nicht jedoch als das Ergebnis einer unerbittlichen genetischen Krankheitsursachen-Forschung entstanden sind. Die Einheit von Diagnostik und Therapie auf der Basis der Kenntnis der ursächlichen molekularen Krankheitsmechanismen ist das entscheidende, das neue ,Gesamt'konzept.

Und schließlich zur vierten Frage, der nach den denkbaren oder möglicherweise zwingenden präventiven Behandlungskonzepten. Wenn das Gen oder die Gene, die eine genetische Disposition für eine Erkrankung darstellen, identifiziert sind und damit die störanfällige Funktionseinheit, dann ist auf der Basis der nun möglichen Diagnose einer genetischen Prädisposition vor Auftreten der Erkrankung, d. h. der möglichen Vorhersage (Prädiktion) der Erkrankung, eine pharmakologische Intervention zur Verhinderung einer schweren Krankheit – vorbehaltlich gesetzlicher Regelungen – zwingend.

Soweit zur Vision einer ,Genom-basierten Medizin der Zukunft' und ihrer offensichtlich logischen Konsequenzen für Diagnostik, Pharmakotherapie und Prävention. Doch wo stehen wir heute, und was lässt sich aus dem gegenwärtigen Forschungsstand für eine Realisierbarkeit dieser Vision ableiten? Was haben uns die ersten Schritte auf diesem Weg in die Zukunft gelehrt?

Es erscheint im Voraus notwendig, den entsprechenden Informationsstand zur Natur der Erkrankungen, die gesundheitspolitisch wie volkswirtschaftlich im Zentrum des Interesses stehen, herzustellen. Gemeint sind die sog. ,Volkskrankheiten', zu denen z. B. Krebserkrankungen, Herz-Kreislauferkrankungen einschließlich Bluthochdruck, Diabetes, Fettsucht, Suchterkrankungen und andere neuropsychiatrische Erkrankungen wie Depression und Schizophrenie gehören. Die Aufklärung dieser Erkrankungen stellt eine der nächsten großen Herausforderungen der Genomforschung, molekularen Medizin und Pharmakogenomik dar. Diese Erkrankungen sind ihrer Natur nach sog. ,komplexe' genetische Erkrankungen. Dies bedeutet zunächst, dass der Krankheitsphänotyp keinen klassischen Mendel'schen dominanten oder rezessiven Erbgang zeigt, wie er typisch für einen Hauptgen-Effekt ist. Wesentlich ist also, dass keine eindeutige Beziehung zwischen Genotyp und Phänotyp mehr gegeben ist (Abb. 1), entweder, weil derselbe Genotyp sich durch unterschiedliche Phänotypen manifestiert, oder unterschiedliche Genotypen zum gleichen Phänotyp führen können.[1] Das heißt konkret, dass zum einen Individuen mit einer genetischen Prädisposition nicht zwangsläufig die Krankheit bekommen müssen (unvollständige ,Penetranz'), und dass zum anderen Individuen, die keine Veranlagung ererbt haben, nichtsdestoweniger die Erkrankung als Ergeb-

1 Siehe Lander, Schork 1994.

nis von Umweltfaktoren oder zufälligen Einflüssen bekommen können (‚Phänokopie').[2] Zusammenfassend spielen also bei der Entstehung der komplexen Krankheiten sowohl genetische als auch Umweltfaktoren eine wichtige Rolle (Abb. 1). Beim Zustandekommen der genetischen Disposition wiederum können einige, mehrere, und in manchen Fällen sogar viele Gene eine Rolle spielen (Abb. 1), wobei Art und Natur der Gen-Gen-Wechselwirkungen unklar sind und der Einfluss einzelner Gene – im Gegensatz zu den monogenen Erkrankungen – eher mäßig ist.

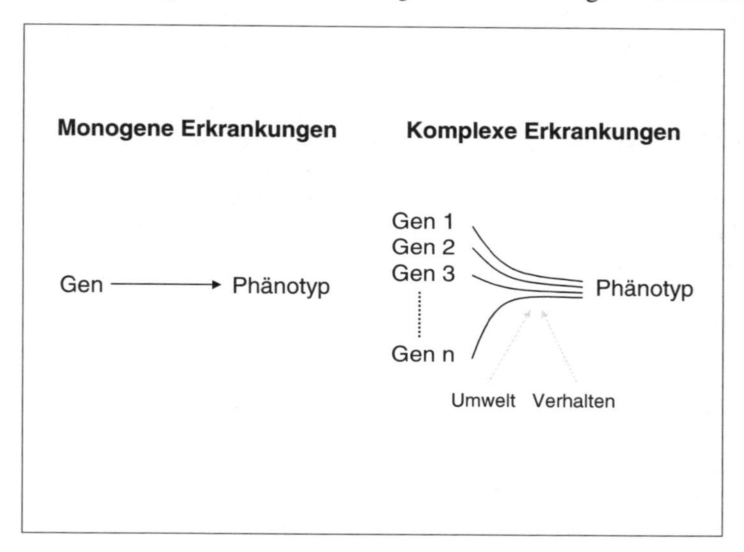

Abb. 1: Vergleichendes Schema zu den Genotyp-Phänotyp-Beziehungen bei monogenen versus komplexen Erkrankungen

Das Vorhandensein jedes einzelnen Gens ist notwendig, jedoch nicht hinreichend. Die Präsenz eines genetischen Risikoprofils kann die Wahrscheinlichkeit des Eintretens der Erkrankung erhöhen, jedoch nicht zwingend zum Auftreten der Erkrankung führen. Erst der Einfluss zusätzlicher Gene und nichtgenetischer Faktoren wie Alter, Geschlecht und Umwelt führen zur Manifestation der Erkrankung bei gegebenen genetischen Risikofaktoren. Dies lässt sich z. B. auf besonders deutliche Weise am Beispiel der kanadischen Inuit veranschaulichen, an denen mehrere genetische Risikofaktoren nachgewiesen wurden. Dennoch erkrankten diese Menschen nicht – im Gegenteil, sie erfreuten sich bester Gesundheit. Dies führte schließlich zu der Vermutung, dass die speziellen Lebensbedingungen der Inuit, insbesondere die Art der konsumierten Fettsäuren, zu einer anderen Wechselwirkung mit den funktionellen Veränderungen der Genprodukte führten, sodass die Inuit trotz vorhandener genetischer Disposition nicht erkrankten.[3] Es ist generell anzunehmen,

2 Ebd.
3 Vgl. Hegele, Young, Connelly 1997.

dass bei einem Großteil der sog. ‚Zivilisationskrankheiten' bestimmte Genvarianten zugrunde liegen, die unter den kargen, restriktiven Bedingungen der ursprünglichen Lebensumwelt des Menschen in den Steppen Afrikas einen Überlebensvorteil sicherten, jedoch unter den Bedingungen des Nahrungsüberflusses und der Bewegungsarmut der westlichen Zivilisationen krankheitsdisponierend wirken. Diese Beobachtung hat sich in der sog. ‚thrifty genotype hypothesis' niedergeschlagen, die besagt, dass ursprünglich überlebenswichtige Genformen unter unterschiedlichen zivilisatorischen Bedingungen, vor allem unter Bedingungen des Überflusses und mangelnder physischer Anforderungen, krankheitsgenerierend wirken.

Alle diese Faktoren zusammengenommen, die die Komplexität dieser Erkrankungen bedingen, erschweren die Identifizierung der zugrunde liegenden Krankheitsgene bzw. genetischen Risikofaktoren nachhaltig. Im Gegensatz zu den monogenen Mendel'schen Erkrankungen, deren genetische Ursachenaufklärung von bemerkenswerten Erfolgen gekrönt war, sind auf dem Gebiet der häufigen, komplexen Erkrankungen bis dato äußerst bescheidende Fortschritte zu verzeichnen.[4] Die an den monogenen Erkrankungen so erfolgreich angewandten Techniken der genetischen Kartierung und positionellen Klonierung liessen sich nicht entsprechend auf das Gebiet der komplexen Erkrankungen übertragen. Auch ist vielfach die dazu notwendige Rekrutierung von sehr großen Anzahlen an Familien oder Geschwisterpaaren in der Praxis nicht umsetzbar. Nur in seltenen Fällen oder unter ganz bestimmten Voraussetzungen, wie z. B. der Auswahl von Isolatpopulationen, genetisch sehr homogenen Populationen, konnten genetische Risikofaktoren identifiziert werden. So konzentrierte man sich als alternative Suchstrategie auf die Untersuchung von sog. ‚Kandidatengenen', also Genen, die aufgrund ihrer Biologie und Funktion in der Pathophysiologie der Erkrankung eine Rolle spielen könnten. Solche Gene scheinen für eine vergleichende Variationsanalyse bei Gesunden und Kranken besonders interessant. Der gegenwärtige Forschungsstand auf dem Gebiet komplexer Erkrankungen zeichnet sich vor allem durch die Nichtreplizierbarkeit von Ergebnissen aus, d. h. durch sehr kontroverse Ergebnisse, was eine mögliche kausale Rolle ganz bestimmter ‚Kandidatengene' anbelangt. Um derzeitige Diskussionen um die aussichtsreichsten Strategien zur Identifizierung von Krankheitsgenen auf diesem Gebiet zusammenzufassen: als Strategie der Zukunft wird die systematische Analyse von Kandidatengen-Varianten bei Gesunden und Kranken im großen Maßstab angesehen; optimalerweise können *alle* Gene des menschlichen Genoms simultan auf ihre Assoziation mit dem Krankheitsphänotyp hin untersucht werden.[5]

Unabhängig von allen Strategiediskussionen ist in jedem Fall die systematische Analyse von Kandidatengenen von Gesunden und Kranken der Schlüsselschritt im Gesamtprozess der Krankheitsgen-Identifizierung (Abb. 2). Dieser besteht typischerweise aus zwei Schritten: der erste ist die Identifizierung von Kan-

4 Vgl. Risch, Merikangas 1996.
5 Vgl. ebd.

didatengenen, entweder aufgrund von Information zur biologischen Funktion der Gene (siehe oben; ‚funktionelle' Kandidaten) und/oder aufgrund von Information zur genetischen Lokalisation des Krankheitsgens innerhalb eines bestimmten chromosomalen Segments (‚positionelle' Kandidaten) als Ergebnis einer genetischen Kartierung des Krankheitsphänotyps; die in diesem genomischen Segment exprimierten Gene sind Kandidatengene aufgrund ihrer Position, einige davon zusätzlich aufgrund ihrer Funktion. Der zweite und entscheidende Schritt nun, der allen Ansätzen zur Krankheitsgen-Identifizierung gemeinsam ist, ist der systematische Vergleich individueller Kandidatengensequenzen in großen Gruppen von Patienten und Kontrollgruppen mit dem Ziel, genau die spezifischen Genvarianten zu identifizieren, die eine Funktionsänderung des Moleküls bedingen und somit eine kausale Beziehung zur Erkrankung haben könnten (Abb. 2). In diesem Gesamtkonzept nimmt die Analyse der genetischen Variabilität von Genen eine ganz zentrale Stellung ein, denn sie ist die Grundvoraussetzung zur Identifizierung von Krankheitsgenen bzw. genetischen Risikoprofilen per se. Und an diesem entscheidenden Schritt nun lässt sich zugleich messen, wo die Forschung steht und welche Herausforderungen noch zu überwinden sind. Und, da das individuelle Gen als die kleinste Einheit der Information im gesamten individuellen Genom betrachtet werden kann, lässt sich anhand dieser Bestandsaufnahme auch die Herausforderung einer ‚individuellen Genomanalyse' und ihrer Interpretation extrapolieren.

Identifizierung von Krankheitsgenen

Biologische und funktionelle Information

Genetische Kartierung
Mikrosatelliten, SNPs
Kopplung und/oder LD

‚funktionelle' und/oder ‚positionelle' Kandidatengene

Vergleichende Sequenzierung von individuellen Kandidatengen-Sequenzen in Patienten und Kontrollen

Identifizierung von Krankheits-bezogenen Genvarianten

Abb. 2: Schema: Schlüsselschritt im Gesamtprozess der Identifizierung von Krankheitsgenen

Da das gesamte Gen und sein kodiertes Protein als Einheit die Funktion bestimmen, ist es zwingend notwendig, die gesamten Sequenzen der individuellen Gene einschließlich seiner regulierenden, exonischen und wichtigen intronischen

Regionen zu sequenzieren. Es ist weiterhin wichtig, in sog. diploiden Organismen, zu denen der Mensch gehört, die jeweils spezifischen Kombinationen der Sequenzvarianten (die ‚Haplotypen') für jedes der beiden (väterlichen und mütterlichen) Chromosomen des Genes zu bestimmen, da nur so eindeutige Aussagen über die Funktionalität der beiden Genkopien möglich sind (Abb. 3). Auf der Basis der rein experimentellen Sequenzierergebnisse ist eine solche Zuordnung, eine Differenzierung der Sequenzvarianten nicht möglich.

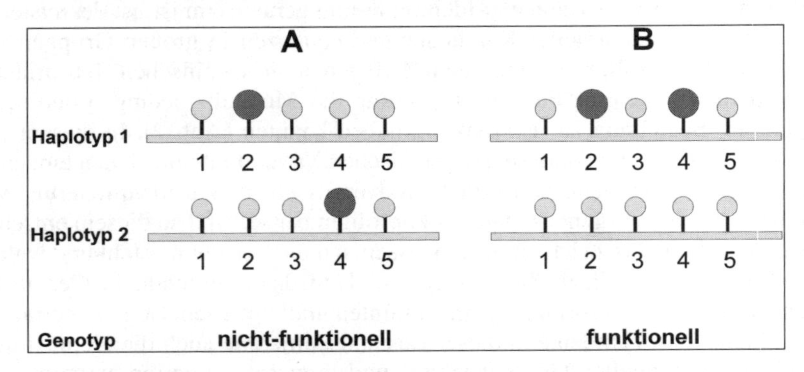

Abb. 3: Haplotypen-Paare zweier Individuen für ein Gen mit multiplen (5) SNPs. In diesem Fall bestimmt die Zuordnung der SNPs zu den beiden Chromosomen den Genotyp; obwohl beide Individuen an den Positionen 2 und 4 heterozygot sind, exprimiert das Individuum links das Gen korrekt, das Individuum rechts nicht. Akkurate Haplotypisierung ist also – besonders wo multiple SNPs gegeben sind – notwendig, um diese SNPs mit Genfunktion zu korrelieren. Gegenwärtige Methoden, SNPs in diploiden Organismen z. B. durch direkte Sequenzierung zu ‚genotypisieren', ermöglichen es nicht, zu bestimmen, welches Chromosom eines diploiden Paares mit jedem Polymorphismus assoziiert ist.

So lassen zwei verschiedene Mutationen, die sich auf dem gleichen Chromosom befinden (in *cis*), die Funktion der anderen Kopie des Gens intakt. Wenn sie sich auf den verschiedenen Chromosomen befinden (in *trans*) werden beide Genkopien inaktiviert. Demselben SNP können daher unterschiedliche Haplotypen-Paare zugrunde liegen, im Extremfall funktionale und nicht-funktionale, wie aus Abb. 3 eindeutig hervorgeht. Die Korrelierung genetischer Variation mit Gen-Funktionen ist nur auf der Basis von Haplotypen möglich (besonders wenn viele Varianten gegeben sind), da nur so Struktur-Funktionsbeziehungen erkannt werden können. Historisch gesehen wurden bisher, aufgrund limitierter technologischer Möglichkeiten, die meisten Kandidatengen-Studien auf der Basis von Einzel-SNP-Analysen (oder der Analyse einiger weniger SNPs) durchgeführt, die Ergebnisse waren in der Regel kontrovers, und nur für wenige Gene (die an einer Hand abzuzählen sind) konnte eine Beziehung mit dem Krankheitsphänotyp etabliert werden. Einer der Hauptgründe dafür dürfte in der fehlenden systematischen Analyse der Gene liegen. Die Bedeutung der Analyse von Haplotypen für die Identifizierung genetischer Risikoprofile und die Vorhersage klinischer Reaktionen auf Pharmaka wurde inzwischen in ersten Studien international eindeutig demonstriert.[6] Diese sich anbahnende ‚Trendwende' wurde durch Daly et al. wie folgt zusammengefasst: „Assoziationsstudien zur Identifizierung von Krankheitsgenen bezogen sich traditionellerweise darauf, individuelle SNPs im Gen oder seiner Umgebung zu testen. Dieser Ansatz (...) hat keinen klaren Endpunkt: wahre Assoziationen können aufgrund der unvollständigen Information einzelner SNPs unentdeckt bleiben; negative Ergebnisse schließen eine Assoziation nicht aus, die benachbarte SNPs involvieren könnte; und positive Ergebnisse sind keine zwingende Indikation für die Entdeckung eines kausalen SNPs, sondern möglicherweise einfach eines Markers im Kopplungsungleichgewicht mit einem wahren kausalen SNP in einiger Entfernung (sogar mehrere Gene entfernt)".[7] Aus diesem Grund wurde auf dem Meeting der National Institutes of Health (NIH) zum Thema ‚Developing a Haplotype Map of the Human Genome for Finding Genes Related to Health and Disease' vom 18.–19. Juli 2001 die Analyse von Gen-basierten Haplotypen und chromosomalen Haplotyp-Blöcken, der Haplotypenkarte, zum nächsten großen Ziel des ‚US Human Genome Projects' erklärt.

Die wenigen Untersuchungen, die die genetische Variabilität in einer Reihe von Kandidatengenen – oder Teilen eines Genes – systematisch analysiert haben, zeigen, dass Gene und das menschliche Genom sehr viel variabler sein können als ursprünglich angenommen. Im Durchschnitt finden sich ca. 3–6 SNPs in kodierenden Regionen (1 SNP ca. alle 200–300 bp), und eine größere Dichte von SNPs in den regulatorischen Sequenzen (1 SNP ca. alle 100–200 bp) und intronischen Sequenzen. Dies ist, verglichen mit der Gesamtanzahl von mehr als 3 Milliarden Basenpaaren im menschlichen Genom, immer noch ein verschwindend geringer Prozentsatz, jedoch, verglichen mit dem uns zur Verfügung stehenden Instrumentarium an Hochdurchsatztechnologien und Bioinformatik-Kompetenz wie -Kapazität viel zu groß, um in absehbarer Zeit die kritischen Problemstellungen beherrschen zu können und – letztendlich – wenigstens die biomedizinisch relevante phänotypische Variabilität durch genotypische Variabilität erklären zu können. Die Anzahl der Varianten eines Genes kann also groß sein, und daraus folgt, dass die Anzahl der individuell unterschiedlichen Genformen, Haplotypen, sehr groß werden kann.

Diese Vielfalt der gegebenen Haplotypen stellt nun ganz neue Herausforderungen an Assoziationsanalysen mit Kandidatengenen; gängige methodische Ansätze der Hypothesentestung versagen angesichts der natürlich gegebenen Variabilität innerhalb eines – selbst kleinen – chromosomalen DNA-Segmentes bzw. sind weder statistisch noch biologisch zulässig. Folgende wesentliche Fragen erheben sich: Wie kann man Genotyp-Phänotyp-Beziehungen gegen einen Hintergrund gegebener hoher natürlicher Variabilität untersuchen?

Wie kann man die wichtigen Varianten, die für den Phänotyp entscheidend sind und die nur eine Untergruppe der natürlich gegebenen Variabilität darstellen, von den unwichtigen filtern?

---

6 Vgl. Drysdale et al. 2000, Hoehe et al. 2000, Davidson 2000.
7 Daly et al. 2001.

Um diesen Fragenkomplex anzugehen, haben wir molekulargenetische und biomathematische Methoden entwickelt, und möchten das bisher Ausgeführte sowie erste Lösungsansätze anhand eigener Arbeiten illustrieren.

Wir sind also bei der Realität der Identifizierung von Krankheitsgenen für häufige, komplexe Erkrankungen, dem ersten entscheidenden Schritt für die Aufklärung der Pathophysiologie der Erkrankung, angekommen. Eine Untersuchung hatte das menschliche μ-Opiatrezeptorgen, hochspezifisches Zielmolekül für Morphin, zum Gegenstand.[8] Eine Fülle von pharmakologischen, biochemischen, pathophysiologischen und genetischen Befunden an Patienten sowie Tiermodellen für Suchtverhalten hatten zu der Hypothese geführt, dass DNA-Sequenzunterschiede in funktionell relevanten Regionen dieses Gens mit dem Auftreten von Suchterkrankungen verbunden sein könnten. Um diese Hypothese zu testen, wurde das gesamte Gen (ca. 6,7 Kilobasen per Individuum) in insgesamt 250 Suchtpatienten und Kontrollpersonen vergleichend sequenziert. Dies war gleichbedeutend mit der Sequenzierung von ca 1,8 Megabasen ($1{,}8 \times 10^6$ Basenpaare) mit maximaler Genauigkeit, im Umfang vergleichbar der Sequenzierung eines bakteriellen Genoms. Erstes Ergebnis dieser systematischen Analyse war die Identifizierung von insgesamt 43 unterschiedlichen Varianten im Gen (Abb. 4).

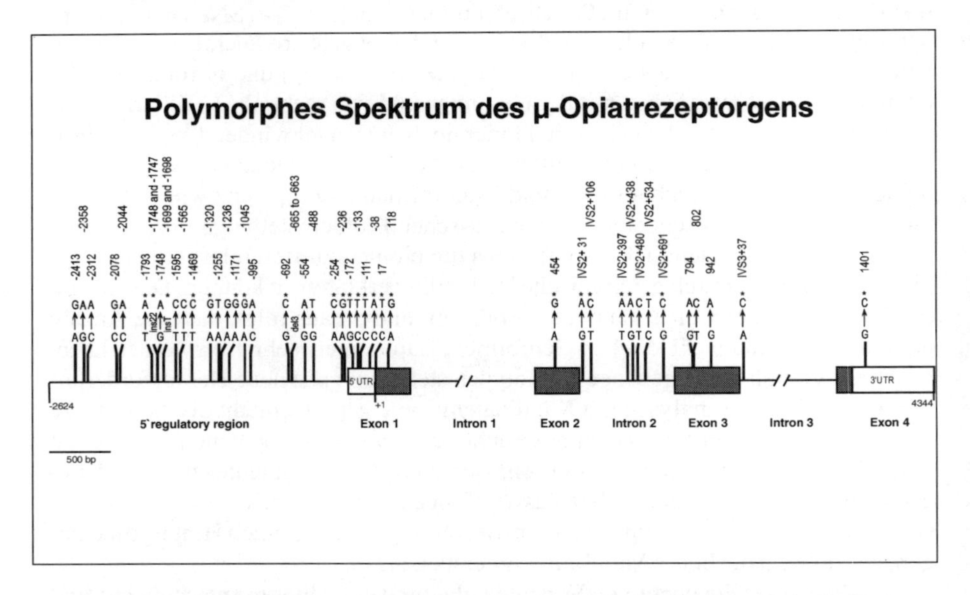

Abb. 4: Polymorphes Spektrum des μ-Opiatrezeptorgens.[8] Die 6968 bp genomische Referenzsequenz ist als Baseline präsentiert; alle Genvarianten sind durch Positionsnummern (relativ zum Startcodon) gekennzeichnet, Nukleotid-Variationen (Basenaustausche, Insertionen und Deletionen) angegeben. Die mit einem Stern versehenen Varianten sind in die Haplotyp-Analysen miteinbezogen worden.

8 Vgl. Hoehe et al. 2000.

Wenn man nun die insgesamt 25 Varianten, die mehr als ein einziges Mal, also mit einer Frequenz von 1 % und größer, vorkamen, in die weiteren Analysen miteinbezog, so ergaben sich daraus in der Untergruppe von 172 ‚Afro-Amerikanern' insgesamt 82 unterschiedliche Genotypen (als die Summe aller ‚Allele' an allen 25 Positionen). Da die Bestimmung der genetischen Haplotypen durch molekulargenetische Methoden derzeit zu aufwändig ist, wurde ein Programm zur statistischen Vorhersage des einem Genotypen mit der größten Wahrscheinlichkeit zugrunde liegenden Haplotypen-Paares entwickelt (‚MULTIHAP'). Dadurch konnten die insgesamt 172 Haplotypen-Paare, die 81 unterschiedliche Genotypen konstitutierten, durch 52 unterschiedliche Haplotypen erklärt werden (Abb. 5). Diese Anzahl von Haplotypen sprengt bereits den Rahmen des gegenwärtig ‚Machbaren' auf dem Gebiet der statistischen Assoziationsanalyse, liegt jedoch bei einer Anzahl von n=25 SNPs deutlich unter der Anzahl der theoretisch möglichen $n=2^{25}$ Haplotypen. Insgesamt waren fünf häufige Haplotypen-Formen zu ermitteln (Häufigkeiten zwischen 38 und 5 %), die in ungefähr 70 % der Individuen vorkamen, die restlichen 30 % der Individuen hatten alle seltene Haplotypen.

Die Vielfalt der gegeben Haplotypen stellt nun ganz neue Herausforderungen an Assoziationsanalysen mit Kandidatengenen; gängige methodische Ansätze versagen angesichts der natürlich gegebenen Variabilität innerhalb eines – selbst kleinen – chromosomalen DNA-Segmentes bzw. sind weder statistisch noch biologisch zulässig. Neue Ansätze zur Reduktion dieser Komplexität werden nötig. Um trotz dieser Multiplizität von Haplotypen statistisch signifikante Aussagen machen zu können, bietet es sich an, zu versuchen, die Haplotypen auf der Basis von Sequenz-Struktur-Funktionsbeziehungen in funktionell ähnliche (idealerweise gleiche) Gruppen zu ordnen. Da *a priori* die Anzahl funktionell unterschiedlicher Klassen (falls solche überhaupt existieren) nicht bekannt ist, erscheint ein schrittweiser Klassifikationsprozess sinnvoll. Dieser geht von den einzelnen Haplotypen aus und fasst schrittweise die jeweils ähnlichsten Cluster zusammen, bis im letzten Schritt ein einziges Cluster übrigbleibt. Sofern mindest eine dieser Klassen signifikant häufiger Haplotypen aus Patienten oder Kontrollgruppen enthält, ist die Existenz funktionell unterschiedlicher Klassen wahrscheinlich. In diesem Fall werden die Haplotypen in den Klassen auf bestimmte ‚Konsensus-Muster' hin analysiert. Können bestimmte Muster von Varianten häufiger in Individuen mit der Erkrankung beobachtet werden, so können diese als Risikoprofile betrachtet werden. Auf der Basis eines derartigen Klassifikationsprozesses von Haplotypen mittels einer hierarchischen Clusteranalyse konnte eine Gruppe von Haplotypen ermittelt werden, die fast ausschließlich den Patienten mit Suchterkrankungen (Morphin- und Kokainabhängigkeit) zuzuordnen war, und der eine charakteristische Kombination von fünf Varianten gemeinsam war (Abb. 5; siehe dunkelgrau markierte Haplotypen). Diese ursprünglich statistisch ermittelten Haplotypen entsprachen den genetischen Haplotypen, wie mittels molekulargenetischer Methoden bestätigt wurde. Diese Kombination von Varianten stellt ein potenzielles Risikomuster für Suchterkrankungen dar und bildet den Ausgangspunkt für funktionelle Analysen dieser Varianten einzeln und in Kombination, um diese biologische

Ausgangshypothese zu testen. Die Durchführung weiterer Untersuchungen ist zwingend, zum einen sind Replikationen des Ergebnisses in unabhängigen Populationen gefordert, zum anderen ist die funktionelle Relevanz dieser Varianten *in vitro* und *in vivo* zu erbringen. Dieses sog. ‚Risikomuster' war in 16 % aller Patienten zu beobachten, was mit einem für komplexe Erkrankungen bereits relativ hohem genetischen Risiko verbunden war; dieses Muster könnte die Wahrscheinlichkeit, zu erkranken, erhöhen, ließe das Eintreten einer solchen Erkrankung jedoch nicht mit Sicherheit vorhersagen. Gene sind nicht Schicksal.[9]

Haplotypen des μ-Opiatrezeptorgens

1111111111111111111111111	1111111111211111211111111	1211111111111112111111211
1111111111111111111111211	1111111111211211111111111	1211111111211111111111111
1111111111111111112111111	1111111111211211111111211	1211111111211121111121112
1111111111111111121111111	1111111111211211211111111	1211111121211121111111111
1111111111111111211111111	1111111121111121111111111	1211112111111111111111211
1111111111111111211111121	1111111211111111111111211	2121211111112121111111111
1111111111111111212111111	1111111211111121111111111	2121211111112121111111211
1111111111111112111111111	1111121111111111111111211	2121211111112121111112111
1111111111111121111111211	1111121121111111111111111	2121211111112121111211111
1111111111111211111111111	1111121121121111111111111	2121211111122121111112111
1111111111111211111111121	1112111111111111121111111	2121211112112121111211111
1111111111111211111211112	1112111111111121121121111	2121212111112121111111111
1111111111111211211111111	1112111111111121121121112	2121221111112121111111111
1111111111211111111111211	1121111211111121111121111	2121221111112121111112111
1111111111211111211111111	1121211111112111111111111	2121221111112121111121111
1111111111211121111111211	1121211111112111121111111	2121221111112121111121112
1111111111211211111121112	1211111111111111111111211	
1111111112111111111111111	1211111111111111111211111	

Abb. 5: Haplotypen des μ-Opiatrezeptorgens von Patienten und Kontrollen.[9] 1 bedeutet: identisch mit der Referenzsequenz; 2 bedeutet: unterschiedlich von der Referenzsequenz; die durch Positionen 1–25 spezifizierten polymorphen Positionen sind in Abb. 4 durch Stern markiert. Die mit dunkelgrau bzw. hellgrau unterlegten Haplotypen waren, als Ergebnis einer hierarchischen Clusteranalyse, Bestandteil eines Clusters, das sich signifikant von den anderen unterschied (siehe Text).[9] Diesen Haplotypen gemeinsam war eine Kombination von fünf Varianten an den Positionen 1, 3, 5, 13, 15 (dunkelgrau) bzw. in zwei zusätzlichen Fällen eine Kombination von drei dieser Varianten (hellgrau).

Ein weiteres Beispiel für die große Multiplizität von Genformen auf DNA-Ebene wird in den systematischen Variationsanalysen des β2-adrenergen Rezeptorgens sichtbar. Dieses Gen kodiert das Zielmolekül für einige der am häufigsten verschriebenen Wirksubstanzen, beta 2-Agonisten und beta 2-Blocker. Es hat innerhalb eines Bereiches von ca. 3,1 kb (Gen-regulatorische und Gensequenzen)

9 Ausführliche Diskussion vgl. Hoehe et al. 2000.

insgesamt 15 unterschiedliche Varianten, von denen sich bereits einige als funktionell relevant erwiesen haben (Abb. 6). Bereits in einer Untersuchung von ca. 237 Individuen waren 121 (!) unterschiedliche Haplotypen zu ermitteln. In einer weiteren Studie ergab sich, dass eine spezifische Kombination von sieben Varianten dieses Genes, drei im regulatorischen Bereich, vier im kodierenden Bereich, mit einer Prädisposition für essentielle Hypertonie verbunden war (Abb. 6). Dieses

Pos.	-1343	-1023	-654	-47	-20	46	79	252	523	1053	1239
1	2	1	2	2	1	1	1	1	1	1	1
2	2	1	2	2	1	1	1	1	1	1	2
3	2	1	2	2	1	1	1	1	1	2	2
4	1	2	1	2	1	1	1	1	1	2	1
5	1	2	1	1	2	2	2	1	1	1	1
6	1	2	1	1	2	2	2	1	1	1	2
7	1	2	1	1	2	2	2	1	2	1	1
8	2	1	1	2	1	2	1	1	1	2	2
9	2	1	1	2	1	2	1	2	1	2	1

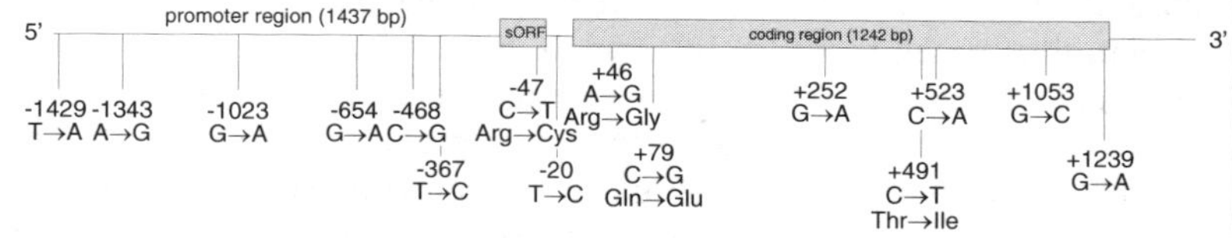

Abb. 6: β2-adrenerges Rezeptorgen: Polymorphes Spektrum und potenzielles Risikoprofil

a) Polymorphes Spektrum des β2-adrenergen Rezeptorgens. Die drei Mutationen Arg→Cys, Arg→Gly und Gln→Glu erwiesen sich in *in vitro*-Studien als funktionell signifikant. Die 15 unterschiedlichen Varianten wurden im Zuge der vergleichenden Sequenzierung von insgesamt 370 Individuen aus 3 unabhängigen Studien gefunden.

b) Tabelle: Haplotypen des β2-adrenergen Rezeptorgens. Diese Varianten und Haplotypen wurden als erweiterte Analyse der sog. ‚Bergen Blood Pressure Study'[10] ermittelt; zur Lokalisation und Spezifizierung der in dieser genetisch relativ homogenen Population identifizierten 11 Varianten siehe Abb. 6 a). Die Haplotypen in den Zeilen 1–3 waren signifikant häufiger bei Individuen mit Prädisposition für essenzielle Hypertonie. Diese Daten zeigen, dass weder die Analyse eines einzelnen SNPs, Arg→Gly (wie in den meisten Assoziationsstudien), noch die simultane Analyse von 3 Mutationen, Arg→Cys, Arg→Gly und Gln→Glu (wie in wenigen Studien), ausreichen, um die für die weiteren funktionellen Analysen relevanten Varianten zu identifizieren. Die ersten 7 Varianten sind für den statistischen Unterschied entscheidend; die letzten 4 Varianten sind stille Mutationen, was die ‚Sinnhaftigkeit' der Analyse bestätigt. Die Haplotypen-Muster zeigen auch, dass ein und derselbe SNP Bestandteil unterschiedlicher Haplotypen sein kann. Schließlich wird klar, dass funktionelle Analysen einzelner Mutationen nicht notwendigerweise einen Schluss auf die Gesamtfunktion des tatsächlich gegebenen polymorphen Profils zulassen.

10 Vgl. Timmermann et al. 1998.

Beispiel demonstriert wiederum, dass es vollkommen unzureichend ist, auf der Basis der Analyse nur einer einzigen Variante (eines SNPs) im Kandidatengen – bis dato die allgemein übliche Strategie – die Hypothese einer möglichen Beteiligung eines Genes an der Krankheitsentstehung zu testen. Ein und dieselbe Variante kann sowohl Bestandteil eines Risikoprofils als auch Bestandteil eines ‚Nicht-Risikoprofils' sein.

Abschließend noch einige weitere Beispiele, die das potenzielle Ausmaß der Variabilität, aber auch ihre gesamte Bandbreite, die ‚Variabilität der Variabilität' sozusagen, illustrieren (Abb. 7). In einer Reihe von Rezeptorgenen, vornehmlich aus der Genfamilie der G-Protein-gekoppelten Rezeptoren, konnten Extreme beobachtet werden, die von 10 bis 59 Varianten pro Gen (daraus als Beispiel das β1-adrenerge Rezeptorgen, Abb. 7) bis hin zu bemerkenswerter ‚Nicht-Variabilität', d. h. keinerlei Mutation im kodierenden Bereich (als Beispiel das Gen für den Cannabinoidrezeptor, Zielmolekül für Marihuana, Abb. 7), reichen. Ebenso bestehen keine Zusammenhänge zwischen der Anzahl der Varianten und Anzahl der Haplotypen. Aus unseren bisherigen Gen-Analysen ist ersichtlich, dass Gene mit 28 bzw. 29 Varianten 29 bzw. 64 unterschiedliche Haplotypen haben können.

Auf der Basis erster bisheriger systematischer Untersuchungen der natürlichen Variabilität von Genen mit dem Ziel, Krankheitsgene zu identifizieren, wird klar, dass bereits der erste Schritt in Richtung Genom-basierter Therapiekonzepte mit ungeheurem technologischem und biomathematischem Aufwand verbunden sein wird, ganz zu schweigen von der Bereitstellung entsprechender klinischer Ressourcen. Dies rückt die Bedeutung der gegenwärtig so heiß diskutierten Fragen zu den Fortschritten einer Genom-basierten Medizin in entprechend Perspektive. Gerät man gegenwärtig bereits mit der Analyse und Interpretation der genetischen Variabilität eines einzelnen Gens durchschnittlicher Größe an die Grenze des Machbaren, so lassen sich daraus die Dimensionen einer ‚individuellen Genomanalyse' extrapolieren (wir sprechen hier von ca. 30.000–40.000 Genen), und daraus die Dimensionen der Analysen zahlreicher individueller Genome, um statistisch ausreichende Fallzahlen zu gewährleisten. Methoden und Technologien, die auch diesen Dimensionen gewachsen sein werden, werden kommen, scheinen jedoch gegenwärtig nicht in Reichweite, zumindest nicht innerhalb eines Zeitraums, der für den leidenden Patienten überschaubar – und ertragbar – wäre. Information tut also not, um Visionen der Forscher wie Hoffnungen von Patienten auf dem ‚Boden der Realität', der ‚molekularen Wahrheit', zu verankern. Diese ‚molekulare Wahrheit' beinhaltet – auf der Basis der ersten Einsichten in Ausmaß und Bandbreite der genetischen Variabilität – weiter, dass die spezifische Situation für jedes einzelne Gen unvorhersagbar ist und einer experimentellen Prüfung bedarf. Beides ist möglich, extreme Variabilität wie ‚Nicht-Variabilität', woraus nicht notwendigerweise bereits die gegebene funktionelle Variabilität abgeleitet werden kann. Auf jeden Fall muss eine zukünftige ‚Genom-basierte Medizin' und Pharmakogenomik die Kenntnis der Variabilität der Gene und ihrer funktionellen Implikationen der Entwicklung und Anwendung von Therapeutika zugrunde legen. Und selbst wenn ‚nur' ein Individuum von tausend eine ‚tödli-

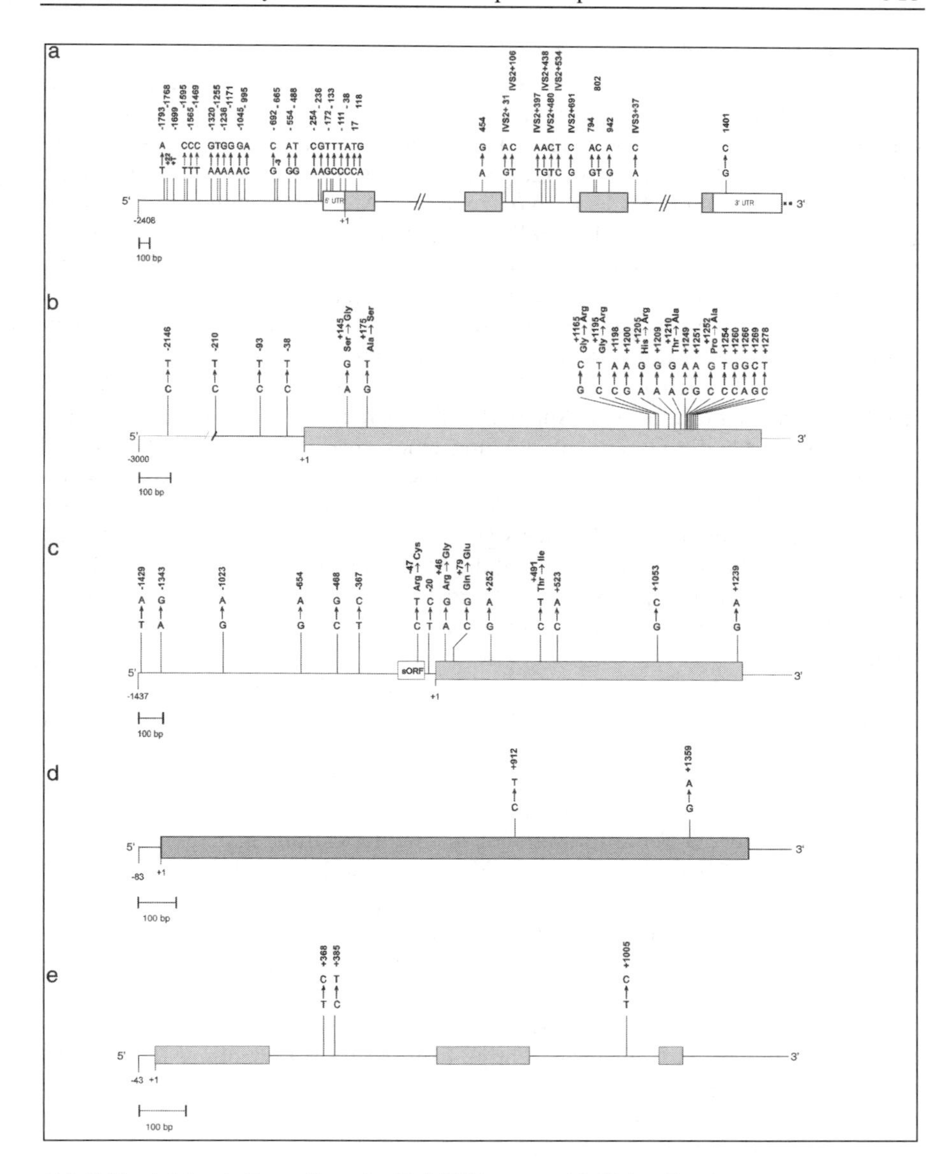

Abb. 7: Vergleichende Darstellung der Variabilität unterschiedlicher Gene
a) Polymorphes Spektrum des μ-Opiatrezeptorgens
b) Polymorphes Spektrum des β1-adrenergen Rezeptorgenes
c) Polymorphes Spektrum des β2-adrenergen Rezeptorgenes
d) Polymorphes Spektrum des Cannabinoidrezeptorgens. Die beiden Varianten im kodierenden Bereich sind stille Mutationen und haben aller Wahrscheinlichkeit nach keine funktionellen Implikationen.
e) Polymorphes Spektrum des Gens für das Promelanin-konzentrierende Hormon

che‘ Variante besäße, ist dies zwingend. Es ist ebenso klar, dass die Selektion von genetischen Varianten für die Diagnose der Krankheitsform eines Individuums oder seiner Reaktion auf Pharmaka nur auf der Basis der Kenntnis der *gesamten* vorhandenen Variabilität von Genen in Individuen erfolgen darf, ansonsten besteht die Gefahr, dass im Extremfall diagnostische Tests keine Differenzierung zwischen ‚Risiko‘ und ‚Nicht-Risiko‘ zulassen. Aus Beobachtungen der ‚real‘ gegebenen Variabilität und individuell unterschiedlicher Genformen ist weiter abzuleiten, dass die viel zitierte ‚individuell optimierte‘ Therapie durch ‚maßgeschneiderte Medikamente‘ ganz real eher für definierte Segmente der Population (auf der Basis gegenwärtiger Kenntnisse ca. 3–5 häufige, unterschiedliche Genformen in ca. 70–85 % der – weissen und schwarzen – Bevölkerung) gelten kann; das ‚Restsegment‘ zeichnet sich durch – im Extremfall sehr viele – vergleichsweise sehr seltene Genformen aus. Angesichts der sich auf ca. 250 Mio. Euro belaufenden Kosten für die Gesamtentwicklung eines einzigen Therapeutikums sind die Konsequenzen daraus abzuleiten, sollten nicht vollkommen neue Konzepte einer Pharmakotherapie entwickelt werden können. ‚Stratifizierung‘ statt ‚Individualisierung‘ dürfte also auf der Basis gegenwärtiger Erkenntnisse dem Rahmen des Möglichen eher entsprechen. Bleibt die Möglichkeit, sich auf vergleichsweise invariable Gene und Genprodukte als ‚Drug Targets‘ zu konzentrieren, was gegebenenfalls umfangreiche molekulargenetische Analysen im Vorfeld zur Voraussetzung macht.

Schließlich tut Information zur Natur der gesundheitspolitisch und volkswirtschaftlich so vorrangigen häufigen, komplexen Erkrankungen Not. Es ist hier wichtig zu betonen, dass Gene nicht zwingend zur Entwicklung der Erkrankung führen müssen – sie erhöhen die Wahrscheinlichkeit der Manifestation, wobei eine Quantifizierung der ‚Risikoerhöhung‘ zunächst dahingestellt sei. Gene sind nicht Schicksal – zu viel der Fehlinformationen und Fehlerwartungen prägen die öffentliche Diskussion. Ebenso wird sich der Nachweis entsprechender genetischer Risikofaktoren für diese Erkrankungen schwieriger gestalten als das Wunschdenken selbst so mancher Forscher dies zulässt – zu schnell, zu bald werden Hoffnungen geweckt. Und die Identifizierung eines Genes ist noch nicht gleichbedeutend mit der Verfügbarkeit eines Therapeutikums. Schließlich macht unser bisheriges Wissen zur ‚genetischen Natur‘ dieser Erkrankungen offenkundig, dass andere, nichtgenetische Faktoren eine ebenso wichtige Rolle in ihrer Bedeutung für die Entwicklung der Krankheit spielen können. Das bedeutet, Veränderung von Ernährungsformen, Verhaltensweisen usw. können einen entscheidenden Beitrag zur Linderung, ja zur Prävention von Volkskrankheiten leisten, einen Beitrag, der durchaus dem Wirkungspotential pharmazeutischer Behandlung entsprechen könnte. Es wird noch viel harte Arbeit notwendig sein, sowohl molekulargenetische wie klinische Arbeit als auch Information und Aufklärung der Öffentlichkeit, um eine Diskussion zu den Themen einer ‚individualisierten Medizin‘ auf sachgerechtem Niveau und angemessen führen zu können.

Literatur:

Davidson, S. (2000): Research suggests importance of haplotypes over SNPs, in: Nat Biotechnol 18, 1134–1135.

Daly, M. J. et al. (2001): High-resolution haplotype structure in the human genome, in: Nat Genet 29, 229–232.

Drysdale, C. M. et al. (2000): Complex promoter and coding region beta 2-adrenergic receptor haplotypes alter receptor expression and predict in vivo responsiveness, in: PNAS 97, 10483–10488.

Hegele, R. A., Young, T. K., Connelly, P. W. (1997): Are Canadian Inuit at increased genetic risk for coronary heart disease?, in: J Mol Med 75, 364–370.

Hoehe, M. R. et al. (2000): Sequence variability and candidate gene analysis in complex disease: Association of m Opioid Receptor Gene Variation with Substance Dependence, in: Hum Mol Genet 19, 2895–2908.

Lander, E. S., Schork, N. J. (1994): Genetic dissection of complex traits, in: Science 265, 2037–2048.

Risch, N., Merikangas, K. (1996): The future of genetic studies of complex human diseases, in: Science 273, 1516–1517.

Timmermann, B., Mo, R., Luft, F. C., Gerdts, E., Busjahn, A., Omvik, P., Li, G.-H., Schuster, H., Wienker, T. F., Hoehe, M. R., Lund-Johansen, P. (1998): beta-2 Adrenoceptor Genetic Variation is Associated with Genetic Predisposition to Essential Hypertension: The Bergen Blood Pressure Study. Kidney Int: 1455–1460.

Jürgen Brockmöller

Pharmakogenomik: Maßgeschneiderte Arzneitherapie

1. Pharmakogenomik: Hintergrund und Definitionen

Das Forschungsgebiet *Pharmakogenetik* untersucht die Bedeutung erblicher interindividueller Unterschiede für Wirksamkeit und Nebenwirkungen von Arzneimitteln; *Pharmakogenomik* wird oft synonym zu *Pharmakogenetik* verwendet, *Pharmakogenomik* geht aber im Gegensatz zur *Pharmakogenetik* über die Analyse angeborener Varianten hinaus und beinhaltet auch die Analyse der zellulären messanger-RNA-Konzentration und der Proteinexpression, damit also auch die Analyse von Eigenschaften, die nicht erblich sind, sondern durch Krankheit, Umwelt und Therapie erworben wurden. Entsprechend dem Wort *Genomik* beinhaltet *Pharmakogenomik* oft die Analyse sehr vieler Gene und kann sich auch auf das ganze menschliche *Genom* erstrecken, etwas, was in dieser Breite bei Etablierung des Fachgebietes Pharmakogenetik vor etwa 40 Jahren noch nicht denkbar war. Pharmakogenetische Untersuchungen sind typischerweise auf ein oder wenige Gene und eine eng umschriebene Hypothese fokussiert.

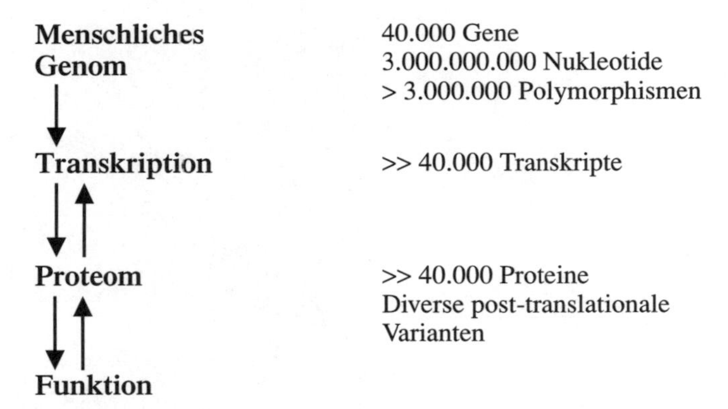

Abb. 1: Grundlegende Zusammenhänge und Dimensionen in der Pharmakogenomik

Angeborene erbliche Varianten mit einer Häufigkeit über einem Prozent werden als Polymorphismen bezeichnet. Es gibt im menschlichen Genom wahrscheinlich mehr als 3 Millionen derartiger Polymorphismen (Abb. 1), also Genorte, an denen sich Personen auch innerhalb einer ethnischen Gruppe unterscheiden. Interessanterweise ist die Variation innerhalb einer ethnischen Gruppe viel größer als die Zahl der Unterschiede zwischen unterschiedlichen ethnischen Gruppen.

Die meisten, jedoch nicht alle dieser etwa 3 Millionen Polymorphismen im menschlichen Genom dürften für die Gesundheit des einzelnen Menschen ohne Bedeutung sein. Es handelt sich um Variationen, die sich irgendwann einmal im Laufe der Evolution ereignet haben und die dann als Mutation ins Erbgut eingegangen sind und evolutionsbiologische Bedeutung haben können.

Die pharmakogenetische Forschung der letzten Jahrzehnte hat aber viele Belege dafür erbracht, dass genetische Polymorphismen die Ursache sein können, warum einige Menschen nicht auf Arzneimittel ansprechen, während andere aufgrund anderer Ausprägungen der Polymorphismen extrem stark reagieren. Wieder andere Polymorphismen sind Ursachen von Arzneimittel-Nebenwirkungen. Viele Menschen vertragen Arzneimittel sehr gut, einige wenige reagieren mit schweren Nebenwirkungen, genauso wie viele Raucher an Lungenkrebs sterben, es aber auch einige starke Raucher gibt, die, ohne an Krebs zu erkranken, ein hohes Alter erreichen; die Pharmakogenomik gibt Erklärungen für derartige ‚Ungerechtigkeiten'. Viele Arzneimittelreaktionen wurden in den letzten Jahren als *idiosynkratisch* bezeichnet, womit ausgedrückt wurde, dass man sie nicht versteht. Einige der vormals unverstandenen idiosynkratischen Nebenwirkungen verstehen wir heute als Folge der Kombination von genetischen Polymorphismen und Medikamentenexposition.

Pharmakogenetik und Pharmakogenomik untersuchen nicht nur die Reaktionen auf Arzneimittel, sondern auch die Reaktionen auf jedwede chemische (z. B. Nahrungsstoffe, Industriechemikalien, Umweltgifte), physikalische (z. B. Strahlung, Lärm) oder mikrobiologische (z. B. Bakterien, Viren) Belastung in Beziehung zur individuellen genetischen Ausstattung. Damit befasst sich die Pharmakogenomik auch mit der Pathogenese von Krankheiten, und damit ist die Messung genetischer Polymorphismen beim Menschen eine medizinische Diagnostik, die nach den gleichen Vorschriften des Datenschutzes und nach den Prinzipien des Vertrauens zwischen Ärzten und Patienten durchgeführt werden muss wie die konventionelle medizinische Diagnostik.

In der Tat sollte ein wesentlicher Stimulus für eine breite öffentliche und industrielle Förderung der pharmakogenomischen Forschung die Aussicht sein, in grundlegender Weise die Ursachen von Krankheiten besser zu verstehen und damit zu neuen Ansätzen für die Therapie zu gelangen. Wenn die Untersuchungen ergeben, dass ein genetischer Polymorphismus mit einer Krankheit assoziiert ist, so führt das die Forschung zu den verantwortlichen Genen und molekularen Funktionen. Darauf aufbauend lassen sich neue Therapieprinzipien entwickeln. Diese Ziele gehen über die enger umrissenen Konzepte der pharmakogenomischen Diagnostik weit hinaus, pharmakogenomische Untersuchungen beinhalten aber oft beide Aspekte, Individualisierung der Therapie und genombasierten Gewinn an Grundlagenwissen.

Im Gegensatz zu erworbenen Mutationen, wie sie zum Beispiel in Tumoren auftreten, bleiben genetische Polymorphismen zeitlebens konstant. Und im Gegensatz zu Erbkrankheiten ist die Verbindung zwischen der Ausprägung von Genvarianten, dem Genotyp, und dem Auftreten von Krankheiten nur schwach. Die

Bedeutung erblicher Polymorphismen für die Arzneitherapie ist an den drei Beispielen A, B, und C in Abb. 2 aus den Untersuchungen der Arbeitsgruppe des Autors illustriert. Es geht hier um die heute besonders gut untersuchten Genpolymorphismen aus dem Gebiet des so genannten Arzneimittel-Metabolismus oder der Arzneimittel-Biotransformation. Fast alle Arzneimittel werden im menschlichen Körper in Stoffwechselprodukte umgewandelt und die Art und Geschwindigkeit dieser Umwandlung hat großen Einfluss auf Arzneimittelwirkungen.

Beispiel A: Omeprazol-Pharmakogenetik

Omeprazol ist ein entscheidendes Medikament und war ein bahnbrechender Erfolg in der Arzneitherapie des Magengeschwürs. Allerdings ist dieses Medikament von genetischen Polymorphismen betroffen. Etwa 3 % der europäischen Bevölkerung haben einen Defekt in der metabolischen Inaktivierung von Omeprazol vermittels des Enzyms CYP2C19, und bei diesen Personen findet man mehr als 10fach höhere Blut- und Gewebskonzentrationen des Medikamentes verglichen mit den Personen, die einen schnellen Metabolismus haben. In Abb. 2A ist dieses anhand der Ergebnisse einer eigenen Untersuchung dargestellt: Die Wirkung von Medikamenten entspricht im Wesentlichen der Höhe der Medikamentenkonzentrationen im menschlichen Körper und der Zeit der Exposition und wird in der pharmakologischen Analyse daher auch als Produkt von Konzentration und Zeit

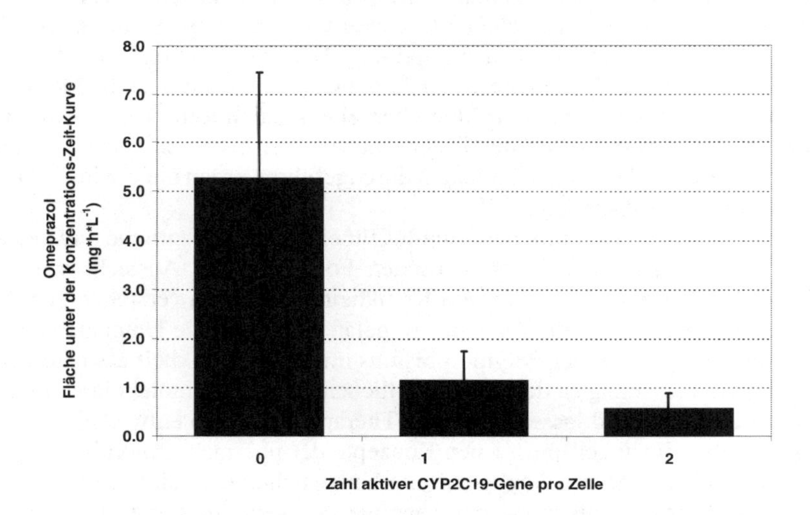

Abb. 2A.: Ergebnis einer Untersuchung an 18 gesunden Probanden, von denen 6 nur inaktive Genvarianten des Enzyms CYP2C19 trugen (Gruppe 0), 6 trugen 1 aktives und 1 inaktives Gen (Gruppe 1) und 6 trugen 2 aktive CYP2C19-Gene (Gruppe 2). Alle erhielten die gleiche Dosis des Medikamentes Omeprazol, die Exposition des Körpers mit dem Medikament unterschied sich aber durch die langsame Elimination bei den Trägern der inaktiven Variante (Gruppe 0) um das 10fache.

dargestellt (Abb. 2A). Man sieht erhebliche Unterschiede bei den jeweils 6 Trägern von ausschließlich inaktiven Varianten des metabolisierenden Enzyms CYP2C19, 6 Personen, die nur ein aktives CYP2C19-Gen tragen und 6 Personen, die Omeprazol hochaktiv metabolisieren, da sie 2 aktive Kopien des CYP2C19-Genes tragen; alle hatten genau die gleiche Dosis erhalten. Die Konsequenz wäre, dass für eine gleich wirksame Behandlung die Dosis eigentlich nach der CYP2C19 Genkonstellation angepasst werden müsste und wie man aus Abb. 2A schließen kann, müssten sich die Dosen erheblich unterscheiden. Im Falle des Omeprazols erfolgt das heute nicht, da dieses Medikament gut verträglich ist.

Andere Autoren konnten aber zeigen, dass die schnellen Metabolisierer eher unterbehandelt sind und von höheren Dosen profitieren würden, während die langsamen Metabolisierer ausreichende Dosen erhalten.[1] Das Konzept einer einheitlichen Dosis für alle ist zwar am einfachsten zu befolgen, ist aber offenkundig nicht adäquat. Nur bei gut verträglichen und hochwirksamen Medikamenten sind in einer derartigen Situation hohe Dosen für alle ein Kompromiss, der keinen medizinischen Schaden verursacht. Für Medikamente, die nicht so gut verträglich sind, wie auch das unten in Beispiel C genannte Medikament Haloperidol, haben wir versucht, Dosisempfehlungen basierend auf den Genotypen der metabolisierenden Enzyme aufzustellen.[2]

Beispiel B: Tropisetron-Pharmakogenetik

Übelkeit und Erbrechen kann insbesondere den Patienten mit Krebserkrankungen das Leben sehr schwer machen. Patienten, die Zytostatika bekommen, können in erheblichem Maße an Erbrechen leiden. Dieses Erbrechen kann mit Medikamenten wie dem Tropisetron behandelt werden, was jedoch nur bei etwa 70 % der Patienten ausreichend wirkt (siehe auch Tab. 2). Unsere Hypothese war, dass diese Medikamente bei einigen Patienten daher nicht ausreichend wirken, da sie zu schnell wieder ausgeschieden werden. Und in der Tat ließ sich ein derartiger Trend erkennen: Je schneller die genetisch determinierte Ausscheidung, umso mehr litten die Patienten trotz Arzneimitteltherapie an Übelkeit und Erbrechen (Abb. 2B). Hätten die Ärzte von vornherein dieses Wissen gehabt, so hätten sie dieser Untergruppe der Patienten wahrscheinlich höhere Arzneimitteldosen gegeben.

Beispiel C: Haloperidol-Pharmakogenetik

Das letzte Beispiel beschreibt das wirksame, aber zugleich ausgesprochen nebenwirkungsreiche Medikament Haloperidol, das zur Behandlung schwerer psychiatrischer Erkrankungen wie der Schizophrenie eingesetzt wird. Hier bestand

1 Vgl. Furuta et al. 2001.
2 Vgl. Brockmöller et al. 2000; Kirchheiner et al. 2001.

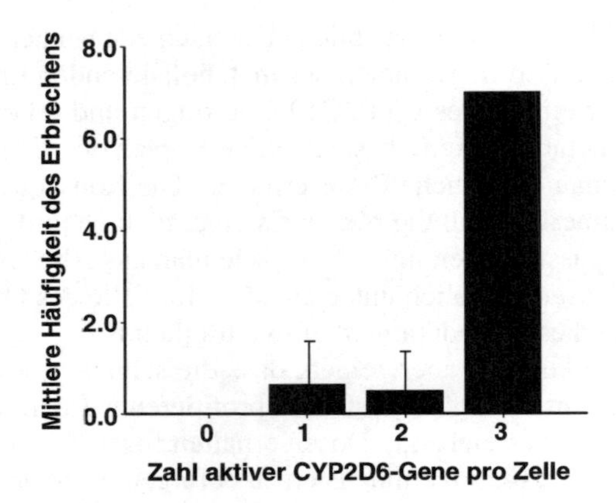

Abb. 2B.: Es ist dargestellt, dass eine Gruppe (Gruppe 0, die langsamen Medikamenten-Ausscheider) offenbar sehr gut behandelt sind und kaum unter Symptomen wie Übelkeit und Erbrechen leiden, während die Gruppe 3 (die ultra-schnellen Medikamenten-Auscheider) wenig effektiv behandelt sind. Diese Untersuchung ist an anderer Stelle in weiteren Einzelheiten beschrieben worden (siehe Kaiser et al. 2002), man sieht aber schon aus dieser Abbildung, in welchem Umfang Genpolymorphismen den Erfolg oder Misserfolg der Arzneitherapie beeinflussen können.

die Hoffnung, diejenigen durch Gentests zu erkennen, die besonders unter den Nebenwirkungen von Haloperidol leiden. In der Tat konnten wir zeigen[3], dass Personen mit sehr langsamer Medikamentenausscheidung besonders ausgeprägt unter den Nebenwirkungen leiden (Abb. 2C).

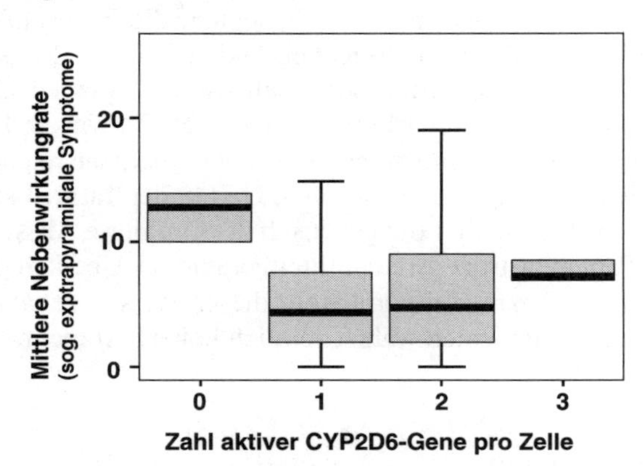

Abb. 2C.: Nebenwirkungshäufigkeit bei Patienten, die mit dem Psychopharmakon Haloperidol behandelt worden sind. Wie man sieht, ist das Ausmaß der so genannten extrapyramidalen Bewegungsstörungen als Nebenwirkung von Haloperidol bei denjenigen am höchsten, die keine aktiven Gene von CYP2D6 tragen (Gruppe 0). Diese Personen scheiden Haloperidol langsam aus und deren Gehirn ist daher besonders hoch mit dem Medikament exponiert. Details dieser Untersuchung sind an anderer Stelle beschrieben (Brockmöller et al. 2002).

3 Brockmöller et al. 2002.

In den Beispielen zu drei Medikamenten, Omeprazol, Tropisetron und Haloperidol, schien jeweils eine Gruppe von Patienten benachteiligt zu sein: Bei dem gut verträglichen Omeprazol die schnelleren Metabolisierer (CYP2C19-Gen) durch weniger effektive Therapie, Ähnliches gilt für das ebenfalls gut verträgliche Tropisetron, bei dem ultraschnellen Metabolisierer (CYP2D6-Gen) im Nachteil sind, und bei Haloperidol sind es vor allem die langsamen Metabolisierer (CYP2D6 Gen), die durch Nebenwirkungen belastet sind. Dabei ist die Bedeutung dieser Genpolymorphismen jeweils von dem spezifischen Medikament abhängig. Bei anderen Medikamenten können die hier Benachteiligten im Vorteil sein. Diese kontextabhängige Bedeutung genetischer Polymorphismen ist in Tab. 1 auch für weitere Polymorphismen, einen Polymorphismus in der Blutgerinnung und zwei Polymorphismen im Stoffwechsel dargestellt; wiederum hängt es ganz vom Kontext ab, ob Träger der Variante im Vorteil oder im Nachteil sind. In der epidemiologischen Forschung wird diese Kontextabhängigkeit als Gen-Umwelt-Interaktion bezeichnet und analysiert.

Tab. 1 Pharmakogenetischer Polymorphismus:
Bedeutung vom Kontext abhängig – oft ein zweischneidiges Schwert

	Gefahren	**Nutzen**
Gerinnungsfaktor-V-Polymorphismus[4]	Thromboserisiko bei Einnahme oraler Kontrazeptiva erheblich erhöht	Risiko schwerer Blutverluste bei Verletzungen oder Geburten wahrscheinlich geringer
Glukose-6-Phosphat-Dehydrogenasemangel	Hohes Risiko einer Hämolyse bei Einnahme einer Reihe von Medikamenten	Geringeres Risiko, an Malaria zu erkranken
N-Azetyltransferase Typ 2 Polymorphismus	Höheres Risiko von Nebenwirkungen durch das Tuberkulosemedikament Isoniazid	Gute Wirksamkeit des Medikamentes Isoniazid gegen die Tuberkulosebakterien

4 Siehe Vandenbroucke et al. 1994; Creinin et al. 1999.

2. Heutige Grenzen der Arzneitherapie und Perspektiven der Pharmakogenomik

In den letzten 20 Jahren sind entscheidende Fortschritte in der Arzneitherapie vieler Erkrankungen zu verzeichnen. Dennoch ist auch heute noch in vielen Gebieten die Auswahl des für einen einzelnen Patienten besten Arzneimittels oft das Ergebnis von Versuch und Irrtum. Wirksamkeit oder Auftreten von Nebenwirkungen sind oft nicht vorhersehbar. Nur selten in der Behandlung chronischer Krankheiten, wie zum Beispiel Herzinsuffizienz, Rheuma, Epilepsie oder Depression, entsprechen die zuerst verabreichten Arzneimittel und Arzneimitteldosen dem, was sich später im Laufe der Behandlung als das für den Einzelnen Beste herausstellt. Es kann Wochen bis Monate dauern, bis die für den Einzelnen beste Medikation gefunden ist. Abb. 3 illustriert dies an einem der Wirklichkeit nachgestellten Fall, wie er analog wahrscheinlich von jedem Arzt in der Praxis gelegentlich beobachtet wird.

Abb. 3 Ausschnitt aus einer Krankengeschichte aus dem Jahre 1998

05.03.	*Eine 16 jährige Patientin leidet an einer zu hohen Pulsfrequenz.*
05.03.	*Behandlungsbeginn mit dem Medikament M, 40 mg täglich*
10.03.	*Kein Erfolg der Behandlung, weiterhin Herzrasen und Schwächegefühl* *Erhöhung der Dosis des Medikamentes M auf 80 mg*
12.03.	*Weiterhin kein Behandlungserfolg* *Umstellung der Behandlung auf Medikament P 200 mg täglich*
15.03.	*Weiterhin kein Behandlungserfolg* *Erhöhung der Dosis auf 400 mg täglich*
19.03.	*Weiterhin kein Behandlungserfolg* *Es wird eine Blutspiegelkontrolle für Medikament P veranlasst.*
22.03.	*Die Blutspiegelkontrolle ergibt eine kaum messbar geringe Konzentration des Medikamentes P im Körper der Patientin. Die Ärzte haben den Verdacht, dass die Patientin das Medikament nicht regelmäßig einnimmt; die Patientin versichert jedoch, dass sie die Einnahmevorschriften außerordentlich sorgfältig beachtet.*
24.03.	*Stationäre Aufnahme in die Klinik zur Kontrolle von Herzfunktion und Medikamenteneinnahme*
26.03.	*Weiterhin sehr niedrige Blutspiegel* *Eine behandelnde Ärztin hat den Verdacht, dass eine pharmakogenetische Besonderheit vorliegt und veranlasst eine Genotypisierung für das Gen CYP2D6.*
02.04.	*Die Genotypisierung ergibt, dass für dieses Medikament eine erblich bedingt extrem schnelle Metabolisierung (Inaktivierung) vorliegt. Es wird empfohlen, die Dosis auf 900 mg zu steigern.*
03.04.	*Das erste Mal wird ein Behandlungserfolg registriert. Der Puls ist fast normal und die Beschwerden sind wesentlich gebessert.*
05.04.	*Entlassung aus der Klinik.*
01.08.	*Die Behandlung mit der hohen Arzneimitteldosis verlief über 4 Monate erfolgreich und ohne wesentliche Nebenwirkungen.*

Diagnostische Verfahren, die helfen, das für den einzelnen Patienten optimale Medikament und die optimale Dosis vorauszusehen, können zu einer wesentlichen Verbesserung der Behandlung von Krankheiten führen. Dies kann die Zahl der krankheitsbedingten Todesfälle reduzieren, aber auch zu verkürzter Krankheitsdauer, zu verkürzter Krankenhausaufenthaltsdauer oder kürzerer krankheitsbedingter Arbeitsunfähigkeit führen. Wenn in dem Beispiel (Abb. 3) das pharmakogenetische Problem gleich zu Behandlungsbeginn bekannt gewesen wäre, hätte man von vornherein höhere Dosen gegeben (oder ein Medikament, was von der ultraschnellen *Arzneimittel-Inaktivierungsvariante* des CYP2D6-Gens nicht betroffen ist) und man hätte auf den Krankenhausaufenthalt verzichten können. Ebenso kann dies zu einer Verringerung der Belastung durch Arzneimittel-Nebenwirkungen führen, zumal dann eine unnötige Exposition mit individuell wenig wirksamen Präparaten vermieden wird. Insgesamt eröffnen sich hier also wesentliche Verbesserungsmöglichkeiten für die medizinische Therapie, die offenkundig auch gesundheitsökonomische Verbesserungen darstellen können.

Nebenwirkungen

Die Zahl der Fälle fehlender oder unzureichender Arzneimittelwirkungen zu reduzieren, ist ein Ziel der Pharmakogenomik, Arzneimittelnebenwirkungen zu reduzieren, ein weiteres. Zu den zuerst bekannt gewordenen pharmakogenetischen Polymorphismen, die schon in den 50er Jahren entdeckt wurden, gehört der Glukose-6-Phosphat-Dehydrogenasemangel (Tab. 1), ein Enzympolymorphismus der zu sehr schweren Arzneimittelnebenwirkungen führen kann.

Auch heute noch spielen Arzneimittelnebenwirkungen epidemiologisch eine sehr große Rolle. Nach einer Übersicht erlitten in den USA in den letzten Jahren 6,7 % aller Patienten pro Jahr schwere Arzneimittelnebenwirkungen[5], 0,32 % aller Patienten sogar tödliche Nebenwirkungen; das entsprach für die USA immerhin pro Jahr 106.000 Todesfällen durch Arzneimittelnebenwirkungen. Eine genaue Abschätzung des Umfanges, der Morbidität, der Mortalität und der ökonomischen Belastung durch Arzneimittelnebenwirkungen ist schwierig, aber die meisten Untersuchungen kommen zu ähnlichen Größenordnungen wie oben dargestellt.

Viele Nebenwirkungen sind noch immer unvorhersehbar, man spricht dann von den bereits erwähnten idiosynkratischen Nebenwirkungen. Viele dieser Nebenwirkungen werden aber heute verständlich, wenn man erkennt, dass sie nur bei Personen auftreten, die Träger spezifischer Genpolymorphismen sind. Oft sind hier weitere Bedingungen erforderlich, damit es beim Einzelnen zu den Nebenwirkungen kommt, es kann sein, dass mehrere Genvarianten vorliegen müssen (Gen-Gen-Interaktionen) oder dass weitere Umweltbedingungen vorliegen müssen (Gen-Umwelt-Interaktionen). Diese Komplexität erschwert die Klärung der pharmakogenomischen Zusammenhänge der idiosynkratischen Arzneimittelnebenwirkungen.

5 Siehe Lazarou et al. 1998.

Unbehandelbare Krankheiten

Heutige Arzneitherapie wirkt nicht bei allen Patienten. Der Anteil erfolgreicher Therapien variiert je nach Therapiegebiet und spezieller Form der Krankheit zwischen einigen wenigen Prozent und fast 100 % (Tab. 2). Über diese in Tab. 2 genannten teils bescheidenen Prozentwerte hinaus wird einem Teil der Patienten im Laufe der Behandlung später durch eine anderes Präparat oder eine andere Behandlungsmethode geholfen werden können, es bleiben aber auch viele nicht ausreichend behandelbare Patienten.

Tab. 2. Arzneitherapie-Behandlungserfolg und -misserfolg

Ziel	**Medikamente**	**Erfolg, Heilung bzw. weitgehende Symptomfreiheit**
Kontrazeption	Hormonale Kontrazeptiva	> 99 %
Längerfristige Freiheit von Rezidiven eines Magengeschwürs	So genannte Eradikations-Kombinationstherapie	> 90 %
Schweres Erbrechen bei einer Krebstherapie mit Zytostatika	Ondansetron, Tropisetron und andere	60–70 %
Schizophrenie	Antipsychotika	60–70 %
Depression	Antidepressiva	60–70 %
Migränebehandlung	Triptane	50 %
Vollständige Anfallsfreiheit bei Epilepsie	Carbamazepin, Valproinsäure	30 %
Langfristige Abstinenz nach Nikotin-Abhängigkeit	Nikotinpflaster, Bupropion	15–30 %
Viele Arten heute noch schlecht behandelbarer Krebserkrankungen	Zytostatika-Kombinationen	< 10 %

Tab. 2: Behandlungserfolg bei heutiger Arzneitherapie. Ein Teil der Beispiele ist entnommen aus Haefeli 2001. Grosse Erfolge der phamakogenomischen Diagnostik sind insbesondere bei denjenigen Erkrankungen mit heute mäßigem und schlechtem Therapieerfolg zu erwarten. Aber auch bei gut wirksamen Medikamenten wie den hormonalen Kontrazeptiva kann die pharmakogenomische Diagnostik durch Erkennung von genetisch bedingten Nebenwirkungs-Risiken wesentliche Fortschritte bringen.

3. Das Konzept pharmakogenomisch individualisierter Arzneitherapie

In diesen Situationen, bei schlecht voraussehbaren Nebenwirkungen und schlecht voraussehbarem Therapieerfolg, verspricht die Pharmakogenomik, von vornherein diejenigen, die nicht auf die Medikamente mit Gesundung reagieren, zu identifizieren (Tab. 3). Andererseits ergeben sich aus der Erkenntnis der pharmakogenomischen Zusammenhänge neue Ansätze für die Entwicklung innovativer Therapieprinzipien.

Tab. 3. Optimale individuell adjustierte Prophylaxe und Therapie auf genomischer Basis	
Identifizierung von Personen, die	
	ein hohes Risiko für spezifische Arzneimittel-Nebenwirkungen haben
	sehr heftig auf spezifische Arzneimittel ansprechen
	sehr schlecht auf spezifische Arzneimittel ansprechen
	ein hohes Risiko für Krankheiten durch Schadstoffe aus Arbeits- und Umwelt haben
	molekular definierte Untergruppen von Krankheiten haben, die einer spezifischen Therapie bedürfen

Es ist evident, dass der Wert pharmakogenomischer Diagnostik insbesondere bei denjenigen Therapien liegt, die eine relativ niedrige Erfolgsquote haben. Wenn ein Medikament nur bei 30 % der Patienten wirkt und dies voraussagbar ist, kann alleine die Ersparnis an den Medikamentenkosten (70 % erhalten das Medikament nicht, weil es nicht wirken würde) die Kosten des Gentestes aufwiegen. Dazu kommt die Ersparnis an Kosten der Behandlung von Nebenwirkungen, die auch bei denjenigen auftreten können, bei denen das Medikament nicht wirkt. Und zuletzt und am bedeutsamsten könnte es gelingen, dass keine Zeit für unnötige Therapien verloren geht (vergleiche Abb. 3).

Die pharmakogenetische Forschung der letzten 50 Jahre hat an einer Vielzahl von Beispielen gezeigt, wie individuelle genetische Variabilität die Reaktion des Menschen auf Arzneimittel beeinflusst. Bislang haben Patienten von dieser Forschung nur indirekt profitiert, indem Medikamente, für die extreme Variabilität beim Menschen erkennbar ist, eher gemieden werden. Das Konzept pharmakogenomisch individualisierter Arzneitherapie (Abb. 4) sieht nun vor, dass vor Beginn einer Arzneitherapie eine Laboruntersuchung steht, in der DNA oder RNA des zu behandelnden Patienten untersucht wird. Die Arzneitherapie wird anschließend entsprechend dem Ergebnis des genetischen Tests ausgewählt und dosiert.

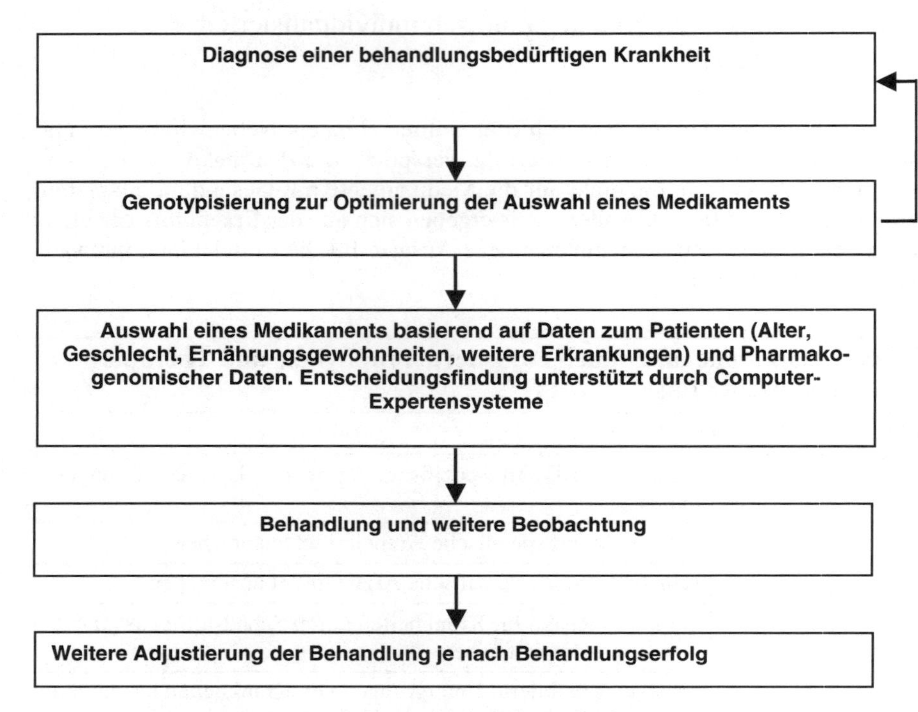

Abb. 4: Konzept der durch pharmakogenomische Analysen unterstützten Therapie. Wahrscheinlich ist die pharmako-genomische Diagnostik nicht in allen Gebieten der Medizin erforderlich, sondern nur bei schweren oder schwer behandelbaren Erkrankungen. Das Prinzip ist nicht auf die Therapie mit Medikamenten begrenzt. Auch das Risiko und der Nutzen weiterer Maßnahmen, z. B. Operationen oder Herzschrittmacher, kann von genomischer Variabilität abhängen. In einigen Fällen wird auch die Krankheit selbst durch die Genom-basierte Typisierung genauer klassifiziert werden (nach oben gerichteter Pfeil in der Abbildung), was zu einer spezifischeren Arzneitherapie führen kann.

Das Prinzip einer nach Labortesten individuell angepassten Therapie ist in der Medizin nicht neu. Seit langem ist zum Beispiel bekannt, dass die Dosis vieler Arzneimittel bei Erkrankungen der Nieren verringert werden muss (zum Beispiel des Antibiotikums Gentamicin, dargestellt in Tab. 4A). Wird dies nicht beachtet, ist mit schweren Nebenwirkungen zu rechnen. Pharmakogenetische Polymorphismen sind genauso mit Labortests zu erfassen und können zur Therapieanpassung beitragen (Tab. 4B), werden jedoch gegenwärtig in der Therapie nur selten beachtet.

Nach den in Tab. 4 illustrierten Anweisungen wird die Arzneitherapie nur anhand eines Parameters eingestellt. Selbstverständlich werden dabei über diesen einen pharmakogenetischen Parameter hinaus die seit langem bekannten Größen wie Alter, Körpergewicht, Geschlecht, Lebensgewohnheiten (z. B. Rauchen, Alkohol, Ernährung), andere Krankheiten (z. B. an Leber und Niere) berücksichtigt werden müssen. Aber die Pharmakogenomik hält prinzipiell ein sehr breiteres

Tab. 4A		
Kreatinin-Konzentration (mg/100 ml Serum)	**Kreatinin-Clearance** (ml/min)	**Gentamicin-Folgedosen** (% der Initialdosis)
kleiner als 1,0	größer als 100	100
1,1–1,3	71–100	80
1,4–1,6	56–70	65
1,7–1,9	46–55	55
2,0–2,2	41–45	50
2,3–2,5	36–40	40
2,6–3,0	31–35	35
3,1–3,5	26–30	30
3,6–4,0	21–25	25
4,1–5,1	16–20	20
5,2–6,6	11–15	15
6,6–8,0	kleiner als 10	10

Tab. 4A: Anpassung der Dosis eines Medikaments anhand eines „konventionellen" Laborparameters, der so genannten Serum-Kreatinin-Konzentration oder der Kreatinin-Clearance. Die Tabelle illustriert, dass die Anpassung der Medikation an einen Labor-Messwert etwas seit langem Übliches ist und in diesem Beispiel dazu betragen kann, dass die Nebenwirkung Schwerhörigkeit und Taubheit durch das Medikament Gentamicin vermieden wird; Tabelle aus Merck 2002.

Tab. 4B				
Medikament	**Dosisanpassung gegenüber der heute üblichen mittleren Dosis**			
	CYP2D6 defizient	CYP2D6 langsam	CYP26 Schnell	CYP2D6 ultraschnell
Nortriptylin	50 %	70 %	140 %	230 %
Metoprolol	30 %	60 %	140 %	
Tropisetron	30 %	80 %	130 %	>150 %
Haloperidol	nicht empfohlen	80 %	110 %	nicht empfohlen

Tab. 4B: Die Tabelle illustriert, wie man basierend auf Genotyp-Daten Empfehlungen für Arzneimitteldosierung geben könnte, wobei die Abschätzungen gegenwärtig noch recht ungenau sind und noch ein erhebliches Maß an medizinischer Forschung erforderlich ist, um diese vorläufigen Abschätzungen abzusichern und präziser geben zu können.[6] „Nicht empfohlen" bedeutet, dass in diesen beiden Gruppen besser ein anderes Medikament gegeben werden sollte.

---

6 Siehe Kirchheiner et al. 2001.

Spektrum von möglicherweise bei der Therapie zu berücksichtigenden Genpolymorphismen bereit. Das ist für den Fall der Behandlung der Hypertonie bzw. des Bluthochdruckes in Abb. 5 illustriert.

Rezeptoren	Andere Zielstrukturen	Biotransformation	Transport	Arzneimittel-Gruppe
ADRB1 ADRB2		CYP2D6 CYP2C19		Beta-Blocker
AGTR1 AGTR2 BDKRB2	AGT ACE REN NOS3		PEPT1 PEPT2	ACE-Hemmer
AGTR1 AGTR2		CYP2C9		AT1-Antagonisten
SLC12A1 SLC12A3 NR3C2	ENAC GNB3 ADD1 ADD2	CYP2C9	OAT1 OAT3 MRP1 CA1 CA2	Diuretika
ADRA1A ADRA1B ADRA1D			SLC6A2	Alpha 1 Antagonisten
ADRA2A COMT				Alpha 2 Agonisten
	NOS3			Vasodilatatoren

Abb. 5: Hypertonie-Pharmakogenomik-Testarray. Eine mögliche Batterie von Genen, die bei der Arzneitherapie der Hypertonie berücksichtigt werden sollten. Die Genbezeichnungen entsprechend den international im Rahmen des Human-Genomprojektes vereinbarten Bezeichnungen. Für viele der genannten Gene müssen in der Analyse mehrere Polymorphismen berücksichtigt werden, diese Dimension ist in der Abbildung noch gar nicht dargestellt. Nachdem fast alle Medikamente in unterschiedliche Regelkreise mit jeweils einer Vielzahl von Einzelkomponenten eingreifen, ergibt sich das Konzept einer pharmakogenomischen Diagnostik vieler Gene. Die mathematisch-statistischen Verfahren, wie aus der Vielzahl von Geninformationen schließlich konkrete Therapieempfehlungen abgleitet werden könnten, sind noch auszuarbeiten. Eine Reihe der Genpolymorphismen wird den Charakter so genannter relativer Kontraindikationen haben, bei deren Vorhandensein wird also vor Einnahme eines bestimmten Medikamentes eher abgeraten werden. Eine andere Gruppe von Polymorphismen wird Dosis-Modifikationsfunktion haben, je nach Ergebnis werden dort also eher höhere oder niedrigere Dosen empfohlen werden. Bislang erfolgte die Berücksichtigung vieler Aspekte für die Therapie des einzelnen Patienten oft durch den Arzt, der eine Vielzahl von Regeln zur Behandlung kennt; allerdings versagt dieses Prinzip bei sehr großen Zahlen von Messgrößen, das Genomwissen ist nicht mehr „im Kopf des Arztes“ in Behandlungsregeln unzusetzen. Das muss mittels elektronischer Wissens- bzw. Expertensysteme geschehen.

4. Wert, Bewertung und Gefahren diagnostischer Tests in der Medizin

Die Anwendung der Pharmakogenetik und Pharmakogenomik in der Medizin unterscheidet sich auch in weiteren Aspekten prinzipiell in nichts von anderen diagnostischen Maßnahmen in der Medizin: Jede medizinische Diagnose muss strengen Regeln des Datenschutzes unterliegen, jede medizinische Diagnose kann falsch sein, und die Mitteilung einer Diagnose an den Patienten ist eine wesentliche ärztliche Tätigkeit. Die Mitteilung an den Patienten über einen positiven HIV-Test, einen positiven Hepatitis Test oder eine Tumor-Diagnose können zu schwerwiegenden Folgen führen. Es ist bekannt, dass in einigen Fällen die Mitteilung der Krankheitsdiagnose zu einem Suizid geführt hat, was umso fataler wäre, wenn der Patient die Bedeutung der Diagnose oder des Testergebnisses missverstanden hätte oder wenn das Diagnoseergebnis falsch-positiv war, was auch bei sehr guter Medizin nicht vollständig vermeidbar ist. Schäden dieser Art wird man allerdings für das noch neue Gebiet der pharmakogenomischen Diagnostik unbedingt vermeiden müssen.

Wie kompliziert und kontrovers die Bewertung vorausschauender medizinischer Diagnostik sein kann, soll hier nur angedeutet werden am Beispiel der Brustkrebs-Früherkennung durch Mammographie. Obwohl das Konzept Brustkrebs-Früherkennung für alle Ärzte verständlich und nachvollziehbar ist, gibt es ernst zu nehmende Daten, die den medizinischen Nutzen der Früherkennung in Frage stellen.[7] Was hier in Frage gestellt wird, ist nicht die wissenschaftliche Logik und Nachvollziehbarkeit des Konzeptes der Krebs-Früherkennung, sondern der tatsächliche empirisch nachweisbare Wert der Früherkennung für Überleben und Lebensqualität. Es wird von den Autoren eine empirische Datenauswertung vorgelegt, die zu ergeben scheint, dass die Überlebenszeit insgesamt sich durch die Früherkennung nicht verlängert; diese Daten von Olsen und Gotzsche sind nicht unwidersprochen. Nichtsdestotrotz muss aber in Analogie dazu auch während der Einführung der neuen pharmakogenomischen Diagnostik gefordert werden, dass der Erfolg empirisch überprüft wird.

Während wir in der Überprüfung von Nutzen und Gefahren neuer Arzneimittel heute in der Regel einen sehr hohen Standard haben, gibt es zur Bewertung diagnostischer Tests oft weniger aussagekräftige Informationen. Die Entwicklung und Bewertung von Arzneimitteln vollzieht sich international einheitlich in 6 Hauptphasen, den Phasen 0 bis 5, von der biochemisch-tierexperimentellen Forschung über erste Versuche an gesunden Probanden bis zur breiten Anwendung an großen Patientengruppen. Dieses Verfahren hat sich insbesondere als Folge von schwerwiegenden Schäden durch Arzneimittel entwickelt wie zum Beispiel der schwerwiegenden Missbildungen nach Einnahme des Medikaments Thalidomid bzw. Contergan®.[8]

---

7 Olsen and Gotzsche 2001.

8 Siehe Lenz 1992.

Prinzipiell können auch diagnostische Tests Gefahren ähnlicher Größenordnung mit sich bringen, indem sie zu falschen (möglicherweise tödlichen) medizinischen Entscheidungen verleiten können. Dennoch verzichtet man in der Entwicklung diagnostischer Tests insbesondere auf die breite kontrollierte Anwendungsforschung an Patienten, also auf die Untersuchungen, die analog wären zu den Phasen 3 und 4 der Arzneimittelentwicklung. Hier wird darauf verwiesen, dass der wirtschaftliche Nutzen diagnostischer Tests deutlich geringer ist im Vergleich zum wirtschaftlichen Nutzen neuer Arzneimittel. Daher ist die Bereitschaft und Möglichkeit, umfangreiche Studien zu neuen diagnostischen Tests zu finanzieren, in der freien Wirtschaft begrenzt. Der wirtschaftliche Nutzen eines pharmakogenomischen Diagnosetests ist schon alleine dadurch begrenzt, dass diese Tests bei jeder Person nur einmal im Leben durchgeführt werden müssen, während viele Medikamente über lange Zeit eingenommen werden müssen.

Zur Verbesserung medizinischer Diagnostik und so auch zur Einführung der pharmakogenomischen Diagnostik ist offensichtlich eine öffentliche Forschungsförderung erforderlich, um zu erkennen, welche diagnostischen Tests wirklich helfen und welche nicht. Die Auswahl diagnostischer Tests und die Weise, wie daraus medizinische Entscheidungen abgeleitet werden, ist in vielen Bereichen der Medizin weniger gut erforscht als die Anwendung und der Wert vieler neuer Arzneimittel. Dabei müssen in der Bewertung diagnostischer Tests unterschiedliche Ebenen differenziert werden.

Ebene 1 – Reproduzierbarkeit und Richtigkeit im molekularbiologischen Labor

Hier geht es darum, dass das Messverfahren unter den mehr als 40.000 menschlichen Genen das richtige Gen an der richtigen Position mit dem richtigen Ergebnis misst. Wenn das gleiche Labor Blutproben desselben Patienten zu unterschiedlichen Zeiten misst, muss immer dasselbe Ergebnis resultieren, ebenso wie, wenn unterschiedliche Labors jeweils eine kleine Blutprobe desselben Patienten bekommen. Dass erscheint selbstverständlich, aber es handelt sich bei Genanalysen um komplexe Prozeduren, die entsprechend fehleranfällig sind[9], so dass nur durch regelmäßige Qualitätskontrolle hohe Zuverlässigkeit gewährleistet ist. Wenn Gentests für Therapieentscheidungen herangezogen werden, müssen für alle daran beteiligten Labors und Institutionen übergreifende Kontrollen, so genannte Ring-Versuche, zu einer Verpflichtung werden. Das gilt für die pharmakogenomische Diagnostik der nahen und ferneren Zukunft genauso wie für alle anderen Verfahren medizinischer Diagnostik.

---

9 Vgl. Kaiser et al. 2002.

Ebene 2 – Richtigkeit medizinisch

Diese zweite Ebene bezieht sich darauf, wie richtig mit einem Gentest ein Phänotyp vorausgesagt werden kann. Dabei kann *Phänotyp* Unterschiedliches bedeuten, etwa einen vorausgesagten Arzneimittelblutspiegel, das Risiko einer Nebenwirkung oder eines Therapieversagens. Eine exaktere Diskussion dieser Fragen muss mit der grundlegenden Vierfeldertafel der Teststatistik beginnen, wie sie in Tab. 5 vorgestellt ist.

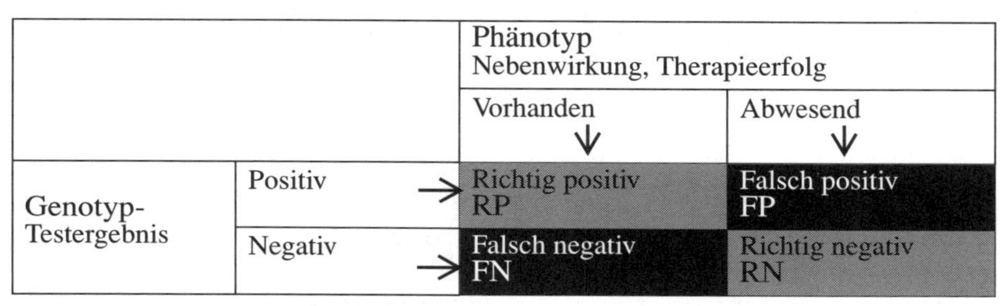

		Phänotyp Nebenwirkung, Therapieerfolg	
		Vorhanden ↓	Abwesend ↓
Genotyp-Testergebnis	Positiv →	Richtig positiv RP	Falsch positiv FP
	Negativ →	Falsch negativ FN	Richtig negativ RN

Tab. 5: Begriffe der Teststatistik bezogen auf Fragen der pharmakogenomischen Diagnostik. Der Phänotyp sei eine genetisch Bedingte Tendenz zu sehr hohen Arzneimittel-spiegeln (vgl. Abb. 2). Dann bezeichnet: **Sensitivität (RP/(RP+FN))** den Anteil der Personen mit hohen Arzneimittelspiegeln, die mit dem Test auch erkannt wurden. **Spezifität (RN/(FP+RN))** den Anteil der Personen die keine hohen Spiegel entwickeln und auch richtig so erkannt wurden. Der **positive prädiktive Wert (RP/(RP+FP))** ist der Anteil der Personen, die tatsächlich hohe Arzneimittelspiegel haben, wenn der Test positiv ist. Dieser Parameter ist in Fällen wie dem in Abb. 2 dargestellten Omeprazol-Beispiel in der Regel recht hoch. Der **negative prädiktive Wert (RN/(FN+RN))** ist der Anteil der Personen, die die Krankheit nicht haben, wenn der Test negativ ist

Spezifität, Sensitivität, positiver und negativer prädiktiver Wert pharmakogenetischer Diagnostik sind kaum je einmal perfekt 100 %, aber oft vergleichbar mit anderen Diagnosemaßnahmen in der Medizin, von der Blutsenkungsgeschwindigkeit bis zum Röntgenbild des Brustkorbes.

Es gibt Bereiche, in denen pharmakogenetische Diagnostik einen ausgesprochen hohen *positiven prädiktiven Wert* hat (vgl. Tab. 5). Wenn zum Beispiel eine Person mit einem Gentest als langsamer Metabolisierer von Medikamenten wie dem Azathioprin identifiziert ist[10], so kann man fast sicher sein, dass bei Gabe dieses Medikamentes hohe Blutspiegel und schwere Nebenwirkungen auftreten. Gleiches gilt, wenn jemand als langsamer Metabolisierer von Substraten der Enzyme CYP2C19 oder CYP2D6 identifiziert worden ist, auch dann ist fast sicher, dass tatsächlich hohe Blutspiegel auftreten.

10 Siehe Weinshilboum 1992, Krynetski and Evans 1999.

Ebene 3 – Auswirkungen auf klinische Entscheidungen und denkbare Effizienz

Diagnostische Untersuchungen, die in keinem Fall Entscheidungen beeinflussen, wären ökonomisch unrational und unethisch, und in dem Sinne ist es wichtig, dass in Zukunft klare Handlungsregeln entwickelt werden, wie man mit den Ergebnissen pharmakogenomischer Tests verfährt[11]; zu oft ist pharmakogenetische Forschung heute noch überwiegend eine *Wissenschaft für die Wissenschaft.*

Ein nützlicher Parameter, um dabei den Wert eines Arzneimittels beurteilen zu können, ist die so genannte *number needed to treat*, d. h. die Zahl der Patienten, die behandelt werden müssen, um bei einem Patienten einen medizinisch bedeutsamen

		Phänotyp: Nebenwirkung, Therapieerfolg			
		Vorhanden	Abwesend		
Genotyp- Testergebnis	Positiv	RP (n = 4)	FP (n = 1)	P	RER = RP/(RP+FP) (4/(4+1)) = 0,80
	Negativ	FN (n = 25)	RN (n = 134)	N	CER = FN/(FN+RN) (25/(25+134)) = 0,16
				FR = P/(P+N)	

ARR* = RER-CER	Absolute Risikoreduktion, die möglich erscheint, nur für die Gruppe der Träger des Risiko-Genotyps: 64 %
ARR = ARR* × FR	Absolute Risikoreduktion, die für die Gesamtgruppe möglich erscheint: 2 %
NNG = 100/ARR	Zahl der insgesamt zu typisierenden Personen, um für eine Person einen Vorteil zu erzielen: (100/2 = 50)

Tab. 6: Berechnung des maximal möglichen Nutzens der Genotypisierung nach dem *Number-needed-to-treat*-Konzept, das für die Therapieforschung entwickelt wurde.[12] Es ist die gleiche 4-Felder-Tafel wie auch in Tab. 5 verwendet und das Konzept ist an einem Zahlenbeispiel (in Klammern) illustriert. RP, richtig positiv, FP, falsch positiv, FN, falsch negativ, RN, richtig negativ.

11 Siehe Kirchheiner et al. 2001.
12 Vgl. Laupacis et al. 1988.

Nutzen zu erzielen.[13] Das Pendant für die pharmakogenomische Diagnostik wäre die *number needed to genotype*, d. h. die Zahl der Patienten, die typisiert werden müssen, um bei einem Patienten einen Nutzen zu erzielen. Die Berechnung eines derartigen Parameters ist in Tab. 6 illustriert. In dem Beispiel erleiden 4 von 5 Personen (80 %) mit einem so genannten PM-Genotyp eine Nebenwirkung (80 %; RER, Risikogruppen-Ereignisrate), in der Kontrollgruppe sind es nur 15,7 % (CER, Kontrollgruppen-Ereignisrate). Daraus errechnet sich für die PM-Gruppe eine mögliche absolute Risikoreduktion ARR* um 64,3 %, für die Gesamtgruppe der Patienten muss dies aber noch mit der Populationshäufigkeit der Risiko-Variante (FR) multipliziert werden. Wir kommen zu einer absoluten Risiko-Reduktion von 2 %, und damit müssen 100/2, also mindestens 50 Personen getestet werden, um eine Person mit diesem Genotyp zu finden.

Einfache Rechnungen, wie die in Tab. 6 angedeuteten, sind durchaus wichtig, um unsinnige Programme für das pharmakogenetische Screening zu vermeiden. So hatten wir selbst in einer Studie zum Blasenkrebs herausgefunden, dass Personen mit einem genetisch bedingten Mangel an dem Enzym GSTM1 ein etwa 1,6fach höheres Risiko hatten, an Blasenkrebs zu erkranken. Obwohl dies signifikant war und obwohl man ausrechnen konnte, dass immerhin etwa 15 % aller Fälle von Blasenkrebs durch diesen Enzymmangel entstehen (notwendige, aber nicht hinreichende Bedingung), kann man bei der Seltenheit der Erkrankung ausrechnen, dass, wenn man 50.000 Personen typisiert und sie entsprechend zu Vorsorgemaßnahmen instruiert, man schon theoretisch nur 3 Personen helfen könnte, die anderen 49.997 würden unnötig gewarnt und beunruhigt; ein derartiges Programm sollte man natürlich nicht durchführen. Ähnliche Berechnungen sind für das Screening hinsichtlich einer genetischen Variante im Gen des Blutgerinnungsfaktors V angestellt worden. Wenn Trägerinnen dieser Genvariante orale Kontrazeptiva einnehmen, haben sie ein etwa 30fach erhöhtes Risiko, an Thrombosen zu erkranken.[14] Wenn es jedoch

Tab. 7: Medizinische Bewertung pharmakogenomischer Tests	
Ebene 1	Reproduzierbarkeit und Richtigkeit molekulargenetisch
Ebene 2	Richtigkeit hinsichtlich der medizinischen Voraussage
Ebene 3	Denkbare Effizienz unter idealen Voraussetzungen Klärung der Details, wie sich die Tests auf medizinische Entscheidungen auswirken Extrapolierte Kosten-Nutzen-Relation
Ebene 4	Effizienz, d. h. Verbesserung des medizinischen Behandlungsergebnisses unter realen Bedingungen Kosten-Nutzen-Relation unter realen Bedingungen

13 Siehe Laupacis et al. 1988.
14 Siehe Vandenbroucke et al. 1994.

darum geht, die schwere tödliche Verlaufsform der Thrombosen (Lungenembolie) zu verringern, wäre die *number needed to genotype* unverhältnismäßig hoch[15], so dass eine derartige Typisierung bisher nicht regelmäßig geschieht, obwohl diese Frage bei der erheblichen Risikoerhöhung weiter diskutiert werden muss.

Ebene 4 – Verbesserung des Medizinischen Behandlungsergebnisses

Hier wird das den Patienten schließlich wirklich interessierende Nutzen-Risiko-Verhältnis erfasst. Es ist erforderlich, die Häufigkeiten guter und schlechter Behandlungsergebnisse zu vergleichen, und zwar mit und ohne den jeweiligen Test einschließlich einer gesundheitsökonomischen Auswertung. Untersuchungen, die hier durchgeführt werden sollten, sind im unten folgenden Kapitel 6 dargestellt.

5. Besonderheiten pharmakogenomischer Tests

Aus prinzipiellen Gründen ist die maximal mögliche Spezifität und Sensitivität pharmakogenomischer Diagnostik begrenzt (Erbanlagen beeinflussen unser Leben, bestimmen es aber nicht). Gemeint ist hier nicht die Spezifität in Bezug auf die molekulargenetische Richtigkeit (dargestellt als *Ebene 1* im vorangehenden Abschnitt), sondern die Spezifität und Sensitivität in Bezug auf die medizinisch wichtigen Entscheidungen. Abb. 6 zeigt dies an einem Beispiel, wie die Wirkung eines Medikamentes von vielen Einflussfaktoren abhängig ist, von denen pharmakogenomische Parameter nur einen Teil ausmachen. So sind dann auch einfache Tabellen wie Tab. 4A und 4B nur ein Teil der Wahrheit. Viele andere Faktoren müssen zugleich berücksichtigt werden. Dies wird man aller Voraussicht nach mit Computerunterstützung durchführen, jedoch ist auf dem Weg zu solchen Analysen noch einiges zu tun.

Prinzipiell sind heute schon Genchips und andere Testsysteme zur Testung multipler Genpolymorphismen verfügbar, die zugleich Tausende von Charakteristika messen können. Eine derartige Vielzahl von Informationen ist neu, und heute wissen wir auch noch nicht genau, wie dies schließlich systematisch in Therapieentscheidungen ‚umgerechnet' werden kann. Nur auf der ärztlichen Intuition jedenfalls kann und darf dies nicht beruhen, auch wenn man am Ende die Therapieentscheidung in die Hand eines Arztes geben wird. Wenn mehrere Gentests in die gleiche Richtung weisen, also zum Beispiel zur Verordnung eines Medikamentes ‚raten', ist die Gewissheit des Arztes hoch, dass er etwas Richtiges machen wird. Gleiches gilt, wenn mehrere der Testergebnisse von der Anwendung eines Medikamentes ‚abraten'. Komplizierter wird die Situation aber bei divergierenden Einzeltestergebnissen. Auch muss berücksichtigt werden, dass im Falle der Kombination von Messungen, die fehlerbehaftet sind, sich der Gesamtfehler addieren kann.

---

15 Siehe Creinin et al. 1999.

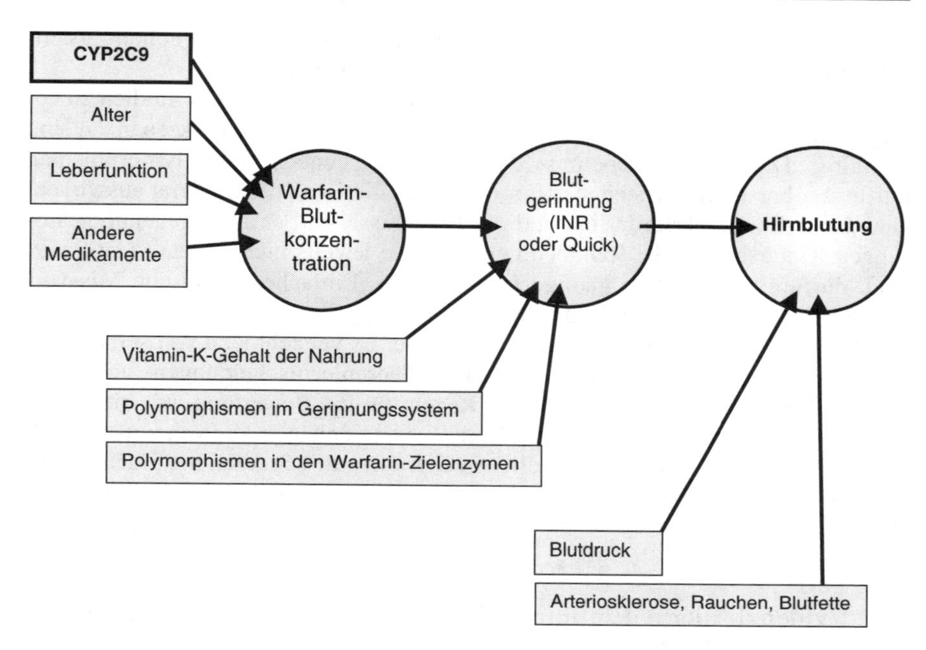

Abb. 6. Bedeutung einer pharmakogenetischen Messgröße, des so genannten CYP2C9-Polymorphismus, für die Herabsetzung der Blutgerinnung durch das Medikament Warfarin (Aithal et al., 1999; Higashi et al., 2002). Ein genetisch bedingt langsamer Metabolismus führt zunächst zu hohen Warfarin-Blutkonzentrationen, was zur Herabsetzung der Blutgerinnung führt (gemessen als so genannte INR oder als Quick-Wert). Dieses erhöht das Risiko für möglicherweise tödliche Arzneimittelnebenwirkungen, wie zum Beispiel Blutungen im Gehirn. Hinsichtlich des ersten Zusammenhanges, CYP2C9-Genotyp und Warfarin-Blutkonzentration, gibt es eine relative hohe Spezifität der pharmakogenomischen CYP2C9 Diagnostik. Aber die Vielzahl der weiteren Einflussfaktoren macht anschaulich, wie umfangreich das Problem „Blutgerinnung" ist, und es ergibt sich damit notwendigerweise, dass die Sensitivität der Typisierung nur eines pharmakogenetischen Parameters (CYP2C9) für die Voraussage stark herabgesetzter Blutgerinnungsfähigkeit begrenzt ist. Es wird empirisch zu belegen sein (Abb. 7), wie viele Nebenwirkungsfälle tatsächlich vermieden werden können, wenn der CYP2C9-Genotyp bekannt wäre.

Aus derartigen Überlegungen heraus wird es klug sein, das Prinzip *Pharmakogenetische Diagnostik* zunächst nur für einzelne oder einige wenige Gene anzuwenden. Natürlich werden aber die Testergebnisse aus Testbatterien wie in Abb. 5 dargestellt nicht einfach addiert, sondern es wird intelligentere Verfahren geben.

Vorsicht mit Sensationsberichten aus der Pharmakogenomik!

Wenn man die Literatur über Zusammenhänge zwischen Genpolymorphismen und Krankheiten oder Arzneimittelrisiken verfolgt, so sind Diskrepanzen zwischen unterschiedlichen Untersuchungen unverkennbar. Oft beginnt es mit einer kleinen Untersuchung, also an relativ wenigen Personen, die einen hohen Zusammenhang zwischen einer Genvariante und einer Krankheit findet.

Wenn dann andere versuchen, die Zusammenhänge in weiteren Studien zu verifizieren, gelingt ihnen dies oft nicht. Die Ursachen für diese Diskrepanzen sind vielfältig: Die geringe Penetranz des Einflusses genetischer Polymorphismen dürfte an oberster Stelle stehen, denn wenn sich die Gene nur moderat auswirken, sind große Studien erforderlich und die Ergebnisse sind anfällig gegenüber Störungen. Unterschiedliche Randbedingungen, die jeweils nicht genau identifiziert sind, dürften eine weitere häufige Ursache sein. Einfache statistische Missverständnisse, wie zum Beispiel die Vernachlässigung der Probleme aus multiplen Vergleichen, sind eine weitere häufige Ursache. Es versteht sich von selbst, dass auf unsicheren Zusammenhängen keine Therapieentscheidungen aufgebaut werden dürfen. Es gibt eine Reihe von Regeln für die Bewertung, wie sicher ein Zusammenhang ist.[16] Glaubwürdiger sind Zusammenhänge, die von unterschiedlichen Untersuchern an unterschiedlichen Orten in guten Studien mehrfach gefunden wurden; man beurteilt in der *evidence based medicine* das Gesamtbild unterschiedlicher Untersuchungen zu einer Frage.

6. Evidenzbasierte Einführung pharmakogenomischer Tests in die medizinische Praxis

Die medizinische Therapie basiert zunehmend auf naturwissenschaftlichen Grundlagen. Aber man hat in den letzten zwei Jahrzehnten auch gelernt, dass Medikamente oder andere Therapieformen, die naturwissenschaftlich gut begründet sind und die in Laborexperimenten, in Tierversuchen und auch in ersten Versuchen an kleineren Patientengruppen sehr gut wirkten, später in der medizinischen Praxis dennoch mehr Schaden als Nutzen anrichten können. Das hat zu dem Konzept der *evidence based medicine* geführt, ein Konzept, das leicht missverstanden werden kann. Gemeint ist hier nicht die vor wenigen Jahrzehnten sehr erfolgreich eingeführte Orientierung an der Evidenz naturwissenschaftlich-experimenteller Daten für Diagnostik und Therapie oder die Orientierung an Prinzipien der Logik und Anschauung, sondern *evidence based medicine* meint die Überprüfung aller medizinischen Konzepte an real behandelten Patienten mittels sorgfältig geplanter und ausgewerteter Studien.[17]

Ein viel zitiertes Beispiel für die Notwendigkeit der *evidence based medicine* ist die Behandlung mit Antiarrhythmika wie Encainid oder Flecainid nach einem Herzinfarkt.[18] Dies schien eine sehr aussichtsreiche Prophylaxe gefährlicher Herzrhythmusstörungen, aber unter realen Bedingungen über mehrere Monate einge-

16 Vgl. Bradford-Hill 1965.
17 Siehe Cochrane Collaboration 2002.
18 Siehe CAST Investigators 1989.

nommen, haben diese Medikamente zu vielen Todesfällen geführt. In dieser Untersuchung haben signifikant mehr Patienten in der Gruppe überlebt, die nur Placebos eingenommen haben.[19] Dies ist kein Einzelbeispiel; um nur ein weiteres Beispiel noch zu nennen: In der Krebsprophylaxe gab es viele gute Daten, dass die Einnahme antioxidativ wirkender Vitamine, und speziell die Einnahme von Vitamin-A-Präparaten die Entwicklung einer Lungenkrebserkrankung verhindern oder verzögern kann. Als man das vor einigen Jahren nun nach den Regeln der *evidence based medicine*[20] mit einer kontrollierten klinischen Studie überprüfte, ergab sich, dass das Konzept in der Realität versagte. In der mit Vitamin-A behandelten Gruppe sind mehr Patienten verstorben als in der Placebo-Gruppe.[21] Diese Studien, CAST und CARET waren keine Einzelbefunde, sondern wurden durch weitere Untersuchungen bestätigt.

Angesichts derartiger Daten wäre es naiv, uneingeschränkt an den Erfolg der pharmakogenomischen Diagnostik zu glauben, nur weil Daten belegen, dass genetische Polymorphismen Ursache von schwerwiegenden Therapieproblemen sein können. Das Konzept pharmakogenomischer Diagnostik ist theoretisch überzeugend, muss aber dennoch zunächst nach den Regeln der empirischen medizinischen Foschung (*evidence based medicine*) in der Wirklichkeit überprüft werden. Ein prinzipiell sinnvoll erscheinender Test kann mehr Schaden als Nutzen anrichten, wenn er in der medizinischen Praxis eingesetzt wird. Hoher, allgemein anerkannter Standard zur Klärung ist der kontrollierte klinische Versuch, der nach den Kriterien konzipiert und bewertet wird, wie sie für die *evidence based medicine* gut dokumentiert sind.[22] Für die pharmakogenomische Diagnostik wird also zu belegen sein, dass eine Therapie, die nach dem Ergebnis eines Gentests optimiert wurde, besser ist als eine Therapie, die ohne derartige Tests auskommt.

In der Regel wird es hier um die Arzneitherapie gehen; das Schema eines derartigen Versuches ist in Abb. 7 dargestellt. Man wird also Patienten vor der Behandlung in 3 Gruppen unterteilen, von denen eine ein Placebo erhält, eine Gruppe die zur jeweiligen Zeit beste Therapie erhält und eine dritte, bei der die beste Therapie zusätzlich nach dem Gentest adjustiert wird. Sofern die Kontrolle durch eine mit Placebo behandelte Gruppe nicht möglich ist, werden nur die beiden rechts oben in Abb. 7 genannten Gruppen miteinander verglichen werden.

Wesentliches Ziel gegenwärtiger pharmakogenomischer Forschung ist die Suche nach Polymorphismen, die in hohem Maße individuelle Unterschiede in Wirkungen und Nebenwirkungen von Medikamenten erklären. Die prinzipiell gut begründeten hohen Erwartungen in die Pharmakogenomik dürfen also nicht darüber hinwegtäuschen, dass der Wert anschließend erst noch empirisch belegt werden muss. Und auch wenn dies belegt ist, gibt es in der breiten Anwendung noch einige Hürden zu überwinden.

---

19 Ibid.
20 Siehe Cochrane Collaboration 2002.
21 Siehe Omenn et al. 1996.
22 Siehe Cochrane Collaboration 2002.

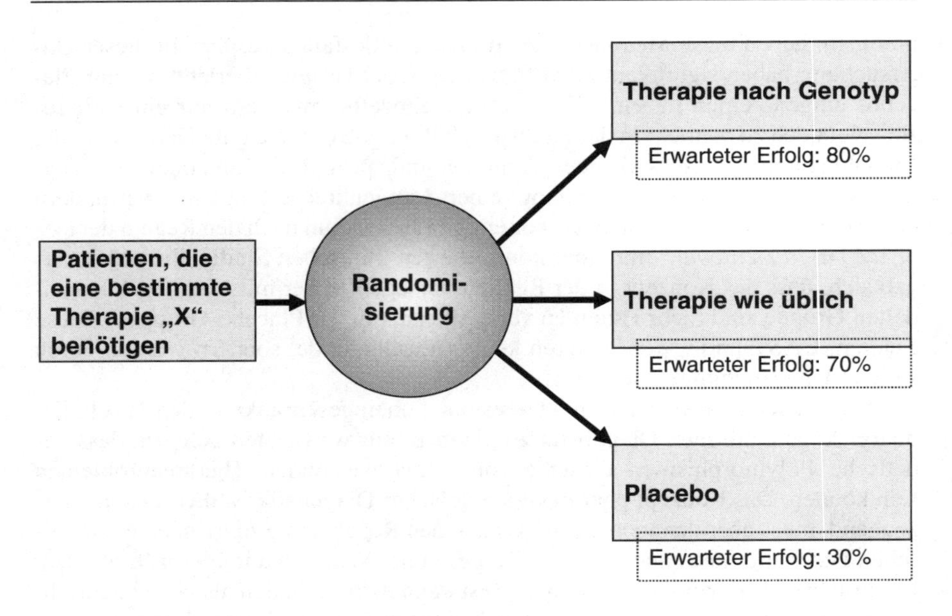

Abb. 7. Das Prinzip eines kontrollierten klinischen Versuches, der die Effizienz einer auf pharmakogenomischer Diagnostik basierenden Therapie belegen würde. Als Erfolg wären insbesondere so genannte klinische Endpunkte, also Ereignisse, die für den Patienten unmittelbar von Bedeutung sind, auszuwerten (z.B. Überlebensrate, Tage des Krankenhaus-Aufenthaltes, Häufigkeit und Dauer schwerer Behinderung).

Die Medizin ist in der täglichen Praxis mit vielen komplexen Aufgaben belastet, von der medizinischen Diagnostik und Therapie über die komplexe Interaktion mit den Patienten bis hin zu Problemen der wirtschaftlichen Praxis- und Klinikführung. So ist es nicht ganz verwunderlich, dass Ärzte und Ärztinnen schon viele der jetzt existierenden Informationen zu Arzneimitteln nicht beachten und auch nicht beachten können. Ein kürzlich aktuelles Beispiel war das Medikament Cerivastatin: Obwohl vor Gefahren bei bestimmten Medikamentenkombinationen mit dem Cerivastatin gewarnt worden ist, z. B. vor einer Kombination mit dem Medikament Gemfibrozil, sind diese Warnungen vielfach nicht beachtet worden. Obwohl es in Deutschland für jedes neue Medikament ein gesetzlich vorgeschriebenes Informationsblatt (Arzneimittel-Fachinformation) gibt, wird dies nach der persönlichen Erfahrung des Autors von vielen Ärzten kaum beachtet. So ist es nicht nur aus Gründen des *Marketing*, sondern auch aus Gründen der Arzneimittelsicherheit, empfehlenswert, vorzugsweise Medikamente zu entwickeln, bei denen möglichst wenig berücksichtigt werden muss. Damit ist das Medikament, das nur mit einem Gentest zusammen verkauft werden kann, sicher kein allgemeines Traumziel, sondern nur für diejenigen Krankheiten eine Lösung, wo andere Prinzipien versagen. Computer-basierte Expertensysteme können dann helfen, das Problem des ‚Managements' des umfangreichen medizinischen Wissens in den Griff zu bekommen. Schließlich ist auch noch unklar, ob sich eine breite und schnelle Verfügbarkeit pharmakogenomischer Tests zu akzeptablen Kosten sicherstellen lässt.

Schlussbemerkungen

In dem diesem Buch zugrunde liegenden Symposium ging es um eine Bewertung des Nutzens und der Gefahren der Genomforschung. Der Autor, der an der pharmakogenomischen Forschung beteiligt ist, sieht Probleme der Pharmakogenomik aus anderer Sicht als der nicht an der Forschung beteiligte Beobachter. Es sollte hier umrissen werden, welche Probleme es noch zu lösen gilt, mit welchen Konzepten und anhand welcher Standards der Wert pharmakogenetischer Tests belegt werden muss.

Mit zunehmender technischer Entwicklung der medizinischen Diagnostik auf allen Gebieten ist es erforderlich, den Sinn, den möglichen Nutzen und mögliche Gefahren medizinischer Diagnostik umfassend darzustellen und zu analysieren. Hier unterscheidet sich die Pharmakogenomik in nichts von Tests, über die wir schon seit Jahrzehnten verfügen: Ein falsch diagnostizierter Knoten im Röntgenbild, ein falsch interpretierter Laborwert oder ein falsch interpretiertes Elektrokardiogramm kann genauso verheerende Folgen für Patienten haben wie ein möglicherweise missverstandener oder missbrauchter Gentest. Das darf kein Aufruf zur Sorglosigkeit im Umgang mit pharmakogenomischen Daten sein, sondern eher dazu, aus Analogien in anderen Gebieten der Medizin für das neue Gebiet Pharmakogenomik zu lernen und vielleicht auch einige andere Bereiche medizinischer Diagnostik zu optimieren.

Extrem hohe Erwartungen in die Pharmakogenomik können auch zu Enttäuschungen führen, in vielen Gebieten werden noch Jahre bis Jahrzehnte vergehen, bis Erkenntnisse aus der Genomforschung medizinisch anwendbar sein werden. Und es ist ein Allgemeinplatz, dass für viele Krankheiten die Genetik nur eine Nebenrolle spielt, und so werden pharmakogenomische Tests für Patienten nicht mehr ändern und nicht mehr bemerkt werden, als viele andere Labortests, die in den letzten Jahrzehnten in die Medizin eingeführt wurden.

Literaturverzeichnis

Aithal, G. P. et al. (1999): Association of polymorphisms in the cytochrome P 450 CYP2C9 with warfarin dose requirement and risk of bleeding complications, in: Lancet 353, 717–719.

Bradford-Hill, A. (1965): The environment and disease: Association or causation, in: Proceedings of the Royal Society of Medicine 9, 295–300.

Brockmöller, J. et al. (2000): Pharmacogenetic diagnostics of cytochrome P450 polymorphisms in clinical drug development and in drug treatment, in: Pharmacogenomics 1, 125–151.

Brockmöller, J. et al. (2002): The Impact of the CYP2D6 Polymorphism on Haloperidol Pharmacokinetics and Outcome, in: Clin. Pharm. Ther., im Druck.
CAST Investigators (1989): Preliminary report: effect of encainide and flecainide on mortality in a randomized trial of arrhythmia suppression after myocardial infarction. The Cardiac Arrhythmia Suppression Trial (CAST) Investigators, in: N Engl J Med 321, 406–412.
Cochrane Collaboration (2002): The Cochrane Collaboration – Preparing, maintaining and promoting the accessibility of systematic reviews of the effects of health care interventions.
Creinin, M. D., Lisman, R., Strickler, R. C. (1999): Screening for factor V Leiden mutation before prescribing combination oral contraceptives, in: Fertil Steril 72, 646–651.
Furuta, T. et al. (2001): Effect of genotypic differences in CYP2C19 on cure rates for Helicobacter pylori infection by triple therapy with a proton pump inhibitor, amoxicillin, and clarithromycin, in: Clin Pharmacol Ther 69, 158–168.
Haefeli, W. E. (2001): Therapie-Monitoring, Probleme der Compliance und Noncompliance, in: Fülgraff Palm Pharmakotherapie – Klinische Pharmakologie, Herausgeber: B. Lemmer, K. Brune, München, Jena, 20–28.
Higashi, M. K. et al. (2002): Association between CYP2C9 genetic variants and anticoagulation-related outcomes during warfarin therapy, in: JAMA 287, 1690–1698.
Kaiser, R. et al. (2002): Patient-tailored antiemetic treatment with 5-hydroxytryptamine type 3 receptor antagonists according to cytochrome P-450 2D6 genotypes, in: J Clin Oncol 20, 2805–2811.
Kaiser, R. et al. (2002): Validity of PCR with emphasis on variable number of tandem repeat analysis, in: Clin Biochem 35, 49–56.
Kirchheiner, J. et al. (2001): CYP2D6 and CYP2C19 genotype-based dose recommendations for antidepressants: a first step towards subpopulation-specific dosages, in: Acta Psychiatrica Scandinavica 104, 173–192.
Krynetski, E.Y., Evans, W. E. (1999): Pharmacogenetics as a molecular basis for individualized drug therapy: the thiopurine S-methyltransferase paradigm, in: Pharm Res 16, 342–349.
Laupacis, A., Sackett, D. L., Roberts, R. S. (1988): An assessment of clinically useful measures of the consequences of treatment, in: N Engl J Med 318, 1728–1733.
Lazarou, J., Pomeranz, B. H., Corey, P. N. (1998): Incidence of adverse drug reactions in hospitalized patients: a meta-analysis of prospective studies, in: JAMA 279, 1200–1205.
Lenz, W. (1992): A personal perspective on the thalidomide tragedy, in: Teratology 46, 417–418.
Merck, E. (2002): Refobacin Fachinformation. Darmstadt, E. Merck AG, 1–4.
Olsen, O., Gotzsche, P. C. (2001): Cochrane review on screening for breast cancer with mammography, in: Lancet 358, 1340–1342.
Omenn, G. S. et al. (1996): Risk factors for lung cancer and for intervention effects in CARET, the Beta-Carotene and Retinol Efficacy Trial, in: J Natl Cancer Inst 88 (21), 1550–1559.
Vandenbroucke, J. P. et al. (1994): Increased risk of venous thrombosis in oral-contraceptive users who are carriers of factor V Leiden mutation, in: Lancet 344, 1453–1457.
Weinshilboum, R. M. (1992): Methylation pharmacogenetics: thiopurine methyltransferase as a model system, in: Xenobiotica 22, 1055–1071.

Dietmar Mieth

Humangenomforschung als Tor zur individualisierten Medizin? Thesen zur Einführung

Der sozialwissenschaftliche Begriff der Individualisierung, wie ihn vor allem Ulrich Beck und Elisabeth Beck-Gernsheim verstehen, geht von einem neuen Schub in der Entwicklung der Moderne aus, der als ‚reflexiv' bezeichnet wird.[1] Damit ist gemeint, dass der Bereich der selbstverständlichen, stützenden Konventionen abnimmt, und dass alle Handlungen und Entscheidungen einer reflexiven Besinnung unterstellt werden müssen. Insbesondere muss das Individuum selbst darüber entscheiden, welche soziale Umwelt es wählt und wie es darin seine Biographie einordnet. An die Stelle der Orientierung durch Ordnung tritt die Orientierung durch freie Wahl. Zumindest wird dies so empfunden, obwohl berechtigte Zweifel bestehen, dass es tatsächlich so ist. Die ‚zweite' Moderne ist nämlich auch dadurch gekennzeichnet, dass die freigesetzte Selbstbestimmung gründlich beworben und instrumentalisiert wird. Gerade in der Semantik der Werbungssprache wird deutlich, dass ein versprochener Zugewinn an Authentizität noch keineswegs diese ermöglicht, insofern ein Allgemeines, ein Produkt nämlich, das allen angeboten wird, als das Allerindividuellste angepriesen und verkauft wird. Wer Individualität sucht, erreicht deshalb nur einen Typus, der mit diesem Etikett ausgestattet ist.

Traditionsverlust, Mobilität und Orientierungsarmut (angesichts einer Überschüttung mit Orientierungsratschlägen) gehen so zugleich mit einer erhöhten Standardisierung und Uniformisierung der Lebensbereiche einher. Im Unterschied zur ersten Moderne – der Herrschaft der Industrialisierung – ist jedoch diese ‚Hörigkeit' nicht besonders transparent, eben auch darum, weil sie das Individuelle im Sozialen zu befördern scheint.[2] Die neue Hörigkeit tritt an die Stelle der alten vorgeprägten Zugehörigkeit. Das Ziel, sich zugunsten unverstellter Individualität aus dieser Hörigkeit zu befreien, besteht zwar und ist hoch angesehen, zugleich wird seine Erreichbarkeit durch Erhöhung der Komplexität und durch entsprechende Undurchsichtigkeit erschwert. Befreiung heißt umso mehr informierte Selbstbe-

---

1 Vgl. Beck, U., Beck-Gernsheim, E. (1994): Individualisierung in modernen Gesellschaften – Perspektiven und Kontroversen einer subjektorientierten Soziologie, in: Beck, U., Beck-Gernsheim, E. (Hg.): Riskante Freiheiten, Frankfurt a. M., 10–39. Vgl. auch Harskamp, A. von, Musschenga, A.W. (eds.) (2001): The many Faces of Individualism (Morality and Meaning of Life, no. 12), Leuven, Paris.

2 Vgl. Hunold, G. (1993): Identitätstheorie. Die sittliche Struktur des Individuellem im Sozialen, in: Hertz, A. u. a. (Hg.): Handbuch der christlichen Ethik, Bd. 1, Freiburg, Basel, Wien, 177–195. Vgl. auch Laubach, T. (Hg.) (1998): Ethik und Identität, Tübingen, Basel sowie Haker, H. (1999): Die moralische Identität, Tübingen, Basel.

stimmung und Entscheidung – aber diese Befreiung ist nicht nur Chance, sondern auch Zwang. Das individualisierte Leben ist in anonym wirkende Institutionen eingebettet; es hat so Schwierigkeiten, jene ursprüngliche Vertrautheit mit sich selbst[3] zu behaupten, welche die unhintergehbare Individualität, philosophisch gesehen, ausmacht. Ulrich Beck fasst dies wie folgt zusammen: „Individualisierung wird zur fortgeschrittenen Form markt-, rechts-, bildungs-, usw. abhängigen Vergesellschaftung“[4]. Diese abhängige Vergesellschaftung soll vom Individuum kontrolliert werden. Es soll seine Determinanten determinieren und die institutionellen Kontrolleure kontrollieren. Zwar steht es dem Individuum frei, seine Selbstverwirklichung anzustreben, indem es sich einem frei gewählten Set von Maximen unterstellt, aber es wird auch dafür bestraft, wenn es den Nonkonformismus zu weit treibt oder aber, wenn seine Individualität nur als Anpassung erscheint. Im Grunde wird jede Lebensform zum Identitätsthema: die Religion, die Ethik, die Kunst, aber auch z. B. der Bereich medizinischen Handelns, wobei der eine seine professionelle Identität sucht oder auch verliert, während der Patient die Rolle des selbstbestimmten Kranken übernimmt oder zu übernehmen hat, koste es ihn, was es wolle (nicht nur im finanziellen Sinne).

Geht man nun mit diesem sozialwissenschaftlichen und sozialphilosophischen Befund auf einen Begriff wie ‚individualisierte Medizin‘ zu, so zeigt sich sogleich, dass dieser Begriff mit erheblichen Implikationen verbunden ist. Im Übrigen wird er, und mit ihm seine Problematik, nicht erst durch die prospektiven Möglichkeiten der Humangenomforschung installiert. Insofern bedarf der Titel „Humangenomforschung als Tor zur individualisierten Medizin?“ der Präzisierung. Denn es gibt eine Reihe von anderen Türen und einen gesellschaftlichen Zwang, der vor aller Genifizierung des medizinischen Bewusstseins wirkt. Die Medizin ist schon als Teil der Gesellschaft mit dieser zusammen im oben erwähnten Sinne ‚individualisiert‘. Es wird leider oft vergessen, dass wissenschaftliche Fortschritte sich Gesellschaftsimpulsen verdanken. Dabei wird dann eine Einbahnstraße von der Wissenschaft zur Gesellschaft entwickelt, als innoviere die Wissenschaft die Gesellschaft, welche darauf eine Antwort zu finden habe. In Wirklichkeit ist es m. E. weitgehend umgekehrt oder zumindest zweiseitig zu betrachten. Die Genetik gehört zu den Schöpfungen, zu den Illusionen und zu den Chancen der Individualisierung. Wäre es anders, so würden ihre Fortschritte nicht bezahlt. Wir haben die Wissenschaften, die ‚wir‘ wollen. Aber haben wir dieses ‚Wir‘ und sein Wollen analysiert? Es ist typisch für manche Formen der Bioethik, dass sie sich als Typus technikinduzierter Wissenschaft verstehen und den Fortschritt zu spät vergesellschaften, indem sie die Anschlussfrage an die Gesellschaft stellen: was dürfen wir machen, wenn wir es können? Statt die Frage zu stellen: „Was wollen wir können?“[5] Wird diese Frage

3 Vgl. Frank, M. (1986): Die Unhintergehbarkeit von Individualität, Frankfurt a. M.

4 Beck, U. (1986): Die Risikogesellschaft. Auf dem Weg in die andere Moderne, Frankfurt a. M., 210.

5 Vgl. Mieth, D. (2002): Was wollen wir können? Ethik im Zeitalter der Biotechnik, Freiburg i. Br.

nicht vor die wissenschaftliche Verantwortung gestellt, bleibt nichts anderes übrig, als die Art von Wahl zwanghaft zu vollziehen, die durch die Vorgegebenheit des wissenschaftlichen Fortschritts unvermeidlich geworden zu sein scheint. Daraus ergibt sich ein strategisches Bewusstsein auf der Basis soziologischer Naivität. Es sollte daher zur Forschungsaufgabe der Ethik in den Biowissenschaften gehören, die wissenschaftsgeschichtlichen und wissenschaftstheoretischen Fragen, die den Weg gebahnt haben, auch als gesellschaftliche Fragen zu thematisieren. Am Begriff der Individualisierung lässt sich nämlich leicht zeigen, wie oberflächlich und unkritisch er angewandt wird, wenn man ihn insbesondere als Innovation der medizinischen Behandlung und Versorgung betrachtet.

Denn schon dabei lassen sich mindestens drei Ebenen begrifflich und thematisch unterscheiden:

a) Individualisierung als molekulare Identifizierung von Belastungen oder Entlastungen in einer sog. prädiktiven Medizin (was illusionäre Ansprüche schon im Begriff mit sich führt) im Gegensatz zu biographischen und umgebungsbezogenen Vorstellungen von Individualität als persönlicher Lebensführung. Die individuelle Behandlung, Betreuung und Beratung muss primär auf das Letztere eingehen, während die molekulare Identifizierung entweder, zumindest vorerst, Illusion bleibt oder aber gerade die Individualisierung durch Typisierung verdrängen kann.
b) Individualisierung als Zuwachs an informationeller bzw. optionaler Selbstbestimmung im Vergleich zu wachsenden Verteilungsrestriktionen in einer unbezahlbar werdenden Medizin und zu den damit verbundenen Restriktionen und Reduktionen von Optionen. Grob gesagt: Individualisierung ist entweder eine Illusion oder eine unpassende Kategorie, welche den Vorgang der Typisierung verschleiert, oder nur sehr begrenzt für einen zahlungskräftigen Teil der Menschheit anwendbar.
c) Individualisierung als Zuwachs an unhintergehbarer Vertrautheit mit mir selbst, als Zuwachs an individuellen Rechten und an Möglichkeiten des authentischen Lebens.

Damit wird die Frage nach der Individualisierung bzw. nach einer individualisierten Medizin nicht nur zur Frage nach den Folgen einer selbsttätigen Entwicklung und nach dem Umgang mit diesen Folgen, sondern zentral zur Frage: welche Individualisierung soll verantwortlich bedacht werden? Dies lässt sich an einem Beispiel erläutern: auch ohne Rückgriff auf genetische Testmöglichkeiten erscheint es als sinnvoll, Diagnostika und Therapeutika, die Kindern verabreicht werden sollen, vorher an dieser Gruppe von sog. Nichtzustimmungsfähigen ausreichend zu testen, um Fehlerquellen, Risiken und Gefahren besser zu erkennen, aber auch, um die Chancen der Behandlung zu erhöhen. Diese Plausibilität, die in der EU-Richtlinie ‚Good Clinical Practice' zugrunde gelegt worden ist, wird sicherlich durch genetische Erweiterungen von Testmöglichkeiten gesteigert werden. Sie führt aber zwangsweise zu der Entscheidung, inwieweit man das Tabu des Verbotes fremdnütziger Forschungen an nichtzustimmungsfähigen Personen durchbrechen bzw. sich auf prekäre Abwägungen einlassen muss. Wie immer man dazu steht, die Individualisierung wird, obwohl sie auch hier nur eine bessere typologische Einordnung nach sich ziehen kann, als Zauberformel benutzt, um mithilfe von c) der obigen Unterscheidung a) und b) im Sinne der ersten Alternativen zu favorisieren. Hier ist Aufmerksamkeit geboten, wenn man die Weichen richtig stellen will.

Risiken und Nebenwirkungen, so lautet das Paradigma, können durch präzisere Diagnostik und Medikalisierung gesenkt werden. Dabei ist zunächst zu fragen, ob bzw. inwieweit diese Präzision erreichbar ist.[6] Dabei ist nicht nur die Realistik der Ziele zu bearbeiten, sondern ihre begriffliche Einordnung und ihre semantische Fassung ist zu beachten, damit keine Illusionen in der Bevölkerung entstehen oder aber schon bestehende abgebaut werden.

Nicht nur das Ziel, sondern auch die Mittel sind zu befragen, mit denen dieses Ziel erreicht werden soll. Denn die Zweck-Mittel-Relation verlangt, ethisch gesehen, dass die gleichen ethischen Kriterien, welche für die Ziele gelten, auch unabhängig davon auf die Mittel angewandt werden. Dies spielt z. B. eine Rolle, wenn es um Regenerierungsforschung geht.

Die auf das Individuum hin entwickelte regenerierende Zelle stellt möglicherweise ethische Probleme in ihrer Herkunft.

Je individualisierter die Medizin, umso geregelter ist der Zugang zur Selbstbestimmung. Optionalismus ohne Regeln wäre ein Chaos. Man muss sich fragen, ob die Individualisierung das trojanische Pferd für molekulare Gleichschaltung sein könnte. Das muss nicht so sein, wenn es um Alleinstellungsmerkmale des Individuums geht. Aber diese werden erst aus der Kombination vieler Daten sichtbar. Der schlichtere Weg ist die Zuordnung zum Typus. Der eigenschaftsbestimmte Mensch ist aber nur ein Patchwork und nicht die Person, um deren Behandlung, Betreuung und Begleitung es geht.

Je individualisierter die Medizin, desto notwendiger werden Begleitung und Beratung. Ist die Gesellschaft bereit, diesen Preis für den Zwang zur individuellen Reflexivität und zur optionalen Entscheidung zu zahlen? Wie kann der Schutz des Individuellen so verankert werden, dass die Vertrautheit mit sich selbst als unhintergehbare Privatheit gewahrt bleibt? Dies ist nicht nur unter der Perspektive des Testangebotes und der Datennachfrage unter kommerziellen Bedingungen zu sehen, sondern auch unter der Perspektive, dass das Individuum selbst sein genetisches Profil bei Versicherungen und am Arbeitsplatz zu vermarkten sucht, so dass es sich freiwillig etwaiger Privilegien begibt, welche der Staat in seinem Interesse zu sichern versucht.

Die sozialethischen Fragen richten sich auf die genaue Bestimmung von Rechten und Pflichten sowie auf die Probleme der Verteilungsgerechtigkeit im Gesundheitswesen, wo einerseits die Norm des ‚equal access' gelten soll, aber die Finanzierung von Spitzenbedürfnissen oder seltenen Krankheiten immer mehr privati-

---

6 Diesen Fragen gehen die Fachwissenschafler Margret Hoehe und Jürgen Brockmöller in diesem Band nach.

siert wird. Dies wird sich kaum durch die Erweiterung des Zugangs zu gesetzlichen Krankenkassen regeln lassen. Denn dadurch würde die unbezahlbare Solidarität nur noch deutlicher, weil die Beiträge entsprechend steigen.

Bedeutet also Individualisierung zugleich Privatisierung der Kosten?

Wo liegt der gerechte Schnittpunkt zwischen der Nachfrage nach individuellem Wohlsein einerseits und den wissenschaftlich-medizinisch-pharmazeutischen Angeboten andererseits? Was darf nachgefragt, was angeboten werden? Die Moralisierung der Nachfrage ist uns dabei geläufiger als die Moralisierung des Angebotes, weil wir uns der Illusion hingeben, dieses würde durch die Nachfrage reguliert, während doch in Wirklichkeit das Angebot oft erst die Nachfrage schafft.

Wie man an diesen kurzen Bemerkungen sehen kann, bedarf die Individualisierung in der Medizin neuer Forschungsprojekte, die sich nicht nur an den Fortschritten und deren Chancen bzw. deren Risiken orientieren, sondern überhaupt das ‚setting‘ einer Ethik hinterfragen, die sich als Nachlieferer zu wissenschaftlichen Zulieferungen versteht, statt mit den sozialen Entwicklungen, die hinter der Wissenschaft stehen sowie mit den Modellen, an welchen sie ihre Fortschritte orientiert, die entsprechende Auseinandersetzung zu suchen.

Jan P. Beckmann

Pharmakogenomik und Pharmakogenetik: Ethische Fragen*

Vorüberlegung

Dass ethische Analyse und Reflexion wissenschaftlicher Handlungsoptionen häufig erst dann erfolgen, wenn die betreffenden Verfahren bereits etabliert sind, mag naturwüchsig erscheinen; unter normativen Gesichtspunkten kann dies gleichwohl nicht als angemessen angesehen werden. Es muss vielmehr darum gehen, beides zu vergleichzeitigen und miteinander zu verbinden, indem ethische Analyse und Reflexion zunehmend in den Prozess der Entwicklung neuer wissenschaftlicher Verfahren und Handlungsoptionen integriert werden.

Eine Gelegenheit für die Vergleichzeitigung von wissenschaftlicher Entwicklung und ethischer Analyse bietet ein neues Forschungs- und Anwendungsfeld: Pharmakogenomik und Pharmakogenetik. Es geht um die Identifikation der Wirkmechanismen der Verstoffwechslung (d. h. des Abbaus, des Metabolismus) von Medikamenten. Ziel ist es, unter Nutzung solchen Wissens die Wirkung von Medikamenten auf den Patienten zielgenauer und nebenwirkungsärmer zu gestalten.[1] Die genetischen Voraussetzungen der Einsicht in derartige Zusammenhänge werden zunehmend etabliert, und es wird allgemein davon ausgegangen, dass in dem Maße, in welchem krankheitsrelevante Funktionen einzelner Gene und Gensequenzen bekannt werden, auch die genetischen Voraussetzungen der Metabolisierung von Medikamenten systematisch in den Blick genommen werden.

Im Folgenden werden (1) nach kurzer Verständigung über die Sache der Pharmakogenomik und Pharmakogenetik (2) die Ziele, anschließend (3) die dafür angewandten Mittel und schließlich (4) mögliche Folgen der Anwendung genomischen und genetischen Wissens auf Entwicklung und Einsatz von Medikamenten unter ethischen Gesichtspunkten vorgestellt.

1. Pharmakogenomik und Pharmakogenetik: Hintergründe und Erläuterungen

Die Frage, was wir *wissen*, wenn wir das menschliche Genom kennen[2], bedarf der Ergänzung durch die nicht minder wichtige Frage, was wir in diesem Fall *tun* werden. Nachdem Kartierung und Sequenzierung des menschlichen Genoms als

* Erweiterte Fassung in: Honnefelder, L., Streffer, C. (Hg.): Jahrbuch für Wissenschaft und Ethik, Band 7, Berlin, New York, 2002, 259–290.

1 Vgl. Evans, Relling 1999.

2 Vgl. Honnefelder, Propping 2001.

vorerst abgeschlossen gelten, geht es nun an das Studium der Funktionen einzelner Gene und Gensequenzen (‚funktionale Genomik'). Man erhofft sich Einsichten vor allem in Krankheitsdispositionen zum Zweck von Prävention, Diagnose und Therapie. Hierauf wird zunehmend die Erforschung pharmakogenomischer Wirkprofile, d. h. des genomischen und genetischen Einflusses auf die Verstoffwechslung von Medikamenten, aufbauen. Dies könnte die Berechenbarkeit und Prognostizierbarkeit der Arzneimittelanwendung beim individuellen Patienten erhöhen. Gene sind freilich nur die notwendige Voraussetzung dafür, *dass* es uns gibt, nicht schon die hinreichende Bedingung dafür, *wie* es uns gibt. Der Mensch ist nicht allein durch seine Gene bestimmt; eine wichtige, u. U. entscheidende Rolle spielen Umwelt und Lebensweise. Dies gilt auch für die Mehrzahl der Krankheiten. Auch wenn dieselben zunehmend als genetisch (mit-)bedingt erkannt werden, so ist doch der für eine Krankheit genetisch Disponierte bzw. der Erkrankte nicht nur biologisch, sondern auch sozial und psychisch (mit-)bestimmt. Eine ‚Genetisierung' des Menschen würde möglicherweise einen biologischen Reduktionismus implizieren. Die These des genetischen Determinismus jedoch gilt wissenschaftlich als längst widerlegt.[3] In Wirklichkeit geht es um komplexe Zusammenhänge, im Hinblick auf welche die Entdeckung von *Wirkmechanismen* von großer Bedeutung ist. Eine Genetisierung der Medizin – und a fortiori der Pharmakologie – ginge an dieser Wirklichkeit des Menschen vorbei.

Hinzu kommt: Jeder Mensch hat – mit Ausnahme eineiiger Zwillinge – sein ‚eigenes', unverwechselbares Genom und damit auch seinen eigenen ‚Mix' genetisch bedingter Krankheitsdispositionen und somit, sofern es zu entsprechenden Manifestationen kommt, seine je eigenen Krankheiten und folglich auch seine für ihn speziell ‚passende' Therapie. Dies führt unter dem Einfluss (human-)genetischer Erkenntnisse zwangsläufig zu einer zunehmenden *Individualisierung* (in) der Medizin.[4] Die deutliche Wahrnehmung der Individualität von Erkrankungen verstärkt die Individualisierung der Diagnostik und diese die Individualisierung der Therapie – einschließlich der Individualisierung der Medikamentierung (in der Softwareanpassung nennt man dies ‚customizing'). Für Letzteres suchen Pharmakogenomik und Pharmakogenetik die Voraussetzungen zu schaffen.

Der Pharmakogenomik ist es mit Hilfe von Analysen von Genom (DNA) und Genomprodukten (RNA, Proteine) um die Klärung der Frage zu tun, welche Bezüge genomische Variabilität auf die Wirkung von Arzneimitteln hat.[5] Die Pharmakogenetik ihrerseits interessiert sich für genvariantenspezifische hereditäre Unterschiede in der Metabolisierung.[6] Die Pharmakogenetik geht an ihre Aufgabenstellung von der phänotypischen, die Pharmakogenomik von der DNA-Ebene heran.[7] Sobald man weiß, wie bestimmte Genvarianten den Metabolismus bestimm-

3 Vgl. Bartram et al. 2000, 5 ff.
4 Bayertz, Ach, Paslack 2001, 287 ff.
5 Roses 2000, 857; Rothstein, Griffin Epps 2001, 228.
6 Roses 2000, 858 f. Zum Ganzen vgl. Weber 1997.
7 Cichon et al. 2000, 99.

ter Medikamente beeinflussen, lassen sich erstens Voraussagen treffen und zweitens Medikamente mit größerer Zielgenauigkeit und geringerer Nebenwirkung entwickeln. Es ist insoweit nahe liegend, dass zu den vielfältigen Anwendungsmöglichkeiten der Humangenetik auch, wenngleich derzeit von der Öffentlichkeit noch kaum wahrgenommen, die Anwendung genetischer Erkenntnisse auf die Arzneimittelherstellung gehören wird. Dabei spielt die genetische Vielgestaltigkeit in Form so genannter Polymorphismen, d. h. von Unterschieden in der individuellen DNA-Sequenz, eine zentrale Rolle, vor allem die so genannten ‚single nucleotide polymorphisms' (SNPs).[8] Hauptziel ist die Vermeidung von Sicherheitslücken in der Medikamentierung des individuellen Patienten mit den beiden Zielen der Minimierung unerwarteter und vor allem unerwünschter Nebenwirkungen und der effizienteren Anwendung von Arzneimitteln im Sinne einer möglichst exakten Herbeiführung der gewünschten Wirkung.

Die von der Pharmakogenomik verfolgte Optimierung der Wirksamkeit von Medikamenten und Minimierung unerwünschter Nebenwirkungen *in Bezug auf den individuellen Patienten* ist aus der Sicht des Patientenwohls ein ethisch unzweifelhaft legitimes Ziel; dies auch dann, wenn diese Zielsetzung seitens der Pharmaindustrie naturgemäß mit Gewinnabsicht verbunden ist. Gleichwohl gilt es, die folgenden Aspekte auch aus ethischer Sicht zu prüfen: 1. Forschung und Anwendung; 2. Gewinnung, Weitergabe und Verwendung von DNA-Material sowie Identifizierung und Kategorisierung von Genotypen; 3. mögliche Änderungen in der Arzneimittelverschreibung, Auswirkungen auf das Arzt-Patient-Verhältnis, Gefahren einer ‚Zwei-Klassen'-Medizin, einer Verzerrung des Arzneimittelangebots und genetischer Diskriminierung. Die Fragen der Forschung und der Kategorisierung werden unter dem Aspekt der Vertretbarkeit der Mittel und die übrigen Fragen unter dem Gesichtspunkt der Tragbarkeit der Folgen behandelt.

2. Zur Legitimität der Ziele

Die zentralen Ziele der Pharmakogenomik und Pharmakogenetik lassen sich wie folgt auflisten:

1) *Erwerb von Grundlagenwissen* im Hinblick auf Wirkmechanismen zwischen dem individuellen Genom und der Verstoffwechslung von Medikamenten, wobei so genannte ‚drug-response genes' eine wichtige Rolle spielen.
2) *Verbesserung der Krankheitsprävention* durch Entwicklung von Medikamenten, welche den Ausbruch einer Krankheit gezielt verhindern oder zumindest verzögern helfen, sowie Verbesserung der Therapie durch *Verminderung des Risikos* der von Patient zu Patient u. U. unterschiedlichen Wirkung von Medikamenten und *Erhöhung der Zielgenauigkeit* der Wirkung von Medikamenten beim Individuum.

---

8 Brookes 1999; Pfost, Boyce-Jacino, Grant 2000.

3) Entwicklung diagnostischer Tests zu *therapeutischen* Zwecken.
4) *Reduzierung der Forschung* an Mensch und Tier mit Hilfe der Ersetzung durch Labortests.

Hinzu kommen Gewinne aus der Medikamentenherstellung durch ‚targeted marketing of drugs'.

2.1. Forschung

Forschung und Anwendung der Pharmakogenomik müssen hinsichtlich ihrer Möglichkeiten und Grenzen, wie alle anderen medizinisch-pharmazeutischen Verfahren auch, in bestehende rechtliche Regelungen eingebunden werden, gegebenenfalls unter zusätzlichen gesetzgeberischen Maßnahmen.[9] Will man für den einzelnen Patienten ein Profil seiner Krankheitsrisiken und der entsprechenden Präventions-, Diagnose- und Therapiemöglichkeiten erstellen, bedarf es der Zuordnung von genetischen Daten zu Funktionen und Krankheiten. Erst diese Zuordnung macht die genetischen Daten wissenschaftlich relevant. Dabei gehen Proteomik (Charakterisierung von Proteinfunktionen) und Genomik (Charakterisierung von Genfunktionen) Hand in Hand. Bis zur Erkenntnis der genetischen Voraussetzungen einzelner Krankheiten ist es jedoch noch ein mehr oder weniger weiter Weg. Hierzu ist Grundlagenforschung in der Sache unabdingbar und ethisch nach Maßgabe des Hilfsgebots zwingend. Im Rahmen der Pharmakogenomik müssen Individuen in großer Zahl genetisch untersucht werden (‚screening'), ohne dass im Vorhinein gesagt werden kann, ob sie selbst von den Forschungsergebnissen profitieren oder ob es sich um rein fremdnützige Forschung handelt. Eine ethische Analyse der pharmakogenomischen Forschung wird dies in den Blick nehmen müssen.[10]

2.2. Präventionsverbesserung, Therapieoptimierung und Risikoreduktion

Möglichst weitgehende Verhinderung bzw. optimale Therapie von Erkrankungen bildet die zentrale Aufgabe der Medizin. Im Unterschied zur traditionellen Praxis könnte eine mit genetischen Kenntnissen arbeitende Medizin bereits *präsymptomatisch* aktiv werden. Ethisch gesehen greift hier – unter Voraussetzung des ‚informed consent' des Patienten – die Norm der Schadensvermeidung (nil nocere). Von zentraler Bedeutung ist darüber hinaus das Ziel der Verbesserung der Therapie mit Hilfe der Pharmakogenomik im Sinne größerer Zielgenauigkeit des Medikamenteneinsatzes. Ethische Grundlage hierfür ist die Norm des Patientenwohls (bonum facere), welche freilich ebenfalls von der Norm des Respekts vor

9 Hodgson, Marshall 1998.
10 Vgl. Issa 2000.

der Autonomie und der Selbstbestimmung des Individuums überlagert wird. Von ethisch nicht geringerer Bedeutung ist das Ziel der Risikoverminderung von Medikamenten. Legitimierende ethische Norm ist hier wiederum die Pflicht zur Schadensverhinderung (nil nocere). Wenn ein Medikament, wie z. B. Clozaril (clozapine), das bei Schizophrenie eingesetzt werden kann, bei einem von 100 Patienten eine möglicherweise lebensgefährliche Störung des Bluthaushalts (Agranulocytose) auslösen kann[11], mit der Folge, dass dieses an sich sehr wirkungsvolle Medikament nur im Ausnahmefall und nur bei Ineffizienz anderer Therapeutika eingesetzt wird, dann wird deutlich, welchen Fortschritt es bedeuten würde, wenn man die genetischen Voraussetzungen der Wirksamkeit dieses Medikaments kennte. Man könnte es dann den 99 Patienten zukommen zu lassen, denen es hilft, und zugleich den einen von 100 Patienten vor einer lebensbedrohlichen Nebenwirkung bewahren. Therapieverbesserung und Risikominderung lassen die Zielsetzung von Pharmakogenomik und Pharmakogenetik als ethisch insoweit nicht nur legitim, sondern als geboten erscheinen.[12]

2.3. Testentwicklung

Dagegen erscheint die Entwicklung diagnostischer Tests auf der Basis pharmakogenomischer und -genetischer Erkenntnisse ethisch nicht in jedem Fall unbedenklich. Entscheidend ist, welchen Zwecken derartige Tests dienen: gesundheitlichen Zwecken (health purposes) oder (auch) außergesundheitlichen Zwecken? Im ersten Fall dürfte die Zielsetzung in Verfolg der Normen des Patientenwohls und der Schadensvermeidung bei Zustimmung des Patienten in der Regel legitim sein. Anders sieht die Situation im Falle der pharmakogenomischen Entwicklung von Tests zu Zwecken aus, die außerhalb des Gesundheitsbereiches liegen, etwa zum Zweck des Einsatzes auf dem Versicherungs- und/oder dem Arbeitsmarkt. Hier könnten die Normen des Respekts vor der Autonomie und Selbstbestimmung des Individuums erheblich verletzt sein. Das ethische Defizit derartiger Zielsetzungen ist freilich kein pharmakogenomik- bzw. pharmakogenetikspezifisches, es gilt auch für alle übrigen Methoden genetischer Testung.[13]

2.4. Verminderung der Zahl von Tier- und Menschenversuchen

Aufmerksamkeit verdient des Weiteren die Zielsetzung einer Verminderung bzw. Ersetzung von Tests an Mensch und Tier. Üblicherweise werden Medikamente bekanntlich im Tiermodell erprobt, bevor eine streng geregelte Erprobung an menschlichen Probanden bzw. Patienten erfolgt. Dabei ergibt sich nicht nur die Schwierigkeit des Risikos des Übergangs vom Tiermodell auf den Menschen, son-

11 Vgl. Wilson 1998, 35.
12 Zur Bedeutung der Pharmakogenetik speziell in der Behandlung psychischer Erkrankungen vgl. Rietschel et al. 1999; Cichon et al. 2000.
13 Beckmann 2001, 277 ff.

dern auch das Problem, dass die Erprobung am Menschen, auch wenn sie großzahlig erfolgreich ist, nie ausschließen kann, dass Einzelne zu Schaden kommen. Dieses Risiko sucht die Pharmakogenomik dadurch zu verringern, dass sich wichtige Experimente mit Hilfe von In-vitro-Analysen statt durch klinische Versuche am Menschen vornehmen lassen.[14] Die Reduzierung von Versuchen an Mensch und Tier stellt zweifellos eine ethische Forderung ersten Ranges dar.

Die Legitimität der Ziele stellt zwar die notwendige, nicht aber schon die hinreichende Bedingung für die ethische Rechtfertigungsfähigkeit einer Handlungsoption dar. Dazu bedarf es des Nachweises der Vertretbarkeit der Mittel und der Tragbarkeit der Folgen.

3. Zur Frage der Vertretbarkeit der Mittel

Die Pharmakogenomik ist zu Forschungs- wie zu Anwendungszwecken auf DNA-Material (Proben, ‚samples', ‚specimens') angewiesen. Dasselbe muss von Individuen erworben werden. Unter welchen Voraussetzungen ist dies legitim? Rechtfertigt die legitime Zielsetzung, mit Hilfe der Pharmakogenomik Patienten eine ‚passendere' und risikoärmere Medikation zukommen zu lassen, *eo ipso* den Erwerb von DNA-Material? Und: Im Prozess der pharmakogenomischen Forschung gelangt DNA-Material unvermeidlich in viele Hände. Wie kann sichergestellt werden, dass es nicht in die *falschen* Hände gerät? Die genannten Aspekte verkomplizieren sich dadurch, dass der Einblick in genetische Daten eines Individuums immer zugleich Einblicke in mögliche genetische Dispositionen *Dritter*, nämlich genetisch verwandter Individuen bedeutet. Wie sind die Rechte Dritter zu schützen?

3.1. Gewinnung, Weitergabe und Verwendung von DNA-Material

Erwerb, Weitergabe und Verwendung individuellen DNA-Materials ohne Wissen und ohne Zustimmung (‚informed consent') der Betroffenen wären nicht nur aus rechtlicher, sondern auch aus ethischer Sicht Verstöße gegen das autonomiebasierte Selbstbestimmungsrecht des Menschen und könnten auch nicht mit Blick auf die Legitimität der genannten Ziele der Pharmakogenomik und Pharmakogenetik als quasi ‚geheilt' angesehen werden. Bedenkt man, dass der beste Schutz von Daten deren Nichtgewinnung ist, wird man an den ‚informed consent' von DNA-Material-Spendern besonders hohe Anforderungen stellen: Da mit der Gewinnung von DNA-Material ein Zugang zu genetischem Wissen ermöglicht wird, muss das betreffende Individuum zuvor über sein Recht auf Wissen wie auf Nichtwissen über das eigene Genom aufgeklärt werden, einschließlich der Gefahr, dass gegebenenfalls Wissen über seine genetisch bedingten Krankheitsdispositionen

14 Propping, Nöthen 1995, 323.

und damit möglicherweise über Risikokonstellationen etabliert wird, das zu starken seelischen Belastungen führen kann. Auf der anderen Seite – und auch das gehört zur Aufklärung – kann genetisches Testwissen u. U. gerade dazu beitragen, mit psychischen Belastungen besser fertig zu werden. Aufklärung muss mithin zum Ziel haben, den Patienten in den Stand zu versetzen zu entscheiden, ob er im gegebenen Fall von seinem Recht auf Wissen oder von seinem Recht auf Nichtwissen Gebrauch machen möchte.

Als vom Grundsatz her problematisch ist der Erwerb von DNA-Material von Nichtzustimmungsfähigen anzusehen. Die Zulässigkeit wird man im Einzelfall davon abhängig machen müssen, dass das DNA-Material nicht rein fremdnützigen Zwecken dient, sondern – zumindest indirekt – dem Spender zugute kommt.

Hohe Schutzanforderungen sind sodann an die Weitergabe rechtmäßig gewonnenen genetischen Materials zu stellen. Ob die bisherige Datenschutzpraxis den Schutz individueller genetischer Daten wirksam sichern kann, bedarf eingehender Prüfung und gegebenenfalls neuer gesetzgeberischer Aktivitäten.[15] Hier geht es zum einen um den Schutz vor dem Zugriff unbefugter Dritter, zum anderen um den Schutz möglicherweise Dritte betreffender Daten. Die strikte Bindung pharmakogenetischer Forschung an die genannte Verbesserung der Medikamentenwirksamkeit und damit an *gesundheitliche* Zwecke schließt die Legitimierbarkeit einer Weitergabe *außerhalb* dieser Zwecksetzung, etwa an den Arbeits- oder Versicherungssektor, grundsätzlich aus. Dies gilt einmal mehr in Anbetracht des schon erwähnten Umstands, dass die genetischen Daten eines Individuums möglicherweise Aufschluss geben über die mit ihm Verwandten, deren Recht auf (gen-)informationelle Selbstbestimmung ebenfalls geschützt werden muss. Im Hinblick auf die Verwendung schließlich gilt es sicherzustellen, dass das von Individuen erworbene DNA-Material ausschließlich zu den pharmakogenetischen Zwecken verwendet werden darf, denen die Spender nach Aufklärung zugestimmt haben. Von aufklärungs- und zustimmungsfähigen Probanden erhaltene DNA muss sodann anonymisiert werden. Das Recht auf informationelle Selbstbestimmung des Menschen verlangt zwingend, dass es im weiteren Forschungsprozess zu keinem Zeitpunkt zu einer Re-Identifizierung des Spenders kommen kann.

3.2. Identifizierung und Kategorisierung von Personen mit genetischen Krankheitsrisiken

Um mit Hilfe der Pharmakogenomik hergestellte Medikamente denjenigen Patienten zugänglich zu machen, die von ihnen optimal profitieren können, muss man Individuen identifizieren, die ein genetisch bedingtes Risiko unerwarteter und unerwünschter Reaktionen auf bestimmte Medikamente besitzen. Dies ist aus ethischer Sicht nur dann legitim, wenn die Betreffenden vollständig informiert sind und einer solchen genetischen Identifizierung frei zugestimmt haben. Auch

15 Vgl. Beckmann 2002.

hier ist strikter Datenschutz erforderlich. Dasselbe gilt für die Zuordnung von Individuen zu gendiagnostischen Kategorien. Wenn eine derartige Zuordnung nicht strikt auf medizinische Zwecke (Prävention, Diagnose, Therapie) beschränkt bleibt, kann bei Weitergabe einer solchen Kategorisierung, etwa an Versicherungen oder an den Arbeitsmarkt, der persönliche oder soziale Schaden größer sein als die mögliche Beeinträchtigung der präventiven, diagnostischen und therapeutischen Vorzüge für den Betroffenen infolge einer Unterlassung derartiger genetischer Kategorisierungen. Dasselbe gilt für den Fall, dass ganze Populationen von Patienten genetisch typisiert werden. Eine wichtige Rolle werden in diesem Zusammenhang Gen-Chips spielen.

3.3. Abwägungsfragen

Die Frage, ob die legitim erworbene DNA von Individuen und ob legitim vorgenommenes Screening die Pharmafirmen zu *Eigentümern* der betreffenden genetischen Daten macht, dergestalt, dass sie damit nach eigenen Vorstellungen verfahren können, führt zu einem schwierigen Abwägungsproblem zwischen dem Schutz und den Rechten der Spender auf der einen und den Interessen der Pharmaindustrie auf der anderen Seite. Grundsätzlich gilt, dass das Erfordernis der vollständigen Aufklärung auch die Information darüber einschließen muss, zu welchen Ziel- und Zwecksetzungen das DNA-Material erworben wird. Schwierig wird es, wenn sich im Verlaufe der weiteren Forschung neue Zielsetzungen ergeben, die bei Erwerb des DNA-Materials noch nicht bekannt bzw. noch nicht abzusehen waren. Aus der Sicht des Respekts vor der menschlichen Selbstbestimmung müsste man fordern, dass die Pharmaindustrie die DNA-Spender jeweils darüber informieren und ihre Zustimmung einholen müsste. Dies hat jedoch nicht nur erhebliche Praktikabilitätsprobleme (Konflikt mit der Forderung nach Anonymisierung des DNA-Materials), sondern auch Probleme angesichts des Interesses der Pharmaindustrie, ihre Forschungsentwicklungen aus Konkurrenzgründen nicht Dritten zugänglich zu machen. Geht man davon aus, dass beide Ansprüche – die Wahrung der Rechte der DNA-Spender auf der einen und die Wahrung der Interessen der Pharmaunternehmen auf der anderen Seite – berechtigt sind, führt aus ethischer Sicht kein Weg daran vorbei, dass diesbezüglich eine unabhängige Prüfinstanz einzuschalten ist, die aus Vertretern der am Prozess beteiligten Parteien zusammengesetzt ist und darüber wacht, dass die Rechte der Individuen und die legitimen Interessen der Unternehmen in einen vertretbaren Ausgleich gebracht werden.

4. Zur Tragbarkeit der Folgen

4.1. Änderungen in der Arzneimittelverschreibung

Traditionell stehen dem Arzt Medikamente zur Verfügung, von denen er weiß, dass sie bei einer bestimmten Symptomatik einer vergleichsweise großen Zahl von Patienten helfen. Bezogen auf den individuellen Patienten bedeutet dies jedoch, dass Hilfe durch das verschriebene Medikament zwar relativ wahrscheinlich, aber nicht absolut sicher ist; etwa 10% der Patienten sprechen auf ein ihnen korrekt verschriebenes Medikament nicht an, bei ca. 5% stellen sich unerwünschte Nebenwirkungen ein. Selbst Medikamente mit einer jahrzehntelangen und bewährten Karriere können im Einzelfall lebensbedrohliche Folgen haben. Hinzu kommen die Schnelligkeit der Medikamentenwirkung und damit verbunden die Dauer der Exposition gegenüber möglichen Nebenwirkungen. Diesbezüglich reicht die Skala der Möglichkeiten von den ‚schnellen Verstoffwechslern' (rapid metabolisers) über die ‚schlechten Verstoffwechsler' (poor metabolisers) bis zu den ‚Nicht-Verstoffwechslern' (non metabolisers). Traditionell erfährt man dies nur *ex post* und phänotypisch; bei pharmakogenetischer testbasierter Medikamentierung hingegen weiß man es *ex ante* und genotypisch, da man „von einem bereits charakterisierten *Genotyp*"[16] ausgehen kann. Krankheiten werden danach aufgrund biologischer Marker erkannt. Über die unterschiedlichen Konsequenzen traditioneller oder pharmakogenetischer Medikamentierung muss der Arzt den Patienten aufklären, der Patient muss eine Entscheidung treffen. Wie sich im Folgenden zeigen wird, ist dies nicht ohne Probleme.

4.2. Auswirkungen auf das Arzt-Patient-Verhältnis

Auf das Arzt-Patient-Verhältnis dürfen Pharmakogenomik und Pharmakogenetik nicht unerheblichen Einfluss ausüben, eine Beziehung, welche eine Art ‚molekularer Unterfütterung' („molecular underpinning"[17]) erhalten wird. Orientiert man sich bei der Medikamentierung an durch Tests gewonnenen genetischen Daten, wird im Rahmen ärztlicher Therapie u. U. mehr Wissen zutage gefördert, als für die Krankheitstherapie des Patienten unbedingt erforderlich ist. So könnten im Rahmen einer auf Gen-Daten des Patienten beruhenden Medikamentierung unerwartet und ungewollt genetisch bedingte Krankheitsdispositionen in den Blick kommen, die für den Betroffenen eine schwere psychische Belastung darstellen, zumal dann, wenn die entsprechenden Krankheiten therapeutisch nicht oder noch nicht zugänglich sind. Sind sie es aber, könnte der Druck auf den Arzt steigen, trotz fehlender Symptomatik präventive oder therapeutische Maßnahmen zu ergreifen, die aufgeklärte Zustimmung des Patienten immer vorausgesetzt. Dieser

16 Meyer, Vinkemeyer, Meyer 2002, 5.
17 Bartram in Bayertz, Ach, Paslack 1999, 71.

aber muss zuvor entscheiden, ob er im Rahmen seiner (gen-)informationellen Selbstbestimmung eher von seinem Recht auf Wissen oder von seinem Recht auf Nichtwissen Gebrauch machen möchte.[18]

Mit zunehmender gentestbasierter Medikamentierung steigen mithin die Anforderungen an Arzt und Patient: an den Arzt, weil Pharmakogenomik und Pharmakogenetik eine höhere Effizienz und ein geringeres Schadenspotential mit sich bringen und daher in der Regel vorzuziehen sind, und an den Patienten, weil dieser in jedem Krankheitsfall nach entsprechender ärztlicher Aufklärung erneut entscheiden muss, ob er auf genetische Datenerhebungen verzichten und dafür gegebenenfalls eine weniger zielgerichtete und zugleich nebenwirkungsreichere Medikamentierung akzeptieren will, oder ob er das Risiko gentestbedingter, möglicherweise belastender Datenetablierung in Kauf nimmt zugunsten einer zielgenaueren und risikoärmeren Medikamentierung.

4.3. Gefahr einer Zwei-Klassen-Medizin?

Das zuletzt Gesagte hat neben ethischen auch ökonomische Implikationen. Die Kosten der Entwicklung von Heilmitteln auf pharmakogenomischer Basis sowie die Notwendigkeit genetischer Testung könnten eine Entwicklung einleiten, die zielgenaue und nebenwirkungsarme Medikamente ausschließlich Zahlungskräftigen zugänglich macht – eine Konsequenz, die mit den ethischen Prinzipien der Gerechtigkeit und des Patientenwohls nicht zu vereinbaren wäre. Wie alle übrigen medizinischen Verfahren erscheint auch die Entwicklung von Medikamenten auf pharmakogenomischer Basis ethisch – von anderen Voraussetzungen abgesehen – daran gebunden, dass ihre Erfolge grundsätzlich jedermann zugänglich sind.

4.4. Gefahr einer Verzerrung des Medikamentenmarkts

Angesichts der hohen Kosten der Verbesserung vorhandener und mehr noch der Entwicklung neuer Medikamente besteht die Gefahr, dass pharmakogenomische Verfahren der Medikamentenentwicklung bevorzugt zu solchen Arzneimitteln führen, die relativ großen Patientenkollektiven dienen, während kleinere Patientengruppen das Nachsehen haben. Dies ist schon aus der traditionellen Medikamentenentwicklung in Bezug auf seltenere Krankheiten unter dem Stichwort der ‚orphan drugs' bzw. der ‚therapeutic orphans' bekannt; die Situation dürfte sich bei Erfolg der Pharmakogenetik jedoch erheblich verschärfen.[19] Da das Recht des Einzelnen auf adäquate Krankenbehandlung und damit auch auf entsprechende Medikamentierung nicht durch die Seltenheit seiner Krankheit eingeschränkt werden kann, ohne die Norm der Gerechtigkeit zu verletzen, erscheint es aus ethischer Sicht geboten, gegebenenfalls darauf zu dringen, dass die Pharmaindustrie

18 Beckmann 2000, 132 ff.
19 Garattini 1997; vgl. Rothstein, Griffin Epps 2001, 228 ff.

bei Anwendung pharmakogenomischer Verfahren der Medikamentenherstellung verstärkt tut, was immer schon ethisch erforderlich gewesen ist: nämlich darauf zu achten, dass in Form einer ‚Mischkalkulation' aus den Gewinnen der Medikamente für große Patientenkollektive Medikamente für kleine Patientengruppen angemessen mitfinanziert werden. Gegebenenfalls müsste es hierzu seitens der Politik Anreize geben, wie dies z. B. in den USA und Japan der Fall ist.[20] Ähnliches ist seitens der EU zu erwarten.

4.5. Gefahr genetischer Diskriminierung

Der Zufall der genetischen Konstitution eines Menschen besitzt eine eigene moralische Qualität, deren Infragestellung einen Verstoß gegen die menschliche Würde darstellt. Verletzungen des Verbots genetischer *Diskriminierung* drohen nicht erst im Versicherungs- und im Arbeitssektor, sondern bereits im medizinisch-ärztlichen Bereich, und zwar dann, wenn bestimmte Patienten und ganze Patientengruppen infolge ihrer pharmakogenetischen Charakterisierung, nämlich bei Feststellung eines krankheitsrelevanten Gendefekts, als schwer behandelbar oder/und als in der Behandlung vergleichsweise kostenintensiv identifiziert und damit benachteiligt werden könnten.[21] Diese Gefahr ist für den Einzelnen nicht einfach zu vermeiden. Denn infolge des Ziels „the right drug to the right patient"[22] steigt der Druck auf den individuellen Patienten, seine Gruppenzugehörigkeit durch entsprechende pharmakogenetische Testung feststellen und gegebenenfalls auf einem Gen-Chip festhalten zu lassen. Sofern bestimmte Ethnien pharmakogenetisch demselben Gentyp angehören, könnte es darüber hinaus zu einer Diskriminierung ganzer Bevölkerungsgruppen kommen.

5. Schlussgedanke

Derzeit wird davon ausgegangen, dass für den Fall, dass es gelingt[23], Arzneimittel auf pharmakogenetischer Grundlage zu entwickeln, die ersten Medikamente dieser Art in etwa 5–10 Jahren in die Arztpraxen gelangen und in etwa 15–20 Jahren Standard sind. Eine zunehmende Anwendung genetischer Diagnostik und darauf abgestimmter Therapiemittel dürfte aller Wahrscheinlichkeit nach das herkömmliche Paradigma der Medizin, das wirkstoffmäßig bisher im Wesentlichen von einer generalisierten Behandlung von Patienten ausgeht, zu einem solchen verändern, das strikt an der genetisch bedingten individuellen Verstoffwechslung orientiert ist. Die Individualisierung wird sich sowohl auf die Vorhersage

---

20 Vgl. Thamer, Brennan, Semansky 1998.
21 Rothstein, Griffin Epps 2001, 229.
22 Marshall 1998; Rothstein, Griffin Epps 2001, 230.
23 Nach Bayertz, Ach, Paslack 2001, 292, werden die Aussichten seitens der Pharmaindustrie derzeit unterschiedlich beurteilt.

möglicher, genetisch bedingter Krankheiten durch Kategorisierung des Individuums beziehen als auch auf Diagnose und Therapie mit Hilfe einer Medikamentierung nach Maßgabe charakterisierter Gentypen. An die Pharmaindustrie stellt sich damit im Hinblick auf die Pharmakogenomik die Frage, wieviel Individualisierung sie aus Kostengründen mitmacht. Die Zielsetzung größerer Zielgenauigkeit der Wirksamkeit von Medikamenten bei gleichzeitig verminderter Nebenwirkung befindet sich in potentiellem Konflikt mit ökonomischen Forderungen, denn es sind die großen Volkskrankheiten (Krebs, Alzheimer, Bluthochdruck, Migräne, Infektionen), mit deren Medikamentierung die meisten Gewinne gemacht werden.

Obschon die Pharmakogenomik mit ihren beiden Hauptzielen, die Wirksamkeit von Medikamenten zu erhöhen und Risiken und Nebenwirkungen zu reduzieren, ethisch gesehen zentralen Anliegen dient, erscheinen, wie sich gezeigt hat, einige der dazu erforderlichen Mittel und der derzeit absehbaren Folgen nicht ohne ethische Probleme.[24] Es sind vor allem drei Fragen, die besondere Beachtung verdienen:

1) Wie wird sich der Einzelne gegenüber den Möglichkeiten der Zuordnung pharmakogenetischer Profile verhalten?
2) Ist angesichts des Ansteigens genetischer Informationen ein Kodex für den Umgang mit den ihrer Natur nach besonders sensiblen genetischen Daten vonnöten?
3) Könnte die Gefahr einer im Rahmen der Pharmakogenomik möglichen Fragmentierung des Medikamentenmarkts zu einer Entsolidarisierung der Gesellschaft im Gesundheitssektor führen?

Literaturverzeichnis

Bartram, C. R. et al. (2000): Humangenetische Diagnostik. Wissenschaftliche Grundlagen und gesellschaftliche Konsequenzen, Berlin, Heidelberg, New York.

Bayertz, K., Ach, J. S., Paslack, R. (1999): Genetische Diagnostik. Zukunftsperspektiven und Regelungsbedarf in den Bereichen innerhalb und außerhalb der Humangenetik, Arbeitsmedizin und Versicherungen. Eine Untersuchung im Auftrag des Büros für Technikfolgenabschätzung beim Deutschen Bundestag, Münster.

Bayertz, K., Ach, J. S., Paslack, R. (2001): Wissen mit Folgen. Zukunftsperspektiven und Regelungsbedarf der genetischen Diagnostik innerhalb und außerhalb der Humangenetik, in: Jahrbuch für Wissenschaft und Ethik, Bd. 6, Berlin, New York, 271–307.

Beckmann, J. P. (2000): Autonomie und Krankheitsrelevanz, in: Bartram, C. R., et al.: Humangenetische Diagnostik. Wissenschaftliche Grundlagen und gesellschaftliche Konsequenzen, Berlin, Heidelberg, New York, 126–148.

24 Bayertz, Ach, Paslack 1999, Kap. 2.3.2.

Beckmann, J. P. (2001): Gentests und Versicherungen aus ethischer Sicht, in: Sadowski, D. (Hg.): Entrepreneurial Spirits (Festschrift Horst Albach), Wiesbaden, 171–290.

Beckmann, J. P. (2002): (Gen-)Informationelles Selbstbestimmungsrecht – ethische Fragen, in: Der gläserne Mensch. Tagung der Datenschutzbeauftragten des Landes Nordrhein-Westfalen (Düsseldorf Oktober 2001), Düsseldorf (im Ersch.).

Brookes, A. J. (1999): The Essence of SNP's, in: Gene 234, 177–186.

Cichon, S. et al. (2000): Pharmacogenetics of Schizophrenia, in: American Journal of Medical Genetics 97, 98–106.

Garattini, S. (1997): Financial Interests Constrain Drug Development. Editorial, in: Science 275, 287.

Hodgson, J., Marshall, A. (1998): Pharmacogenomics: Will the Regulators Approve? Regulatory Agencies Face New Challenges with the Advent of Drugs Targeted at Subgroups of the Population, in: Nature Biotechnology 16, Suppl., 13–15.

Honnefelder, L., Propping, P. (Hg.) (2001): Was wissen wir, wenn wir das menschliche Genom kennen?, Köln.

Issa, A. M. (2000): Ethical Considerations in Clinical Pharmacogenomics Research, in: Trends in Pharmacological Science 21, 247–249.

Marshall, A. (1998): Getting the Right Drug to the Right Patient, in: Nature Biotechnology 16, Suppl., 9–12.

Masood, E. (1999): A Consortium Plans Free SNP Map of Human Genome, in: Nature 398, 545–546.

Meyer, Th., Vinkemeier, U., Meyer, U. (2002): Medizinethische Implikationen zukünftiger pharmakogenomischer Behandlungsstrategien, in: Ethik in der Medizin 14 (1), 3–10.

Pfost, D. R., Boyce-Jacino, M. T., Grant, D. M. (2000): A SNPshot: Pharmacogenetics and the Future of Drug Therapy, in: Trends in Biotechnology 18, 334–338.

Propping, P., Nöthen, M. (1995): Genetic Variation of CNS Receptors – a New Perspective for Pharmacogenetics, in: Pharmacogenetics 5, 318–325.

Rietschel, M. et al., the Consensus Group for Outcome Measures in Psychoses for Pharmacological Studies (1999): Application of Pharmacogenetics to Psychotic Disorders: The First Consensus Conference, in: Schicophrenic Research 37, 191–196.

Roses, A. D. (2000): Pharmacogenomics and the Practice of Medicine, in: Nature 405, 857–865.

Rothstein, M. A., Griffin Epps, P. (2001): Ethical and Legal Implications of Pharmacogenomics, in: Nature Reviews Genetics 2, 228–231.

Thamer, M., Brennan, N., Semansky, R. (1998): A Cross-National Comparison of Orphan Drug Policies: Implications for the U. S. Orphan Drug Act, in: Journal of Health Politics, Policy and Law 23, 265–290.

Wilson, C. (1998): Pharmacogenomics: The Future of Drug Development?, in: SCRIP, World Pharmaceutical News 1, 35–36.

Reinhard Damm

Individualisierte Medizin und Patientenrechte

Dem Konzept einer „individualisierten Medizin" liegt die Wahrnehmung einer individuellen Variabilität der genetischen Ausstattung des Menschen, unterschiedlicher „Sensitivität" und „Suszeptibilität" und hieraus resultierender Besonderheiten der Interaktion zwischen Konstitution und Umwelt zugrunde.[1] Dabei kann sich Individualisierung auf den diagnostischen, therapeutischen und präventiven Bereich beziehen. So geht es einerseits um die Individualisierung des Krankheitsbegriffs („jeder Patient hat seine eigene Krankheit"[2]), andererseits um die Individualisierung von Vorsorge.[3] Zum Zusammenhang zwischen einer in diesem Sinne individualisierten Medizin und Patientenrechten ist vorweg anzumerken, dass zahlreiche Probleme, die für „Prädiktive genetische Tests"[4] allgemein relevant sind, auch hier ihre Bedeutung behalten. Individualisierung erscheint so als ein bestimmter, aber allgemein einschlägiger Aspekt der molekularen Medizin.

Mit Blick auf eine solche individualisierte Medizin ist eine doppelte Perspektive naheliegend: Zum einen sind, nur auf den ersten Blick überraschend, weitere aktuelle medizinrelevante *Individualisierungsdimensionen* herauszustellen, die auch für das Projekt einer individualisierten Medizin bedeutsam sind. Und zum anderen geht es um einschlägige *Patientenrechtsdimensionen* im engeren Sinne.

1. Individualisierungsdimensionen

Die erste Feststellung lautet: Wir haben es nicht nur mit einer Individualisierung der Medizin im Sinne einer biogenetischen Individualverfassung von Patienten zu tun, sondern auch mit anderen Individualisierungsvarianten mit medizinischer Relevanz. Sie sollen hier als *soziale Individualisierung* und *medizinethische Individualisierung* bezeichnet werden.

---

1 Zur „Individualisierung der Medizin" etwa Bartram (2000 a): Humangenetische Beratung und Diagnostik im Zeitalter der Molekularen Medizin, in: Bartram et al.: Humangenetische Diagnostik. Wissenschaftliche Grundlagen und gesellschaftliche Konsequenzen, 51 ff. (55 ff.); Bartram (2000 b): Die Individualisierung des Krankheitsbegriffs im Zeitalter der molekularen Medizin, in: Hofmeister (Hg.) (2000): Der Mensch als Subjekt und Objekt der Medizin, 59 ff.; Hoffmann (1999): Die individuelle Empfänglichkeit – ein neuer Faktor im Arbeitsschutz? Einführung und Überblick, in: umwelt – medizin – gesellschaft 12, 295 ff.; Hoffmann et al. (2001): „Host factors" – evolution of concepts of individual sensitivity and susceptibility, in: International Journal of Hygiene and Environmental Health 204, 5 ff.

2 Bartram 2000 a, 55.

3 Bartram 2000 b, 66; Hoffmann 1999.

4 Dazu Damm (2003): Prädiktive genetische Tests: Gesellschaftliche Folgen und rechtlicher Schutz der Persönlichkeit (in diesem Band).

1.1. Soziale Individualisierung

Soziale Individualisierung ist zu einem Schlüsselbegriff insbesondere der Gesellschaftswissenschaften geworden, mit dem für die hochindustrialisierten Gesellschaften ein „Prozess der Individualisierung“ diagnostiziert wird.[5] Auch aus rechtswissenschaftlicher Sicht wird auf eine „säkulare Tendenz der Individualisierung“ verwiesen.[6] Damit werden Entwicklungsprozesse verstärkter individueller Risikotragung und Selbstverantwortungslasten spiegelbildlich zum Bedeutungsverlust kollektiver Wert-, Solidaritäts- und Sicherungssysteme beschrieben.[7]

Nicht zuletzt geht es in dieser Diskussion auch um gesundheitliche Risiken. Hierzu passt, dass in wichtigen Stellungnahmen zur genetischen Diagnostik auf die Probleme einer „Individualisierung von Risiken“[8] und Verantwortung auf Seiten von Patienten und die Gefahr einer „Entsolidarisierung und sozialen Isolierung“[9] hingewiesen wird. Eine fortschreitend individualisierte Medizin ist so auch zunehmend mit der Frage konfrontiert, wo sie ihren medizinischen und gesundheitspolitischen Ort zwischen Individualisierung und Solidarität findet. Nicht zufällig werden aus der Sicht der pharmazeutischen Industrie umgekehrte, den Patienten bindende Prinzipien der „Solidarität“ und des „Altruismus“ und „gesellschaftliche Interessen“ an der Entwicklung individualisierter Arzneimittelkonzepte einschließlich des Erfordernisses einer Verwertung individueller Daten betont.[10]

1.2. Medizinethische Individualisierung

Medizinethische Individualisierung kennzeichnet die Fokussierung auf den konkreten einzelnen Patienten und damit die Kontextabhängigkeit und „Situationsangemessenheit“[11] ärztlichen Handelns. Gerade mit Blick auf behauptete Funktionsverluste dieser normativen, auch rechtlichen Orientierung gibt es in jüngster Zeit kritische Stellungnahmen gegenüber Tendenzen des modernen Gesundheits- und Medizinsystems. Sie schließen den Vorwurf ein, moderne Medizin erfahre oder begünstige eine Akzentverlagerung vom „konkreten, einzigartigen

---

5 Beck (1986): Risikogesellschaft, 115 ff., 205 ff.; Evers (1989): Risiko und Individualisierung, in: Kommune 6, 33 ff.

6 Preuß (1989): Perspektiven von Rechtsstaat und Demokratie, in: Kritische Justiz 22, 1 ff. (14).

7 Dazu näher Damm (1991): Technologische Entwicklung und rechtliche Subjektivierung am Beispiel der Medizin- und Gentechnik, in: Kritische Vierteljahresschrift für Gesetzgebung und Rechtswissenschaft 74, 279 ff. (289 ff.).

8 Bayertz (2000): Molekulare Medizin: ein ethisches Problem?, in: Kulozik et al.: Molekulare Medizin. Grundlagen – Pathomechanismen – Klinik, 451 ff. (457 f.).

9 Gesellschaft für Humangenetik: Positionspapier 1996 (Abdruck in „Richtlinien und Stellungnahmen des Berufsverbandes Medizinische Genetik und der deutschen Gesellschaft für Humangenetik“, medgen, Sonderdruck, 7. Auflage, 2001, 47 ff.).

10 Lindpainter (2001): Genetics and Genomics: Aspects of Drug Discovery and Drug Development, in: Paul-Martini-Stiftung (Hg.): Workshop Ethische, soziale und legale Aspekte der Pharmakogenetik und -genomik. Abstracts, 10 ff. (12).

11 Dörner (2001): Der gute Arzt. Lehrbuch der ärztlichen Grundhaltung, 72.

Patienten" zu einem „abstrakten, statistischen Patienten"[12], vom individuellen Patienten zur epidemiologischen Population und damit vom Heilauftrag zu Prävention und Public Health.

Die in solchen Kritiken mitunter suggerierte Alternativität von Patientenorientierung und Gesundheitssystemorientierung erscheint zwar letztlich nicht angemessen, jedenfalls nicht zwingend[13], dennoch sind die vorgetragenen Argumente und Beobachtungen für sich genommen ernst zu nehmen.

1.3. Normative und genetische Individualisierung

Vor diesem Hintergrund einer möglicherweise gefährdeten *normativen Individualisierung* erscheint gerade die Perspektive einer naturwissenschaftlichen, *genetischen Individualisierung* konzeptionell aussagekräftig, medizinisch viel versprechend und zugleich ambivalent. Einerseits scheint gerade der individualisierende Ansatz Chancen für eine verstärkte Orientierung am konkreten Patienten und dessen Recht auf gute Behandlung und Beratung und damit zugleich auf Qualität und Effizienz zu bieten. So versteht sich das Individualisierungskonzept als „molekulare Unterfütterung" des überkommenen medizinischen Leitbildes der „individuellen, personalen Krankheit".[14] Andererseits muss sich dieses Medizinkonzept auch des Risikos bewusst bleiben, statt einer individuellen Patientenorientierung allzu stark in den Sog patientenexterner Erwägungen zu geraten. Natürlich sind generalpräventive und ressourcenbezogene Zielsetzungen legitime Orientierungspunkte der Gesundheitssystementwicklung. Sie enthalten aber noch nicht per se die Legitimation, grenzüberschreitend die Entwicklung individueller Patientenrechte zu dominieren. Im Übrigen sind die Diskriminierungs- und Stigmatisierungspotentiale sowie Datenschutzprobleme des Individualisierungskonzepts zu berücksichtigen.[15]

2. Patientenrechtsdimensionen

Patienten- oder Klientenrechte können durch eine Individualisierung der Medizin auf verschiedenen Ebenen betroffen sein. Dies gilt namentlich für die *Behandlungsebene*, die *Informationsebene* und die *Präventionsebene*. Perspekti-

---

12 Ibid., 325, 326; vgl. auch Feuerstein (1999): Inseln des Überflusses im Meer der Knappheit, in: Feuerstein, Kuhlmann (Hg.): Neopaternalistische Medizin. Der Mythos der Selbstbestimmung im Arzt-Patient-Verhältnis, 95 ff. (97).

13 Vgl. in diesem Zusammenhang Damm (2002): Systembezüge individueller Patientenrechte. Zur Gesellschaftlichkeit von Gesundheit aus rechtlicher Sicht, in: Brand et al. (Hg.): Individuelle Gesundheit versus Public Health? Jahrestagung der Akademie für Ethik in der Medizin 2001, 48 ff.

14 Bartram 2000 b, 59 (mit Verweis auf H. E. Bock).

15 Dazu Ach, Bayertz (2001): The individualization of diagnostics and therapy – An ethical problem?, in: Paul-Martini-Stiftung (Hg.), 3 f.

visch jedenfalls geht es auch um die (sozial)versicherungsrechtliche *Leistungsebene.*[16] Insgesamt sind so Behandlungs-, Informations- und Leistungsrechte sowie nicht zuletzt Vorsorgechancen betroffen.

2.1. Behandlungsebene

Auf der Behandlungsebene geht es zunächst um die Frage nach Ansprüchen auf den Einsatz chancenreicher modernster Optionen unter *Qualitäts- und Effektivitätsaspekten.* Paradigmatisch ist die Vermeidung von Über- und Unterbehandlung, zum Beispiel einer Über- und Unterdosierung in der Arzneimittel-[17]oder Strahlentherapie[18]. Betroffen ist somit auch der Begriff des medizinischen *Standards* unter den Bedingungen seiner Engführung auf kleinere Populationen. Dieser Standard scheint angesichts der die medizinischen Fachgrenzen überschreitenden Expansion des Individualisierungskonzepts zunehmend interdisziplinäre Behandlungskonzepte erforderlich zu machen.[19] Damit sind gleichzeitig besondere Akzente der Qualitätssicherung betroffen. Im Übrigen liefert individualisierte Medizin wohl nicht nur präzisere und punktgenauer wirkende Diagnose- und Behandlungsoptionen, sondern stellt auch neue Beurteilungs- und Abwägungsprobleme. Dies gilt möglicherweise mit Blick auf Forschungsergebnisse, wonach derselbe Genotyp das Eintrittsrisiko für eine bestimmte Erkrankung (z. B. Krebstyp A) erhöhen, für eine andere Erkrankung (z. B. Krebstyp B) vermindern kann.[20] Der Frage, ob aus solchen Einsichten wie auch immer geartete spezifische, über die allgemeinen Probleme genetischer Tests hinaus reichende medizinische Handlungsrelevanz und normativer Entscheidungsbedarf resultieren könnten, ist bislang, soweit ersichtlich, noch nicht näher nachgegangen worden.[21]

Dass es bei der Gewährung neuer Behandlungsmöglichkeiten auch um Probleme der *Finanzierbarkeit* geht, liegt auf der Hand. Es sind damit gleichzeitig auch Fragen der rechtlichen *Zulässigkeit* und *Zugänglichkeit* neuer medizinischer Optionen für den Einzelnen aufgeworfen. Nicht zufällig spielen ökonomische Gesichtspunkte in der Individualisierungsdiskussion wiederholt eine Rolle. Insofern

---

16 Vgl. Glaeske (2001): Ethical, social, and legal aspects of pharmacogenetics and pharmacogenomis, in: Paul-Martini-Stiftung (Hg.), 7f.

17 Auch dazu Glaeske 2001.

18 Zur letztgenannten etwa der Forschungsbericht von Tucker et al. (1996): How much could the radiotherapy dose be altered for individual patients based on a predictive assay of normal-tissue radiosensitivity?, in: Radiotherapy and Oncology 38, 103ff.

19 Bartram 2000b, 66; vgl. auch Paul (2001): Between ethical concerns and pragmatic considerations: assessing goals, benefits and risks of pharmacogenomics in terms of social accountability, in: Paul-Martini-Stiftung (Hg.), 13f., zu „evidence based design" und „evidence based decision making" im Rahmen des Individualisierungskonzepts.

20 Vgl. mit Beispielen Hoffmann 1999, 302.

21 Für den Forschungsbereich gibt es allerdings Hinweise auf Wahrnehmung normativer Fragestellungen; vgl. etwa Hoffmann et al. 2001, 11f.; Hoffmann 1999, 301f.; Soskolne (1997): Ethical, social, and legal issues surrounding studies of susceptible populations and individuals, in: Environ Health Perspect 105 (Suppl. 4), 837ff.

wird einerseits auf möglicherweise teurere „individualisierte“, nämlich „maßgeschneiderte“ Medikamente in der Pharmakogenetik verwiesen, andererseits aber auch auf mögliche Kosteneinsparungen durch gezieltere, Fehlbehandlungen vermeidende Behandlungsmethoden. Welche Entwicklungen dies auf der Ebene individueller Patientenrechte einerseits und auf der gesundheitsökonomischen und -politischen Systemebene andererseits auslösen könnte, ist derzeit kaum einzuschätzen. „Die Aussicht auf maßgeschneiderte Medikamente weckt Hoffnungen bei Patienten und Pharmafirmen – und schürt die Angst vor der Zweiklassenmedizin“.[22]

Im Übrigen geht es auch aus patientenrechtlicher Sicht um Basisbegriffe der Arzt-Patient-Beziehung. So tangiert das Konzept einer genetischen Individualisierung den medizinisch und normativ zentralen *Krankheitsbegriff*.[23] Dieser hat nicht nur weit reichende Folgen für die Bestimmung von Patienten*rechten*, sondern bereits für die Bestimmung des Patienten*begriffs* selbst. Er ist im Einzugsbereich der Humangenetik nach medizinethischen Stellungnahmen der „Gefahr der Auflösung oder zumindest der Irritation“[24] ausgesetzt. Bedeutsam erscheint auch in diesem Zusammenhang die aus humangenetischer Sicht getroffene Feststellung, dass sich „genetische Variabilität“ als „stufenloses Kontinuum“ zwischen „schwersten Krankheiten“ und „medizinisch harmlosen Varianten“ präsentiert und daher zu der Einschätzung führt: „Aus genetischer Sicht läßt sich Normalität nicht bestimmen, vielmehr ist für die Humangenetik Variabilität das ‚Normale‘“.[25] Diese Zurückhaltung der Humangenetik bei Normalitätsvorgaben bringt die Normwissenschaften in die Mitverantwortung zur Bearbeitung des Krankheits-/Gesundheitsproblems mit seinen vielfältigen, auch rechtlichen Folgen für Individualmedizin und Gesundheitssystem zurück.

Da der Krankheitsbegriff nicht nur deskriptiv medizinische Merkmalsbeschreibungen enthält, sondern präskriptiv auch normative Vorgaben für medizinpraktisches Handeln, ist er zugleich ein rechtlich relevanter Begriff. In seiner Koppelung mit *Arztvorbehalt*, *Indikationsvorbehalt* und *Beratungsvorbehalt*[26] bestimmt und begrenzt er sowohl Arzthandeln als auch Patientenrechte gegenüber gesellschaftlichen „Normalitäts“-Konzepten und individuellen Entwürfen von Lebensqualität. Diese normative Funktion des Krankheitsbegriffs und seiner Annex-

---

22 Froböse, Albrecht (2002): Die ganz persönliche Pille, in: Die Zeit vom 4.4.

23 Dazu jetzt grundlegend Lanzerath (2000): Krankheit und ärztliches Handeln. Zur Funktion des Krankheitsbegriffs in der medizinischen Ethik; speziell mit Blick auf das Individualisierungskonzept die bereits zitierten Arbeiten von Bartram.

24 Lanzerath, Honnefelder (2000): Krankheitsbegriff und ärztliche Anwendung der Humangenetik, in: Düwell, Mieth (Hg.): Ethik in der Humangenetik, 2. Auflage, 51 ff. (73); Honnefelder (1996): Humangenetik und Pränataldiagnostik. Die normative Funktion des Krankheits- und Behinderungsbegriffs: Ethische Aspekte, in: Jahrbuch für Wissenschaft und Ethik 1, 121 ff. (127).

25 Propping (1996): Humangenetik in der Pränataldiagnostik. Die normative Funktion des Krankheits- und Behinderungsbegriffs: Medizinisch-humangenetische Aspekte, in: Jahrbuch für Wissenschaft und Ethik 1, 105 ff. (106).

26 Zu dieser Trias Damm 2003 (in diesem Band).

begriffe „zieht Grenzen, wahrt die Zielsetzung ärztlichen Handelns und sichert die Rechte des Patienten“[27]. Die Frage, ob und wieweit diese normative Funktion auf Dauer gegenüber dem gesellschaftlichen Druck des „Nichtindividuellen“ auf eine individualisierte Medizin gesichert werden kann, ist damit noch nicht beantwortet.

2.2. Informationsebene

Auf der Informationsebene stellen sich grundsätzlich die gleichen Probleme wie auch sonst in der genetischen Diagnostik.[28] Dies gilt für die Wahrung informationeller Patientenrechte und Beratungsgrundsätze. Allerdings erfahren die Informationsinhalte tendenziell eine weitere Engführung auf die Situation des konkreten Patienten und möglicherweise veränderte Beratungsanteile zwischen diagnose-, therapie- und präventionsspezifischen Informationsaspekten.

2.3. Präventionsebene

Prävention entwickelt sich zunehmend zu einem immer zentraleren Bezugspunkt der medizinischen, gesundheitspolitischen und epidemiologischen Diskussion und Kriterienbildung. Dies ist angesichts der evidenten Überzeugungskraft und Rationalität von Vorsorge grundsätzlich nicht überraschend. Das Konzept einer genetischen Prädiktion gibt dem Aspekt der Prävention sicher weiteren und weit reichenden Auftrieb. In dieser Situation wirken relativierende Hinweise auf auch problematische Seiten des Präventionskonzepts zunächst irritierend. Dennoch dürfen besondere, auch mittel- und langfristige Begleitumstände und Folgewirkungen von Prävention als Normkonzept nicht ausgeblendet werden. Vorsorge beansprucht auf der Individualebene Handlungs- und Verantwortungsrelevanz, auf der gesellschaftlichen Ebene Steuerungsrelevanz für Gesundheitspolitik und -ökonomie. Dies ist grundsätzlich auch überzeugend. Probleme resultieren perspektivisch aus der Schwierigkeit einer angemessenen Grenzbestimmung für zumutbares präventives Verhalten und dies möglicherweise durch normative, unter Umständen rechtlich sanktionierte Verhaltenserwartungen. Wie weit ‚präventive‘ gesellschaftliche Intervention insoweit auf den Ebenen individueller Lebenswelten, medizinischer Norm-/Standardbildung und gesundheitspolitischer Systembildung vorangetrieben werden sollte, gehört zu den wichtigeren Fragen der Zukunftsgestaltung in Gesellschaften mit technisch hoch entwickelter Medizin.

Unter diesem hier nur angedeuteten Blickwinkel[29] verspricht das Präventionskonzept nicht nur Verheißungen, sondern auch Lasten und Verantwortung neu ver-

---

27 Honnefelder 1996, 127.

28 Dazu Damm 2003 (in diesem Band).

29 Insofern sei knapp auf strukturell ähnliche Problemlagen in Bereichen der modernen Medizin hingewiesen: Pränatalmedizin (Mutter-Kind/Embryo-Konflikt bei pränatalen Interventionen), Transplantationsmedizin (Spender- und Empfängerinteressen) und natürlich Gendiagnostik (Interessen von Patienten/Beratenen und Drittinteressen).

teilende Normveränderungen. Es ist auch für die Normentwicklung, trotz vielfältiger Verknüpfungen, die Unterscheidung zwischen patientenorientierter Spezialprävention und gesundheitssystembezogener Generalprävention zu beachten.

Für Patienten ist *Prävention als Rechtsproblem* so schon allgemein eine auch janusköpfige Größe. Insbesondere eine *individualisierte Medizin* zielt angesichts noch weitgehend fehlender therapeutischer Optionen in besonderer Weise auf gezieltere Vorsorgemöglichkeiten. Sie könnte aber andererseits eine Entwicklung verstärken, die für den Bereich der Humangenetik als „präventiver Zwang" thematisiert wird. Könnten genetische Tests mit Blick auf die Vorverlagerung und Individualisierung von Diagnose und Früherkennung neben wertvollen Gesundheitsgewinnen auch zu einer Überdehnung von Prävention und Vorsorgelasten zu Lasten individueller Selbstbestimmung führen? Auch allgemeine sozialrechtliche Grundsätze sind insofern jedenfalls perspektivisch in einem besonderen Licht zu lesen, worauf hier nur knapp hingewiesen wird.[30]

Besondere Bedeutung wächst der individualisierten Medizin offensichtlich im Bereich des *Arbeitsschutzes* und damit potentiell im *Arbeitsschutzrecht* zu. In der medizinischen und epidemiologischen Forschung wird darauf hingewiesen, dass angesichts der individuellen Variabilität der Empfindlichkeit gegenüber Expositionsdosen schädlicher Arbeitsstoffe das herkömmliche Konzept allgemein gültiger Grenzwerte grundsätzlich in Frage zu stellen ist:

> „Tatsächlich limitiert offenbar eine Vielzahl individueller Faktoren die Allgemeingültigkeit von Grenzwerten und damit deren Schutzfunktion für den einzelnen Arbeitnehmer. Während eine Belastung somit für die Mehrheit der Arbeitnehmer ohne negative gesundheitliche Auswirkungen bleiben kann, tragen einzelne Kollegen oder Kolleginnen aufgrund individueller Eigenschaften möglicherweise ein hohes Risiko".[31]

Aus Patienten-/Betroffenensicht haben auch die von einschlägig befassten Wissenschaftlern hervorgehobenen (derzeitigen) Grenzen einer individualisierten Medizin besonderes Gewicht:

> „Offensichtlich kann also aus dem Vorhandensein einer individuellen Eigenschaft nicht auf ein generell erhöhtes oder vermindertes Gesundheitsrisiko geschlossen werden. Gänzlich unübersichtlich wird die Situation, wenn das Zusammenspiel verschiedener Suszeptibilitätsfaktoren berücksichtigt wird. Hier steht die Forschung noch ganz am Anfang ... Gegenwärtig ist somit die Voraussage des Individualrisikos zweifellos unmöglich. Angesicht der Komplexität der genetischen Einzelfaktoren, ihres Zusammenwirkens und der weitgehend unbekannten inneren und äußeren nicht-genetischen Einflussfaktoren ist dies auch in der Zukunft äußerst unwahrscheinlich."

Daher ist auch im Bereich des Arbeitsschutzes

---

30 Dazu ausführlicher Damm 2003 (in diesem Band, unter II. 2. e) bb)).
31 Hoffmann 1999, 302.

> „trotz explosionsartiger Zunahme des molekularbiologischen Wissensstandes und Methodenarsenals ein gewisse Euphorie für ein ‚Genetisches Screening' von Arbeitnehmern in den früheren Jahren gegenwärtig allgemeiner Ernüchterung gewichen."[32]

Könnten sich in diesem Zusammenhang Prävention und Behandlungsoption als chancenreicher erweisen als individualisierte Prädiktion? Jedenfalls stellen sich im Bereich patientenbezogener Diagnose, Therapie und Prävention wohl in absehbarere Zeit neue Entscheidungs- und Regelungsbedarfe zum Verhältnis von Gesundheitsschutz, Selbstverantwortung und Vorsorgechancen und -lasten. Im Bereich des Arbeitsschutzes geht es um die Verhältnisbestimmung von Gesundheitsschutz, Arbeitsplatzwahl und Arbeitsplatzgestaltung. Diese Aufgaben können nicht einer „personalisierten Medizin aus dem Genom"[33] überlassen werden, sondern sind interdisziplinär und rechtspolitisch zu bearbeiten.

32 Alle Zitate ibid., 302.
33 Vgl. Froböse, Albrecht 2002.

Urban Wiesing

Gendiagnostik und Gesundheitsversorgung

Der Titel dieser Sektion lautet: Humangenomforschung als Tor zur individualisierten Medizin? Eine treffende Metapher wurde hier gewählt. Denn Tore können in der Tat den Zugang zu neuen Räumen eröffnen, wenn man sie durchschreitet, doch gehört es zu den genuinen Eigenschaften von Toren, dass man sie auch verschließen kann und sie dadurch den Zugang verhindern. Und genau so verhält es sich mit der genetischen Diagnostik und der Gesundheitsversorgung: Zum einen kann Gendiagnostik quasi als Tor neue Möglichkeiten in der Versorgung eröffnen, zum anderen kann sich dieses Tor jedoch verschließen und den Zugang zur Versorgung erschweren, gar verhindern. Und genau das will ich in meinem Beitrag erörtern.

Ich beginne mit der Nutzung der Gendiagnostik für die Gesundheitsversorgung, also dem geöffneten Tor: Die Gendiagnostik kann hier genutzt werden wie anderes medizinisches Wissen auch: um eine Erkrankung zu vermeiden, zu lindern, um sie zu heilen, oder weil der Patient Auskunft über sein zukünftiges Schicksal wünscht. So kann die Gendiagnostik zu einer individualisierten Medizin beitragen. Darüber haben wir bereits einiges gehört, deshalb will ich mich auf eine Warnung vor übertriebenen Hoffnungen begrenzen. Die Genetik kann in einem gewissen Grade zu einer individuellen Krankenversorgung beitragen, sie allein wird aber keine individualisierte Medizin ermöglichen. Denn ein Individuum besteht nicht nur aus einem Genom. Eine individualisierte Medizin darf nicht nur die genetischen Aspekte berücksichtigen, sondern muss – um die Metapher wieder aufzunehmen – viele Tore öffnen. Soweit dazu. Konzentrieren will ich mich jedoch auf den anderen Fall: Das molekulargenetische Wissen kann die Versorgung verhindern.

Was ist das Besondere an molekulargenetischem Wissen?

Welche Eigenschaft des molekulargenetischen Wissens ist dafür verantwortlich? Es ist nicht die Methode, wie vielfach angenommen, sondern die – zumindest angestrebte – prognostische Qualität des Wissens, die für Brisanz im Gesundheitssystem sorgt. Mit der Genomanalyse soll Wissen von hohem individuellen und prognostischen Wert gewonnen werden. Diese Eigenschaft ist nicht grundsätzlich neu, sondern in gewissem Maße auch dem Wissen zu eigen, das mit ‚traditionellen' klinischen oder laborchemischen Methoden zu gewinnen ist. Das molekulargenetische Wissen verfügt keineswegs über neue Eigenschaften, sondern über bekannte, freilich in besonderem Maße. Und die prognostische Aussagekraft kann den Zugang zur Krankenversorgung beeinflussen. Hierbei ist zwischen der gesetzlichen und der privaten Krankenversicherung zu unterscheiden.

Die gesetzliche Krankenversicherung

Die gesetzlichen Krankenkassen können genomanalytische Tests allenfalls im erwähnten medizinisch-ärztlichen Sinne nutzen, nicht jedoch, um Mitglieder auszuschließen oder zu höheren Beiträgen zu versichern. Ihnen sind diese Möglichkeiten vom Gesetz verschlossen. Zudem können sie Bewerber nur oberhalb der Beitragsbemessungsgrenze abweisen. Für die Mitglieder gesetzlicher Krankenkassen ergeben sich daher keine Auswirkungen auf ihren Versicherungsschutz.

Private Krankenversicherung

Anders jedoch bei der privaten Krankenversicherung. Hier gibt es Konsequenzen, und das liegt an der ganz anderen Art der Solidarität, die ihr zugrunde liegt, und zwar politisch gewollt zugrunde liegt: Während sich für die gesetzlichen Krankenkassen die Solidarität zwangsweise auf alle Bürger bis zu einem bestimmten Einkommen erstreckt – Reichen und Beamten ist es nach Ansicht des Gesetzgebers nicht zuzumuten, sich an dieser Solidarität zu beteiligen –, kennt die private Krankenversicherung nur die freiwillige Mitgliedschaft. Diese freiwillige Solidarität bezieht sich zudem auf eine Gruppe mit einem bestimmten Risiko; denn private Versicherer teilen die Antragsteller in Risikogruppen ein und legen danach die Prämie fest, nicht am Einkommen der Versicherten. Im Gegensatz zu gesetzlichen Krankenkassen müssen sich die privaten nicht risikoneutral, sondern risikobezogen verhalten. Bei der Art der Solidarität, wie sie der privaten Versicherung zugrunde liegt, können Antragsteller durchaus ‚nicht versicherbar' sein, nämlich die, die mit Gewissheit schwerwiegend erkranken werden.

Private Versicherer können nur ein Risiko abdecken, keine Gewissheit. Denn sie würden bei Kenntnis der Zukunft den Versicherungsnehmer genau mit dem Betrag belasten, der für ihn im Versicherungszeitraum aufzuwenden ist: Es wäre sinnlos, eine Versicherung abzuschließen. Der Kunde müsste so hohe Prämien bezahlen, dass er den Betrag genauso gut zur Bank bringen und dort anlegen könnte. Für die Betroffenen droht somit der Ausschluss von privatwirtschaftlichen Versicherungen, sobald die Tests präzise prognostische Aussagekraft besitzen – und genau dieses Wissen sollen genomanalytische Tests zukünftig liefern.

Bei privaten Versicherungen – seien es private Kranken-, Renten-, Pflege- oder Lebensversicherungen – besteht also die Befürchtung, dass Menschen, die um Versicherungsschutz ersuchen, diesen nicht oder nur zu sehr hohen Prämien bekommen werden. Und genau dies ist angesichts der Funktion von Versicherungen zur Abmilderung von sozialen oder naturbedingten Härten verständlicherweise unerwünscht. Überdies würde sich unter solchen Umständen ein Gentest paradox auswirken: In der Regel für gesundheitliche Zwecke durchgeführt, um dem Patienten zu nutzen, könnte ein Gentest eine zukünftige Absicherung des Gesundheitsrisikos verhindern, das er abklären soll. Umgekehrt könnte der drohende Verlust von Versicherungsschutz die Menschen davon abhalten, genetische Tests durchzuführen, die medizinisch überaus sinnvoll sind.

Genetische Tests vor Abschluss einfordern?

Die Sorge ist also die mangelnde Versicherbarkeit. Wie sollen die privaten Versicherer reagieren? Sie können leicht auf die Durchführung eines Gentest vor Vertragsabschluss verzichten. Ihr Geschäft ist es, eine ungewisse Zukunft abzusichern, und von daher haben sie genuin kein sonderliches Interesse daran, extra für einen Versicherungsabschluss einen Gentest durchführen zu lassen. Es sei denn, sie wollten durch Selektion der ‚guten' Risiken eine besonders günstige Versicherung anbieten, womit sie allerdings den Kreis möglicher Kunden eingrenzen. Gleichzeitig würden sie mit neuen Mitteln einen zusätzlichen Konkurrenzkampf auf dem Markt anstoßen und vermutlich schweren Schaden für das Ansehen der Versicherer riskieren. Kurzum: Vor Vertragsabschluss die Bewerber zu einem Gentest zu zwingen, ist auch für die privaten Versicherer kaum attraktiv.

Anders hingegen müssen die privaten Versicherer vor Vertragsabschluss über das Ergebnis bereits durchgeführter Gentests informiert werden. Es gilt der Grundsatz: ‚Gleiche Information von Antragsteller und Versicherer vor Vertragsabschluss.' Dafür können sie einen plausiblen Grund anführen: die so genannte negative Selektion. Kunden, die um ihr Schicksal wissen und dies den Versicherern vor Abschluss eines Vertrages verschweigen dürfen, werden sich überproportional häufig versichern. Ein Gewinn wäre ihnen oder ihren Angehörigen gewiss, übersteigen die Versicherungsleistungen doch die eingezahlten Prämien. Das würde hingegen die Kalkulation der Versicherer unterlaufen. Also benötigen sie die Kenntnis über durchgeführte Gentests und müssen eventuell einen Bewerber ablehnen oder nur zu hohen Prämien versichern.

Verschieben von Risiken

Man könnte für diesen Fall im zweigleisigen System der Bundesrepublik daran denken, abgewiesene Bürger automatisch in einer gesetzlichen Krankenkasse aufzunehmen. Damit wäre zwar diesen Menschen gedient. Auf Dauer würden sich jedoch die Bürger mit ‚guten' Risiken zu attraktiven Preisen in den privaten Kassen versichern, während Bürger mit ‚schlechten' Risiken von den sozialen Kassen aufzunehmen wären. Deren ohnehin angespannte finanzielle Lage würde sich erneut verschlechtern. Im hiesigen zweigleisigen System wird ein Verschieben der Risiken auf Dauer nicht funktionieren.

Die Nutzung von genetischem Wissen verbieten?

Was soll man angesichts der drohenden unerwünschten Auswirkungen tun? Die nahe liegende Antwort lautet zumeist: man solle den Versicherungen per Gesetz die Nutzung molekulargenetischen Wissens verbieten, um so unerwünschte Auswirkungen zu verhindern. Dieses Vorgehen hat mindestens zwei gewichtige Nachteile. Erstens die privaten Versicherer können wegen drohender negativer Selektion nur sehr bedingt auf das Prinzip verzichten: Gleiche Kenntnis bei Antragsteller und Versicherer vor Abschuss eines Vertrages. Zweitens: Es lässt sich kaum begründen, warum einzig molekulargenetisches Wissen den Versicherern verborgen bleiben soll. Wie bereits erwähnt verfügt molekulargenetisches Wissen nur in besonderem Maße über die Eigenschaften des ‚traditionellen' klinischen oder laborchemischen Wissens. Die Unterscheidung zwischen genetischem Wissen, das mittels neuer Technologien aus dem Labor stammt, und genetischem oder anderem medizinischen Wissen, das durch klinische Untersuchung am Krankenbett oder im Labor erlangt wurde, macht für Versicherungen keinen Unterschied. Relevant ist die prognostische Aussagekraft. Taupitz äußerst zu Recht erhebliche juristische Bedenken gegen eine unterschiedliche Nutzung von Wissen, das versicherungstechnisch in gleicher Weise relevant ist.[1]

Ein Verbot der Nutzung molekulargenetischen Wissens für private Versicherer ist also kaum haltbar. Es gibt jedoch realistischere Vorschläge, um mangelnden Versicherungsschutz zu vermeiden: So könnte man sich darauf einigen, nur Krankheiten, die innerhalb eines bestimmten Zeitraumes ausbrechen, oder schwere Erkrankungen den Versicherern vor Vertragsabschluss nennen zu müssen. Beides dürfte jedoch im Einzelfall nicht ganz einfach zu bestimmen sein. Die negative Selektion bliebe jedoch im kompensierbaren Rahmen, einige Unversicherbare blieben freilich. Die Industrie könnte überdies Produkte anbieten, die das Risiko eines Gentests vorab versichern, also den Zugang zur Versicherung versichern. Oder es wird den Bürgern vor einem Gentest dringend empfohlen, eine Versicherung abzuschließen.

Das Moratorium der Versicherer

In der BRD ist für die nächsten 4 Jahre all dies nicht zu erwarten. Denn die ‚Mitgliedsunternehmen des Gesamtverbandes der Deutschen Versicherungswirtschaft e.V.' haben im November 2001 in einer ‚Freiwilligen Selbstverpflichtungserklärung' einen zeitlich befristeten Schritt gewagt. Zum einen verzichten sie auf „die Durchführung von prädiktiven Gentests" vor Vertragsabschluss. Dies durfte erwartet werden, da das Prinzip „Gleiche Kenntnis von Antragsteller und Versi-

1 Vgl. Taupitz 2000.

cherer vor Vertragsabschluss" gewahrt bleibt. Doch die Versicherer gingen einen Schritt weiter. Sie erklärten darüber hinaus,

> „für private Krankenversicherungen und für alle Arten von Lebensversicherungen einschließlich Berufsunfähigkeits-, Erwerbsunfähigkeits-, Unfall- und Pflegerentenversicherungen bis zu einer Versicherungssumme von weniger als 250.000 € bzw. einer Jahresrente von weniger als 30.000 €"

müsse der Kunde auch bereits durchgeführte Gentest nicht vorlegen. Die Versicherer verzichten auf die Kenntnis bereits durchgeführter Gentests und damit auf eines ihrer im Versicherungsvertragsgesetz verankerten Rechte.[2]

Ob sie mit ihrer Selbstverpflichtung einen gewagten Schritt unternommen haben, sei dahingestellt. In Österreich, wo die Nutzung genomanalytischen Wissens für Versicherungszwecke gesetzlich verboten ist, zeigt sich, dass dies derzeit noch kaum versicherungsrelevant ist. Noch ist die Zahl der aussagekräftigen Gen-Tests so gering, dass die freiwillige Selbstverpflichtung kaum Auswirkungen haben dürfte.

Das befristete Moratorium der Versicherer wird das Grundproblem auf Dauer jedoch nicht lösen, das da lautet: Wie lässt sich eine Zukunft absichern, die aufgrund bestimmter Erkenntnisse graduell weniger ein Risiko beinhaltet als eine Gewissheit, wobei es völlig irrelevant ist, ob diese Zukunft durch molekulargenetisches oder sonstiges Wissen ihre Ungewissheit verliert? Welche Form der Solidarität, die der privatwirtschaftlichen oder die der sozialen Versicherungen eignet sich, hier unerwünschte Wirkungen zu vermeiden? Die Antwort ist im Grunde ganz einfach: Im Bereich der Krankenversicherung lässt sich mangelnde Versicherbarkeit durch ein funktionierendes soziales Versicherungssystem mit Zwangsmitgliedschaft verhindern. Daran sei erinnert auch angesichts von Tendenzen in der Bundesregierung, kostspielige Bereiche des sozialen Systems zu privatisieren. In der Rentenreform hat die Bundesregierung auf die Privatisierung gesetzt – und im Gesundheitssystem stehen Reformen an. Bei einer wachsenden Zahl genetischer Tests sollte man sich jedoch bewusst sein, dass die privaten Versicherungen und ihre Kunden langfristig unabwendbar mit Schwierigkeiten konfrontiert werden.

Das Moratorium der privaten Versicherer endet am 31. Dezember 2006, bis dahin schafft es Bedenkzeit. Dann dürfte erneut zur Debatte stehen, wie mit dem Wissen aus bereits durchgeführten Gentest umzugehen ist. In diesem Sinne sollte man nicht vergessen: Die Prinzipien der gesetzlichen Krankenkassen, lange vor den genetischen Tests erfunden, sind das effektivste Mittel gegen die unerwünschten Folgen der molekularen Genetik.

---

2 Vgl. Gesamtverband der Deutschen Versicherungswirtschaft 2001.

Literaturverzeichnis

Gesamtverband der Deutschen Versicherungswirtschaft e.V. (2001): Freiwillige Selbstverpflichtungserklärung der Mitgliedsunternehmen des Gesamtverbandes der Deutschen Versicherungswirtschaft e.V. (GDV) vom 7.11., online verfügbar unter http://www.gdv.de/presseservice/15801.htm.

Taupitz, J. (2000): Genetische Diagnostik und Versicherungsrecht (Frankfurter Vorträge zum Versicherungswesen 32), Karlsruhe.

Deryck Beyleveld

Individualrechte und soziale Gerechtigkeit

Einleitung

Von jeher hat der Fortschritt auf dem Gebiet der Medizin die Ressourcenlage beansprucht. Vormals unbehandelbare Krankheiten werden hierdurch behandelbar, aber dies hat seinen Preis. Aus diesem Grund kann es denn auch der Fall sein, dass es einfach nicht möglich ist, die durch den medizinischen Fortschritt neu eröffneten Behandlungsmöglichkeiten Allen frei zur Verfügung zu stellen. Denn wenn man sich hierfür entschiede, stünde kein Geld mehr für anderweitige medizinische Behandlungen oder für andere staatliche Programme außerhalb des Gesundheitssektors zur Verfügung. Die durch die moderne Biotechnologie eröffneten Möglichkeiten werden diese Problemlage wahrscheinlich noch exponentiell verschärfen.

Im Folgenden werde ich die Moraltheorie von Alan Gewirth[1] im Blick auf die Frage einer gerechten Verteilung durch den Fortschritt der Biotechnologie ermöglichter medizinischer Dienstleistungen unter Knappheitsbedingungen öffentlicher Ressourcen prüfen. Diesen Ansatz werde ich schematisch dem Präferenzutilitarismus, dem Libertarismus und einer ‚Ethics of Care' gegenüberstellen. Das Problem besteht ganz allgemein formuliert darin, ob ein Recht auf bestimmte Dienstleistungen besteht, wobei ein solches Recht wie folgt zu fassen wäre: Wenn jemand (X) ein (An)Recht auf eine Dienstleistung (D) hat, dann folgt hieraus – *ceteris paribus* –, dass die Person X auch mit der Dienstleistung D versorgt werden sollte (durch diejenigen, in deren Macht dies steht), so die Ressourcenlage dies erlaubt. Dies würde implizieren, dass prinzipiell alle Zugang zu D haben sollten.

Dies vorausgesetzt, werde ich insbesondere zwei miteinander verknüpfte Probleme behandeln:

1) Auf welcher Basis soll, wenn X ein Recht auf D hat, bei knapper Ressourcenlage, die Allokation von D erfolgen?
2) Existieren Fälle, in welchen, wenn D nicht allen zur Verfügung gestellt werden kann, D allen vorenthalten werden sollte?

Ich werde diese Themen erörtern, indem ich zwei Fragen nachgehe (aus den unterschiedlichen Perspektiven des Präferenzutilitarismus, des Libertarismus, einer ‚Ethics of Care' und der Theorie von Alan Gewirth):

A. Gibt es ein Recht auf

a) assistierte Reproduktion?

---

1 Siehe Gewirth, A. (1978): Reason and Morality, Chicago.

b) unbegrenzte Verlängerung des Lebens (durch zum Beispiel Telomer Manipulation, Hybridisierung von Mensch-Maschine oder andere hypothetische, aber theoretisch mögliche ‚Science-Fiction'- Biotechnologien)?

B. Wenn X ein Recht auf D hat, jedoch die Ressourcen zu knapp sind, D allen zur Verfügung zu stellen, darf dann a) überhaupt jemand mit D versorgt werden, und b) wenn ja, auf welcher Basis? Insbesondere, dürfte die Allokation von D auf der Basis von Zahlfähigkeit erfolgen?

Im Anschluss an die Erörterung dieser Fragen werde ich Gründe aufzeigen, weshalb der Ansatz Gewirths bevorzugt werden sollte. (Diese Gründe heben besonders auf die Zentralität individueller Rechte ab, im Gegensatz zur Behauptung, Theorien, die diese betonen seien mit einer egalitären Sichtweise sozialer Gerechtigkeit unvereinbar.)

Gibt ein Recht auf assistierte Reproduktion oder auf unbegrenzte Verlängerung des Lebens?

Unterschiedliche moralische Theorien enthalten unterschiedliche Konzeptionen moralischer Rechte. So ist es zum Beispiel dem Präferenzutilitarismus[2] zufolge kontingent, ob ein Recht auf eine bestimmte Dienstleistung eingeräumt werden soll oder nicht. Dies hängt davon ab, ob Personen es vorziehen würden, dass ein solches Recht existierte oder nicht (oder von den Konsequenzen eines solchen Rechts, beurteilt im Licht der Präferenzen der relevanten Personen). Aus Sicht der Tugendethik hingegen und deren Variante, der feministischen ‚care ethics'[3], fallen mit assistierter Reproduktion und unbegrenzter Lebensverlängerung zusammenhängende Fragen streng genommen überhaupt nicht unter Fragen von Rechten: Ob eine Pflicht besteht, solche Leistungen zur Verfügung zu stellen oder nicht, hängt davon ab, ob diese eine notwendige Voraussetzung zum Gedeihen (welches an einem ‚objektiven' Standard zu bemessen ist) des Individuums darstellen, dem diese Leistung zuteil werden soll. Libertaristischen Rechtstheorien[4] zufolge existiert weder ein Recht auf Leistungen assistierter Reproduktion noch auf unbegrenzte lebensverlängernde Maßnahmen, da diese Theorien nur negative Rechte kennen – d. h. Rechte auf Nicht-Beinträchtigung dessen, worauf ein Recht besteht –, positive Rechte jedoch nicht (Rechte auf Hilfestellung in Erlangung eines Objekts, auf das ein Recht besteht). Wohlfahrtstheorien[5] hingegen gehen sowohl von der

---

2 Vgl. zum Bsp. Hare, R. M. (1981): Moral Thinking, Oxford. Der Präferenzutilitarismus bestimmt das moralisch Richtige/Falsche im Rekurs auf einen die subjektiven Präferenzen der relevanten Personen maximierenden Kalkül, wobei deren Präferenzen gleich gewichtet werden.

3 Vgl. zum Bsp. Feder Kittay, E. (1998): Love's Labor: Essays on Women, Equality and Dependency, London.

4 Vgl. zum Bsp. Nozick, R. (1974): Anarchy, State and Utopia, Oxford.

5 Vgl. zum Bsp. Rawls, J. (1972): A Theory of Justice, Oxford, und Gewirth, A. (1978): Reason and Morality, Chicago.

Existenz positiver als auch negativer Rechte aus, was zumindest die Möglichkeit eines Rechts auf assistierte Reproduktion oder unbegrenzte lebensverlängernde Maßnahmen eröffnet. Und in der Tat kennt die Theorie, die ich selbst vertrete (die des amerikanischen Moralphilosophen Alan Gewirth), zwar kein Recht auf assistierte Reproduktion als solcher[6], aber ein Recht auf unbegrenzte Lebensverlängerung. Dies liegt daran, dass das oberste Prinzip dieser Theorie (das ‚Prinzip generischer Konsistenz' [PGC]) – „Principle of Generic Consistency" [PGC] – allen Handelnden[7] sowohl positive als auch negative Rechte auf ‚generische Bedingungen von Handlung' (‚generic conditions of agency') zuerkennt. Diese stellen die notwendigen Mittel für Handlungen an sich bzw. gelingenden Handelns dar – *unabhängig von den jeweils verfolgten Zielen.* Es existiert dieser Theorie zufolge ganz einfach deshalb kein Recht auf assistierte Reproduktion, weil dies keine generische Bedingung von Handlung darstellt. Und es existiert ein Recht auf unbegrenzt lebensverlängernde Maßnahmen, weil Leben eine generische Bedingung (ja die grundlegendste generische Bedingung) von Handlungen ist.[8]

Allokation assistierter Reproduktion und unbegrenzter Lebensverlängerung

Ob eine Allokation auf Leistungen assistierter Reproduktion und unbegrenzter Lebensverlängerung erfolgen sollte oder nicht, und wenn ja, auf welcher Basis, ist aus Sicht des Präferenzutilitarismus und einer ‚Ethics of Care' im Wesentlichen kontingent. Im Fall des Präferenzutilitarismus hängt dies davon ab, wie Personen die Konsequenzen der infrage stehenden Allokationsstrategie einschätzen. Im Fall einer ‚Ethics of Care' hängt dies von einer Fall-zu-Fall-Analyse dessen ab, was für das Gedeihen des entsprechenden Individuums notwendig ist (immer unter der Berücksichtung, wie sich dies auf das Gedeihen anderer auswirken kann).

Aus Sicht des Libertarismus gibt es zwar kein Recht auf assistierte Reproduktion oder unbegrenzte Verlängerung des Lebens, es existiert aber eine ‚Freiheit auf' Inanspruchnahme solcher Leistungen. Anders ausgedrückt: Es besteht keine Pflicht, diese Leistungen zur Verfügung zu stellen, und es ist auch an sich nicht verwerflich, diese Leistungen anzubieten (oder zu erhalten). Hieraus folgt, dass

---

6 Es könnte jedoch ein indirektes Recht bestehen, nämlich aufgrund eines möglichen Effekts, den eine Unterlassung assistierter Reproduktion auf die generischen Handlungsfähigkeit von Frauen haben könnte, die diese Dienstleistung benötigen.

7 Handelnde sind definiert als Wesen, die willentlich Ziele verfolgen bzw. mit einer solchen inhärenten Fähigkeit und Disposition ausgestattet sind. Sie sind deshalb so definiert, weil es sich nur bei mit solchen Fähigkeiten ausgestatteten Wesen um intelligible Subjekte und Objekte praktischer Grundsätze handelt.

8 Da ein generisches Recht auf Leben angenommen wird, garantiert dies auch jederzeit ein Recht auf lebensrettende Handlungen, wenn davon auszugehen ist, das Leben einer Person könnte hierdurch gerettet werden. Führt man dieses Argument weiter, so impliziert dies ein Recht auf unbegrenzte Lebensverlängerung (zu unterscheiden von unendlicher Lebensverlängerung, was, zumindest was die körperliche Fortexistenz anbetrifft, nicht machbar wäre).

Zahlungsfähigkeit für diese Leistungen eine völlig berechtigte Grundlage für deren Allokation darstellt.

Aus Sicht der Gewirthschen Theorie existitiert zwar kein Recht auf assistierte Reproduktion an sich, *unter bestimmten Umständen* könnte jedoch ein Recht darauf bestehen – nämlich genau dann, wenn Vorenthaltung dieser Leistung zur Beraubung von generischen Bedingungen von Handlungen führen würde. Es könnte zum Beispiel der Fall sein, dass eine Frau psychologisch stark geschädigt würde, wenn sie kein eigenes Kind bekommen könnte. Da es sich bei generischen Rechten um positive Rechte handelt, hat sie ein Recht auf eine Minderung dieser Schwäche, sofern diese möglich wäre. Wenn – unter gleichzeitiger Berücksichtigung generischer Bedürfnisse anderer – ihr Grundbedürfnis nach assistierter Reproduktion größer wäre als das womöglich entgegenstehende Grundbedürfnis anderer (die Gewirthsche Theorie ist hier in ihrer Anwendung streng distributiv als aggregativ), käme ihr ein Recht auf assistierte Reproduktion zu. Ganz allgemein gesprochen würde der Gewirthschen Theorie zufolge in Fällen, in denen es aufgrund knapper Ressourcen nicht möglich wäre, allen denjenigen, die ein Recht auf eine bestimmte Leistung haben, diese auch zuteil kommen zu lassen, die Allokation nach Kriterien wie z. B. Erfolgswahrscheinlichkeit erfolgen. Wenn solche Faktoren die Frage nicht eindeutig entscheiden können, sollten diese Leistungen nach dem Zufallsprinzip verteilt werden. In Gesellschaften, deren Individuen ungleiche Fähigkeiten zum Gelderwerb oder ungleiche, nicht nur auf Verdienst beruhende Einkommen haben, würde Zahlungsfähigkeit keine legitime Allokationsbasis darstellen.

Besonders lehrreich ist der Unterschied zwischen libertaristischen Theorien und der Gewirthschen Theorie hinsichtlich der Allokationsbasis unbegrenzter Lebensverlängerung. Der Libertarismus beurteilt Zahlungsfähigkeit als ein völlig gerechtes und faires Kriterium für die Erlangung solcher Leistungen; der Theorie Gewirths nach dürfen diese allenfalls auf Zufallsbasis verteilt werden, an jene für die diese Leistungen überhaupt erbracht werden können. Während ein Recht auf unbegrenzte Lebensverlängerung besteht, existiert unter Berücksichtigung des PGC keine grundlegendere generische Bedingung (und somit kein grundlegenderes Recht), als Leben und alle Leben haben als solche gleichen Wert. Eine faire Allokation solcher Leistungen kann folglich auch nur in einer zufälligen Verteilung bestehen. Hieraus folgt jedoch nicht automatisch, dass in Fällen, *in denen nicht allen unbegrenzte Lebensverlängerung garantiert werden können*, diese einfach irgend jemandem gewährt werden sollten. In diesem Fall handelt es sich meiner Meinung nach um einen paradigmatischen Fall in dem es wahr wäre zu sagen, wenn die in Frage stehenden Leistungen nicht allen gewährt werden können, sollte sie niemandem gewährt werden.

An anderer Stelle habe ich argumentiert,[9] dass die Menschenwürde, verstanden als Charaktereigenschaft (‚Menschenwürde als Tugend'),[10] in der Akzeptanz der

9 Siehe Beyleveld, D., Brownsword, R. (2001): Human Dignity in Bioethics and Biolaw, Oxford, Kapitel Fünf.

Todesangst liegt; und diesen Zustand anzustreben allen Handelnden vollkommene Pflicht ist (wenngleich auch nur eine unvollkommene besteht, diesen Zustand zu erlangen). Denn die Angst vor dieser letztlich unvermeidlichen körperlichen Auslöschung, gleichbedeutend mit der Auslöschung als Person, stellt eine wesentliche Bedingung von Ethik überhaupt dar (als kategorisch gebietende – so auch gemäß PGC).[11] Man könnte nun meinen dies bedeute, unbegrenzte Lebensverlängerung anzustreben sei *per se* schon verwerflich. Dem ist allerdings nicht so. Wenn dem so wäre, könnte es nämlich im Blick auf das PGC auch kein positives Recht auf Leben geben. Tatsächlich lässt sich auf diesem Gebiet nur sagen, dass sicheres Wissen um Unsterblichkeit Moral unsinnig werden lassen würde.

Hiermit soll nicht gesagt werden, Menschenwürde verstanden als Tugend in obigem Sinne sei in diesem Zusammenhang nicht relevant. Die Relevanz der Menschenwürde erfordert es dabei jedoch nur, dass die Unmöglichkeit universaler Zurverfügungstellung berücksichtigt werden muss. Dann wird auch offensichtlich, dass unbegrenzt lebensverlängernde Maßnahmen niemandem zur Verfügung gestellt werden sollten, wenn sie nicht allen zur Verfügung gestellt können: Es würde sonst zwischen Individuen diskriminiert in einer Hinsicht, in der dem PGC zufolge alle menschlichen Akteure insofern grundlegend gleichen, als sie alle Subjekte des Sittengesetzes sind.

Was spricht für die Gewirthsche Theorie?

Gewirth zufolge müssen Handelnde PGC akzeptieren und nach ihm handeln, wenn sie überhaupt als Handelnde gelten können sollen. Hieraus folgt, dass PGC, wie Gewirth es ausdrückt, ‚dialektisch notwendig' für alle Handelnde ist: Jedweder und jeder Handelnde muss es akzeptieren, weil dies notwendigerweise (rein logisch) aus einer Prämisse folgt, die kein Handelnder kohärent leugnen kann, nämlich, dass ‚es' (es wird nicht vorausgesetzt, Handelnde seien notwendigerweise Menschen oder geschlechtliche Wesen) ein Handelnder ist. Gewirths Gedankengang kann wie folgt dargestellt werden:[12]

Wenn ein Handelnder ein Ziel (Z) hat, das zu verfolgen er motiviert ist, und wenn es für den Handelnden notwendig ist, etwas (X) zu haben, um Z zu erreichen, dann liefert Z dem Handelnden einen Grund, X zu erlangen. Wenn es generische Bedingungen von Handlungen gibt, dann hat der Handelnde kategorischerweise (d. h., nur aufgrund seines Handelnder Seins) einen instrumentellen Grund, das Bestehen die-

10 Unter PGC wird Menschenwürde primär als Grundlage generischer Rechte menschlicher Akteure verstanden, und Menschenwürde verstanden als Tugend wird hieraus abgeleitet.

11 Dies unter der Voraussetzung, dass wir über die Unsterblichkeit post-körperlicher Existenzformen nichts wissen können.

12 Es soll an dieser Stelle nicht versucht werden, das Argument zu analysieren oder gegen mögliche Einwände zu verteidigen. Dies habe ich an anderer Stelle unternommen, vgl. Beyleveld, D. (1991): The Dialectical Necessity of Morality, Chicago. Für eine kürzere Darstellung, die einige andere Einwände berücksichtigt, vgl. Human Dignity in Bioethics and Biolaw, Kapitel Vier (s. Fn. 9).

ser generischen Bedingungen zu verfolgen/zu verteidigen – worin immer Z auch bestehen mag. Kurz, das Bestehen dieser generischen Bedingungen liegt kategorischerweise (d. h. ausnahmslos) im Interesse des Handelnden *als Handelndem.* Und hieraus folgt, dass ein Handelnder *in seinem Handlungskontext* berücksichtigen muss, dass er das Bestehen dieser generischen Bedingungen kategorischerweise anstreben/verteidigen sollte, wenn er sich nicht als Handelndem widersprechen will.

Es ist ebenso klar, dass da es kategorischerweise im Interesse des Handelnden als Handelndem ist, über die generischen Bedingungen zu verfügen, es kategorischerweise in seinem Interesse sein muss, dass Andere das Bestehen der generischen Bedingungen nicht beeinträchtigen, dass in der Tat Andere ihm helfen seinen Besitz der generischen Bedingungen zu sichern und zu verteidigen, wenn er selbt dazu nicht in der Lage ist. Deshalb müssen Handelnde – wenn sie nicht Gefahr laufen wollen, sich als Handelnde zu widersprechen – berücksichtigen, dass auch anderen kategorisch geboten ist, nicht gegen ihren Willen das Bestehen generischer Bedingungen zu gefährden (und sie müssen insbesondere auch berücksichtigen, dass es Anderen, die dazu in der Lage sind, kategorisch geboten ist, ihnen bei der Sicherung der generischen Bedingungen zu helfen – wenn diese Hilfe benötigt *und erwünscht wird*).[13] Diese auf Andere bezogenen Sollens-Urteile treffen deshalb auf alle Handelnde zu, weil Nichtbeeinträchtigung oder Hilfe notwendig ist, um dem Kriterium des Interesses des Handelnden *als Handelndem* gerecht zu werden, auf welches er notwendigerweise festgelegt ist.

Auf Andere bezogene Sollens-Urteile (‚other-referring ought judgments') implizieren jedoch, dass Handelnde aus der Perspektive einer Willenskonzeption von Rechten sowohl negative als auch positive Rechte bezüglich ihrer generischen Bedingungen haben. Und hieraus folgt, dass alle Handelnde (als Handelnde) berücksichtigen müssen, dass sie selbst sowohl positive als auch negative Rechte (aus Perspektive der Willens-Konzeption) auf generische Bedingungen von Handlungen haben.

Weshalb genau sollen Handelnde berücksichtigen, dass andere Handelnde solche generischen Rechte haben? Die Antwort lautet *nicht*, dass andere Handelnde eine ebenso gute Begründung haben, ihre Rechte einzufordern wie ich selbst (irgendein einzelner Handelnder) meine eigenen Rechte. Und zwar nicht deshalb, weil ihre Rechtfertigung sich auf *ihr* Handlungsinteresse (ihr Grundbedürfnis der Erhaltung ihrer generischen Bedingungen von Handlung) bezieht, wohingegen meine Begründung sich auf *mein* Handlungsinteresse bezieht (mein Grundbedürf-

---

13 Weil der Handelnde die generischen Bedingungen nur instrumentellerweise wertschätzen muss, kann dem Handelnden nicht kategorischerweise verboten werden, auf den Nutzen zu verzichten, den ihm die Ausübung seiner Rechte bringen würde. Diese Rechte werden im Blick auf mögliche und erfolgreiche Handlungen eingefordert. Das Argument enthält keine Prämisse, welche besagt, Handelnde müssten Handlungen als solche wertschätzen. Eine solche Prämisse würde eine Evaluation darstellen, die selbst wiederum einer unabhängigen Rechtfertigung bedürfte, da diese von der bloßen Behauptung, Akteur zu sein, nicht ableitbar ist.

nis der Erhaltung meiner generischen Bedingungen von Handlung). Denn dieses Argument zeigt noch nicht (und darauf zielt es letztendlich ab), dass Handelnde (wenn sie sich nicht selbst, als Handelnde, widersprechen wollen) sich in ihren eigenen Handlungen von den Interessen anderer, zusätzlich zu ihren eigenen, leiten lassen sollten. Andererseits ist es ebenso wenig wahr, wie manche Kritiker behauptet haben,[14] dass es nicht nur logisch folgt, dass Handelnde, die in einen Selbstwiderspruch als Handelnde geraten, wenn sie ihre eigenen generischen Rechte missachten, in einen ebensolchen Selbstwiderspruch geraten, wenn sie die generischen Rechte aller anderen Handelnden unberücksichtig lassen: Wenn ich durch Missachtung meiner generischen Rechte mir selbst als Handelndem widerspreche, dann muss ich akzeptieren (um einen Selbstwiderspruch als Handelnder zu vermeiden), keine Position verteidigen zu können die impliziert, dass ich ein Handelnder bin, aber keine generischen Rechte habe. Hieraus folgt jedoch, dass ich nicht nur behaupten muss, dass ich generische Rechte habe, sondern auch, dass ich generische Rechte habe aus dem weiter nicht begründungsbedürftigen Grund, ein Handelnder zu sein.[15] Aus ‚Die Tatsache, dass ich ein Handelnder bin, ist schon an sich eine hinreichende Begründung meiner generischen Rechte' folgt ‚Die Tatsche, dass X ein Handelnder ist, ist schon an sich eine hinreichende Begründung der generischen Rechte von X' jedoch rein logisch. Und hieraus folgt, dass Handelnde der Tatsache, dass sie Handelnde sind, widersprechen, wenn sie nicht berücksichtigen, dass alle Handelnde generische Rechte haben – was nur besagt, dass PGC dialektisch notwendig ist.

Gewirths Argument beruht hier ganz auf dem Argument der dialektischen Notwendigkeit des PGC, weil er – wie Kant vor ihm[16] – zutreffenderweise anerkennt, dass ein moralisches Prinzip nur dann als kategorisch gebietend ausweisbar ist, wenn gezeigt werden kann, dass es gänzlich *a priori* mit dem Begriff des Handelnden verknüpft ist (woraus folgt, dass Konformität mit diesem Prinzip sich als notwendige Bedingung jeglichen rationalen Handelns erweist).

Es können jedoch auch dialektisch kontingente Argumente für PGC konstruiert werden, die insofern kontingent sind, als ihre Prämissen von Handelnden ohne Selbstwiderspruch geleugnet werden können. Eines dieser Argumente geht von der Prämisse der Existenz von Menschenrechten aus.[17]

Angenommen, ich (bzw. jeder Handelnde) beanspruche, ein Recht zu haben, X zu tun. Offensichtlich muss ich dann auch ein Recht auf die notwendigen Mit-

14 Insbesondere Brandt, R. B. (1981): The Future of Ethics, in: Nous 15, 31–40, 39–40.

15 Vgl. Gewirths „Argument from the Sufficiency of Agency" (ASA) in Reason and Morality (op. cit. Fn. 1, 109–110). Vgl. ebenso Human Dignity in Bioethics and Biolaw (op. cit. Fn. 9) 75.

16 Vgl. Kant (1948): Groundwork of the Metaphysics of Morals, übersetzt als The Moral Law von H. J. U. Paton, London, 89.

17 Dieses Argument und einige weitere dialektisch kontingente Argumente habe ich an anderer Stelle bereits vorgestellt, ursprünglich in Beyleveld, D. (1996): Legal Theory and Dialectically Contingent Justifications for the Principle of Generic Consistency, in: Ratio Juris 9, 15–41. Das hier vorgebrachte Argument stellt eine leicht veränderte Version des ursprünglichen ‚argument from human rights' dar.

tel, X zu tun, fordern, und somit auch ein Recht auf die generischen Bedingungen von Handlungen an sich, *worin auch immer X bestehen mag*. Somit muss jeder, der anerkennt, dass überhaupt ein Menschenrecht auf bestimmte Handlungen bestehen soll, auch ein Menschenrecht auf die generischen Handlungsbedingungen anerkennen. Es ist somit auch deutlich, dass Menschenrechte (bestimmte Dinge zu tun) den generischen Bedingungen von Handlungen entsprechend gefasst sein müssen.

Hieraus folgt jedoch nicht schon automatisch, dass all diejenigen Individuen (oder juristischen Systeme), welche Menschenrechte anerkennen, diese als solche schon als in Übereinstimmung mit PGC *an sich* interpretieren müssen (oder dass PGC als das oberste Prinzip juristischer Überlegung anerkannt würde). Damit dies der Fall wäre, müssten Menschenrechte folgende Eigenschaften haben: Sie müssten erstens in Konfliktfällen allen anderen konkurrierenden Erwägungen gegenüber vorrangig sein. Zweitens müsste der Begriff ‚Menschsein' zumindest in seiner Kernbedeutung gleichbedeutend sein mit ‚Handelnder Sein'. Drittens müssten Menschenrechte aus der Perspektive der Willenskonzeption von Rechten (‚will-conception of rights') unter Rechte fallen. Viertens müssten Menschenrechte nicht nur dem Staat und seinen Organen Pflichten auferlegen, sondern auch allen handlungsfähigen Individuen, die anderen Trägern von Rechten zum Genuss dieser Rechte verhelfen können. Und schließlich müssten Menschenrechte als positive und als negative Rechte gefasst werden (und sich auf Handelnde beziehen, die in der Lage sind, ihren entsprechenden Pflichten gemäß zu handeln).

Alle obigen Aussagen können jedoch hinterfragt werden: Der grundlegende Status der Menschrechte wird durch den Gedanken nationaler/kultureller Souveränität in Frage gestellt; die begründungstheoretisch zentrale Rolle von Handlungen und die Willens-Konzeption konkurrieren mit der Auffassung, dass auch Wesen, die nicht offensichtlich Handelnde sind, Menschenrechte besitzen können; die Vorstellung, die Einhaltung von Menschrechten sei auch gegenüber Individuen einforderbar widerspricht der Auffassung, Menschenrechte seien nur gegenüber dem Staat und seinen Organen einklagbar; und die Position, Menschrechte seien nur negative Rechte, ist ebenfalls weit verbreitet.

Was den grundlegenden Status von Menschenrechten betrifft, so kann man sagen, dass der Begriff des Menschenrechts, wie er in modernen Menschenrechtsinstrumenten gebraucht wird, als Recht konzipiert ist, welches hinreichend dadurch begründet erscheint, dass der Träger ein ‚menschliches Wesen' ist. Wie Scott Davidson bemerkt, haben moderne Menschenrechtsinstrumente ihre Wurzeln in der Amerikanischen Unabhängigkeitserklärung von 1776 und in der Französischen Menschen- und Bürgerrechtserklärung von 1789. Es ist eine wesentliche Eigenschaft von Menschenrechtsinstrumenten, dass Menschenrechte mit diesem geschichtlichen Hintergrund aufgefasst werden als „von Natur aus inhärent, universal und unveräußerlich: sie kommen Individuen einfach aufgrund ihres Menschseins zu, und nicht, weil sie Subjekte staatlicher Gesetze sind."[18]

---

18 Davidson, S. (1993): Human Rights, Buckingham, 5.

Dies wird auch zum Beispiel in Artikel 14 der Europäischen Menschenrechtskonvention deutlich, demzufolge „[d]er Genuss der in dieser Konvention anerkannten Rechte und Freiheiten [...] ohne Diskriminierung insbesondere wegen des Geschlechts, der Rasse, der Hautfarbe, der Sprache, der Religion, der politischen oder sonstigen Anschauung, der nationalen oder sozialen Herkunft, der Zugehörigkeit zu einer nationalen Minderheit, des Vermögens, der Geburt oder eines sonstigen Status zu gewährleisten“ ist.

Zweitens ist die Behauptung, der Begriff ‚Menschsein‘ (‚being human‘) sei in diesen Menschenrechtsinstrumenten zumindest in seiner Kernbedeutung gleichbedeutend mit ‚Handelnder Sein‘, *prima facie* plausibel. Im Grunde wurden diese Instrumente, zumindest ursprünglich, auf den Freiheits-, Gleichheits-, und Brüderlichkeitsgedanken gegründet. Sie wurden zunächst als Zivilrechte und als politische Rechte angelegt, und später zu sozialen, wirtschaftlichen und kulturellen Rechten, d. h. zu Rechten von *Bürgern* einer demokratischen Gesellschaftsordnung, ausdifferenziert. Aus diesem Grund wurden Träger von Rechten auch als Träger von reziproken Pflichten gegenüber anderen Trägern von Rechten begriffen. Und insofern dies zutrifft, müssen Träger von Rechten auch als Handelnde begriffen werden, denn nur Handelnde können überhaupt Pflichten haben.

Sicherlich ist diese Auffassung bestreitbar, zumindest insofern, als auch sehr jungen Kindern, Föten, Toten und auch denjenigen Individuen der menschlichen Spezies, die offensichtlich keine Handelnde sind, Rechte durch diese Menschenrechtsinstrumente zugesprochen werden. Es ist dabei trotzdem relativ klar, dass die meisten Rechte dieser Menschenrechtsinstrumente nur auf Handelnde anwendbar sind, dass eine mögliche Ausweitung von Menschenrechten auf besondere Gruppen kontrovers ist und eine relativ neuartige Entwicklung darstellt,[19] und dass dem Fötus nur ein ‚proportionaler‘ Status durch Menschenrechtsinstrumente zuerkannt wird – wenn diese dem Fötus überhaupt einen besonderen Status einräumen.[20] Wie ich an anderer Stelle begründet habe,[21] sollte die Frage der Identifikation von Handelnden, denen bestimmte Theorien Grundrechte zusprechen (d. h. kategorisch zuerkennen), praktisch jedenfalls wie folgt behandelt werden: Wesen, die augenscheinlich nicht unter den Begriff des Handelnden fallen, sollten nichtsdestotrotz als mögliche Handelnde behandelt werden, weshalb andere Handelnde ihnen gegenüber Pflichten der Vorsicht haben – proportional zum Ausmaß, in dem es eben möglich ist, sie als Handelnde zu behandeln. Folglich erscheint es

19 Zum Beispiel garantiert die „Convention on Rights of the Child“ (angenommen durch die Generalversammlung der Vereinten Nationen am 20. November 1989) Kindern einige unabhängige Rechte und die „Convention on Human Rights and Biomedicine of the Council of Europe“ spricht dem menschlichen Embryo und anderen nicht Zustimmungsfähigen Schutzrechte zu.

20 Sonst müsste Abtreibung verboten sein.

21 Vgl. Beyleveld, D., Pattinson, S. (2000): Precautionary Reason as the Link to Moral Action, in: Boylan, M. (ed.): Medical Ethics, Upper Saddle River, New Jersey, 39–53. Vgl. auch Beyleveld, D. (2000): The Moral Status of the Human Embryo and Fetus, in Haker, H., Beyleveld D. (eds.): The Ethics of Genetics in Human Procreation. Aldershot, 59–85, und Human Dignity in Bioethics and Biolaw (op. cit. Fn. 9), Kapitel Fünf.

mir insgesamt plausibel, den durch Menschenrechtsinstrumente zuerkannten Status besonderer Gruppen als in gewisser Weise derivativ oder sekundär in Bezug auf den Status von Akteuren zu begreifen, auf die der Schutz der Menschenrechte sich wesentlich bezieht.

Drittens: wenngleich eine abschließende Antwort auf die Frage, ob Menschenrechtsinstrumente auf der Willens-Konzeption von Rechten basieren oder nicht, eine ausführliche Analyse der Rolle des Begriffs der Zustimmung in der Menschenrechtsgesetzgebung erfordert, erscheinen folgende schematische Bemerkungen angebracht: Der Tatsache nach zu urteilen, dass Menschenrechtsinstrumente z. B. weder Boxen, Bergsteigen und andere gefährliche Aktivitäten verbieten noch Menschen dazu zwingen, wählen zu gehen etc., scheint die Willenskonzeption von Rechten (die nur auf Handelnde anwendbar ist) zumindest auf manche der relevanten Rechte anzuwenden zu sein. Genau genommen wäre gegen die universale Anwendbarkeit der Willenskonzeption einzuwenden, dass zum Beispiel der Europäische Gerichtshof für Menschenrechte in einem Fall geurteilt hat, dass Schadenseinwilligung (‚consent to harm') eine Person nicht notwendigerweise von Schuld freispricht.[22] Trotzdem erlaubt dies kein abschließendes Urteil, da gute, im Schutz der Rechte *anderer* wurzelnder Gründe bestehen können, weshalb es Individuen erlaubt sein sollte, wenigstens unter bestimmten Umständen auf Rechte zu verzichten. Des Weiteren darf auch nicht vergessen werden, dass eine Willens – und Interessenkonzeption von Rechten begrifflich eine Konzeption von Rechten an sich darstellt. Eine solche kann nicht auf einige Rechte angewandt werden und auf andere wiederum nicht. Wenn nun einerseits im Großen und Ganzen klar ist, dass Menschenrechte so betrachtet werden sollten, als führten sie verzichtbare Ansprüche mit sich, so erfordert es die Kohärenz des Ansatzes – wenn in bestimmten Fällen Handelnden das Recht abgesprochen wird, auf Ansprüche zu verzichten, oder wenn ‚Rechte' übertragen werden auf augenscheinliche Nicht-Handelnde –, dass solche ‚Ausnahmen' nicht als Fälle angesehen werden, in welchen die Interessenkonzeption angewandt wird. Diese sollten als Spezialfälle angesehen werden, in denen aus Perspektive der Willenskonzeption Rechte anderer Handelnder es erforderlich machen, dass verzichtbare Rechte in Frage stehender Handelnder nachrangig behandelt werden, oder Pflichten gegenüber oder in Bezug auf[23] augenscheinliche Nicht-Handelnde anerkannt werden.[24]

Was viertens den Gedanken anbetrifft, Menschenrechte gälten sowohl in Bezug auf Individuen (‚horizontale Geltung') als auch gegenüber Staaten (‚vertikale Gel-

---

22 Laskey, Jaggard and Brown vs. United Kingdom (1997) 24 EHRR 39.

23 Die Pflicht, X keinen Schaden zuzufügen oder X zu schützen, stellt eine Pflicht in Bezug auf X dar. Eine Pflicht gegenüber X stellt eine Pflicht dar, die nur auf Eigenschaften von X basiert. Deshalb beinhaltet die Klasse von Pflichten in Bezug auf X auch Pflichten, die von Eigenschaften von X nicht hinreichend begründen werden. Bei solchen Pflichten handelt es sich charakteristischerweise um geschuldete Pflichten, die aus dem Grundbedürfnis resultieren, die Rechte anderer (oder Pflichten gegenüber anderen) als X zu schützen.

24 Bezüglich Pflichten in Bezug auf Nicht-Handelnde/scheinbare Nicht-Handelnde, siehe „The Moral Status of the Human Embryo and Fetus" (op. cit. Fn. 21), 62–64 und 75–77.

tung'), so trifft dies klarerweise zu – zumindest was die Europäische Menschenrechtskonvention anbetrifft. Dies geht aus den Artikeln 8 (2), 9 (2), 10 (2), und 11 (2) der Konvention hervor, welche besagen, dass Rechte oder Freiheiten der Artikel 8 (1), 10 (1) und 11 (1) bestimmten Einschränkungen oder Restriktionen unterworfen sind in Bezug auf (*inter alia*) den Schutz der Rechte oder Freiheiten anderer.[25] Dies beinhaltet weiter, dass *alle* Rechte der Konvention auch horizontal anwendbar sind, und zwar deshalb, weil eine Beschränkung auf die Zusatzklauseln der Artikel 8–11 nicht bedeutet, dass nur diese Artikel 8–11 horizontal gelten. Dies ist deshalb so, weil die horizontal anwendbaren Rechte und Freiheiten der Ausnahmeklauseln diejenigen der Konvention sind, die überhaupt mit dem Recht des Paragraphen (1) konfligieren können. Wie zum Beispiel im Fall von Artikel 8 (2), in dem die Rechte und Freiheiten von Person A das in Artikel 8 (1) verankerte Recht auf Respektierung von Familie und Privatleben von Person B begrenzt, wobei die Rechte und Freiheiten von A (d. h. As Rechte nach Artikel 2–7, etc., inklusive As unter Artikel 8 (1) aufgeführter Rechte) diejenigen sind, die überhaupt mit Person B in Artikel 8 (1) verankertem Recht in Konflikt geraten können. Die Tatsache, dass Artikel 2–7. etc. keine begrenzenden Klauseln, die mit denjenigen von Artikel 8 (2) bis 11 (2) vergleichbar wären, beinhalten, bedeutet nur, dass die ersteren Artikel (in unterschiedlichem Grad) begrenztere Einschränkungen enthalten als letztere.

Ein Verweis auf die Tatsache, dass internationale, mit der Einhaltung der Menschenrechte beauftragte Behörden, wie zum Beispiel der Europäische Gerichtshof der Menschenrechte, üblicherweise nicht über die Macht verfügen, Menschenrechte direkt gegenüber Individuen durchzusetzen, sollte dies nicht verschleiern. Denn diese Tatsache ist einfach nur darauf zurückzuführen, dass internationale Menschenrechtsinstrumente internationale Verträge sind, und dass Organe wie der Europäische Gerichtshof für Menschenrechte internationale Gerichtshöfe sind. Horizontale Effektivität darf hier nicht mit horizontaler Anwendbarkeit verwechselt werden.[26]

Zum Schluss möchte ich mich der Frage zuwenden, ob Menschenrechte, wie generische Rechte, sowohl positive als auch negative Rechte sind. Sicherlich kommt Staaten, wie zum Beispiel an der Rechtsprechung des Europäischen Menschenrechtsgerichtshofs deutlich wird, nicht nur die Pflicht zu, die Rechte ihrer Subjekte zu respektieren, sondern auch die Pflicht, Individuen vor Handlungen anderer Individuen zu schützen, die sie am Genuss ihrer Rechte behindern würden. Aber selbst wenn es der Fall wäre, wie wir gerade postulierten, dass Menschenrechte sowohl gegenüber Individuen als auch gegenüber dem Staat einforderbar sind, so ist es doch eine ganz andere Sache zu behaupten, Individuen kämen positive Pflichten bezüglich Menschenrechten zu. Der Präambel der Universellen De-

25 Diese Interpretationsweise wird in Bezug auf Art. 10 explizit in Groppera Radio AG gegen die Schweiz (1990) 12 EHRR 321, para 70 Zeile 342 vom Straßburger Gericht bestätigt.

26 Vg. Beyleveld, D., Pattinson, S. (2002): Horizontal Applicability and Horizontal Effect, im Erscheinen im Law Quarterly Review.

klaration der Menschenrechte von 1948 zufolge stellt dieses Instrument (auf dem alle anderen modernen Menschenrechtsinstrumente basieren) jedoch „das von allen Völkern und Nationen zu erreichende gemeinsame Ideal [dar], damit jeder einzelne und alle Organe der Gesellschaft [...] sich bemühen, [...] die Achtung vor diesen Rechten und Freiheit zu fördern und [...] ihre allgemeine und tatsächliche Anerkennung und Einhaltung durch die Bevölkerung der Mitgliedstaaten selbst [...] zu gewährleisten."

Und Artikel 1 der Deklaration legt fest: „Alle Menschen sind frei und gleich an Würde und Rechten geboren. Sie sind mit Vernunft und Gewissen begabt *und sollen einander* [‚*should act towards one another*'] im Geist der Brüderlichkeit *begegnen*."[27] Berücksichtigt man außerdem noch die Prämisse, dass generische Bedingungen von Handlungen existieren, sowie die Aussage, ein Recht auf X zu gewähren bedeutet, ein Recht auf die Mittel, das Recht auf X ausüben zu können, zu gewähren, so erscheint der Standpunkt, Menschenrechtsinstrumente müssten sowohl positive als auch negative Rechte auf die generischen Bedingungen von Handlungen beinhalten, durchaus vertretbar – einfach aus folgendem Grund: Hilfestellung durch Andere, die es den Trägern von Rechten allererst ermöglicht, ihre negativen Rechte auszuüben, stellt eine notwendige Bedingung für die Möglichkeit der Inanspruchnahme negativer Rechte dar. Denn schließlich bedeutet, ein negatives Recht auf X zu haben, das Recht zu haben, sich gegen Verletzung von X zu verteidigen (und über die generischen Bedingungen zu verfügen, stellt eine notwendige Bedingung jeder Handlung dar, die jemand zur Verteidigung ausübt, ganz einfach weil die generischen Bedingungen Voraussetzung jeglichen Handelns sind). Somit ist es nicht möglich, Menschenrechte nur als negative Rechte zu begreifen.

Alles in allem vertrete ich somit die Auffassung, dass Menschenrechtsinstrumente ganz wesentlich auf einer Konzeption von Menschenrechten basieren, die impliziert, dass PGC das oberste Prinzip von Menschenrechtsinstrumenten darstellt.[28]

Individualrechte vs. soziale Gerechtigkeit?

Einer bestimmten Auffassung von Menschenrechten zufolge werden diese nur negativ begriffen, und werden nur Handelnden Rechte zugesprochen. Befürworter dieser Interpretation glauben, Handelnde hätten eine Fürsorgepflicht nicht nur gegenüber anderen Handelnden, sondern auch gegenüber besonders verletzbaren Gruppen (‚vulnerable groups' – wie zum Beispiel ungeborene Menschen, Menschen, die aufgrund einer mentalen Behinderung nicht zustimmungsfähig sind,

27 Meine Betonung. Dieser Artikel und die Präambel untermauern die Behauptung, dass Menschenrechte horizontal anzuwenden sind. Außerdem impliziert dieser Artikel, indem er allen menschlichen Wesen Vernunft und Gewissen zuspricht, dass Menschsein (‚being human') im Wesentlichen als Handelnder Sein (‚being an agent') begriffen werden sollte.

28 Vgl. Human Dignity in Bioethics and Biolaw (op. cit. Fn. 9), 70–86 für weitere Überlegungen bezüglich PGC und Menschenrechten.

und selbst nicht-menschliche Tiere). Menschenrechte und genuine soziale Gerechtigkeit sind dieser Position nach nicht miteinander vereinbar.

Wenn meine Argumentation jedoch stichhaltig ist, trifft dies nicht zu. Menschenrechte können am besten (sowohl philosophisch als auch rechtlich) mithilfedes PGC interpretiert werden. Im Rekurs auf PGC werden positive Rechte zugesprochen, die nicht nur Reziprozität (gleiche Rechte mit korrelierenden Pflichten), sondern auch Gegenseitigkeit (ein sich positiv um die Projekte Anderer Bemühen und Sorgen)[29] implizieren, und die auch – unter gewissem Vorbehalt – Pflichten gegenüber Wesen beinhalten, die keine Handelnde sind. Es ist nicht nur in intellektueller Hinsicht falsch, davon auszugehen, Rechte seien mit Gegenseitigkeit und Sorge unvereinbar (und dadurch den Gedanken nahe zu legen, Menschenrechte müssten ergänzt, wenn nicht gar aufgegeben werden, um Themen sozialer Gerechtigkeit adäquat diskutieren zu können); es ist darüber hinaus auch noch strategisch und taktisch gesehen fatal. In Europa zum Beispiel stellt die Europäische Konvention der Menschenrechte die einzige existierende solide Grundlage eines politischen Moralkonsenses dar. Dieser ist nicht völlig stabil: Nationen werden immer versuchen, in ihrem Interesse, ihre nationale und kulturelle Souveränität auch gegen die Einhaltung der Menschenrechte behaupten zu wollen. Kommerzielle Interessensgruppen würden es ebenfalls bevorzugen, wenn Menschenrechte nicht als grundlegend behandelt würden, da ein Festhalten an dieser Position sie bei der ungehinderten Verfolgung ihrer Ziele einschränkt. Um diese Tendenzen zu bekämpfen und sie nicht noch zu unterstützen und ihnen Vorschub zu leisten, ist es wichtig, die Achtung der Menschrechte zu fördern. Und insofern Tendenzen bestehen, diese nur als negative Rechte zu fassen etc., sollte dem ‚von innen' entgegengewirkt werden: Durch Wertschätzung und Betonung des eigentlichen Wesens der Menschenrechte.

29 Aufgrund dieses Aspekts könnte Gewirths Projekt auch beschrieben werden als eine Demonstration der Einheit von Vernunft und Liebe.

Autorenverzeichnis

Jan P. Beckmann, Prof. Dr. phil.; Lehrstuhl für Theoretische Philosophie; Geschäftsführender Direktor des Instituts für Philosophie der Fern-Universität Hagen; Mitglied im Direktorium des Deutschen Referenzzentrums für Ethik in den Biowissenschaften und des Instituts für Wissenschaft und Ethik (beide in Bonn) sowie der Ethik-Kommission der Universität Witten/Herdecke; stellvertretendes Mitglied der Zentralen Ethikkommission für Stammzellenforschung (Berlin) und der Kommission für Transplantationsmedizin der Bundesärztekammer; Fachgutachter für Geschichte der Philosophie der Deutschen Forschungsgemeinschaft (DFG).

Deryck Beyleveld, Professor der Jurisprudenz der Faculty of Law, University of Sheffield; Direktor des Sheffield Institute of Biotechnological Law and Ethics (SIBLE); international anerkannter Jurist und Moralphilosoph; Arbeits- und Forschungsgebiete: Weiterentwicklung der Theorien des amerikanischen Philosophen Alan Gewirth und deren Anwendung auf moderne rechtliche Theorien, Moraltheorie, Recht und Ethik.

Jürgen Brockmöller, Prof. Dr. med.; Leiter der Abteilung Klinische Pharmakologie an der Georg-August-Universität, Göttingen; 1984 bis 1987 Stipendiat am Max-Planck-Institut für Molekulare Genetik in Berlin, 1987 Promotion; 1987 bis 1993 Tätigkeit am Universitätsklinikum Benjamin Franklin der Freien Universität Berlin sowohl in der medizinisch-klinischen als auch in der molekulargenetischen Forschung; 1993 bis 2000 Beschäftigung am Institut für Klinische Pharmakologie an der Charité (Humboldt-Universität Berlin); 1996 Habilitation in Klinischer Pharmakologie; 2000 Berufung an die Georg-August-Universität.

Christian Byk, stellvertretender Oberrichter eines Pariser Bezirksgerichts; ehemaliger Rechtsberater europäischer und internationaler Angelegenheiten; 1983–1998 französischer Justizminister; derzeit Generalsekretär der International Association of Law, Ethics and Science; Vizepräsident des Council for International Organizations of Medical Sciences.

Rimas Čuplinskas, M. A.; Studium der Philosophie, Informatik und Systematischen Katholischen Theologie an der Universität Bonn; 2001 bis 2002 Mitarbeiter am Deutschen Referenzzentrum für Ethik in den Biowissenschaften; derzeit wissenschaftlicher Mitarbeiter am Philosophischen Seminar der Universität Bonn; Promotionsprojekt über Theorien des Selbst in der analytischen Philosophie des Geistes.

Reinhard Damm, Prof. Dr. iur.; Professor für Zivilrecht, Wirtschaftsrecht und Verfahrensrecht im Fachbereich Rechtswissenschaft der Universität Bremen; Direktor am Institut für Gesundheits- und Medizinrecht der Universität Bremen; Forschungsschwerpunkte in Themenfeldern des Privatrechts und Wirtschaftsrechts, der Rechtssoziologie und Rechtstheorie sowie des Medizinrechts, namentlich in den Bereichen Arzt- und Patientenrecht, Recht der genetischen Diagnostik und prädiktiven Medizin.

Donna L. Dickenson, PhD; John Ferguson Professor für Globale Ethik und Direktorin des Centre for the Study of Global Ethics an der University of Birmingham (UK); Autorin des Buches *Property, Women and Politics: Subjects or Objects?* (Cambridge: Polity Press, 1997) und zahlreicher Artikel über Eigentum des Körpers und menschlichen Genoms.

Detlev Ganten, Prof. Dr. med.; Stiftungsvorstand des Max-Delbrück-Centrums für Molekulare Medizin (MDC) Berlin-Buch; Professor an der Freien Universität, Berlin; Aufbau des MDC zu einem Modell für klinische Forschung in Deutschland mit Charité-Kliniken (Humboldt-Universität) und Biotechnologiepark auf dem Campus Berlin-Buch; Forschungsgebiete: Molekulare Genetik und Entstehung des Bluthochdrucks.

Hille Haker, Professorin für Christian Ethics an der Harvard Divinity School, Cambridge MA. Langjährige Mitarbeiterin am Interfakultären Zentrum für Ethik in den Wissenschaften und am Lehrstuhl Theologische Ethik/Sozialethik (Mieth) an der Universität Tübingen; Heisenbergstipendiatin der DFG seit 2002. Projektleiterin am IZEW „Geschlechterstudien – Ethik in den Wissenschaften“. Forschungsschwerpunkte: Bioethik/Medizinethik, Literatur und Ethik, Feministische Ethik, Kultur- und Sozialethik. Unter anderem Autorin des Buches *Ethik der genetischen Frühdiagnostik. Sozialethische Reflexionen zur Verantwortung am menschlichen Lebensbeginn* (Paderborn: mentis, 2002) sowie Mitherausgeberin (mit D. Beyleveld) des Buches *The Ethics of Genetics in Human Procreation* (Aldershot: ahsgate, 2000).

Göran Hermerén, Professor der Medizinethik an der Faculty of Medicine, Lund University, Sweden; Vizepräsident der European Group on Ethics in Science and New Technologies, Brüssel; seit der Gründung 1987 Mitglied des schwedischen National Ethics Council in Stockholm.

Margret R. Hoehe, Dr. med.; Leiterin der Arbeitsgruppe ‚Genetische Variation‘ am Max Planck Institut für Molekulare Genetik in Berlin, Projektleiterin im Nationalen Genomforschungsnetz; Forschungsschwerpunkte: Analyse der interindividuellen genetischen Variabilität des Menschen, Suche nach Risikofaktoren für sog. komplexe Erkrankungen sowie den molekularen Ursachen individuell unterschiedlicher Ansprechbarkeit auf Therapeutika.

Ludger Honnefelder, Dr. phil. Dr. h. c.; Professor em. für Philosophie an der Universität Bonn; Geschäftsführender Direktor des Instituts für Wissenschaft und Ethik in Bonn sowie des Deutschen Referenzzentrums für Ethik in den Biowissenschaften in Bonn; Mitglied der deutschen Delegation im Lenkungsausschuss für Bioethik des Europarats; Forschungsschwerpunkte: Ethik, Metaphysik, Bioethik; zahlreiche Veröffentlichungen im Bereich der Metaphysik, der angewandten Ethik und Medizinethik.

Herbert Jäckle, Prof. Dr. rer. nat.; Leiter der Abteilung Molekulare Entwicklungsbiologie am Max-Planck-Institut für biophysikalische Chemie in Göttingen; Vizepräsident der Max-Planck-Gesellschaft; Forschungsschwerpunkte: Molekulare Analyse der embryonalen Entwicklung von Drosophila.

Evelyn F. Keller, PhD; Professorin für Geschichte und Wissenschaftsphilosophie im Program in Science, Technology and Society am Massachusetts Institute of Technology (MIT); PhD an der Harvard University auf dem Gebiet der Theoretischen Physik; Forschungsgebiete: Geschichte und Philosophie der Entwicklungsbiologie.

Stephan Kruip, geboren 1965 in Passau mit Mukoviszidose; verheiratet, 3 Kinder; seit 2000 als Diplomphysiker am Deutschen Patent- und Markenamt; seit 1991 ehrenamtliches Vortandsmitglied des Mukoviszidose e.V., Bonn; Homepage: www.familie-kruip.de

Dirk Lanzerath, Dr. phil.; Geschäftsführer und Leiter der Wissenschaftlichen Abteilung des Deutschen Referenzzentrums für Ethik in den Biowissenschaften; Lehrbeauftragter für Philosophie an der Universität Bonn und Gastdozent an der Loyola Marymount University, Los Angeles; Forschungsschwerpunkte: Angewandte Ethik, Bioethik, Philosophie der Biologie.

Hans Lehrach, Prof. Dr. rer. nat.; Direktor am Max-Planck-Institut für Molekulare Genetik in Berlin; u. a. Mitglied des wissenschaftlichen Koordinierungskomitees im Deutschen Humangenomprojekt (NGFN); Mitglied des wissenschaftlichen Beirates des Österreichischen Genomforschungsprojektes (GEN-AU); Mitglied des HUGO Aufsichtsrates von 1996–2002; Fellow der American Association for the Advancement of Science; Vorsitzender des Fachbeirates der RZPD Deutsches Ressourcenzentrum für Genomforschung GmbH, Berlin, und Honorarprofessor im Fachbereich Biochemie der Freien Universität Berlin.

Alexander McCall Smith, Prof.; stellvertretender Vorsitzender der Human Genetics Commission (United Kingdom); Professor des Medizinrechts an der Edinburgh Law School, University of Edinburgh; Koautor eines Standardlehrwerks für Recht und Medizin; Autor weiterer Bücher für Strafrecht; Forschungsschwerpunkte: Strafrecht und Medizinrecht, rechtliche und philosophische Aspekte von Verantwortlichkeit.

Dietmar Mieth, Prof. Dr. theol.; Professor für Theologische Ethik/Sozialethik an der Katholisch-Theologischen Fakultät der Universität Tübingen; Begründer und erster Sprecher des Zentrums für Ethik in den Wissenschaften dieser Universität (1985–2001); Mitglied der Ethikberatergruppe der Europäischen Kommission (1994–2000); deutsches Mitglied der Embryonenschutz-Protokollgruppe des CDBI/Europarat (seit 2000); einschlägige letzte Veröffentlichung: *Was wollen wir können? Ethik im Zeitalter der Biotechnik*, Freiburg-Basel-Wien 2002.

Albert Newen, PD Dr.; Studium der Philosophie, Psychologie und Geschichtswissenschaft an den Universitäten Freiburg, Bielefeld und Paris; Promotion an der Universität Bielefeld, 1995: Dissertationspreis; 1997: Bennigsen-Förderpreis des

Landes NRW; 2002 Habilitation an der Universität Bonn; im akademischen Jahr 2002/2003 als Fellow am Hanse-Wissenschaftskolleg (Delmenhorst) sowie an der Universität Oxford.

Markus M. Nöthen, Prof. Dr. med.; Direktor des Center of Medical Genetics, University of Antwerp, Belgien; davor PD für Humangenetik an der Universität Bonn; Promotion in Würzburg.

Norbert W. Paul, Dr. rer. med., M.A., Gastwissenschaftler am Max-Delbrück-Centrum für Molekulare Medizin Berlin-Buch; AG Bioethik und Wissenschaftskommunikation; 1999 bis 2000 Humboldt-Stipendiat und Visiting Professor an der Stanford University im Program in Genomics, Ethics, and Society und im Program in History and Philosophy of Science; Forschungsschwerpunkte: Geschichte, Ethik und Theorie der Medizin, insbesondere die Entwicklung der molekularen Medizin in ihren ethischen und sozialen Dimensionen.

Leena Peltonen, M. D., PhD; Professorin und Vorsitzende des Department of Human Genetics, School of Medicine, an der University of California, am Center of Excellence in Disease Genetics, am National Public Health Institute und an der University of Helsinki, Finland.

Peter Propping, Prof. Dr. med.; Professor für Humangenetik und Direktor des Instituts für Humangenetik der Universität Bonn; Mitglied des Direktoriums des Deutschen Referezzentrums für Ethik in den Biowissenschaften in Bonn; Mitglied des Nationalen Ethikrates; Forschungsschwerpunkte: Medizinische Genetik, insbesondere Vererbung neuropsychiatrischer Krankheiten und erblicher Krebsdispositionen, genetische Variabilität zentralnervöser Rezeptoren, Analyse genetisch komplexer Krankheiten, Geschichte der Humangenetik und Eugenik.

Margot von Renesse, Dr. iur.; Familienrichterin beim Amtsgericht Bochum; bis 1997 Vizepräsidentin der evangelischen Aktionsgemeinschaft für Familienfragen; 1990–2002 Abgeordnete des Wahlkreises Bochum (SPD); 2000–2002 Vorsitzende der Enquetekommission des Deutschen Bundestages ‚Recht und Ethik der modernen Medizin'.

Ruth Reusser, Dr. iur.; stellvertretende Direktorin des Bundesamtes für Justiz und Leiterin der Hauptabteilung Privatrecht (u. a. verantwortlich für das schweizerische Fortpflanzungsmedizingesetz und das sich in Vorbereitung befindliche Bundesgesetz über genetische Untersuchungen beim Menschen); Präsidentin des leitenden Ausschusses für Bioethik des Europarates.

Jörg Schmidtke, Prof. Dr. med.; Direktor des Instituts für Humangenetik, Medizinische Hochschule Hannover; 1. Vorsitzender des Berufsverbands Medizinische Genetik 1993–1997; Mitglied der Kommission für Ethik und Öffentlichkeitsarbeit der Deutschen Gesellschaft für Humangenetik seit 1996; 1. Vorsitzender dieser Gesellschaft 1998–2000.

Didier Sicard, Prof. Dr. med.; Leiter des Internal Medicine Department, Hôpital Cochin in Paris, Vorsitzender des Französischen Nationalen Ethikrats (National Consultative Ethics Committee for Health and Life Sciences (CCNE)).

Ludwig Siep, Prof. Dr. phil.; Professor und Direktor des Philosophischen Seminars der Universität Münster; Ord. Mitglied der Nordrhein-Westfälischen Akademie der Wissenschaften; Mitglied der Zentralen Ethik-Kommission bei der Bundesärztekammer; Mitglied des Direktoriums des Deutschen Referenzzentrums für Ethik in den Biowissenschaften in Bonn; Vorsitzender der Zentralen Ethikkommission für Stammzellenforschung in Deutschland.

Jochen Taupitz, Prof. Dr. iur.; o. Professor für Bürgerliches Recht, Zivilprozessrecht, Internationales Privatrecht und Rechtsvergleichung an der Fakultät für Rechtswissenschaft der Universität Mannheim; Geschäftsführender Direktor des Instituts für Deutsches, Europäisches und Internationales Medizinrecht, Gesundheitsrecht und Bioethik der Universitäten Heidelberg und Mannheim; Mitglied des Nationalen Ethikrates; Vorstandsmitglied der Zentralen Ethikkommission bei der Bundesärztekammer; Mitglied der Ethikkommission für die Medizinische Fakultät der Universität Heidelberg und Mitglied der Senatskommission für Grundsatzfragen der Genforschung der DFG.

Rudolf Teuwsen, Dr. phil. (AUS); Leiter der Geschäftstelle des Nationalen Ethikrates in Berlin; Studium der Philosophie an der Hochschule für Philosophie München, FU Berlin, University of Melbourne; Studium der Kommunikationswissenschaft (Zeitungswissenschaft) an der Ludwig-Maximilians-Universität München, FU Berlin.

Lorenz Trümper, Prof. Dr. med.; Hämatologe und Onkologe; seit 2001 Professor (C 4) und Abteilungsleiter, Abt. Hämatologie & Onkologie, Georg-August-Universität Göttingen; Ausbildung in Heidelberg, Toronto, Homburg/Saar; 1996 Habilitation über das Thema: *Untersuchungen zur Pathobiologie des M. Hodgkin mit der Einzell-Polymerase-Ketten-Reaktion*; Klinischer Schwerpunkt: Behandlung maligner Lymphome, Knochenmarktransplantation.

LeRoy Walters, Joseph P. Kennedy, Sr. Professor für Christliche Ethik am Kennedy Institute of Ethics, Georgetown University und Professor der Philosophie an der Georgetown University, Washington D. C.; Koeditor der *Contemporary Issues in Bioethics* (6th ed., 2003) und der jährlichen *Bibliography of Bioethics* (29 volumes to date); Koautor für das Buch *The Ethics of Human Gene Therapy* (Oxford University Press) zusammen mit Julie Gage Palmer.

Claudia Wiesemann, Dr. med.; Direktorin des Instituts für Ethik und Geschichte der Medizin an der Medizinischen Fakultät der Universität Göttingen und Präsidentin der Akademie für Ethik in der Medizin e.V.; Studium der Medizin, Philosophie und Geschichte; Promotion in Medizingeschichte an der Universität Münster; 1985–1988 Assistenzärztin in der Kardiologie, Pulmologie und Intensivmedizin; 1990–1998 Assistentin bzw. Oberassistentin am Institut für Geschichte der Medizin der Universität Erlangen-Nürnberg; Habilitation 1996 für Geschichte und Ethik der Medizin; Forschungsschwerpunkte: Geschichte und Ethik der Forschung mit Menschen, Ethik in der Kinderheilkunde und Jugendmedizin, Ethik aus kulturwissenschaftlicher Perspektive.

Urban Wiesing, Prof. Dr. med. Dr. phil; Direktor des Instituts für Ethik und Geschichte der Medizin der Eberhard-Karls-Universität Tübingen; Studium der Medizin, Philosophie, Soziologie und Geschichte der Medizin; 1986–1988 klinische Tätigkeit (Anästhesiologie, Innere Medizin); 1988–1998 am Institut für Theorie und Geschichte der Medizin, Münster; seit 1998 in Tübingen; Mitglied der Zentralen Ethikkommission bei der Bundesärztekammer.

Holger Wormer, Studium der Chemie in Heidelberg, Ulm und Lyon sowie Philosophie im Nebenfach; Freier Journalist und Ausbildung u. a. bei der Rheinischen Post, DPA, Südwestfunk sowie bei Libération (Paris); Wissenschaftsredakteur der Süddeutschen Zeitung; Lehraufträge an der Universität München, der Akademie der Bayerischen Presse sowie für die Hamburger Journalistenschule; Mitglied im Ethischen Arbeitskreis ‚Stammzellen' der DFG; Journalistenpreise der Bayerischen Akademie für Suchtfragen (1998) und der Friedrich-Deich-Stiftung (1999).

Personenregister

Sachregister